普通高等教育机电类“十三五”规划教材
高 等 院 校 精 品 教 材 系 列

现代机械加工新技术

（第3版）

吴 健 韩荣第 主编
王明海 高胜东 韦东波 副主编

電子工業出版社
Publishing House of Electronics Industry
北京 • BEIJING

内 容 简 介

本书是在第 1 版及第 2 版的基础上改编而成的。结合“中国制造 2025”重大战略及最新研究成果，本书主要讲述近年来为适应机械制造业和航空航天业发展而出现的满足高效率、高质量要求的机械加工新技术，包括：高速与超高速切削技术、硬态切削技术、绿色切削技术、复合加工技术、特殊切削方法及磨削新技术。内容涉及应用日益增多的先进工程材料——工程陶瓷材料、复合材料、高温合金、钛合金、高强度与超高强度钢、不锈钢等的高效切削与磨削新技术和切削过程有限元仿真技术。本书还较系统地介绍了切削加工过程的切削力预测技术，为新的高性能材料的工程应用提供了高效率、低成本的切削力研究方法。

本书内容新颖、资料丰富、数据可信、图文并茂，实际与理论紧密联系，语言精练，可供高等工科院校机械设计制造及其自动化专业、航空宇航制造工程专业师生使用，也可供相关工程技术人员参考。

图书在版编目（CIP）数据

现代机械加工新技术 / 吴健，韩荣第主编. —3 版. —北京：电子工业出版社，2017.5
普通高等教育机电类“十三五”规划教材
ISBN 978-7-121-31309-7

Ⅰ. ①现…　Ⅱ. ①吴…　②韩…　Ⅲ. ①金属切削－高等学校－教材　Ⅳ. ①TG5

中国版本图书馆 CIP 数据核字（2017）第 074348 号

策划编辑：赵玉山
责任编辑：赵玉山
印　　刷：涿州市京南印刷厂
装　　订：涿州市京南印刷厂
出版发行：电子工业出版社
　　　　　北京市海淀区万寿路 173 信箱　邮编　100036
开　　本：787×1092　1/16　印张：21.75　字数：557 千字
版　　次：2003 年 5 月第 1 版
　　　　　2017 年 5 月第 3 版
印　　次：2018 年 5 月第 2 次印刷
定　　价：49.80 元

前　言

本书是在第 1 版及第 2 版的基础上改编而成的。第 2 版所用资料仍略显陈旧，尤其缺少近 5 年的研究成果，迫切需要增加新成果、新资料，特别是国内的新成果。近几年国家提出了“中国制造 2025”等重大战略计划，对机械加工新技术也带来了一些新的变化。现如今，书中的某些技术更完善、更成熟了，应用实例更多、更全面了，如切削过程仿真技术。这次修订还增加了新的切削加工过程的切削力预测技术，充实了机械加工新技术内容。

全书共 15 章，在第 2 版的基础上，对原第 2、3、7～13 章进行了部分修改；原第 1、4、5、6、14 章修改较多；第 1 章增加了中国制造 2025 对先进制造技术影响的相关内容；原第 5，6，9 章及第 7.1 节合并重新修订，更符合教材要求；第 15 章新增了切削加工过程的切削力预测技术。

全书内容丰富、结构严谨、重点突出、语言精炼、图文并茂，既可作为机械设计制造及其自动化和航空宇航制造工程专业本科生、研究生的教材，也可供相关专业工程技术人员参考。

全书由哈尔滨工业大学（威海）吴健博士和哈尔滨工业大学韩荣第教授主编。其中，第 1~6 章由吴健、韩荣第和高胜东（哈尔滨工业大学）修订，第 7~13 章由吴健、王明海（沈阳航空航天大学）和韦东波（哈尔滨工业大学）修订，第 14、15 章由吴健编写。全书由吴健、韩荣第统稿。

由于水平和时间所限，疏漏和不妥之处在所难免，恳请批评指正。

编　者

2017 年 2 月

目　　录

第1章　绪　　论

制造业是一个国家的基础和支柱工业，它的水平和实力反映一个国家的生产力水平和国防能力，对国家的经济建设、繁荣富强和国家安全至关重要。

在整个制造业中，机械制造业占有特别重要的地位。因为机械制造业是国民经济的装备部，国民经济各部门的生产水平和经济效益在很大程度上取决于机械制造业所提供装备的技术性能、质量和可靠性。《中国制造 2025》重大战略的实施，对机械制造业也提出了明确的发展方向，如绿色制造、先进制造等。

先进制造技术是制造技术的最新发展，它早已超越了传统的制造技术、工厂与车间的边界，它包容了从市场需要、创新设计、工艺技术、生产过程组织与监控、市场信息反馈在内的工程系统。先进制造技术是以先进制造工艺技术、计算机应用技术为核心的信息、设计方法、工艺技术、物流工程及相应的管理工程集成的现代制造工程，是不断更新发展的高技术体系。

1.1　中国制造 2025

目前，我国的制造业大而不强。为此，2015 年 5 月国务院正式颁布了《中国制造 2025》文件，其总目标就是要由大变强，建设成制造强国。文件提出了三步走战略：第一步，到 2025 年，经过 10 年努力，能够进入世界制造业强国行列。第二步，到 2035 年，希望能够进入世界制造强国阵营较高水平，大体上可以接近或者达到德国或日本的水平。第三步到 2045 年，或者到建国 100 周年，也就是 2049 年，希望我国能够进入世界强国的前列。建设制造强国要以创新驱动为指导思想，以强化先进工艺基础为技术支撑，以智能制造为突破口。

《中国制造 2025》包括五大工程实施方案:制造业创新中心建设工程、智能制造工程、工业强基工程、绿色制造工程及高端装备制造工程。十大重点领域包括：新一代信息通信技术产业，高档数控机床和机器人，航空航天装备，海洋工程装备及高技术船舶，轨道交通装备，节能与新能源汽车，电力装备，新材料，生物医药及高性能医疗器械，农业机械装备。

工业发达国家都在重振制造业，如德国的工业 4.0，美国的国家制造创新网络等。柳百成院士对国际先进制造技术的发展趋势做了很好的归纳，主要有四点：①制造技术与高技术的集成；②数字化、智能化的制造技术；③极端工作条件下的制造技术；④轻量化、精密化、绿色化的制造技术。

1.2　先进制造技术

先进制造技术包括下列内容[1]：

① 先进制造工艺技术；

② 信息技术和综合自动化技术；

③ 先进管理技术。

1．先进制造工艺技术

先进制造工艺技术离不开设备，先进制造工艺与设备是先进制造系统的工艺基础与装备，是实现优质、高效、低耗、清洁生产的基础，是产品质量和市场竞争力的基本保证。因此，先进制造工艺与设备是计算机集成制造技术的重要支柱之一。先进制造工艺技术包括以下内容：

（1）少无余量精密成型技术

少无余量精密成型技术是实现高效与清洁生产的关键技术。

（2）精密与超精密加工技术

精密与超精密加工技术大致可分为三个层次：一是用于汽车、飞机与精密机械的微米级（10~1 μm）精密加工；二是用于磁盘与磁鼓制造的亚微米级（1~0.1 μm）精密加工；三是用于超精密光电子器件的毫微米级（0.1~0.001 μm）精密加工，即纳米级加工。

（3）新材料的成型与加工技术

新材料的成型与加工是指高分子材料、复合材料、精细陶瓷与超硬材料等的成型和加工。

（4）构件或材料间的连接技术

构件或材料间的连接技术包括复合材料制作的精密零件间的粘接、精密焊接和铆接等连接技术。

（5）表面新技术

表面新技术包括表面改性、涂层、修饰技术等。

这其中，（2）、（3）两项所述技术都是与先进切削磨削加工技术——机械加工技术有关的。

2．信息技术和综合自动化技术

信息技术和综合自动化技术是先进制造技术发展到高级阶段的重要组成部分。即在数据库技术、接口与通信、集成框架软件工程、人工智能专家系统和神经网络、决策与支持系统、系统监督与诊断等基础信息的基础上，实现将企业内外市场、技术、生产、经营有机地集合，实行统一控制与协调的计算机集成制造系统 CIMS（Computer Integrated Manufacturing System）与敏捷制造 AM（Agile Manufacturing）。

3．先进的管理技术

没有先进管理技术的完美配合很难形成先进制造技术。先进管理技术包括：数据标准、工艺标准、质量标准、生产计划与控制、质量管理、市场分析、用户与员工培训等先进管理技术的基础要素。

先进管理技术与先进制造技术的优化组合最终形成精益生产或敏捷制造技术。敏捷制造技术是以柔性生产技术和动态组织结构为特点，以高素质、协调良好的工作人员为核心，实行企业网络化集成，形成快速响应市场需求的社会化制造系统。它是以准时生产 JIT（Just In Time）、成组技术 GT（Group Technology）和全面质量管理 TQC（Total Quality Control）为支柱，并引入并行工程 CE（Concurrent Engineering）和整体优化概念形成的。敏捷制造技术在空间和时间上合理地配置和利用生产要素，发挥了以人为核心的整体制造系统效益。

1.3　21 世纪的先进制造工艺技术

21 世纪先进制造工艺技术具体体现在下列方面[2]：

（1）切削与磨削加工的高精度化

精密零件的精度要求达到 nm 级，切削与磨削加工的高精度化是今后技术革新的重要基本课题。

（2）切削与磨削加工的高速化和高效率化

目前研究的主轴转速已达 300 000 r/min 以上，进给速度υ_f= 120 m/min。用 PCD（Poly Crystalline Diamond）刀具切削铝合金时，切削速度可达$\upsilon_c \geqslant$ 10 000 m/min；用 CBN（Cubic Boron Nitrogen）刀具切削球墨铸铁时，切削速度$\upsilon_c \geqslant$ 5 000 m/min。各国都在开展研究高速加工钢材及不锈钢、高温合金、钛合金等难加工材料的工作。

（3）降低加工成本

加工成本若不能降低，就无法使先进制造技术产生应有的经济价值。

（4）缩短加工周期

制造业中计算机集成制造 CIM（Computer Integrated Manufacturing）的采用，使得工业产品的生产周期大幅度地缩短。

（5）切削与磨削加工的自动化和无人化

产品从订货、生产到交货均可完全由 CIM 控制，实现无人化车间。

（6）使自动生产系统向多品种、小批量的自动化和无人化加工方向发展

（7）开发新材料难加工材料的加工技术

Inconel 超耐热合金（高温合金）、Ti 合金（Ti-6Al-4V）等已不局限用于航空航天领域，在船舶、汽车、核能、石化、海水淡化设备、垃圾处理焚烧炉及热分解炉等各工业领域也已逐渐采用各种各样的难加工材料。包括有纤维增强塑料 FRP（Fiber Reinforced Plastics）、纤维增强金属 FRM（Fiber Reinforced Metal）、工程陶瓷、非晶态合金、高熔点金属及其合金的用量也在不断增多。

技术革新的历史也是材料不断革新的历史，具有优异性能的新材料不断地被开发出来。一般认为，新材料的切削加工都较困难。

21 世纪将是新材料和难加工材料应用不断增多的时代，切削与磨削加工技术也将面临更大地考验。

1.4　机械加工技术

机械加工技术通常是指切削和磨削加工技术。随着科学技术的发展与进步，尽管在过去的几十年里，不断出现了许多新的加工方法，如电物理加工、电化学加工、激光束和离子束加工、精密铸造和精密锻造成型加工方法等，并且得到了较广泛地应用和发展，但是切削和

磨削加工仍是迄今为止机械制造应用最多、最广、最为主要的加工方法。据专家估计，机械制造中约有 30%~40%工作量是切削和磨削加工，对于尺寸和形状的配合精度要求越高的零件（在微米内），就越必须经过切削和磨削加工来完成，至今还没有更好的加工方法。因此，重视切削和磨削加工技术的研究，不断提高切削和磨削加工技术水平，对提高一个国家的机械制造技术水平和机电产品的性能、质量及市场竞争力具有十分重要的意义，所以切削和磨削加工技术理所当然地受到了所有工业发达国家，如美、德、日、英等国的极大重视。

衡量一个国家的切削和磨削加工技术水平的高低可从三个方面考虑：一是考虑机械制造业中普遍采用的切削用量（v_c 和 f）达到的加工精度、生产效率和加工质量等；二是考虑在切削和磨削加工中的自动化、柔性化程度以及在超精密加工、难加工材料（如特硬、特软、特黏及特脆材料等）加工方面所具有的能力和水平；三是考虑切削和磨削加工中的材料消耗、能量消耗和所产生的环境污染（切削液和噪声污染）等[3]。

由此可见，现代切削和磨削加工技术，即机械加工新技术，不仅涉及切削和磨削加工机理和工艺方法方面的问题，也涉及到所需的技术装备，包括机床、刀具、磨料、磨具、量具、量仪及监测监控技术等诸方面的问题。而且前者是发展和提高切削和磨削加工技术水平的依据，后者（技术装备）则是实现发展和提高切削和磨削加工技术水平的保证。二者必须同步发展，相互适应。

1. 机床技术的发展

为适应国民经济发展的需要，现代机床正在向高速化、高精度化和自动化方向发展。中国制造 2025 国家重大战略已把高档数控机床列为十大重大领域之一。

(1) 机床的高速化

航空和航天工业、轿车工业的迅猛发展，迫切要求生产高效率。高效率的根本途径就是生产的高速化。特别是 20 世纪 90 年代以来，随着电主轴和直线进给电动机在机床上的应用，使得机床的主运动和进给运动的速度大大提高。航空和航天工业是高速与超高速加工传统的应用领域，最新发展趋势是采用整体铝合金坯料“掏空”制造飞机的机身和机翼等大型零件，用以代替传统的拼装结构。例如，美国 CINCINNATI 公司以往用于飞机制造的铣床主轴转速为 15000 r/min，现在已经提高到了 40000 r/min，功率从 22 kW 提高到了 40 kW。Hyper Mach 铣床已提高到了 60 000 r/min，功率达 80 kW。Hyper Mach 铣床采用了直线电动机，工作行程进给速度最大达 60 m/min，空行程快速达 100 m/min，加速度达 2g。该铣床试切一薄壁飞机零件，仅用了 30 min。意大利的 JOBS 公司 2000 年用于航空和模具工业的高速大型铣床 Linx，其主轴转速为 24 000 r/min，功率为 44 kW，进给速度为 60 m/min，加速度为 0.6g。据称，由于电主轴的高速和直线电动机进给的高速，使得加工时间减少了 50%，机床结构大大简化，机床零件减少了 25%，使得维修也变得容易。

轿车工业也是高速加工应用的一个重要领域，据报道，现在已采用高速加工中心代替多轴组合机床，提高了产品生产的柔性，有利于产品的更新换代。上海通用汽车公司也已用高速加工中心代替部分组合机组成新生产线。

淬硬模具钢的加工也采用高速铣削，这又推动了电加工机床实现直线电动机进给，也使电加工大大减少了加工时间，提高了模具加工的生产效率。

据报道，现在正在研制主轴转速为 300000 r/min，直线进给速度达 200 m/min 的新加工中心。当然，这么高转速和这么快进给速度的机床也必须实现自动化和高精度才有意义。

（2）机床的高精度化

要想满足航空和航天，特别是微电子产品和光学产品性能的要求，必须解决超精密加工技术问题，其核心是要有超精密加工机床。美国的超精密机床水平是全世界公认的。美国pneumo公司的MSG-325金刚石车床主轴回转精度可达0.025 μm，加工形状精度为0.1~0.2 μm，加工有色金属工件的表面粗糙度Ra为0.01~0.02 μm。

美国1983年研制的大型金刚石车床DTM，可加工直径ϕ2 100 mm，质量为4 500 kg的工件；1984年研制的大型光学金刚石车床LODTM，可加工直径ϕ1 625 mm，质量为1 360 kg的工件。它们的主轴分别采用空气轴承和高压液体静压轴承，刚度高、动态特性好；采用精密数字伺服控制内装式CNC系统和激光干涉测长仪，以实现随机测量定位；用压电式微位移机构以实现刀具的微量进给（nm级位移）；用恒温油淋浴系统，使油温控制在20±0.0005℃，以消除加工中机床的热变形；还采用了压电晶体误差补偿技术，使得加工精度达到0.025 μm，表面粗糙度Ra达0.0042 μm。DTM既可加工平面、球面，又可加工非球曲面。

英国1991年研制成功了OAGM2500大型超精密机床，专门用于加工X射线天体望远镜的大型曲面反射镜，其工作台为2 500 mm×2 500 mm，还有ϕ2 500 mm高精度回转工作台。机床采用精密数控驱动，用分辨率为2.5 μm的双频激光测量系统检测运动位置并向数控系统反馈。OAGM2500大型精密机床的精度大大高于过去的同类机床。

此外，20世纪90年代以来，高速铣床和高速铣削加工中心的精度也在不断提高。例如，德国和日本研制的高速铣削加工中心，主轴转速达60 000 r/min，进给速度达80 m/min，加速度2g~2.5g，其重复定位精度达到了±1 μm。

目前，在加工精度方面，我国普通级数控机床的加工精度可达到5 μm，精密级加工中心可达到1~1.5 μm，且超精密加工精度已进入纳米级（0.001 μm）。在加工速度方面，以电主轴和直线电机的应用为特征，使主轴转速大大提高，进给速度达60 m/min以上，进给加速度和减速度达到2 g以上，主轴转速达100 000 r/min以上。

（3）机床的自动化

机床的自动化乃是提高生产效率和产品质量的必然途径。自动化包括两个层次：一是大批量生产的自动化，二是中小批量生产的自动化。过去的自动线生产早已解决了大批量生产的自动化。数控化乃是实现中小批量生产自动化最可行的办法。

数控化使制造技术从手工制造、机械制造、自动化制造推进到了信息化制造。因此，数控化率已成为当今衡量一个国家制造技术水平高低的重要指标。20世纪80年代发达国家机床的数控化率已达10%；日本在1994年就达到了20.8%，它的机床年产量的70%以上为数控机床；很多发达国家在航空、航天、造船、模具、机床制造业中机床数控化率高达30%~70%，制造业已发展到了一个很高水平。但我国1995年数控化率才只有1.9%，1998年机床总产值中数控机床产值只占21%，即便在机床数控化率较高的飞机制造厂，其数控化率也只有10%~20%[4]。中国制造2025明确提出，到2025年中国的关键工序数控化率将从2015年的33%提升至64%。

为提高效率，多轴联动和机床的复合化也是机床发展的新方向，如近些年出现的车铣复合加工中心就是一例。

永磁环形伺服力矩电机将在复合转台和复合主轴头A、C轴伺服传动中取代蜗轮蜗杆副，采用一个复合主轴头就可实现5个面加工，对大型模具加工非常有利。车铣复合加工中心可实现在一次装夹中就可把大直径整体材料加工成发动机曲轴，用 X、Y、C 三轴联动就可加工出连杆轴颈和曲拐的多个表面。

（4）智能化

智能化是指机床工作过程智能化，即利用计算机将信息、网络等智能化技术有机结合，对数控机床进行全方位的监控。包括数控系统中的各个方面，如为提高驱动性能及使用连接方便等方面的智能化，为追求加工效率和加工质量方面的智能化，简化编程、简化操作方面的智能化；还有智能化的自动编程、智能化的人机界面等，以及智能诊断、智能监控等方面的内容[189]。"将机床与智能机器人融合"也是已提出的提升机床智能化水平的一条途径[190]。

（5）绿色化

绿色的核心概念是减少对能源的消耗。绿色机床应该具备的特征有：机床主要零部件由再生材料制造；机床的重量和体积减小 50%以上；通过减轻移动部件质量、降低空运转功率等措施使功率消耗减少 30%~40%；使用过程中的各种废弃物减少 50%~60%，保证基本没有污染的工作环境；报废机床的材料接近 100%可回收[191-193]。

2. 刀具技术的发展

高速与超高速机床的出现，使得在切削加工技术步入以高速切削 HSC（High Speed Cutting）为重要特征的全新发展阶段。新型刀具材料和涂层技术的发展又为高速切削工艺的实现创造了条件。20 世纪 70 年代化学气相沉积 CVD（Chemical Vapor Deposition）法和物理气相沉积 PVD（Physical Vapor Deposition）法硬质涂层技术的出现是刀具材料发展的一次重大变革，硬质涂层为刀具切削性能的提高开创了历史新篇章。至今涂层材料的发展，已由最初的单一 TiN 涂层、TiC 涂层，经历了 $TiC\text{-}Al_2O_3\text{-}TiN$ 复合涂层和 TiCN，TiAlN 等多元复合涂层的发展阶段，又发展到了 TiN/NbN，TiN/CN 等多元复合薄膜材料，使得刀具涂层材料的性能有了更大地提高[5]。

自 20 世纪 70 年代初采用低压化学气相沉积法合成金刚石薄膜以来，经过近 30 年的攻关，低压气相合成金刚石技术已有了重大突破。1995 年 Sandvik Coromant 公司已把涂复金刚石层的硬质合金可转位刀片投放市场，金刚石硬质合金刀具的商品化是涂层技术的又一个重大成就，这种刀片有极好的切屑控制性能，使切削力大大减小且不生成积屑瘤，加工工件的表面质量极好，刀具寿命比常用刀具高 10 倍。日本 OSG 公司开发的超微细金刚石涂层硬质合金立铣刀，加工高 Si-Al 合金时，表面粗糙度 Ra 可达 0.66 μm，明显优于粗颗粒金刚石涂层高速纲 HSS（High Speed Steel）立铣刀，且刀具寿命也有较大提高。如能解决金刚石的热稳定性问题，金刚石涂层硬质合金刀具还可能用于钢铁材料的加工，我们正在期待着这一天的到来。

20 世纪 80 年代以来，美国科学家又开始了合成氮化碳（CN）的研究工作，这也是世界材料科学领域的热门课题。近年日本已合成氮化碳的维氏硬度达 6 380HV（63.8 GPa），很有希望达到或超过金刚石 10000HV（100 GPa）的水平。还有一项尚待突破的技术就是立方氮化硼 CBN 薄膜合成技术，这将是 21 世纪要解决的刀具又一重大突破性技术，因为 CBN 可高速精加工钢铁材料。近年来，高速切削、硬切削、干切削等新的工艺快速发展，已经成为现代切削加工共性基础技术的重要发展方向。纳米晶粒硬质合金技术、陶瓷材料的增韧技术，CBN、PCD 的粒度控制技术等是主要核心技术。

3．磨削技术的发展

20 世纪 70 年代以来，磨削加工技术也有了很大发展，新研制和开发了很多高效、高质量、高精度磨削加工新工艺与新方法。例如，重负荷荒磨削、大切深缓进给磨削、高速和超高速磨削、高精度小粗糙度磨削、砂带磨削，特别是超硬磨料砂轮在线电解磨削（ELID）技术、快速点磨削新工艺、CBN 蜗杆砂轮硬齿面齿轮磨削、珩磨内齿轮新工艺等。国外磨削速度已高达 150~180 m/s，试验速度在 200~250 m/s 以上，超高速磨床已推向市场了。

2010 年，日本 Makino 等公司展出亚微米级超精密机床。近年来，日本成功研制出磨削速度 400 m/s 的超高速平面磨床。2011 年汉诺威欧洲国际机床展上，万特公司展示了周边负倒棱磨床 WAC 715 QUATTRO，即使对于很硬的材料也能实现高效率、高精度磨削。近年来，湖南大学国家高效磨削工程技术研究中心等单位联合研发了 Olymball-D600 精密球体研磨机。随着新型超高速磨削砂轮的应用与发展，高速大功率主轴单元制造，新型磨削液及砂轮修整等相关技术及磨削数控化和智能化等技术的发展，高速和超高速磨削技术的发展前景将非常广阔。

随着科学技术的不断发展，切削和磨削加工技术还在不断地发展。

以上这些都标志着机械加工技术已发展到了一个新阶段。

1.5　本课程的内容

本课程的目的在于介绍当今机械加工的最新技术，包括起源并应用于飞机制造业和汽车制造业的高速与超高速切削技术，应用新刀具材料的硬态和干式（绿色）切削与磨削技术，解决难加工材料精密加工的复合加工技术，如振动切削和磨削技术、加热辅助切削与低温切削技术、其他特殊切削加工方法、磨削加工新技术。接着，对几种典型新材料与难加工材料，如高强度钢与超高强度钢、不锈钢、高温合金、钛合金、工程陶瓷及复合材料等的切削加工技术进行研究，以期掌握其切削加工特点、加工机理及有效加工方法等。最后，研究了典型难加工材料切削过程的切削力预测技术及有限元仿真技术。

思　考　题

1.1　中国制造 2025 重点领域有哪些？

1.2　先进制造技术的含义是什么？它包含哪些方面的内容？

1.3　21 世纪的先进制造工艺技术具体体现在哪些方面？

1.4　衡量一个国家的切削与磨削加工技术水平从哪几个方面考虑较为合适？

1.5　如何理解机床技术的发展方向？

第 2 章　高速与超高速切削技术

高速与超高速切削技术是一种先进制造技术，是 21 世纪切削加工领域重大的技术性课题之一，具有广阔的应用前景。

2.1 概　述

2.1.1 高速切削的概念与高速切削技术

高速切削理论是 1931 年 4 月德国物理学家 Carl. J. Salomon 提出的。在当时硬质合金 WC+Co 刚出现的实验条件下，这只能是一个假说。他指出，在常规切削速度范围内（见图 2.1 中 A 区），切削温度随着切削速度的提高而升高，但切削速度提高到一定值后，切削温度不但不升高反而会降低，且该切削速度值υ_ε与工件材料的种类有关。对每一种工件材料都存在一个速度范围，在该速度范围内（见图 2.1 中 B 区），由于切削温度过高，刀具材料无法承受，即切削加工不可能进行，称该区为"死谷"。虽然由于实验条件的限制，当时无法付诸实践，但这个思想给后人一个非常重要的启示，即如能越过这个"死谷"，在高速区（见图 2.1 中 C 区）工作，有可能用现有刀具材料进行高速切削，切削温度与常规切削基本相同，从而可大幅度提高生产效率。

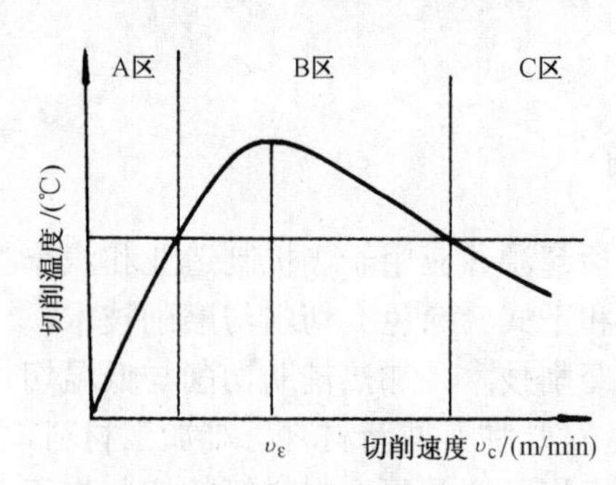

图 2.1　高速切削的概念[100]

关于假说中的"切削温度"，如果指切削工件表面的温度，该假说已得到了很多研究者的切削试验的验证，但若指真正的切削区平均温度，即真正意义的切削温度的话，至今还没有得到切削试验的验证，只是得到了随切削速度的进一步提高，切削温度上升趋缓了的结论[101]。

高速切削是个相对的概念，究竟如何定义，目前尚无共识。由于加工方法和工件材料的不同，高速切削的高速范围也很难给出，一般认为应是常规切削速度的 5~10 倍。

高速切削的速度范围见表 2-1 和表 2-2[100, 101]。

表 2-1　不同材料的高速切削速度范围

工件材料	高速范围/(m/min)	超高速范围/(m/min)
钢	500~2 000	>2 000
Al 合金	1 000~7 000	>7 000
黄铜、青铜	900~5 000	>5 000
铸铁	800~3 000	>3 000
Ti 合金	100~1 000	>1 000
Ni 基合金	50~500	>500
纤维强化塑料	1 000~8 000	>8 000

表 2-2　不同加工方法的高速切削速度范围

加工方法	高速范围/(m/min)
车削	700~7 000
铣削	300~6 000
钻削	200~1 100
拉削	30~75
铰削	20~500

自从 Salomon 提出高速切削的概念并于同年申请专利以来，高速切削技术的发展经历了高速切削理论的探索、应用探索、初步应用和较成熟应用等四个阶段，现已在生产中得到了一定的推广应用。特别是 20 世纪 80 年代以来，各工业发达国家投入了大量的人力和物力，研究开发了高速切削设备及相关技术，20 世纪 90 年代以来发展更迅速。

高速切削技术是在机床结构及材料、机床设计、制造技术、高速主轴系统、快速进给系统、高性能 CNC 系统、高性能刀夹系统、高性能刀具材料及刀具设计制造技术、高效高精度测量测试技术、高速切削机理、高速切削工艺等诸多相关硬件和软件技术均得到充分发展基础之上综合而成的。因此，高速切削技术是一个复杂的系统工程。

2.1.2　高速与超高速切削的特点

随着高速与超高速机床设备和刀具等关键技术领域的突破性进展，高速与超高速切削技术的工艺和速度范围也在不断扩展。如今，在实际生产中超高速切削铝合金的速度已达到 2 000~7 500 m/min，铸铁达到 900~5 000 m/min，普通钢达到 600~3 000 m/min，镍基高温合金达到 50~500 m/min，钛合金达到 100~1 000 m/min，进给速度高达 200 m/min。而且超高速切削技术还在不断地发展。在实验室里，切削铝合金的速度已达 10000 m/min 以上，进给系统的加速度可达 3g。有人预言，未来的超高速切削将达到音速或超音速。其特点可归纳如下：

（1）可提高生产效率

提高生产效率是机动时间和辅助时间大幅度减少、加工自动化程度提高的必然结果。据称，由于主轴转速和进给的高速化，加工时间减少了 50%，机床结构也大大简化，其零件的数量减少了 25%，而且易于维护。在模具加工中，高速切削可以取代电加工和磨削抛光工序。

（2）可获得较高的加工精度

由于切削力可减少 30%以上，工件的加工变形减小，切削热还来不及传给工件，因而工件基本保持冷态，热变形小，有利于加工精度的提高。特别对大型的框架件、薄板件、薄壁槽形件的高精度高效率加工，超高速铣削则是目前唯一有效的加工方法。

（3）能获得较好的表面完整性

在保证生产效率的同时，可采用较小的进给量，从而减小了加工表面的粗糙度值；又由于切削力小且变化幅度小，机床的激振频率远大于工艺系统的固有频率，故振动对表面质量的影响很小；切削热传入工件的比率大幅度减少，加工表面的受热时间短，切削温度低，加工表面可保持良好的物理力学性能。

（4）加工能耗低，节省制造资源

超高速切削时，单位功率的金属切除率显著增大。以洛克希德飞机制造公司的铝合金超高速铣削为例，主轴转速从 4 000 r/min 提高到 20 000 r/min，切削力减小了 30%，金属切除率提高了 3 倍，单位功率的金属切除率可达 13 000~160 000 mm^3/(min·kW)。由于单位功率的金属切除率高、能耗低、工件的在制时间短，从而提高了能源和设备的利用率，降低了切削加工在制造系统资源总量中的比例，故超高速切削完全符合可持续发展战略的要求。

2.1.3 高速与超高速切削技术的研究发展现状

20 世纪 60 年代，美国就开始了高速切削的试验研究工作。1977 年就在有高频电主轴的铣削加工中心上进行了高速切削试验。当时，主轴转速达到 18 000 r/min，最大进给速度达到了 7.6 m/min。1979 年美国在进行“先进加工研究计划”AMRP（Advanced Machining Research Program）后就确定了铝合金的最佳切削速度为 1 500~4 500 m/min。

1984 年德国政府拨巨资组织了 Darmstadt 工业大学的生产工程与机床研究所（PTW）的舒尔茨教授为首的专家组及有 18 家企业参加的联合研究计划，用了 6 年时间，全面系统地开展了超高速切削机床、刀具、控制系统等相关工艺技术的研究，对多种工件材料（钢、铸铁、铝合金、铝镁铸造合金、铜合金和纤维增强塑料）的高速切削性能进行了深入的研究和试验，取得了国际公认的高水平的成果，并研制了立式高速铣削中心，其主轴转速达 60 000 r/min，三向进给速度达 60 m/min，加速度为 2.5g，重复定位精度为±1 μm。该设备在德国工厂广泛应用，取得了良好的经济效益。

日本于 20 世纪 60 年代着手了高速切削机理的研究。近些年来吸收了各国的研究成果，现在已后来居上，跃居世界领先地位。20 世纪 90 年代以来，特别是京都大学的垣野教授联合 9 家企业，于 1996 年研制出了日本第一台卧式加工中心，主轴转速达到 30 000 r/min，最大进给速度为 80m/min，加速度为 2g，重复定位精度为±1 μm。同时他们也致力于高速切削工艺，特别是高速切削工艺数据库、刀具磨损与破损机理、CAD/CAM 系统开发及质量控制等方面的研究。松浦、牧野、马扎克和新泻铁工等公司的机床制造厂陆续推出一批高速加工中心和数控铣床，主轴转速已达 50 000~100 000 r/min，进给速度达 50 m/min（最大为 80 m/min）。日本厂商已成为世界上高速机床的主要提供者。

此外，法国、瑞士、英国、前苏联、意大利、瑞典、加拿大和澳大利亚等国也在高速切削方面做了不少工作，相继开发出了各自的高速切削机床。

近年来各国生产的高速加工中心和 NC 机床见表 2-3。

表 2-3　近年来各国生产的高速加工中心和 NC 机床[7]

制造厂商（国别）	机床名称型号	主轴最高转速 /(r/min)	最大进给速度 /(m/min)	主轴驱动功率 /kW	主轴轴承类型
Cincinnati-Mil acron（美）	HPMC 加工中心	20 000	30	11	陶瓷轴承
Mikron（美）	HSM700 型立式加工中心	42 000	40	14	
Ingersoll（美）	HVM800 型卧式加工中心	20 000	76.2	45	
EX-cell-O（德）	数控内圆磨床	45 000	—	35	磁悬浮轴承
Huller-Hille（德）	加工中心	60 000	10	12	磁悬浮轴承
EX-cell-O（德）	XHC241 卧式加工中心	24 000	120	40	

（续表）

制造厂商（国别）	机床名称型号	主轴最高转速/(r/min)	最大进给速度/(m/min)	主轴驱动功率/kW	主轴轴承类型
Kitamura（日）	Sonicmill-7 加工中心	20 000	25	20.8	陶瓷轴承
马扎克（日）	Super-400H 型加工中心	25 000	15	18.5	陶瓷轴承
松浦（日）	FX-5 加工中心	30 000	25	15	陶瓷轴承
牧野（日）	A55-A128 加工中心	40 000	50	22	陶瓷轴承
新泻铁工（日）	VZ40 加工中心	50 000	20	18.5	陶瓷轴承
新泻铁工（日）	UHS10 数控铣床	100 000	15	22	陶瓷轴承
Forest-Linel（法）	数控镗铣床	30 000	20	25	磁悬浮轴承
Westwind（瑞士）	加工中心	55 000	20	9.1	空气轴承
沈阳机床公司	HS-60（卧）	18 000	60（1g）		
北京机床研究所	KT1300VB（立）	12 000	40		
沈阳与意大利 FIDIA 公司	D165C1（仿）	40 000			
北京一机床厂	XKSA5040（立）	15 000			
北京三机床厂	ZK7640（立）	15 000			
桂林机床公司	XK5020（立） XK5030（立）	12 000			
南通机床公司	XK714（立）	10 000			

我国于 20 世纪 90 年代初开始有关高速切削机床及工艺的研究工作。研究内容包括水泥床身、高速主轴系统、全陶瓷轴承和磁悬浮轴承、快速进给系统、有色金属及铸铁的高速切削机理与适应刀具等。虽然各项技术取得了显著进展，主轴转速为 10 000~15 000 r/min 的立式加工中心、主轴转速为 18 000 r/min 的卧式加工中心及转速达 40 000 r/min 的高速数字化仿形铣床也已开发成功，但与发达国家尚有较大差距。高速切削技术作为 21 世纪一种先进实用的高新制造技术，已成为制造业发展的必然趋势。

2.1.4 高速与超高速切削对机床的新要求

机床是实现高速与超高速切削的首要条件和关键因素。高速与超高速切削对机床提出了很多新要求，归纳如下：

（1）主轴要有高转速、大功率和大扭矩

高速与超高速切削不但要求机床主轴转速高，而且要求传递的扭矩和功率也要大，并且在高速运转中还要保持良好的动态特性和热态特性。

（2）进给速度也要相应提高，以保证刀具每齿进给量基本不变

为了配合主轴 10 倍于常规的切削速度，进给速度也必须相应提高 10 倍，由过去的 6 m/min 提高到 60~100 m/min，以保持刀具的每齿进给量基本不变。

（3）进给系统要有很大的加速度

在切削加工过程中，机床进给系统的工作行程一般只有几十毫米至几百毫米。在这样短的行程中要实现稳定的高速与超高速切削，除了进给速度要高外，进给系统必须有很大的加速度，以尽量缩短“启动—变速—停车”的过渡过程，以实现平稳切削。这是高速与超高速切削对机床结构设计的新要求，也是机床设计理论的新发展。

综上所述，沿袭数十年的普通数控机床的传动与结构已远远不能适应要求，必须进行全新设计。因此，有人称高速与超高速机床是21世纪的新机床，其主要特征是实现机床主轴和进给的直接驱动，是机电一体化的新产品。

2.2 实施高速与超高速切削的关键技术

高速与超高速切削对机床结构的要求是最基本的关键技术。一般认为，机床结构的关键技术包括：

① 独特的主轴结构单元；
② 高速直线驱动进给单元（系统）；
③ 高速与超高速切削刀具技术及其系统；
④ 高性能的数控和伺服驱动系统；
⑤ 高效的冷却系统；
⑥ 可靠的安全装置与实时监控系统；
⑦ 方便可靠的换刀装置；
⑧ 高阻尼和高刚度的机床床体结构；
⑨ 良好的动态特性和热特性。

此外，高速、超高速切削工艺也非常重要，忽视这点也很难实现高速与超高速切削。

2.3 独特的主轴结构单元

高速主轴是高速、超高速机床最重要的部件，它不仅要求在很高的转速下旋转，而且要有很高的同轴度、大而恒定的转矩和过热检测装置及动平衡的校正措施。

常用的是电主轴结构单元，包括电主轴单元、轴承及其润滑单元、刀具夹持装置、电主轴的冷却及动平衡单元、传感器及反馈装置等。

2.3.1 电主轴单元的分类

现在采用的电主轴单元有两种：一种是内装（藏）式交流变频电动机电主轴单元，另一种是内埋式永磁同步电动机电主轴单元。

1．内装式交流变频电动机电主轴单元

高速机床的高速主轴要在短时间内实现升速和降速并在指定位置快速准确停车，这就要求主轴具有很高的角加速度。如果通过皮带、齿轮和离合器等中间传动系统，不仅存在皮带“打滑”、振动和噪声大等缺点，而且转动惯量大，很显然这些中间传动系统已不再适应要求。如将交流变频电动机直接装在机床主轴上，即采用内装式无壳电动机（Frameless Motor），其

空心转子用压配合直接装在机床主轴上，带有冷却套的定子则安装在主轴单元的壳体中，就形成了内装式电动机主轴（Build in Motor Spindle），简称电主轴（Elector Spindle）。这样一来，电动机的转子就是机床的主轴，主轴单元的壳体就是电动机座，从而实现了电动机与机床主轴的一体化。

图 2.2 所示的是高速电主轴单元的组成。目前，电动机的转子与机床的主轴间是靠过盈套筒的过盈配合实现扭矩传递的，其过盈量是按所传递扭矩的大小计算出来的。电主轴的过盈套筒直径在ϕ33~ϕ250 mm 内有十几个规格，最高转速达 180 000 r/min，功率达 70 kW。

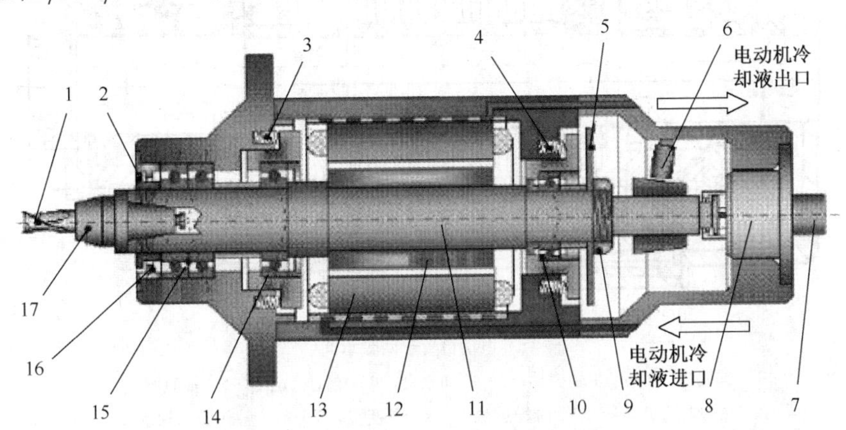

1—刀具，2—前端锁紧螺母，3—前端承载弹簧，4—尾端承载弹簧，5—编码盘，6—牵引挂钩位置传感器，7—旋转部件，8—牵引制动器，9—尾端锁紧螺母，10—后轴承，11—主轴，12—电动机转子，13—电动机定子，14、15—前轴承，16—迷宫式密封圈，17—刀柄

图 2.2　高速电主轴单元的组成

（1）电主轴的基本参数

图 2.3 给出了 GD-2 型电主轴单元。

电主轴的主要参数包括：主轴的最高转速和恒功率转速范围，主轴的额定功率和最大扭矩，主轴前轴颈的直径和前后轴承间的跨距等。其中主轴的最高转速与额定功率及前轴颈的直径是电主轴的基本参数。

设计机床的电主轴时，一般是根据用户的工艺要求，用典型零件的统计分析法来确定上述各参数的。通常把同一尺寸规格的高速机床又分为“高速型”与“高刚度型”分别进行设计。前者主要用于航空航天工业加工铝合金、复合材料和铸铁等零件，后者用于模具制造及高强度钢、高温合金等难加工材料及钢件的高效加工。此外，还要选择较好的扭矩-功率特性、调速范围足够宽的变频电动机及其控制模块。

（2）电主轴的结构布局

根据电动机和主轴轴承相对位置的不同，电主轴的布局可有两种方式：

① 电动机置于主轴前后两轴承之间，结构如图 2.3（a）所示。此种布局的优点是，电主轴单元的轴向尺寸较小、主轴刚度高、出力大，适用于大中型加工中心，故大多数加工中心采用此结构布局方式。

② 电动机置于后轴承之后，结构如图 2.3（b）所示。此时主轴箱与电动机作轴向的同轴布置（也可用联轴节）。其优点是，前端的径向尺寸可减小，电动机的散热条件较好。但整个电主轴单元的轴向尺寸较大，与主轴的同轴度不易调整。常用于小型高速数控机床，尤其

适合于加工模具型腔的高速精密机床。

前后轴承间的跨距及主轴前端的伸出量，均应按静刚度和动刚度的要求来计算。

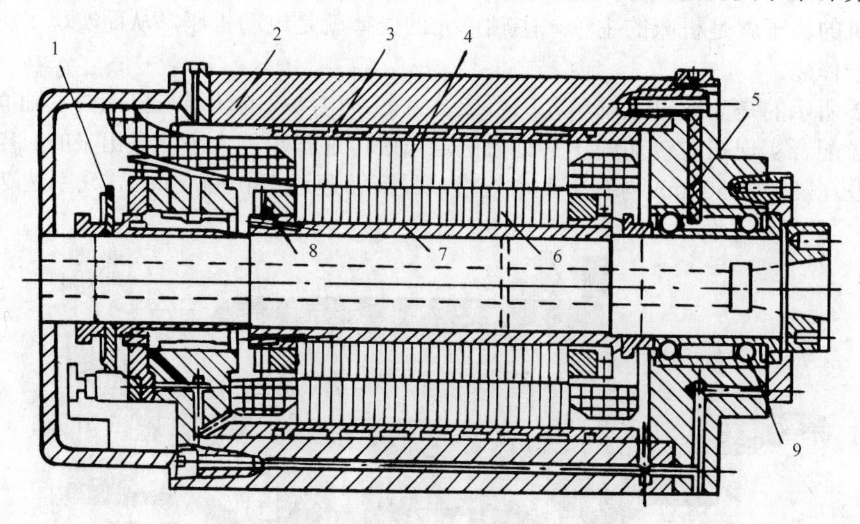

（a）电动机置于两轴承间

1—编码盘，2—电主轴壳体，3—冷却水套，4—电动机定子，5—油气喷嘴，

6—电动机转子，7—阶梯过盈套，8—平衡盘，9—角接触陶瓷球轴承

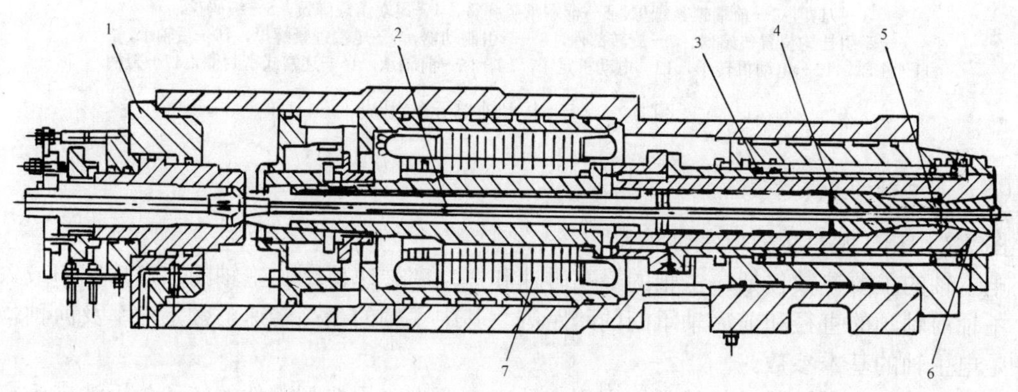

（b）电动机置于后轴承之后

1—液压缸，2—拉杆，3—主轴轴承，4—碟形弹簧，5—夹头，6—主轴，7—内置电动机

图 2.3　GD-2 型电主轴单元[7]

2. 内埋式永磁同步电动机电主轴单元

图 2.4 为内埋式永磁同步电动机电主轴单元的结构示意图。单元中的主轴部件由高速精密陶瓷轴承支撑于电主轴的外壳中，外壳中还安装有电动机的定子铁心和三相定子绕组。为了有效地散热，在外壳体内开设了冷却管路。主轴系统工作时，由冷却泵打入冷却液带走主轴单元内的热量，以保证电主轴的正常工作。主轴为空心结构，其内部和顶端安装有刀具的拉紧和松开机构，以实现刀具的自动换刀。主轴外套内有电动机转子，主轴端部还装有激光角位移传感器，以实现对主轴旋转位置的闭环控制，保证自动换刀时实现主轴的准停和螺纹加工时的 C 轴与 Z 轴的准确联动。

采用内埋式永磁同步电动机电主轴单元有如下优点：

① 电动机的效率高，电主轴单元的体积小、重量轻，有利于实现主轴单元的位置与姿态的高速控制；

② 用新型永久磁铁代替了感应电动机的鼠笼，转子发热少，有利于保证主轴的精度；

③ 有较高的强度，提高了电动机高速运行时的可靠性与安全性；

④ 可方便地实现恒功率弱磁调速，从而扩大了电主轴的调速范围，有效地满足了宽范围高速切削的要求。

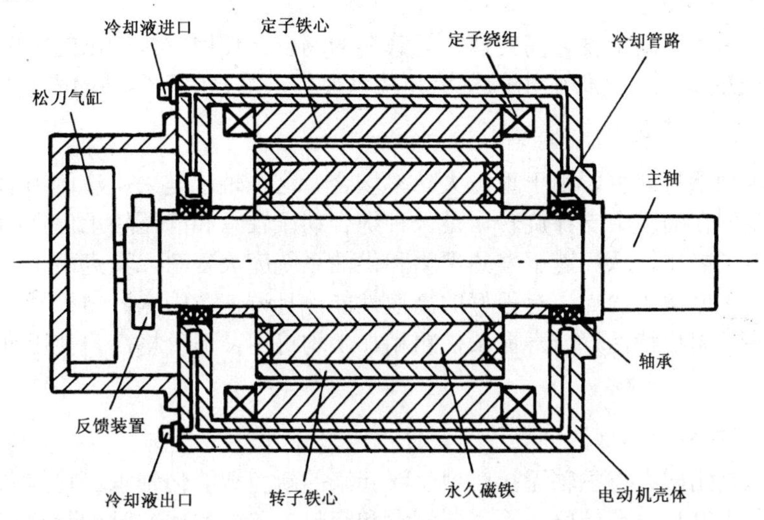

图 2.4　内埋式永磁同步电动机电主轴单元结构示意图[14]

3. 其他结构的主轴单元

除电主轴结构单元外，也可采用薄膜联轴节将电动机与主轴连为一体，从而实现主轴的直接驱动。这样有利于电动机的散热，省去了水冷却装置。缺点是增加了转动惯量，降低了角加速度。

除上述电主轴单元外，气动主轴单元和水动主轴单元也在研究开发中。但它们的输出功率更小，甚至小到几十瓦。

2.3.2　主轴轴承

高速主轴单元设计中主轴轴承类型的选择与设计也是非常关键的。主轴轴承不但要有高的刚度和大的承载能力，而且要有较长的使用寿命。到目前为止，有 4 种轴承可选做高速主轴轴承，即滚动轴承、空气静压轴承、液体动静压轴承和磁悬浮轴承。

（1）滚动轴承

滚动轴承在高速旋转时滚珠会产生很大的离心力和陀螺力矩，此时的离心力远大于切削时作用给滚珠的力，故此时轴承设计的主要参数不再是工作载荷了，而应是转速。一般用转速特征值 k 来表示，即 $k=nd_m$（n ——转速，d_m——轴承的平均直径）。为此必须采取以下措施解决离心力的问题：

① 尽量减小滚珠直径；

② 采用密度小的热压烧结 Si_3N_4 陶瓷材料制作滚珠。

Si_3N_4 陶瓷材料具有密度小（3.2 g/cm^3）、弹性模量大（300 GPa，约是轴承钢的 1.5 倍）、硬度高（1800HV）、热胀系数小、耐高温、不导电、不导磁、导热系数小等一系列优良性能。用热压 Si_3N_4 陶瓷材料制作的轴承具有转速高、精度高、刚度高、温升小（比轴承钢轴承减少 35%~60%）、寿命长等优点。价格虽比同规格同精度等级的钢质轴承高 2~2.5 倍，但使用寿命长 3~6 倍，故热压 Si_3N_4 陶瓷制作的轴承是高速机床广为采用的较为经济适用的高速轴承。目前主要用热压 Si_3N_4 陶瓷制作滚珠，滚道仍然用轴承钢，这种轴承被称为陶瓷混合轴承，滚道也可作表面改性处理，以提高其耐磨性能。

（2）空气静压轴承

空气静压轴承用于高精度、高转速、轻载荷的场合。使用空气轴承的主轴单元，主轴转速可达 150 000 r/min 以上，但输出的扭矩和功率很小，主要用于零件的光整加工。

（3）液体动静压轴承

液体动静压轴承目前主要用于重载大功率场合。这种轴承是采用液体的动力和静力相结合的方法，使主轴在油膜中支撑旋转。是一种综合动压轴承和静压轴承优点的新型多油楔油膜轴承，既避免了静压轴承高速下发热严重和供油系统庞大复杂，又克服了动压轴承启动和停止时可能发生干摩擦的弱点，有很好的高速性能，且调速范围宽，结构紧凑，径向和轴向跳动小，刚度高，阻尼特性好，寿命长，粗精加工均可用；但价格高，使用维护较复杂，标准化程度低[102]。

（4）磁悬浮轴承

磁悬浮轴承是用磁力将主轴无接触地悬浮起来的新型智能化轴承。它的高速性能好、无接触、无摩擦、无磨损、高精度，不需要润滑和密封，还能实现实时诊断和在线监控，故被美国、法国、瑞士、日本、中国等很多国家作为研究对象，是超高速主轴合适而且理想的主轴轴承。但其价格昂贵，还有些技术问题尚未完全解决，因而限制了它的推广使用。

2.3.3 电主轴的冷却和轴承的润滑

与一般主轴部件不同，电主轴最突出的问题之一就是内装式高速电动机的发热。因为电动机就安装在主轴的两支撑轴承的中央，电动机的发热会直接影响主轴轴承的工作精度，即影响主轴的工作精度。解决的办法之一就是在电动机定子的外面加一个带螺旋槽的铝质冷却水套 3（见图 2.3）。机床工作时，冷却油–水不断在该螺旋槽中流动，从而把电动机发出的热量及时带走。冷却油–水的流量可根据电动机发出的热量来计算。图 2.5 给出了广东工业大学研制的 GD-2 型电主轴的油–水热交换系统图。

与此同时，还必须解决主轴轴承的发热问题。由于电主轴的转速高，转速特征值 k 大，因此对主轴轴承的动态和热态特性的要求也十分严格。除个别超高速电主轴采用磁悬浮轴承或液体动静压轴承外，目前国内外绝大多数高速电主轴都采用角接触的 Si_3N_4 陶瓷球轴承，其直径比同规格的球轴承小 1/3，性能价格比较容易被接受。为进一步降低主轴轴承的温升，GD-2 电主轴单元还采用了油–气润滑系统，如图 2.6 所示。

此外，还可来用喷油雾润滑，也称为油–雾润滑[102]。

实测表明，在高速运转条件下，采用油–气润滑系统的主轴轴承的温升可比喷油雾润滑时的温升降低 9~16℃，而且随着转速特征值的增大，降温效果会更好。

主轴轴承润滑对主轴转速的提高起着非常重要的作用，滚动轴承必须采用油–气润滑或喷油雾润滑。与用润滑脂润滑相比，油–气润滑可使轴承的极限转速达到 $(1.8\sim2.1)\times10^6$ r/min 。

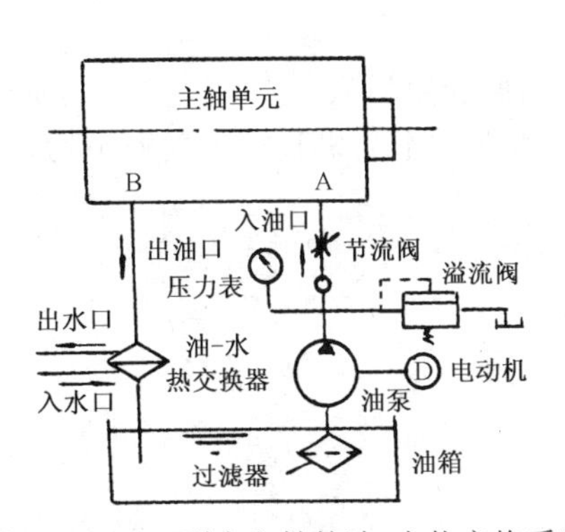

图 2.5　GD-2 型电主轴的油-水热交换系统图[7]

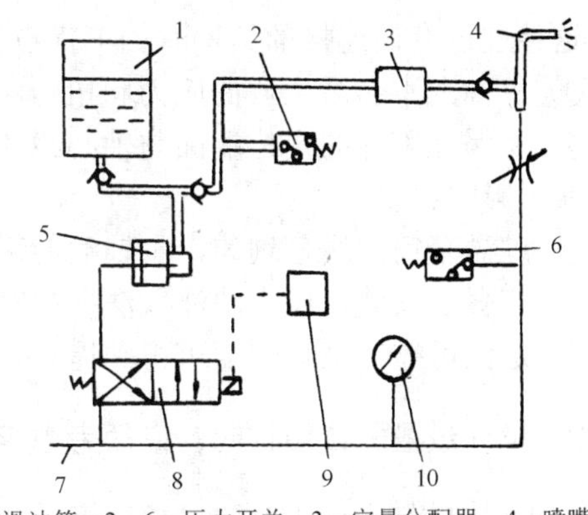

1—润滑油箱，2、6—压力开关，3—定量分配器，4—喷嘴，5—泵，7—压缩空气，8—电磁阀，9—时间继电器，10—压力表

图 2.6　GD-2 型电主轴轴承的油–气润滑系统[7]

2.3.4　电主轴的动平衡

电主轴的最高转速可达 60 000~180 000 r/min，旋转部分微小的不平衡量都可能引起巨大的离心力，造成机床的振动，影响加工精度和质量。因此必须对电主轴进行十分严格的动平衡，使电主轴组件的动平衡精度达到 0.4 级以上的水平。

1．设计电主轴时，必须严格遵守结构对称的原则

图 2.7 所示电主轴的连接结构中，电动机转子与主轴之间是靠将转子加热至 180~200℃再装入过盈套筒产生的过盈配合来实现扭矩传递的，其过盈量是按所传递的扭矩来计算的[8]。过盈量有时大到 0.08~0.10 mm[8]。主轴尽量不用键、螺纹与其他零件连接。主轴上起轴向固定零件作用的螺纹套筒改用与主轴有过盈配合的端盖来代替。

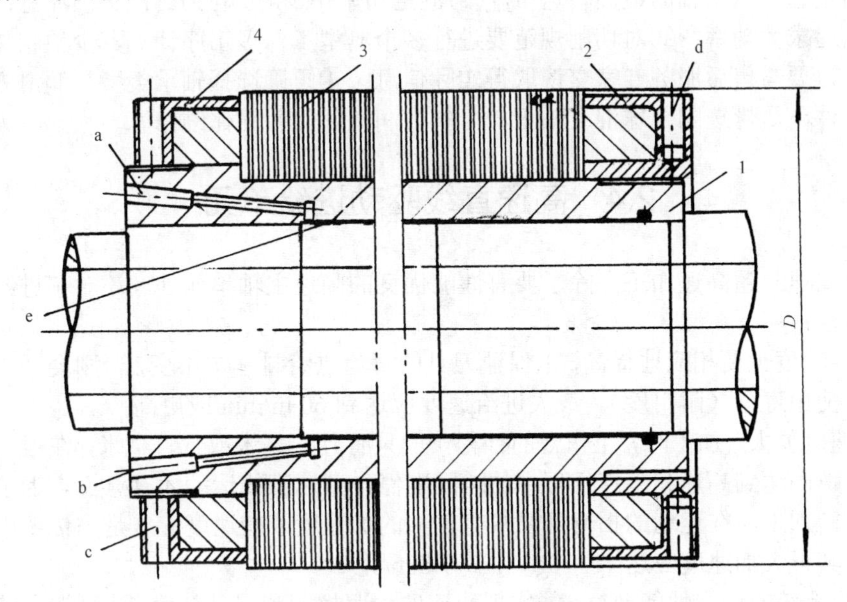

1—过盈套筒，2、4—端盖，3—转子硅钢片

图 2.7　高速电主轴的动平衡结构设计[7, 8]

这种过盈套筒连接的结构有如下优点：

① 主轴上不会产生弯曲应力和扭转应力，不影响主轴旋转精度；

② 易保证零件的定位端面与轴心线的垂直度，轴承预紧时不会引起轴承受力不均，对轴承寿命无影响；

③ 过盈套筒的质量均匀，主轴的动平衡易得到保证；

④ 热套法安装、压力油注入法拆卸对主轴无损害；

⑤ 定位可靠，主轴刚度可得到提高。

2. 设计过盈配合结构时，必须考虑拆装的方便

图 2.7 中的转子硅钢片内过盈套筒 1 是用 Cr-Mn 弹簧钢制造的薄壁件，具有较好的弹性。当需要更换前轴承而把转子从主轴上拆卸下来时，可用高压泵将高压油从转子内套左端小孔 a 压入环形内孔 e，过盈套筒 1 的内径在高压油的压力作用下要胀大，这样就可方便顺利地将转子拆下。为了保证主轴单元结构的对称性，转子内过盈套筒 1 的左端面上也要对称地加工出另一小孔 b，该小孔可用螺塞堵死。

3. 装配后保证动平衡的其他措施

一是转子硅钢片在装配前要留有加工余量，热压装入主轴后再以主轴轴颈为支承进行精加工；二是在两端盖上对称地加工出不同直径的螺孔 c、d（M4 或 M6），根据组件动平衡测试的结果，旋入相应深度的平衡螺钉，然后再用环氧树脂固化。

文献[103]中研制了外部控制注液式在线动平衡装置。控制器可根据转子振动状态的变化判断失衡方位，并发送指令给液压系统，可有效抑制失衡振动[103]。

2.3.5 电主轴的选用

重要的是选用电主轴的最高转速 $n_{0\max}$、额定功率 P_c 和扭矩 M。但必须注意：①切忌贪图高转速，追求大功率；②对切削规范要进行多个典型工件多工序计算，少拍脑袋；③不只单纯看样本，要与售后服务专家交谈取得实际信息；④正确选择轴承类型与润滑方式，在满足要求的条件下尽量选陶瓷球混合轴承，可省去润滑部件并简化维修。

2.4 高速直线驱动进给单元

为实现高速与超高速加工，除了要有性能优良的高速主轴单元外。还对其进给系统提出了很高的要求：

① 进给速度也要相应地提高，以保证刀具的每齿进给量基本不变，否则会严重影响加工质量和刀具使用寿命（耐用度）。最大进给速度应达到 60 m/min 或更高；

② 加速度要大。加工时，工作台的行程一般只有几十毫米或几百毫米，在很高的进给速度下，只有瞬间达到高速和高速行程中的瞬间准停，高速直线运动才有意义。为了实现曲线或曲面的精密加工，在运动的拐弯处要求有较大的加速度或减速度。这是与传统机床的最大区别之一。其最大加速度应达 $1g \sim 10g$（$1g = 9.8\ \mathrm{m/s^2}$）；

③ 进给系统的动态性能要好，能实现快速的伺服控制和误差补偿，达到较高的定位精度和刚度，以进行高效精密加工。

2.4.1 高速直线进给传动方式分析

1．伺服电动机+滚珠丝杠副传动方式[10，12]

众所周知，传统的数控机床进给系统的传动方式是旋转伺服电动机+滚珠丝杠副。这一传动方式包括：伺服电动机、联轴节、丝杠支撑轴承、推力轴承、螺母托架、丝杠和螺母等元件。其最大进给速度υ_{fmax}为

$$\upsilon_{\text{fmax}} = n_{\max} P \tag{2-1}$$

式中，$n_{\max}$——伺服电动机的最高转速，r/min；

P——丝杠导程，mm。

最大进给加速度$a_{\max}$为

$$a_{\max} = \frac{2\pi P M_{\max}}{4\pi^2 J + mP^2} \tag{2-2}$$

式中，$M_{\max}$——伺服电动机的最大扭矩，N · m；

J——传动系统的转动惯量，kg · m^2；

m——移动部件的质量，kg。

由式（2-1）和式（2-2）知：要获得较高的进给速度υ_{fmax}和加速度 $a_{\max}$，必须增大丝杠导程P、伺服电动机扭矩$M_{\max}$和转速$n_{\max}$以及减小移动部件的质量m。

一般情况下，伺服电动机的转速约为2 000~2 500 r/min，丝杠的导程P约为10~15 mm，可能实现的进给速度υ_{f}约为20~30 m/min，加速度只有0.1g~0.3g。目前，普通滚珠丝杠副的最大进给速度也不过40 m/min，最大加速度为0.5g；如为高精度滚珠丝杠副，其最大进给速度可达120 m/min，最大加速度也只能达到1g~1.5g。

如采用增大丝杠导程P、减小移动部件的质量m和转动惯量J的办法，从理论上讲也可使υ_{fmax} 和 $a_{\max}$ 增大，但此时进给系统的静刚度 K_{J} 与导程 P 的平方成反比，即$K_{\text{J}} \propto \frac{1}{P^2}$。可见随着导程$P$的增大，静刚度$K_{\text{J}}$会迅速降低，这样会直接影响机床的加工精度；再加上滚珠丝杠机构本身存在的传动误差和磨损，以及大的转动惯量、爬行和反向死区等问题，要想再提高它的进给速度和加速度已经是非常困难的事了，必须采用别的传动方式才行。

2．直线电动机传动方式

为满足前述要求，1993年直线电动机传动的进给系统应运而生。用直线电动机直接驱动机床的工作台，可取消从电动机到工作台之间的一切中间传动环节，与电主轴一样把传动链的长度缩短为零，实现了机床的“零传动”[11]。这是一种较理想的传动方式。为提高精度并降低成本，可采用如图2.8所示的动短初级、定长次级的直线电动机传动方式。

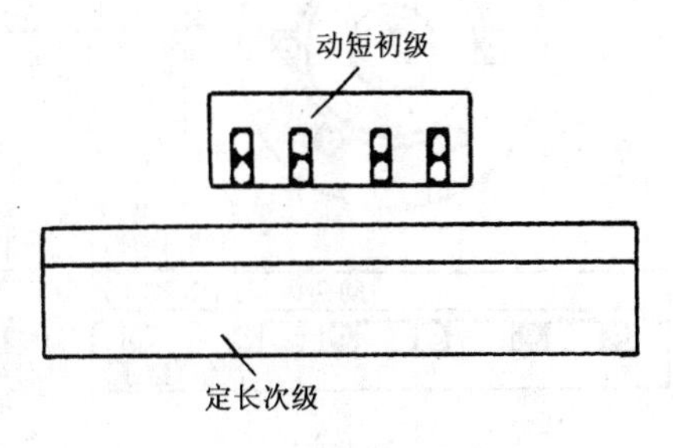

图2.8 直线电动机传动方式[13]

直线电动机传动方式与滚珠丝杠副传动方式的性能比较见表2-4。

表 2-4　直线电动机与滚珠丝杠副传动方式的性能比较[12]

传动性能	直线电动机	普通滚珠丝杠副	精密高速滚珠丝杠副
v_{fmax}/(m/min)	60~200	20~30（40）	60~100（120）
a_{max}/(g)	2~10	0.1~0.3（0.5）	0.5~1.5
静刚度 K_J/(N/μm)	70~270	90~180	90~180
动刚度 K_D/(N/μm)	160~210	90~180	90~180
调整时间/ms	10~20	100	
可靠性/h	50 000	6 000~10 000	

2.4.2　高速直线电动机进给单元

1．高速直线电动机进给单元的组成

高速直线电动机进给单元的组成包括：直线电动机、工作台、滚动导轨、精密测量反馈系统和防护系统等 5 部分，如图 2.9 所示。

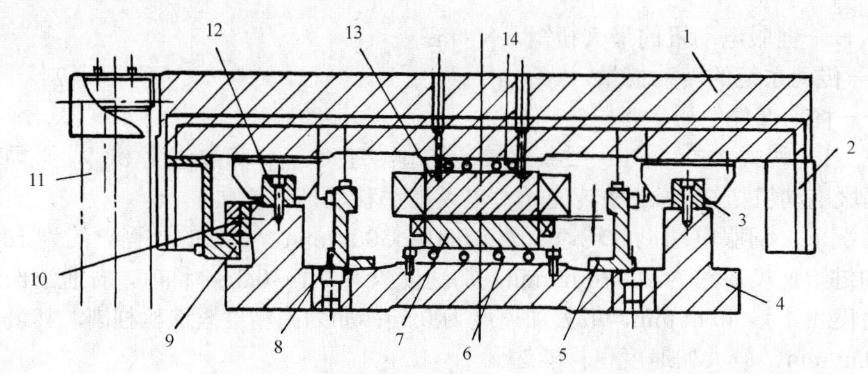

1—工作台，2—防护罩，3、12—导轨，4—床身，5、8—辅助导轨，6、14—冷却板，
7—次级，9—测量系统，10—光栅尺，11—拖链，13—初级

图 2.9　GD-3 直线电动机进给单元组成[10]

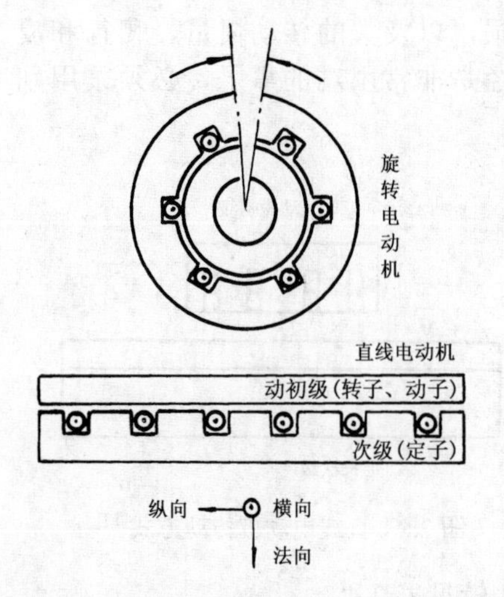

图 2.10　感应直线电动机的工作原理[9]

（1）直线电动机

能满足机床进给系统大推力要求的直线电动机主要是交流直线电动机。按励磁方式可分为交流感应（异步）直线电动机和交流永磁（同步）直线电动机两种。

1）工作原理

① 感应直线电动机的工作原理如图 2.10 所示。

将传统筒型旋转电动机的初级绕组展开拉直，变初级封闭磁场为开放磁场。当电动机三相绕组中通入三相正弦电流后便产生了气隙磁场，气隙磁场的分布与旋转筒型电动机相似，即是沿着展开的直线方向呈正弦分布。当三相电流随时间变化时，气隙磁场是按定向相序沿直线移动（即平移）的，故称为行波磁场。当次级绕组在行波磁场的切割下产生感应电动势时，便产生感应

电流，这感应电流与气隙磁场的相互作用便产生了电磁推力。假如初级绕组固定不动，次级就顺着行波磁场的运动方向做直线运动了。

② 交流永磁同步直线电动机的基本原理如图 2.11 所示。

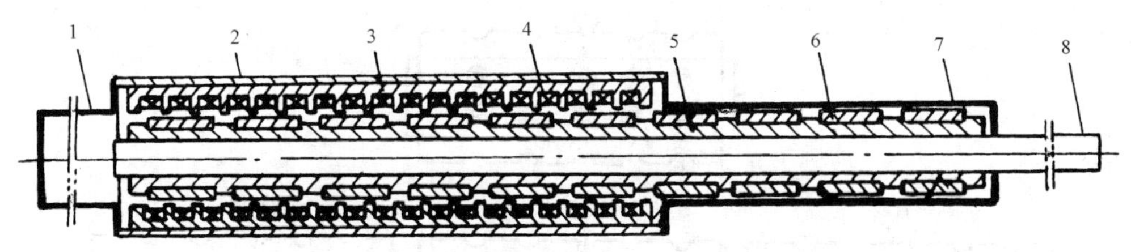

1—后防护罩，2—电动机壳体，3—定子铁心，4—定子绕组，
5—动子铁心，6—动子磁铁，7—前防护罩，8—输出杆

图 2.11　交流永磁同步直线电动机的基本原理[14]

此直线电动机由定子（相当于次级）和动子（相当于初级）组成，当在定子绕组中通入对称三相交流电时，将产生沿电动机运动方向的行波磁场。通过矢量控制可使定子行波磁场的磁极比动子永磁体磁极超前一个相位角，产生所要求的磁推力，以驱动动子平稳运动。

2）永磁同步与感应异步直线电动机的比较

① 永磁同步直线电动机的次级是永久磁性材料（磁钢），在机床上应用时，需沿着机床导轨一块一块地全程铺设，而工作台上朝下装着含铁心的三相通电绕组以形成直线电动机的初级。其磁路特性和外形尺寸主要取决于所采用的永磁材料。如采用高性能的新型稀土永磁合金材料，价格昂贵（约占整个永磁电动机成本的 50%），工艺复杂；另外，机床导轨上铺设一长条强永磁材料，给机床的装配、使用与维护也带来了诸多不便。床身等机床的零部件、所用的工具和刀具、工件及切屑等几乎均为铁磁材料，很容易被永磁材料吸住，空气中的磁性尘埃和微粒一旦被吸入到直线电动机的初级和次级之间的微小间隙（0.15 mm~ 0.3 mm）内，极易造成堵塞，致使直线电动机无法正常工作。永磁同步直线电动机的优点是，单位面积推力和功率因数大、可控性好。

② 感应异步直线电动机工作时初级是带电的，这样工作台就必须带着电缆做往复直线运动，这同永磁同步电动机一样。但其次级是用自行短路不带电的栅条（相当于感应旋转电动机的“鼠笼”展开）代替永磁同步电动机的永磁材料，这就避免了前述的永磁同步电动机在装配、使用与维护方面的不便。况且，由于近年来对感应异步直线电动机的改进，其工作性能已接近于永磁同步直线电动机的水平。因此，在机床行业中感应异步直线电动机的使用越来越多。

图 2.12 为感应异步直线电动机截面图，采用的是动短初级、定长次级的结构形式。带三相绕组的初级 6 通过冷却板 3（内有多路冷却油道），用螺钉 5 反装在工作台 4 上。带（鼠笼展开型）栅条的次级 2 通过冷却板 1 用螺钉 8 装在直线电动机的底座 7 上，然后再固定在机床床身上。

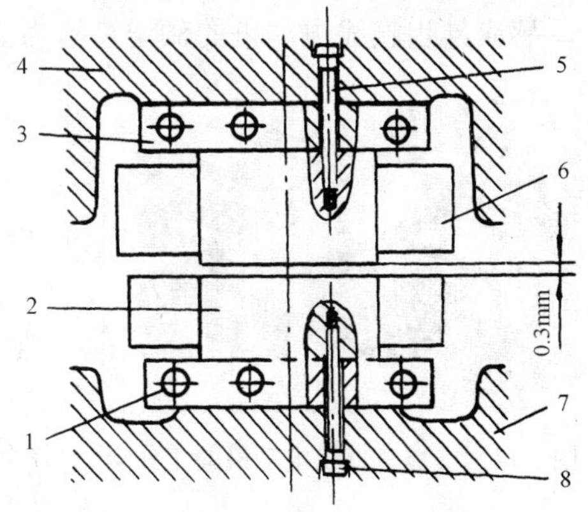

1、3—冷却板，2—次级，4—工作台，
5、8—螺钉，6—初级，7—底座

图 2.12　感应异步直线电动机截面图[11]

如进给单元的工作台长×宽 = 700 mm×500 mm，工作行程 800 mm，则电动机的次级全长应为 1 500 mm。在此采用三段拼接形式，每段长为 500 mm，拼接式次级如图 2.13 所示。

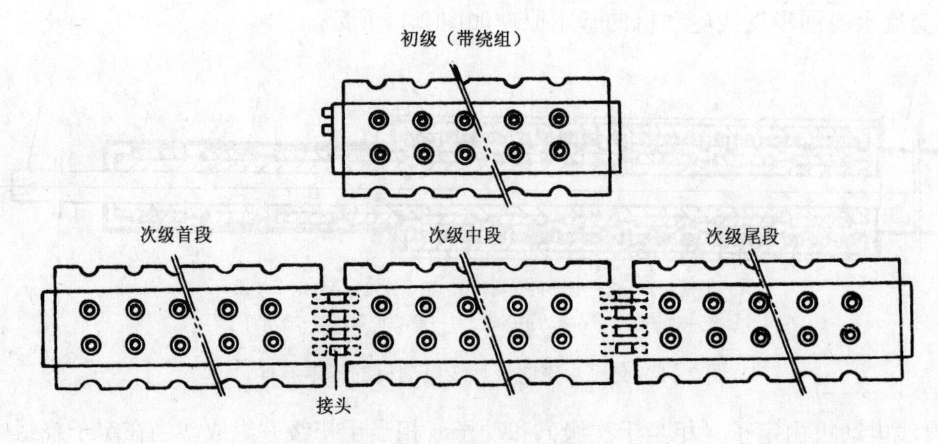

图 2.13 拼接式次级[11]

因为直线电动机的次级可由多段精密拼接而成，因此从理论上讲，直线电动机无行程长度的限制，次级能铺到哪里，工作台（初级）就可走到哪里。现在，直线电动机次级的拼接技术已达到相当高的水平，完全能满足超长行程机床的要求。也可在同一机床导轨上安装多个各自独立运动的工作台。即在同一长次级上设置多个初级，形成多个直线电动机，受同一计算机控制系统指挥，互不干扰协调工作。这就提供了这样的可能性，在加工中心或柔性制造单元 FMC（Flexible Manufacturing Cell）中，用机床同一导轨上的多个工作台来替代现行的交换工作台，进一步简化自动化机床的上下料机构并实现高速化，节省辅助时间。这也是滚珠丝杠传动方式无法比拟的。

但是，感应异步直线电动机工作时，初级和次级会产生大量的热量，其工作环境也需要清洁。这两个问题必须加以妥善解决，否则会影响直线电动机的正常工作。

在电动机工作过程中，热量是由通入图 2.12 中的两块冷却板 1 和 3 中的油液带走的。油液经过油-水热交换器降温后，再由油泵打入冷却板形成工作循环，这样就可以把直线电动机产生的热量带走，有效地防止工作台、导轨和床身的热变形。

感应异步直线电动机的额定进给力为 2 000 N，最大进给速度 v_{fmax} 为 100 m/min。

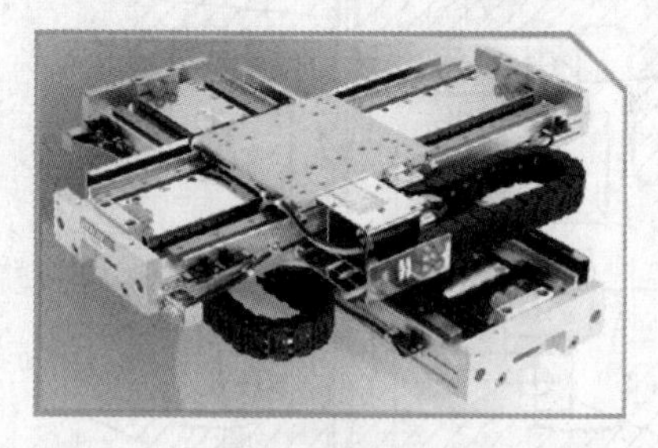
图 2.14 安装有直线电动机的工作台

（2）工作台

安装有直线电动机的工作台（图 2.14）是高速直线进给单元的移动部件，其质量的大小对进给单元的静、动态特性影响很大。与传统工作台不同的是直线电动机驱动的工作台是直线电动机初级的载体，通过 4 个滑块与滚动导轨相连，工作台结构示意图如图 2.15 所示。直线电动机所能达到的最大加速度 a_{max} 与包括工作台在内的进给单元的质量成反比，如图 2.16 所示。

由图 2.16 可知，设法减轻工作台的质量至关重要。要解决这个问题，可从两个方面入手：

1）采用高强度轻质材料

当前可选择的轻质材料有钛合金 TC4（Ti-6Al-4V）和碳纤维增强塑料，其性能对比见表 2-5。

这两种材料的比强度比钢高得多，且均不导磁，有利于直线电动机的正常工作。

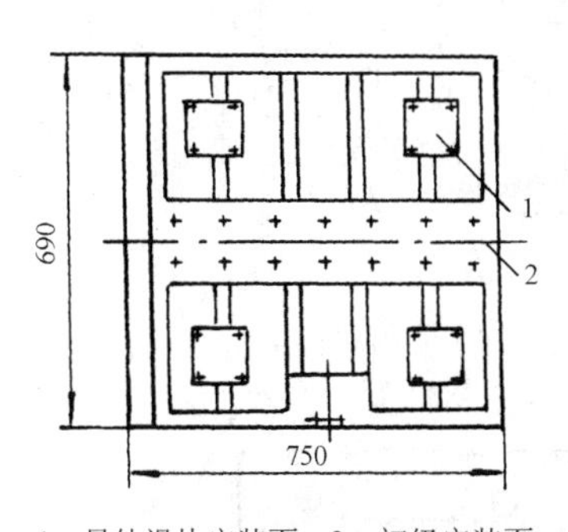

1—导轨滑块安装面，2—初级安装面

图 2.15　工作台的结构[13]

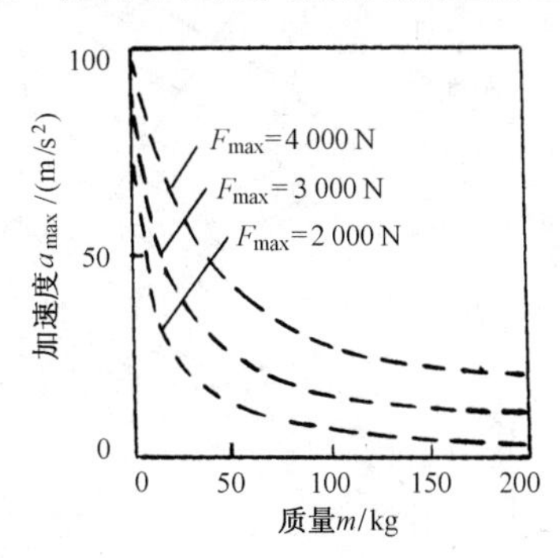

图 2.16　直线电动机的 a_{max} 与质量的关系曲线[12]

2）结构的优化设计

结构优化设计的目的是在满足要求的动态和静态刚度条件下，使工作台质量最轻量化。通常对工作台的截面形状和尺寸进行有限元分析和最优化设计。

表 2-5　碳纤维增强塑料、钛合金与钢的性能对比[11]

材料	密度 $\rho(\times10^3\,kg/m^3)$	抗拉强度 σ_b /GPa	比强度 $\frac{\sigma_b}{\rho}$ /(m^2/s^2)	弹性模量 E /GPa	比模量 $\frac{E}{\rho}$ /(m^2/s^2)
高强度钢	7.8	1.0	130×10^3	206	26×10^6
钛合金 TC4	4.5	0.95, 1.19 退火，时效	$(202, 253)\times10^3$ 退火，时效	112	25×10^6
碳纤维增强塑料	1.6	1.5	937×10^3	137	95×10^6

广东工业大学研制的 GD-3 型进给单元中的工作台选用了灰铸铁 HT250，并用有限元法对其筋板结构和整体刚度进行了校验和优化设计，工作台的质量比常规的减轻了 30%~40%。

（3）导轨

由于直线电动机进给单元的运动速度高，工作时导轨将承受很大的动载荷和静载荷，并受到多方面的颠覆力矩。另外，工作台与导轨的摩擦也会影响进给单元的加速度和发热等。因此必须选用高精度、高刚度和承载能力大的导轨结构，同时选用摩擦系数小的材料。图 2.17 给出的是“四向等截面圆弧接触型”高速高刚度滚动导轨。这种滚动导轨的摩擦系数仅为 0.02，且动静摩擦系数相差很小，可有效地避免发热和爬行，可以预加载荷，可以消除反向间隙，刚度高，承载能力大，使用寿命长，能较长期保持工作精度。

GD-3 型高速直线进给单元采用了两根 1.6 m 长，每根导轨上带有 2 个滚动滑块的精密级标准滚动导轨，在工作台 800 mm 全行程上的运动平行度可达 7 μm。

（4）精密测量反馈系统

由于直线电动机的动子（初级）已与机床工作台合二为一，故只能采用闭环控制。此时工作台的载荷（包括工件的质量和切削力）的变化就是一种外界干扰，如调节不好，就很可能产生振荡而使系统失稳，故直线电动机的伺服控制较难，要求更高。图 2.18 为 GD-3 型直线电动机进给控制系统框图。

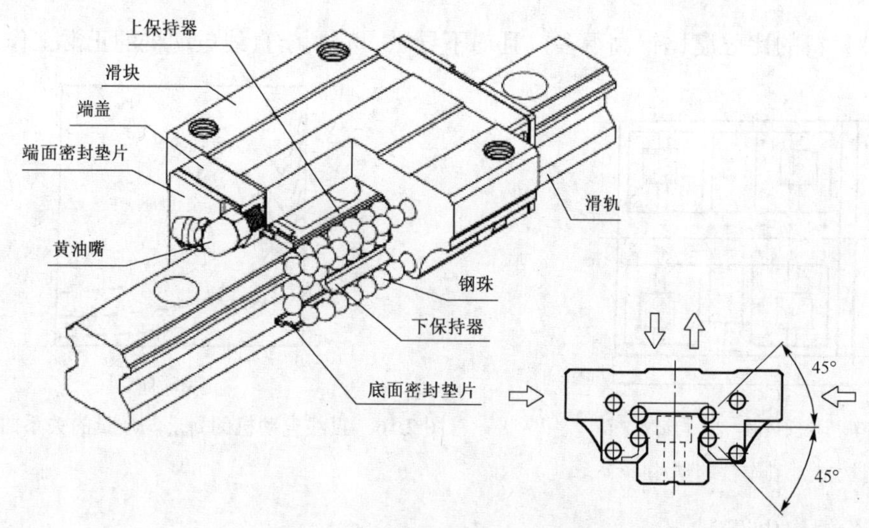

图 2.17　高速高刚度滚动导轨

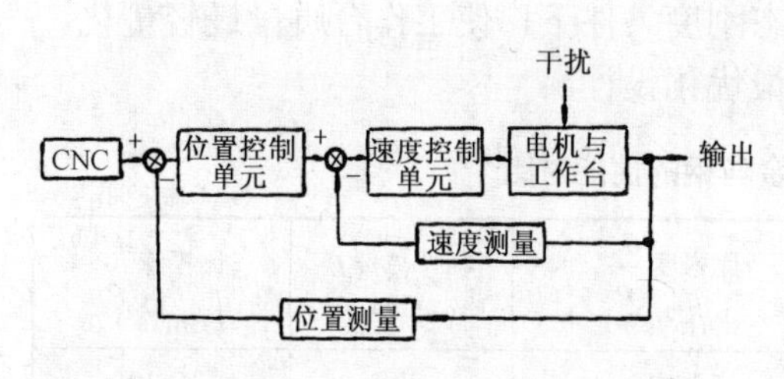

图 2.18　直线电动机进给控制系统框图[11]

在 GD-3 型直线电动机进给控制系统中采用精密光栅尺作为工作台移动位置的检测元件。该光栅尺要能识别磁极的位置和方向，应使用绝对式光栅尺，若用增量式光栅尺，则要在初级部件的一端安装霍尔效应传感器才行。此系统为双闭环控制系统，内环是速度环，外环是位置环，速度控制单元由速度调节器、电流调节器和功率驱动放大器等组成。本系统通过接口电路即可实现与机床 CNC 控制器的顺利对接。

2．高速直线进给单元的特点

① 采用了感应直线电动机。带线圈的初级反装于工作台底面上，次级相当于交流电动机鼠笼盘的展开，它由三段组成（每段 500 mm），安装在机床床身的过渡板上。初级与次级间的间隙为 0.3 mm。

② 为防止直线电动机发热引起机床工作台、导轨和床身的热变形，初级和次级都有冷却板，将冷却油水通入冷却板孔中，以便带走直线电动机发出的热量，既保持了机床构件的精度，又防止了直线电动机过热，且直线电动机本身也有热保护装置。

③ 为了适应工作台的高速直线往复运动的要求，并承受可能产生的颠覆力矩，采用了两条“四向等截面圆弧接触型”滚动导轨。

④ 使用光栅测量（精密光栅尺和双频激光干涉仪）和闭环控制系统实现工作台运动的精确定位和位移控制。

⑤ 用不锈钢手风琴折叠防护罩保护直线电动机及精密滚动导轨，以防止切屑、尘埃及杂物的落入。

3．高速直线进给单元设计的几个问题

（1）直线电动机的设计应满足三个基本要求

在设计或选用直线电动机时，首先应对其特性曲线（见图 2.19）进行分析，使其基本参数满足下列三个要求：

① 直线电动机的最大速度υ_{max}必须大于进给单元要求达到的最大进给速度υ_{fmax}，即$\upsilon_{max} > \upsilon_{fmax}$；

② 直线电动机的最大推力F_{max}必须大于进给单元所要求达到的最大推力F_{Rmax}，即$F_{max} > F_{Rmax}$；

③ 直线电动机在所要求速度范围内的最小推力F_{min}必须大于进给单元要求的平均有效推力F_{eff}，即$F_{min} > F_{eff}$。

此时，直线电动机的最大速度可由下式计算得出。

$$\upsilon_{max} = 2(1-s)\tau f_{max} \tag{2-3}$$

式中，s——滑差率；

τ——直线电动机的电极距，mm；

f_{max}——电源可调最大频率，Hz。

直线电动机进给单元的受力分析如图 2.20 所示。

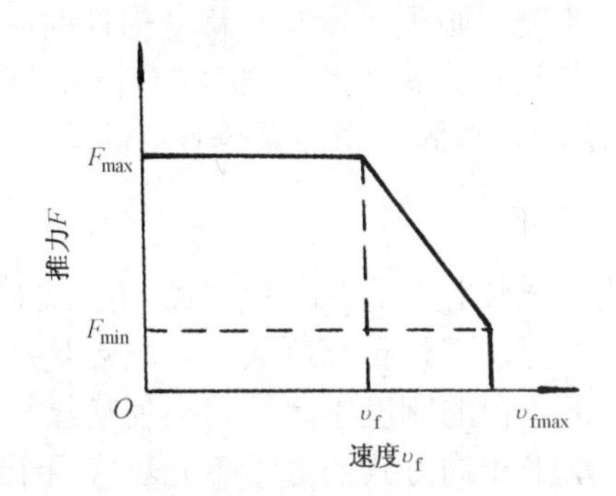

图 2.19　直线电动机的特性曲线[10]

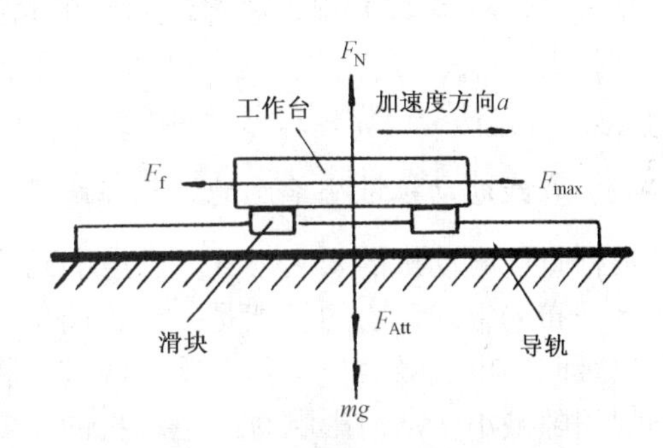

图 2.20　进给单元受力分析[10]

由图 2.20 可知：工作台运动时所产生的摩擦力F_f可由下式计算，

$$F_f = (mg + F_{Att})\mu \tag{2-4}$$

式中，m——移动部件的总质量，kg；

$m = m_w + m_p + m_s$；

m_w——工作台的质量，kg；

m_p——电动机初级的质量，kg；

m_s——滑块的质量，kg；

g——重力加速度，m/s^2；

F_{Att}——直线电动机初级与次级间的垂直吸力，N；

μ——滑块与导轨间的摩擦系数。

工作台加速时的惯性力F_{Acc}可由下式计算，

$$F_{Acc} = ma \tag{2-5}$$

式中，a——工作台进给的加速度，m/s^2。

在一个加工周期内，进给单元所要求的平均有效推力F_{eff}可由下式计算，

$$F_{eff} = \sqrt{\frac{\sum(F_i^2 t_i)}{\sum t_i}} \tag{2-6}$$

式中，F_i——在一个时间间隔内进给单元要求的推力，N；

t_i——时间间隔，s。

一般可按典型工作情况下的时间-速度曲线来计算每个时间段进给单元要求的最大推力 F_{Rmax}，并计算出一个加工周期的平均有效推力 F_{eff}，再按直线电动机产品的标准参数系列选择能满足设计要求的直线电动机。例如，要选择GD-3型直线电动机进给单元需要的直线电动机，应满足进给速度为60 m/min，加速度为1g，移动部件的质量为337 kg，滑块与滚动导轨间的摩擦系数 $\mu = 0.01$ 的要求。按前述的设计方法，通过计算得到了典型工作情况下进给单元要求的最大推力为 $F_{Rmax} = 3\,513$ N，进给单元要求的平均有效推力 $F_{eff} = 1\,676$ N。故可选用LAF121C-A型直线电动机。该电动机的额定推力为2 000 N，最大推力 $F_{max} = 4\,500$ N，$\upsilon_{max} = 100$ m/min，总功率为8 kW。

直线电动机进给单元所能达到的最大加速度 a_{max} 为

$$a_{max} = \frac{F_{max} - F_{Rmax}}{m} \tag{2-7}$$

从式（2-7）可以看出，要提高进给单元的加（减）速度，必须尽量减小移动部件的质量或增大推力（$F_{max} - F_{Rmax}$）。其中可通过工作台结构的优化设计来减小移动部件的质量，而推力($F_{max} - F_{Rmax}$)是与摩擦力、直线电动机型号、滑块与滚动导轨间的摩擦系数有关的。

（2）直线电动机进给单元的结构布局设计

根据直线电动机的安装方式，进给单元的结构布局可分水平与垂直两种方式。图2.21所示为水平布局方式，它的优点是：结构简单、安装维护方便、工作台高度较小。缺点是：初级与次级间的电磁吸力与工作台重力的方向相同，如果工作台的刚度不足，将会使初级与次级间的间隙减小，从而影响直线电动机的正常工作。故水平布局方式的进给单元只宜用于小于中等载荷的情况，载荷过大则不适用。

水平布局方式又可分为单电动机驱动［见图2.21（a）］与双电动机驱动［见图2.21（b）］两种。

单电动机驱动布局方式的特点是，结构简单、工作台两导轨间的跨距较小、测量装置的安装与维修方便，适合要求推力不大的场合。

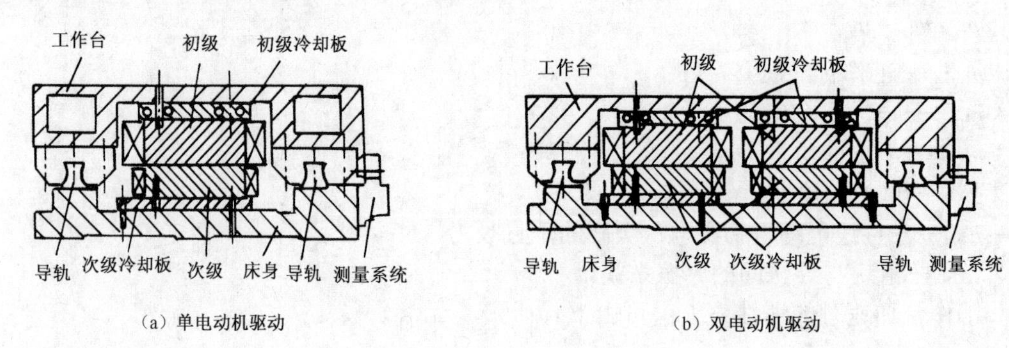

（a）单电动机驱动

（b）双电动机驱动

图2.21　水平布局方式[13]

双电动机驱动布局方式的特点是，合成推力大、两导轨间的跨距较大、工作台受电磁吸力的变形较大、对工作台的刚度要求较高、安装也较困难、测量与控制也较复杂，故只适用于特殊场合。

垂直布局方式均为双电动机驱动（见图 2.22），它可抵消直线电动机的吸力对工作台的影响。此外，该布局方式还具有推力大、工作台垂直变形小、工作载荷对电动机的初级与次级间的间隙影响小和运动精度高等优点，故适用于载荷较大的高速运动场合。双电动机驱动的垂直布局方式又可分为外垂直安装［见图 2.22（a）］与内垂直安装［见图 2.22（b）］两种方式。前者可保证导轨间的跨距较小，电磁吸力产生的弯矩与重力引起的弯矩方向相反，这样可抵消一部分工作台的弯曲变形，对初级与次级间的间隙影响也较小。但这种布局方式的电动机的安装高度较高，工作台两端的悬伸较大，所占空间也较大，工作台的结构较复杂。

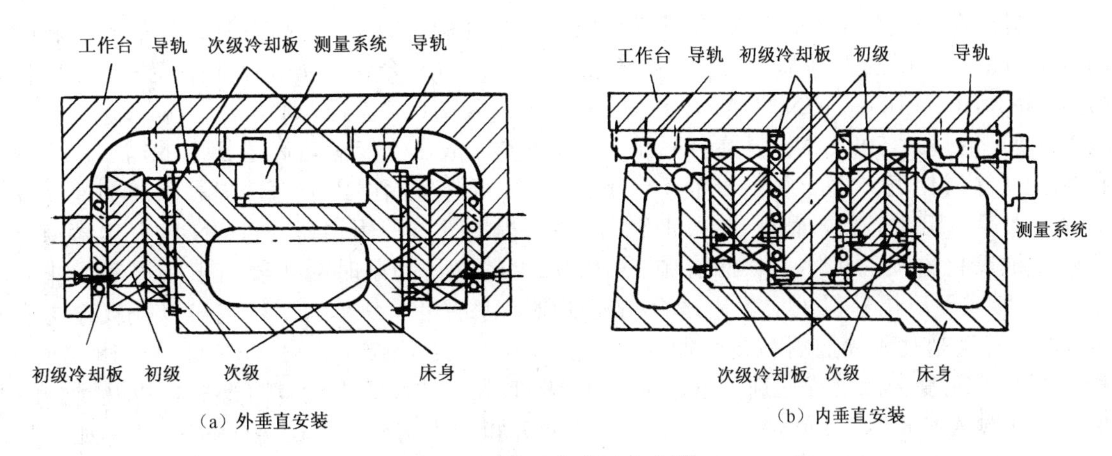

图 2.22　垂直布局方式[13]

而内垂直安装方式可使两电动机的电磁吸力方向相反，从而完全消除电磁吸力对工作台弯曲变形的影响，保证进给调速过程中电动机的初级与次级间的间隙量变化最小。但这种布局方式的两导轨间的跨距较大，安装与维修困难，故只适用于大推力高精度的场合。

GD-3 型进给单元主要用于中小型零件的高速精密加工，故采用了单电动机驱动的水平布局方式。

3）防磁问题

直线电动机的磁场是敞开的，故其工作环境必须采取防磁措施，以免吸住带磁性的切屑、刀具与工件；同时还要防止磁性微粒吸入电动机的初级与次级之间的间隙中，以保证电动机的正常工作。特别是采用交流永磁同步直线电动机时，机床床身上安装了一排强磁场的永久磁铁，更要采取严格的防磁措施，可用三维折叠式密封罩把直线电动机的磁场防护起来。

4）散热问题

直线电动机安装在工作台与导轨之间，处于机床的腹部，散热困难，低速运行时效率低发热量大，必须采取有力的措施，使产生的热量迅速散出，否则将影响机床的工作精度、减小电动机的推力。

图 2.11 是采用冷却板进行散热的。电动机的初级是通过一冷却板反装于工作台的内顶面上，次级也通过一块冷却板安装在底座上。工作时，冷却板中通过一定压力和流量的冷却液，用以吸收和带走电动机线圈产生的热量，其压力和流量由初级和次级的热损耗来确定。

2.5　高速与超高速切削刀具技术及其系统

为实现切削加工的高速和超高速，必须研究与其相适应的刀具材料、刀具结构、刀柄系统、刀具夹头、刀具的动平衡技术和刀具的监测技术。常规切削刀具决不能用来高速切削。

2.5.1 适用高速与超高速切削的刀具材料

目前适用于高速切削的刀具主要有：涂层刀具、金属陶瓷刀具、陶瓷刀具、立方氮化硼（CBN）刀具及聚晶金刚石（PCD）刀具等。

1. 涂层刀具

涂层是在刀具基体上涂覆硬质耐磨金属化合物薄膜，以达到提高刀具表面的硬度和耐磨性的目的。常用的刀具基体材料主要有高速钢、硬质合金、金属陶瓷和陶瓷等。涂层材料有 TiN, TiC, Al_2O_3, TiCN, TiAlN, TiAlCN 等。由表 2-6 可看出，TiN 涂层耐高温氧化性较差，使用温度达 500℃时，膜层会明显氧化而烧蚀，故已不能满足高速切削的需要。TiCN 和 TiAlN 涂层使刀具性能上了一个新台阶。TiCN 可降低涂层内应力，提高涂层韧性，增加涂层厚度，阻止裂纹扩散，减少崩刃，可显著提高刀具使用寿命。TiAlN 具有化学稳定性好、抗氧化磨损的特性，如涂层中 Al 的浓度较高，切削时会在表面生成很薄的非晶 Al_2O_3，形成硬质惰性保护层，更适合高速切削。涂层可以是单涂层，也可以是双涂层或多涂层，甚至是几种涂层材料复合而成的复合涂层。复合涂层可以是 TiC-Al_2O_3-TiN, TiCN 和 TiAlN 多元复合涂层，最新又发展了 TiN/NbN、TiN/CN 等多元复合薄膜，以及复合纳米涂层 TiN/AlN（计 2 000 层，每层只有 2.5nm）和纳米结构新涂层 AlTiN/Si_3N_4。如商品名为“Fire”的孔加工刀具复合涂层，是用 TiN 作为底层，以保证与基体间的结合强度；由多层薄涂层构成的中间层为缓冲层，以用来吸收断续切削产生的振动；顶层是具有良好耐磨性和耐热性的 TiAlN 层。还可在“Fire”外层上涂减磨涂层。其中，TiAlN 层在高速切削中性能优异，最高切削温度可达 800℃。近年开发出的一些 PVD 硬涂层材料，有 CBN、氮化碳（CN_x）、Al_2O_3、氮化物（TiN/NbN、TiN/VN）等，在高温下具有良好的热稳定性，很适合高速与超高速切削。金刚石膜涂层刀具主要用于有色金属加工。β-C_3N_4 超硬涂层的硬度有可能超过金刚石[16]。

表 2-6 PVD 涂层的性能特点

涂层种类性能参数	TiN	TiCN	ZrN	CrN	TiAlN	AlTiN	TiZrN
颜色	金黄色	紫红色	黄白色	白色	蓝紫色	蓝紫色	青铜色
硬度（HV）	2 800	4 000	3 000	2 400	2 800	4 400	3 600
稳定性/(℃)	566	399	593	704	815	899	538
摩擦系数	0.5	0.4	0.55	0.5	0.6	0.4	0.55
厚度/μm	2~5	2~5	2~5	2~6	3~6	3~6	2~5

软涂层刀具，如 MoS_2 和 WS_2 作为涂层材料的高速钢刀具主要用于高强度铝合金、钛合金等的加工。此外，最新开发的纳米涂层材料刀具在高速切削中的应用前景也很广阔。如日本住友公司的纳米 TiN/AlN 复合涂层铣刀片，共 2 000 层涂层，每层只有 2.5 nm 厚[17~18，24~26，30]。

2. 金属陶瓷刀具

金属陶瓷主要包括高耐磨性能的 TiC 基硬质合金（TiC+Ni 或 Mo）、高韧性的 TiC 基硬质合金（TiC+TaC+WC）、强韧的 TiN 基硬质合金和高强韧性的 TiCN 基硬质合金（TiCN+NbC）

等。这些合金做成的刀具可在$\upsilon_c = 300\sim500$ m/min 范围内高速精车钢和铸铁。金属陶瓷可制成钻头、铣刀与滚刀。如日本研制的金属陶瓷滚刀，$\upsilon_c = 600$ m/min，约是硬质合金滚刀的 10~20 倍，加工表面粗糙度值 Ry 为 2 μm，比 HSS 滚刀（Ry 为 15 μm）和硬质合金滚刀（Ry 为 8 μm）小得多，耐磨性优于 HSS 和硬质合金，HSS 滚刀后刀面磨损量 $VB = 0.32$ mm，硬质合金滚刀 VB = 0.18 mm，而金属陶瓷滚刀 VB = 0.08 mm。

3．陶瓷刀具

陶瓷刀具可在$\upsilon_c = 200\sim1\,000$ m/min 范围内切削软钢、淬硬钢和铸铁等材料。

4．CBN 刀具

CBN 刀具是高速精加工或半精加工淬硬钢、冷硬铸铁和高温合金等的理想刀具材料，可以实现“以车代磨”。国外还研制了 CBN 含量不同的 CBN 刀具，以充分发挥 CBN 刀具的切削性能（见表 2-7）。据报道，CBN300 加工灰铸铁的速度可达 2 000 m/min。

表 2-7　不同 CBN 含量的刀片及用途[19]

CBN 含量/(%)	用途
50	连续切削淬硬钢（45~65HRC）
65	半断续切削淬硬钢（45~65HRC）
80	Ni-Cr 铸铁
90	连续重载切削淬硬钢（45~65HRC）
80~90	高速切削铸铁（500~1 300 m/min），粗、半精切削淬硬钢

5．PCD 刀具

PCD 刀具可实现有色金属、非金属耐磨材料的高速加工。据报道，镶 PCD 的钻头加工 Si-Al 合金的切削速度υ_c达 300~400 m/min，PCD 与硬质合金的复合片钻头加工 Al 合金、Mg 合金、复合材料 FRP、石墨、粉末冶金坯料，与硬质合金刀具相比，刀具寿命提高了 60~145 倍；采用高强度 Al 合金刀体的 PCD 面铣刀加工 Al 合金的速度υ_c达 3000~4 000 m/min，有的达到 7 000 m/min。20 世纪 90 年代以后，美、日相继研制开发了金刚石薄膜刀具（车铣刀片、麻花钻、立铣刀、丝锥等），寿命是硬质合金刀具的 10~140 倍。

类金刚石（DLC-Diamond Like Carbon）薄膜也有不错的效果。

6．性能优异的高速钢和硬质合金复杂刀具

用高性能钴高速钢、粉末冶金高速钢和硬质合金制造的齿轮刀具，可用于齿轮的高速切削。

用硬质合金粉末和高速钢粉末配制成的新型粉末冶金材料制成的齿轮滚刀，滚切速度可达 150~180 m/min。进行 TiAlN 涂层处理后，可用于高速干切齿轮。

用细颗粒硬质合金制造并涂复耐磨耐热及润滑涂层的麻花钻加冷却液加工碳素结构钢和合金钢时，切削速度可达 200 m/min，干切时切削速度也可达 150 m/min。

用细颗粒硬质合金制成的丝锥加工灰铸铁时，切削速度可达 100 m/min。

意大利 SU 公司研制的硬质合金滚刀涂覆 TiCN 涂层后加工模数 $m = 1.5$ 的行星齿轮时，加水基切削液，粗滚速度$\upsilon_{c粗} = 280$ m/min，精滚$\upsilon_{c精} = 600$ m/min[25]。

2.5.2 高效安全可靠的刀具结构

1. 结构的可转位化

随着各种涂层刀片应用的日益扩大，可转位结构已成为车刀、铣刀、镗刀和钻头结构发展的主流[26]，可实现高效化。

2. 可靠的刀片夹紧方式

当机床主轴转速高达 10 000~20 000 r/min 甚至更高时，工件、夹具与刀具积聚着的很大能量就有可能释放出来，造成重大事故。机夹可转位面铣刀的安全性主要取决于刀体的强度和夹紧的可靠性。为了能在设计阶段就可定量估算出铣刀刀体结构的强度和夹紧的可靠性，国外已开发出高速铣刀的有限元 FEM（Finite Element Methods）模型。它可以模拟刀片在刀体刀座里的倾斜、滑动、转动及螺钉在夹紧时的变形，计算出不同转速下刀片的位移和螺钉受力的大小。

根据 FEM 计算和爆碎试验可知，高速可转位铣刀失效有两种形式：一种是由于夹紧螺钉被剪断使得刀片或其他夹紧元件甩飞；另一种是刀体爆碎。ϕ80 mm 铣刀模拟计算认为，夹紧螺钉在转速为 30 000~35 000 r/min 时已达失效临界状态，刀体在转速为 60 000 r/min 以上失效。爆碎试验也证明，转速达 30 000~35 000 r/min 范围，夹紧螺钉就完全失效[18]。

从安全角度考虑，根据模拟计算和爆碎试验研究结果认为，高速铣削面铣刀通常不允许采用靠摩擦力实现刀片的夹紧方式，而应选用带中心孔的刀片通过螺钉实现夹紧。但要注意，螺钉在静止状态下夹紧刀片时的预应力不要过大，以免螺钉产生塑性变形致使夹紧过早失效。德国一种商品化的高速铣刀在爆破试验下的失效转速情况如 图 2.23 所示。根据德国标准 DIN6589-1 的规定，允许的最大使用转速只是爆破转速的一半。以 ϕ80~ϕ200 mm 为例，允许使用转速为 10 000~15 000 r/min，相当于切削速度 υ_c = 3 700~6 200 m/min。

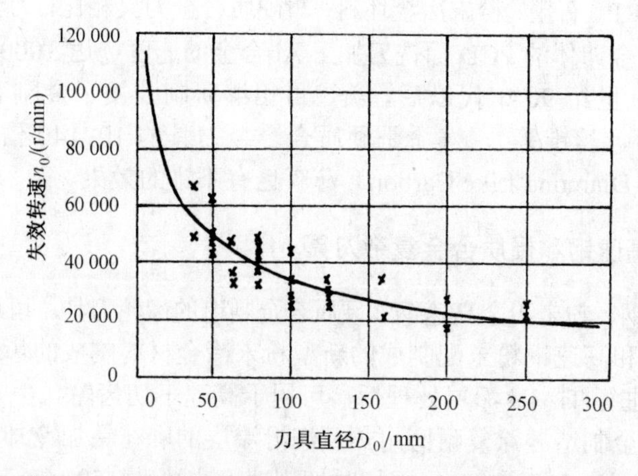

图 2.23 爆破试验下的铣刀直径与失效转速间关系[18]

高速铣刀也可采用带卡位的空刀槽来夹紧，并应尽量使刀片与刀座间夹紧力的方向与旋转时离心力的方向一致，以保证定位精确和高速旋转时的连接可靠。

3．刀体材料的高强度轻质化且结构合理

由刀体离心力计算公式 $F = mr\omega^2$ 知，从减小转动惯量的角度考虑，必须使刀体材料尽量轻质化。有资料报道，刀体材料的选择应根据其比强度和应用的转速范围来进行。刀体可采用高强度铝合金，其热处理硬度达60HRC，并尽量减小直径和增大高度。刀体上的各种槽（刀片槽、容屑槽和键槽等）应避免用贯通形式，减少尖角以防止应力集中；刀体结构要对称于回转轴，重心通过轴心；刀体质量的分布应调整合理，使得刀体膨胀均匀；尽量减少刀体上夹固零件的数量[18]。

4．选用合理的刀片结构参数，以扩大加工材料范围

刀片上采用三维卷屑槽、大前角和大容屑槽，刀刃由直线刃变为螺旋形或波形刃，以扩大加工材料的范围。

2.5.3 高速切削刀具与机床连接的刀柄系统

高速切削不仅要求刀具本身具有良好的刚性、柔性、动平衡性和可操作性，同时对刀具与机床主轴间的连接刚性、精度及可靠性都提出了严格要求。因为刀柄与机床主轴连接的夹持力不够，容易造成刀具损坏。

1．传统7∶24锥度工具系统分析

通过对传统7∶24锥度的工具连接系统的分析，不难看出：

① 只靠锥面结合，刀柄与主轴连接的刚性较差。当转速 $n_0 > 10\,000$ r/min 时，连接刚性更感不足，刀柄的法兰面与主轴端面间存在间隙；

② 当采用机械手自动换刀 ATC（Automatic Tool Changing）方式安装刀具时，重复定位精度较低，难以实现高精度加工；

③ 轴向尺寸不稳定，当主轴高速回转（30~40 m/s）时，空心主轴前端的锥孔在离心力的作用下将会产生膨胀，导致主轴与刀柄锥面间的脱离，使得轴向、径向的尺寸不稳定，降低刀柄的接触刚度，易发生事故；

④ 刀柄锥部较长，不利于实现快速换刀。

由此不难看出，传统7∶24长锥柄是不适合高速与超高速切削要求的。为解决此问题，开发了双定位式刀柄。

2．双定位式刀柄

所谓双定位式，即采用主轴锥面和主轴端面同时定位的方式，它通过锥面定心，并使主轴端面与刀柄凸缘的端面靠紧。这种刀柄安装的重复定位精度高（轴向可达0.001 mm）；在高速回转产生的离心力作用下，刀柄会牢固锁紧，径向跳动小于5 μm，在整个转速范围内可保持较高的静态和动态刚性。所以，此类刀柄特别适合高速切削加工。例如，20世纪90年代初德国开发的HSK（Hohl Schaft Kegel）空心短锥柄、美国的Kennametal公司开发的空心短维柄KM系列及日本精机公司开发的精密锥柄BIG PLUS工具系统就是其中的代表。其结构特点见表2-8。

由表2-8可以看出：

① HSK工具系统采用1∶10锥度，刀柄为中空短柄，如图2.24（a）所示。其工作原理

是靠锁紧力及主轴内孔的弹性膨胀来补偿端面间隙的。由于中空刀柄自身有较大的弹性变形，因此对刀柄的制造精度要求相对较低；又由于HSK工具系统质量较小、柄部又较短，这样有利于高速自动换刀及机床的小型化。但中空短柄结构也使其系统刚性和强度受到了一定影响。HSK整体式刀柄采用平衡式设计，刀柄结构有A、B、C、D、E、F六种形式，如图2.24（b）所示。实际应用时，HSK50和HSK63刀柄适用的主轴转速可达25 000 r/min，HSK100适用于主轴转速为12 000 r/min。

表2-8　HSK和KM系列刀柄的结构特点[19]

刀柄类型	HSK	KM
结合部位	锥面+端面	锥面+端面
夹紧力传递方式	筒夹	钢球
刀具	HSK-63B	KM6350
基本直径	ϕ38 mm	ϕ40 mm
柄部形式	空心短锥柄	空心短锥柄
牵引力	3.5kN	11.2kN
夹紧力	10.5~18kN	33.5kN
过盈量（理论值）	3~10 μm	10~25 μm
刀柄锥度	1/10	1/10

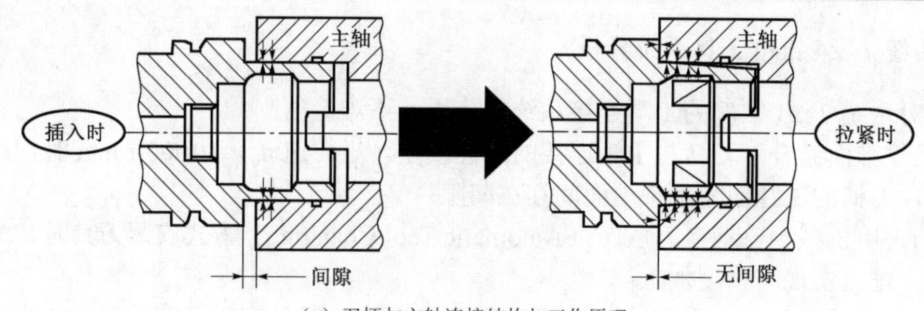

（a）刀柄与主轴连接结构与工作原理

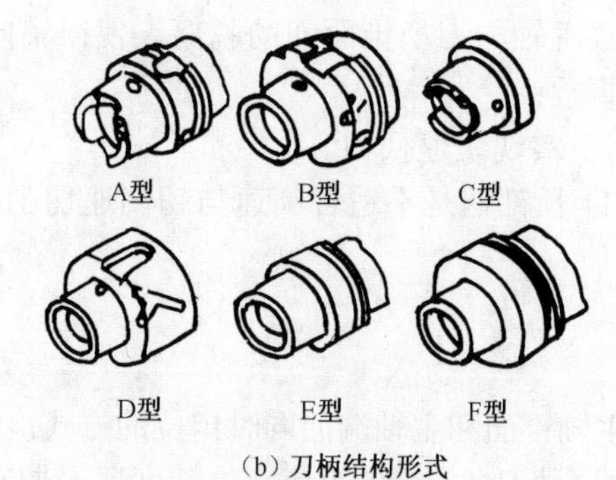

（b）刀柄结构形式

图2.24　HSK工具系统[20，21]

② BIG-PLUS工具系统仍采用7∶24锥度，这是日本昭和与精仪株式会社推出的。图2.25所示的结构设计可减小刀柄装入主轴时（锁紧前）与端面的间隙，锁紧后可利用主轴内孔的弹性膨胀对该间隙进行补偿，使得刀柄与主轴的端面贴紧。其优点是：

- 增大了与主轴的接触面积，增加了系统的刚性，提高了对振动的衰减作用；
- 采用端面的矫正作用提高了刀具自动换刀的重复精度；

- 端面的定位作用使系统的轴向尺寸更加稳定；
- 与传统的 7∶24 工具系统有互换性。

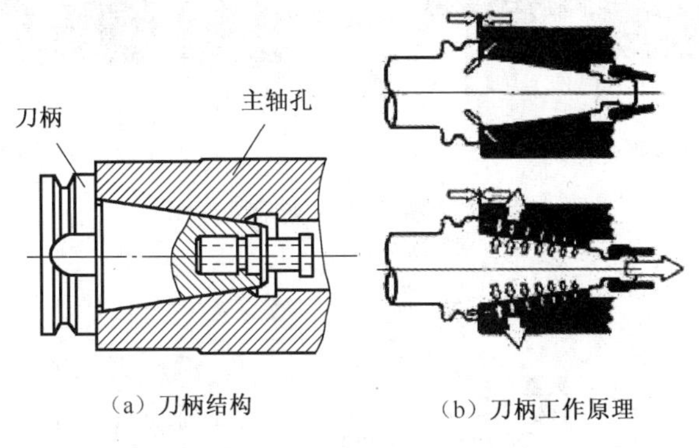

图 2.25　BIG-PLUS 工具系统

3．直接夹紧法

对于小直径铣刀（<ϕ10 mm）可用锥孔内的拉杆操纵弹簧夹头实现直接定位夹紧。

4．圆柱柄模块装夹方式

图 2.26 给出了以色列 ISCAR 公司推出的圆柱柄模块装夹方式。它与其他保证与端面接触的装夹方式相比，除保证端面接触外，还可在半圆周上形成夹紧力，克服只用端面接触的缺点，进一步提高了刀具的夹持刚性。其模块靠螺纹连接、圆柱定心、端面接触，结构简单小巧，可适用不同型腔深度的加工需要，已成为可转位模具铣刀通用的连接方式。

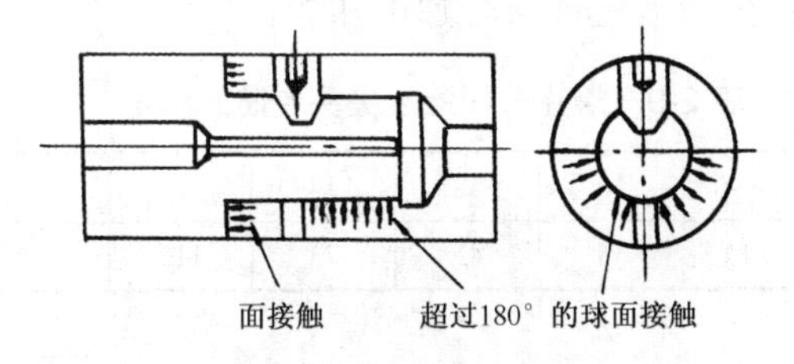

图 2.26　圆柱柄模块装夹方式[5]

2.5.4　高速切削用新型夹头

为适应高速切削中动平衡的要求，刀具与夹头间的连接精度要高、夹紧力要大、夹头几何尺寸要小，传统的弹簧夹头已不再适用。为此开发了许多新的夹紧方法及夹头结构。

1．强力弹簧夹头

弹簧夹头是直柄刀具最常见的夹持方式，但普通弹簧夹头的压入方式［图 2.27（a）］在锁紧螺母过程中接触面易磨损，很难获得或保持良好的夹持精度。日本大昭和精机株式会社的高精度强力弹簧夹头的压入方式［图 2.27（b）］，夹持锥套采用 12° 锥角，在螺母中设有轴承，锁紧时螺母不会在夹套上摩擦，也不会给夹套加扭力，可使夹头获得较大夹持力和较高夹持精度[104]。其主要用于夹持立铣刀进行强力粗铣，夹紧力矩可达 3 000 N·m，允许转速达 40 000 r/min。

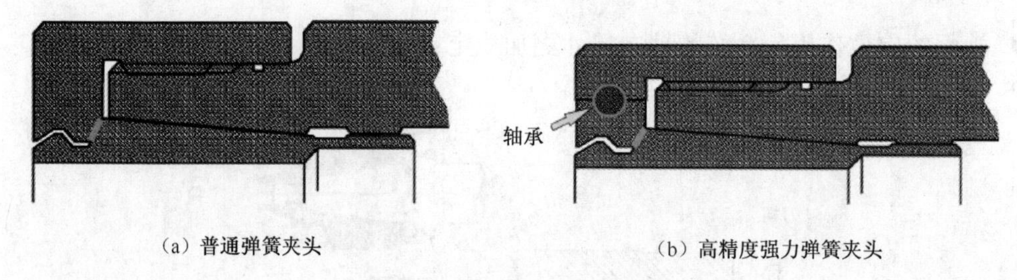

（a）普通弹簧夹头　　　　（b）高精度强力弹簧夹头

图 2.27　弹簧夹头夹紧原理图

2．液压夹头

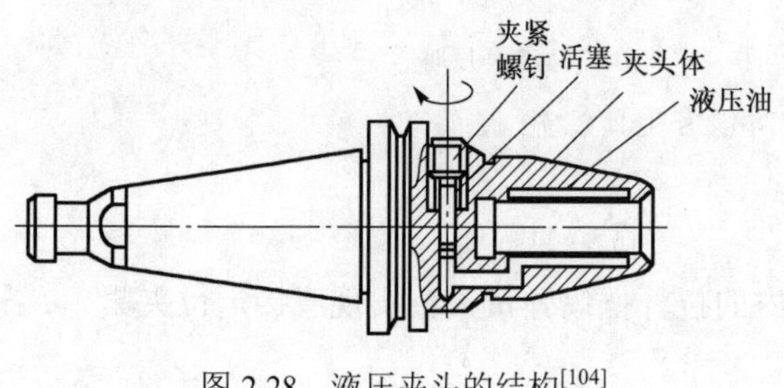

图 2.28　液压夹头的结构[104]

液压夹头的结构如图 2.28 所示，其主要特点在于液压夹紧结构。在夹头体与夹紧孔壁之间构造环形封闭油腔，油腔内充满液压油。当夹紧螺钉被拧紧时，油压升高，夹紧孔壁均匀收缩，使得刀具夹紧。拆卸刀具时，只需将夹紧螺钉松开，油压回落，夹紧孔壁在弹性恢复力作用下回复到原始直径，刀具即可取出。

德国雄克公司的液压夹头有稳定可靠的夹紧力，能传递很大扭矩（见表2-9），夹持回转精度为 3 μm，重复夹紧精度为 2 μm，且有很好的动平衡和结构阻尼抗震性能，夹紧系统为全封闭结构。在达姆施塔特生产技术和机床研究所进行的测试中，静压膨胀式夹头在 100 000 r/min 转速下仍保持良好性能。

表 2-9 给出了德国雄克公司液压夹头传递的扭矩。

表 2-9　雄克公司液压夹头传递的扭矩[104]

被夹刀具直径/mm	6	8	10	12	14	16	18	20	25	32
可传递扭矩/N · m	8	14	35	45	73	112	175	280	350	450

3．热装式夹头

热装式夹头是采用感应加热装置在短时间内加热夹头的夹持部分，使其内径受热胀大，刀具装入后由于冷却收缩，即把刀具夹紧。与液压夹头相比，夹持精度更高，所传递力矩增大 1.5~2 倍，刚度提高 2~3 倍，可承受更大的离心力，故非常适合夹持加工淬硬模具钢的硬质合金立铣刀。例如，德国 OTTO BILZ 公司采用高能场感应加热线圈，可在 10 s 内把夹持部分加热，装入刀具后在 60 s 内完全冷却，从而实现了刀具的快速更换。由于加热温度在 400℃以下，故可重复使用 2000 次仍保持夹头精度。HSK63A~HSK100A 夹头对应转速为 15 000 r/min 时的平衡等级为 G2.5。

4．TRIBOS 夹头

图 2.29 给出了德国雄克公司的 TRIBOS-S 三棱变形夹头工作原理图。与热装式夹头比较，装卸简单，且对不同膨胀系数的硬质合金刀柄和高速钢刀柄均适用，加力装置也比加热冷却装置简单。

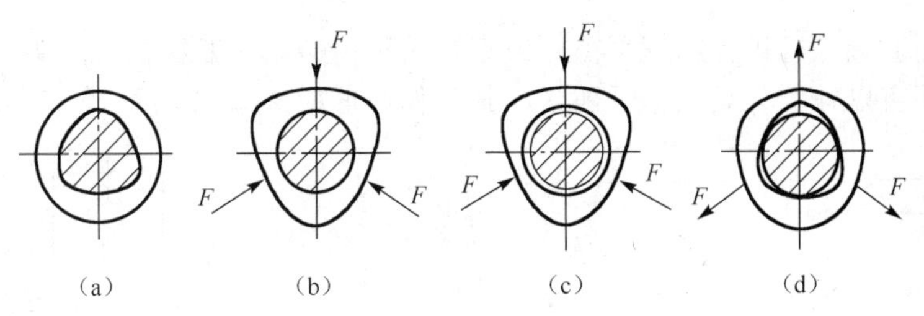

图 2.29　三棱变形夹头工作原理[104]

5．动平衡夹头

图 2.30　动平衡夹头

图 2.30 所示的动平衡夹头是法国 EPB 公司生产的带有一对配重的动平衡环夹头，可在一定程度上补偿装夹刀具后产生的不平衡量。其不平衡量在出厂时就给出了可调整到的数值。

2.5.5　高速切削刀具的动平衡性能

高速加工对刀具的总成（刀片、刀柄、刀盘及夹紧装置等）的动平衡性能提出了很高的要求，因为刀具总成的不平衡会缩短刀具的寿命、增加停机时间、加大加工表面粗糙度值、降低加工精度和缩短主轴轴承的使用寿命，高速与超高速切削刀具总成的动平衡就更重要了。一般认为，小型刀具的动平衡修正量只有百分之几克，对于紧密型刀具，采用静平衡即可；对悬伸长度大的刀具必须进行动平衡。

引起不平衡的因素主要有：刀具结构的不平衡、刀柄不平衡、刀具及夹头的安装不对称和残余不平衡等。

假如刀具在距回转中心处存在等效不平衡质量为 m，刀具的不平衡量 U 应等于不平衡质量与其偏心距 e 的乘积，即 $U=me$。设 G 为反映刀具不平衡量与回转角速度间关系的函数，则有

$$G=\omega\cdot e=\frac{2n_0\pi}{60}\cdot\frac{U}{m}=\frac{n_0\pi U}{30m} \tag{2-8}$$

式中，ω ——回转角速度。

刀具产生的离心力 F_e 为

$$F_e=me\omega^2\times10^{-6}=me\left(\frac{2n_0\pi}{60}\right)^2\times10^{-6}$$

$$=U\left(\frac{n_0\pi}{30}\right)^2\times10^{-6}\quad(\text{N})$$

图 2.31 为刀具不平衡引起的离心力 F_e 与主轴转速 n_0、刀具不平衡量 U 间的关系曲线。

由图 2.31 可看出，主轴转速的提高，将使离心力成平方倍数增大。即离心力是高速与超高速切削时的主要载荷，必须确保高速与超高速切削的安全性能。故高速回转的切削刀具除进行静平衡外，还必须根据转速范围进行动平衡。对刀具总成进行动平衡，首先要对刀具、夹头、主轴等各组成元素单独进行平衡，然后对刀具与夹头的组合体进行平衡，最后再连同主轴一起进行平衡。

在此推荐用微调螺钉进行精细平衡，或直接采用内装动平衡机构镗刀头，通过转动补偿环、移动内部配重以补偿刀具的不平衡量，其工作原理如图 2.32 所示。

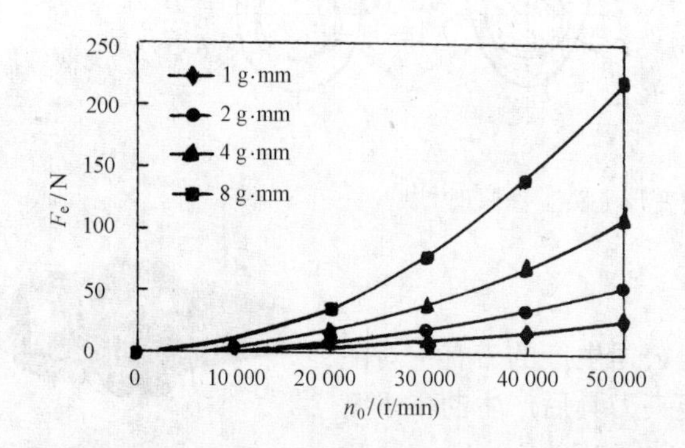

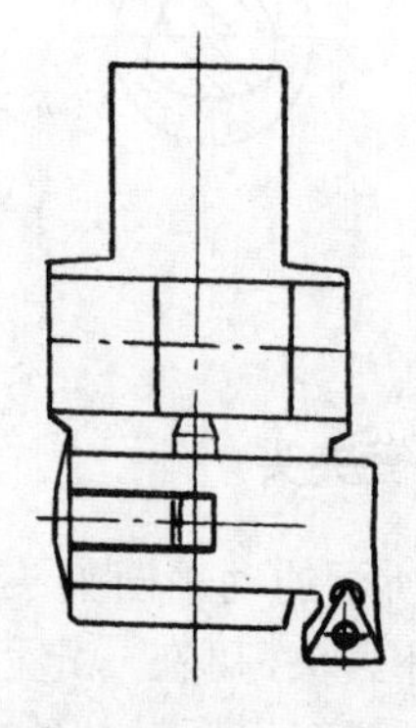

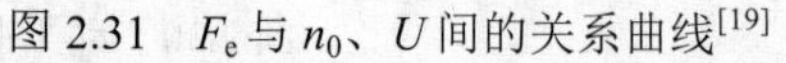
图 2.31　F_e与n_0、U间的关系曲线[19]

图 2.32　自动平衡补偿镗头[20,22]

在镗刀头内部安装了一个小齿轮和一个平衡块，在调节直径、使套管轴向外移时，平衡块将通过小齿轮的作用向相反的方向移动，从而保持系统的重心位置不变。

目前，国内外尚无统一的刀具平衡标准，对采用 ISO 1940/1 标准中的 G 值作为平衡标准也有不同看法。国外一些企业以 G1（即刀具以 10 000 r/min 的转速回转时，回转轴与刀具中心轴线的偏心距为 1 μm）作为平衡标准；有的企业对转速 6 000 r/min 以上的高速切削刀具以 G2.5 作为平衡标准。平衡标准可参见图 2.33 中的 G1 或 G2.5。

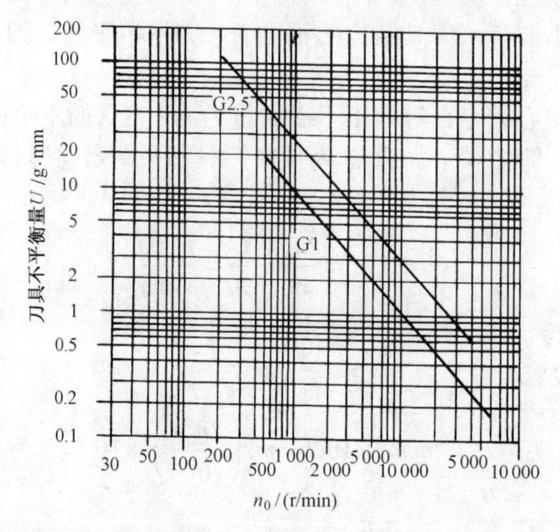

图 2.33　高速切削刀具和刀柄系统的平衡标准[19,22]

2.5.6　高速与超高速切削刀具的监测技术

刀具的监测技术对于高速与超高速切削加工的安全性十分重要。主要包括：

① 通过监测切削力来在线控制刀具的磨损；

② 通过监测机床功率以间接获得刀具磨损信息；

③ 在线监测刀具的破损，对切削过程中的不正常迹象实行报警和安全保护控制。

目前国内外在这方面的研究和开发应用还不够充分。

2.6 高性能的数控和伺服驱动系统

2.6.1 用矢量控制原理的 PWM 交流变频控制器

电主轴是高速加工中心的关键部件，目前国际上最高水平的电主轴产品有：瑞士 Fisher 公司产品，其主轴最高转速 $n_{max} = 40\ 000$ r/min，功率 $P = 40$ kW；法国 Forest-Line 公司产品 ORB17，$n_{max} = 40\ 000$ r/min，$P = 40$ kW，扭矩 $M = 9.5$ N · m。轴承多采用陶瓷球轴承、磁悬浮轴承和空气静压轴承。电主轴从静止到最高转速仅需 1.5 s，加速度达 1g。这些参数要求主轴控制器具有极高的动态品质、精度、可靠性和可维护性。矢量控制的脉冲宽度调制 PWM（Pulse Width Modem）交流变频系统则是实现这种控制的最佳选择。

矢量控制包括坐标变换、矢量运算（非线性复杂运算）及参数检测。高速运算是交流电动机瞬时值控制的必要条件，应用专用 CPU 的 32 位数据信号处理器 DSP（Digital Signal Processor）提高了运算速度，执行一条指令只需几纳秒，从而达到了扭矩的快速响应目标。高速化的另一因素是采用了固体驱动电路、全数字化的 H/W 电流控制系统、电动机转速的自适应识别系统和电压、电流测试信号经过采样数据的处理，求出可信度极高的电动机动态参数值。这种矢量控制的 PWM 变频器的性能及规格要求为：

① 采用矢量控制，在 1 Hz 时要有 150%以上的高启动扭矩；

② 采用 1 GBT 智能功率模块，载波频率要高（>15 kHz）；

③ 采用 32 位数据信号处理器 DSP 及微处理器 MPU 芯位，由双 CPU 实现全信号数字处理的复杂矢量运算和 PWM 控制；

④ 有故障自诊断监控及显示功能；

⑤ 有参数自检测和离线自设定功能；

⑥ 有基于神经网络的自适应转速识别能力；

⑦ 有两种速度控制方式，即恒扭矩和恒功率，控制关系曲线如图 2.34 所示；

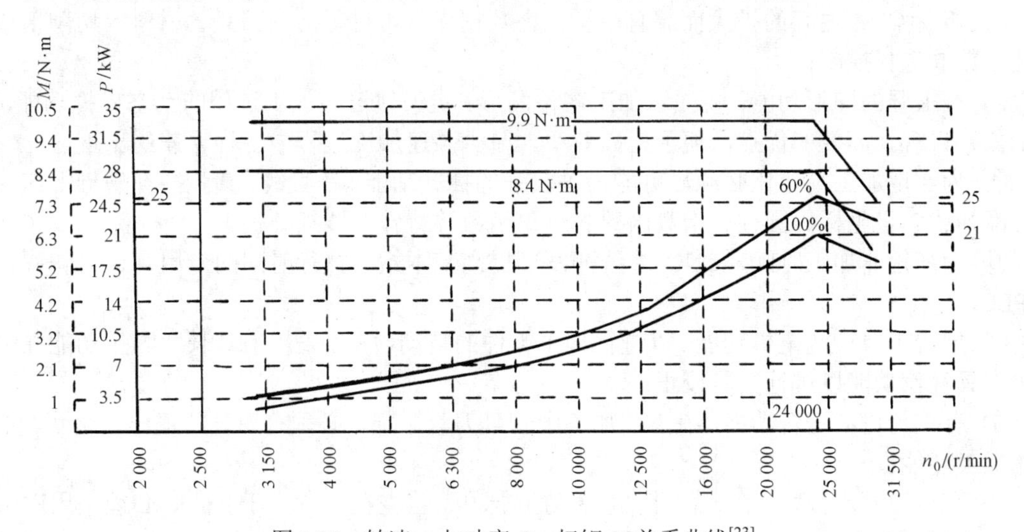

图 2.34 转速 n_0 与功率 P、扭矩 M 关系曲线[23]

⑧ 输出频率范围为 0.1~400 Hz；

⑨ 加减速时间等于最高频率的 0.1%。

2.6.2 高性能高灵敏度的伺服驱动系统

采用快速、精密、高速和耐用的直线电动机，避免了齿轮齿条传动机构中的反向间隙、惯性、摩擦力大和刚度不足等缺点，实现了无接触直接驱动，并获得高精度高速度的位移运动，稳定性也极好。但要达到上述要求必须要有高性能高灵敏度的伺服驱动系统。

全数字交流驱动系统为伺服控制的高灵敏度和变结构控制打下了基础，采用专用的CPU进行电流环、速度环、位置环的全闭环控制，采用前馈控制与伺服跟踪预测进行前向补偿，以减小跟踪误差、加快响应速度、增加非线性补偿控制功能、补偿驱动机械静摩擦和黏性阻力产生的误差，采用鲁棒控制理论进行自校正控制，克服扭矩惯性及负载变化引起的误差；为保证高速运动中的高定位精度，应用磁式高分辨率绝对位置编码器（如每转100万条刻线，分辨率为0.01 μm）；为了达到高速加工中响应速度快、抗干扰能力强及高的定位精度，目前多采用变结构的伺服控制方式，它能在系统的瞬态变化过程中改变系统结构，该变化是由系统当时的状态决定的。且这种系统具有对系统参数及外干扰变化的不敏感性，并能改善系统的动态特性，使系统快速准确地定位或跟踪给定曲线。

2.6.3 精简指令集计算机系统结构的CNC系统

为在超高速加工复杂工件时获得高精度，许多CNC系统都采用了精简指令集（RISC）计算机系统。它可把计算系统参数产生的预期误差根据实际需要进行修正，从而使实际轨迹精确地跟踪编程轨迹，消除跟踪误差。RISC还具有控制加减速、优化执行程序等功能，这种系统（如FANUC16和西门子840）均已采用32位CPU，有些已采用64位CPU并带有小型数据库，兼有CAM功能，还具有MAP3.0的通信能力，采用C语言编程，具有工具的监控功能。

目前较先进的CNC系统均有下述功能：

① 故障诊断的人工智能（AI）功能，在系统中存储了引起机械故障原因的信息及如何消除故障的知识库，具有推理系统，可采用知识库找出产生机械故障的原因；

② 随着CNC内存的扩大而装有小型工艺数据库，可进行一些刀具、材料、切削用量等工艺参数的选择控制；

③ 有很强的图形功能，可显示加工零件图形、走刀轨迹与加工过程的动态模拟功能，具有形象、直观、高效的优点，便于提高效率，减少高速加工过程中各种误差的出现；

④ 为实现加工高速化必须尽可能提供较强的插补功能，在直线、圆弧插补基础上应用样条、渐开线、极坐标、圆柱、指数函数和三角函数等特殊曲线插补；

⑤ 为缩短非加工时间，CNC系统开发了提高基本指令执行时间的专用高速可编程控制器PLC；

⑥ 配置了自动测量机功能，以进行加工零件的自动检测，采用刀具长度测量功能并配有五轴刀具补偿功能以进行刀具校正；

⑦ 有重新自动运转功能，在NC加工中一旦刀具破损，必须有刀具的退出、返回、重新开始加工功能；

⑧ 有双边同步技术。在龙门移动型高速铣床中，当龙门行程大于2 m时必须采用双边同步随动系统。在 $P \geqslant 20$ kW重型机床中，应采用主从式交叉反馈原理的双边同步随动系统，最大双边间跟随误差不大于0.01 mm。

⑨ 有新一代控制器NGC（Next Generation Controller）。它是一个实时加工和工作站控制

器，具有知识库、过程输入/输出、运动控制、实时控制、工作站控制和通信功能。在该控制器中可将刀具参数优化，即在选择合理刀具材料、刀具结构的情况下自动确定刀具的切削速度和切削深度，对提高效率十分有利。

2.6.4 其他辅助控制技术

主要通过可编程机床控制器 PMC 使快速响应完成下列控制：

① 在机床热变形过程中实行多变量控制算法，在多输入多输出系统中对多个变量实现辅助热源或冷源的快速控制，以实现机床的预热或预冷。

② 通过 PMC 控制高压冷却液，使其起到冷却和排屑的双重作用，以解决切屑的阻塞和高温切屑造成机床的热变形和对人体的烧灼。

③ 为确保自动换刀系统的绝对安全，高速加工中心中往往不用机械手换刀，而采用主轴头移动方式直接换刀（多主轴换刀、双主轴换刀与转塔方式换刀），换刀时间最快仅为 0.5 s。

④ 管理技术在高速加工中心中起着决定性作用。一台高速加工中心或一台高速数控机床生产过程中必须有一批高水平、高素质人员组成的团组，紧密合作配合解决工艺编程、操作与维护，安排好物料、刀具与工夹具，制订周密计划，按数控车间的生产准备、计划调度和信息集成软件进行综合管理。否则，高速机床不但起不到高速作用，就连普通机床也不如，因为高速主轴的额定扭矩很小，一般只有几十牛·米。

2.7 高速与超高速切削技术的应用领域

高速切削是当今制造业中一项快速发展的新技术，在工业发达国家，高速切削正成为一种新的切削加工理念。

① 高速切削的应用领域首先在航空工业轻合金的加工。飞机制造业是最早采用高速铣削的行业。飞机上的零件通常采用“整体制造法”，即在整体上“掏空”加工以形成多筋薄壁构件，其金属切除量相当大，这正是高速切削的用武之地。铝合金的切削速度已达 1 500~5 500 m/min，最高达 7 500 m/min（美国）。

② 模具制造业也是高速加工应用的重要领域。模具型腔加工过去一直为电加工所垄断，但其加工效率低。而高速加工切削力小，可铣淬硬 60HRC 的模具钢，加工表面粗糙度值又很小，浅腔大曲率半径的模具完全可用高速铣削来代替电加工；对深腔小曲率的，可用高速铣削加工作为粗加工和半精加工，电加工只作为精加工。这样可使生产效率大大提高，周期缩短。钢的切削速度可达 600~800 m/min。

③ 汽车工业是高速切削的又一应用领域。汽车发动机的箱体、汽缸盖多用组合机加工。国外汽车工业及上海大众、上海通用公司，凡技术变化较快的汽车零件，如汽缸盖的气门数目及参数经常变化，现一律用高速加工中心来加工。铸铁的切削速度可达 750~4 500 m/min。

④ Ni 基高温合金（Inconel 718）和 Ti 合金（Ti-6Al-4V）常用来制造发动机零件，因它们很难加工，一般采用很低的切削速度。如采用高速加工，则可大幅度提高生产效率、减小刀具磨损、提高零件的表面质量。

⑤ 纤维增强复合材料切削时对刀具有十分严重的刻划作用，刀具磨损非常快。用聚晶金刚石 PCD 刀具进行高速加工，收到满意效果。可防止出现“层间剥离”，效率高、质量好。

⑥ 干式切削和硬态切削也是高速切削扩展的领域。

⑦ 国内的应用举例。国内某专业橡胶模具制造厂，高速铣削在高精度铝质模具型腔加工

和轮胎模具型芯加工中取得了很好的效果。所用机床为 5 轴联动高速铣床 DIGIT-218，转速为 28 000 r/min，功率为 6 kW，进给速度 $\upsilon_f = 10$ m/min，进给加速度为 0.5g。

高精度铝质模具型腔加工是众多模具制造厂家的一大难题。在传统铣削加工中，由于铝熔点低，铝屑容易黏附在刀具上，虽经后续的铲刮、抛光工序，型腔也很难达到精度要求，在制时间达 60 小时。用高速铣削 $n_{0粗} = 18\ 000$ r/min，$a_p = 2$ mm，$\upsilon_f = 5$ m/min; $n_{0精} = 20\ 000$ r/min，$a_p = 0.2$ mm，加工周期仅为 6 小时，完全达到 1 500 mm 长度上的尺寸精度为±0.05 mm、Ra 为 0.8 μm 的要求。

塑料的轮胎型芯加工用传统方法（手工）需十几道工序，在制时间 20 天以上，也很难达到复杂轮胎花纹的技术要求。采用高速铣削，$n_0 = 18\ 000$ r/min，$a_p = 2$ mm，$\upsilon_f = 10$ m/min，在制时间仅 24 小时就完全达到了工艺要求。

思　考　题

2.1　如何理解高速切削的概念和高速切削技术？

2.2　高速与超高速切削有哪些特点？高速与超高速切削对机床提出了哪些新要求？

2.3　高速与超高速切削的关键技术有哪些？

2.4　主轴结构单元有哪些组成？什么是电主轴？电主轴基本参数有哪些？常用电主轴的结构布局有哪几种？各有哪些优缺点？

2.5　常用电主轴单元有哪两种？各有何优缺点？

2.6　适合作为高速与超高速切削机床电主轴结构单元的支承轴承有哪几种？各有何优缺点？宜于何种条件下使用？

2.7　如何考虑电主轴的动平衡问题？

2.8　滚珠丝杠副传动方式与直线电动机传动方式各有何优缺点？

2.9　高速直线电动机进给单元有哪些组成？直线电动机工作原理是什么？从励磁方式分直线电动机包括哪几种？各有何优缺点？

2.10　高速直线进给单元设计时应考虑哪些问题？为什么？

2.11　普通刀具能作为高速与超高速切削用刀具吗？为什么？

2.12　高速与超高速切削的应用情况如何？

第 3 章　硬态切削技术

3.1　硬态切削的概念

硬态切削通常是指硬态车削。

所谓硬态车削是指把淬硬钢的车削作为最终精加工工序的工艺方法。这样就省去了目前普遍采用的磨削工序。

淬硬钢通常是指淬火后具有马氏体组织、强度和硬度均很高、几乎无塑性的淬火钢。其硬度大于 55HRC，强度 $\sigma_b = 2\,100 \sim 2\,600$ MPa。

一般情况下，这类淬硬钢工件的粗加工是在淬火前进行的，淬火后进行精加工，精磨往往是最常用的传统精加工的工艺方法，但磨削加工投资大、效率低。人们一直期望一种理想的“以车代磨”的工艺方法。随着高硬刀具材料和相关技术的发展，人们目前已经可以采用 PCBN 刀具、陶瓷刀具或新型硬质合金刀具在车床或车削加工中心上对淬硬钢进行车削，其精度和表面粗糙度几乎完全达到了精磨的水平。

3.2　硬态车削的特点

与磨削相比，硬态车削有如下特点[27，28，29]。

1．加工效率高，经济效益好

当去除的金属体积相同时，硬态车削往往可以采用较大的切削深度 a_p 和较高的转速，而磨削则只能采用小切深，否则容易产生磨削烧伤，径向分力大引起变形，故硬态车削的金属去除率可为磨削的 3~4 倍，能耗仅为磨削的 1/5；车削一次装夹可完成多表面的加工（如外圆、内孔、端面、台阶和沟槽等），磨削则不能，可见车削辅助时间短；在加工效率相同情况下，车床投资仅为磨床的 1/3~1/2，占地面积小，辅助系统费用也较低，故车削设备投资少、加工效率高、经济效益好。

2．是一种洁净的加工工艺

硬态车削所用的刀具，基本可不使用切削液，这样就节省了相关的切削液传输装置和处理装置，大大节省了投资费用；即便使用切削液，它的回收处理也比磨削容易得多。切削液中一般都含有毒有害物质，会对环境造成污染，也损害了操作者的健康。不使用切削液的硬态车削当然是一种洁净的加工工艺。

3．适合柔性加工要求

工件在车床上的装夹迅速，特别是现代数控 CNC 车床和车削加工中心上都配有多种刀盘和刀库，很容易实现不同工件间的加工转换，更适应多变、短小类型工件加工的柔性化要求（多品种小批量、交货期短）。

4．可获得良好的整体加工精度和表面质量

工件安装次数的减少，可使工件得到较高的位置精度和圆度，车削不会引起表面烧伤和微裂纹。20 世纪 90 年代以来，硬态车削的加工精度已达到 IT5 级（7~12 μm），表面粗糙度 Ra 可达 0.2~0.8 μm。

3.3 硬态车削的必要条件

硬态车削的特点是切削力大（特别是径向力比主切削力还大）、切削温度高、刀具使用寿命短，这就要求作为硬态车削的刀具耐热性和耐磨性应更好，机床工艺系统也要有足够的刚度。

3.3.1 硬态车削刀具

1．硬态车削的刀具材料

能够作为硬态车削的刀具材料有立方氮化硼（CBN）、陶瓷和新型硬质合金及涂层硬质合金。

CBN 具有很高的硬度和耐磨性，很适合加工硬度大于 55HRC 的淬硬钢材料，因硬度大于 55HRC 时，切削温度可使工件软化到较易切削的程度；当加工硬度小于 50HRC 的材料时，由于易形成长条形切屑，造成刀具前刀面上的月牙洼磨损，有研究认为，此时的切削温度不足以使工件软化，从而缩短刀具寿命，增加刀具成本，故 CBN 不宜加工硬度小于 50 HRC 的材料[30]。但不同 CBN 的含量、粒度、结合剂及工艺条件下的 CBN 适用的范围也不同（见表 2-4）。

陶瓷刀具材料的成本低于 CBN，且具有良好的化学热稳定性，但硬度和耐磨性不如 CBN。对于硬度小于 50HRC 的淬硬材料，选用陶瓷刀具更合适。如美国 GREENFEAF 公司生产的 WG-300 晶须增强 Al_2O_3 陶瓷刀具可加工硬度 45~65HRC 的淬硬材料，加工效率约为涂层硬质合金的 8 倍。我国陶瓷刀具技术已较完善，刀片性能也较可靠。国产 Al_2O_3 陶瓷刀片已有近 20 个品种，陶瓷-硬质合金复合刀片及增韧陶瓷刀片也已研制成功，均可用于生产。国产部分新型陶瓷刀具材料的物理力学性能及用途见表 3-1。

表 3-1　国产部分新型陶瓷刀具材料的物理力学性能及用途[19]

刀具材料牌号	密度ρ（$\times10^3$kg/m^3）	硬度 HRA	拉弯强度 σ_{bb} /MPa	断裂韧性 K_{IC} /MPa·m$^{1/2}$	用途
LT55	4.96	93.7~94.8	900	5.04	适于加工 55HRC 淬硬钢和硬铸铁
SG-4	6.65	94.7~95.3	850	4.94	适于加工 60~65HRC 淬硬钢和硬铸铁
JX-1	3.63	94~95	700~800	8.5	适于加工 Ni 基高温合金
JX-2	3.73	93~94	650~750	8.0~8.5	适于加工纯 Ni 和高 Ni 合金
LP-1	4.08	94~95	800~900	5.2	加工各种钢和铸铁
LP-2	3.94	94~95	700~800	7~8	断续切钢和铸铁
LD-1	4.79	93.5~94.5	700~860	5.8~6.5	断续切钢和铸铁
LD-2	6.51	93.5~94.5	700~860	5.8~6.5	断续切钢和铸铁
FC-1	4.46	94~95	700~800	9.0	适于加工超硬钢和冷硬铸铁

（续表）

刀具材料牌号	密度ρ（$\times 10^3 kg/m^3$）	硬度 HRA	拉弯强度 σ_{bb} /MPa	断裂韧性 K_{IC} /$MPa \cdot m^{1/2}$	用途
FC-2	6.08	94.7~95.3	700~800	8.4	适于加工淬硬钢
FH-1	复合刀片	94~95	800~1 000	5.3~5.8	加工高硬钢和高硬铸铁
FH-2	复合刀片	94.7~95.3	800~1 000	5.3~5.8	断续加工淬硬钢

新型硬质合金及涂层硬质合金刀具材料的抗弯强度和冲击韧性比 CBN 和陶瓷材料要高，价格又低，可用于加工硬度为 40~50HRC 的淬硬钢。某些新型硬质合金也可适应对硬度大于 50HRC 淬硬钢的加工。

2．硬态车削的刀片形状及刀具几何参数

刀片形状及其刀具几何参数的选择合理与否，对充分发挥刀具的切削性能至关重要。从刀尖强度和散热情况来看，刀片形状性能的好坏依次为：圆形、100°菱形、正方形、80°菱形、三角形、55°菱形和 35°菱形。对于各种材料的刀片来说，均应选择强度高、散热条件好的刀片形状和尽可能大的刀尖圆弧半径 r_ε。

硬态车削时刀具几何参数的特点是，要选择较大的负前角或预磨出负倒棱。通常情况下，$\gamma_o = -5° \sim -15°$，$\alpha_o = 5° \sim 20°$，$\kappa_r = 30° \sim 75°$（工艺系统刚度好时取小值，反之取大值），$\alpha_o = 5° \sim 20°$，负倒棱宽度 $b_{\gamma 1} = 0.1 \sim 0.3\ mm$，负倒棱前角 $\gamma_{o1} = -15° \sim -25°$，$r_\varepsilon = 0.2 \sim 0.1\ mm$。

3.3.2 硬态车削的切削用量

切削用量选择得合理与否，对硬态车削效果影响很大。由于 CBN 和陶瓷刀具材料的耐热性和耐磨性好，故可选用较高的切削速度 υ_c 和较大切削深度 a_p 以及较小的进给量 f。而切削用量对硬质合金刀具磨损的影响比 CBN 刀具要大些，故用硬质合金刀具就不宜选用较高的 υ_c 和 a_p，见表 3-2。

表 3-2 新型硬质合金刀具硬态车削实例[46]

加工工件尺寸 /mm	工件材料	切削用量			效果	刀片牌号
		υ_c/(m/min)	f/(mm/r)	a_p/(mm)		
M90×1.5 螺纹环规	CrWMn 60~63HRC	20~30	1.5（螺距 P）	0.3~0.8	尺寸精度合格，Ra 为 0.8 μm	YT726
M8×2 螺纹塞规	T10A 58HRC	31.4	2（螺距 P）	0.1	完全达到磨削要求	YT767
外径ϕ460 内孔ϕ380×22	GCr15 60~62HRC	20.2	0.24	0.4~0.5	连续车削 20 件，刀具使用寿命 T = 90 min	YM052
ϕ96×100 外圆	38CrMoAl 氮化层 1.5 mm 68HRC	32.5~41	0.2	0.2~1.0	比磨削提高效率 2 倍	YT05
外径ϕ300 内孔ϕ150×60	5CrW2Si 59~60HRC	56	0.15	0.3	比磨削提高效率 8 倍	YG600
20×20×200 方刀杆车圆	W6Mo5Cr4V2Al 68HRC	5.9	0.1~0.2	1.0	车圆后再车螺纹加工顺利	YG610
外圆 ϕ34×80	45 钢淬火 42HRC	128	0.15	0.5	刀具使用寿命比 YT 类提高 5 倍	YG610

硬态车削精加工的合理切削速度 υ_c = 80~200 m/min，通常 υ_c = 100~150 m/min，a_p = 0.1 ~0.3 mm，f = 0.05~0.25 mm/r，但具体数值要视工件硬度、表面粗糙度、加工效率和机床工艺系统刚度等综合考虑。如用陶瓷刀具 FD22（TiC-Al_2O_3）干切 86CrMoV7 淬硬轧辊钢（60HRC）时，选用 υ_c = 60 m/min，a_p = 0.8 mm，f = 0.11~0.21 mm/r，表面粗糙度 Ra 可达 0.8 μm；当 f = 0.07 mm/r 时，表面粗糙度 Ra 可达 0.4 μm，达到精磨水平。试验表明，当表面粗糙度 Ra 在 0.3~0.6 μm 时，硬态车削比磨削经济得多，如用 CBN 就可使 υ_c 更高一些。

一般情况下，硬态车削不用切削液，但有时对工件的加工精度和表面质量、刀具寿命有特殊要求时，也可使用水基切削液并采用连续均匀的冷却方式，以避免因热冲击而使刀片引起微裂纹。

3.3.3 硬态车削机床

硬态车削与非淬硬钢车削相比，切削力增加 30%~100%，切削所需功率增加 1.5~2 倍，所以硬态车削对机床提出了更高要求，如要求机床应具有高刚度、高转速和大功率等。

刀具安装时的悬伸长度要尽量小，夹具采用刚性夹紧结构，工件的长径比不要大于 6。

机床本身的主轴系统除了要保证高刚度外，还应具有高转速，以保证充分发挥 CBN 或陶瓷刀具的性能优势。但主轴的高转速，往往易引起振动，为防止和消除振动，包括夹具在内的整个主轴系统必须经过良好平衡，主轴的径向跳动和端面跳动都不得大于 3 μm。

机床导轨的精度要高、直线性要好、间隙要小，特别不能有爬行现象；硬态车削对机床的另一要求是要有良好的热稳定性能，机床热变形量要在一定范围内，这样才能保证连续生产的加工精度要求。有时还需用温度补偿方法来解决。

虽然普通车床也可以用来进行硬态车削，但终因整体性能不佳，故加工时必须降低切削用量。现有设备中，高刚度的数控车床 CNC 和车削加工中心更适合硬态车削。

3.4 硬态车削的应用与展望

事实证明，硬态车削比磨削可降低成本 40%~60%。德国汽车工业在加工曲轴、凸轮轴、摩擦盘等零件时均采用硬态车削代替磨削，收到了良好效果。如加工 100Cr6（德国 DIN 牌号，相当于中国的 GCr15）的摩擦盘（60~62HRC），加工时间减少了 60%。美国用热压陶瓷刀片车淬硬钢轧辊（>50HRC），车外圆、端面、切槽和成形表面等，其 $\upsilon_{c粗}$ = 137 m/min，$\upsilon_{c精}$ = 198 m/min，f = 0.13~0.33 mm/r，a_p = 0.51~0.89 mm。美国另一公司用 CBN 加工淬硬丝杠时间由原来的 170 h 缩短为 1.7 h，提高工效近 100 倍[27]。

我国也有少数工厂在 CNC 车床上对淬硬薄壁套及各种齿轮内孔、端面进行硬态车削，也达到了磨削效果，对轴承环、合金钢轧辊、量刃具、轴类零件等加工也获得了良好效果（见表 3-2）。例如，某机车车辆厂用 YT726 硬质合金车削 GCr15（60HRC）的轴承内环（ϕ285 mm），工时由 120 min 减至 45 min，提高效率 2.5 倍。硬态车削虽有前述优点，且也有不少成功实例，但至今应用还不广，究其原因有下列几点：

① 要达到硬态车削的水平，机床、刀具、夹具及其加工工艺应有最佳组合，工件硬度和余量应均匀；

② 对硬态车削效果宣传推广不够，很多人还不了解，观念陈旧；

③ 认为刀具成本太高，不算综合成本（CBN 的成本比硬质合金高很多倍，但均摊到每一个零件上的成本就低了，且带来的好处要多得多）；

④ 对硬态车削机理研究不够；

⑤ 硬态车削的加工数据尚无实际指导作用。

总之，要马上完全进入硬态车削工艺并非易事，尚需一个缓慢的过渡过程，但它毕竟是发展方向，终于会有一天完全实现硬态车削。

思 考 题

3.1 硬态切削的概念及特点是什么？

3.2 硬态车削应具备哪些条件？应用前景如何？

第4章　干式（绿色）切削技术

4.1　概　　述

传统的切削与磨削加工过程中，切削液几乎是不可缺少的，它对保证加工精度、提高表面质量和生产效率具有重要作用。但随着人们的环境保护意识的增强以及环保法律法规的要求日趋严格，切削液的负面影响愈加被人们所重视。主要表现在：

① 切削与磨削加工过程中产生的高温使切削液成雾状挥发，严重地污染空气、威胁操作者的身体健康，切削液的渗漏和溢出也会影响安全生产；

② 如切削液不经处理而排放会严重地污染环境：污染土地、水源和空气，影响动植物生长，破坏生态环境；

③ 切削液的供给和管理费用，特别是有毒有害切削液及粘带有切削液的切屑处理费用相当高，大大增加了生产成本。调查结果表明，切削液的输送、管理及清除费用已为刀具费用的 4 倍了，即如果刀具费用是零件制造成本的 4%的话，切削液的综合费用已达零件制造成本的 16%[24]；

④ 切削液中的添加剂（如 S、Cl）会造成零件的质量事故，如晶间腐蚀等。

切削过程的研究表明：切削液具备的冷却、润滑和排屑等作用没能得到充分有效地发挥。因此，人们正试图少使用或不使用切削液，以适应 21 世纪清洁生产和降低成本的要求。干式切削技术就是这样的实用绿色切削技术，可以较好地解决当前的生态环境、技术与经济间的协调与持续发展。

4.2　干式切削技术的特点及实施的必要条件

4.2.1　干式切削技术的特点

干式切削技术是在切削或磨削过程中不使用任何切削液的新的工艺方法。由于不使用切削液，当然可完全消除切削液带来的负面影响。干式切削技术具有以下特点[29][31]：

① 形成的切屑干净清洁无污染，易于回收和处理；

② 省去了与切削液有关的传输、回收、过滤等装置及相应的费用，简化了生产系统，降低了生产成本；

③ 省去了切削液与切屑的分离装置及相应的电气设备，机床结构紧凑，减少了占地面积；

④ 不会产生环境污染，也不会产生与切削液有关的安全及质量事故。

4.2.2　实施干式切削的必要条件

干式切削虽具有诸多优点，但由于没有了切削液的作用，使得加工过程中的冷却、润滑及排屑问题显得更加突出，刀-屑间摩擦增大，致使切削力增大、切削温度升高、生产效率降低、表面质量变差、刀具磨损严重、刀具寿命变短。这样一来，对所使用的刀具、机床和工艺就提出了相应的新技术要求。

1. 干式切削的刀具技术

干式切削是在无切削液条件下进行的，这就对刀具提出了更高的要求。

（1）刀具应具有优异的耐热性能（高温硬度）与耐磨性能

刀具能承受干式切削时的高温是实现干式切削的关键。为此可在现代刀具材料中选用新型硬质合金、超细晶粒硬质合金、涂层硬质合金、陶瓷和 CBN（或聚晶金刚石）。这些刀具材料本身的硬度都较高，在高温下下降也较少（不同刀具材料的硬度与温度关系见图 4.1），有很优异的耐磨性能（涂层的耐磨性寿命比较见图 4.2）。

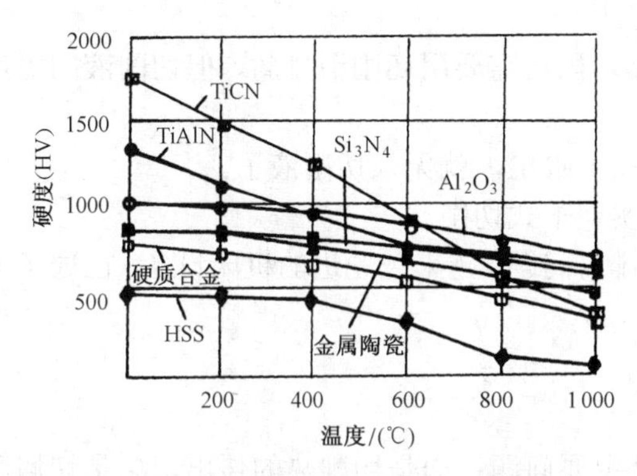

图 4.1　不同刀具材料的硬度与温度关系[32]

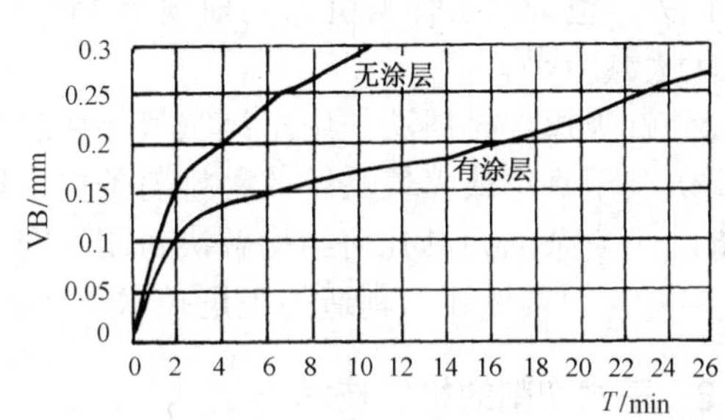

图 4.2　涂层的耐磨性寿命比较[24]

（2）尽量减小刀具与切屑间的摩擦系数

在不使用切削液的干式切削中，必须尽量减小刀—屑间的摩擦。最好的办法就是对刀具表面进行涂层。涂层一般可分两类：一类是“硬”涂层，即在刀具表面上涂 TiN、TiC 或 Al_2O_3 等涂层，这类涂层刀具，涂层硬度高，耐磨性好；另一类为“软”涂层，即在刀具表面上涂硫族化合物 MoS_2 或 WS_2 等减摩涂层，这类涂层刀具也称“自润滑刀具”。资料报道，这种“软”涂层与工件材料间的摩擦系数很小，只有 0.01 左右，可有效地减小切削力、降低切削温度。

无论哪种涂层，实际上都起到了类似于切削液的冷却作用，即在高速钢和硬质合金刀具表面上的涂层相当于一层隔热屏障，使得切削热不会或很少传给刀具，从而保证刀具的切削性能。

切削试验表明，TiAlN 涂层丝锥在含 Si 9% 的 Si-Al 合金上可加工螺孔 1 000 个，MoS_2 软涂层丝锥则可加工螺孔 4 000 个，而含 Co 10%的超细晶粒硬质合金无涂层丝锥只能加工螺孔 20 个[29, 31]。也有资料报道，厚膜 Al_2O_3 涂层还有保持刀具材料化学稳定性的作用（各种涂层的化学稳定性和耐磨性见图 4.3）。随着涂层技术的发展，AlCrN 涂层耐高温、低摩擦、抗粘结性好，虽硬度稍低，但综合性能比 AlTiN 更优异。

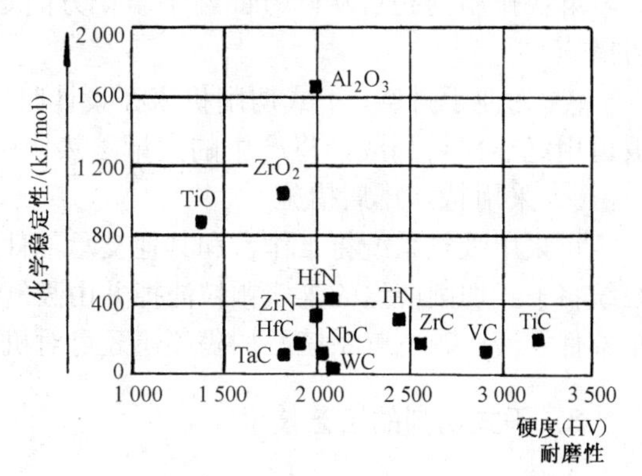

图 4.3　各种涂层的化学稳定性和耐磨性[24]

软涂层也可涂覆在钻头的螺旋沟部位，以减小刀-屑间的摩擦；而硬涂层则涂覆在刀尖部位上，这就是所谓的组合涂层。可见涂层技术是干式切削成功应用的最关键技术之一。涂层技术未来的发展方向主要集中在新型涂层材料和结构工艺的创新，特别是 nACo3 等复合纳米涂层及软涂层材料的开发。

（3）减少对切削液排屑作用的依赖

研究表明，切削液的冷却润滑作用只有 5%~10%，其余的主要作用是排屑。对于干式切削，排屑则成了要解决的主要问题。如采用下述合理的加工方式、提高刀具的设计与制造水平，则能使排屑问题逐步得到解决。

① 重力排屑法。钻削通常都从上向下进行，切屑则向上返出，如将机床与工件倒装过来，让钻头往上进给，切屑就很容易在重力作用下顺利向下排出，无须用切削液排屑。这已在美国某刹车器制造厂的柔性机床自动线上得以实现。

此外，也可将工件与机床主轴倾斜 45° 安装，虽还需要用切削液排屑，但切削液的需用量已大大减少[31]。

② 虹吸原理排屑法。用干燥空气将切屑从孔中吸出，就无须切削液了。

③ 利用真空或喷气系统改善排屑条件，以实现干式切削。

④ 用复杂的刀具几何结构解决封闭空间的排屑问题。越来越先进的机床设备，已成了大大改善复杂刀具设计与制造的先进技术条件。

2．干式切削的机床技术

在用于干式切削的机床设计上必须考虑两个主要问题：一是切削热的传出，二是切屑和尘埃的排出。

（1）切削热的传出

干式切削时产生的热量较多，如不及时传导出去，机床就会产生热变形，影响工件的加工精度和机床工作的可靠性。对于无法排出的热量，则必须在相关部件上采取隔热措施。

设置内循环冷气系统可提高机床工艺系统的热稳定性，在加工区的关键部位设置温度传感器用以监控机床温度场的变化情况，必要时也可通过数控系统进行精确的误差补偿。

（2）切屑的排出

解决排屑问题可从两方面着手。一方面是在机床设计上解决，另一方面是采用特殊的排屑措施。

① 为便于排屑，干式切削机床在设计时应采用立式主轴和倾斜床身。工作台上的倾斜盖板可用绝热材料制成，将产生的大量滚热切屑直接送入螺旋推进式排屑槽。

② 采用特殊排屑措施

可采用吸气系统将工作台和其他支承部件上的热切屑吸走以防切屑的堆积，也可采用过滤系统将干式切削产生的尘埃颗粒滤掉并由吸气系统及时吸走。产生灰尘的加工区应与机床的主轴部件及液压、电气系统严加隔离；还可对机床上的相应部件施加微电压，以防灰尘侵入。

3．干式切削的工艺技术

工件材料在很大程度上决定了干式切削实施的可能性。可实施干式切削的工件材料与加工方法的组合见表 4-1。

表 4-1　可实施干式切削的工件材料与加工方法的组合[32]

工件材料	加工方法				
	车削	铣削	铰削	钻孔	攻丝
铸铁					
钢		×	×		×
铝合金		×			×
复合材料					
高硬材料	×	×	×	×	×

注：×表示难于干式切削。

铝合金的导热率大，加工过程会吸收大量切削热；热胀系数大，工件极易产生热变形；硬度和熔点都较低，加工过程中切屑与刀具极易产生“冷焊”或黏结，这是铝合金干式切削时的最大难题。高速与超高速干式切削则是解决此难题的最好办法。

因在高速与超高速加工中，95%~98%的切削热都传给了切屑，切屑在与刀具前刀面的接触面上会被局部熔化形成极薄一层液态膜，故切屑很容易在瞬间被切离工件，大大减小了切削力和积屑瘤产生的可能性，工件可保持常温状态。这样既提高了生产效率，又改善了铝合金工件的加工精度和表面质量。

为防止和减少高温下刀具的黏结磨损和扩散磨损，还应特别注意刀具材料与工件材料间的合理匹配。例如，在切削钛（Ti）合金和含 Ti 的不锈钢、高温合金时，不宜选用含 Ti 的硬质涂层刀具进行干式切削，因为二者间有较强的亲和作用；PCBN 刀具宜于淬硬钢、冷硬铸铁和表面喷涂材料的干式切削，但不宜中低硬度材料的干式切削，因为此时刀具寿命还不如硬质合金高。

4.3　实施干式（绿色）切削可采用的方法

实施干式切削是对传统生产方式的一个重大创新，是一种崭新的清洁（绿色）制造技术。虽然从其出现至今只有短短十几年的历史，但它是新世纪的前沿制造技术，对实施人类可持续发展战略有着重要意义。干式切削又是一项庞大的系统工程，不可能一下子就能实施。主要难点在于：干式切削时，切削液应有的主要功能——润滑、冷却和排屑功能不复存在了，切削热就会急剧增加，机床加工区的温度就会明显上升，刀具使用寿命就会大大降低，工件的加工精度和表面质量也难以保证。因此必须找出可能替代切削液上述功能的方法，才能保证干式切削得以正常顺利地进行。据资料报道，下列方法都存在可能性，属于绿色切削技术。

4.3.1　风冷却切削

风冷却切削必须有风（空气）冷却系统，其构成如图 4.4 所示。

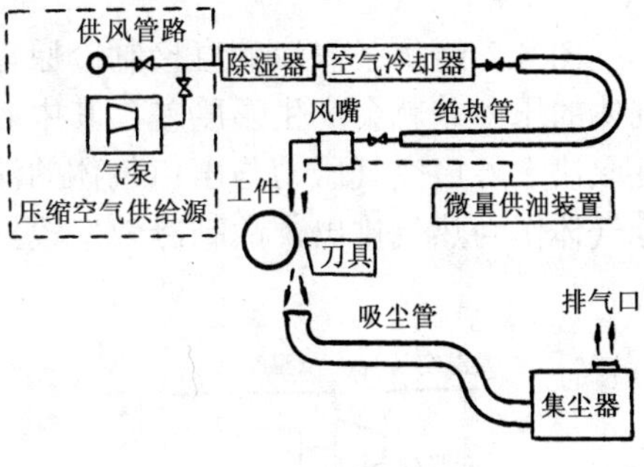

图 4.4　风冷却系统[37]

风冷却系统一般由压缩空气源、空气除湿器、空气冷却器、绝热管、微量供油装置、风嘴、吸尘管和集尘器等组成。

从压缩空气源来的空气经过除湿器去除水分后，送入空气冷却器冷却至–30℃，再经绝热管由风嘴将冷风送至需冷却的部位，同时喷入少量植物油以防锈并兼有一定润滑作用。在风嘴的对面设有集尘装置以收集尘屑，再经过集尘器内的过滤器滤去切屑。

实现空气冷却的方法很多，就其原理可分为四种：

（1）低沸点液体汽化间接制冷（其原理见图 4.5）

这种制冷方法是将液化厂的低沸点液氮送入风（空气）冷却系统中，使液氮在常温常压下蒸发汽化吸热而使空气冷却。

这种冷却系统的结构较简单，液氮汽化温度为 –180 ℃，可将空气冷却到 –100 ℃以下，温度可由液氮流量控制，过冷还可通过加热器加热。由于需要大容量储液器和液氮的外部制备，整个系统的运行成本大大增加，故不太实用。

（2）制冷剂压缩机循环间接制冷（其原理见图 4.6）

该制冷方法使用低沸点制冷剂，由压缩机、蒸发器、冷凝器、储液器和膨胀阀等构成闭环冷却系统。这是电冰箱、冷冻仓库广泛采用的制冷方式。其温度控制和能耗效率均较理想。

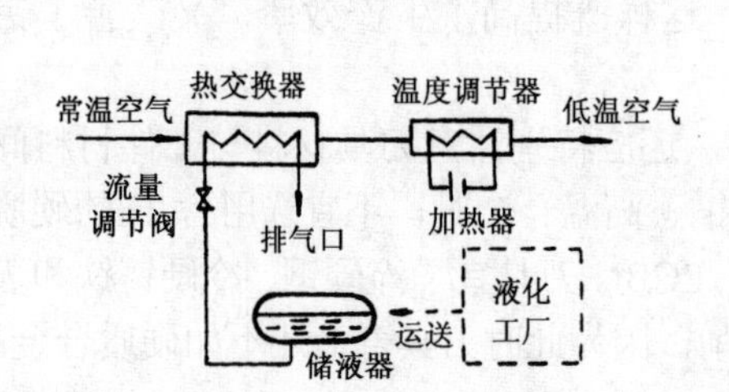

图 4.5　低沸点液体汽化间接制冷原理[37]

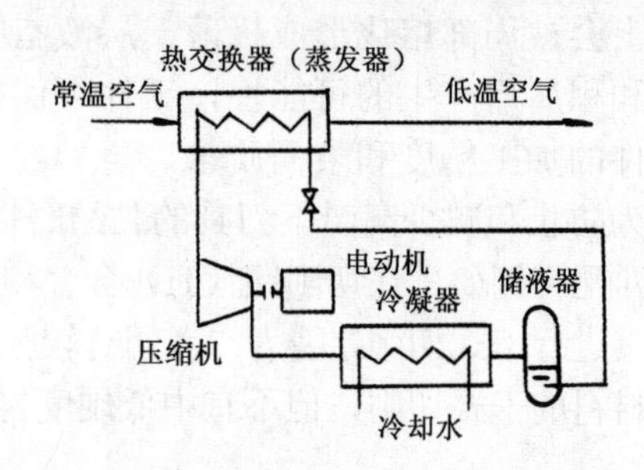

图 4.6　制冷剂压缩机循环间接制冷原理[37]

（3）空气绝热膨胀直接制冷（其原理见图 4.7）

由空气压缩机或管路来的常温高压空气进入膨胀机，使其在设定压力下膨胀，通过动力负荷对膨胀后空气能量的消耗，使空气温度下降。低温空气的出口温度由气源的入口压力和出口压力及膨胀机的性能来决定。

（4）涡流管直接制冷（其原理见图 4.8）

图 4.8 给出了涡流管直接制冷原理。压缩空气通过涡流管时将产生涡旋运动，涡流内外气体的压力差就会产生温度差，其中心部分的气体为低温，外侧气体为高温。制冷空气的温度取决于入口空气压力与出口气体的流量。其结构很简单，只需一个涡流管即可。但有一部分气体作为热气排出，故制冷效率较低。

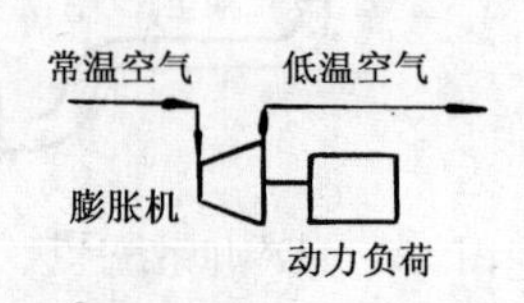

图 4.7　空气绝热膨胀直接制冷原理[37]

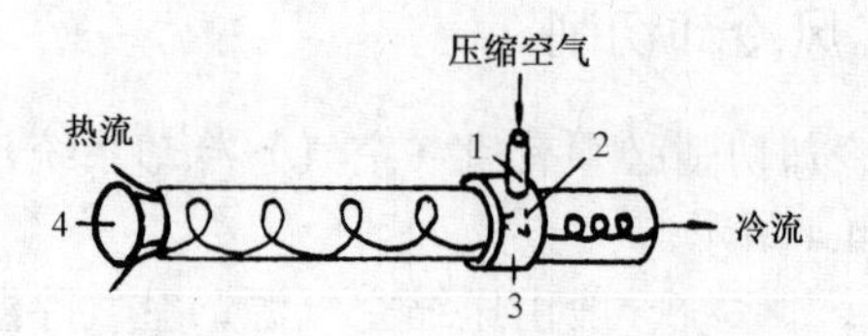

1—喷嘴，2—孔板，3—涡流室，4—控制阀

图 4.8　涡流管直接制冷原理[37]

上述四种制冷方法性能的比较见表 4-2。

表 4-2　四种制冷方法性能的比较[37]

制冷方法	装置复杂程度	初始成本	运行成本	可控性	可靠性	综合评价
低沸点液体制冷	简单	低	高	好	最好	差
压缩机循环制冷	较复杂	较高	较低	最好	最好	最好
空气绝热膨胀制冷	较简单	高	低	中	好	好
涡流管制冷	简单	低	较高	差	最好	中

（5）风冷却切削存在的问题

风冷却切削具有干式切削的优点，但也存在下列尚需解决的问题：

① 切屑的收集问题；

② 纯风冷却时刀具的润滑问题；

③ 工件的防锈问题；

④ 冷风的噪声问题。

4.3.2　液氮冷却干式切削

液氮冷却干式切削是采用液氮使切削区处于低温冷却状态进行切削加工[34, 35]。主要有两种形式：一是采用液氮的自身瓶装压力喷射到切削区进行冷却；二是采用液氮受热蒸发循环，间接使刀具冷却，这是一种低温干式切削方法，其装置见图 4.9。此法是在车刀刀片上表面倒装了一个金属帽状物，其内腔与刀片上表面间形成一个密闭室，帽状物上有液氮的入口和出口。在切削过程中，液氮不断地在密闭室中流动，吸收刀片上的切削热，使刀片的切削温度不致过高，故能保持良好的切削性能，使干式切削得以顺利进行。

液氮是制氧过程中的副产品，来源广阔，价格便宜，又可循环使用，且无污染。

美国林肯大学学者采用 Sandvik 公司提供的、配备有如图 4.9 所示装置的、新型液氮冷却干式切削系统，用 PCBN 刀具对反应烧结 Si_3N_4 陶瓷 RBSN 进行了切削试验。

当不用液氮冷却刀具时，PCBN 切削工件长度（轴向测量）仅为 40 mm，后刀面磨损值 VB 就达 3 mm，切削无法进行下去。当采用液氮冷却后，切了 160 mm，VB＝0.4 mm，生产效率提高了 3 倍，刀具磨损 VB 降低至原来的 1/6（PCBN 车削 RBSN 的刀具磨损值 VB 见图 4.10），工件圆度误差从 20 μm 减至 3.2 μm。

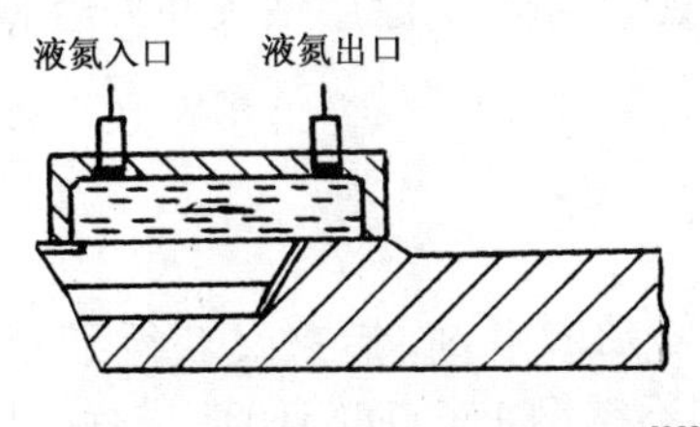

图 4.9　液氮冷却干式切削装置[32]

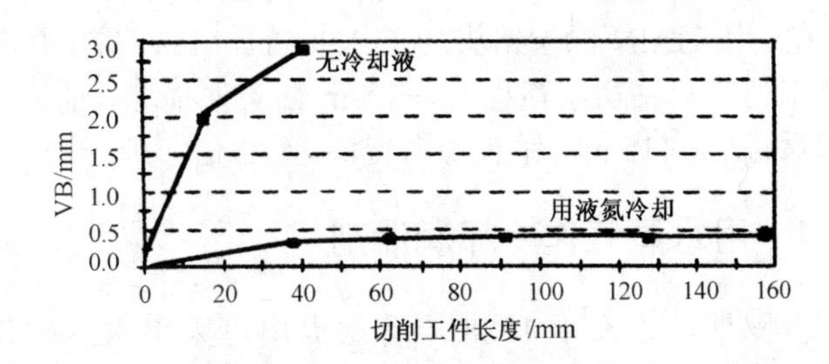

$\upsilon_c = 2.23$ m/s，$f = 0.1$ mm/r，$a_p = 0.5$ mm，$\gamma_0 = -6°$，

$\alpha_o = 5°$，$\lambda_s = -6°$，$\gamma_0 = -6°$，$r_\varepsilon = 0.8$ mm

图 4.10　PCBN 车削 RBSN 的刀具磨损值 VB[32]

4.3.3 准（亚）干式切削

在同样的工艺条件下，干式切削会使切削过程产生一些特殊问题，例如：

① 使第Ⅱ变形区的摩擦状态和刀具磨损机理发生变化，刀具磨损加快；

② 由于工件材料本身的热塑性增加使得切屑的折断、控制反处理困难；

③ 加工表面质量不稳定。

不难看出，纯粹的干式切削有时要真的实施起来是非常困难的，故而西欧国家的一些专家提出了介于完全干式切削与湿式切削二者之间的最小量润滑技术 MQL（Minimal Quantity of Lubrication）。此项技术是将压缩空气与少量的切削液混合汽化后，再喷射到工件的加工部位，使刀-屑接触区得到冷却和润滑。MQL 技术可大大减小刀-屑及刀-加工表面间的摩擦，起到降低切削温度、减小刀具磨损和提高加工表面质量的作用。由于所使用的切削液量很少，但效果明显，既提高了生产效率，又大大减轻了环境污染。例如，一台加工中心在传统湿式切削中，需要切削液 20~100 L/min，采用 MQL 技术只需要 0.03~0.2 L/h，约为湿切的四万分之一。这样，清洁干净的切屑经过压缩后即可回收使用，几乎不污染环境，故又称“准干式切削”（Near Dry Cutting）[32, 36, 41]。

实施 MQL 技术的关键问题有两个：一是如何保证切削液可靠进入切削区进行充分冷却润滑；二是如何确定所需的切削液用量。

目前解决第一个问题的方法有两种，一种是用“外喷法”，即将油-气混合物从外部喷向切削区。此法简单易行，但所消耗的切削液用量大，尤其对半封闭、封闭状态的切削加工（钻、铰、拉削等）效果不好；另一种是“内喷法”，即在刀具中开出油-气通道，让油-气混合物经此通道喷向切削区，此法切削液耗量较少，冷却润滑较充分，特别适合于半封闭、封闭切削加工，但刀具结构较复杂。

目前，刀具结构和制造技术的发展为 MQL 技术的应用提供了有利条件。高速钢和硬质合金钻头、立铣刀均有油孔结构，规格也越来越多。如直径为ϕ3~ϕ4.5 mm 的钻头，其油孔可为ϕ0.4~ϕ0.6 mm。

近些年，又在 MQL 基础上发展为低温 MQL，效果比 MQL 更好。

准干式切削技术与刀具涂层技术的结合也可取得最好的切削效果。例如：

① 用（TiAlN+MoS_2）涂层钻头钻削铝合金工件时，干式钻削只能加工 16 个孔，切屑就黏结在钻头的螺旋沟中；而采用 MQL 技术后，钻孔数高达 320 个，钻头寿命提高了 19 倍，钻头没有显著磨损，且钻出的孔都满足图纸要求。

② 用 TiAlN 涂层钻头加工 X90Cr18MoV（DIN 牌号，相当于 9Cr18MoV）合金钢时，纯粹干切时只钻切削路程 $l_m = 3.5$ m 钻头便损坏，而用（TiAlN+MoS_2）涂层钻头并采用 MQL 技术后，$l_m = 115$ m，钻头寿命提高近 32 倍。

4.3.4 用水蒸气作冷却润滑剂

俄罗斯的专家于 1988 年首次提出可采用水蒸气作为冷却润滑剂，后来又获得了专利。B.A.ГОДЛЕВСКИЙ等人 1998 年分别用 YT15 对 45 钢和不锈钢 12Cr18Ni10Ti 进行了切削试验。其结果如图 4.11 和图 4.12 所示。

用水蒸气作冷却润滑剂大大加强了冷却润滑剂的渗入能力，取消了液相渗入阶段；当冷却润滑剂的成分与浇注法相同时，水蒸气在很大程度上保持着自己的效果；水蒸气冷却润滑剂保证冷却均匀，特别在硬质合金刀具断续切削时效果更好；用水蒸气作为冷却润滑剂能够提高硬质合金刀具的使用寿命（стойкость）：车削 45 钢、不锈钢和灰铸铁时提高 1~1.5 倍，铣削时提高 1~3 倍。

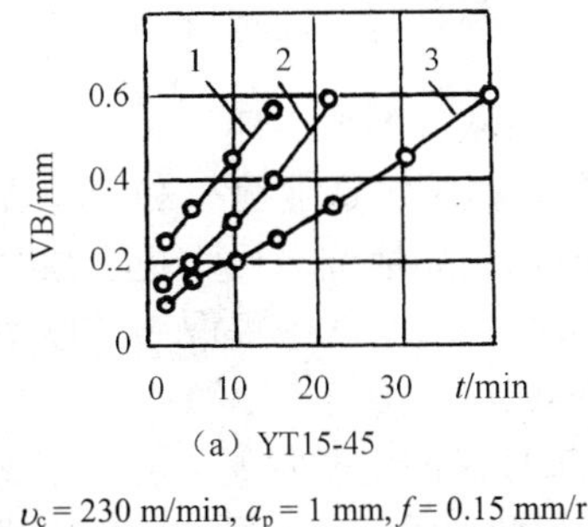

（a）YT15-45

$\upsilon_c = 230$ m/min, $a_p = 1$ mm, $f = 0.15$ mm/r

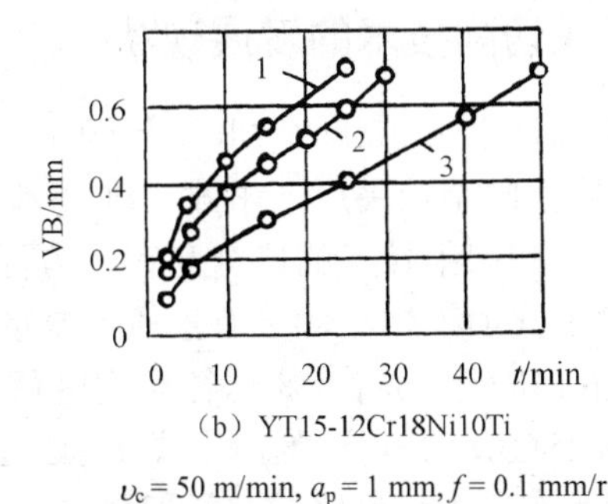

（b）YT15-12Cr18Ni10Ti

$\upsilon_c = 50$ m/min, $a_p = 1$ mm, $f = 0.1$ mm/r

1—干切，2—浇水，3—水蒸气

图 4.11　用水蒸气作为冷却润滑剂的车刀磨损 VB 值[39]

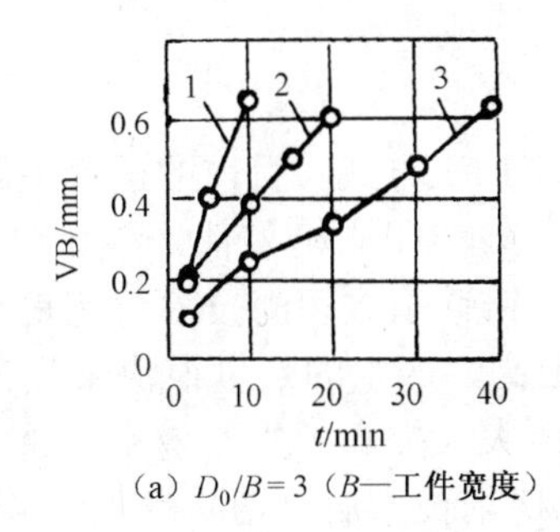

（a）$D_0/B = 3$（B—工件宽度）

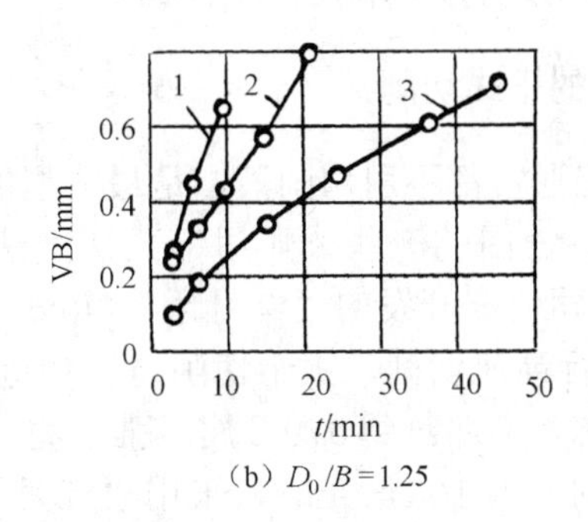

（b）$D_0/B = 1.25$

YT15-45；$\upsilon_c = 260$ m/min，$a_p = 2$ mm，$f = 0.1$ mm/r

1—干切，2—浇水，3—水蒸气

图 4.12　用水蒸气作为冷却润滑剂时铣刀磨损 VB 值[39]

前苏联专家这样来解释，他们认为切削液的效果不能单纯归结为对流热迁移，还应包括润滑效应造成的间接冷却。

可以这样重新理解金属切削时摩擦过程的实质，即过去认为传统切削液的润滑作用主要是通过表面的毛细管动力网，将切削液渗透到切屑与刀具界面上产生的。它由两阶段组成，即先是液相的渗入、蒸发，然后是蒸发、充填、挥发。试验表明，传统冷却曲线上试样的温度有一段保持恒定，这证明冷却试样的表面被一层蒸气膜覆盖着，新的切削液难以再进入蒸气膜内了，从而阻碍了冷却效果。而采用水蒸气却没有成膜阶段，只有蒸气的充填、挥发，这样就不会阻碍新切削液进入冷却区。试验也证明，此时试样的温度下降均匀，无曲线平段的出现。

4.3.5　射流注液切削

日本学者采用高压注液法精加工 Ni 基高温合金 Inconel 718 等材料时，后刀面磨损值与切削温度存在一种定量关系，切削温度的升高会加快后刀面磨损。用 K20、涂层 P40 刀具，与浇注冷却相比，随着射流速度的提高，后刀面磨损减小。如刀具磨损值一定，在一定切削条件下用射流冷却比浇注法可提高切削速度 2~2.5 倍，刀具使用寿命延长 5 倍左右[41]。

4.4 干式切削技术的发展现状及应用

4.4.1 干式切削技术的发展现状

干式切削技术于20世纪90年代源于欧洲，目前在西欧各国最为盛行。据统计，现在已有8%左右的德国企业采用了干式切削技术。到2003年，德国制造业已有20%以上采用干式切削技术。干式切削技术的研究和应用方面，德国居国际领先地位。日本也已成功开发不使用切削液的干式加工中心，装有液氮冷却的干式切削系统，从空气中提取高纯度氮气，常温下以0.5~0.6 MPa压力将液氮送往切削区可顺利实现干式切削。

以色列ISCAR公司认为，干式切削工艺是切削加工技术的主要发展趋势，干式车削应用较普遍。因为车削中切削区的热量恒定，容易通过采用新型硬质合金刀具，选用合理的进给量和切削速度，就能进行干式切削，在某些场合还可利用激冷气体或旋风喷雾器降低切削温度。

4.4.2 干式切削技术的应用举例

1. 铸铁的干式切削

铸铁加工通常都不用切削液，是最典型的干式切削加工方式。目前的研究主题是如何提高生产效率。德国的一些公司用干式切削法加工刹车鼓和印刷机零件，美国LE BLOND MAKINO公司研究开发的“红月牙”（Red Crescent）铸铁干式切削技术，就是利用陶瓷或CBN刀具进行高速切削，由于切削速度和进给量均很高，产生的热量很快聚集在刀具前端产生红热状态，工件热到370℃屈服强度将下降，从而大大提高了生产效率。通常，铸铁的切除率（车削）为16 cm^3/min，采用“红月牙”干式切削技术后，切除率可达49 cm^3/min，提高效率2倍多，此时的切削速度可达914~1219 m/min，进给速度为1 270~5 080 mm/min。该技术也可用于小直径刀具[31, 32]。在上海通用汽车公司的发动机柔性生产线上，用SECO公司的CBN300 刀片干式铣削灰铸铁发动机缸体平面，铣削速度可达1 600 m/min，每刃寿命170件，为普通PCBN刀片的4倍，比陶瓷刀片提高50倍。

2. 铝合金的干式切削

铝合金在发动机及动力系统中的应用还在不断增多，探讨铝合金的干式切削非常必要。BIG THREE公司在变速箱通道板的加工中，采用38台高速（15000 r/min）金刚石干式加工系统，其加工精度达0.05 mm，每小时可加工600件，与传统磨削方法相比，每年可节约300多万美元。

该公司在钻削加工中采用最小量润滑技术MQL，效果也不错。例如，采用ϕ6 mm硬质合金钻头，孔深26 mm，转速30 000~60 000 r/min，润滑液用量减至最少0.1 mL。如采用新型金刚石涂层钻头则可完全实现干式切削。

TURCHAN公司则认为，铝合金等有色金属的干式切削的关键在于主轴转速要很高、切屑形状可改变、金刚石刀具设计要合理。因为高速与超高速切削才能使干式切削获得效果。

QQC公司开发了一种可使金刚石与基体间进行冶金结合的扩散工艺，其特点是导热率高、热扩散快、与铝材不发生亲和，且可对成形刀具进行涂层。在加工中，由于切削力小，工件变形极小。试验证明，这种金刚石涂层刀具在干式切削中比非涂层加切削液的加工效果好得多。

3．镁的干式切削

由于镁的强度较高、重量轻，且有很好的阻尼特性，易被加工成形，故镁的应用正在日益扩大。但镁有易燃性，传统加工中必须使用大量切削液，但如果镁屑与切削液中的水混合浸湿会引起化学反应生成氢化镁，还释放出一种氢物质，致使切削液中的水硬化。镁屑受潮后还会成为污染物，可见镁屑的处理是个棘手的难题。因此，有人认为，干式切削是加工镁的必然趋势。

4.5 当前的任务

在达到干式切削的目标之前还需经过很长一段过渡阶段，我们当前的任务是，限制使用有毒有害的添加剂，研制新环保型添加剂并开发切削液处理技术。

4.5.1 对切削液的新要求

过渡阶段的切削液除了应具备原切削液具备的冷却、润滑、清洗和防锈性能外，还应具有下列性能：

① 无毒，不伤害操作者，对环境无污染（或低污染）；

② 不容易腐败变质，寿命长；

③ 通用性强，可适用于各种切削加工方式和多种工件材料；

④ 透明或半透明，便于观察加工状态；

⑤ 有相应的废液处理技术且处理方便。

4.5.2 切削液的发展趋势

（1）从油基向水基过渡

油基切削液润滑性能好，但冷却效果差；在高速重切削时易产生烟雾，严重污染环境，易着火，使用不安全；能源浪费较严重。故油基切削液已不能满足先进制造技术的使用要求。而水基切削液则具有冷却效果好、防火性好，对环境污染问题较易解决等一系列优点，故它是发展方向[38]。

（2）微浮状切削液前景广阔

微浮状切削液与乳化液、合成切削液同为水基切削液。微浮状切削液的液体形态与合成切削液相近，呈透明或半透明状，使用寿命比乳化液长 4~6 倍，其性能类似乳化液，废液处理也比合成切削液要容易，它综合了乳化液与合成切削液的优点且通用性强，性能优异，也称半合成切削液。预计它将是未来切削液的主要品种[38]。

（3）向“无公害”或“低公害”方向发展

防止公害和防止环境污染，确保劳动者的安全健康是当前世界各国极为关注的问题，许多国家都颁布了环保法律和条例。切削液废液是重要的污染源，如何把废液对环境的危害降到最低程度是个非常重要又不易解决的问题。据报道，美国已开发了先进的切削液生物降解处理技术，并已在工业界广泛应用。日本目前采用水稀释或用活性污泥对切削液废液进行处理[38]。

（4）逐步推广集中冷却润滑系统

这是将多台加工设备各自独立的冷却润滑装置合并集中成为一个冷却润滑的系统。其优点是：延长切削液的使用寿命；易于实现对切削液性能指标的自动控制，确保切削液的质量；可减少废液量且便于集中处理，利于保护生态环境；便于对系统设备的维护、保养和管理；便于切屑的运输和集中处理等。集中冷却润滑系统已在一些发达国家开始使用，我国也将逐步推广使用[38]。

（5）实现切削液质量管理的自动化

随着机械加工自动化程度的不断提高和无人化工厂（车间）的出现，在冷却润滑系统中实现对切削液的自动检测和自动控制势在必行。可检测、控制切削液的工作温度、使用浓度、pH 值和气味等，并对切削液的失效进行预报[38]。

4.5.3 限制使用切削液中的有害添加剂

切削液中的添加剂很多都是有毒有害的，使用时应严加限制。

（1）亚硝酸盐及类似化合物

亚硝酸盐、铬酸盐是钢铁类工件良好的防锈剂，但它们均是有毒物质且污染环境。如亚硝酸盐与同溶液中的有机胺会形成致癌的亚硝胺。日本、美国、西欧等国家已限用或禁用。铬酸盐也有毒性且污染环境，也被禁用。

（2）磷酸盐类化合物

含磷酸盐的工业污水的排放会使江河湖海中水的营养富化而出现赤潮。欧盟已对它的排放作出了限制。

（3）氯化物

含氯的极压切削液润滑性能优异，但有人认为会腐蚀金属、有毒且污染环境。欧洲，特别像德国和瑞典等已限用氯化物作添加剂。

（4）甲醛及类似化合物

甲醛在切削液中有极强的防腐作用，但有毒，刺激人的眼鼻，与皮肤接触能导致组织坏死，危害人的健康。另外，酚类和苯类杀菌剂也有毒，均应限用。

4.5.4 研制新环保型添加剂

研制开发新型高效无毒添加剂，已引起各国学者的关注。

（1）硼酸酯类添加剂

研究证明，硼酸酯是一种多功能环保型添加剂。它的特点是：油膜强度高、摩擦系数小，减摩抗磨性能好；防锈性能好；抗菌、杀菌功能强且无毒害作用。硼酸酯又容易合成，它是由羟基物质（醇）与硼化剂（如硼酸）反应而成的。

（2）钼酸盐系缓蚀剂

钼酸盐是阳性缓蚀剂，能使金属表面生成 $Fe\text{-}MoO_4\text{-}Fe_2O_3$ 钝化膜，有良好的缓蚀效果，且无毒、不污染环境，但价格高，故影响其推广使用。使用由钼酸盐、硼酸盐和有机胺组成的高效价廉的防锈铬化物比单独用任何缓蚀剂性能都好。

（3）新型防腐杀菌剂

切削液中有微生物和菌类滋生繁衍的条件，因而切削液极易腐败，必须在切削液中添加防腐杀菌剂，才能延长切削液的使用寿命。据日本专利介绍，用油酸、硬脂酸等羧酸制取的铜盐能有 1 年以上的抗腐败能力。据美国资料介绍，柠檬酸具有较好的抗菌效果。美孚石油公司研制了一种名为 Mobilment Aqua Rho 乳状油，添加了含磷、氮和硼的化合物，可使乳化液的使用寿命达到 4 个月以上。

思 考 题

4.1　切削液有哪些负面影响？
4.2　干式切削的特点及实施的必要条件有哪些？
4.3　为什么现在还不能完全实施干式切削？可采取哪些措施来实现干式（绿色）切削？
4.4　准干式切削或最小量润滑技术的概念是什么？如何实施？
4.5　举例说明干式切削的发展情况及应用前景。
4.6　在实现干式切削之前的过渡阶段的任务是什么？

第 5 章　复合加工技术

5.1　概　　述

随着科学技术的不断进步和工业化进程的迅猛发展，对产品性能和功能的要求日趋多样化，产品的结构越来越复杂，特别是汽车、航空、航天、原子能、兵器等工业领域，各种新结构、新材料及复杂形状的精密零件层出不穷，对制造精度和加工质量要求日益提高。采用传统机械加工方法往往难以满足结构形状的复杂性、新材料的切削加工性、加工精度和表面质量方面的要求，这就对现有加工技术提出了新挑战。复合加工技术就是在这种背景下逐步形成的一门综合性制造技术。

复合加工技术主要是要解决两个方面的问题，即特殊结构与复杂结构的加工问题和难加工材料的加工问题，它是把机械、光学、化学、电力、磁力、流体和声波等多种能量综合起来应用的技术，从而大大提高了加工效率，同时兼顾了加工精度、表面质量和工具损耗，具有传统单一加工技术无法比拟的优点，已经在前述难加工材料高效加工领域中获得了广泛应用，是制造技术的发展方向之一[65]。

5.2　复合加工技术分类

复合加工是指工件在机床上一次安装后，能够进行同一类工艺方法的多工序加工（如同属切削加工方法的车、铣、钻、镗等）或者不同类工艺方法的多工序加工（如切削加工与激光加工），从而可在一台机床上顺序完成该工件的大部或全部工序加工。可见，复合有两种形式：一种是以能量或运动方式为基础的不同加工方法的复合，即工艺复合；另一种则是以工序集中原则为基础的、以传统机械加工工艺为主的工序复合，此为数控加工近年快速发展的高效加工方式[65]。

1．工艺复合加工技术

这是以能量复合为基础的加工技术，是应用多种形式能量的综合作用来实现材料去除的，是靠多种加工工艺的协同工作实现材料去除的。它可提高难加工材料和复杂结构的加工效率和加工质量。

该种复合加工技术可分为机械与超声复合、机械与高能量复合、机械与电解复合、机械与电化学复合、电火花与超声复合、电火花与电解复合、机械与化学抛光、高压水（磨料水）射流与线切割复合、激光加工与切削加工复合等。常见的复合加工方法见表 5-1[64]。

在普通精度的机械制造领域，往往以传统机械加工、电火花加工为主的复合加工方法最为常见。例如，超声（低频）振动切（磨）削、激光（电、等离子）加热切削、超声电火花加工、超声电解加工、电火花电解加工、电解磨削等。

后四种在特种加工技术中讲授。可加工到镜面或超精密级的复合加工，如磁性浮动抛光、磁性磨料精整加工、电解研磨、化学机械抛光、磁力研磨、电化学抛光等已归入现代精密超精密加工技术中。

此外，还有与焊接、热处理、激光加工等工艺的复合技术。

表 5-1　常见的复合加工方法

主要加工作用 / 辅助作用		机械加工（切削、磨料加工）	电化学加工	电火花加工	超声	化学
机械			电解铣削、电解磨削、电解研磨和抛光	电火花仿铣、电火花磨削与抛光	超声铣削	化学机械抛光
电加工	电化学	电解在线修整磨削				
	电火花	电火花修整磨削	电解电火花加工			
	电弧		电解电弧加工			
超声		超声切削，超声磨削，超声研磨和磨削				
热能		（激光、等离子体和导电）加热烧毁削和磨削				
磁力		磁力研磨	磁场辅助电解加工			
水射流		磨料水射流切割				
化学		机械化学抛光				
多种能量		超声电火花磨削，电解电火花磨削	电解超声磨削	电火花超声抛光		

2. 工序复合加工技术

在机械加工领域，工序复合加工技术是指在一台机床上能完成车、铣、镗、钻、扩、铰、攻螺纹等加工要求，这样的机床称为复合加工机床（CMT-Complex Machine Tools）。现代的复合加工机床已进一步提高了复合化程度，故又称为复合加工中心[65]。

复合加工机床（中心）具有以下优点：

（1）可提高工序的集中度，缩短多工序加工中工件的上下装卸时间。

（2）缩短工件的工序转换、输送和等待时间，大大缩短工件的加工周期和在制品存储量，便于实施零库存的准时制造（JIT）。

（3）减小了工件的安装次数和安装误差，利于提高加工精度。

最常见的复合加工机床是车铣复合加工机床（中心）和铣车复合加工机床（中心）。前者是在车床（中心）基础上增添了铣削功能（见图 5.1），后者则是在铣削加工中心基础上增添了车削功能。

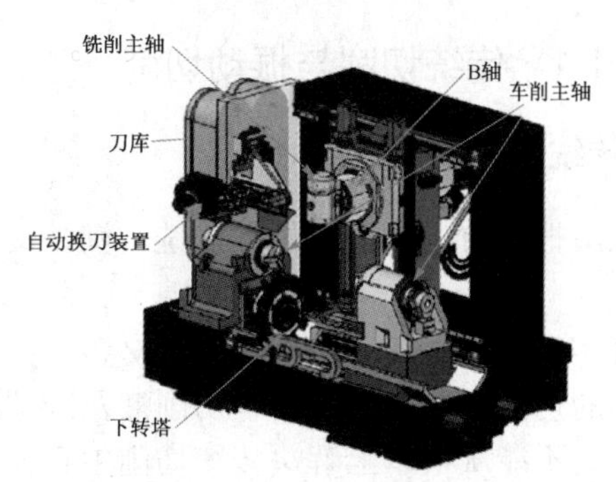

图 5.1　车铣复合加工机床[116]

此外，还有车磨复合加工机床（见图 5.2）、两端面车磨复合加工机床（见图 5.3）、水切割与线切割复合以及激光与铣削复合加工机床（见图 5.4、图 5.5）。

图 5.2 车磨复合加工机床[116]

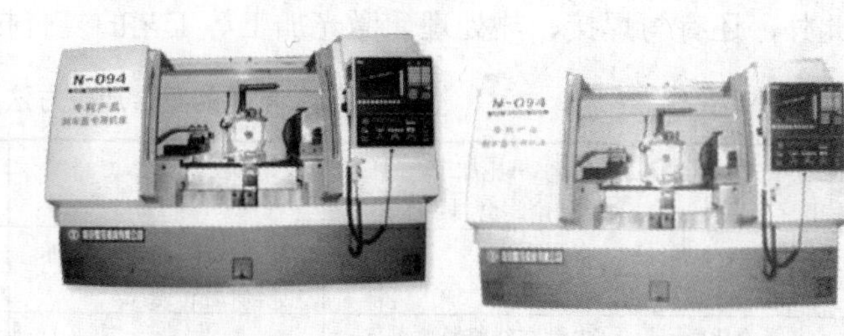

图 5.3 双端面车磨复合加工机床[116]

图 5.4 水切割与线切割复合加工机床[116]

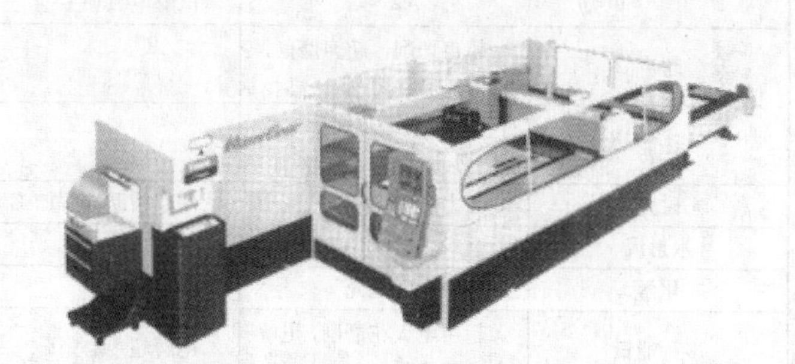

图 5.5 激光与铣削复合加工机床[116]

但复合加工机床（中心）存在两大问题：一是价格昂贵；二是构件越多，结构越复杂，可靠性越差，故应用的局限性较大。

5.3 振动切削加工技术

5.3.1 振动切削加工概述

随着科学技术的不断发展，特别是宇航、航空事业的发展，对机器及其零部件的性能和质量的要求越来越高。为保证整机及零部件的高性能和高质量，广泛应用了具有特殊性能的工程结构材料，例如不锈钢、钛合金、高温合金、复合材料与工程陶瓷等，然而这些材料切削加工困难，更难保证高精度和高效率的要求，为此研究了一种新的机械加工方法——振动切削，也称为振动辅助切削。

5.3.1.1 传统切削与振动切削

1. 传统切削

在此，把目前广泛采用的车、铣、刨、钻、插、拉、螺纹及齿轮等的切削加工称为传统切削。

近百年来，尽管在研制新的刀具材料、研究刀具的新结构、选择刀具的合理几何参数、制订合理的切削用量、研究新型切削液及冷却润滑方法、研制新机床等方面取得了很多重大成果，但仍不能从根本上解决传统切削中存在的刀具磨损严重、加工表面质量不理想、生产效率低等问题。

2．振动切削

振动切削是一种脉冲切削，是在传统切削过程中给刀具（或工件）施以某种参数（频率 f_z、振幅 a）可控制的有规律的振动。在切削过程中，刀具与工件周期性地接触与离开，切削速度的大小和方向在不断地变化。由于切削速度的变化和加速度的出现，使得振动切削具有很多优点，特别是在难加工材料和普通材料的难加工工序（小直径精密深孔、精密攻螺纹）加工中，都收到了异乎寻常的效果。

迄今为止，虽然对振动切削中某些现象的解释、某些参数的选择有所不同，但对它的工艺效果是公认的。故此，振动切削已作为精密机械加工和难加工材料加工中的一种新技术渗透到各个领域中，形成了放电-超声振动、电解-超声振动等各种复合加工方法，使传统切削加工技术有了新的发展。

3．振动切削分类

（1）按振动性质分类

① 自激振动切削。自激振动切削是利用切削过程中产生的振动进行切削。例如，车、船用柴油机缸套内孔波纹孔面的加工就是一例。它使切削过程中的有害振动转变为有益，该切削方法近几年有逐渐扩大使用的趋势。

② 强迫振动切削。强迫振动切削是利用专门的振动装置，使刀具（或工件）产生某种有规律的可控制的振动来进行切削的方法。这将是本章介绍的重点。

（2）按振动频率分类

① 高频振动切削。频率 $f_z > 16$ kHz 的振动切削称为高频振动切削，它用超声波发生器、换能器、变幅杆来实现。由于 $f_z \approx 10$ kHz 的振动会产生可听见的噪声，一般不被采用。通常称高频振动切削为超声振动切削。

② 低频振动切削。频率 $f_z < 200$ Hz 的振动切削称为低频振动切削，低频振动切削的振动主要靠机械装置实现。

（3）按振动方向分类

按振动方向可将振动切削分为主运动方向、进给方向和切削深度方向的振动切削，如图 5.1 所示。实际生产中，主运动方向的振动切削效果较好，应用较多。此外，还有椭圆振动切削（Elliptical Vibration Cutting，EVC），它是日本学者社本英二提出的，特征在于：在切削过程中，让刀具相对于工件在切削速度方向和切屑流出方向所在的平面内做中高频或超声频（18 kHz 以上）的周期性振动，通过对两个激励方向上的振幅和相位进行控制，实现两个方向振动的组合，以使刀尖获得中高频或超声频的椭圆运动轨迹。它可增大剪切角，减小切削力，提高加工精度和表面质量[108]。

5.3.1.2 振动切削的特点

与传统切削相比，振动切削有如下特点[46]。

1．切削力大大减小

振动切削时，切削变形很小（$\Lambda_h = 1/r_c \approx 1$），刀-屑间摩擦系数只为传统切削的 1/10（见

表 5-2），故切削力可减小到传统切削的 1/2~1/10，塑性材料减小得更多。例如，用 $f_z = 20$ kHz，$a = 15$~20 μm 振动车削紫铜，主切削力 F_c 只为传统切削的 1/8~1/10，背向力 F_p 仅为传统切削的 1/50；在 1Cr18Ni9Ti 上低频振动钻孔时，切削力可减小 20%~30%；用金刚石砂轮超声振动磨削石英玻璃时，切向分力减小 30%~40%，磨削 1Cr18Ni9Ti 时减小 60%~70%。

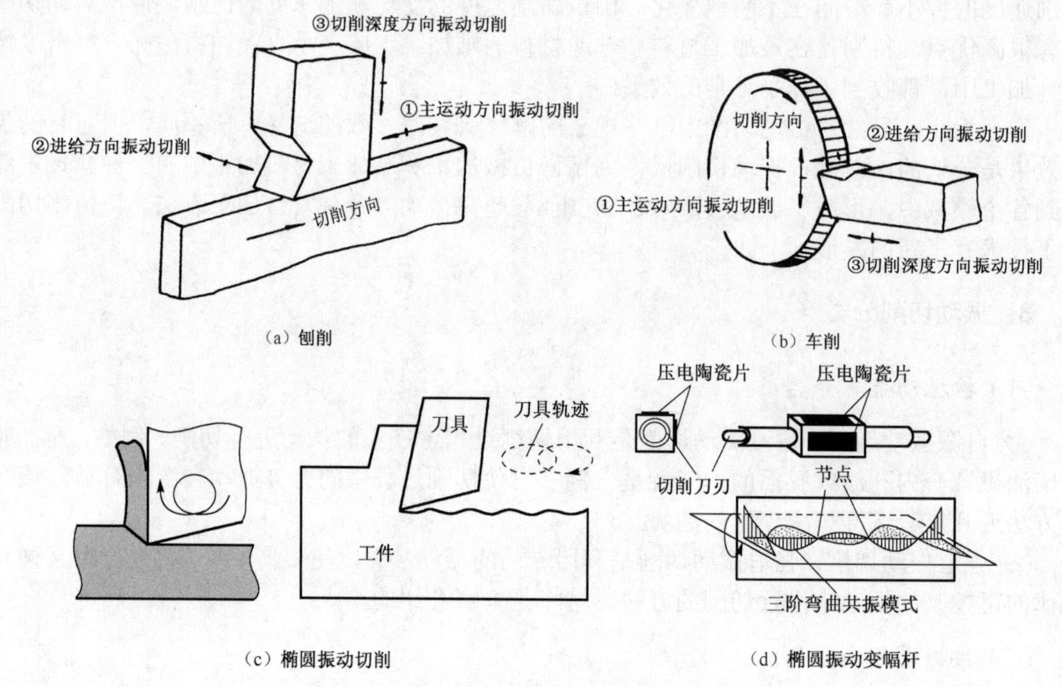

图 5.6　振动切削的振动方向[46]

表 5-2　超声振动切削与传统切削的摩擦系数[46]

工件材料	摩擦系数 μ	
	超声振动切削	传统切削
铝	0.02	0.18
黄铜	0.03	0.25
碳钢	0.02	0.22

2．切削温度明显降低

振动切削时，刀-屑间的摩擦系数大大减小，切削热在极短时间内又来不及传到切削区，切削液的冷却润滑作用也得到了充分发挥，故平均切削温度降到与室温差不多的程度，切屑不变色，用手摸不会烫手，这是传统切削不可比拟的。例如，对淬火硬度为 55HRC 的试件进行 $f_z = 18$ kHz，$a = 25$ μm 的切削深度方向振动磨削时，尽管磨削深度从 0.05 mm 增加到 0.09 mm，磨削温度却降低了 50%；超声振动切削不锈钢时，切屑温度只有 40℃。

3．切削液的作用得到了充分发挥

超声振动切削时会在切削液内产生“空化”作用，一方面使切削液均匀乳化，形成均匀一致的乳化液微粒；另一方面切削液微粒获得了很大能量更容易进入切削区，从而提高了切削液的使用效果。没有切削液时则由空气冷却，在 10^{-8} s 时间内刀具前刀面上就可形成单分子层氧化膜，从而减小了刀-屑间的摩擦。

4．提高了刀具使用寿命

当振动参数及刀具材料选择合适时，可提高刀具使用寿命。

5．可控制切屑的形状和大小，改善排屑情况

如振动车削淬硬钢能得到不变色、光滑而薄的带状屑，便于排出；切削铸铁时也能得到如铜、铝那样的带状屑，便于排出也保护了机床；振动钻削深孔或小孔时，避免了切屑堵塞现象，也可实现自动进给。

6．提高了加工精度和表面质量

例如，用瑞士产精密机床车削ϕ1 mm 不锈钢ϕ0.5 mm 细棒，传统车削所得平均尺寸为$\phi0.5_{0}^{+0.008}$ mm，而超声振动车削得平均尺寸为$\phi0.5_{-0.001}^{+0.002}$ mm；低频（f_z= 100 Hz）振动攻螺纹（M6×1 mm），有效孔径扩大仅为 25~35 μm，而传统攻螺纹为 25~90 μm。在铝复合材料上低频（120~180 Hz）振动攻 M3 螺纹，牙型平直完整。可见振动切削时尺寸精度和形状精度大大提高。

又如，在龙门刨床上超声振动刨削硬铝、镍铬钢等材料时，平行度误差只为传统刨削时的 1/30 和 1/20（见表 5-3）。

再如，用普通车床振动切削铝、黄铜和不锈钢材料时圆度误差均在 1.5 μm 之内，车淬硬钢时圆度误差在 2 μm 之内；对ϕ130 mm×110 mm×30 mm 的铜、硬铝和碳素工具钢材料振动镗孔，均得到圆度误差为 2 μm，圆柱度误差为 1.5 μm/180 mm，这在传统切削时是很难达到的。

表 5-3　超声振动刨削与传统刨削工件的平行度误差比较[46]

工件材料	平行度误差/(μm/450 mm)		工件材料	平行度误差/(μm/450 mm)	
	振动刨削	传统刨削		振动刨削	传统刨削
硬铝	2	65	碳钢	3	28
黄铜	2	22	镍铬钢	3	63

振动切削表面粗糙度值与理论计算值非常接近。例如，用r_ε = 0.85 mm 硬质合金车刀，以f= 0.1 mm/r 振动车削铸铁 25 件，所得平均粗糙度值 Ra 为 1.6 μm，与理论计算值 1.5 μm 相差无几。振动切削所得到的表面粗糙度可达到或小于各种传统切削所达到的最好表面粗糙度，甚至可达到磨削以至研磨所达到的表面粗糙度。但超声振动切削的切削速度超过某数值时，振动切削效果完全消失，这就是超声振动切削的速度特性。

传统切削时表面残余应力一般为拉应力，加工变质层较深，但振动切削却产生非常小的压应力，基本无加工硬化，加工变质层也很浅，如图 5.7 所示。

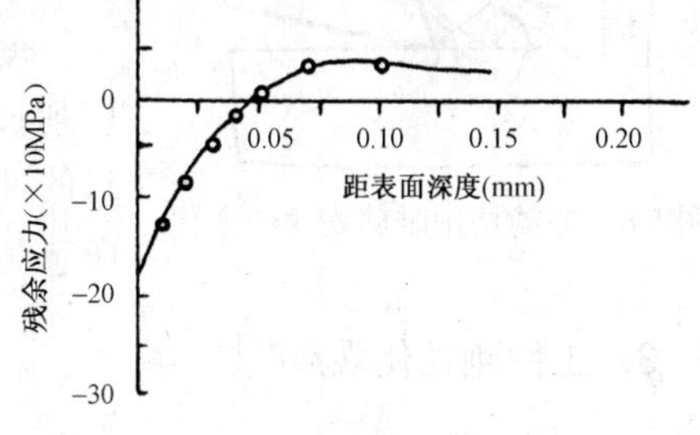

图 5.7　振动切削的残余应力

7．提高了已加工表面的耐磨性和耐蚀性

有人做过这样的试验，对 45 钢ϕ28 mm 棒料分别进行传统切削、磨削和振动切削，再分别在 Q835 抛光机上研磨，υ= 30 m/min，加压 80 N，用金刚砂作为研磨剂，把研磨下来的微粒用万分之一的天平称量，其结果见表 5-4。

表 5-4　不同加工方法所得表面的耐磨性比较

研磨时间/min	金属去除量/mg		
	传统车削	振动车削	磨削
20	0.6	0.25	0.20
40	0.9	0.40	0.30
60	1.1	0.50	0.40

再对上述三种方法得到的圆棒进行耐腐蚀试验。把试件放入腐蚀液中（1%浓度的硝酸醇水溶液），用电加热器加热至 30℃并保温，间隔 10 min 测量一次，结果见表 5-5。

表 5-5　不同加工方法所得表面的耐蚀性比较

加工方法	金属去除量/mg		
	10/min	20/min	30/min
传统车削	2	3	3.8
振动车削	1	1.6	2.4
磨削	0.8	1.5	2.0

5.3.1.3　振动切削机理的几种观点

有关振动削的机理，目前尚无统一看法，在此仅介绍几种观点，以助对振动切削的认识[46]。

1．摩擦系数减小的观点[46]

摩擦系数减小的原因有三个：

① 振动可使相互接触材料间的静、动摩擦系数减小（见表 5-2）；

② 超声振动可使切削液产生“空化”作用，切削液的作用得到了充分发挥；

③ 在无切削液作用的瞬间，前刀面生成了氧化膜。

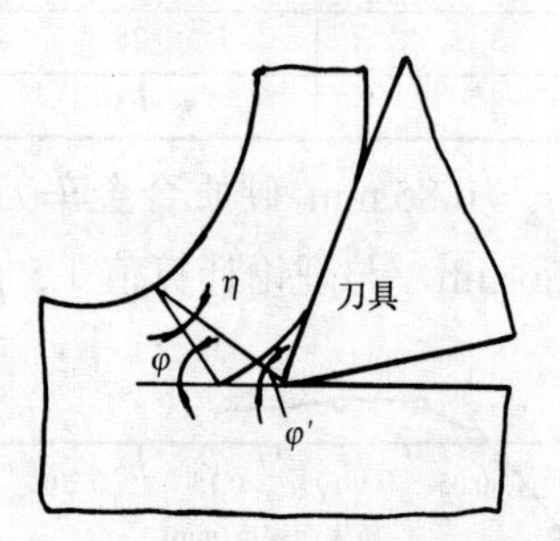

图 5.8　振动切削时剪切角的变化

2．剪切角增大的观点[46]

振动切削时，刀具冲击被切材料产生的裂纹深度比实际切削长度大很多，在刀具前方会产生裂纹形成偏角 η（依材料的冲击韧性而异），使实际剪切角成 $\varphi = \varphi' + \eta$，如图 5.8 所示。

3．工件刚性化观点[46]

图 5.9 给出了振动切削时，二维切削过程的数学模型及其稳态响应。

当采用超声振动（脉冲）切削时，整个系统的等效弹性系数 k 是原系统弹性系数 k_2 的 $\dfrac{T}{t_c}$ 倍，即

$$k = \frac{T}{t_c} k_2 \tag{5-1}$$

式中，T——振动周期；

t_c——在一个振动周期内的纯切削时间。

根据稳态切削条件，一般取 $\frac{T}{t_c}=3\sim10$，式（5-1）变为 $k=(3\sim10)k_2$。不难看出，振动切削的效果如同加工大直径刚性好的工件一样，称这种效果为“刚性化效果”。

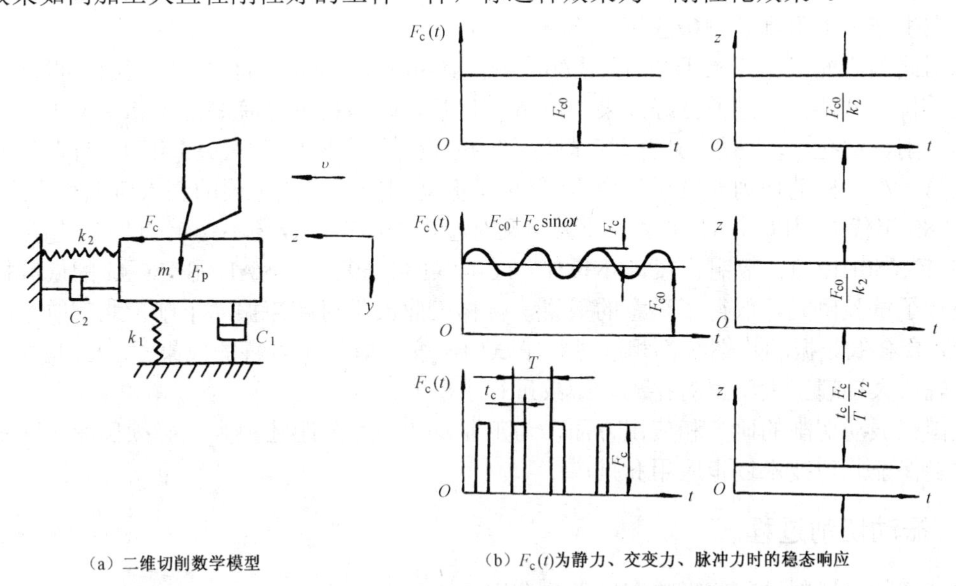

（a）二维切削数学模型　（b）$F_c(t)$为静力、交变力、脉冲力时的稳态响应

图 5.9　超声振动切削时二维切削过程数学模型及其稳态响应

4．应力和能量集中的观点[46]

这种观点认为，超声振动使切削力和能量集中在切削刃前方工件材料很小范围内，工件材料原始晶格结构变化很微小，因此加工表面质量好，加工硬化和加工变质层均很小。

5．相对净切削时间短的观点[46]

这种观点认为，超声振动切削时，在每个振动周期 T 内只有$(1/3\sim1/10)T$的短时间 t_c 在切削，其余大部分时间里刀具与工件是分离的。

由于目前测试、观察手段的限制，对振动切削机理尚无统一看法，它仍将是今后研究的重要课题。

5.3.1.4　振动切削研究现状

近 40 年来，振动切削的研究越来越被人们重视，特别是工业发达国家，日本、美国、前苏联、英国和德国等都很重视研究开发，已有不少成果实用化。

日本对振动切削的研究广泛深入，设有专门的研究机构。宇都宫大学的隈部淳一郎教授是主要代表人物，从 1954 年开始至今，对振动切削的基础理论和实际应用进行了大量、系统、深入地研究，并有专著。20 世纪 70 年代以来，振动车削、磨削在日本已研究较成熟，取得了很好效果，在生产中发挥了重要的作用。

前苏联在振动切削方面的研究较早，20 世纪 50 年代末 60 年代初就发表过不少有价值的论文。在振动切削机理研究上做了大量工作，并在振动车削、磨削、攻螺纹、钻孔等应用方面取得了良好的经济效果。

美国在振动切削发展上曾走过弯路。20 世纪 60 年代初开始的振动切削研究工作，70 年代中期又重新开始，并在超声振动切削方面取得了系列成果，目前已制定部分标准供选用。

英国和德国等对振动切削机理和应用也进行了大量研究开发工作，发表了不少有价值的论文，在生产中也得到了积极应用。

我国此项研究工作开始于 20 世纪 60 年代。1966 年哈尔滨工业大学应用超声振动车削了一批铝质拉伸试件，取得了良好效果。1976 年以后，陕西机械学院等院校和单位先后做了一些振动车削、钻孔、攻螺纹与磨削等试验研究并部分应用于生产。1983 年 10 月在西安召开的全国第一次“振动切削专题讨论会”，促进了振动切削技术在全国的深入研究和推广使用。20 世纪 80 年代中期以后，哈尔滨工业大学又对超声振动车削淬硬不锈钢 2Cr13、超声振动钻孔、45 钢（50HRC）、紫铜、1Cr18Ni9Ti、TC4、GH4169、SiCp/Al、SiCw/Al 的低频振动攻螺纹进行了试验研究，取得了满意的效果。吉林工业大学对超声振动车削，北京航空航天大学对 Ti 合金低频振动攻螺纹都相继进行了试验研究，取得了可喜的成果[43~46]。此外，河北机电学院、大连理工大学也对振动攻螺纹进行了研究。

我国在振动切削的研究和应用方面，与工业发达国家差距还很大，必须作深入踏实的工作，才能保证此项技术逐步应用和推广。

5.3.2 振动切削过程

振动切削对切削过程的影响有以下几个方面：

① 周期性地改变实际切削速度；

② 周期性地改变刀具工作角度；

③ 改变已加工表面的形成过程，提高表面质量和加工精度；

④ 切削力的波形影响切削过程。

5.3.2.1 振动切削改变实际切削速度

在外圆车削不考虑进给速度情况下，振动切削实际速度 $\overline{v}_c$ 是工件圆周速度 $\overline{v}$ 与刀具（或工件）振动速度 $\overline{v}(t)$的合成，即

$$\overline{v}_c = \overline{v} + \overline{v}(t) = \overline{v} + a\overline{\omega}\cos(\omega t + \phi_0) \tag{5-2}$$

式中，a ——刀具（或工件）振幅；

f_z ——刀具（或工件）振动频率；

ω ——刀具（或工件）振动角频率，$\omega = 2\pi f_z$；

t ——时间；

ϕ_0 ——刀具（或工件）初相位角。

由式（5-2）不难看出，振动切削时实际切削速度的大小和方向均随时间而变化。

当为主运动方向的振动切削时，实际切削速度 $\overline{v}_c$ 与工件速度 $\overline{v}$ 及刀具（或工件）振动速度 $\overline{v}(t)$是同向的，如图 5.10（a）所示。图 5.10（b）与图 5.10（c）给出了切削深度方向振动切削、进给方向振动切削时，实际切削速度与工件速度、刀具（或工件）振动速度间的关系。由图 5.10（a）知

$$v_c = v \pm a\omega\cos\omega t \tag{5-3}$$

$$\upsilon_{\mathrm{c\,max}} = \upsilon + a\omega,\ \upsilon_{\mathrm{c\,min}} = \upsilon - a\omega$$

可见，在一个振动周期里，前半周期$\upsilon_{\mathrm{c}} > \upsilon$，实际切削速度与工件速度方向相同；而在后半周期里$\upsilon_{\mathrm{c}} < \upsilon$，实际切削速度与工件速度方向相反。

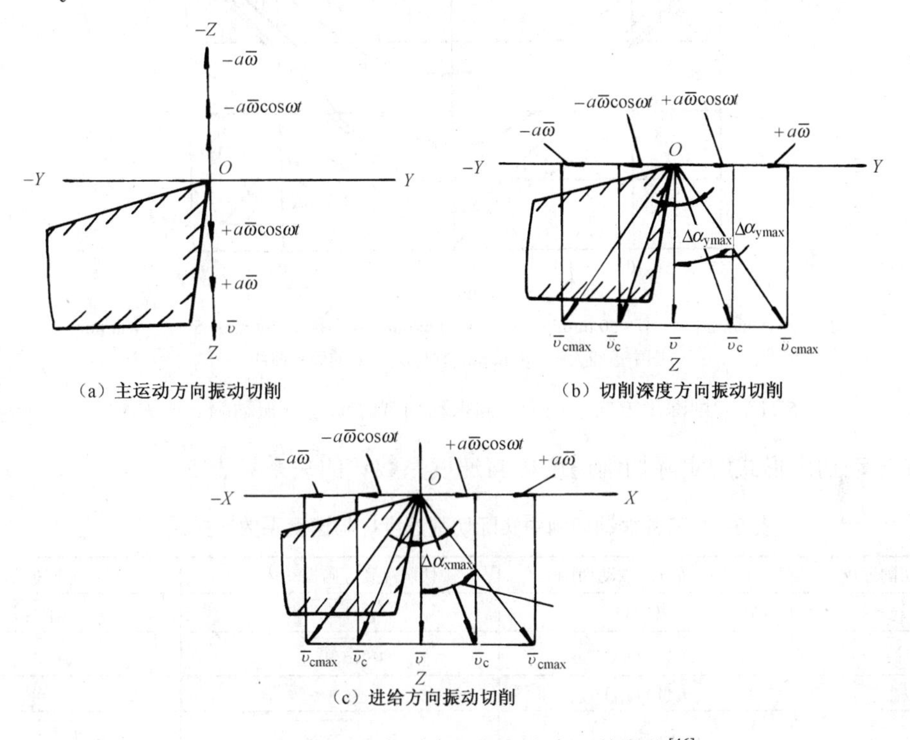

（a）主运动方向振动切削　　（b）切削深度方向振动切削

（c）进给方向振动切削

图 5.10　振动切削时实际切削速度υ_{c}的变化[46]

同样，在图 5.10（b）与图 5.10（c）中，则有

$$\upsilon_{\mathrm{c}} = \sqrt{\upsilon^2 + (a\omega\cos\omega t)^2} \tag{5-4}$$

实际最大切削速度$\upsilon_{\mathrm{c\,max}} = \sqrt{\upsilon^2 + (a\omega)^2}$，实际平均切削速度$\upsilon_{\mathrm{cav}} = \sqrt{\upsilon^2 + \left(\frac{2}{\pi}\right)^2 a^2\omega^2}$。

实际最小切削速度$\upsilon_{\mathrm{c\,min}} = \upsilon$。

当f_{z}= 15 kHz 的切削深度方向和进给方向振动切削时，υ由 1 m/min 增加到 75 m/min 时，$\upsilon_{\mathrm{c\,max}}$与$a$的函数关系如图 5.11 所示。

为评价振动对切削过程的影响，在此引入速度系数的概念。

如令

$$速度系数\ \nu = \frac{\upsilon(t)}{\upsilon}$$

则有

$$\nu_{\max} = \frac{\upsilon(t)_{\max}}{\upsilon} = \frac{a\omega}{\upsilon}$$

$$\nu_{\mathrm{av}} = \frac{2}{\pi}\upsilon_{\max}$$

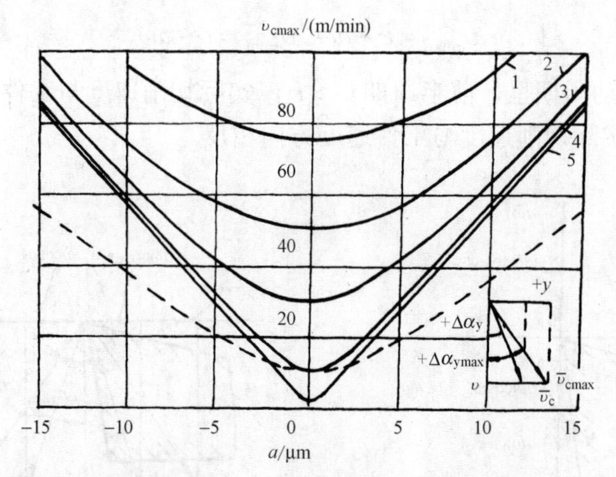

1—υ= 15 m/min；2—υ= 50 m/min；3—υ= 30 m/min；4—υ= 10 m/min；5—υ= 1 m/min

图中虚线为υ= 10 m/min 时与υ_{cav}、a 的关系曲线

图 5.11　切削深度方向、进给方向振动切削时υ_{cmax}与振动幅 a 的关系[46]

三种振动切削形式的实际切削速度υ_c与速度系数ν 的关系见表 5-6。

表 5-6　三种振动切削中实际切削速度υ_c与速度系数ν 关系[46]

实际切削速度	主运动方向振动切削	切削深度方向振动切削	进给方向振动切削
υ_c	$\upsilon(1+\nu)$	$\upsilon\sqrt{1+\nu^2}$	$\upsilon\sqrt{1+\nu^2}$
υ_{cmax}	$\upsilon(1+\nu_{max})$	$\upsilon\sqrt{1+\nu_{max}^2}$	$\upsilon\sqrt{1+\nu_{max}^2}$
υ_{cmin}	$\upsilon(1-\nu_{max})$	υ	υ
υ_{cav}	$\upsilon\left(1+\frac{2}{\pi}\nu_{max}\right)$	$\upsilon\sqrt{1+\frac{4}{\pi^2}\nu_{max}^2}$	$\upsilon\sqrt{1+\frac{4}{\pi^2}\nu_{max}^2}$

不难看出，主运动方向的振动切削实际切削速度的变化最大，振动切削效果最好。

5.3.2.2　振动切削改变刀具工作角度

振动切削时，刀具的工作前角和后角将产生如表 5-7 所示的变化，影响切削过程。

因为$\nu=\dfrac{a\omega\cos\omega t}{\upsilon}$，故振幅 a 越大，工件圆周速度υ越小，振动切削对刀具工作前后角的影响就越大。

表 5-7　振动切削时刀具工作前后角的变化[46]

工作角度变化值		主运动方向振动切削	切削深度方向振动切削	进给方向振动切削
前角	$\Delta\gamma$	0	$\arctan\left(\frac{\nu}{\cos\kappa_r}\pm\tan\lambda_s\right)$	$\arctan\left(\frac{\nu}{\sin\kappa_r}\pm\tan\lambda_s\right)$
	$\Delta\gamma_{max}$		$\arctan\left(\frac{\nu_{max}}{\cos\kappa_r}\pm\tan\lambda_s\right)$	$\arctan\left(\frac{\nu_{max}}{\sin\kappa_r}\pm\tan\lambda_s\right)$
后角	$\Delta\alpha$	0	$\arctan(\nu\cos\kappa_r)$	$\arctan(\nu\sin\kappa_r)$
	$\Delta\alpha_{max}$		$\arctan(\nu_{max}\cos\kappa_r)$	$\arctan(\nu_{max}\sin\kappa_r)$

当 f_z= 20 kHz，a= 1 μm，υ= 15 m/min，ν_{max}= 0.5，κ_r = 45°，λ_s = 0°时，$\Delta\alpha$ 的变化在 −20°~ + 20°之间，$\Delta\gamma$ 的变化在 −30°~ + 30°之间。

再有，振动切削时，由于实际切削速度方向的周期性变化，刀具工作刃倾角 λ_{se} 也将周期性地变化 $\Delta\lambda_{se}$。当为切削深度方向的振动切削时，

$$\Delta\lambda_{seav} = \arctan\left(\frac{\nu_{av}\cos\lambda_s}{1+\nu_{av}\sin\lambda_s}\right) \tag{5-5}$$

图 5.12 给出了 $f_z = 15$ kHz，$\upsilon = 10$ m/min 时工作刃倾角的平均值 λ_{seav} 与振幅 a 的关系曲线。

由图 5.12 不难看出，当 $a = 2\ \mu m$、$\lambda_s = 0°$ 时刀具工作刃倾角 λ_{se} 将在 $-36° \sim +36°$ 间变化，a 越大，λ_{se} 变化越大。振动切削时，刀具工作角度的大幅度变化，会在切削过程中产生一种切削刃锋利化的效果。无论在高频振动切削时，还是在低频振动切削时均有此相似效果。

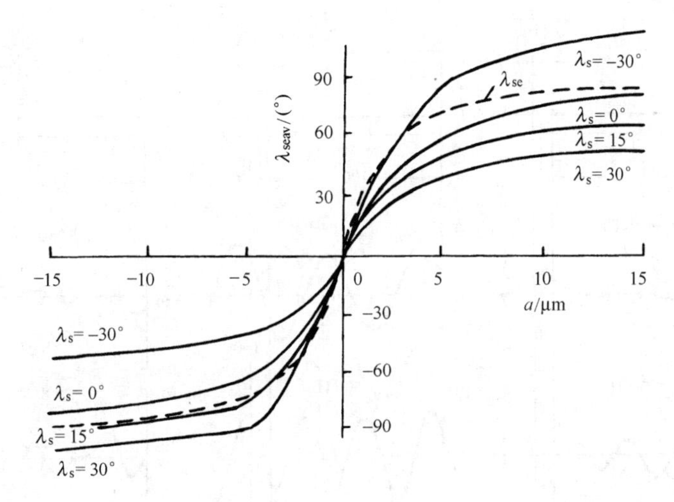

图 5.12　切削深度方向振动切削时工作刃倾角 λ_{seav} 与振幅 a 的关系[42]

5.3.2.3　振动切削过程中的消振作用

振动切削试验证明，无论是高频还是低频振动切削，只要振动参数选择合适，就能有效地减轻或消除工艺系统的振动，从而获得稳定切削的效果——提高加工精度和表面质量。为了弄清振动切削的这种效果，在此介绍隈部淳一郎教授有关超声振动的两种振动切削机理——瞬时零位振动切削机理和不灵敏性振动切削机理。

1．瞬时零位振动切削机理

这是指刀具振动频率 f_z 小于工件固有频率 f_0 的情况，即 $f_z < f_0$。图 5.13 给出了 $f_z = 100$ Hz，$a = 200\ \mu m$，$f_0 = 275$ Hz，水平弹性系数 $k = 4.55\times10^3$ N/mm，$\nu = 0.05$，$t_c = T/7$，$F_p = 15$ N 条件下振动切削时的振动系统和动态位移波形。此时在纯切削时间 t_c 内，工件总是位于零点附近（$y = 0$）摆动。

同理在 $f_0 = 150$ Hz~20 kHz，$t_c = T/10$ 时，工件动态位移如图 5.14 所示。对于奇数倍的 f_0 来说（偶数倍除外），如 f_0 为 150 Hz、275 Hz、……，在纯切削时间 t_c 内工件位移也在零点附近。

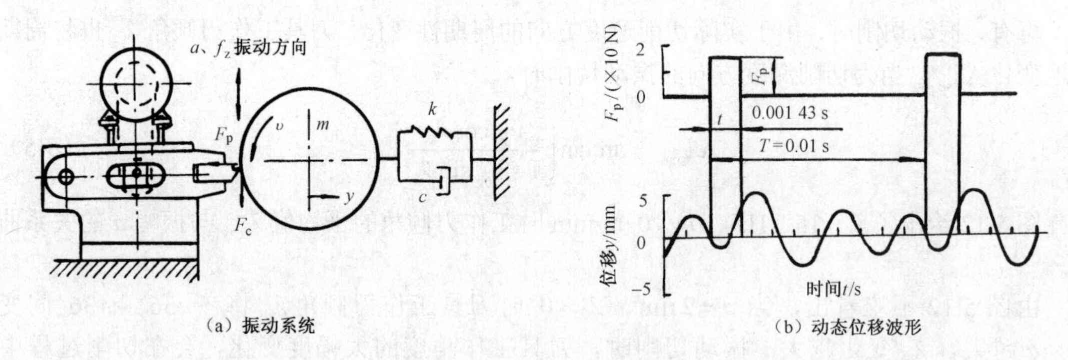

图 5.13 $f_z < f_0$ 的振动切削[42]

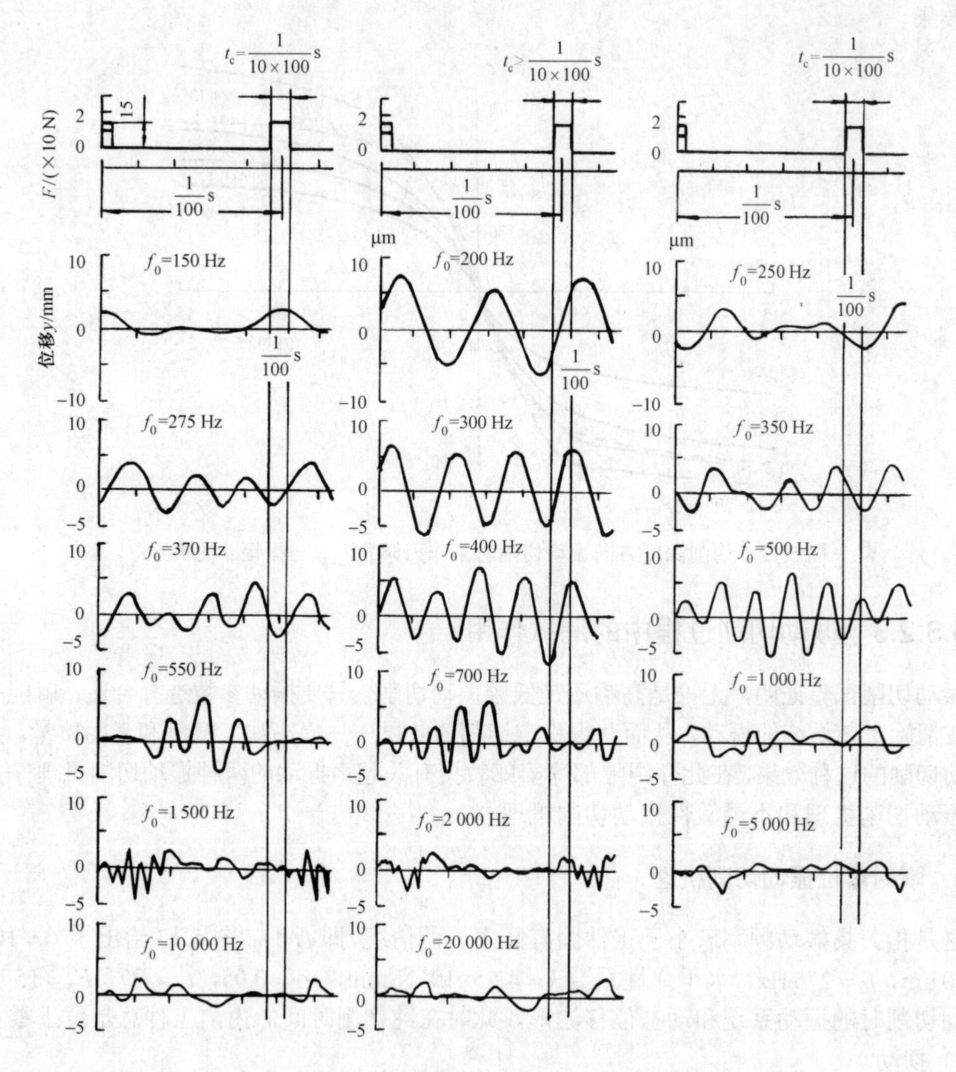

图 5.14 f_0 = 150 Hz ~20 kHz，$t_c = T/10$ 时的工件动态位移[42]

因此，对工件来说，在固有频率 f_0 为刀具振动频率 f_z 的奇数倍或 $3f_z$ 以上 $\left(f_z < \frac{1}{3}f_0\right)$ 情况

下，受到 $t_c < T/3$ 时间的脉冲力作用，工件才处于零点附近并在此瞬间切削生成切屑，在振动周期的其余时间里，不论工件如何振动，切削刃与工件总是分离的，不产生切削作用。当然该方式对加工精度无影响，这就是瞬时零位振动切削机理。

2．不灵敏性振动切削机理

这是指刀具振动频率 f_z 大于工件固有频率 f_0 时的情况。

图 5.15 给出了 $f_z = 20$ kHz，$a = 16$ μm，$f_0 = 400$ Hz，水平弹性系数 $k = 4.55\times10^3$ N/mm，$\nu = 0.1$，$F_p = 20$ N，$t_c = T/7$ 条件下振动切削时的振动系统和工件动态位移波形。工件动态位移波形是一条平行于横轴的直线，即此时工件位移为静位移。

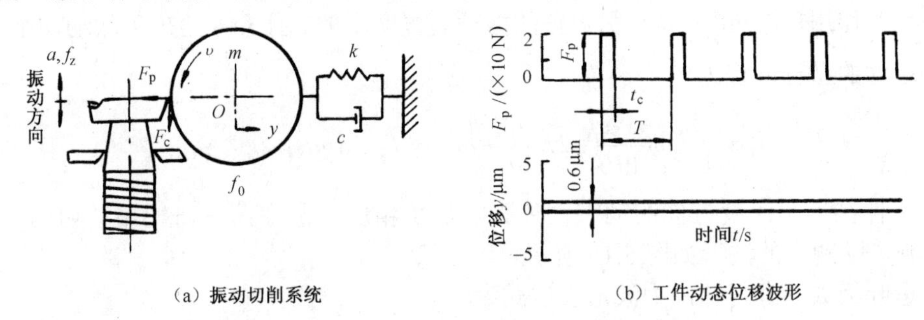

（a）振动切削系统　　（b）工件动态位移波形

图 5.15　$f_z = 20$ kHz 不灵敏性振动切削[42]

研究表明，此种工件动态位移波形为平行于横轴直线的效果，无论高频还是低频振动切削时都存在，位移大小可按静力学方法求出，即

$$y = \frac{t_c}{T}\frac{F_p}{k}$$

这种具有动态位移仅为传统切削位移 t_c/T 倍的振动切削特性称为不灵敏性振动切削机理，亦称刚性化振动切削机理，因为这相当于给工件系统增加了刚性，或者说使用了中心架。一般情况下，工件系统的固有频率 $f_0 < 500$ Hz，因而超声振动切削应属不灵敏性振动切削。

5.3.2.4　切削力波形改变切削过程

传统切削中的切削力波形如图 5.16 所示。切削力表达式可写为

$$F_p(t) = F_{p0} + F_p \sin \omega t \tag{5-6}$$

图 5.17 所示的弹性振动系统中工件运动的微分方程为

$$m\frac{d^2 y}{dt^2} + 2\beta\frac{dy}{dt} + \omega_0^2 y = F_{p0} + F_p \sin \omega t \tag{5-7}$$

式中，y ——工件水平方向位移；

t ——时间；

ω_0 ——工件固有振动角频率；

β ——阻尼系数；

F_{p0}——$F_p(t)$在一个振动周期内的平均值。

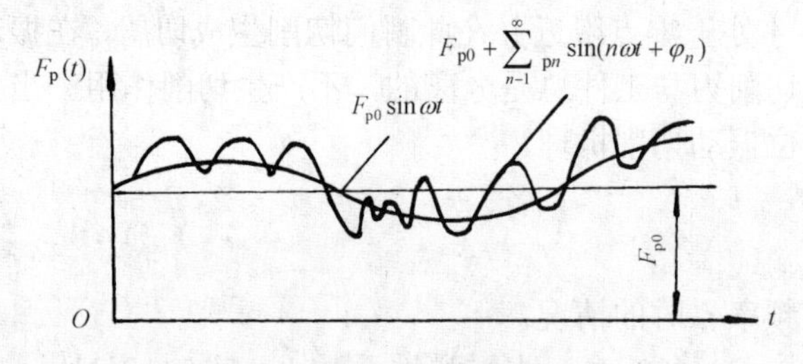

图 5.16　传统切削的切削力波形[42]

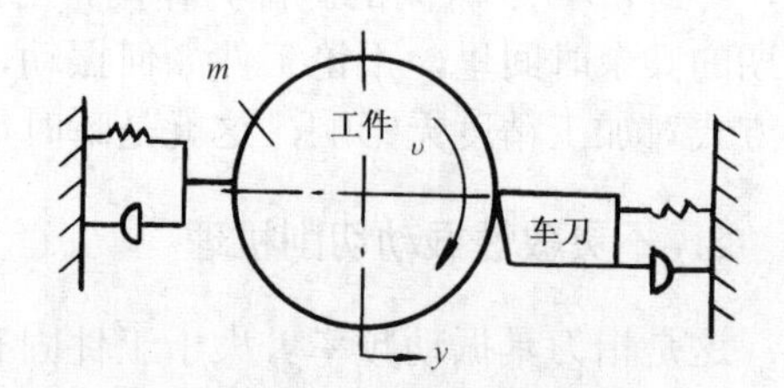

图 5.17　传统切削的弹性振动系统[42]

在传统切削中，切削力 $F_{p0}+F_p\sin\omega t$ 必然导致工件位移增大和切削热增加。若无 F_{p0} 则不能产生切削作用，$F_p\sin\omega t$ 是靠另设置的振动装置产生的。图 5.18 给出了振动切削的情形。此时工件运动的微分方程为

$$m\frac{\mathrm{d}^2y}{\mathrm{d}t^2}+2\beta\frac{\mathrm{d}y}{\mathrm{d}t}+\omega_0^2y=F_p\sin\omega t \tag{5-8}$$

由于工件在切削深度方向的动态位移影响加工精度，故在此仅研究振动切削时脉冲力 $F_p(t)$的影响，脉冲力的波形如图 5.19 所示。

按傅里叶级数展开得脉冲力波形表达式为

$$F_p(t)=\frac{t_c}{T}F_{p0}+\frac{2F_{p0}}{\pi}\sum_{n=1}^{\infty}\frac{1}{n}\sin\frac{nt_c}{T}\pi\cos n\omega t=m\frac{\mathrm{d}^2y}{\mathrm{d}t^2}+2\beta\frac{\mathrm{d}y}{\mathrm{d}t}+\omega_0^2y \tag{5-9}$$

通过数学计算可得传统切削和振动切削的工件位移表达式 $y_{传}$ 和 $y_{振}$：

$$y_{传}=\frac{F_{p0}}{\omega_0^2}+\frac{F_{p0}}{\omega_0^2}\frac{1}{\sqrt{4\varsigma^2\omega^2/\omega_0^2+(1-\omega^2/\omega_0^2)^2}}\sin\left(\omega t+\tan^{-1}\frac{-2\varsigma\omega/\omega_0}{1-\omega^2/\omega_0^2}\right) \tag{5-10}$$

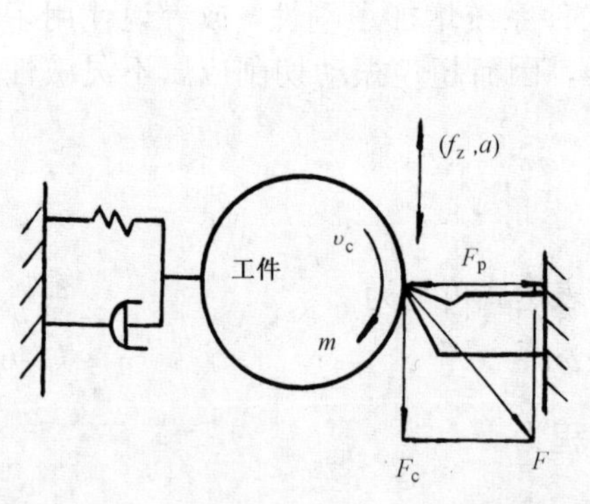

图 5.18　车刀振动切削工件的情形[42]

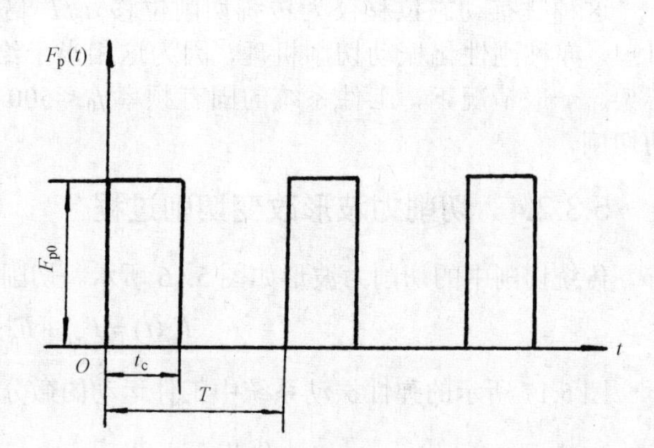

图 5.19　脉冲力波形[42]

$$y_{振}=\frac{t_c}{T}\frac{F_{y0}}{\omega_0^2}+\sum_{n=1}^{\infty}\frac{F_{y0}/\omega_0^2(2/n\pi)\sin(t_c\pi/T)}{\sqrt{4\varsigma^2n^2\omega^2/\omega_0^2+(1-n^2\omega^2/\omega_0^2)}}\sin\left(n\omega t+\tan^{-1}\frac{1-n^2\omega^2/\omega_0^2}{2n\varsigma\omega/\omega_0}\right) \tag{5-11}$$

式中，$\varsigma=\beta/\omega_0$ ——阻尼比。

分析切削过程的几种情况：

① 当$\omega >> \omega_0$时，有

$$y_{传} \approx \frac{F_{p0}}{\omega_0^2}$$

$$y_{振} \approx \frac{F_{p0}\ t_c}{\omega_0^2 T}$$

因为$\frac{t_c}{T} = \frac{1}{3} \sim \frac{1}{10}$，所以$y_{振} < y_{传}$。即振动切削时，工件位移将显著减小，大大提高了加工精度。但传统切削中，$\omega >> \omega_0$是不可能的。而在振动切削中，由于工件固有频率$f_0 \leqslant 1\,000\ \text{Hz}$，实现$\omega >> \omega_0$十分容易。

② $\omega << \omega_0$，传统切削中经常存在。

③ $\omega >> \omega_0$，传统切削中若出现此情况将产生共振，切削加工无法进行。而振动切削中，可采取措施避免共振或减小、消除切削的振动。

④ 只要$\omega / \omega_0 > 3$，即可忽略级数项的影响，对振动切削来说也很容易做到。

综上所述，振动切削的切削过程确实与传统切削不同。由于脉冲切削时间t_c极短，切削热也以脉冲形式出现，故切削温度低，不仅提高了刀具使用寿命，也减少了加工硬化和残余应力的产生。另外，脉冲切削力使得切削利用了刀具与工件的振动过渡过程。由于t_c很短，短到小于刀具与工件振动的过渡时间，刀具切削工件时将迫使工件振动，工件还未来得及振动，刀具又离开了工件，这就是振动切削能减小或消除振动、提高加工精度和减小表面粗糙度的原因。

5.3.3 典型振动切削装置及其应用

振动切削效果的好坏，在很大程度上取决于振动切削装置。

5.3.3.1 对振动切削装置的基本要求

各种振动切削装置所能产生的振动参数差别很大，实用均有一定局限性。要适应各种切削与磨削加工的广泛需要，除了对传动机构的传动效率、功率及寿命有要求外，振动切削装置还应满足下面的要求：

① 单位功率要大，即在一定功率下具有最小的轮廓尺寸，以满足尽可能广泛的工艺需要；

② 振动参数（f_z、a）可调范围尽量大，最好能单独无级调整，以满足不同工种、工序的特殊需要；

③ 频率特性要稳定，受负载影响越小越好；

④ 振动部分的质量要适当，不因附加质量引起工艺系统振动，以保证切削过程中工艺系统的稳定工作；

⑤ 有足够的使用寿命，易损件要便于更换；

⑥ 噪声要小，工作要平稳；

⑦ 结构要简单，便于加工制造并易于与机床配套使用，甚至可成为通用机床部件；

⑧ 与执行机构的连接要简便可靠，特别在高频振动情况下，各接触表面间的摩擦系数会大大减小，螺纹连接必须有可靠的防松措施。

5.3.3.2　振动切削装置分类

1. 按能量来源分类

（1）自激振动切削装置

这是直接利用切削过程中产生的振动进行切削的装置。机械式自激振动刀架就是一例，其工作原理如图 5.20 所示。

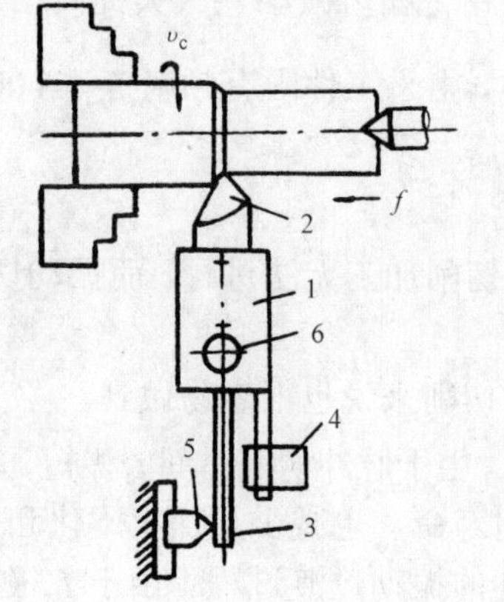

1—刀夹，2—车刀，3—弹性杆，4—附加质量，

5—可移动调整块，6—销轴（摆动中心）

图 5.20　机械式自激振动刀架工作原理[42]

（2）强迫振动切削装置

这是指外加能源产生振动的切削装置，是目前应用最多的一种。

2. 按激振原理分类

按激振原理可分为机械、电气、气动和液动四种，也可根据需要优化组合为机械-液动、电气-液动等。

3. 按振动形态分类

按振动形态可分为单向直线、双向平面、三向空间装置三种，多数情况单向就能满足要求。

在设计选择振动切削装置时，必须根据工艺要求来确定。比如，要解决断屑问题，只要用低频振动切削装置即可，再根据加工特点来选择离心式或偏心式、机械振动、气动或液动振动。由于步进电动机式振动切削装置结构较简单（同为动力源和振动源），可用微机控制，故近年来在攻螺纹和钻孔中得到了较多应用。不同振动切削装置的工作频率范围如表 5-8 所示。

表 5-8　各种振动切削装置的工作频率范围[42]

振动切削装置形式	工作频率范围/Hz
机械离心式	3~100
机械偏心式	2~300
气动式	＜200
液动式	0~500
电磁式	＜400
步进电动机式	＜400
电动式	20~3 000
电致磁致伸缩式	20~5 000

5.3.3.3　机械振动切削装置

一般情况下，机械振动切削装置（刀架）结构简单、造价低、使用维护均较方便，振动参数受负载影响较小，故应用广泛。可形成独立机床部件，原机床不需要大改装即可与其配套。多用于钻孔、扩孔、铰孔、镗孔和螺纹加工中。

图 5.21 给出了曲柄滑块式和四连杆机构振动切削装置的工作原理。

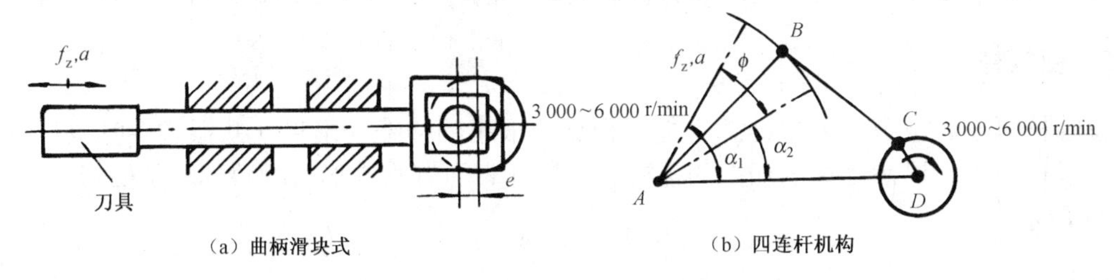

图 5.21　机械振动切削装置工作原理[42]

生产中有一种常用的振动攻螺纹装置就是根据曲柄连杆机构设计的，如图 5.22 所示。

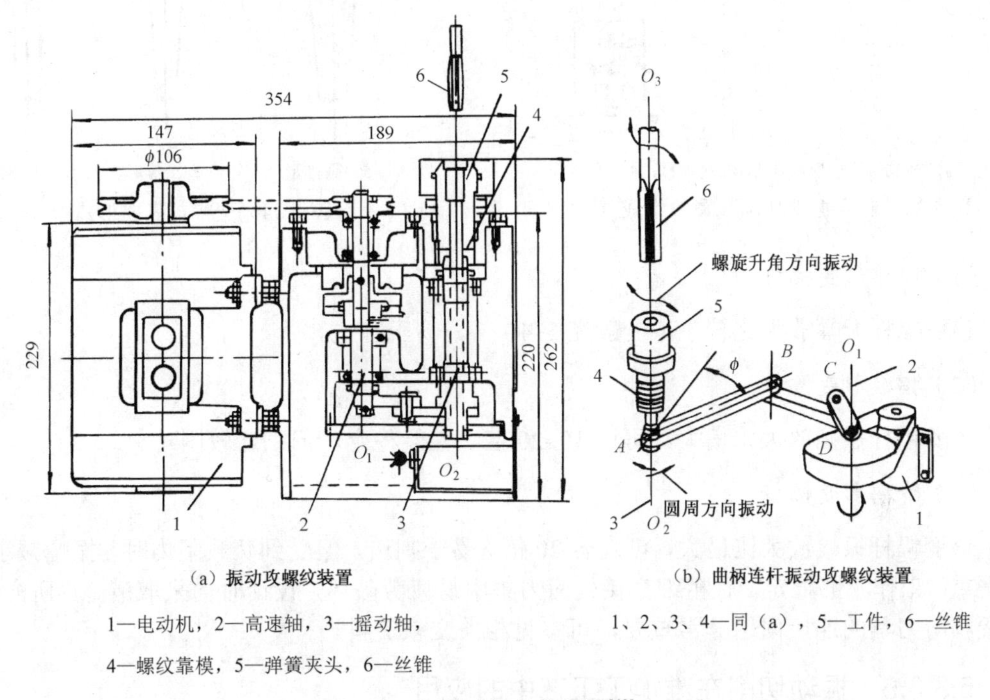

图 5.22　振动攻螺纹装置图[42]

此外，还有振动钻孔刀架、振动车削刀架及振动切断刀架等，可参考有关资料。

对于切削力较大，如拉削，可采用液动振动装置。钻床上应用较多的是电气-液压、机械-液压随动振动器。电磁振动器在小孔钻床及台钻上使用很方便。

5.3.3.4　超声振动切削装置

超声振动切削装置的组成如图 5.23 所示。

1. 超声波发生器

超声波发生器是将 50 Hz 交流电变成有一定功率输出的超声频电振荡，以提供振动能量。

2. 换能器

换能器是把高频电振荡转换成高频机械振动。压电效应和磁致伸缩效应可实现此种转换。

3. 变幅杆

变幅杆可以将电致、磁致伸缩换能器得到的很小的伸缩变形量（共振条件时也只有 4~5 μm）加以放大，以满足切削加工的需要。变幅杆表面有圆锥形、指数形和阶梯形三种，如图 5.24 所示。

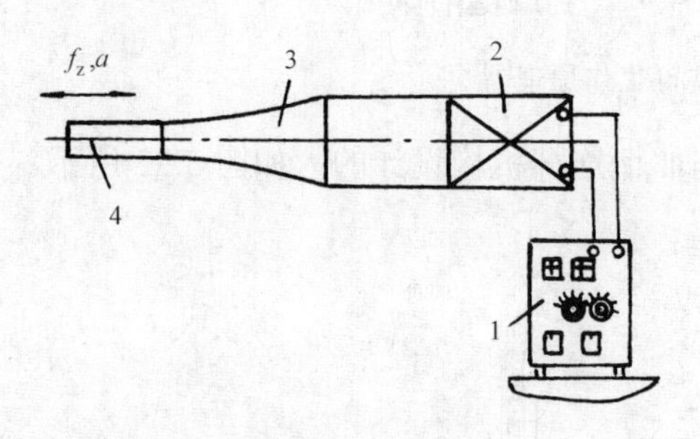

1—超声波发生器，2—换能器，3—变幅杆，4—刀具

图 5.23 超声振动切削装置的组成[46]

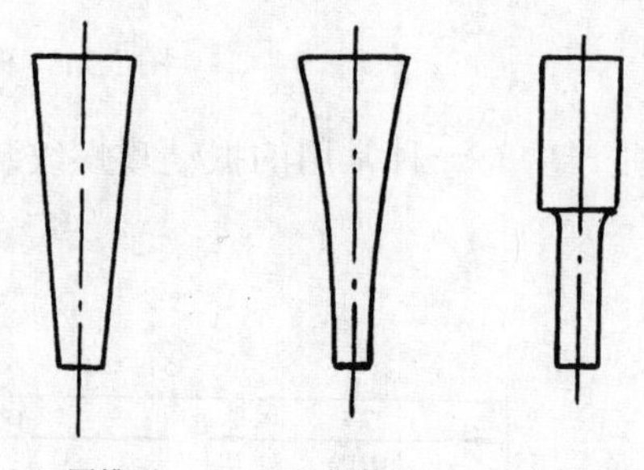
（a）圆锥形 （b）指数形 （c）阶梯形

图 5.24 变幅杆表面形式[46]

（1）圆锥形变幅杆

该变幅杆振幅放大比较小，一般在 5~10 倍，易于制造。

（2）指数形变幅杆

该变幅杆振幅放大比稍大，可达 10~20 倍，性能稳定，但制造较困难。

（3）阶梯形变幅杆

该变幅杆振幅放大比最大，可大于 20 倍，易于制造，但受到负载阻力时，振幅减小现象较严重，工作不够稳定，且粗细交接处应力集中易疲劳破坏，设计时需采取措施。研究证明，变幅杆与刀具的连接问题非常重要，可参见相关文献资料。

5.3.3.5 振动切削在难加工工艺中的应用

1. 在切削难加工金属材料中的应用

振动切削淬硬钢，可实现以车代磨，例如：

① 在 C620 车床上，用 YT15 车刀加工 64HRC 的淬硬钢是无法加工的。如采用 f_z = 21.3 kHz，a = 15 μm（单向），υ = 10~68 m/min，a_p = 0.06 mm，f = 0.05 mm/r 的振动切削可获得 Ra < 0.4 μm 的表面粗糙度，切屑为未氧化变色的细丝状。

② 超声振动车削不锈钢 2Cr13（48HRC），Ra 可小于 0.05 μm（磨削时只得到 Ra ≤ 0.4 μm），切屑为未氧化细丝状，切削力随振幅 a 的增大而减小，当 a = 5 μm，切削力只为相同情况下传统切削的 1/5，波动很小。这是哈尔滨工业大学 20 世纪 80 年代末的研究成果[43]。

③ 在不锈钢 1Cr18Ni9Ti 上，以 υ = 13.2 m/min 钻小孔 ϕ1.5 mm（深 8 mm），f_z = 200 Hz，a = 15 μm，效率提高 1.5 倍，钻头使用寿命提高 2~2.5 倍。

文献[107]认为，振动攻螺纹更适合硬脆材料，即振动攻螺纹对硬脆材料效果更好。

由表 5-9 可见，振动攻螺纹扭矩仅是传统攻螺纹的 50%~60%，即比传统攻螺纹扭矩减小 50%~40%。

表 5-9　振动攻螺纹与传统攻螺纹扭矩对比

扭矩 M/N · m	45 钢（正火）		45 钢（淬火 50HRC）	
	计算值	实测值	计算值	实测值
传统攻螺纹	0.477	0.452	1.312	—
振动攻螺纹	—	0.271	—	0.665

2．在难加工工序中的应用

传统铰孔，特别是铰精密小孔与盲孔时，普遍存在孔的精度差、效率低和铰刀使用寿命低等问题。振动铰孔时，上述问题均获得解决。低频振动铰孔时，$a = 200 \sim 300$ μm（单向），$f_z = 50 \sim 100$ Hz；高频振动铰孔：$f_z = 20 \sim 30$ kHz，$a = 10 \sim 30$ μm（单向）。可以让铰刀边做低频扭转振动边回转，工件不动；也可以让工件回转，铰刀做扭转振动。对碳素钢传统铰孔，Ra 只达 0.4 μm，批量生产 Ra 还达不到 1.6 μm；而振动铰孔时基本与材料无关，无论对铝、碳素钢和不锈钢，Ra 均可达到小于 0.4 μm，加工表面光滑、均匀、无毛刺、无划伤和无微裂纹，扭矩很小，仅为传统铰削的 1/4~1/5。

3．在陶瓷材料加工中的应用

隈部淳一郎教授在主运动方向上用超声振动与低频振动的复合振动切削法对工程陶瓷 ZrO_2 进行了切削试验，表明在低速、低载条件下，复合振动切削陶瓷是目前机械加工中效率最高的陶瓷材料精密切削方法。超声振动参数是：$f_z = 29.5$ kHz，$a = 8$ μm；低频振动参数是：$f_z = 15$ Hz，$a = 165$ μm。

4．在纤维增强复合材料切削中的应用

超声振动切削时的具体情况可归结如下：

① 切削力与纤维角 θ 有关，$\theta = 135°$ 左右时主切削力 F_c 达最大，如图 5.25 所示。

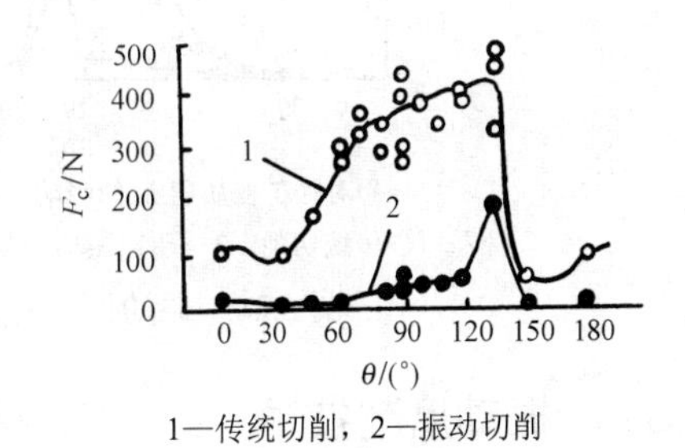

1—传统切削，2—振动切削

GFRP；$\upsilon = 1$ m/min, $a_p = 0.1$ mm

图 5.25　超声振动切削时 F_c-θ 关系[46]

② 振动切削时的主切削力 F_c 总是小于传统切削时的切削力，且振动频率 f_z 越低，振幅 a 越大，切削力 F_c 越小，如图 5.26 所示。

③ 纤维角 θ 一定，随着切削深度 a_p 的增加，振动切削时的主切削力 F_c 比传统切削时小得更多，如图 5.27 所示。

④ 振动切削使加工变质层减小［见图 5.28（a)]，且表面粗糙度值随着 f_z 的减小、a 的增加而减小得更多［见图 5.28（b)]。由图 5.28 也可看出，当 $\theta = 30° \sim 60°$ 时，加工变质层和表面粗糙度值最小。当 $\theta = 45°$，从扫描电镜照片看振动切削的加工表面光滑，纤维附近表面较平坦，在整个切削表面无残留切屑和变色区。

综上所述，振动切削的效果是显著的。可以相信，随着振动装置的小型化，振动切削一定能在纤维增强复合材料的切削加工中充分发挥作用。

此外，哈尔滨工业大学还用振动切削法获得了金属纤维[45]。

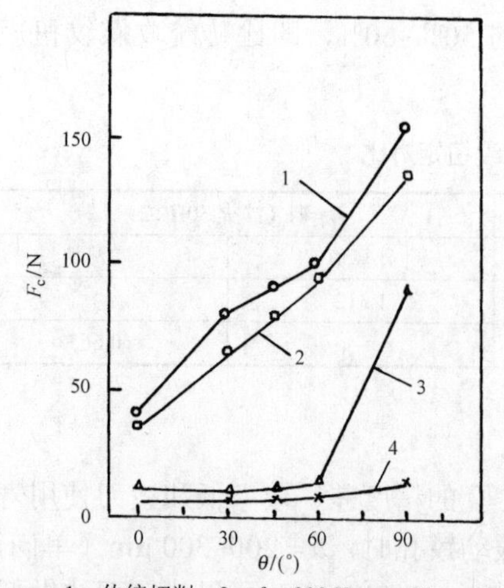

1—传统切削，2—f_z = 300 Hz, a = 10 μm，
3—f_z = 150 Hz, a = 100 μm，4—f_z = 100 Hz, a = 380 μm

图 5.26　振动及振动参数对主切削力 F_c 的影响[46]

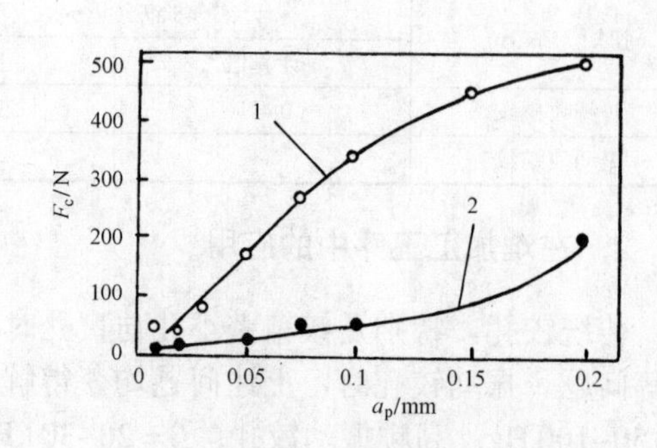

1—传统切削，2—超声振动切削

图 5.22　切削深度 a_p 对主切削力 F_c 的影响[46]

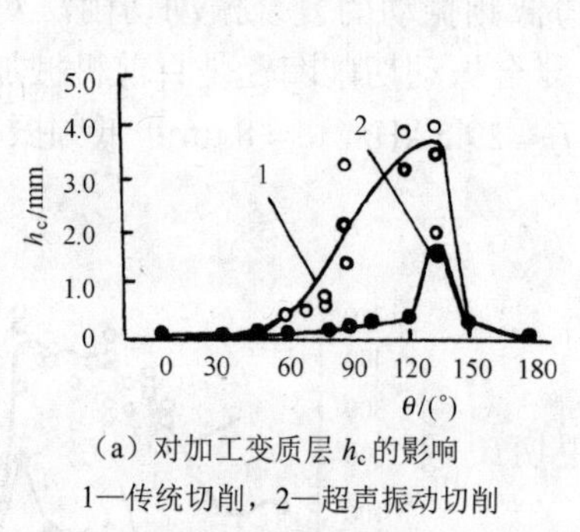

（a）对加工变质层 h_c 的影响

1—传统切削，2—超声振动切削

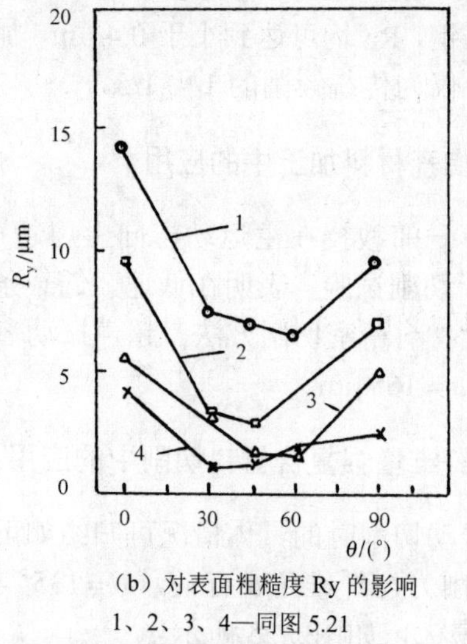

（b）对表面粗糙度 Ry 的影响

1、2、3、4—同图 5.21

图 5.28　振动切削对加工变质层 h_c 及表面粗糙度 Ry 的影响[46]

5.3.4　振动磨削技术

磨削难加工材料时，常常会发生砂轮堵塞而使砂轮丧失磨削性能，磨削温度升高，进而引起加工表面磨削烧伤。将超声振动引入磨削过程，则大大改善了磨削过程。

5.3.4.1　超声振动磨削

1. 概述

如同超声振动切削一样，超声振动磨削就是在砂轮高速回转的同时再附以超声频（高频）振动或给工作台以振动的磨削加工方法。超声振动磨削按砂轮的振动方式可分纵向振动磨削、扭转振动磨削和椭圆振动磨削三种，如图 5.29 所示。

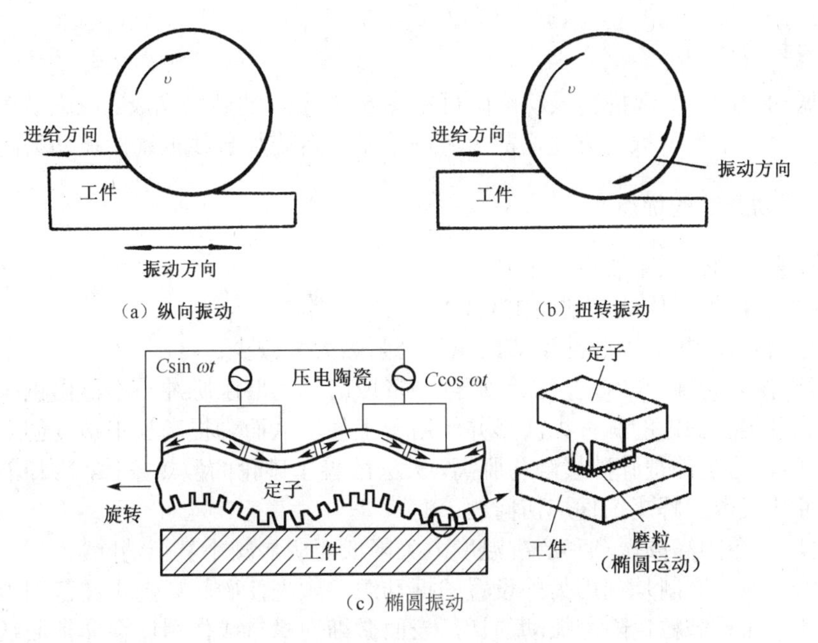

图 5.29　振动磨削方式[42]

(1) 纵向振动磨削

实现纵向振动的装置如图 5.30 所示。纵向振动磨削通常是指使砂轮在进给方向产生振动进行磨削的方法。它直接利用换能器和变幅杆在超声波发生器作用下产生纵向振动，常用于平面磨削。

(2) 扭转振动磨削

实现扭转振动的方法有两种：其一是用磁致伸缩换能器在超声波发生器作用下产生扭转振动，经变幅杆放大后再传给砂轮；另一种是用两个纵向变幅杆以相同的振动参数（频率与振幅）同时推动扭转变幅杆的大端而实现扭转振动，其结构如图 5.31 所示。

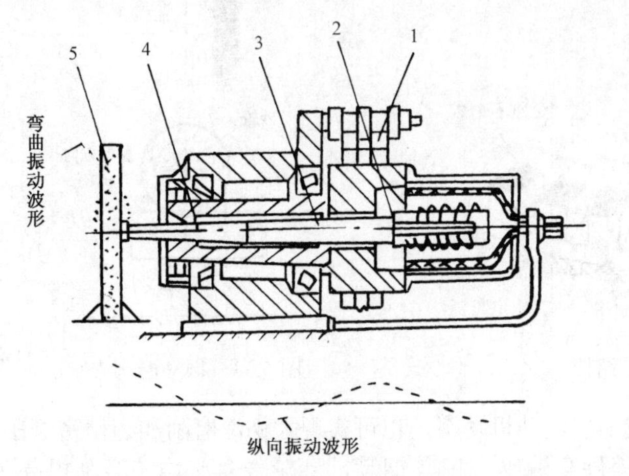

1—电刷，2—换能器，3—波导杆，4—变幅杆，5—砂轮

图 5.30　超声纵向振动磨削[42]

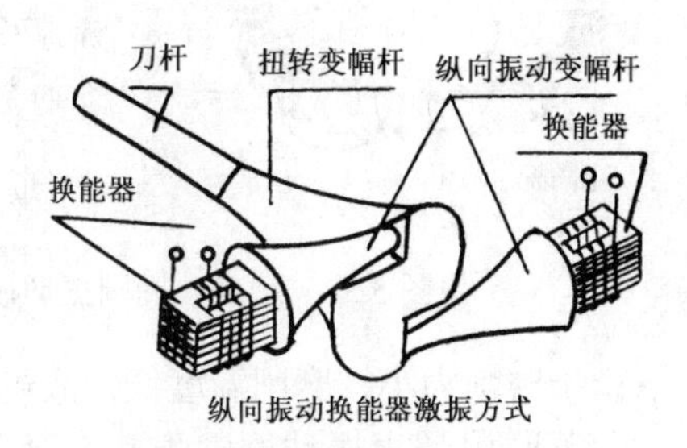

图 5.31　实现扭转振动的方法[42]

（3）椭圆振动磨削

效果同振动切削。实现椭圆振动磨削可用图 5.32 所示的砂轮完成。有人认为，实现砂轮振动不如工作台（工件）振动方便，故可考虑给工作台施加直线振动的振动磨削方式。

2. 超声振动磨削的优点

超声振动磨削的优点主要有以下几点：

① 磨削力小，仅为传动磨削的 1/3~1/10；

② 磨削力和磨削热均以脉冲形式出现，磨削热大大减少；

③ 与超声振动切削一样，超声振动磨削中形成磨屑的磨削脉冲力不再由机床电动机带动砂轮实现，故可实现稳定的脉冲力波形并作用于工件，从而为提高加工精度创造了条件；

④ 由于砂轮与工件是脉冲接触与脱离，大大改善了砂轮的散热条件，冷却液可以大量进入磨削区，可从根本上解决工件烧伤问题；

⑤ 砂轮堵塞会因高频振动和磨削温度大大降低而明显减小甚至消除。

此外，由于振动磨削是利用另外设置的振动源，预先使砂轮以超声波范围内很高的振动频率产生振动，如果磨粒也随着振动的话，表面微细沟槽自成作用就会非常活跃（传统磨削平面时，砂轮外圆表面上的磨粒磨痕是直线前进的。而振动磨削时，砂轮不同位置上的磨粒切出的沟槽是互相交错的，形成了将各磨粒的切削路程截短机理，从而使脉冲作用力作用在各磨粒上，这就是振动磨削的表面微细沟槽自成机理），已无必要再让砂轮高速回转挤压工件了，即可在低速回转、轻微接触压力作用下进行发热少的磨削加工，使图 5.33 中的 F_{pav} 减小，并使有规律的 $F_p\sin\omega t$ 波形作用于工件上。

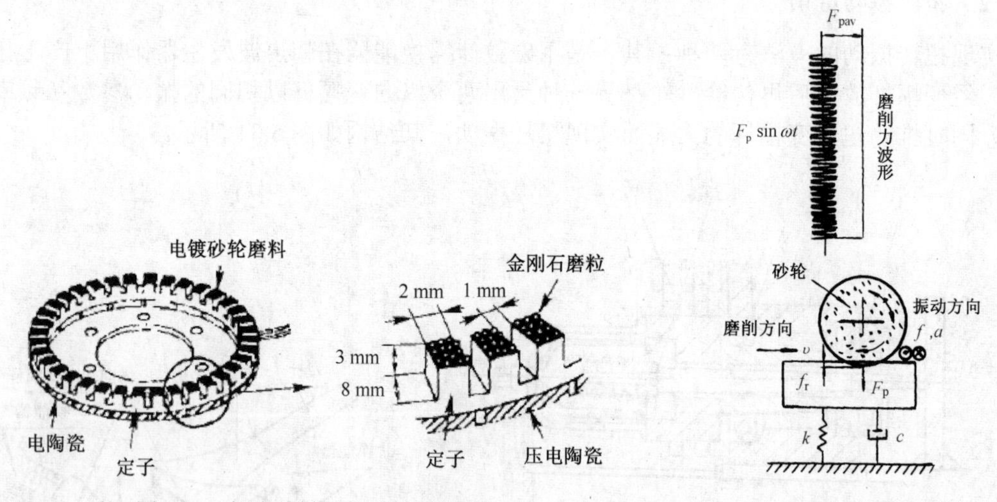

图 5.32　超声波椭圆振动砂轮结构　　图 5.33　振动磨削[42]

由于磨削力小、磨削温度低，故可减小主电动机功率，也可实现大切深磨削和超精密磨削。

前苏联用超声振动磨削耐热合金、淬硬高速钢和工具钢等，砂轮寿命比传统磨削提高了 1~2.5 倍，生产效率提高 1 倍。图 5.34 给出了振动磨削与传统磨削金属去除率的对比曲线，同时表面质量也大有提高，工件温升比传统磨削降低 1 倍（见图 5.35）。

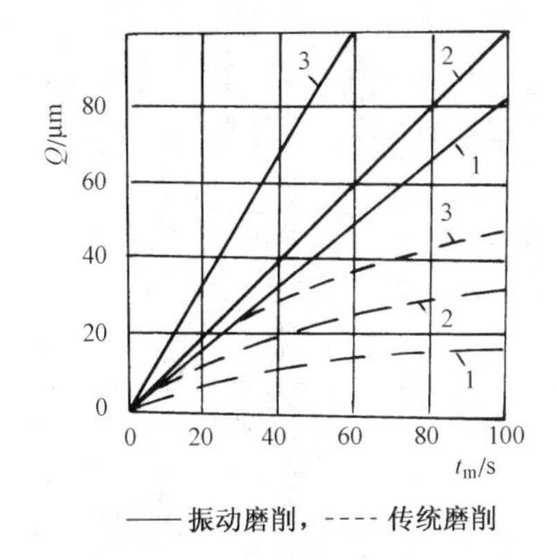

图 5.34 振动磨削的金属去除率[42]

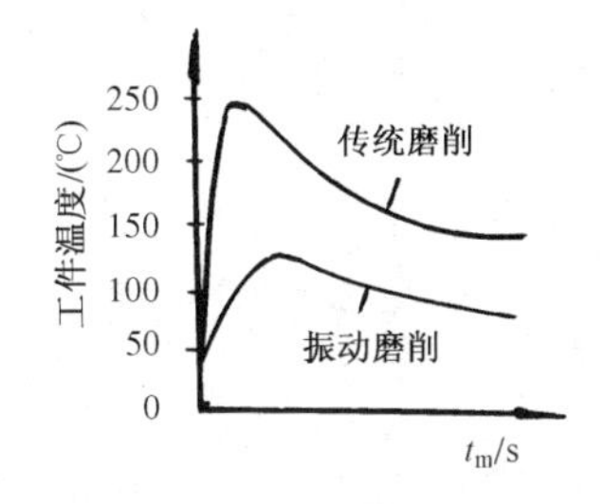

图 5.35 磨削工件的温升[42]

加工由不同材料组成的“复合材料”时，利用同一个砂轮，通过控制砂轮振动时振幅大小的方法，使其在最有利条件下进行磨削。其原理是利用砂轮的等效硬度特性（砂轮硬度随着振动频率和振幅的变化而改变的特性称为砂轮等效硬度特性（Equivalent Grade Characteristics）。

图 5.36 给出了“复合材料”振动磨削示意图。图中的 1、2、3、4 为不同材料，要求磨后的平面度误差近似为 0。

砂轮的等效硬度为

$$G_{\text{eq}} = G_0 \cdot \text{e}^{\alpha} = G_0 - c_1 a_2^c \tag{5-12}$$

式中，G_0——振幅 $a=0$ 时的砂轮硬度；

α、c_1、c_2——常数。

把硬度为 Q（相当于国标 G_0）的砂轮装于平面磨床主轴上，利用图 5.36 所示的超声波发生器 13，使砂轮按图示方向产生振动，用振幅旋钮 14 调节振幅至 a_1、a_2、a_3、a_4，即调节成与工件材料 1、2、3、4 最适宜的砂轮硬度（此处是利用磨床的限位开关和挡铁转换旋钮 14 改变砂轮的振幅，也就等于用不同硬度的砂轮进行磨削）。

利用这种特性，只要使用硬度稍高的两三种砂轮，就可收到与使用多种硬度砂轮相同的磨削效果。

3. 振动磨削应用举例

振动磨削不仅可应用在金属与非金属材料加工中，也可应用在牙病治疗中。图 5.37 所示是牙病治疗的振动磨齿装置。

在轴头作回转运动的同时，附加纵向或扭转振动，可收到下列效果：

① 可防止砂轮堵塞，经常保持磨粒切削刃的锋利，减轻患者的痛苦；

② 磨齿时，对牙齿形成脉冲作用力以产生神经的不敏感性效果，减轻疼痛；

③ 可根据牙齿的实际情况，利用振动砂轮的等效硬度特性改变振幅，就等于用适当硬度的砂轮形成锋利的磨粒进行磨削，从而减轻疼痛。

图 5.38 给出了牙齿-砂轮振动系统模型。图中牙龈起到弹簧和阻尼作用，如牙齿产生动态位移而神经不产生摆动的话，就不会感到疼痛。振动磨削时的受力如下式表示：

$$F_{\text{c}}(t) = \frac{t_{\text{c}}}{T} \cdot F_{\text{c0}} + \frac{2}{\pi} F_{\text{c0}} \sum_{n=1}^{\infty} \frac{1}{n} \sin n \frac{t_{\text{c}}}{T} \pi \cos n\omega t$$

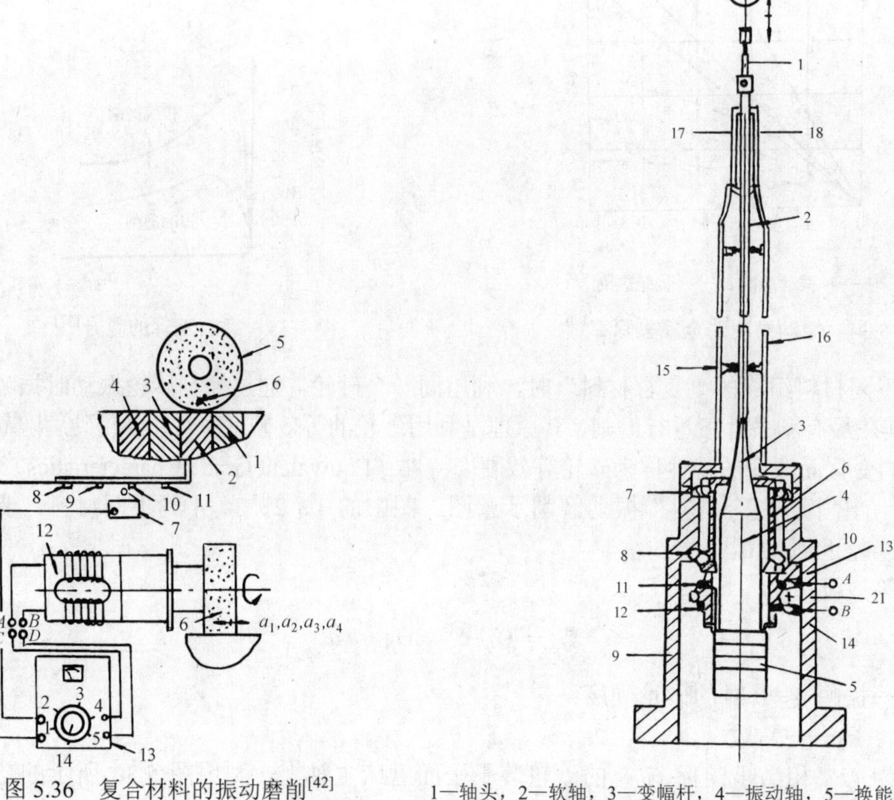

图 5.36　复合材料的振动磨削[42]

1—轴头，2—软轴，3—变幅杆，4—振动轴，5—换能器，6—回转轴，7、8—轴承，9—磨头本体，10—支架，11、12—集流环，13、14；电刷，15—支承，16—保护管—17—套筒，18—把手

图 5.37　振动磨齿装置[42]

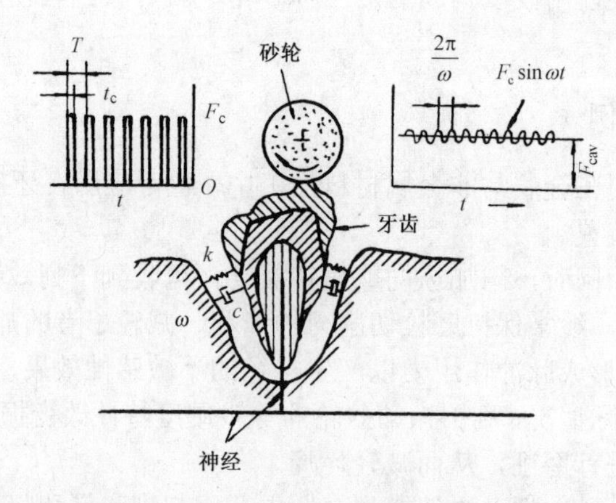

图 5.38　牙齿-砂轮振动系统模型[42]

磨削时砂轮以较低转速工作，能形成脉冲切削力，使得砂轮的锋利性很好，且不产生摩擦热，即磨齿温度无明显升高，又能根据牙齿的实际情况，用改变振幅的方法进行锋利无疼痛磨削。

5.3.4.2　超声振动清洗砂轮磨削

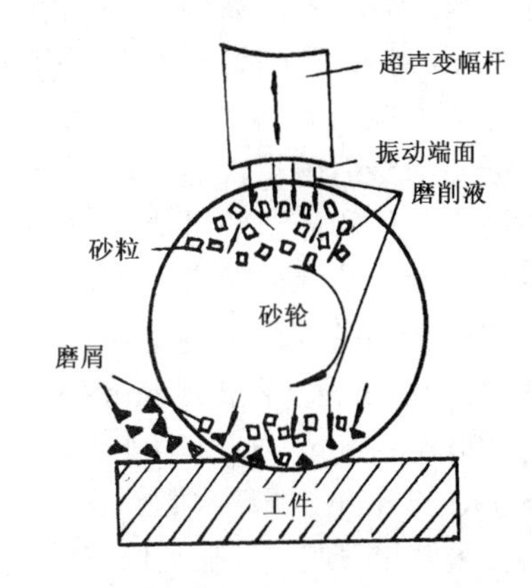

图 5.39　超声振动清洗砂轮磨削原理[42]

超声振动清洗砂轮磨削的工作原理如图 5.39 所示。

工作时，磨削液在超声波的“空化”作用下会产生强大的冲击力，这种冲击力和强化作用使磨削液可以顺利达到磨削区甚至进入砂轮的结合剂和气孔中，有效地降低磨削温度，真正起到冷却作用，可避免在高温下形成氧化物，从而根除了产生黏附堵塞的条件。如：在磨削不锈钢时，超声振动清洗砂轮磨削比传统磨削大大减小了砂轮磨损和加工表面粗糙度 Ra 值（见表 5-10）。

倾斜进给磨削是一种高效磨削方法，即使大量使用磨削液也难免在工件的肩角处产生磨削烧伤。而用超声振动清洗砂轮磨削就可完全消除烧伤现象，单位功率消耗比传统磨削减少了一半，砂轮寿命提高了 4 倍，工件表面粗糙度 Ra 值减小了 2~3 级。

表 5-10　超声振动清洗砂轮磨削不锈钢的效果[42]

加工方法	磨削量/mm^3	砂轮磨损/mm	Ra/μm
传统磨削	1.4	0.2	0.9
超声振动清洗磨削	2.7	0.04	0.2

5.3.4.3　超声振动修整砂轮

超声振动修整砂轮可在平面磨床和外圆磨床（见图 5.40）上进行。

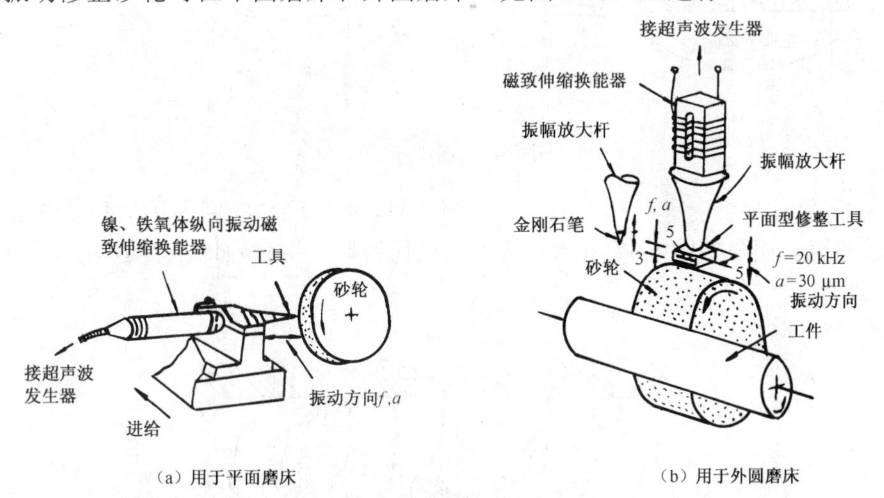

图 5.40　超声振动修整砂轮示意图[42]

传统修整砂轮时，金刚石笔在砂轮表面描绘的轨迹为一圆柱表面（进给量小于金刚笔宽度时），展开后为平面。而振动修整砂轮时，如金刚石笔为尖头的，则其在砂轮表面形成的轨迹面展开后为一正弦曲面，实际上由于金刚笔很少为尖头，故其轨迹展开后为一波峰状表面。

这样一来，砂轮表面波峰的形成就等于增大了容屑空间和磨粒切削刃距，使得单颗磨粒的切削厚度 h_D 增大，磨削过程中的滑擦和耕犁现象自然就减弱，使得临界烧伤的能通量相对增加，从而延缓了烧伤的出现，即提高了砂轮出现烧伤前的使用寿命，减少了砂轮的修整次数。

振动修整后砂轮表面形成了波形切削刃，容屑空间增大了，微小磨屑在较大的容屑空间内失去了卡住和滞留的可能，极易脱离砂轮表面，从而有效地解决了砂轮堵塞的可能。如再附以挡风板，防止砂轮表面形成气体附着层，效果会更好。

如在下列条件下进行超声振动修整砂轮后的平面磨削工件试验：90° 锥形金刚石笔，磨损宽度为 0.2 mm；在 150 mm×10 mm 的 T10（61HRC）上磨平面；$\upsilon_s = 24$ m/s，修整进给速度为 290 mm/min；$a_p(f_r) = 0.05$ mm，切入式干磨 $\upsilon_f = 1\ 000$ mm/min；砂轮为 A46K 320 mm × 40 mm×127 mm；振动参数：$f = 19$ kHz，$a = 20$ μm。

试验结果表明，经振动修整的砂轮比传统修整砂轮的使用寿命提高 2 倍多；经振动修整的砂轮在 $a_p = f_r = 0.2$ mm 时，仍未见烧伤现象产生；加工表面粗糙度 Ra 从 0.8 μm 减小为 0.2~0.1 μm。

5.3.5 振动研磨技术

5.3.5.1 振动研磨技术简介

为了提高加工精度和减小表面粗糙度，可在加工过的工件表面上放置游离磨料，使研具在平行于加工表面方向产生振动以进行研磨加工（见图 5.41）；也可在珩磨油石上加纵向超声振动或扭转振动，利用砂轮的等效硬度特性及表面微细沟槽自成机理进行超精研磨加工。

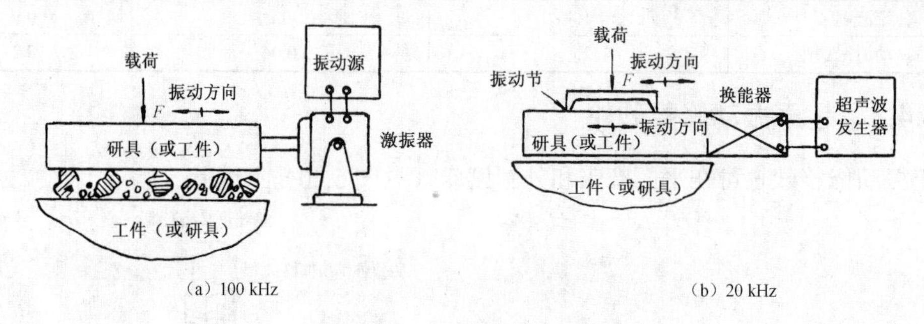

图 5.41 振动研磨[42]

按图 5.42 所示方法使研具产生图示方向振动时，可使磨粒的回转运动和跳跃运动进一步激烈。其激烈运动模型如图 5.42 所示，其中大直径磨粒产生激烈地回转运动，而小直径磨粒产生跳跃运动。

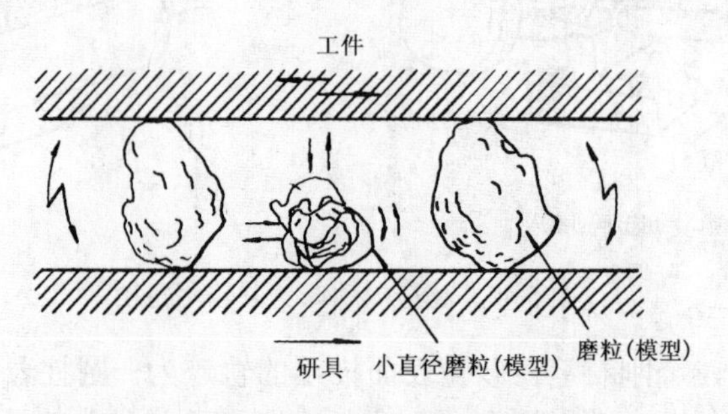

图 5.42 振动研磨激烈运动的磨粒模型[42]

5.3.5.2 振动研磨机理

为了弄清振动研磨机理，可把传统研磨与振动研磨作如下假设：图 5.43（a）所示传统研磨相当于切削深度为 a_p 的刨削；图 5.43（b）所示振动研磨相当于铣削。刨削和铣削时的背向力（切深分力）F_p、主切削力（切向力）F_c 与转速 n_0 的关系如图 5.44 所示。

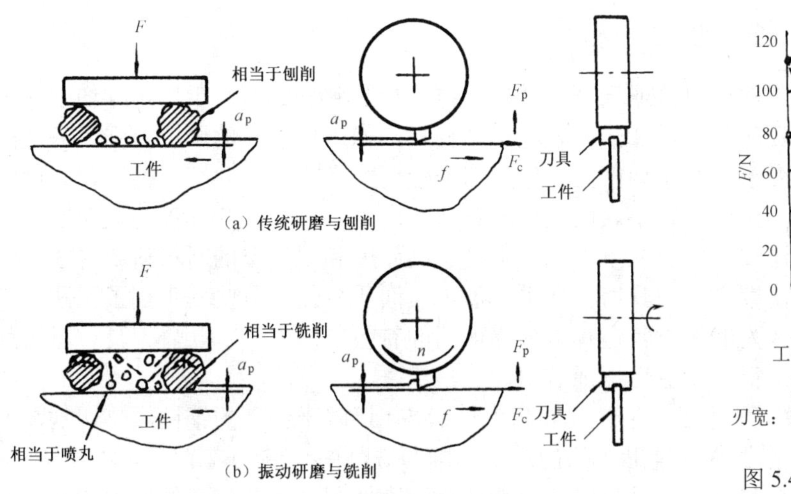

图 5.43 传统研磨与振动研磨对比[42]

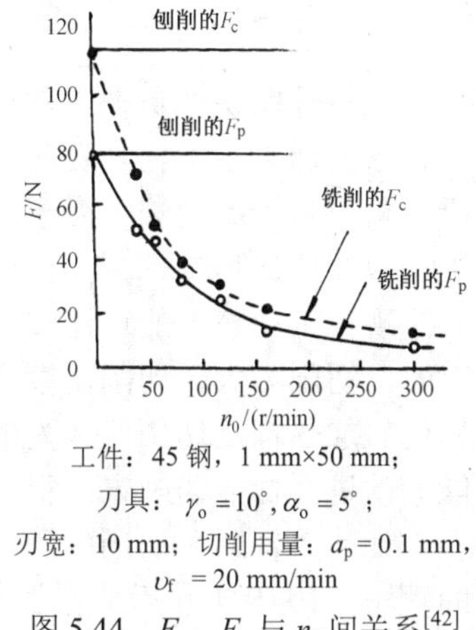

图 5.44 F_p、F_c 与 n_0 间关系[42]

不难看出，铣削时 F_c、F_p 均随 n_0 的增加而减小，F_p 减小就意味着定载荷下的研磨效率的提高（工时减少）。

名义上一种粒度的磨粒应该是磨粒尺寸大小相同，但实际上经常是尺寸大的磨粒混杂其中。传统研磨时，尺寸大的磨粒就会深嵌入工件生成深划痕，且夹在研具与工件间的大磨粒在单位面积上所受的压力也要远大于其他磨粒。在振动研磨时，一方面磨粒由于激烈回转而迅速破碎，直径很快会趋于一致，故而得到无深刻痕、均匀平滑的加工表面；另一方面形成均匀一致的细小刻痕要比传统研磨时多得多，这种细小刻痕的频频产生使得切削力减小，即研磨效率的提高。

此外，由于小直径磨粒的激烈跳动，又带来了喷丸强化的效果，同时对表面微细沟槽的自成作用、粗糙表面的平滑及残余压应力的产生都有促进作用。

图 5.45 所示为振动研磨与传统研磨时加工量、表面粗糙度 Ra 与加工时间 t_m 之间的关系曲线。

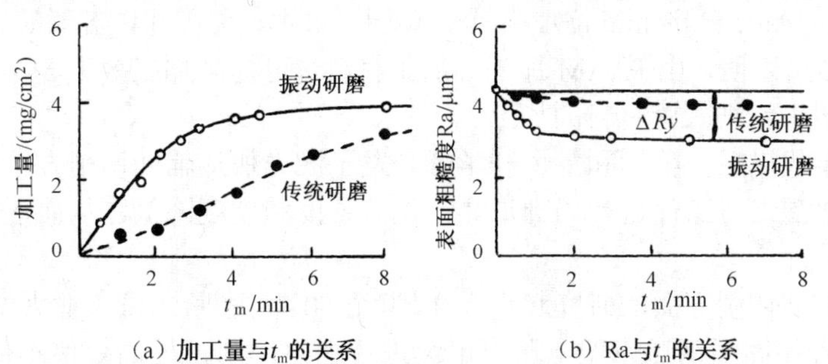

工件：45 钢；磨料：A400*；磨料浓度 50%，煤油研磨液；磨料供法：一次供给一定量；研磨速度 1.6 m/min；研磨压力 1.5 N/cm²；振动参数 f = 50 Hz，a = 0.5 μm

图 5.45 振动研磨与传统研磨时加工量、Ra 与 t_m 间关系曲线[42]

哈尔滨工业大学曾用超声振动研磨天然金刚石刀具，可使刀具研磨效率提高 2~3 倍[61]。

5.4 加热与低温切削加工技术

5.4.1 加热切削加工技术概述

加热辅助切削是把工件的整体或局部通过各种方式加热到一定温度后再进行切削加工的一种新的加工技术。其目的是通过加热来软化工件材料，使工件材料的硬度、强度等性能有所下降，易于产生塑性变形、减小切削力、提高刀具使用寿命和生产效率、抑制积屑瘤的产生、改变切屑形态、减小振动、减小表面粗糙度。

现代工业技术的迅速发展，引入了很多高强度、高硬度和耐高温的新材料。这些材料加工时，切削力大、切削温度高、刀具磨损严重、加工表面质量差，有些几乎到了无法加工的程度。加热辅助切削已成为能够对其进行高效率加工的有效方法之一。随着刀具材料切削性能的改进，加热切削方法得到了更迅速地应用。

加热（辅助）切削的历史已近百年，20 世纪 40 年代还限于钢厂的钢锭加热切割及毛坯的荒车。1945 年前后才把加热（辅助）切削用于车削和铣削中。1950 年前后，E. T. 阿姆斯特朗等人对不同工件材料和不同刀具材料的电弧加热辅助切削进行了广泛的切削实验，并对其效果进行较为深入的研究。与此同时，美国空军材料司令部和辛辛那提（Cincinnati）铣床公司也做了大量研究工作，在切削马氏体钢、模具钢、不锈钢等材料时，分别采用火焰、电炉、高频感应等加热方法，对车、铣、钻等多种切削方式的加热（辅助）切削效果进行研究，并得出了一些有益的结论。

除美国外，德国、英国、日本和法国等国学者在此期间也进行了不少研究工作。

由于整体加热和火焰、感应等局部加热方法存在加热区过大、功率消耗多、温度控制困难等弊端，这些方法自 20 世纪 60 年代以来逐渐被淘汰。自此以后，日本学者上原邦雄等人提出了电接触加热（辅助）切削 EHM（Electric Hot Machining），并对其进行了大量的研究工作，克服了以前各种方法的缺点。EHM 是在切削过程中，在刀具与工件组成的回路中通以低电压、大电流，使切削区受热。这是一种很有发展潜力和前途的方法，缺点是不适合于非导电工件材料和刀具材料以及断续切削。

20 世纪 70 年代初，英国生产工程研究会 PERA 研制成功了等离子加热（辅助）切削法 PAAM（Plasma Arc Aided Machining）。至今，英国、日本、美国和前苏联等也已对 PAAM 进行了许多研究。结果表明，用 PAAM 加工难加工材料，可提高加工效率 5~20 倍。20 世纪 80 年代，PAAM 已用于精细陶瓷材料的加工。

20 世纪 80 年代以后，美国和意大利学者开发了激光加热辅助切削方法。它是在切削过程中以激光束为热源，对工件进行局部加热，使其强度和硬度降低，从而达到提高难加工材料切削效率的目的。

我国在加热辅助切削方面的研究起步于 20 世纪 50 年代。哈尔滨工业大学在 1958 年曾用直流电动机给奥氏体高锰钢通以低电压大电流进行加热切削，提高效率 1 倍以上。20 世纪 70 年代以来，沈阳工业大学和沈阳重型机器厂以及北京理工大学等对等离子加热辅助切削进行了试验研究，并用于高锰钢 ZGMn13、高强度钢 60Si2Mn 等材料的加工上。华南理工大学和安徽工学院等院校和单位对电接触加热辅助切削进行了研究。20 世纪 90 年代，哈尔滨工业大学用激光加热辅助切削的方法对高温合金 GH4169 和 Al_2O_3 颗粒增强铝基复合材料进行了切削试验研究，均获得了比较满意的效果[46~48]。近年来，激光辅助加工机理一直是难加工材料切削加工领域的研究热点。2016 年哈尔滨理工大学对激光加热辅助铣削镍基高温合金做了深入的研究[204]。

激光辅助切削是解决难加工材料加工时低效率、高成本问题的有效方法，受到很多学者的关注。该技术在国外已经成熟应用于实际生产，如德国的汽车制造业用激光辅助切削加工汽车进排气阀，然而我国还处于研究阶段。

我们相信，加热辅助切削法一定能在难加工材料的加工中发挥应有的作用。

5.4.2　加热切削方法

加热辅助切削能否用于生产的关键在于加热方法。但无论何种加热方法，都必须满足下列基本条件：

① 尽可能只对工件的剪切变形区加热，其余部分应不被加热或少加热，以防工件的热变形及金相组织改变；

② 能提供足够热量并保持温度恒定；

③ 装置的安装、调整、使用均应方便、可靠、安全；

④ 装置应结构简单、便于维护、费用低。

加热辅助切削的加热方法可分为两类，即整体加热法和局部加热法。表 5-11 给出了各种加热辅助切削加热方法。

表 5-11　各种加热辅助切削加热方法比较[46]

加热方法		加热方法原理	优点	缺点
整体加热	炉内加热	在电炉或气体炉内加热至所需的温度取出后切削	1. 能对工件整个被切削部分提供均匀热量 2. 可与锻造热处理工序连接，实施较易	工件易热变形，尺寸精度难控制
	电阻加热器加热	在工件或经装置在夹具内的电阻加热器通交流电加热	加热温度便于控制	操作不安全
局部加热	火焰加热	用乙炔火焰喷枪或复式火焰头在刀具前方移动加热	方法简单、灵活、费用低	热效率低，工件表面的材料性能受影响，温控难
	感应加热	利用变压器的作用使工件产生感应电流（涡流）而加热	温度易控制	工件形状复杂时感应线圈设计困难，加热深度小，设备较昂贵
	电弧加热	用焊机产生的电弧加热工件	热量集中	电弧不稳定，需防护设备，非导电材料工件不能用
	电加热	在工件与刀具的组成的回路中通以低电压大电流产生焦耳热	加热区集中在切削区，热量作用时间短，热效率高，发热部分与被加工部分重合，温升快，温控较易，设备较简单，操作较容易	不能用于断续切削，用硬质合金刀具时临界切削速度较低

（续表）

加热方法		加热方法原理	优点	缺点
	等离子弧加热	与电弧加热相似	热量集中，温升快，温度高，允许的切削速度高，加工效率高	设备造价高，需要防护措施
	激光加热	用激光束作为加热源	热量非常集中，温升快，可实现有控局部加热，工件热变形小	设备昂贵，热转换效率低

1. 电加热与电加热辅助切削

电加热也称电接触加热，电加热辅助切削原理如图 5.46 所示。

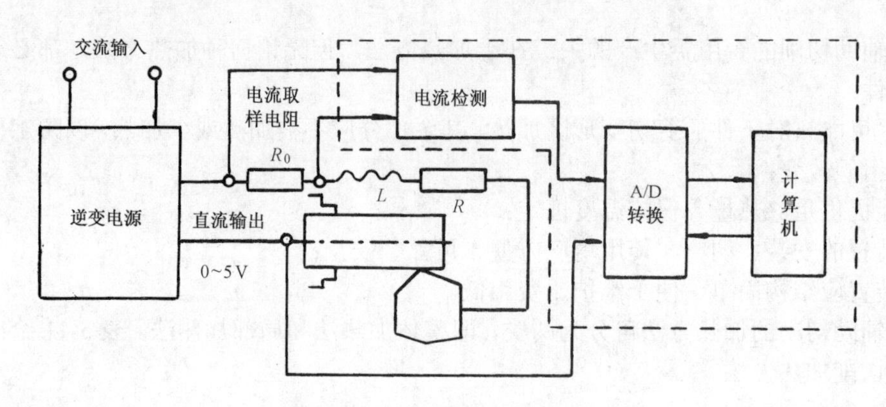

图 5.46　电加热辅助切削原理图

电加热辅助切削的主要作用是利用低电压大电流对切削区域进行局部加热，通过提高切削温度影响加工效果。不论是对难加工材料还是对普通材料，电加热辅助切削都是一种可用来提高加工表面质量的有效方法。

50 Hz 的交流电经降压、调压变压器得到低电压大电流。由于刀具与工件、切屑接触区的面积很小，大电流的焦耳效应即刻加热了接触区。生成热量的多少正比于电流作用时间与电流密度。加热温度可近似认为

$$加热温度\approx\frac{电流密度}{切削速度}\approx\frac{电流强度}{\upsilon_c a_p f}=\frac{I}{\upsilon_c a_p f}$$

由上式可知，加工效率和质量与加热电流的大小有着密切关系。在电加热切削时，为获得最佳表面质量，对于每一组确定的切削条件，都存在最佳加热电流。试验结果表明，对于给定的刀具和工件材料，最佳加热电流随切削速度的提高而减小，随进给量和切削深度的增大而增大。为了使电加热切削技术实用化，需建立最佳加热电流数据库，对切削条件与加热电流等数据进行管理。

与其他加热方法相比，电加热设备简单、造价低、通用性好、温度调整控制方便；热量集中于切削区、耗能少、热效率高；工件局部受热时间短、范围小，一般不会引起工件表层材料的组织及物理力学性能的明显变化；消除了积屑瘤、鳞刺等现象，且使切屑从不连续到连续，大大减小了加工表面粗糙度。涂层硬质合金的出现，大大提高了加热辅助切削的临界速度。日本学者上原邦雄先生研究结果称，涂层硬质合金切削冷硬铸铁时的临界切削速度约

为其他硬质合金的 7~8 倍，切削高锰钢和不锈钢也有同样的效果。原因在于刀具基体材料的低电阻率和硬质涂层良好的高温耐磨性及高电阻率；另外，刀尖圆弧半径及前角对切削效果也有影响。

2. 激光加热与激光加热辅助切削

激光加热辅助切削技术是在 20 世纪 80 年代发展起来的先进加工技术，它是在切削过程中以激光束为热源，对工件进行局部加热，使加热部位材料的强度和硬度下降，再用刀具进行切削，从而达到提高难加工材料加工效率、刀具使用寿命和加工表面质量的目的。激光加热辅助切削的优点是热量集中与温升迅速。此外还有：

① 热量由表及里逐渐渗透，刀具与工件界面热量少；

② 激光束可照射到工件的任何部位并形成聚焦点，可实现有控的局部加热。

激光加热辅助切削原理如图 5.47 所示。

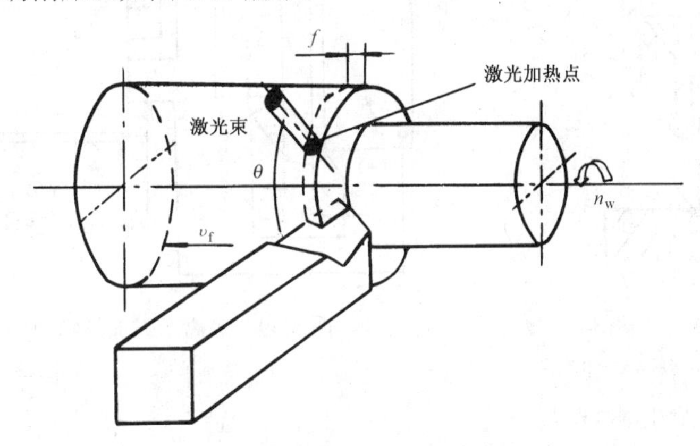

图 5.47　激光加热辅助切削原理图

据报道，美国通用电器公司（GE）和南加利福尼亚大学用 1.4 kW 的 CO_2 激光器对难加工材料进行了加热辅助切削试验，普渡（Purdue）大学的 Jay C. Rozzi 等人对激光加热辅助切削的温度场和机理进行了深入研究，均获得了很好结果。意大利的菲亚特（Fait）汽车制造公司也进行了不少试验。国内激光加热辅助切削研究较少，哈尔滨工业大学对激光加热辅助切削温度场进行过研究，并对高温合金、冷硬铸铁、铝基复合材料及氮化硅陶瓷材料等进行了激光加热辅助切削试验，试验证明：可减小切削力 25%~45%，明显提高刀具使用寿命，减小加工表面粗糙度[47, 48, 49]。

激光加热辅助切削的主要问题是：大功率激光器的价格昂贵，能量转换效率较低；金属材料对不同波长激光的吸收能力相差大，如对 CO_2 激光的吸收率只有 15%。如要提高材料对激光的吸收能力，需要对其表面进行“黑化”处理，这样就会使加工成本增加。但随着激光技术的不断发展，这些问题会逐渐解决，金属材料对 Nd:YAG 激光、准分子激光等短波长激光的吸收率可达 60%以上，可不必再对被加工材料进行“黑化”处理了。

3. 等离子弧加热与等离子弧加热辅助切削

等离子弧加热与电弧加热相类似，即用由等离子弧发生器所产生的等离子弧实现对工件加热。等离子弧发生器则是这种加热方法的关键，其原理如图 5.48 所示。

等离子弧发生器中，与枪体绝缘的钨极为负极，枪体和工件为正极，直流工作电压为

50~65 V。经高频振荡器激发后，钨极发射的电子以极高速度飞向喷嘴和工件。电子在高速飞行中撞击被电离的氩气（Ar）或氮气（N_2），使气体介质不断充分电离，发出强烈的光和热，形成等离子弧，经枪口压缩后能量非常集中，故可对工件进行加热。

将等离子弧发生器安装于切削刀具前的合适位置，并始终与刀具同步运动，在适当电参数及切削用量等条件的配合下，不断使待切削材料层预先加热至高温，达到易切削的目的。其辅助切削系统如图 5.49 所示。

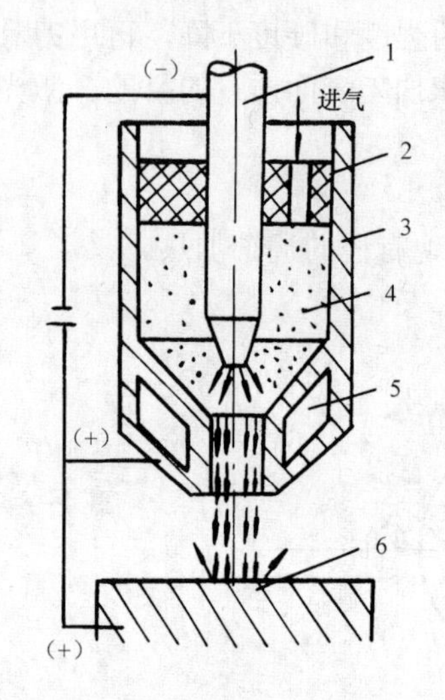

1—钨极，2—绝缘衬，3—枪体，
4—Ar 或 N_2，5—冷却水腔，6—工件

图 5.48　等离子弧发生器原理[46]

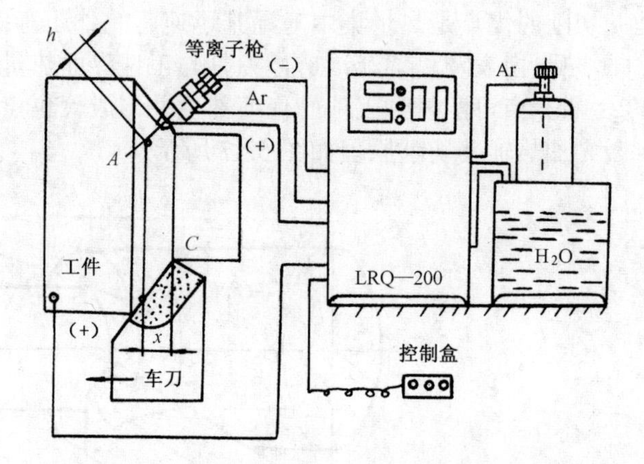

图 5.49　等离子弧加热辅助切削系统图[46]

此方法的优点是：允许切削速度高、效果好，用陶瓷刀具更能提高切削效果。缺点是：必须对弧光加以防护，设备复杂、费用较高。

5.4.3　加热辅助切削机理探究

加热辅助切削为什么能改善难加工材料的切削加工性，使得常温下不能或很难进行切削加工的材料变得能够或较容易加工了呢？这正如高温切削原理所表示的那样（见图 5.50），在高温作用下，刀具材料的硬度（强度）比工件材料下降的要缓慢，并且在高于一定温度后，二者的硬度差更大，这当然对切削有利。也就是说，加热辅助切削的效果受加热温度的影响。

1. 加热温度使刀具与工件的硬度（强度）比值变大

众所周知，随着加热温度的升高，工件材料的硬度和强度降低，但塑性提高，如图 5.51 和图 5.52 所示。由图 5.52 可知，随着加热温度升高钛合金 BT3-1、高强度钢 38CrNi3MoVA 的强度 σ_b、$\sigma_{0.2}$ 及 σ_{be}（实际的抗拉强度）和硬度 HBS 均降低，而塑性 δ 增高。

同样，随着加热温度的升高，刀具材料的硬度也有明显下降，如图 5.53 所示，但抗弯强度 σ_{bb} 下降不多，见表 5-12。

以上情况只是说明刀和工件材料的硬度与强度等均受加热温度的影响，但还不能说明对切削有利。唯有刀具材料与工件材料的硬度比 H_t/H_w、强度比 σ_{bt}/σ_{bw} 才对切削加工有直接关系。

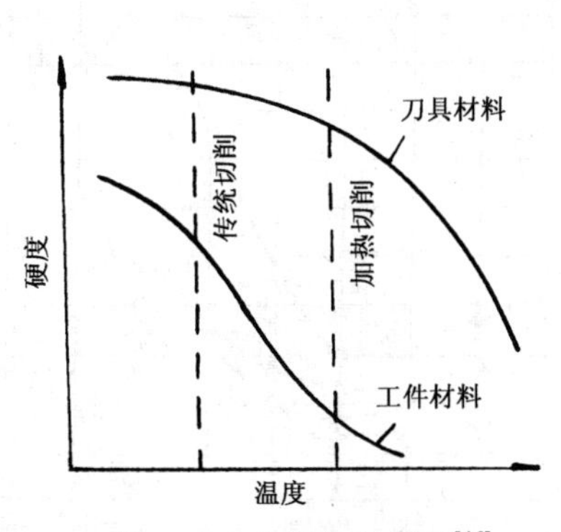

图 6.50　高温切削原理[46]

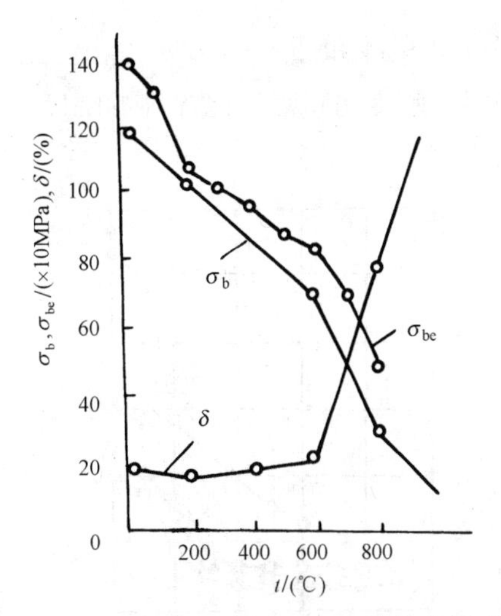

图 6.51　加热温度对 BT3-1 性能的影响[46]

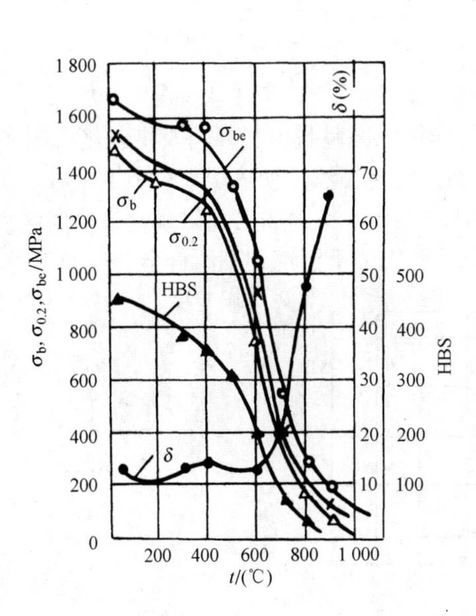

图 5.52　加热温度对 38CrNi3MoVA 性能的影响[46]

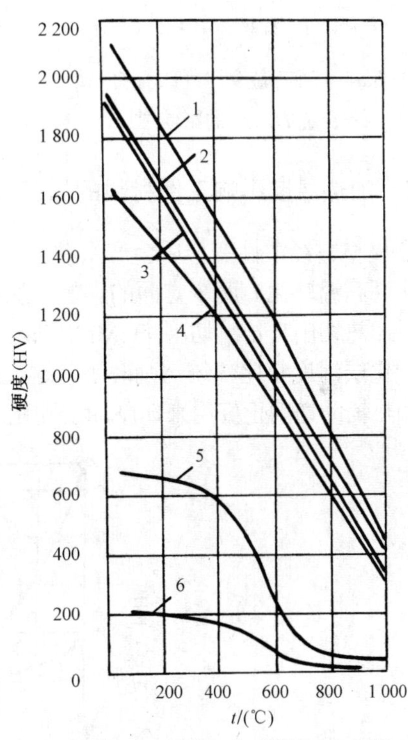

图 5.53　加热温度对刀具材料硬度的影响[46]

表 5-12　加热温度对硬质合金抗弯强度 σ_{bb} 的影响[46]

硬质合金牌号	σ_{bb} /GPa				
	200℃	500℃	700℃	800℃	1 000℃
YT15	1.04	1.04	0.98	0.89	0.74
YT30	0.82	0.74	0.80	0.81	0.81

由图 5.54 和图 5.55 不难看出，H_t/H_w 和 σ_{bt}/σ_{bw} 均随加热温度的升高而提高，切削试验也证明，硬度比和强度比提高的幅度越大，对工件材料的切削加工越有利。

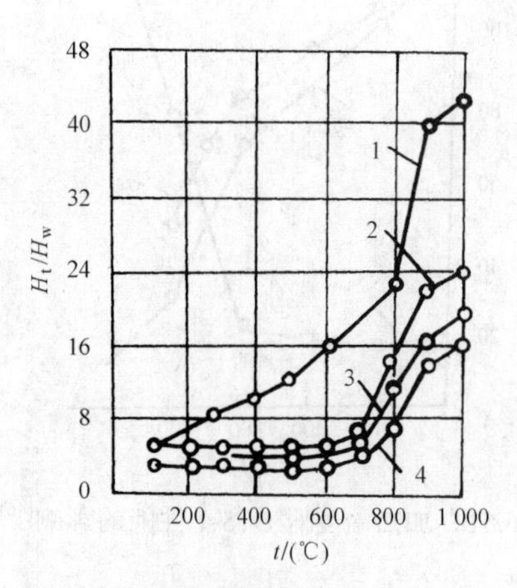

1—BT1-0，2—BT8，3—BT6，4—BT3-1

图 5.54 加热温度对硬质合金-钛合金 H_t/H_w 的影响[46]

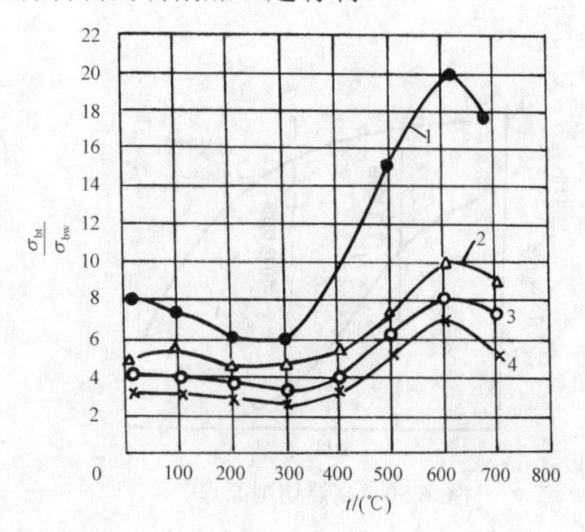

1—纯铁，2—30 钢，3—50 钢，4—高碳钢（C-0.9%）

图 5.55 加热温度对高速钢-碳钢 σ_{bt}/σ_{bw} 的影响[46]

2．加热温度影响工件材料的加工硬化

金属材料经塑性变形后会产生硬化。但切削过程中，始终存在工件材料的强化（加工硬化）和弱化（高温软化）两个方面的影响。加热温度越高、作用时间越长，材料将发生弱化。图 5.56 表示了加热切削与传统切削 ZGMn13 时表层加工硬化的情况。显然，加热切削时不论是表层硬度值或硬化层深度都比传统切削时小。这说明加热切削时，工件材料的加工硬化减轻。根据这一特点，加热辅助切削正好用来切削加工硬化严重的高锰钢、奥氏体不锈钢和高温合金等难加工材料。

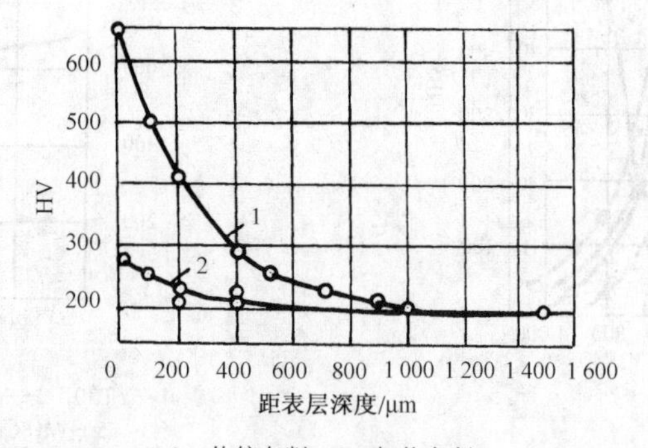

1—传统车削，2—加热车削

图 5.56 加热车削与传统车削 ZGMn13 的加工硬化[46]

3．加热温度影响工件材料的导热性能

一般纯金属及铁素体、珠光体组织钢材的导热系数随温度的升高而减小，但奥氏体钢、高铬耐磨铸铁及钛合金等难加工材料的导热系数却随温度的升高而增大，从而使更多的切削热由工件方面传导出去，降低了切削温度，减少了刀具磨损。

4. 加热可使陶瓷材料由脆性向塑性转变[112]

陶瓷材料加热的主要作用是增加材料的延展性，由脆性转变为塑性。在高温，大应力条件下，位错运动产生的塑性变形与脆性断裂的共同作用使陶瓷材料去除。

5.4.4 低温切削技术

低温切削是指采用低温液体（如液氮（−186℃）、液体 CO_2（−76℃）等）及其他冷却方法，在切削过程中冷却刀具或工件，从而降低切削区温度，改变工件材料的物理力学性能，以保证切削过程的顺利进行。这种切削方法可有效减小刀具磨损，提高刀具使用寿命，提高加工精度、表面质量和生产效率。特别适合一些难加工材料，如钛合金、低合金钢、低碳钢和一些塑性与韧性特别大的材料等。

近年来，低温切削技术在国内外得到较大发展，20 世纪 80 年代末，哈尔滨工业大学就用液氮冷却金刚石刀具进行钛合金和钢的切削实验，取得了减小刀具磨损、提高刀具使用寿命的效果。美国林肯大学加工研究中心的 Rajurk 和 Wang 博士采用液氮直接喷淋切削区进行了钛合金（Ti-6Al-4V）、反应烧结 Si_3N_4（RBSN）等难加工材料低温车削研究。结果表明，采用液氮低温冷却技术可降低切削温度约 30%，硬质合金刀具的温度从 960℃降至 734℃。此外，在低温条件下改善了材料的切削加工性，提高了刀具使用寿命、表面质量和加工效率。美国哥伦比亚大学的 Shane Y. Hong 等人对钛合金低温车削时的切削力和刀具与工件的摩擦系数也进行了研究。结果表明，低温切削钛合金时，由于低温时钛合金的硬度提高，切削力有所增加，但刀具与切屑及刀具与工件间的摩擦系数则明显减小，使得刀具使用寿命得到了提高。

5.4.4.1 低温切削特点

1. 可减小切削力

由于低温切削降低了切削区的温度，使被切削材料的塑性和韧性降低、脆性增加，切削时变形减小，因而切削力有所降低，与传统车削相比，背向力 F_p 和进给力 F_f 分别减小 20% 和 30%，磨削力可减小 60%。

但切削某些特殊材料或冷却温度过低时，会使被切削材料的硬度明显增高，可能会使切削力有所增加（如前所述），因此在特殊条件下，切削力的变化趋势要由低温切削的工艺条件来决定。

2. 大大降低切削温度

低温切削钢时可降低切削温度 300~400℃，切削钛合金时可降低 200~300℃。

3. 刀具使用寿命大幅度提高

由于切削温度大大降低，刀具材料的硬度降低较小，刀具磨损减小，刀具使用寿命相应提高。例如，低温切削耐热钢时，刀具使用寿命可提高 2 倍以上，切削不锈钢时刀具使用寿命可提高 3~5 倍。

4. 提高了加工表面质量

传统切削时，用金刚石刀具切削钢料（45 钢、T8A、GCr15）不到 1 min 时，切削刃明显磨损，加工表面粗糙度明显增大。而在低温切削时，切削时间可达 10~20 min，肉眼难以看出刀具磨损，加工表面粗糙度无明显变化。有资料介绍，工件温度在−20℃时，积屑瘤基本被抑制，低于−20℃不仅积屑瘤消失，而且在加工表面上可清晰地观察到切削刃原形的刻印痕迹，大大减小了表面粗糙度。

5.4.4.2 低温切削分类

低温切削分类方法很多，一般可按下述方法进行。

1. 根据冷却对象分类

这种分类方法把低温切削分为冷却刀具的低温切削（见图 5.57）和冷却工件的低温切削（见图 5.58）两类。

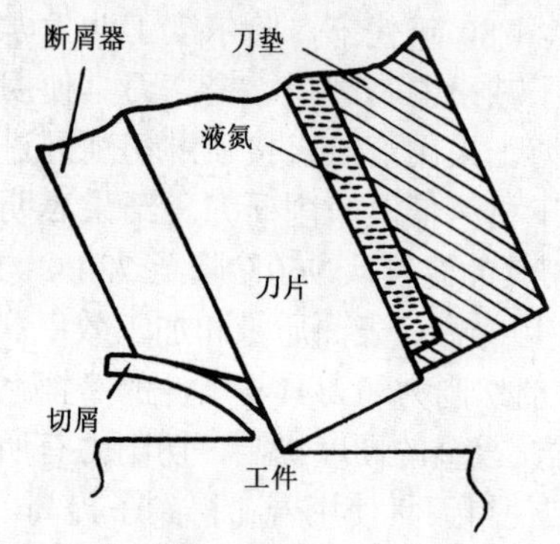

图 5.57 冷却刀具的低温切削原理

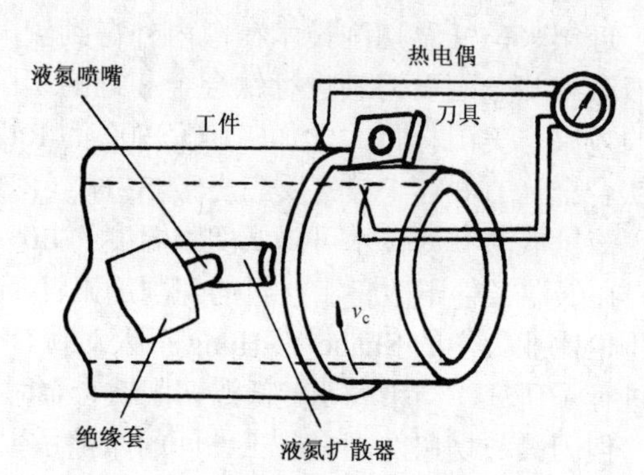

图 5.58 冷却工件的低温切削原理

2. 根据冷却方式分类

这种分类方法把低温切削分成内冷式低温切削（见图 5.59）和外冷式低温切削（见图5.60）。外冷式只使工件或刀具表面温度降低，内部温度仍较高；内冷式可使整个工件或刀具温度一致，切削效果比外冷式好。

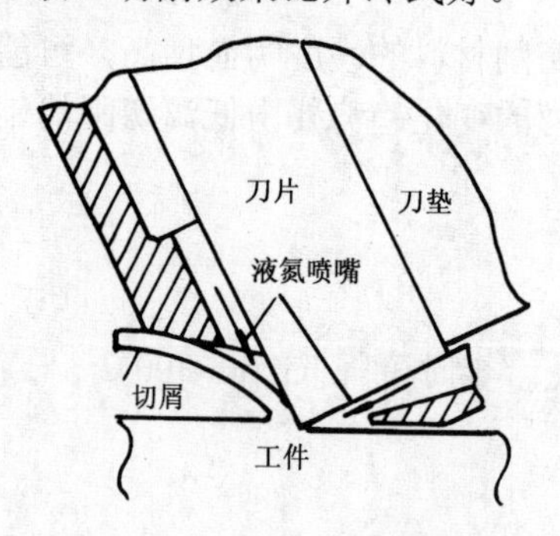

图 5.59 内冷式低温切削原理

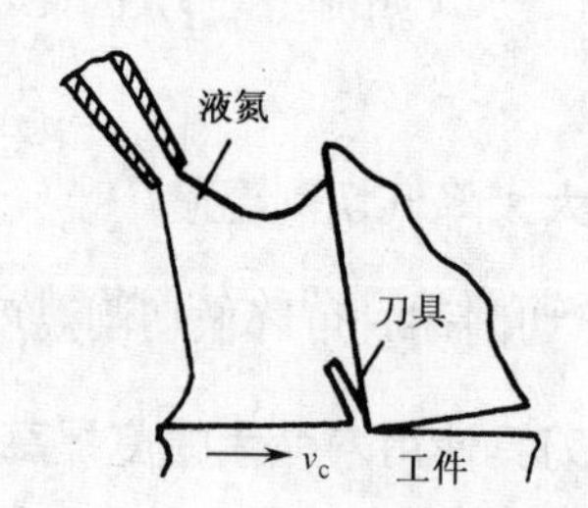

图 5.60 外冷式低温切削原理

另外还有其他分类方法，如低于室温的低温切削，这种方法是在油槽内对切削液进行冷却，用冷却后的切削液喷淋切削区，使切削区温度保持在低于室温 4~6℃以下；零度以下的低温切削，这是将工件浸入−40℃恒温的冷却槽内，一边冷却一边切削的方法；−50℃以下的低温切削，这种方法是使切削区的温度保持在−50℃，使金属在低温脆性温度下进行切削加工，此时，不易产生积屑瘤，工件的切削加工性提高，切削力有所下降，刀具使用寿命提高。

5.4.4.3 低温切削的应用

1．难加工材料的低温切削

试验证明，低温切削钛合金、不锈钢、高强度钢和耐磨铸铁等难加工材料均得到了良好效果。难加工材料采用低温切削工艺的经济性和必要性取决于工件本身的价值和常温传统切削加工成本，还要考虑难加工材料是否有其他易行有效的切削加工方法，总之要综合考虑采用低温切削是否经济可行。

2．黑色金属的超精密切削

一般认为，金刚石刀具不能用来切削钢铁类黑色金属材料，原因就在于高温下金刚石会碳化并与铁发生化学反应，从而加速刀具磨损。如采用低温切削，有效控制切削温度，不使金刚石碳化，金刚石刀具就可发挥其切削性能。哈尔滨工业大学等对钛合金、纯镍和钢等材料进行了低温超精密切削试验，效果较好，而且低温切削也为金刚石刀具的应用开辟了新领域。

5.5 磁化切削加工技术

5.5.1 概述

带磁切削，亦称磁化切削，是使刀具或工件或两者同时在磁化条件下进行切削加工的方法。既可将磁化线圈绕于工件或刀具上，在切削过程中给线圈通电使其磁化，也可直接使用经过磁化处理过的刀具进行切削。实践证明，用磁化处理过的刀具进行切削，方法简单、使用方便、不需昂贵的设备投资和机床改造，使用原有的机床及夹具就可使刀具使用寿命得到显著的提高。因此，带磁切削也是难加工材料切削加工中提高刀具使用寿命和生产效率、保证加工质量的有效方法之一。

5.5.2 磁化切削方法

按磁化的对象可分为：工件磁化、刀具磁化、工件与刀具同时磁化三种；按磁化电流性质可分为：直流磁化、交流磁化与脉冲磁化三种；按磁化与切削加工的关系可分为：机外磁化与在机磁化两种。

1．工件磁化法

有两种方法可实现工件磁化：一种是在机床上安装电磁铁，工件装夹后通电即可产生磁场使工件磁化后再进行切削；另一种是把工件置于绝缘线圈中，通电后进行切削。此法只适用于钢铁类工件，耗电较多。

2．刀具磁化法

可有三种方法让刀具磁化：一种是将绝缘线圈缠绕在刀具安装部位——刀架或主轴、刀杆的相应部位，通电后切削；第二种是在刀具材料中加入磁性材料，刀具出厂即磁化；第三种是用磁化装置对刀具进行磁化处理后进行切削。

3. 工件和刀具同时磁化法

生产实践证明，用磁化装置使刀具磁化法使用最方便，有推广使用意义，故以此作重点介绍。

5.5.3 刀具磁化装置

常用的刀具磁化装置有：脉冲磁化装置、直流磁化装置和交流磁化装置三种，其原理分别如图 5.61、图 5.62 和图 5.63 所示。

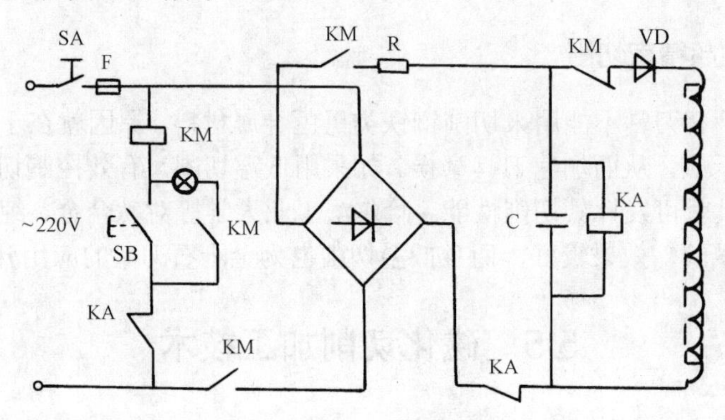

图 5.61 脉冲磁化装置原理图[46]

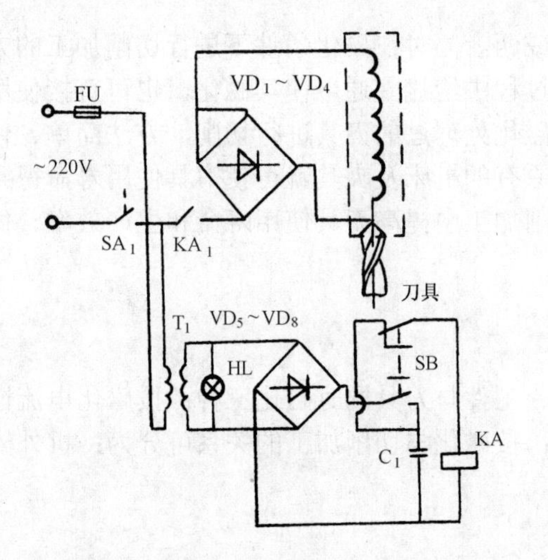

图 5.62 直流磁化装置原理图[46]

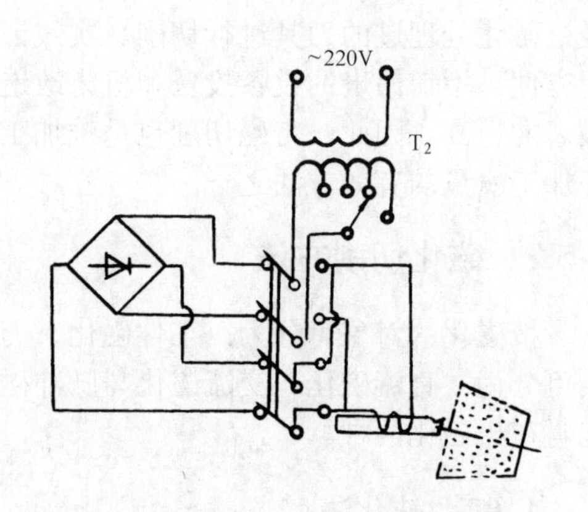

图 5.63 交直流磁化装置原理图[46]

1. 脉冲磁化装置

脉冲磁化装置是利用桥式整流电路对电容器 C 进行单向充电达饱和后，继电器 KA 动作切断电路，接触器 KM 恢复常闭、常开触点的工作状态，电容器 C 通过接触器常闭触点、整流二极管 VD 向电磁铁线圈放电，刀具插入线圈中即被磁化。

2. 直流磁化装置

直流磁化装置的工作原理是，工作时接通 SA_1，220 V 交流电经熔断器 FU 加在变压器

T_1的一次侧线圈上，二次侧电压（24 V）经二极管电桥 VD_5~VD_8 整流后通到按钮 SB，按下SB，电容器 C_1 充电，松开按钮电容器 C_1 经继电器 KA 绕组放电，使继电器触点 KA_1 闭合，主电路工作，经电桥 VD_1~VD_4 整流的直流电压加在电磁铁线圈上，此时置于线圈磁场中的刀具就被磁化了。改变 C_1 就可改变磁化时间。

3．交流磁化装置

图 5.63 所示为简易交流、直流两用磁化装置。变压器的二次侧线圈有四个抽头供有级调节磁化电压，四线三位组合开关用来选择磁化方式（交流或直流磁化）。

从实用效果看，脉冲磁化装置耗能少，产生的脉冲磁场与充电电容有关，适于作为刀具磁化处理使用。交直流两用磁化装置便于控制和调节磁场强度，适于连续工作的磁化刃磨场合。直流磁化装置如能省去控制回路，制作简便且能产生较强磁场。

5.5.4 磁化切削效果

1．切削力和切削功率明显减小

图 5.64 与图 5.65 分别为磁化 W18Cr4V 刀具切削 45 钢的切削力 F_c、切削功率 P_c 与传统切削的对比曲线。

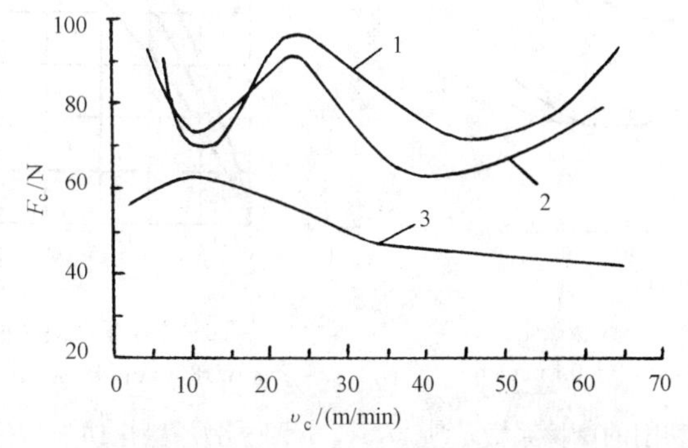

1—传统切削，2—恒磁场（磁动势为 400 安匝），3—50 Hz 交变磁场（400 安匝）；
$a_p = 0.75\,mm$，$f = 0.2\,mm/r$，$\gamma_o = 18°$，$\alpha_o = 8°$，$\lambda_s = 0°$，$\kappa_r = 75°$，$\kappa_r' = 12°$，$\alpha_o' = 6°$

图 5.64 切削力 F_c 的对比曲线[50]

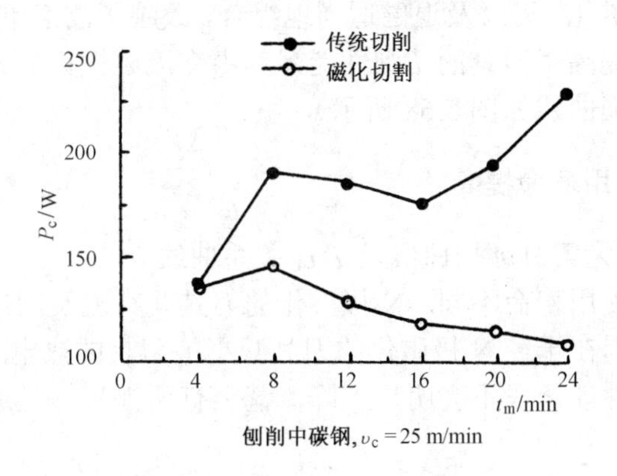

图 5.65 切削功率 P_c 的对比曲线[50]

2．摩擦系数明显降低

磁化切削时刀-屑、刀-加工表面间的摩擦系数 μ 明显降低，如图 5.66 所示。

3．切削温度降低

磁化切削时切削温度也较传统切削时有所降低，如图 5.67 所示。

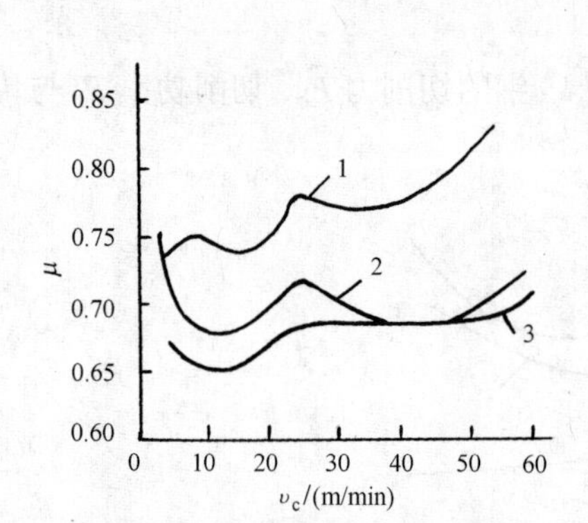

1—未磁化，2—S 极磁化，3—N 极磁化

W18Cr4V；45 钢；$a_p = 1.0$ mm，$f = 0.1$ mm/r

图 5.66　磁化切削与传统切削的摩擦系数μ[46]

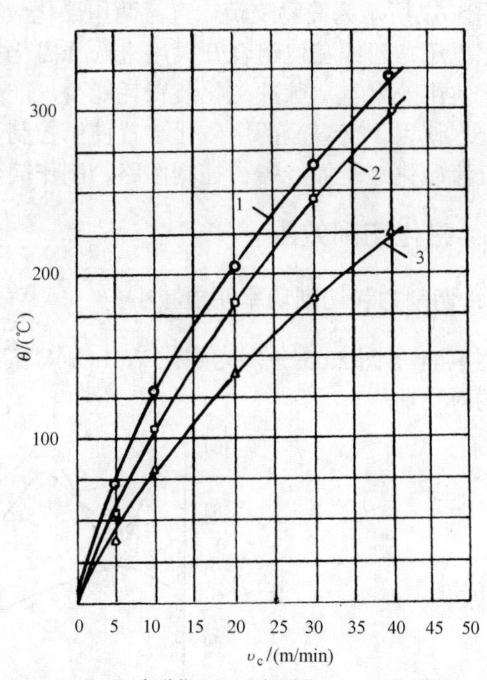

1—未磁化，2—S 极磁化，3—N 极磁化

W18Cr4V；45 钢；$a_p = 1.0$ mm，$f = 0.1$ mm/r

图 5.67　磁化切削与传统切削的切削温度[46]

4．磁性刃磨刀具具有良好的综合效果

磁性刃磨可使刀具的磁化、刃磨及退磁适当地组合，改善了高速钢刀具刃磨表面的硬度、表面粗糙度及金相组织，提高了刀具的切削性能，其中交流磁性刃磨刀具的效果尤佳（磁性刃磨与传统刃磨的刀具磨损曲线如图 5.68 所示）。

5．刀具磨损减小与使用寿命提高

图 5.69 与图 5.70 分别为刀具磨损曲线及 T-υ_c 关系曲线。

磁化极性不同，刀具使用寿命不同。N 极磁化的刀具（直流及脉冲磁化）使用寿命明显高于 S 极磁化刀具，其原因在于经 N 极磁化的刀具减小了刀具的热电磨损。另外，磁化后的刀具经适量刃磨后其切削性能一般不会明显下降，甚至有所提高，且退磁后刀具的耐磨性能仍优于未磁化刀具。

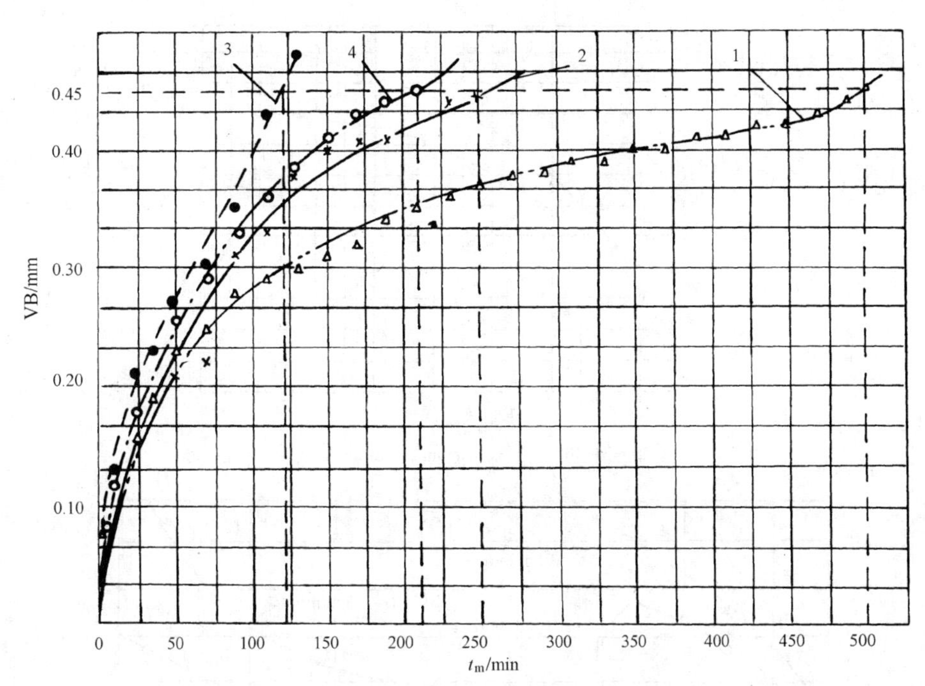

1—交流磁性刃磨，2—直流磁性刃磨，3—传统刃磨，4—传统刃磨后再交流磁化

45 钢；W18Cr4V；v_c = 5 m/min，f ≤0.165 mm/r，a_p = 1.0 mm，干切

图 5.68　磁性刃磨与传统刃磨的刀具磨损曲线[46]

表 5-13　磁化切削与传统切削对加工精度的影响[110]

切削速度/(m/min)	27.36		38		44.5		53.6	
磁动势/安匝	传统切削	磁化切削	传统切削	磁化切削	传统切削	磁化切削	传统切削	磁化切削
	0	640	0	640	0	640	0	640
径向跳动/μm	21.3	16	16	12.3	18	13.6	19.3	15.3
平行度/μm	22	15.3	23.3	17.3	16.3	17	16	16.1
粗糙度 *Rz*/μm	23.1	8.32	17.93	9.27	17.87	8.91	17.87	9.37

6．可提高加工精度和减小表面粗糙度

表 5-13 给出了磁化外圆车削 45 钢（退火）的径向跳动、母线与轴线的平行度及表面粗糙度 *Rz* 的试验数据。W18Cr4V 刀具 $\gamma_o = 18°$、$\alpha_o = 8°$、$\kappa_r = 75°$、$\alpha'_o = 6°$，$\lambda_s = 0°$；a_p = 0.33 mm，f = 0.07 mm/r。

可见，磁化切削可比传统切削表面粗糙度减小约 1~2 级，形位公差明显减小。因为磁化后的切削力减小，切削温度下降，系统变形减小，刚度提高。另外，切削温度低也抑制了鳞刺和积屑瘤的产生。

表 5-14 给出了不同磁场强度的加工效果。

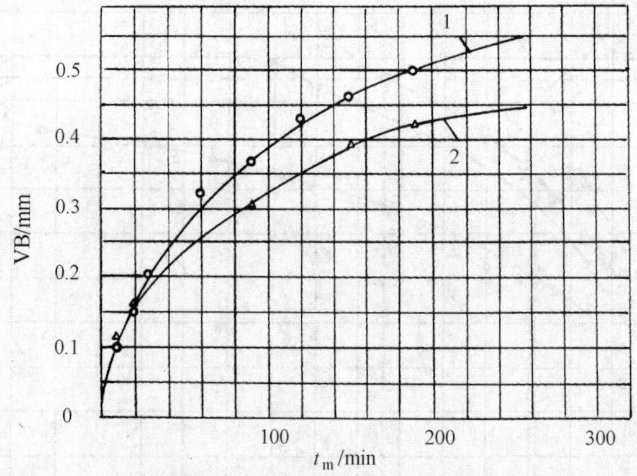

（a）45钢外圆车削，$\upsilon_c = 3.86$ m/min, $f = 0.1$ mm/r, $a_p = 1.5$ mm,干切

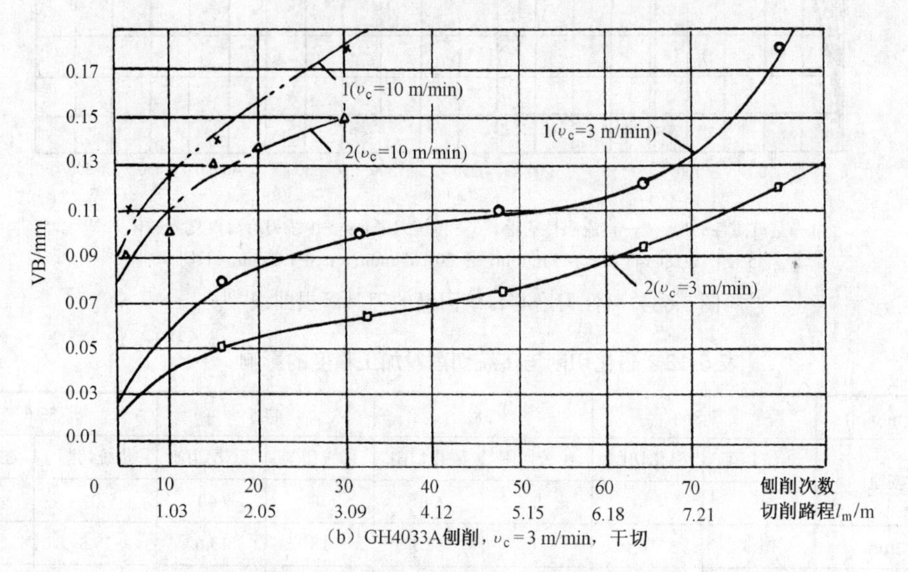

（b）GH4033A刨削，$\upsilon_c = 3$ m/min，干切

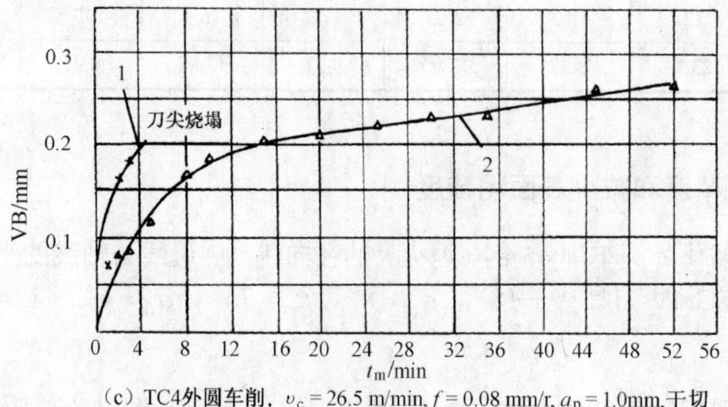

（c）TC4外圆车削，$\upsilon_c = 26.5$ m/min, $f = 0.08$ mm/r, $a_p = 1.0$mm,干切

1—未磁化，2—磁化（W18Cr4V）

图 5.69　磁化切削与传统切削的刀具磨损曲线[46]

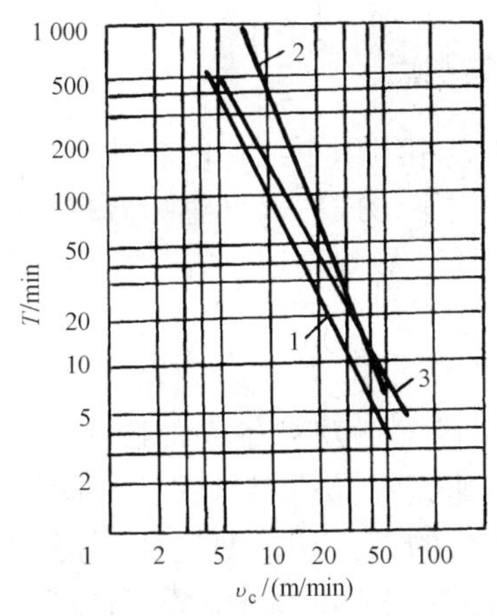

1—未磁化，2—N 极磁化，3—S 极磁化

W18Cr4V；45 钢；f = 0.102mm/r，a_p = 1.0 mm，干切，VB = 0.4 mm

图 5.70　磁化切削与传统切削的 T-v_c 关系[46]

表 5-14　刀具磁化时磁场强度对加工精度的影响[110]

励磁电流/A	0	0.2	0.4	0.6	0.8
磁动势/安匝	0	160	320	480	640
径向跳动/μm	21.3	21.3	16.6	14	15
平行度/μm	22	20.65	15.3	16	15.3
粗糙度 Rz/μm	21.3	19.76	10.2	8.29	8.32

5.5.5　磁化切削机理探究

高速钢刀具磁化切削的机理，目前尚无统一的明确说法，在此仅介绍一些看法与观点。

1．刀具材料强化的观点

这种观点认为，磁化强度无论是大于或者小于高速钢的磁饱和强度极限，都能使高速钢刀具材料得到强化，从而提高刀具使用寿命。其原因在于：当磁化强度小于高速钢刀具材料的磁饱和强度极限时，剩余磁场的作用会使刀具的黏结磨损减小；当大于高速钢刀具材料的磁饱和强度极限时，强磁场会使刀具材料得到磁致伸缩的亚结构强化。

2．刀具材料表面硬度提高的观点

由试验可知，磁化刃磨过的高速钢刀具表面硬度均有提高。由于硬度的提高，从而提高了刀具耐磨性。据资料介绍，磁化刃磨后的高速钢刀具表面硬度可达 927HV，而传统刃磨的刀具表面只有 908HV；还有报道称，磁化后的高速钢刀具表面硬度由 62.97HRC 提高到了 64.9HRC。

3．刀具表面粗糙度减小的观点

磁性刃磨后的刀具表面粗糙度 Ra 由传统刃磨的 0.466 μm 减小到 0.242 μm，使得刀-屑、刀-加工表面间的摩擦系数减小了，提高了刀具使用寿命。

4．刀具材料金相组织改善的观点

据报道，磁化后刀具材料的金相组织更细化，晶粒更加球状化，分布更加均匀，这种碳化物的球状化是在磁场冲击波作用下形成的。这意味着材料基体界面处的表面能降低，破坏晶格原子间结合力的激活能增加了，导致高速钢刀具材料的强度与硬度提高了。

5．切削温度明显降低的观点

由于刀具被磁化，刀具材料内部微观粒子间的磁矩取向及相互作用发生了一定变化，用 X 射线衍射法测得磁化后高速钢刀具材料马氏体的晶格常数有所减小，铁磁物质还有磁阻及热磁效应，这意味着磁化后的刀具切削热电势可能不同于相同切削条件下未磁化刀具的切削热电势，其中包括磁化产生的附加热电势，故此时已不能用自然热电偶法测磁化切削时的切削温度了，必须用特殊方法测量和标定。图 5.67 中磁化切削时的切削温度均低于传统切削，且 N 极磁化刀具的切削温度比传统切削时要降低 30%~48%，这与图 5.70 中 N 极磁化刀具的使用寿命高于 S 极是一致的。这可能是磁化切削刀具使用寿命提高的重要原因。

另据资料介绍，硬质合金刀具也可磁化，磁化后的刀具进行切削时也有一定效果。

5.6　复合加工技术的应用及其评价

5.6.1　复合加工技术的应用

随着航空航天工业、核工业及兵器工业的发展，对产品零部件材料性能的要求越来越高，有的零部件要在高温、高应力状态下工作，有的要耐腐蚀、耐磨损，有的要绝缘。它们多为难加工或很难加工材料，如不锈钢、钛合金、高强度与超高强度钢、高温合金、工程陶瓷及各种复合材料等；很多零件的形状复杂，如窄缝、窄槽、空间位置复杂的微小孔。这些难加工材料用传统的机械加工方法难以满足高效、高精度、高质量、低成本的要求，有的甚至无法加工，只有复合加工方法才可胜任[66]。

比如，超声振动切削（车、铣、钻、磨、攻螺纹）与加热切削很好地解决了这些难加工材料的精密加工问题。车铣复合加工则解决了航空产品复杂结构件的加工精度和效率问题，如飞机发动机的整体叶盘、机匣这些加工难度很大的零件，用车铣复合加工技术就很好地优化了零件“一次装夹、多面加工”的工艺方案，车削完不改变定位安装状态即可进入铣削工序，从而减小和消除了安装定位误差、夹具数量及调整装夹带来的时间和精度的损失。

5.6.2　复合加工技术的评价

航空复杂结构零件的制造有不同的工艺方案和途径，特别是应用了复合加工技术，由于涉及的技术基础广、设备工作原理和复杂程度差异大、维护和使用成本各不相同，故选择复合加工技术必须首先对其技术经济性做出评价，以选出合适的复合加工工艺，满足高精度、低成本、高效率、绿色环保的要求[66]。

对工艺方案的评价可通过加工周期、成本、资源消耗等综合进行，选择加工过程中最富于变化且易于统计测量的工件加工时间效率、夹具量具刀具成本效率、表面质量效率、设备成本效率及能源消耗效率等五因素作为状态变量，建立工艺方案优化评估模型（此处未考虑设备效率）[66]。

$$E = P_t(B_t/T) + P_c(B_c/C) + P_q(B_q/Q) + P_s(B_s/S)$$

式中 E——期望效率损益值；

P_t、P_c、P_q、P_s——相应参数量的状态概率，即参数量的重要程度，约为 0~100%；

B_t、B_c、B_q、B_s——相应参数量的基准值；

T——加工周期，min 或 h；

C——工夹量具刀具成本；

Q——加工表面质量，可用粗糙度 Ra；

S——能源消耗，可用电耗能简化表示。

目标评估分为单项评定（目标项状态概率为 100%，其余为 0，此时 $E=1$，则可求得相应参数量的基准值 B_t、B_c、B_q、B_s）与综合评定（状态概率可按不同参数量影响程度给出，等概率时可各取 1/4）。E 值越大，则表示工艺方案越优。

用上述模型可对确定的工艺方案、加上效果做出定量的比较性评估，从而选择最优的工艺方案，以进行零件制造[66]。

思 考 题

5.1 试述复合加工技术产生的背景及主要解决的问题。
5.2 复合加工技术如何分类？常见的复合加工方法有哪些？
5.3 试述工艺复合与工序复合加工的特点及优点。
5.4 什么是振动切削？如何分类？有何特点？振动切削机理有哪些观点？
5.5 试分析振动切削对切削过程有哪些影响。
5.6 超声振动磨削如何分类？有何优点？
5.7 振动研磨机理是什么？
5.8 何谓加热辅助切削？对加热方法有哪些基本要求？
5.9 加热辅助切削的机理是什么？
5.10 试述低温切削的特点及分类。
5.11 什么是磁化切削？如何分类？
5.12 磁化切削的效果有哪些？机理是什么？
5.13 复合加工技术有哪些应用？如何评价其应用？

第6章 特殊切削加工方法

6.1 真空中切削

20 世纪 70 年代日本东洋大学的上原邦雄等对在真空中的切削加工进行了试验研究，发现了一些不同于在空气中切削的现象。主要表现在：真空度对不同工件材料的变形系数 Λ_h、切削力 F 及表面粗糙度 Ry 有不同的影响规律。

6.1.1 真空度对铜和铝切削的影响

真空度对切削铜、铝的变形系数 Λ_h、切削力 F 及表面粗糙度 Ry 几乎无影响，如图 6.1、图 6.2 和图 6.3 所示。

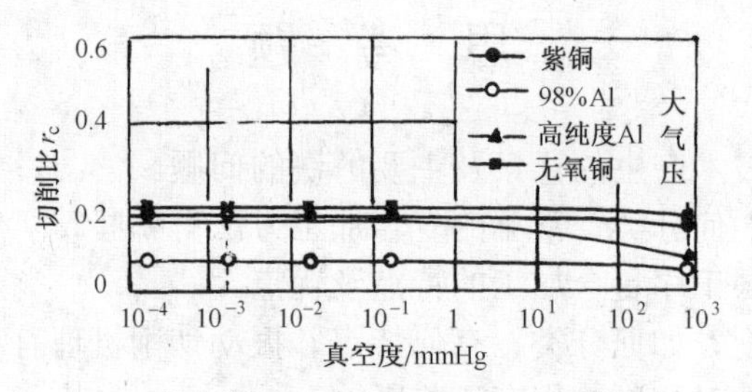

工件：紫铜，无氧铜，98%Al，纯 Al；

刀具：高速钢（0，20，5，5，5，0，0）；

切削用量：$v_c = 40$ m/min，$f = 0.067$ mm/r，$a_p = 0.8$ mm(Cu)、0.6 mm(Al)

图 6.1 真空度与切削比 r_c 的关系[51]

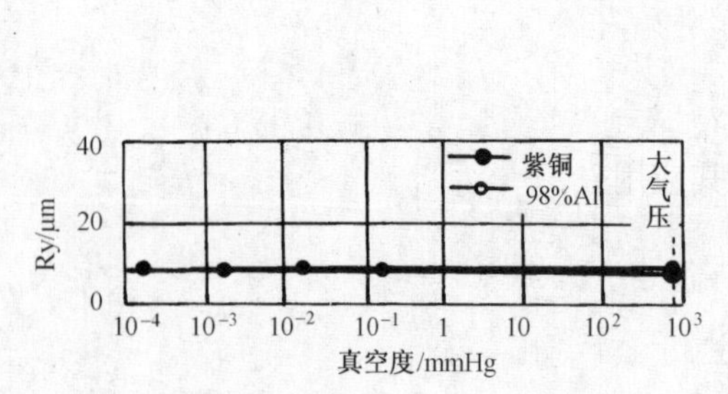

工件：无氧铜和 98%Al，其余同图 6.1

图 6.2 真空度与 Ry 的关系[51]

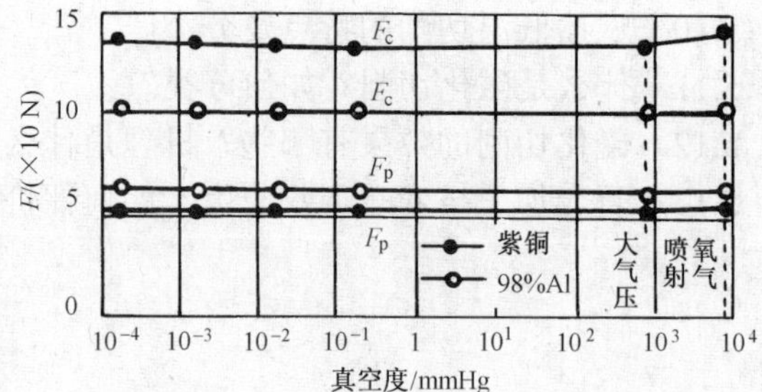

工件：无氧铜和 98%Al，其余同图 6.1

图 6.3 真空度与 F 的关系[51]

6.1.2 真空度对中碳钢和钛合金切削的影响

表 6-1 给出了不同真空度条件下切削中碳钢和钛（Ti）时的切削比 r_c。

表 6-1　切削中碳钢与钛的切削比 r_c[52]

试件	真空度	
	大气压	2×10^{-4} mmHg
30 钢	0.4	0.28
钛（Ti）	0.6	0.3

图 6.4、图 6.5 和图 6.6 给出了切削中碳钢与钛时，真空度对 F 及 Ry 的影响关系曲线。

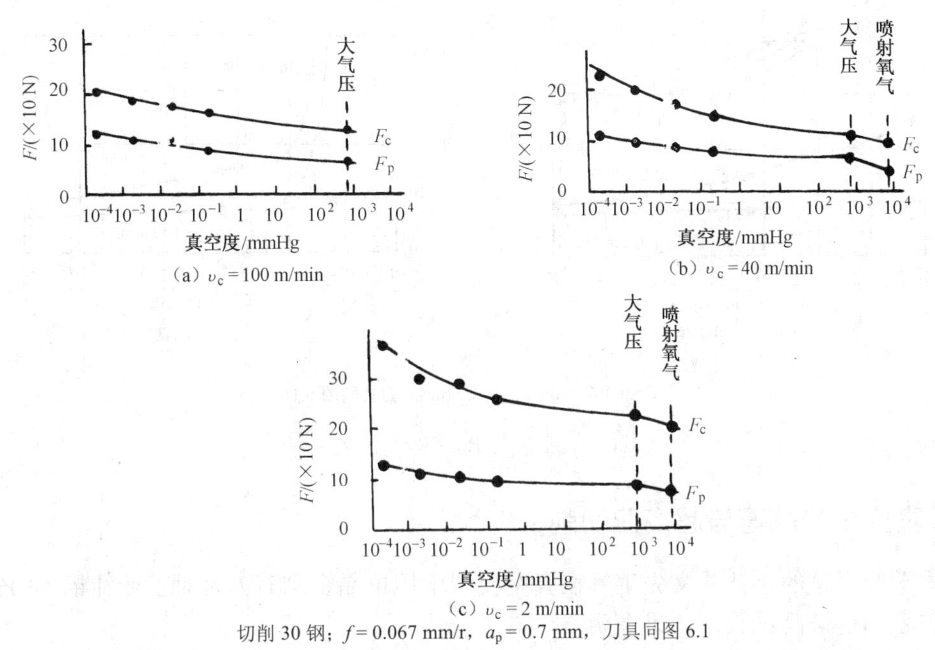

（a）v_c = 100 m/min　（b）v_c = 40 m/min　（c）v_c = 2 m/min

切削 30 钢；f = 0.067 mm/r，a_p = 0.7 mm，刀具同图 6.1

图 6.4　真空度与 F 的关系[52]

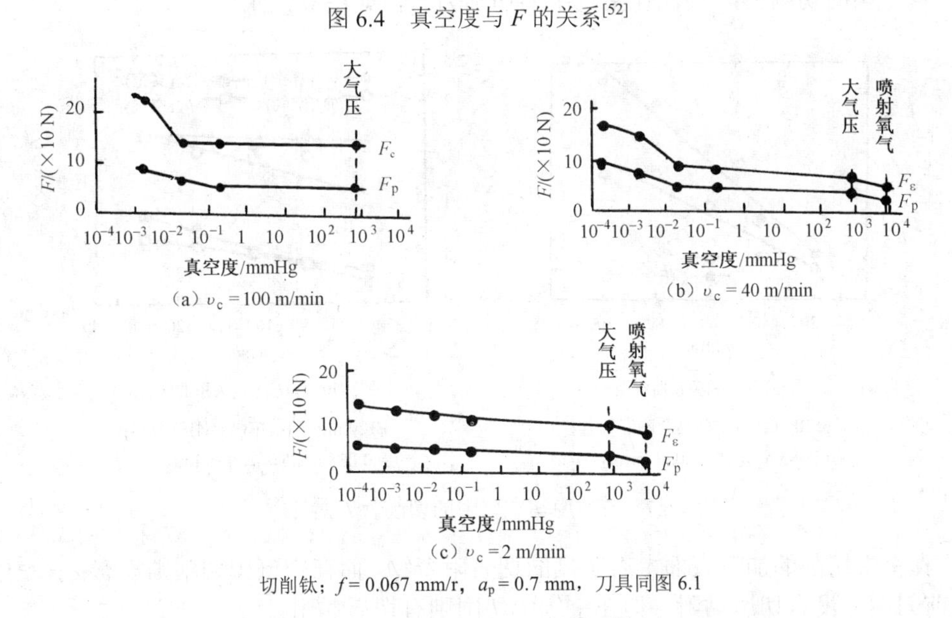

（a）v_c = 100 m/min　（b）v_c = 40 m/min　（c）v_c = 2 m/min

切削钛；f = 0.067 mm/r，a_p = 0.7 mm，刀具同图 6.1

图 6.5　真空度与 F 的关系[52]

由表 6-1 和图 6.4、图 6.5、图 6.6 不难看出，切削中碳钢和钛时，真空度越大，切削比

r_c越小，即变形系数Λ_h越大（$\Lambda_h = 1/r_c$），F及 Ry 也越大，原因在于有黏附现象。

研究认为：在真空中切削时，刀-屑界面处不能生成减摩的氧化膜，这样对钢材的切削并无好处，但对钛及其合金的切削大有好处，因为这样可避免钛及其合金在高温下与空气中的 O、N、H、CO、CO_2等发生化学反应生成硬脆层。

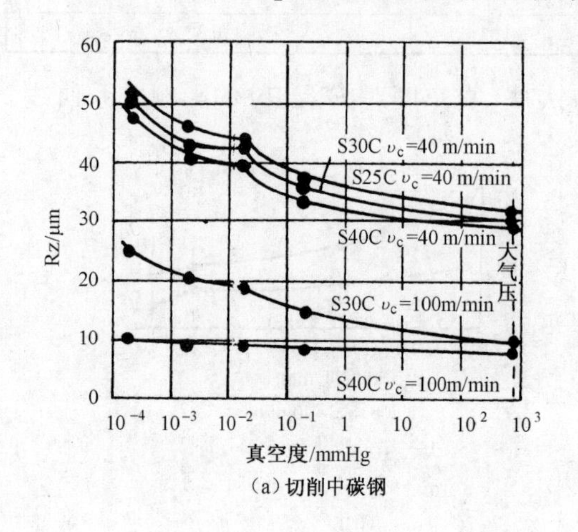

（a）切削中碳钢

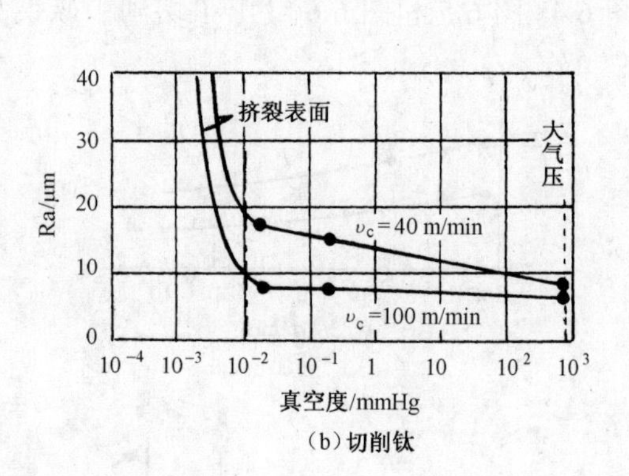

（b）切削钛

$f = 0.067$ mm/r　$a_p = 0.7$ mm；刀具同图 6.1

图 6.6　真空度与 Ra（Rz）的关系[52]

6.1.3　真空中的高速与超高速切削

日本千叶大学的小林博文先生等在真空模型中用单晶金刚石刀具对工业纯铝 A1050 进行了高速与超高速铣削试验，结果表明：

① 真空中的切削力F要比在空气中的切削力大，如图 6.7 所示。

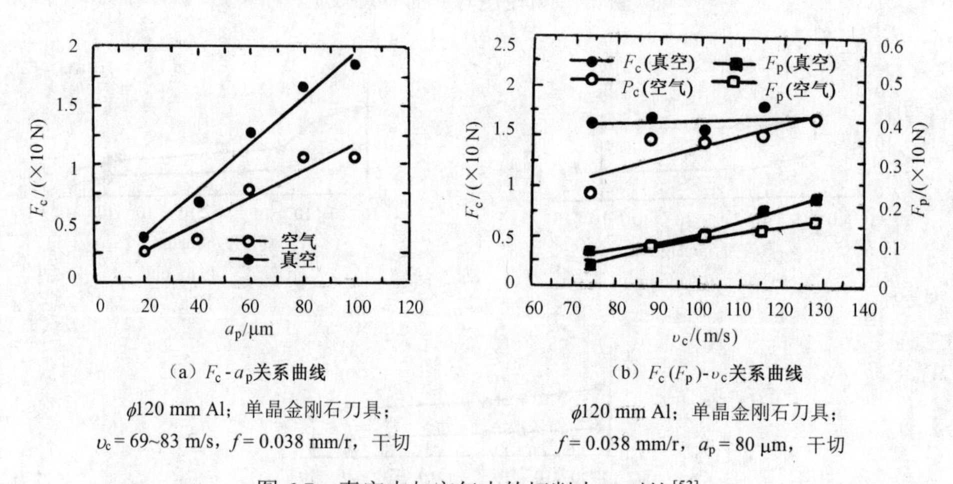

（a）F_c-a_p关系曲线

ϕ120 mm Al；单晶金刚石刀具；

υ_c = 69~83 m/s，f = 0.038 mm/r，干切

（b）F_c(F_p)-υ_c关系曲线

ϕ120 mm Al；单晶金刚石刀具；

f = 0.038 mm/r，a_p = 80 μm，干切

图 6.7　真空中与空气中的切削力F对比[53]

② 真空中切削的加工表面上有明显的切屑附着物，而在空气中切削则没有；真空中切削在刀具前刀面上没有切屑黏附，但在空气中切削则有切屑黏附。

6.1.4 在氧气和氩气气氛中的高速与超高速切削

图 6.8 为在不同压强下的氧气和氩气气氛中切削力 F 与压强 P 的关系曲线。

图 6.9 为在不同压强下的氧气中高速超高速铣削时切削力 F 的对比情况。

由图 6.8 和图 6.9 不难看出：

① 在氧气和氩气气氛中切削时，气体压强 P 对切削力 F 有较大影响，约在 10^2~10^3 Pa 时主切削力 F_c 最小，然后随着 P 的增大 F_c 逐渐增大至 10^5 Pa 处，且在氩气中切削力 F_c 大于氧气中的 F_c，切深分力 F_p 与进给分力 F_f 也有相似规律，但气体压强的影响程度不如对 F_c 影响那么大；

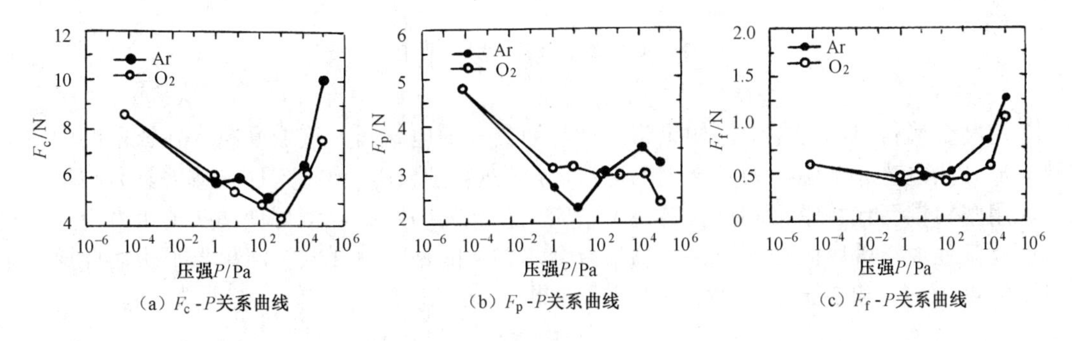

（a）F_c-P关系曲线　（b）F_p-P关系曲线　（c）F_f-P关系曲线

图 6.8 在 O_2 和 Ar 气氛中切削力 F 与气体压强 P 间的关系曲线[54]

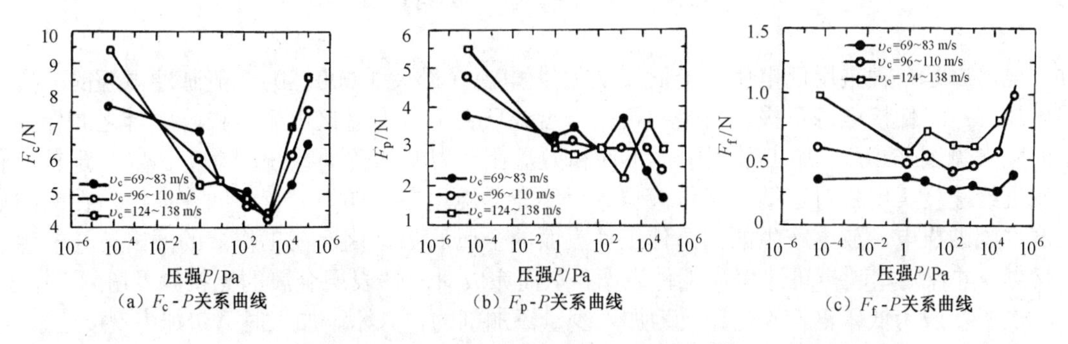

（a）F_c-P关系曲线　（b）F_p-P关系曲线　（c）F_f-P关系曲线

图 6.9 在 O_2 气氛中的 F-P 关系曲线[54]

② 在氧气（O_2）气氛中切削时，v_c 越高，F 越大；

③ 在氩气（Ar）气氛中或在小于 10^2 Pa 的氧气气氛中切削时，加工表面上有切屑的附着物；

④ 压强为 10~10^2 Pa 时在刀具前刀面上开始生成切屑的附着物，且随着压强的增大附着物增多。

产生上述特异现象的原因可能有以下几点：

① 在无氧化膜形成的前刀面与刀屑间有固相黏结；

② 切削热引起的氧化反应是前刀面黏结的决定因素；

③ F_c 增大显著是刀-屑界面上摩擦力增大造成的；

④ 在 O_2 气氛中切削时，前刀面上的黏着促使 F_c 增大。

6.2 惰性气体保护切削

这也是针对钛合金切削时在高温条件下易生成硬脆层而采取的一种保护性措施。南京航空航天大学曾在钛合金切削区喷射氩气，使得切削区的钛合金与空气隔绝，这样钛合金就不会与空气中的 O、N、H、CO、CO_2 等发生化学反应生成硬脆化合物层，从而改善了钛合金的切削加工性。

但此法不适用于对有色金属的切削，如铝及其合金的切削。日本学者在氩气气氛中高速与超高速切削纯铝（A1050）时，切削力 F 反比在 O_2 气氛中的还大（见图 6.8）。

6.3 绝 缘 切 削

在切削金属材料的过程中，如果将工件与刀具（导电材料）连成回路，在该回路中将会有热电流（热电势）产生，刀具会因热电流而产生热电磨损。要将工件（或刀具）与机床绝缘，如用塑料锥套代替原钢制锥套实现与钻床主轴孔间的绝缘，就可使钻头使用寿命有所提高。西北工业大学曾用此法实现铸造高温合金 K214 的钻孔，西安黄河机器厂也用此原理车削过不锈钢 1Cr13 和 2Cr13，均收到了良好效果。

6.4 电熔爆"切削"

电熔爆是一种采用低电压（最低 3 V）、大电流（最大 3 000 A）直流脉冲电源的非接触强电加工。工件接电源正极，安装在机床卡盘或顶尖上，刀盘接电源负极，二者之间保持一定间隙（见图 6.10）。加工过程中，工件和刀盘在动力源和传动系统驱动下，以一定转速和圆周进给速度实现相对运动，工作液自始至终充分浇注在工件与刀盘之间，通电后在间隙处会产生剧烈放电，放电产生的高温使工件表面的金属局部熔化，在工作液的冲击下会产生剧烈熔爆，并伴随爆裂声迅速爆离工件表面，从而完成对工件表层金属的无接触"切削"加工。工具电极一般为低碳钢，放电介质为加入少量添加剂的自来水，加工时"切削力"接近于零。该方法比各种电加工方法能耗低，材料去除率大（见表 6-2）。

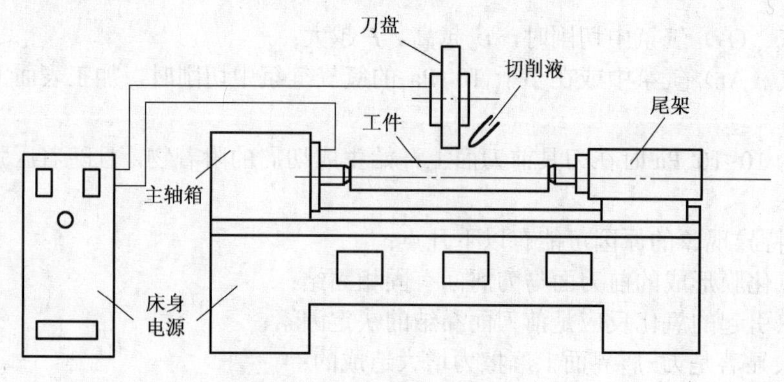

图 6.10 电熔爆加工原理 [113]

表 6-2　各种电加工方法比较[113]

加工方法	平均/最高金属去除率/(mm^3/min)	能耗/(kW · h/kg)
电解加工	100/10 000	11~19
电解磨削	10/50	10~15
阳极机械加工	20/898	3~5
电火花	40/4 000	20~40
电熔爆	5 000/125 000	1~2.2

该项技术有完全自主知识产权，自 20 世纪 80 年代问世以来，已在难加工材料加工方面显示了独特优势，可加工一切导电材料，尤其可对高硬、高韧、特软、特脆等材料进行高效、无“切削力”的加工。例如，可一次进给加工 $m = 5$ mm 高速钢齿轮滚刀；取代无缝钢管轧顶的加热车削，使高达 50%的废品率变为 90%以上的正品率；可很好地完成等离子喷涂硬质合金的石油钻机钻杆管接头的加工；美国成功加工深埋核废料的铅罐用不锈钢匝、多种超硬焊丝修补的活塞及轧钢机轧辊。可广泛用于航空、航天、冶金、机械、船舶、铁路、石油、矿山等各个行业。但它的加工质量及噪声问题急需解决。现已开发出数控电熔爆轧辊加工机床、数控电熔爆蜂窝密封材料加工机床及数控电熔爆切割机床等[114]。

6.5　射流加工技术

利用高压水为人们的生产服务始于 19 世纪 70 年代，用来开采金矿、剥落树皮等。直到 20 世纪 50 年代，前苏联人开始进行高压水射流切割技术的研究。1968 年美国密苏里大学林学教授诺曼 • 弗兰兹博士申请并获得第一项高压水射流切割技术专利。高压水射流（Water Jet，WJ）作为一项独立而完整的加工技术产生于 20 世纪 70 年代。在最近二十多年里，水射流切割技术和设备有了很大进步。目前，已有 3 000 多套水射流切割设备在数十个国家几十个行业应用，尤其是在航空航天、舰船、军工、核能等的高、尖、难设备加工上更显优势。高压水射流现可切割 500 余种材料，其设备年增长率超过 20%。

由于清洁和不发热，高压水射流加工主要用来切割软质有机材料，如木材、复合材料、蜂窝状材料和纺织品等。近十几年又发展起一项新技术——混合磨料射流加工技术（Abrasive Water Jet，AWJ）。该项技术的基本原理是通过一定的技术手段，将具有一定粒度的磨料粒子加入到高压水管路系统中，使磨料粒子与高压水进行充分混合后再经喷嘴喷出，从而形成具有极高速度的磨料粒子流——磨料射流。与纯水射流相比，磨料射流将纯水射流对物料的静压连续作用改变为磨料粒子流对物料的高频撞击与冲蚀作用，可成倍地提高切割力，拓宽了切割材料的范围，几乎可以切割一切硬质材料。

6.5.1　概述

1. 高压水射流加工原理

高压水射流也称为“水刀”，其加工是“软切削”、“冷能源切割”。它是运用液体增压原理，通过特定的装置（增压口或高压泵），将动力源（电动机）的机械能转换成压力能，具有巨大压力能的水再通过小孔喷嘴将压力能转变成动能，从而形成高速射流，因而又常称为高速水射流。

首先，用液压泵对经过过滤的自来水增压，使水压达到 400 MPa，由高压管道输送，并用具有精细小孔的蓝宝石作为喷嘴，喷嘴小孔的直径为ϕ0.07~ϕ0.65 mm。射流速度可达 900 m/s，可产生如头发丝细的射流，用其对被切割材料进行切割（见图 6.11）。

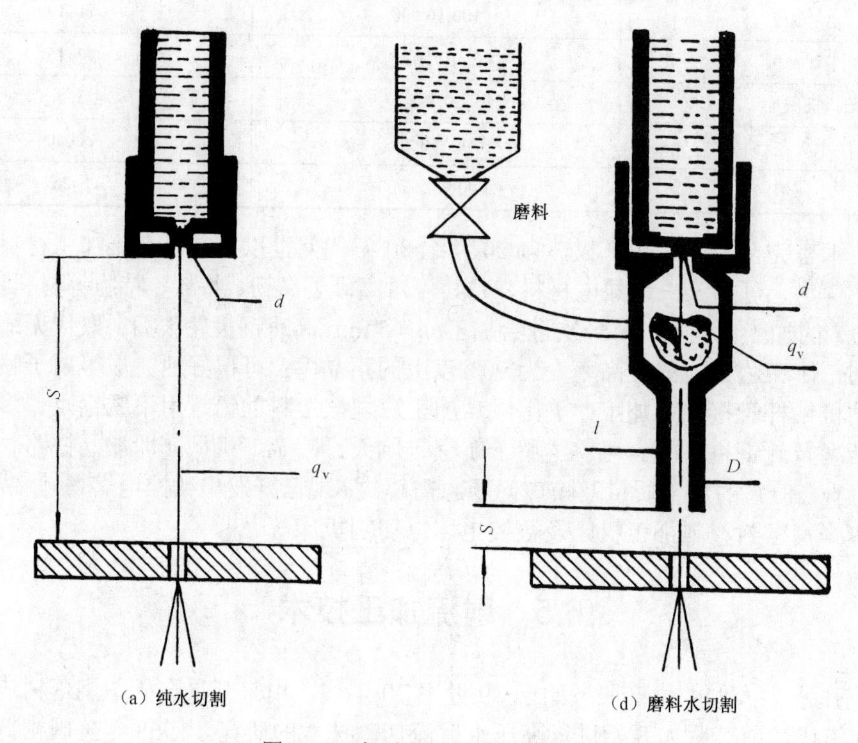

（a）纯水切割

（d）磨料水切割

图 6.11　高压水切割工作原理图

根据不同需要，高压水射流切割有以下三种形式：

① 纯水射流。只用水作为介质，可切割软材料，如纸张、橡胶、塑料、毛毯、玻璃钢、石棉板、木材和纤维制品等，但切割力较小。

② 磨料水射流。向水中加入固体磨料颗粒，常用 60~100 目的石榴石、石英砂和氧化铝等，可成倍提高切割力，几乎可切割所有的硬质材料，如金属、非金属、金属基及陶瓷基复合材料等，是应用最广的射流切割方法。

③ 聚合物水射流。向水中加入少量高分子长链聚合物，如聚乙烯酰胺等，可提高射流密集度及射程，能切割较软或稍硬材料。

2. 高压水射流加工的特点[63]

① 加工时对材料无热影响，工件不会产生热变形和热损伤，对加工热敏感材料尤为有利；
② 切割力大，几乎可以切割任何材料；
③ 切缝窄（0.15~2 mm），切口质量好，几乎不产生飞边毛刺；
④ 切割时不产生粉尘、烟雾、火花和热气等，对环境无污染，且可在深水下进行切割作业；
⑤ 生产效率高，切割速度可达 0.5 m/s；
⑥ 可由计算机控制，实现 CAD/CAM 一体化；
⑦ 不损伤加工表面，特别适合工程塑料、复合材料和纺织品的切割。

6.5.2 高压水射流加工装置

高压水射流加工装置如图 6.12 所示，主要由增压系统、供水系统、增压恒压系统、喷嘴管路系统、数控工作台系统、集水系统和水循环处理系统等构成。如果是磨料射流加工装置，则还应有磨料与水的混合系统。

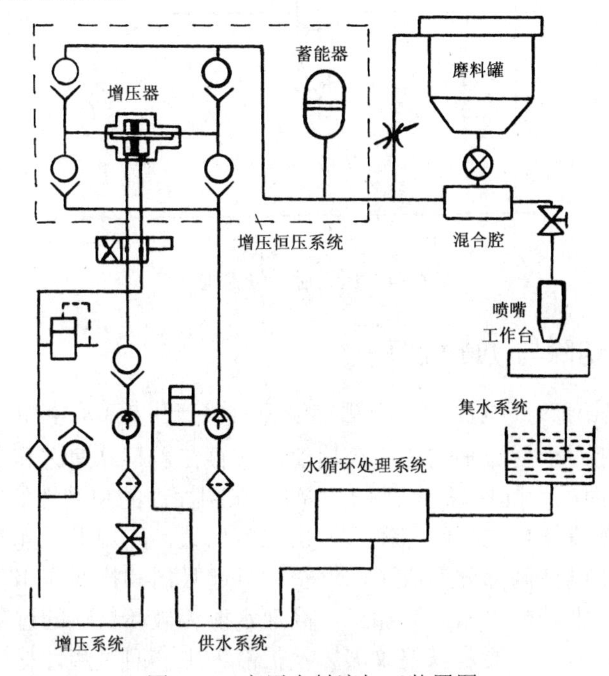

图 6.12 高压水射流加工装置图

图 6.12 中，增压系统中的压力油（10~30 MPa）推动大活塞往复移动，其方向由换向阀自动控制。供水系统先对水进行净化处理，并加入防锈添加剂，然后由供水泵打出低压水从单向阀进入高压缸。增压恒压系统包括增压器和蓄能器两部分，增压器获得高压的工作原理如图 6.13 所示，即利用大活塞与小活塞面积之差来实现。

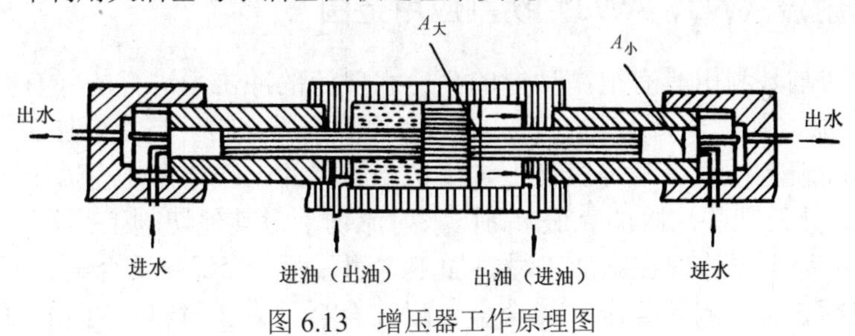

图 6.13 增压器工作原理图

理论上，$A_{大}P_{油} = A_{小}P_{水}$，$P_{出水} = A_{大} / \ A_{小}P_{油}$（$P$—压力；$A$—活塞面积），增压比即大活塞与小活塞面积之比，通常为 $A_{大} : A_{小} = (10\text{~}25) : 1$，由此增压器输出高压水压力可达 100~750 MPa，由于水在 400 MPa 时其压缩率达 12%，因而活塞在走过其整个行程的八分之一后才会有高压水输出。活塞到达行程终端时，换向阀自动使油路改变方向，进而推动大活塞反向行进，此时高压水在另一端输出。如果将此高压水直接送到喷嘴，那么喷嘴出来的射流压力将会是脉动的（见图 6.14 中虚线所示），对管路系统产生周期性振荡。为获得稳定的高压水射流，常在增压器和喷嘴回路之间（压力脉动动态曲线间）设置一个蓄能（恒压）器以消除水压脉动，达到恒压的目的，脉动量常能控制在 5%之内（见图 6.14 中实线）。

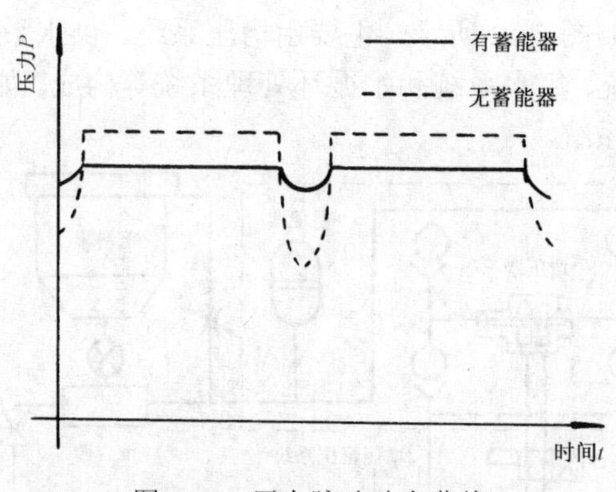

图 6.14　压力脉动动态曲线

6.5.3　高压水射流切除与切断机理

高速水射流本身具有较高刚性，在与靶物碰撞时将产生极高的冲击动压（$P=\rho cV$）和涡流。从微观上看，相对于射流平均速度高速射流中存在着超高速区和低速区（有时可能为负值），高压水射流表面虽为圆柱形，实际上内部存在刚性高的和刚性低的两部分。刚性高的部分产生的冲击动压使得传播的时间缩短，冲击强度增大，宏观上看起到了快速楔劈作用；而刚性低的部分相对于刚性高部分形成了柔性空间，起吸屑和排屑作用，这两者的结合正好使其切割材料时犹如一把轴向“锯刀”加工。高速水射流破坏材料的过程是一个动态断裂过程，对脆性材料（如岩石）主要是以裂纹破坏及扩散为主；而对塑性材料符合最大的拉应力瞬时断裂准则，即一旦材料中某点的法向拉应力达到或超过某一临界值σ_y时，该点即发生断裂。根据弹塑性力学，动态断裂强度与静态断裂强度相比要高出一个数量级左右，主要是因为动态应力作用时间短，材料中裂纹来不及扩展，因而这个动态断裂不仅与应力有关，还与拉伸应力的作用时间相关。

6.5.4　高压水射流（WJ、AWJ）切割应用范围

高压水射流切割是利用具有很高动能的高速水射流的冲击力进行的（有时，又称为高速水射流加工），与激光加工、离子束加工、电子束加工一样，属于高能束加工范畴。高压水射流切割作为一项高新特技术在某种意义上讲是切割领域的一次革命，有着十分广阔的应用前景。随着技术的成熟及某些局限的克服，高压水射流切割对其他切割工艺是一种完美的补充。目前，其用途和优势主要体现在难加工材料加工方面，如陶瓷、硬质合金、模具钢、淬火钢、白口铸铁、钨钼钴合金、耐热合金、钛合金、耐蚀合金、复合材料（FRM、FRP 等）、锻烧陶瓷、高速钢（< 30HRC）、不锈钢、高锰钢、模具钢、马氏体钢（<30HRC）、高硅铸铁及可锻铸铁等的加工。高压水射流除切割外，稍降低压力或增大靶距和流量还可用于对工件的清洗、破碎、表面毛化和强化处理。美国几乎所有的汽车和飞机制造厂都有应用，目前主要应用于以下行业：汽车制造与修理、航空航天、机械加工、国防、军工、兵器、电子电力、石油、采矿、轻工、建筑建材、核工业、化工、船舶、食品、医疗、林业、农业、市政工程等。

思 考 题

6.1 真空度对 Cu、Al 及中碳钢、Ti 的切削有何影响？

6.2 在真空中、O_2气氛和 Ar 气氛中切削各有何特点？

6.3 惰性气体保护切削、绝缘切削、电熔爆切削的原理是什么？

6.4 电熔爆切削原理是什么？

6.5 电熔爆切削与其他电加工方法相比有何优越性？

6.6 何谓高压水射流加工？高压水射流切割有哪几种形式？

6.7 高压水射流加工有何特点？有哪些应用？

第 7 章　磨削加工新技术

20 世纪 70 年代以来，磨削加工技术已经有了很大发展，生产效率、加工精度和表面质量均有很大提高，基本能满足不断发展的产品精度和质量的要求。在此将介绍高效率、高质量、高精度的磨削加工新方法与新技术。

7.1　高效磨削新技术

如果磨削效率（材料磨除率）可用下式表示的话，即

材料磨除率 = 磨屑平均断面积×磨屑平均长度×单位时间内作用磨粒数[55]

增大式子右边三项中的任何一项均可提高磨削效率。例如，增大磨屑平均断面积的重负荷荒磨和铸锻毛坯一次磨削成合乎零件要求的强力磨削；增大磨屑平均长度的沟槽深磨、切断磨削和立轴磨削；增加单位时间内作用磨粒数的高速与超高速磨削及宽砂轮磨削、多砂轮磨削等。其中重负荷荒磨、缓进给大切深磨削和高速与超高速磨削尤其引人注目。

7.1.1　重负荷荒磨

以尽量大的材料磨除率为目标的重负荷荒磨，近些年来仍有较大发展。在磨削用量上，砂轮线速度已普遍达到 80 m/s，有的高达 120 m/s；磨削法向力可达 10 000~12 000 N，有的高达 30 000 N；磨削功率达 100~150 kW，有的高达 300 kW；材料磨除率可达 500 kg/h。在机床方面，已实现了上下料和翻转料的自动化、往复定长自动化，法向压力可随进给速度的变化而自动调整并能保持砂轮转速恒定，大大提高了荒磨的生产效率。

7.1.2　缓进给大切深磨削

所谓缓进给大切深磨削，是指以较大的切削深度（a_p 可达十几毫米）和很小的纵向进给速度（$v_w = 3\sim300$ mm/min，而普通磨削 $v_w = 200\sim2\,500$ mm/min）磨削工件，故也称深磨削或蠕动磨削，属于强力磨削。缓进给大切深磨削是通过增大切削深度来增加磨屑长度，从而获得高磨除率的。该方法主要用在沟槽、成形和外圆磨削中。近些年来，德国、英国、美国、日本和瑞士等国发展了一系列专用缓进给成形磨床，特别是滚珠丝杠和直线电机技术的应用更加促进了缓进给磨削技术的实用化。

此种磨削的特点是：

（1）生产效率高

由于此种磨削是采用增大切削深度的方法（见图 7.1）来使磨屑平均长度得以增大，这样就可在铸锻毛坯上通过一次或数次直接磨出所要求的工件形状和尺寸，使得粗精加工两工序合二为一，既充分发挥了机床和砂轮的潜力，缩短了加工时间，也保证了工件的质量，因而大大提高了生产效率。

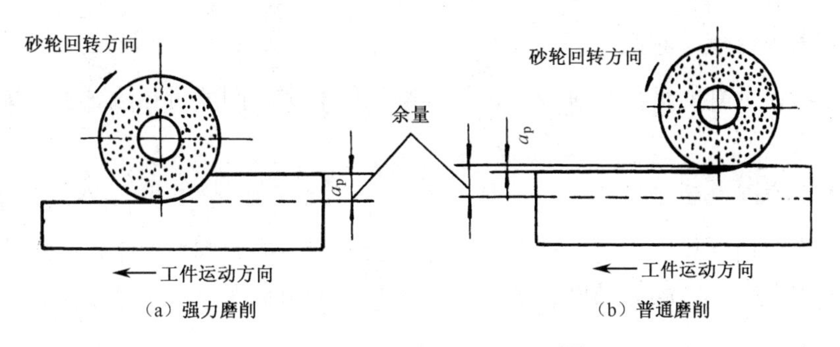

图 7.1　普通磨削与强力磨削[57]

（2）扩大了磨削工艺范围

由于切削深度大，可对毛坯一次加工成形，故可有效解决一些难加工材料（燃气轮机叶片）的成形表面加工问题，适合高温合金、不锈钢、高速钢等难加工材料型面或沟槽的磨削等。

（3）减小了砂轮的冲击损伤

由于工件的大切深缓进给，这样就大大减轻砂轮与工件边缘的冲撞次数和冲撞程度，从而延长砂轮的使用寿命，也减小了机床振动及加工表面波纹的产生。

（4）工件的形状精度稳定

由于单颗磨粒的切削厚度小，每颗磨粒受力也小，故能在较长时间内保持砂轮轮廓形状，因而工件形状精度较稳定。

（5）磨削力大及磨削温度高

由于切削深度大，同时参加工作的磨粒数增多，磨削力就要增大，磨削热也大大增多，磨削温度会很高。因此，强力磨削时必须充分供给大量切削液，以降低磨削温度，保证磨削表面质量。

当采用此种强力磨削方式时，磨床必须进行必要的改装，增加缓进给磨削功能；砂轮选择也应适应前述特点，例如，宜用粗粒度、大气孔或疏松组织砂轮，以利于排屑和散热。

7.1.3　高速与超高速磨削

一般认为砂轮速度在 30~35 m/s 时为普通磨削，砂轮速度超过 45~50 m/s 即为高速磨削 HSG（High Speed Grinding），速度在 150~180 m/s 以上的称为超高速磨削。1984 年 Gubring Automation 公司最早研制成功超高速磨床并推向市场。目前，国外试验速度都在 200~250 m/s 以上，有的实验室正在开发 500 m/s 的超高速砂轮。国内东北大学已建造了 200 m/s 的超高速磨削试验台。

高速与超高速磨削时的砂轮速度提高后，单位时间内作用的磨粒数大大增加，如进给量与普通磨削时相同，则此时每颗磨粒的切削厚度变薄、负荷减轻。故高速磨削具有如下特点：

（1）生产效率高

由于单位时间内作用的磨粒数大大增加，就会使材料的磨除率增加，即生产效率提高。再者，如果此时切削厚度与普通磨削相同，就可相应提高进给速度，生产效率会比普通磨削提高 30%~100%。

（2）可提高砂轮使用寿命

由于每颗磨粒承受的负荷相对减轻，每颗磨粒的磨削时间就可相应延长，即可提高砂轮的使用寿命。

（3）可减小磨削表面粗糙度

由于每颗磨粒切削厚度变薄，磨粒在工件表面上留下的磨削划痕就浅，又由于速度高，由塑性变形引起的表面隆起的高度也小，故可减小表面粗糙度。

（4）可提高加工精度

由于切削厚度薄，法向（径向）磨削力 F_p 也相应减小，从而有利于刚度较差工件精度的提高。

（5）可减少磨削表面烧伤和裂纹的产生

高速磨削时，工件速度也需相应提高，这样就缩短了砂轮与工件的接触时间，减少了传入工件的磨削热，从而减少或避免磨削烧伤和裂纹的产生。

要想实现高速磨削也应采取必要的措施：应相应增加磨床功率；采取防振和防止砂轮破裂的安全措施；为降低磨削温度以减少和避免磨削烧伤和裂纹的产生，要采用极压切削液；砂轮的选择也要适应高速磨削的特点，具体可参见表 7-1。

表 7-1　高速磨削砂轮的选择

砂轮速度 υ_s/(m/s)	砂轮硬度	砂轮粒度	磨料种类
50~60	K~L	$60^{\#}$~$70^{\#}$	A、MA
80	M~N	$80^{\#}$~$100^{\#}$	MA、A、PA、WA

注：磨球墨铸铁时可采用混合磨料砂轮 A/GC。

高速磨削用量可参见表 7-2。

表 7-2　高速磨削用量

砂轮速度 υ_s/(m/s)	纵向磨削		材料磨除率 Q/[mm³/(s·mm)]	υ_w/υ_s
	f_a/(mm/min)	f_r/(mm)		
50~60	2 000~2 500	0.02~0.03	8~10	1/（60~100）
80	2 500~3 000	0.04~0.05	12~15	1/（60~100）

超高速磨削可以大幅度提高磨削生产效率、延长砂轮使用寿命或减小磨削表面粗糙度，并可对硬脆材料实现延性域磨削，对高塑性及其他难磨材料进行磨削也有良好的表现。如：在 RB625 超高速外圆磨床上由毛坯直接磨成曲轴，磨除率为 2 kg/min；在普通速度下磨削 Ni 基高温合金时，其磨削力随磨除率的提高而迅速增大。由于砂轮磨损和热损伤的限制，Ni 基高温合金只能在低磨除率下进行，进给速度 υ_w 不超过 1 m/min。但在超高速磨削时，砂轮速度可达 $\upsilon_s = 140$ m/s，进给速度达 $\upsilon_w = 60$ m/min，磨削力随砂轮单位宽度磨除率（$Q = 40$ mm³/s·mm）提高而增大的幅度很小，且不发生热损伤。

7.1.4　砂带磨削

砂带磨削是另一种高效磨削工艺方法。20 世纪 60 年代以来，其发展极为迅速，应用范围日益广泛。据资料介绍，发达国家磨削加工约有 1/3 已被砂带磨削取代。

砂带磨削具有如下特点：

（1）设备简单

砂带磨削设备一般均较简单，如图 7.2 所示。砂带安装在压轮（接触轮）和张紧轮上，其回转运动为主运动，工件由传送带送至支承板上方的接触区实现进给运动，工件通过砂带磨削区即完成了磨削加工。

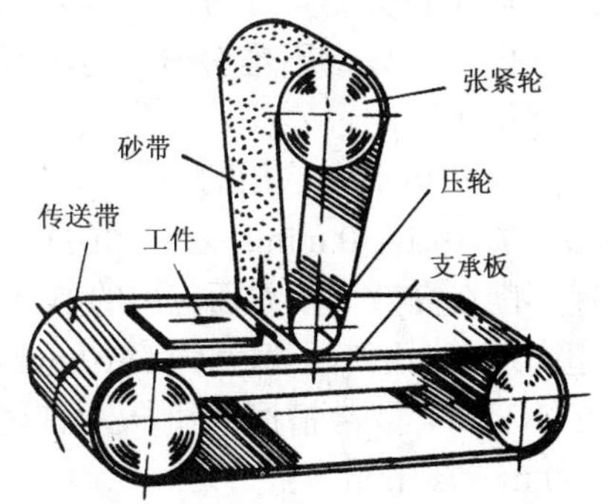

图 7.2　砂带磨削设备示意图[57]

（2）生产效率高

砂带磨削生产效率比铣削高 10 倍，如切除相同体积的金属材料，砂带磨削时间仅为砂轮磨削的 1/5~1/11。

（3）加工质量好

砂带磨削得到的表面粗糙度 Ra 可达 0.63~0.16 μm，加工精度也较高。

（4）可磨削复杂型面

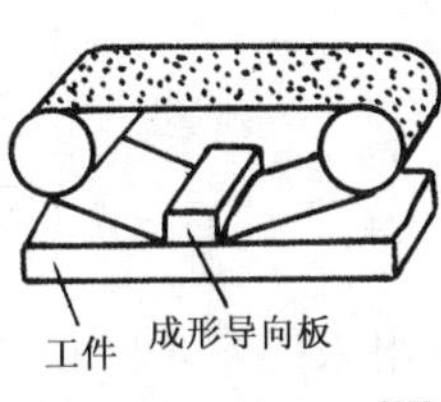

图 7.3　砂带磨削[57]

砂带具有一定柔曲性，故可磨削复杂型面，如图 7.3 所示。导向板形状是与工件成形表面相适应的，改变导向板的外形就可磨削出所需的工件成形表面。也可将压轮制成相应的成形表面，用以加工回转体表面或平面。如果工件成形表面的截面尺寸较大，可采用分段成形磨削的办法以避免砂带的折裂和磨粒脱落。砂带成形磨削的应用较广泛，例如，导弹头外形、喷气发动机叶片的复杂型面等的精密加工。

（5）设备占用空间及磨削噪声大

（6）砂带不可修复

我国三磨所海达磨床公司已研制成功大型汽轮机末级叶片用六轴联动数控砂带磨床，并在东方汽轮机厂成功试用。

目前，强力砂带磨削和宽砂带（宽度达 3 000 mm 甚至更多）磨削的应用，使磨削生产效率得到了进一步提高，与此相应还出现了高刚度、高强度的砂带磨床，其功率高达 182.5 kW。砂带磨削的生产效率高和砂带的使用寿命长是砂带磨削的主要优势。

7.2　超硬磨料的高效磨削技术

7.2.1　超硬磨料的性能分析及应用

无论是普通磨料磨削，还是超硬磨料磨削，对其磨削效果的要求是一致的，即保证磨削工件的精度（尺寸精度、形状精度）和表面质量的完整性（表面粗糙度、残余应力状况、加工硬化、磨削烧伤和裂纹）；高的生产效率（单位时间内材料磨除率高）、低成本及良好的加工环境和劳动者的劳动条件。

由于超硬磨料优良的物理力学性能，硬度高、耐磨性好、磨粒不易磨损，因此磨削精度和表面质量毫无问题，应为其优势所在。但超硬磨料的耐热性不如普通磨料（金刚石耐热温度只有 700~800℃），随着生产效率的提高，热量的增多不可避免，必须采用强力冷却措施，否则就会降低磨削效果。加工成本也是超硬磨料的劣势，例如，它的价格比普通磨料高出几十倍以上，磨损后修整也较困难，振动也会造成磨粒过早破碎或脱落，造成成本增大等。当然在环保和劳动条件方面，与普通磨料相比可以认为是未来绿色磨削的主要手段之一。

由上述分析不难看出，对于超硬磨料磨削必须从提高生产效率和降低成本两方面创新才是其根本出路。

在CBN砂轮应用的基础上，集砂轮的超高速和工件的快速进给（$\upsilon_w = 0.5\sim10$ m/min）和大切深（$a_p = f_r = 0.1\sim30$ mm）为一体的高效深磨（High Efficiency Deep Grinding）技术，已成为超高速磨削在高效磨削方面应用的典型。它可获得远高于切削加工的材料磨除率。例如，在FD613超高速平面磨床上磨宽为1~10 mm、深为30 mm的转子槽时，其进给速度达$\upsilon_w = 3\,000$ mm/ min；在NU534型沟槽磨床上一次快速进给就可磨出$\phi20$ mm钻头的螺旋沟，材料磨除率可达500 mm^3/s · mm。

另一应用是采用梳状CBN砂轮，用切入磨削法对回转体、大余量的毛坯件一次磨出。

据报道，还可用CBN砂轮磨轴承环，除得到较小压应力外，硼（B）元素可扩散到轴承环表面，从而提高了轴承环的疲劳强度，即提高了轴承的使用寿命[61]。

7.2.2 超高速磨削典型新工艺介绍

1. 快速点磨削新工艺（Quickpoint Griding Technology）

该工艺是20世纪80年代由德国E · 容克（Junker）公司首先开发出来的，是一种超硬磨料高效磨削新工艺，是利用小面积接触磨削与连续轨迹数控磨削的快速点磨削新技术（见图7.4），它是利用数控车削一样的两坐标联动实现复杂回转体表面磨削的，现已在我国汽车工业中得到了应用，如一汽大众EA113五气门系列发动机凸轮轴颈的磨削。其工艺指标已达到：最佳磨削比$G = 60\,000$，砂轮最长使用寿命为1年，一个砂轮可磨200 000件。生产效率比普通磨削提高6倍，有很高的材料磨除率和柔性，在一次装夹中就可以完成工件上所有外形的磨削，冷却效果极佳。

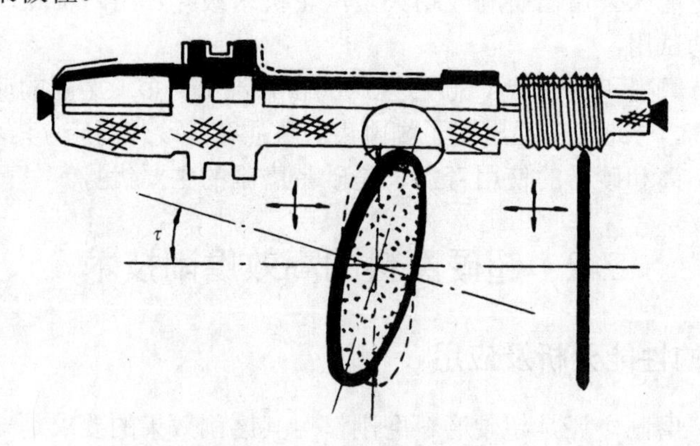

图7.4　点磨削示意图[56]

这种超硬磨料的高效磨削是如何实现的，分析如下：

（1）采用钎焊或电镀单层超硬磨料砂轮来提高磨削速度

这是充分利用超硬磨料的高硬度和高耐磨性，钎焊或电镀单层超硬磨料砂轮的结构也为超高速磨削提供了可能。目前使用的单层超硬磨料砂轮，是在精密加工成形的钢轮基体外圆柱表面上，用钎焊或电镀的方法将单层经过特殊加工、尺寸均匀一致的超硬磨料固结制成，而不在软基体（如铜等）上的单层超硬磨料砂轮通过辊压嵌入而成。辊压嵌入法的最大问题是磨粒易脱落，用电镀钎焊法制成的单层超硬磨料砂轮有以下优点：

① 使用寿命长，一个砂轮可加工出成千上万件合格产品；

② 砂轮成型面精度高，以满足工件加工精度的要求；

③ 砂轮制造设备和制造工艺简单，只需电镀设备和钎焊工具即可；

④ 钢制基体与黏结用的金属结合剂间结合十分牢固（钎焊更牢固），非常适合超高速磨削；

⑤ 增大了容屑空间，大大提高了砂轮的磨削性能。

钎焊单层金刚石砂轮国外多用 Ni-Cr 合金焊料，在 1 080 ℃下氩气感应炉内钎焊，易使金刚石受热损伤。我国已成功用 Ag-Cu 合金与 Cr 粉作为中间层材料进行高频感应钎焊，在 780℃左右实现金刚石与钢基体间的牢固结合；也可在真空炉内以 NiCr13P9 为焊料，配以少量的 Cr 粉，在 950℃下实现金刚石与钢基体间的高强度结合。该技术已用于牙科金刚石砂轮，磨陶瓷牙时效率比电镀砂轮缩短 40 s（可达 582 s），使用寿命由磨 5~7 个牙提高到 22 个牙。

一般情况下，人工合成超硬磨料的颗粒尺寸都不大，加之浸润性差，磨粒主要靠结合剂的机械包嵌作用固结于基体上。由于磨粒与一般结合剂在压制过程中的不紧密及气孔的存在，机械包嵌作用不能很好地保证磨粒不脱落。若维持磨粒正常工作，磨粒的埋入率一定要在 70%~80%，这样剩下的容屑空间就只有 30%~20%了，非常容易发生砂轮堵塞，磨除率就根本谈不上了。

图 7.5 为三种不同结合剂产生的容屑空间之情况比较。

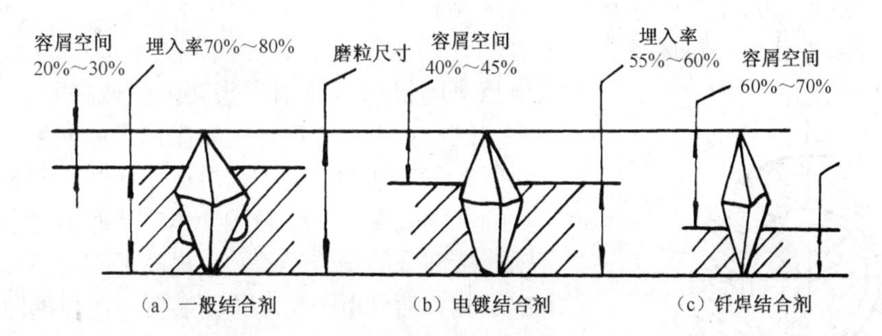

图 7.5　三种不同结合剂产生的容屑空间[56]

采用电镀结合剂时，由于电镀金属能紧密包裹在磨粒的周围，机械包嵌作用比一般结合剂强得多，可以产生 40%~45%的容屑空间；采用钎焊结合剂，除了可使钎焊料与超硬磨粒之间产生机械包嵌作用外，还会产生化学键结合，故埋入率只需 30%~40%就可以产生足够的基体与磨粒间的结合强度，容屑空间可增大至 60%~70%。另外，这种超硬砂轮的超高速会使磨屑尺寸更细小，利于容屑和排屑，这样发生砂轮堵塞的可能性就更小了；由于切削厚度小，磨粒负荷小，砂轮使用寿命长，可大大地提高砂轮的磨削能力，是超高速磨削的首选磨削工具。

这种钎焊结合剂砂轮由于超硬磨粒与结合剂间的化学键结合，可以胜任 300~500 m/s 的磨削速度，除了材料磨除率会很高、砂轮使用寿命会很长之外，磨屑的变形速度已超过了热量的传导速度，磨屑的变形能转化成的热量几乎完全保存在磨屑中并被其带走，而根本来不及传给工件和砂轮，故这是一种冷态磨削，可以很好保证工件的加工精度和表面完整性，大大降低砂轮表面温度和工件温度，进而实现真正的干式磨削。

（2）采用薄砂轮（薄至几个毫米）

使用薄砂轮有以下优点：

① 降低了砂轮造价；

② 利于砂轮质量均匀一致，减轻了砂轮重量、降低了砂轮不平衡度，减轻了砂轮轴高速旋转时的附加作用力；

③ 砂轮减薄了，大大减小了砂轮与工件的磨削接触区，有利于切削液的进入；

④ 由砂轮减薄而损失的磨削效率已被磨削速度的提高所超额补偿，并发挥了前述三条优点的作用。

从前这种薄砂轮多从美国、日本进口，我国现已成功开发超薄超硬砂轮系列制造技术，最薄达 0.1 mm。

（3）砂轮轴线在水平方向上与工件轴线形成一倾斜交角

图 7.4 为点磨削示意图。砂轮轴线与工件轴线在水平方向上形成了倾斜角τ，使得二者的线接触在理论上变成了点接触，这也是点磨削名称的由来。这样就更进一步减小了磨削接触区的面积，使其不存在磨削封闭区，更有利于切削液的注入。

（4）减小磨削力

由于磨削力减小，就等于增加了机床的实际刚度，减少了磨削时振动产生的可能性，使得磨削过程平稳，提高了砂轮使用寿命和加工质量。

采用了三点定心技术，大大简化了磨床结构。

采用点磨削工艺后，机床变得十分轻巧，磨削精度大大提高。由于磨削力大大减小，甚至点磨削机床上取消了头架卡盘或拨叉等装置。

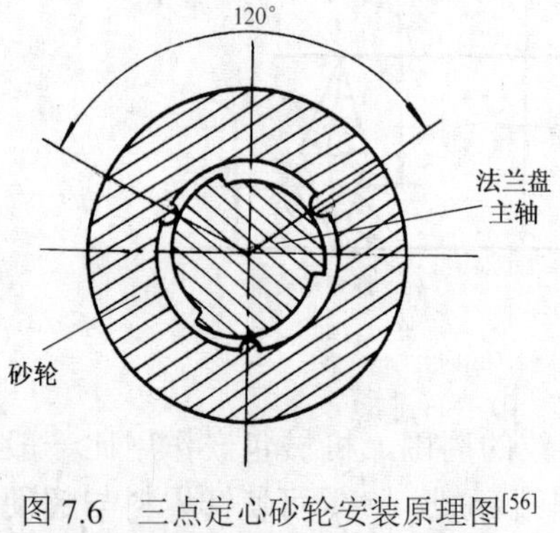

这种点磨削机床的主轴采用了高回转精度、非接触封闭式主轴结构。为了减少误差环节，安装砂轮用法兰盘的一侧直接与主轴做成一体，从而消除了法兰盘与主轴连接部分的安装误差，也提高了刚度；在法兰盘的心部还装有随机电子自动平衡装置，用以随时校正不平衡因素。

砂轮安装在法兰盘上时，一般容易造成较大的安装误差，这样就不得不在每次安装后重新修整砂轮，从而增加了成本。为解决这个问题，点磨削机床在砂轮安装时采用了 JUNKER 专利技术——三点定心技术（见图 7.6），使得砂轮的安装精度达到了微米级，安装后的砂轮完全没必要再进行修整。

图 7.6 三点定心砂轮安装原理图[56]

此专利技术中实现了砂轮内孔与法兰盘安装时真正的三点定心。即砂轮内孔表面已被经过精密加工过、120° 均布的三个圆柱面来代替，与之对应的法兰盘安装部位采用了三个 120° 均布的偏心圆弧面。

为保证砂轮及时精确地得到修整，随机装有两坐标数控金刚石滚轮修整器，以使砂轮表面的宽度方向磨损达 80%~90%时实现自动修整，避免过早修整以控制成本。

2．硬齿面齿轮磨削新工艺

传统硬齿面磨削加工多采用展成法，生产效率低且易产生磨削烧伤和裂纹。近年来超硬磨料砂轮的齿轮磨削新工艺使硬齿面加工有了在生产效率和加工质量上的新突破。

（1）采用 CBN 蜗杆砂轮，实现硬齿面齿轮精磨工艺

使用 CBN 蜗杆砂轮，精磨一个硬齿面齿轮的时间只是刚玉砂轮的 1/6~1/7，提高生产效率 5~6 倍；磨损量很小，如用粒度为 $80^{\#}/100^{\#}$或 $120^{\#}/140^{\#}$的 CBN 蜗杆砂轮磨削 36 000 个齿轮后，砂轮仍保持原有精度。其砂轮速度为 27 m/s，每齿切深为 0.05~0.1 μm，大量使用磨削液，其压力为 6.2 MPa，流量为 76 L/min。

（2）CBN 珩磨轮珩磨内齿轮工艺

此法是采用单层电镀 CBN 珩磨轮，珩磨精度可控制在 1 μm 以内，每个珩磨轮可加工齿轮 5 000~10 000 个，用过后的珩磨轮还可重复镀 20~40 次，故每个珩磨轮总共可加工齿轮 10~40 万个。每个齿轮加工只需 1~2 min，大大提高了生产效率、降低了成本，表面粗糙度 Ra 可达 0.15 μm。

（3）缓进给大切深直接磨齿新工艺

这种工艺是可从淬硬齿轮圆形毛坯上直接用 CBN 砂轮磨出齿形，完全改变了原有的传统齿轮生产工艺［滚（插）齿—淬硬—磨齿］，用粗精一对 CBN 砂轮同时进行磨削加工。

此法的关键是单层 CBN 精齿形砂轮的制造，因为齿轮的齿形精度完全取决于 CBN 砂轮的精度。

此法的优点：

① 大大简化了齿轮磨床的结构，缩短了传动链，仅仅需要高精度的分度机构和单向进给运动即可，加工过程直观。

② 磨削温度低，加工表面完整性好，有利于提高齿轮寿命、降低齿轮噪声。

例如，磨削模数 $m = 2.5$ mm、齿数 $Z = 12$、外径 $d_e = 38$ mm、齿宽 $B = 120$ mm 的圆柱齿轮，$v_s = 155$ m/s，只需四个行程即可完成粗精磨削。每个行程的切削深度分别为 5.28 mm、0.08 mm、0.05 mm、0 mm（无火花），对应的进给速度分别为 6 m/min、9 m/min、1 m/min、1 m/min。此时，每齿磨除量为 1 200 mm^3，单位时间磨削率为 4 869 mm^3/s，每个砂轮可加工齿轮 1 000 个，且可重复镀 CBN 20~40 次。

由以上不难看出，采用超硬磨料硬齿面齿轮磨削新工艺，对传统齿轮加工工艺是个很大的冲击，但并非在各种情况下均要采用此新工艺。根据 Kapp 公司的推荐，硬齿面齿轮加工工艺可参考下列批量进行分工选择：

若小于等于 50 件，则用普通砂轮磨削；

若大于等于 50~1 000 件，则用粗精成形电镀 CBN 砂轮磨削；

若大于 1 000 件，则用 CBN 内齿珩磨轮磨削。

7.3 超硬磨料砂轮的修整技术

7.3.1 超硬磨料砂轮修整的概念

近年来，随着新的工程材料的开发应用，超硬磨料砂轮磨削技术的应用也日益广泛。由于金刚石和 CBN 硬度极高，其修整已成为超硬砂轮磨削技术中的一大难题，特别是在超硬

砂轮的成形磨削中更突出。

超硬磨料砂轮依其结合剂的不同可分为树脂、陶瓷和金属三种结合剂超硬砂轮。

超硬砂轮的修整与普通砂轮不同，它的修整分为整形（修形）和修锐两个阶段。整形是指通过修整手段使砂轮具有要求的工作型面精度。此时，由于超硬磨料不像普通磨料那样有良好的自锐性，致使砂轮的工作表面粗糙度较大，不具有磨削所要求的磨粒的裸露高度，磨削性能较差。必须将超硬磨粒周围的结合剂去除，使磨粒能裸露出理想的高度，此为修锐。

7.3.2 超硬砂轮修整方法

1. 超硬砂轮的修形方法

超硬砂轮的修形方法很多，大体可分为电加工修形法和修磨修形法两种。

（1）电加工修形法

电加工修形法是将砂轮作为阳极通过电火花法（见图 7.7）或电解法（见图 7.8）将磨粒或结合剂去除的方法，仅适用于金属结合剂砂轮。

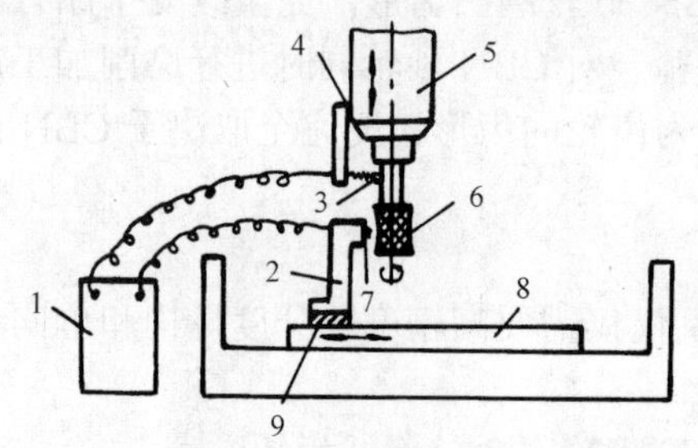

1—电源，2—修整器，3—电刷，4—绝缘体，
5—主轴头，6—金属结合剂砂轮，7—电极，
8—数控工作台，9—绝缘体

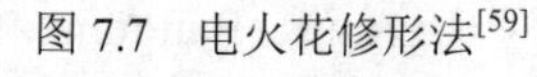

图 7.7 电火花修形法[59]

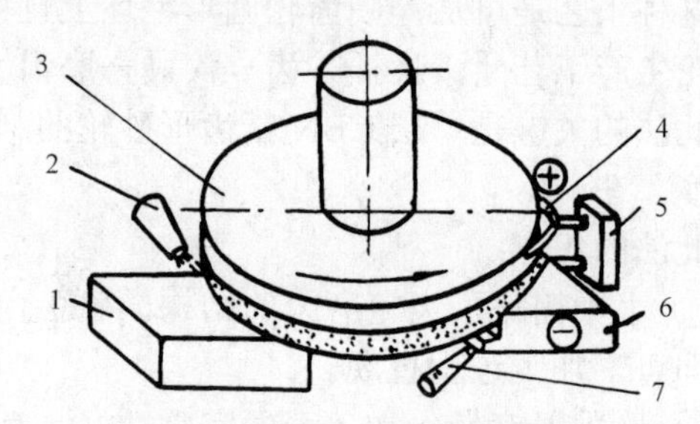

1—工件，2—冷却液，3—超硬磨料砂轮，4—电刷，
5—支架，6—负电极，7—电解液

图 7.8 电解修形法[59]

（2）修磨修形法

修磨修形法是用金刚石类修整工具对超硬砂轮磨粒的去除法，其特点是修形精度和修形效率均较高，应用也较广泛。近年来出现了一种新的修形方法——旋转型金刚石工具修整法。

这种修形方法克服了单点金刚石修整笔在修形过程中，随着修形次数 N 的增加修整力 F 也增大的缺点（见图 7.9），因为 F 增大使得修形中修整笔的磨损加快（见图 7.10）。

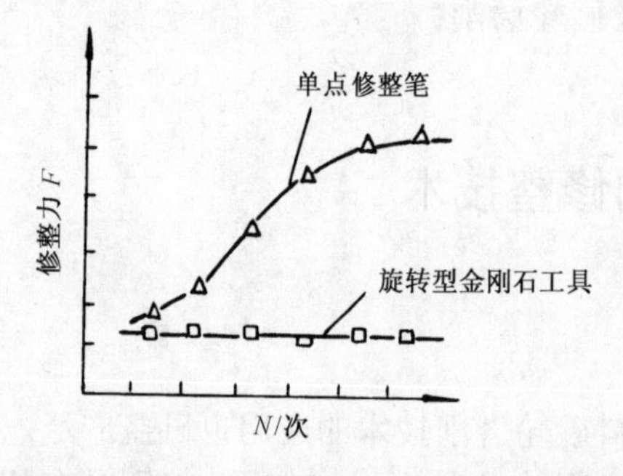

图 7.9 修形次数 N 与修整力 F 的关系[58]

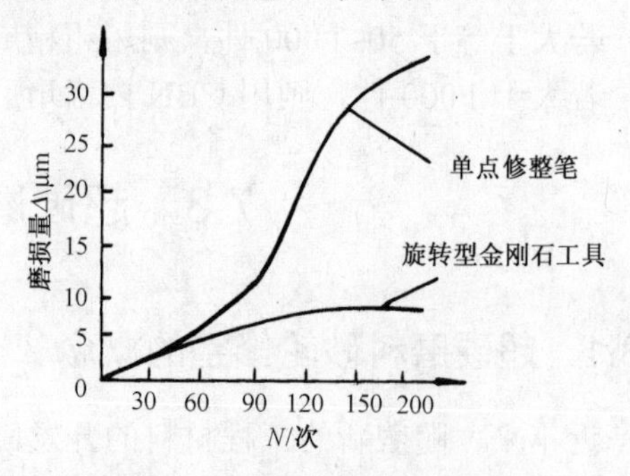

图 7.10 修形中修整笔的磨损[58]

不难看出，旋转型金刚石工具与单点金刚石工具修整笔相比，其磨损量很小，这也是采用旋转型金刚石工具修整法修形精度高的主要原因。

在修整超硬砂轮过程中，调整旋转型金刚石工具与超硬砂轮间的速度比值 q，可以改变修形效率，图 7.11 为速比 q 对修形效率的影响关系。

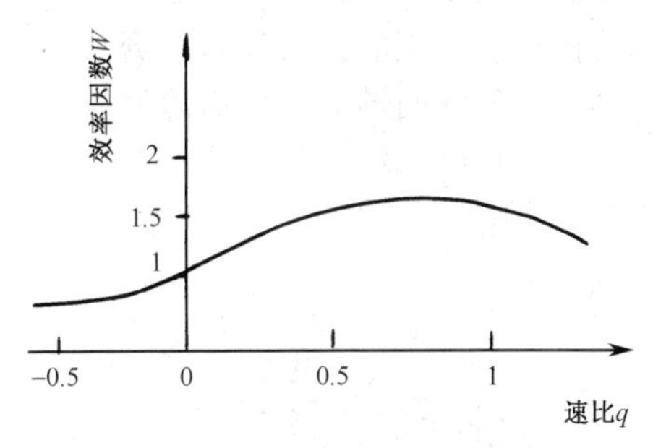

图 7.11 速比 q 对修形效率的影响[58]

超硬砂轮的修形中磨削作用占主要地位，q 过大或过小均不利于修形，图 7.11 中的 $q = 0.25 \sim 0.5$ 较合适。q 值除了考虑磨削作用与挤压作用的主次之外，还要考虑旋转工具与超硬磨料砂轮间的粒度比值、结合剂和修形进给方式等因素的影响。对陶瓷结合剂超硬砂轮来说，q 对修形效率的影响不大，而对树脂或金属结合剂的超硬砂轮来说影响就较大。

2．超硬砂轮的修锐方法

对于陶瓷结合剂的超硬砂轮，因结合剂内存在大量气孔，修形后磨粒之间就可形成足够的容屑空间，无须再修锐。而对于树脂结合剂或金属结合剂的超硬砂轮，修形后磨粒间仍填充着大量结合剂，没有足够的容屑空间，磨粒的裸露高度也不够，故必须进行再修锐。

树脂结合剂砂轮的修锐方法较多，例如，游离磨粒挤轧修锐法（见图 7.12）、刚玉块切入修锐法、磨削修锐法及液压喷射修锐法（见图 7.13）。这些机械的修锐法其修锐参数不易控制，容易产生“过度”修锐，造成砂轮表面磨粒大量脱落，影响修锐效果和砂轮的使用寿命。

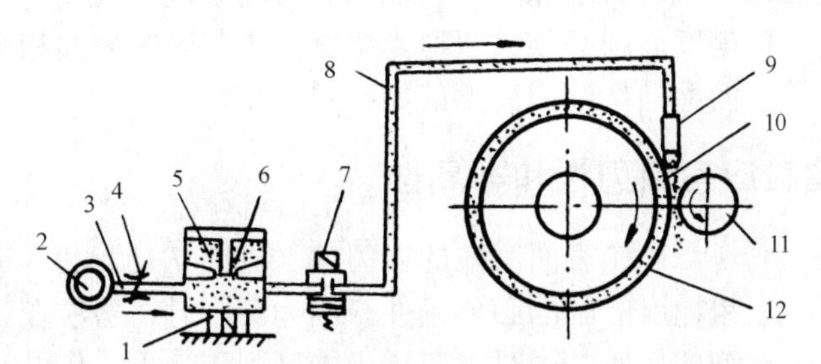

1—振动机，2—气源，3—压缩空气，4—流量调整阀，5、10—磨料或玻璃球，6—筛网，

7—电磁阀，8—高压空气及磨料，9—喷嘴，11—修整轮，12—超硬磨料砂轮

图 7.12 游离磨料挤轧修锐法[59]

近些年研制成功一种激光修锐法。它是利用砂轮上的磨粒与结合剂两种材料的热物理参数相差很大（例如，树脂的熔点约为 200℃，而 SiC 的熔点为 2 000℃），在激光能量的作用下，使结合剂熔蚀汽化，但磨粒基本不受影响，从而达到修锐的目的。可通过调节激光修锐工艺参数来精确控制修锐效果。这种方法对超硬砂轮的修锐应该说也是有效的[60]。

近年已有报道，用 YAG 激光器脉冲可对树脂、青铜结合剂金刚石砂轮及树脂结合剂 CBN 砂轮进行修锐，用 CO_2 激光器脉冲也可对树脂、青铜结合剂金刚石砂轮进行修锐，用声光调节 Q YAG 脉冲的激光照射树脂结合剂 CBN 砂轮也可进行修锐的选择性去除。

另外，还有低碳钢磨削法。这是利用湿式磨削低碳钢会产生带状屑，由于结合剂受到的机械损伤致使磨粒脱落的方法，它适用于树脂结合剂砂轮的修锐。还有泥浆悬浮磨粒法，它是把含有白刚玉的泥浆黏附在磨具表面上，磨削工件时，泥浆中的白刚玉悬浮磨粒在超硬砂轮表面与工件间转动，以清除结合剂。磨料喷射法是借助于磨粒的喷射作用去除结合剂。钢丝刷法则是用电动机带动旋转的钢丝刷清除结合剂。还有超声振动修整法（见图 7.14）和弹性弯板修整法[61]等。

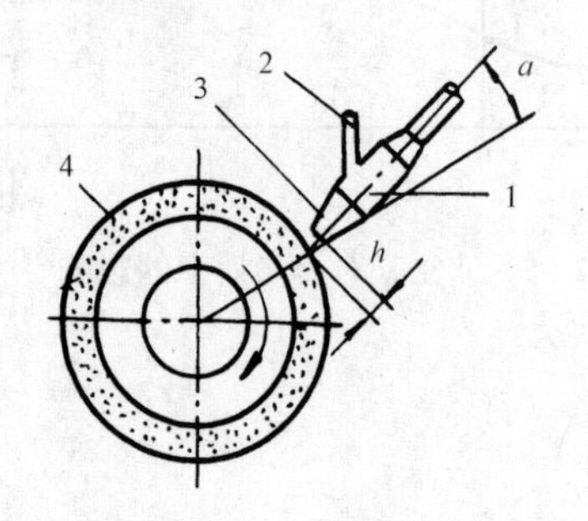

1—旋涡，2—边孔，3—喷嘴，4—砂轮

图 7.13　液压喷射修锐法[59]

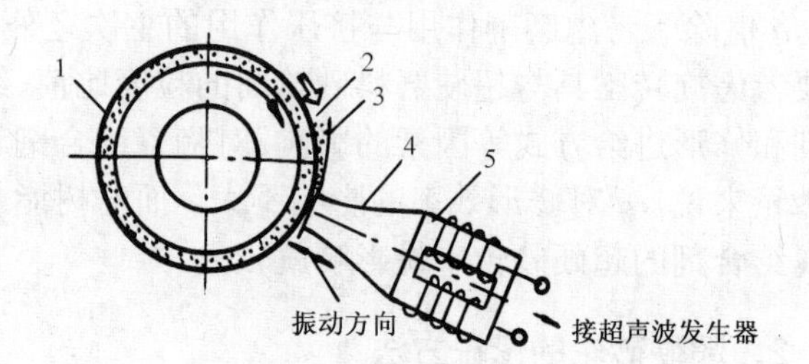

1—超硬磨料砂轮，2—混油磨料，3—幅板，4—变幅杆，5—磁致伸缩换能器

图 7.14　超声振动修整法[59]

7.4　高精度小粗糙度磨削技术

当前，磨削除了向高效磨削方向发展外，高精度小粗糙度磨削也是其发展方向之一。

高精度小粗糙度磨削可代替研磨加工，可以减轻劳动强度、提高生产效率、降低加工成本。但要实现高精度小粗糙度磨削必须采取适当措施，控制影响表面粗糙度的主要因素——磨床主轴的振动和砂轮表面磨粒切削刃高度的不一致。

7.4.1　砂轮表面磨粒应有微刃性和等高性

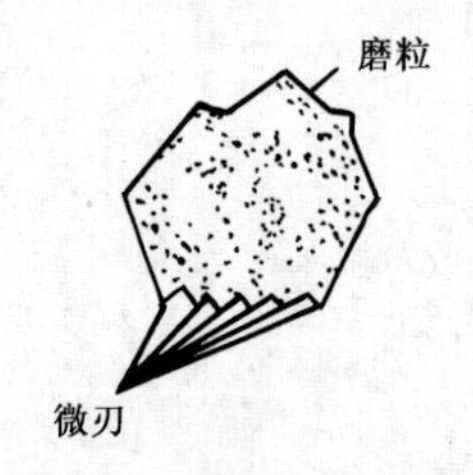

图 7.15　磨粒的微刃性

砂轮表面磨粒的微刃性（见图 7.15）和等高性是实现高精度小粗糙度磨削的必要条件。因为磨削时，磨粒在工件表面上只切下微细的切屑，同时也在适当的磨削压力下，借助半钝状态的微刃与工件表面间产生摩擦而起抛光作用，从而获得高精度小粗糙度的磨削表面。如：用小导程和小切深修整的、较细粒度（$60^{\#}$~$320^{\#}$）的砂轮，磨削 Rz 可达 0.1~0.2 μm，若用更细粒度（W14~W5）的、树脂结合剂添加石墨的砂轮，经过更精细地修整，在适当的磨削压力下，经过一定时间的磨削-抛光作用，可获得 Rz 为 0.05 μm 的镜面。

7.4.2　磨床要有足够好的性能

磨床砂轮轴应有高的回转精度，回转部件要经过很好的动平衡，进给机构的运动精度要高、灵敏且稳定，特别是低速修整砂轮时工作台要无爬行现象，往复速度差不要超过 10%。这也是获得砂轮表面磨粒切削刃的微刃性和等高性对机床提出的基本要求。

7.4.3 工艺参数选择要合理

高精度小粗糙度外圆磨削工艺参数选择可参见表 7-3，内圆磨削参数选择可参见表 7-4，平面磨削参数选择参见表 7-5。

表 7-3 外圆磨削工艺参数[67]

工艺参数	工序			
	精密磨削 Ra = 0.1~0.05 μm	超精磨削 Ra = 0.025~ 0.0125 μm		镜面磨削 Ra = 0.006 μm
砂轮粒度	$60^{\#}$~$80^{\#}$	$60^{\#}$~$320^{\#}$	W20~W10	<W14
修整工具	单颗粒金刚石，金刚石片状修整器	单颗粒金刚石，金刚石片状修整器（锋利）	单颗粒金刚石，金刚石片状修整器	锋利单颗粒金刚石
砂轮速度υ_s/(m/s)	17~35	15~20	15~20	15~20
修整时工作台进给速度/(mm/min)	15~50	10~15	10~25	6~10
修整时横向切削深度/mm	≤0.005	0.002~0.003	0.002~0.003	0.002~0.003
修整时横进给次数（单程）	2~4	2~4	2~4	2~4
光修次数（单程）	—	1	1	1
工件速度υ_w/(m/min)	10~15	10~15	10~15	<10
轴向进给速度/(mm/min)	80~200	50~150	50~200	50~100
磨削时横向磨削深度f_r/mm	0.002~0.005	≤0.0025	≤0.0025	0.003~0.005
磨削时横向进给次数（单程）	1~3	1~3	1~3	1
光磨次数（单程）	1~3	4~6	5~15	20~30
磨前工件粗糙度 Ra /μm	0.4	0.2	0.1	0.05

表 7-4 内圆磨削工艺参数[67]

工艺参数	工序		
	精密磨削 Ra = 0.1~0.05 μm	超精磨削 Ra = 0.025~ 0.0125 μm	镜面磨削 Ra = 0.006 μm
砂轮转速υ_s/(r/min)	10 000~20 000	10 000~15 000	10 000~15 000
修整时工作台进给速度/(mm/min)	30~50	10~20	10~20
修整时横向切削深度/mm	≤0.005	0.002~0.003	0.0002~0.000 3
修整时横向进给次数（单程）	2~3	2~3	2~3
光修次数（单程）	1	1	1
工件速度υ_w/(m/min)	7~9	7~9	7~9
磨削时工作台轴向进给速度/(mm/min)	120~200	60~100	60~100
磨削时横向磨削深度f_r/mm	0.005~0.01	0.002~0.003	0.003~0.005
磨削时横向进给次数（单程）	1~4	1~2	1
光磨次数（单程）	4~8	10~20	10~20
磨前工件粗糙度 Ra /μm	0.4	0.1	0.025

表 7-5 平面磨削工艺参数[67]

工艺参数	工序		
	精密磨削 Ra = 0.1 μm ~0.05 μm	超精磨削 Ra = 0.025μm ~0.0125 μm	镜面磨削 Ra = 0.006 μm
砂轮粒度	$60^{\#}$~$80^{\#}$	$60^{\#}$~$320^{\#}$	W10~W5
修整工具	单颗粒金刚石，金刚石片状修整器	锋利金刚石	锋利金刚石

（续表）

工艺参数	工序		
	精密磨削 Ra = 0.1~0.05 μm	超精磨削 Ra = 0.025~0.0125 μm	镜面磨削 Ra = 0.006 μm
砂轮速度υ_s(m/s)	17~35	15~20	15~20
修整时工作台进给速度(mm/min)	20~50	10~20	6~10
修整时横向切削深度(mm)	0.003~0.005	0.002~0.003	0.002~0.003
修整时横向进给次数	2~3	2~3	2~3
光修次数（单程）	1	1	1
工作台速度υ_w/(m/min)	15~20	15~20	12~14
磨削时磨削深度f_r/(mm/str)	0.003~0.005	0.002~0.003	0.005~0.007
磨削时垂直进给次数	2~3	2~3	1
光磨次数（单程）	1~2	2	3~4
磨前工件粗糙度 Ra /μm	0.4	0.2	0.025
磨头横向进给量f_a/(mm/str)	0.2~0.25	0.1~0.2	0.05~0.1

注：镜面磨削时f_r一次完成，使砂轮与工件间始终保持一定压力。

7.5 磨削加工最新技术

近些年来，CNC 磨削技术发展很快，国外 CNC 工具磨床已从三轴发展到十轴，几乎各种磨床都有 CNC 产品。磨削加工中心的出现标志着磨削自动化又达到了一个新水平，它可实现联机测量、自动换砂轮和自动装卸工件，加工精度可达到：主轴回转精度 0.5 μm，定位精度 1.0 μm，重复定位精度 0.7 μm，轮廓加工精度 5 μm。

CNC 磨床对砂轮的要求是组织均匀性要高、硬度均匀性要好，且有很好的静动平衡性能、高的形状精度和尺寸精度、高的磨削效率和使用寿命。

磨削数控系统的开发也有了很大进展，许多专用磨削数控软件和系统已商品化，更多柔性磨削数控软件和系统正在工艺优化，并提高其系统的可靠性，还要有机床的保养、故障的排除检查功能、避免碰撞和诊断功能。

对于价格昂贵的超硬磨料砂轮，要充分发挥其生产效率高、使用寿命长的优越性，应尽可能减小其消耗并提高修整效率和精度。这种需求推动了监测系统磨削加工智能化技术的发展，磨削数据库和知识库是磨削加工智能化的基础，国外进行了大量的研究工作。

使用磨削机器人是磨削加工自动化的另一标志，目前主要用于去除毛刺和抛磨加工。

随着磨削建模和模拟技术的发展，磨削工艺的仿真技术加深了人们对磨削加工过程的认识。目前已使用建立砂轮地貌模型法对砂轮进行仿真，并考虑磨削运动及几何参数、磨削力、磨削热、振动和变形等，对磨屑的形成过程、能量转换、磨削力的变化、磨削区温度、磨削精度和表面质量进行仿真，还开发了分析和仿真磨削过程的软件工具。使用动态仿真方法，还能在建立综合三维模型基础上考虑磨削过程中砂轮与工件的弹性、塑性变形的影响，产生砂轮仿真微观形貌及工件的加工状态，再现磨削过程，并能分析和预测不同条件下的磨床性能和磨削效果[55]。

虚拟磨床（Virtual Griding Machine）是虚拟制造技术的新研究领域。它依靠建模与模拟技术仿真磨削过程，其三维动态模型随着虚拟环境的变化而变化，最终建立一个逼真的虚拟磨削环境，以用于虚拟评估及预测磨削加工过程和对产品质量的影响[55]。

7.6 先进磨削方法在难加工材料加工中的应用举例

生产中不少难加工材料，如高温合金、钛合金、喷涂（焊）材料及精细陶瓷等的加工常常采用磨削加工方法，以满足加工精度和表面质量的要求。但磨削这些材料时，砂轮易堵塞、磨粒易钝化、加工表面易产生加工硬化、烧伤、裂纹和残余拉应力，工件易变形，磨削效率也低，给加工带来了不少困难。

为此，国内外开展了大量的研究工作，并取得了很多可喜的成果。在此仅介绍某些先进磨削方法在高温合金、钛合金和喷涂（焊）材料加工中的应用。

7.6.1 高温合金的缓进给大切深磨削

高温合金是多组元的复杂合金，其中的强化相越多，磨削加工越困难。过去常采用普通磨削法。近些年来，逐渐采用了缓进给大切深磨削法，并取得了很好效果。

1. 高温合金的普通磨削法

高温合金用普通磨削法进行磨削时，砂轮易产生磨耗磨损和黏结磨损，切深（法向）力大于主切削力，磨削温度高（局部达 1 000~1 500℃），加工硬化现象严重，表面呈残余拉应力。

生产中常采用刚玉砂轮和 CBN 砂轮。实践证明，粗磨可用白刚玉（WA）砂轮，精磨用单晶刚玉（SA）砂轮；内圆磨削用镨钕刚玉（NA）砂轮，在相同条件下采用 CBN 砂轮效果更好些。结合剂多用陶瓷，粒度多为 46#、60#，硬度为中等（M、N）或中软（K、L）。

2. 高温合金的缓进给大切深磨削

缓进给大切深磨削具有磨削生产效率高、加工表面质量好、精度高、磨削温度低、单颗磨粒负荷小等优点。应用在高温合金磨削上，可对砂轮特性和磨削用量选择如下。

（1）*磨料*

试验证明，用单一磨料砂轮均达不到理想的磨削效果，建议采用白刚玉/铬刚玉（WA/PA），或白刚玉（WA）与碳化硅（C、GC）组成的混合磨料砂轮。

（2）*粒度*

用缓进给磨削法时，砂轮粒度的选择主要与工件形状、尺寸精度和表面质量要求有关。型面底部圆弧半径越小粒度应越细，可选 100#或 100#与 80#的混合粒度；圆弧半径大，可选 60#~70#粒度。加工发动机叶片榫齿时可选用 46#~60#粒度。

（3）*硬度*

缓进给磨削时应要求砂轮的自锐性要好，即砂轮应软些，但也不能太软，否则易丧失砂轮的形状精度。应由试验来确定硬度的范围。缓进给磨削砂轮的硬度分级可用其弹性模量 E 值来表示，见表 7-6。

表 7-6　缓进给磨削砂轮的硬度等级[46]

硬度等级	E/GPa	级差	硬度等级	E/GPa	级差
C	7.49~10.49	3	E	14~17	3
D	10.50~13.50	3	F	18~21	3
G	22.75~27.25	4.5	K	36.26~40.75	4.5
H	27.26~31.75	4.5	L	40.76~45.25	4.5
J	31.76~36.25	4.5	M	45.26~49.75	4.5

（4）结合剂

如使用陶瓷作为结合剂，应在其中加入CoO_2，以减小磨屑在磨粒切削刃部的黏附。其成分如下：

SiO_2 57%~59%，Al_2O_3 17.5%~19%，Fe_2O_3 ≤0.4%，CaO ≤0.45%
（K_2O+Na_2O）13.5%~15%，CoO_2 ≤0.3%~0.5%

（5）组织

缓进给磨削砂轮宜用疏松组织，有大气孔、中气孔和微气孔三种。飞机发动机叶片榫齿磨削宜用微气孔砂轮；导向器加工宜用中气孔砂轮；大型发动机叶片榫齿宜用大气孔砂轮，但应该采取增强措施。

（6）高温合金缓进给磨削用量参考选择（见表 7-7）

表 7-7　高温合金缓进给磨削用量参考数据[46]

牌号	磨削方式	Ra /μm	砂轮规格	v_s /(m/s)	v_w /(mm/min)	f_r（a_p） /mm	磨削液
GH4033（GH33）	粗磨	1.6~0.8	WA/PA60VE	22	60~100	2.7~0.5	甘油、三乙醇胺、苯甲酸钠、亚硝酸钠、水
	精磨	0.8~0.4		27	150	0.05	
K417（K17）	粗磨	0.8	SA/PA100/80	25~35	118~150	1.2	氯化硬脂酸、聚氯乙烯醚、甘油、苯甲酸钠、三乙醇胺、亚硝酸钠、水
	细磨					0.15	
	精磨					0.04~0.08	
K403（K3）			SA/PA100/80F	35	35	0.3~0.2	

7.6.2　钛合金的磨削

1．钛合金的磨削特点

（1）砂轮黏附严重

图 7.16 为磨削后观察的砂轮表面黏附率（黏附率＝黏附面积/砂轮工作面积×100%）与磨削路程间 l_m 的关系。磨削后，钛呈云雾状遍布于磨削后的砂轮表面上，几乎看不到磨粒。

（2）磨削力大

磨削 TC9 时切深（法向）分力 F_p 几乎比 45 钢大 4 倍，切向分力 F_c 大 80%左右，这与车削不大相同，磨削力比较如图 7.17 所示。

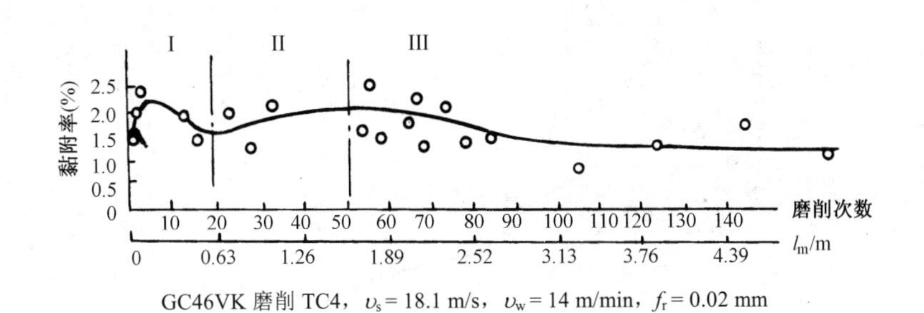

GC46VK 磨削 TC4，$\upsilon_s = 18.1$ m/s，$\upsilon_w = 14$ m/min，$f_r = 0.02$ mm

图 7.16　黏附率与磨削路程 l_m 关系曲线[46]

（3）磨削温度高

在相同磨削速度下，TC9 的磨削温度约为 45 钢的 1.5~2 倍，磨削温度比较如图 7.18 所示。

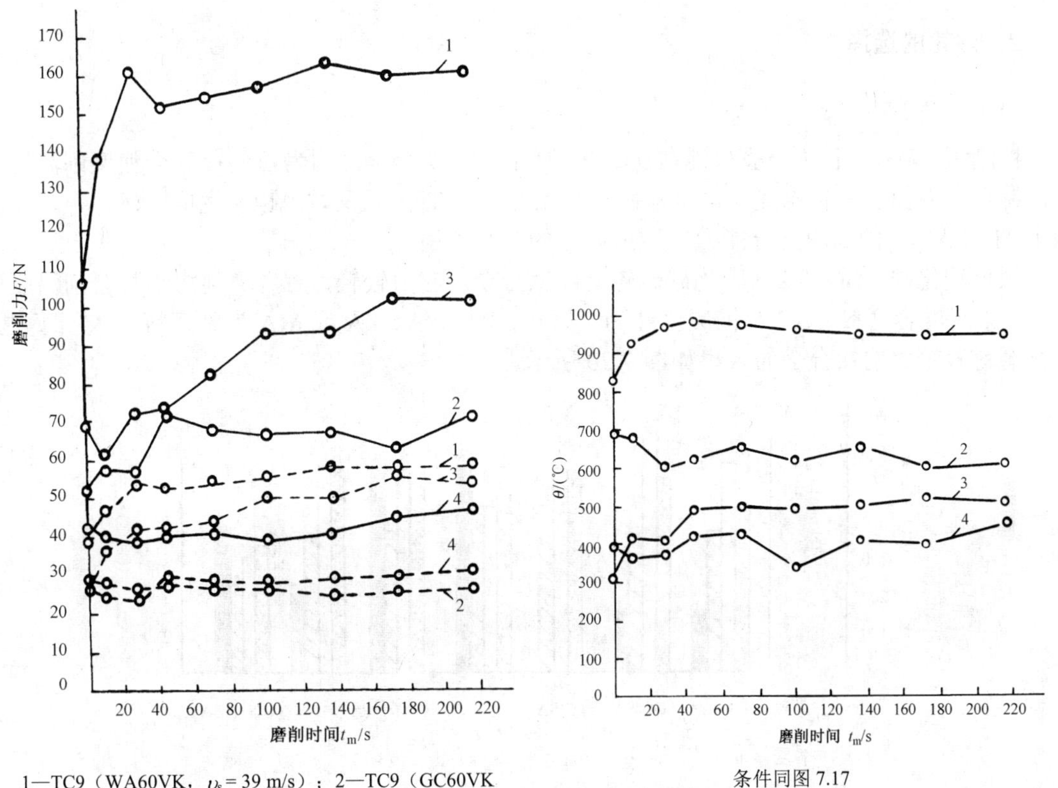

1—TC9（WA60VK，$\upsilon_s = 39$ m/s）；2—TC9（GC60VK $\upsilon_s = 37$ m/s）；3—45（GC60VK，$\upsilon_s = 35$ m/s）；4—45（WA60VK，$\upsilon_s = 39$ m/s）；—F_p；----F_c

图 7.17　磨削 TC9 与 45 钢时的磨削力比较[46]

条件同图 7.17

图 7.18　磨削 TC9 与 45 钢时的磨削温度比较[46]

（4）磨后表面的残余应力主要为拉应力

从图 7.19 可看出，用碳化硅砂轮磨 TC4 时，表面呈残余拉应力，数值随磨削用量的增加而增大，其中磨削速度是其影响的主要因素。

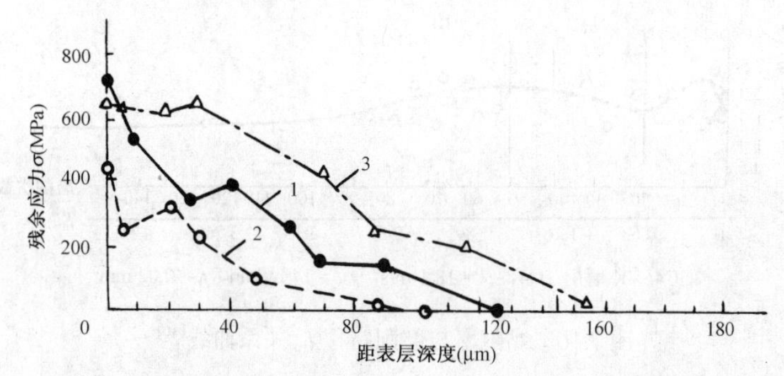

1—υ_s= 38 m/s，υ_w= 14 m/min，f_r= 0.01 mm；2—υ_s= 19 m/s，υ_w= 20 m/min，f_r= 0.02 mm；
3—υ_s= 38 m/s，υ_w= 20 m/min，f_r= 0.03 mm；用 KNO_2 作为磨削液

图 7.19　GC60VK 砂轮磨削 TC4 的残余应力[46]

2．砂轮的选择

（1）磨料

白刚玉（WA）砂轮一般只能在$\upsilon_s\leqslant$10 m/s 下磨削钛合金。因为υ_s的提高会使磨削温度升高，钛合金表面会发生相变；再有，钛与氧化合生成 TiO_2 后又与 Al_2O_3 生成固溶体，从而增加了 Ti 与 Al_2O_3 的黏附结合能力，造成砂轮的黏结磨损。

绿色碳化硅（GC）及铈碳化硅砂轮磨削钛合金时黏附较轻，后者磨削力小且磨削温度更低。若采用混合磨料（GC 及铈碳化硅为主磨料，PA、SA、ZA 或 MA 为副磨料），效果好些。混合磨料砂轮磨削钛合金的效果如图 7.20 所示。

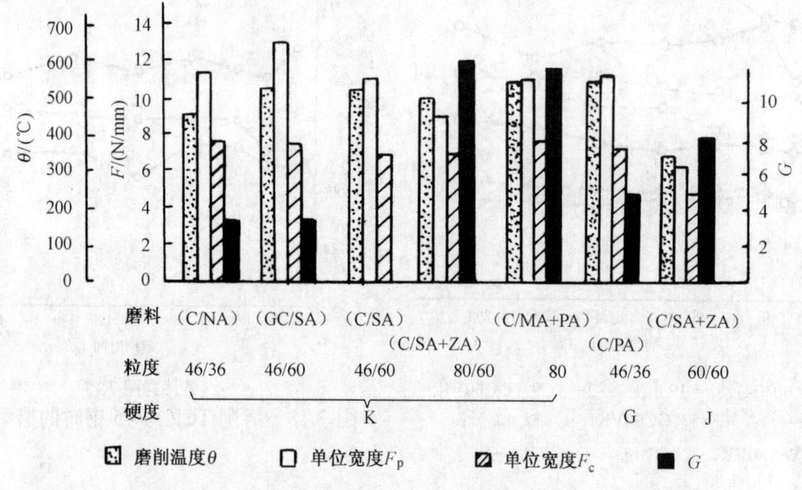

υ_s= 19 m/s，υ_w= 14 m/min，f_a= 2 mm/str，f_r= 0.01 mm，3%KNO_2 水溶液

图 7.20　混合磨料砂轮磨削钛合金的效果[46]

使用 CBN 砂轮磨削钛合金的效果更好，见表 7-8。

不难看出，CBN 磨削钛合金的磨削比 *G* 是前述混合磨料的 50~60 倍，且工件表层残余应力几乎均为压应力，如图 7.21 所示。

表 7-8　陶瓷结合剂 CBN 砂轮的磨削效果[46]

砂轮	F_p/N	F_c/N	F_p/F_c	θ/(℃)	磨削比 G	Ra/μm	残余应力σ/MPa
CBN/$Al_2O_3$①	3.53	2.55	1.39	419	529	0.43	96
CBN/SiC②	3.63	2.75	1.32	471	658	0.49	

注：①υ_s = 31 m/s，υ_w = 14 m/min，$a_p = f_r$ = 0.01 mm，极压油。②主磨料 CBN 的浓度 125%，粒度 100#；填充 料为 Al_2O_3 或 SiC，80#；中等硬度。

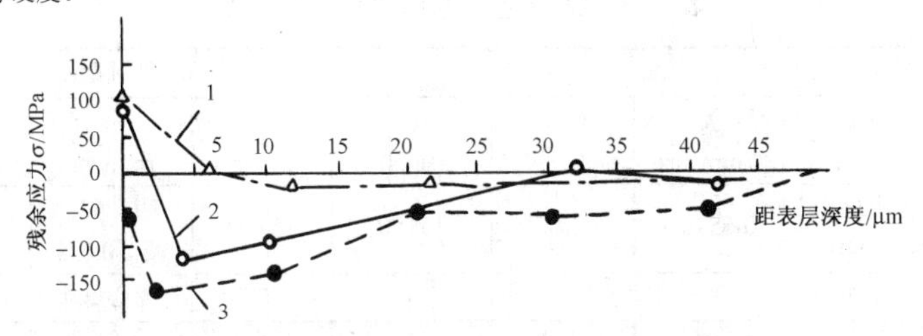

1—f_r = 0.02 mm，2—f_r = 0.01 mm，3—f_r = 0.005 mm；CBN/Al_2O_3；TC4；υ_s = 31 m/s，υ_w = 14 m/min，极压油

图 7.21　CBN 磨削钛合金的残余应力[46]

(2) 粒度和硬度

磨削钛合金时，粒度和硬度均影响磨削比 G，其中粒度影响大些，如图 7.22 所示。

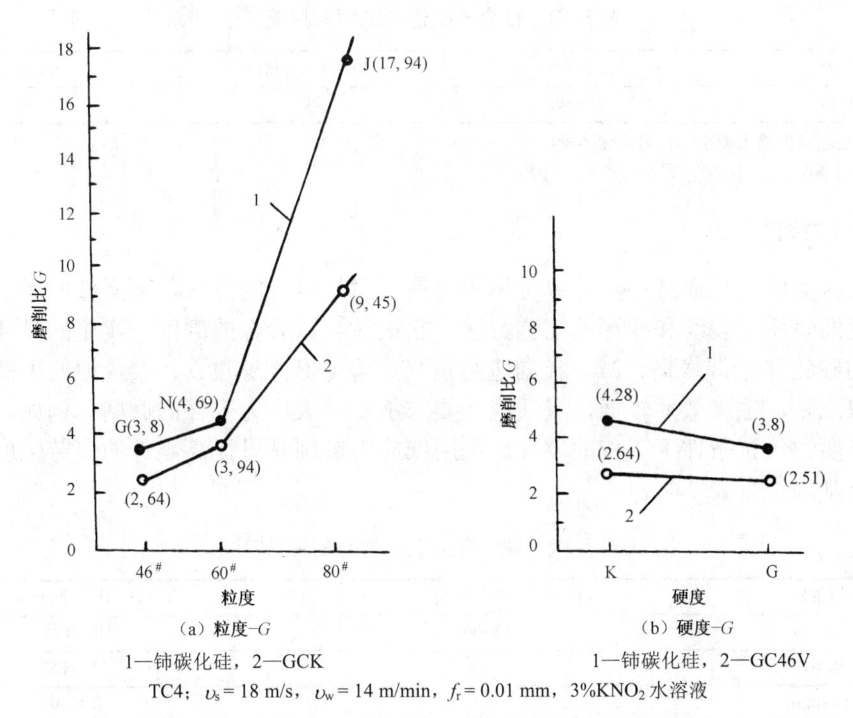

(a) 粒度-G　　　(b) 硬度-G

1—铈碳化硅，2—GCK　　　1—铈碳化硅，2—GC46V

TC4；υ_s = 18 m/s，υ_w = 14 m/min，f_r = 0.01 mm，3%KNO_2 水溶液

图 7.22　粒度和硬度对磨削比 G 的影响[46]

实验证明，采用硬度 J、粒度 80#时，既能减小磨削力又能适当提高 G。

(3) 结合剂和组织

一般用陶瓷（V）作为结合剂，大而薄砂轮可用树脂（B）作为结合剂，这样可以减小磨削力和降低磨削温度。组织以中等偏疏松的 8~5 号为宜，成形磨削和精密磨削可用较紧密组织。

3．磨削用量

表 7-9 给出了钛合金普通磨削的磨削用量。

表 7-9　钛合金普通磨削的用量[46]

平面磨削					外圆磨削				
υ_s /(m/s)	υ_w /(m/min)	f_r /(mm/str)	f_a /(mm/str)	砂轮代号	υ_s /(m/s)	υ_w /(m/min)	f_r /(mm/str)	f_a /(B/r)	砂轮代号
15~20	18	粗 0.025 精≤0.013	0.65~6.5	C54VJ	15~20	15~30	粗 0.025 精≤0.013	1/5 1/10	C60VJ
内圆磨削					无心磨削				
υ_s /(m/s)	υ_w /(m/min)	f_r /(mm/str)	f_a /(B/r)	砂轮代号	υ_s /(m/s)	υ_w /(m/min)		f_r /(mm/str)	砂轮代号
20~25	15~46	粗 0.013 精≤0.005	1/3 1/6	C60VJ	20~28	1.3~3.8		粗 0.025 精≤0.013	C60VK

表 7-10　给出了钛合金缓进给的磨削用量。

表 7-10　钛合金缓进给的磨削用量[46]

砂轮代号	υ/(m/s)	υ_w/(mm/min)	f_r/(mm)
GC60VG~J	28~30	70	1~2

注：① 表面粗糙度要求较小时，用较硬砂轮；

② 成形磨削时，用金刚石滚轮或钢滚轮修整。

4．低应力磨削

所谓低应力磨削是靠减小磨除单位体积材料所消耗能量的方法，来降低磨后工件表层的拉应力及表面烧伤、裂纹和变形的工艺方法。它很适合钛合金的磨削。实施的具体措施是：用硬度软的砂轮并经常修整、减小径向进给量 f_r、降低磨削速度υ_s、大量地使用性能好的磨削液。其缺点是，生产效率较低，只适用于要求承受很大应力零件的磨削。例如，高循环应力零件或在腐蚀气氛条件下工作的零件。采用低应力磨削法可提高零件的疲劳强度。钛合金的低应力磨削用量见表 7-11。

表 7-11　钛合金的低应力磨削用量[46]

磨削条件	平面磨削	外圆磨削
砂轮代号	GC60VG	GC60VG
υ_s/(m/s)	10~15	10~15
υ_w/(m/min)	—	20~30
工作台速度 υ_w/(m/min)	12~30	—
f_r/(mm/str)	0.005~0.013	
磨削液	油基磨削液或亚硝酸钾水溶液	

为了达到低应力磨削的效果，应严格控制粗、半精及精磨三阶段的径向进给量 f_r：

① 粗磨，由毛坯磨至比最终尺寸大 0.25 mm，采用 f_r≤0.05 mm/str；

② 半精磨，磨至大于最终尺寸 0.05 mm，采用 f_r = 0.008~0.015 mm/str，注意半精磨前应修整砂轮；

③ 精磨，磨至最终尺寸，采用 f_r = 0.002 5~0.005 mm/str 或根据需要进行 3~4 个行程的无火花磨削至最终尺寸，修整砂轮也必须在精磨前进行。

5．磨削液

目前，磨削钛合金时用得较多的是1%亚硝酸钠+0.5%苯甲酸钠+0.5%甘油+0.4%三乙醇胺的水溶液，但效果不理想。用含极加添加剂 S、Cl、P 的极压油效果较好，尤其是添加 Cl 的极压油效果最好，但磨后应及时清洗零件以免降低零件的疲劳强度。

CBN 砂轮不宜用水溶液作为磨削液，因 BN 与水在 800℃就会起化学反应，造成砂轮过快磨损，化学反应式为

$$BN+3H_2O \rightarrow H_3BO_3+NH_3\uparrow$$

7.6.3 热喷涂（焊）层的磨削

喷涂与喷焊是一种对机械零件进行表面处理、防护及修复的新工艺，可提高零件的耐热、耐磨及耐蚀性能，可延长零件的使用寿命，恢复零件尺寸，节约材料和能源，降低成本。

喷涂也称为冷喷焊，它是用喷枪把特殊低熔点合金粉末（镍基 Ni170、Ni180、Ni220、Ni320）喷洒到经过清理的工件表面，依靠合金粉末的物理化学反应，与基体金属产生原子扩散结合生成牢固的喷焊层。其目的在于提高零件的耐蚀性能。

喷焊则是用氧-乙炔火焰将熔点为 950~1 200 ℃的自熔性合金粉末（Ni45、Ni62、Co50、Fe55、NiWC35、……）喷敷到清理过的工件表面上，焊层与基体金属呈冶金结合。该法适合于零件的局部修复[46]。

热喷涂（焊）层常采用磨削方法进行精加工，常见的是平面和外圆磨削。

试验证明，用金刚石（JR）砂轮比用白刚玉（WA）砂轮、绿色碳化硅（GC）砂轮的磨削效果好，见表 7-12。

表 7-12　磨削热喷涂（焊）层时不同磨料砂轮的磨削效率对比[46]　　/(g/min)

喷涂（焊）材料	Ni35	Ni55	Ni60	NiWC35
JR 砂轮	25	22	20	11.38
GC 砂轮	5.16	4.8	5	2.16
WA 砂轮	4.3	2.3	2.3	1.15

7.7 超硬砂轮在线电解修整 ELID 磨削技术及应用

7.7.1 ELID 磨削原理

ELID（Electrolytic In-Process Dressing）磨削是日本大森整先生于 20 世纪 80 年代研制成功的。ELID 磨削技术是利用阳极被去除的电解磨削原理（见图 7.23），把电解磨削中的工件阳极换成了铸铁结合剂超硬砂轮（ELID 磨削原理如图 7.24 所示）。磨削时两极间通弱电解液（$NaCl+NaNO_3+H_2O$）对砂轮进行在线电解修整，使结合剂被电解掉，磨粒露出砂轮表面，以保证磨粒在磨削过程中的锋利状态，切屑不会再堵塞砂轮表面，这样才使得超细超硬砂轮有可能用于

超精密磨削。它可代替磨削、研磨和抛光工艺，也有利于硬脆材料实现高精度高效率的镜面磨削[62]。

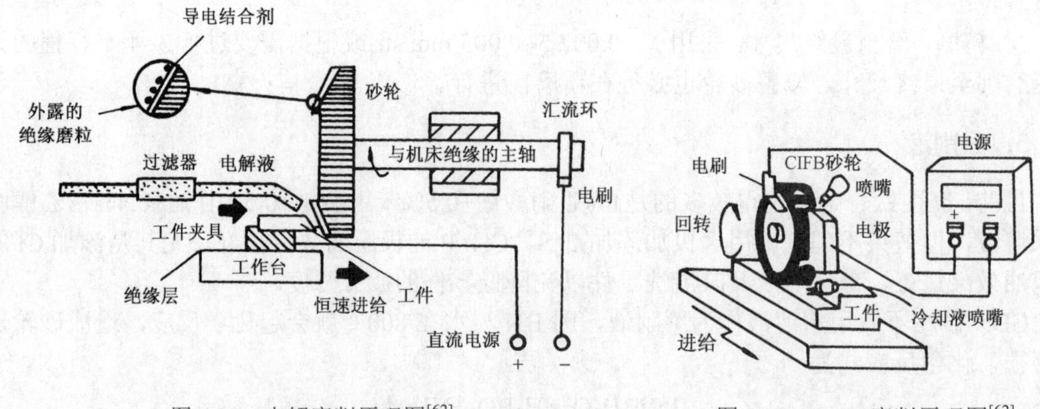

图 7.23　电解磨削原理图[62]　　　图 7.24　ELID 磨削原理图[62]

7.7.2　ELID 磨削机理与应用

因为砂轮为阳极，根据阳极反应，其上的结合剂铁被电离成铁离子，即 $Fe \rightarrow Fe^{2+}+2e$，并在砂轮表面形成绝缘氧化膜，该氧化膜的厚度对电解过程中的导电率有直接影响，正是由此不断对砂轮修整使得氧化膜的厚度不断地变薄变厚，使得砂轮表面的结合剂不断被电解，使磨粒不断露出，以保证磨粒的锋利性。在阴极则发生了 $2H_2O+O_2+2e \rightarrow 4OH^-$ 的化学反应，使得阳极铁离子又发生了 $Fe^{2+}+2OH \rightarrow Fe(OH)_2$ 和 $2Fe(OH)_2+1/2O_2+H_2O \rightarrow 2Fe(OH)_3$ 反应，而作为阴极的铜或石墨基本不被电解。

电源为直流、脉冲或交流均可，砂轮结合剂可为铸铁纤维结合剂（CIFB）、铸铁结合剂（CIB）、铁基结合剂（IB）。结合剂不同，在磨削过程中的适应性、磨削效率、磨削比 G 及加工表面质量也不同。

试验结果表明：铸铁纤维结合剂（CIFB）、铸铁结合剂（CIB）的金刚石砂轮和 CBN 砂轮对 ELID 超精密镜面磨削效果的稳定性比青铜结合剂（MB）、Co 结合剂（CB）、Ni 结合剂（NB）的砂轮要好。CIFB/CIB 金刚石砂轮特别适合陶瓷、硬质合金、铁氧体、单晶硅、单晶锗、蓝宝石、光学玻璃等硬脆材料的镜面磨削，而 CIFB/CIB 的 CBN 砂轮则适合 Ti 合金、不锈钢、模具钢、轴承钢、弹簧钢等黑色金属的镜面磨削。

高效磨削多采用 80#~280#粒度，镜面磨削用 4 000#~10 000#以上粒度，粗、半精磨削用 400#~1 200# 粒度，精密磨削用 1 200#~3 000# 粒度，超镜面磨削用 12 000#~30 000#粒度。

CIB 超细砂轮的精密整形，可先用 ϕ6 mm×6 mm 的 W7~W10 圆柱体金刚石 PCD 修整笔，然后电解修整 20~30 min，再用 PCD 修整。

电解液中的主液及添加剂的作用如表 7-13 所示。

表 7-13　电解液中主液及添加剂的作用

序号	组元	电解作用	防锈作用	其他
1	亚硝酸钠 $NaNO_2$	较强、导电性良好	强	有毒
2	硝酸钠（钾）$NaNO_3$（KNO_3）	中性盐		
3	磷酸氢钠（钾）Na_2HPO_4（K_2HPO_4）	弱酸，利于氧化铁溶解	不如 $NaNO_2$	

（续表）

序号	组元	电解作用	防锈作用	其他
4	重铬酸钾 $K_2Cr_2O_7$		阻蚀性极强，防锈性强	防阳极黑化，阻碍阴极膜生成，有毒
5	硼砂 $Na_2B_4O_7$			可生成阳极氧化膜
6	氯化钠 NaCl	中性盐、强电解质、电解作用强	不防锈、易腐蚀金属	电解效率高
7	甘油 $C_3H_5(OH)_3$		防锈性好	提高氧化膜质量
8	三乙醇氨 $N(CH_2CH_2OH)_3$		防锈性好	提高氢化膜质量
9	$Na_2MO_4 \cdot 2H_2O$			保清洁

ELID 磨削的效果见表 7-14。

表 7-14　ELID 磨削效果 Ra　　/μm

粒度	1 500#（W10）	6 000#（W3.5）	15 000#（W1.5）
GCr15	0.016	0.011	
30CrMo（未淬火）			0.010
1Cr18Ni9Ti（未淬火）	0.017		
1Cr13（未淬火）		0.015	
2Cr13（未淬火）		0.015	
紫铜		0.021	
YL12		0.023	
PCD	0.012		
PCBN	0.008		
单晶硅			0.009

思 考 题

7.1　近些年来高效磨削有哪些新技术？各有何特点？

7.2　超硬磨料和普通磨料砂轮在性能上各有何优缺点？

7.3　试分析如何实现超硬磨料砂轮的高效磨削新工艺。

7.4　试说明如何实现硬齿面磨削新工艺。

7.5　试说明超硬砂轮修整的概念，修整方法有哪些？

7.6　试说明高精度小粗糙度磨削需要哪些条件。

7.7　什么是缓进给大切深磨削和低应力磨削？各有何特点？

7.8　试述 ELID 磨削原理及机理。

第 8 章　高强度钢与超高强度钢的切削加工

8.1　概述

高强度钢与超高强度钢是具有一定合金含量的结构钢。它们的原始强度、硬度并不太高，但经过调质处理，可获得较高或很高的强度，硬度则在 35~50HRC 之间。用这类钢制作的零件，精加工一般在调质前进行；而精加工、半精加工及部分粗加工则在调质后进行，此时的金相组织为索氏体或托氏体，加工难度较大。

高强度钢一般为低合金结构钢，合金元素的总含量不超过 6%，有 Cr 钢、Cr-Ni 钢、Cr-Si 钢、Cr-Mn 钢、Cr-Mo 钢、Cr-Mn-Si 钢、Cr-Ni-Mo 钢、Si-Mn 钢等。在调质处理（一般为淬火和中温回火）后，抗拉强度接近或超过 1 GPa。高强度钢可用于制造机器中的关键承载零件，如高负荷砂轮轴、高压鼓风机叶片、重要的齿轮、高强度螺栓、发动机曲轴、连杆和花键轴等，火炮炮管和某些炮弹弹体、飞机的大梁及起落架、固体火箭发动机壳体也可用它们制造。常用高强度钢的热处理规范与力学性能列于表 8-1[46]。

表 8-1　常用高强度钢的热处理规范与力学性能（参考 GB 3077—1988）

钢号	热处理					力学性能					
	淬火			回火		σ_b	σ_s	δ	ψ	a_k	HRC
	温度/(℃)		冷却剂	温度/(℃)	冷却剂	/MPa		/(%)		/(J/cm²)	
	第一次淬火	第二次淬火									
40Cr	850		油	500	水或油	980	785	9	45	47	
50Cr	830		油	520	水或油	1 080	930	9	40	39	
40CrNi	820		油	500	水或油	980	785	10	45	55	
12Cr2Ni4	860	780	油	200	水或空气	1 080	835	10	50	71	
38CrSi	900		油	600	水或油	980	835	12	50	55	
20CrMnTi	880	870	油	200	水或空气	1 080	835	10	45	55	
30CrMnTi	880	850	油	200	水或油	1 470		9	40	47	
30CrMnSiA	880		油	520	水或油	1 080	885	10	45	39	
38CrNi3MoVA	890		油	590	水或油	1 100~1 140	1 040~1 060	14~15	44~53	70~90	38~42
40CrNiMo	850		油	575	水或油	1030	910	17.5	60	140	33
60Si2MnA	900		油	580	空冷	1200				44	39~42

注：GB 3077—1988 中未列出材料调质处理后硬度。

超高强度钢中的合金元素含量较高，元素种类也较多。有合金元素总含量不超过 6%的低合金超高强度钢，也有合金元素含量更多的中合金和高合金超高强度钢。调质处理为淬火和中温回火，调质后的抗拉强度接近或超过 1.5 GPa。超高强度钢用于制造机器中更关键的零件，如飞机的大梁、飞机发动机曲轴和起落架等。某些火箭的壳体、火炮炮管和破甲弹弹体等也用超高强度钢制造。表 8-2 列出了常用超高强度钢的热处理规范与力学性能。如 35CrMnSiA 和

40CrNi2Mo 是传统的低合金超高强度钢；4Cr5MoVSi 则属于中合金超高强度钢，回火时发生马氏体二次硬化，从而得到高强度；00Ni18Co8Mo5TiAl 及 1Cr12Mn5Ni4Mo3Al 等为高合金超高强度钢，它们含有高的 Ni 或 Cr 含量，经淬火后再进行时效处理（450~520℃，2~3h），形成 Ni_3Mo、Ni_3Ti、Fe_2Mo 等金属间化合物，弥散分布在马氏体基体中，从而得到很高的强度并保持着良好的塑性与韧性。

表 8-2　常用超高强度钢的热处理规范与力学性能

钢号	热处理	$\sigma_{0.2}$	σ_B	δ/(%)	ψ /(%)	a_k /(%)	K_{IC}[①] / $(MPa \cdot m^{1/2})$	HRC
		/MPa						
35CrMnSiA	280~320 ℃等温淬火或 880 ℃油淬，230 ℃回火	—	≥1 618	≥9	≥40	≥49	—	44~49
35Si2Mn2MoV	900 ℃油淬，250 ℃回火	—	≥1 667	≥9	≥40	≥49	—	
30CrMnSiNi2	870 ℃淬火，200 ℃回火	1 373~1 530	1 569~1 765	8~10	35~45	58.8~68.7	66.03	
37Si2Mn-CrNiMoV	920 ℃淬火，280 ℃回火	1 550~1 706	1 844~1 991	8~13	38~46	49~64.7	79.98	
40CrNi2Mo	850 ℃油淬，220 ℃回火	1 550~1 608	1 883~2 020	11~13	40~52	53.9~73.6	55~72	
	900 ℃油淬，413 ℃回火	≥1 236	≥1 510	≥12	≥35	—	—	
45CrNiMoVA	860 ℃油淬，60 ℃回火	≥1 324	≥1 471	≥7	≥35	≥39.2	—	
	860 ℃油淬，300 ℃回火	1 510~1 726	1 902~2 060	10~12	34~50	41.2~51.0	74~83	
4Cr5MoVSi	1 000~1050 ℃淬火，520~560℃回火三次	1 550~1 618	1 765~1 961	12~13	38~42	51.0	33.79	
6Cr4Mo3Ni2WV	1 120 ℃淬火，560 ℃回火三次	—	2 452~2 648	3.5~6	14~25	22.6~35.3	25~40	
0Cr17Ni7Al	1 050 ℃（水、空气+950 ℃ 10 min（空气）+(−73) ℃冷处理 8h+510 ℃回火 30~ 60 min（空气）	1 275	1 491	10	25~30	—	—	
0Cr15Ni7Mo2Al		1 471	1 638	13.5	25~30	25.5~34.3		
1Cr12Mn5Ni4MoAl	1050 ℃淬火，−73 ℃冷处理 8h 空冷，520 ℃时效 2h	1 151	1 667	13	40	—	—	
00Ni18Co8Mo5TiAl	815 ℃固溶处理 1h 空冷，480 ℃时效 3h 时，空冷	1 755	1 863	7~9	40	68.7~88.3	110~118	
00Cr5Ni12Mo3TiAl		—	1 873	16	38~45	49~58.8	—	
36CrNi4MoVA	900 ℃淬火（空气）+880 ℃淬火（油）+600 ℃回火（空气）	128~132	136~140	10~14	40~52	34~36	—	43~46
20Ni9Co5Mo2Cr2V (F175)	810~820 ℃淬火 1h（油冷），500~ 520 ℃ 5h（空冷），900 ℃ 1h（空冷）	1 420	1 270	10	45	48	—	37
30Si2MnCrMoVE 余 Fe（D406A）	—	1 620~1 700	1 320~1 570	8	30			48~52

① 此为断裂韧性，是衡量高强度材料在裂纹存在情况下抵抗脆性断裂能力的性能指标。

8.2　高强度钢与超高强度钢的切削加工特点

高强度钢与超高强度钢切削加工难度大，主要表现为切削力大、切削温度高、刀具磨损快、刀具使用寿命低、生产效率低与断屑困难。

1．切削力

传统的切削力理论公式为

$$F_c = \tau_s a_p f(1.4\Lambda_h + C)$$

式中，F_c——主切削力；

τ_s——被加工材料的屈服强度；

a_p——切削深度；

f——进给量；

Λ_h——变形系数；

C——与刀具前角有关的常数。

由于高强度钢与超高强度钢的强度高，即 τ_s 大，故主切削力 F_c 大。但这些钢的塑性较小，即 Λ_h 减小，因而 F_c 不能与 τ_s 成比例增大。

图 8.1 为车削超高强度钢 35CrMnSiA、高强度钢 60Si2MnA 和 30CrMnSiA、45 钢和 60 钢时，主切削力 F_c 与切削深度 a_p、进给量 f 关系曲线。可以看出，35CrMnSiA 的切削力最大，60Si2MnA 和 30CrMnSiA 次之，60 钢和 45 钢的切削力最小。

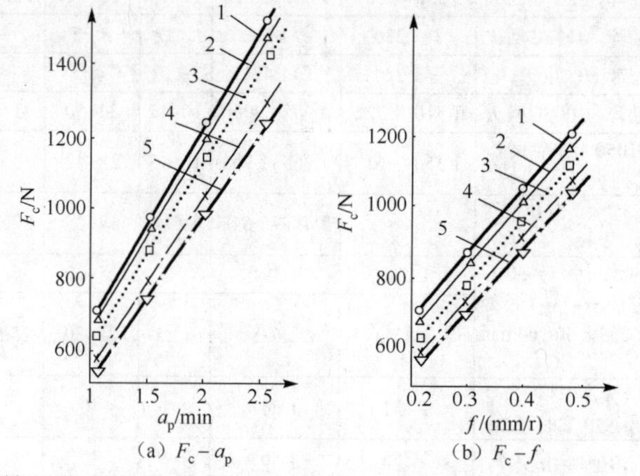

工件材料：1—35CrMnSiA，2—60Si2MnA，3—30CrMnSiA，4—60 钢，5—45 钢

刀具材料：YD10（北方工具厂）

几何参数：$\gamma_o = 2°, \kappa_r = 45°, r_\varepsilon = 0.8$ mm

切削用量：$\upsilon_c = 80$ m/min，(a) $f = 0.21$ mm/r ，(b) $a_p = 1$ mm

图 8.1 车削五种钢时的主切削力

图 8.2 为车削超高强度钢 36CrNi4MoVA、高强度钢 38CrNi3MoVA 及 45 钢的主切削力对比。可以看出，当改变切削速度 υ_c 时，36CrNi4MoVA 的主切削力最大，38CrNi3MoVA 次之，45 钢的切削力最小。

根据大量切削试验，车削低合金高强度钢（调质）时，其主切削力比车削 45 钢（正火）约提高 25%~40%；车削低合金超高强度钢（调质），其主切削力比 45 钢（正火）约提高 30%~50%。车削中合金、高合金超高强度钢的主切削力则将提高 50%~80%。

2．切削温度

高强度钢与超高强度钢的切削力、切削功率大，消耗能量及生成的切削热较多；同时，这些钢材的导热性较差，如 45 钢的导热系数为 50.2 W/(m·℃)，而 38CrNi3MoVA 和 35CrMnSiA 为 29.3 W/(m·℃)，仅为 45 钢的 60%；刀–屑接触长度又比 45 钢短，因此切削区的温度较高。

图 8.3、图 8.4 分别为高速钢刀具（W18Cr4V）和硬质合金刀具（YD05）车削超高强度钢 36CrNi4MoVA、高强度钢 38CrNi3MoVA 及 45 钢时，在不同切削速度下切削温度的对比。可以看出，38CrNi3MoVA 的切削温度约比 45 钢高出 100℃，而 36CrNi4MoVA 又比 38CrNi3MoVA 高出 100℃。

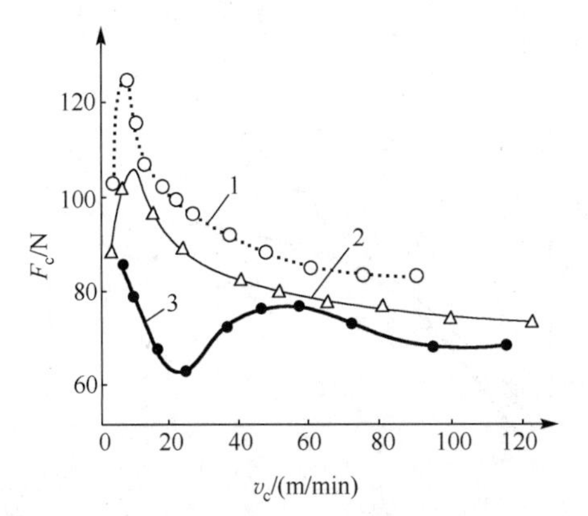

工件材料：1—36CrNi4MoVA，2—38CrNi3MoVA，3—45 钢
刀具：YD05（北方工具厂）$\gamma_o=-4°, \kappa_r=45°, r_\varepsilon=0.5$ mm,
$a_p=1.5$ mm, $f=0.2$ mm/r

图 8.2　车削三种钢时的主切削力

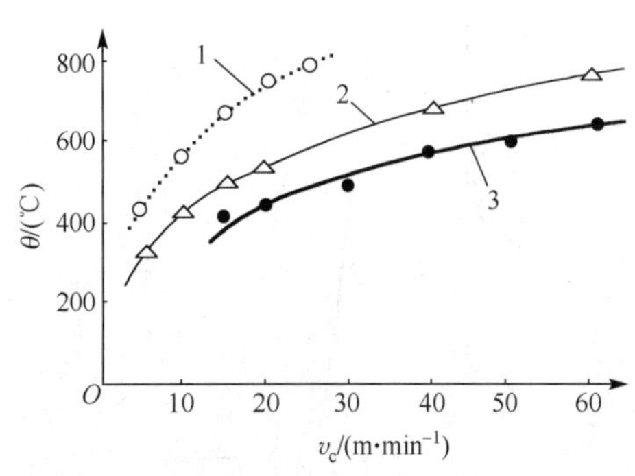

工件材料：1—36CrNi4MoVA，2—38CrNi3MoVA，3—45 钢
刀具：W18Cr4V $\gamma_o=14°, \kappa_r=45°, r_\varepsilon=0.5$ mm,
$a_p=1$ mm, $f=0.2$ mm/r

图 8.3　切削不同钢时切削温度的对比

图 8.5 为切削 CrMnSi 钢、SiMn 钢及 45 钢时切削温度对比。35CrMnSiA 的切削温度最高，30CrMnSiA 次之，60Si2MnA 又次之，45 钢最低。

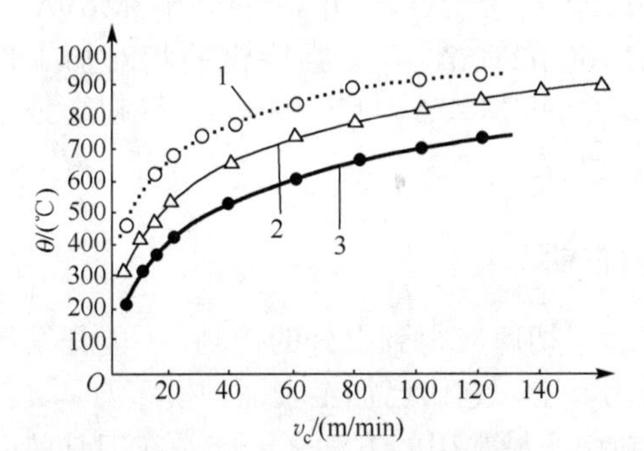

工件材料：1—36CrNi4MoVA，2—38CrNi3MoVA，3—45 钢
刀具：YD05（北方工具厂）　$\gamma_o=14°, \kappa_r=45°, r_\varepsilon=0.5$ mm,
$a_p=1$ mm, $f=0.2$ mm/r

图 8.4　切削不同钢时切削温度的对比

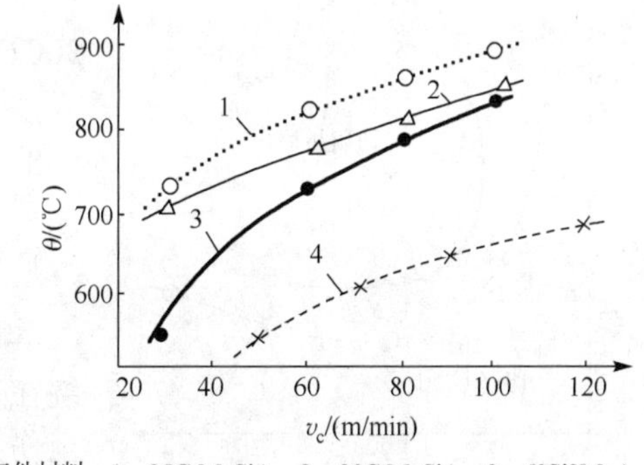

工件材料：1—35CrMnSiA，2—30CrMnSiA，3—60Si2MnA，4—45 钢
刀具：YD10（北方工具厂）　$\gamma_o=3°, \kappa_r=38°, r_\varepsilon=0.8$ mm,
$a_p=1$ mm, $f=0.2$ mm/r

图 8.5　切削不同钢时切削温度的对比

3．刀具磨损与刀具使用寿命

由于高强度钢与超高强度钢的切削力大，切削温度高，钢中还存在一些硬质化合物，故刀具所承受的磨料磨损、扩散磨损乃至氧化磨损都较严重，故刀具磨损较快，导致刀具使用寿命缩短。

图 8.6 为车削 36CrNi4MoVA 和 38CrNi3MoVA 时的 T-v_c 曲线，图 8.7 为拉削这两种钢时的刀具磨损曲线。可以看出，切削超高强度钢 36CrNi4MoVA 时刀具磨损比切削高强度钢 38CrNi3MoVA 时要快，其刀具使用寿命也相应较短。

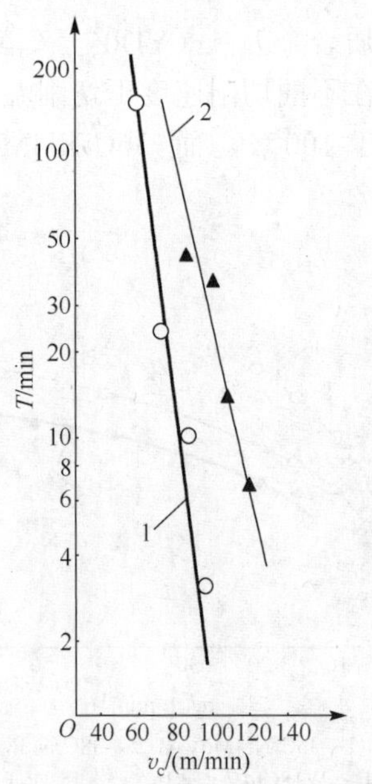

工件材料：1—36CrNi4MoVA，2—38CrNi3MoVA

刀具：YD（北方工具厂） $\gamma_o=-4^\circ, \kappa_r=45^\circ, r_\varepsilon=0.5$ mm, $a_p=1$ mm, $f=0.2$ mm/r, VB = 0.2 mm

图 8.6 车削两种钢 T-v_c 关系

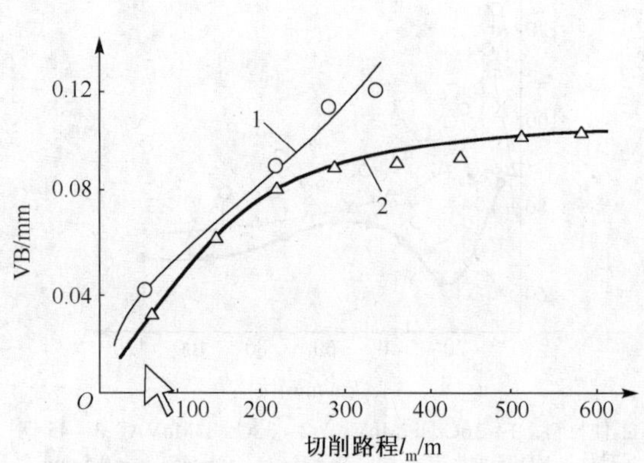

工件材料：1—36CrNi4MoVA，2—38CrNi3MoVA

刀具：Co5Si $\gamma_o=18^\circ, \kappa_r=90^\circ, a_p=6.2$ mm, $f=0.025$ mm/r /双行程，加硫化油

图 8.7 拉削两种钢的刀具磨损曲线

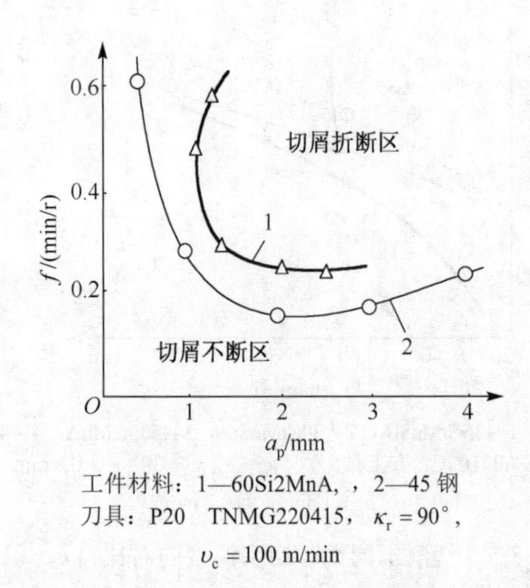

工件材料：1—60Si2MnA，，2—45 钢

刀具：P20 TNMG220415，$\kappa_r=90^\circ$，$v_c=100$ m/min

图 8.8 车削两种钢时断屑范围对比

大量试验及实践表明，38CrNi3MoVA、30CrMnSiA、60Si2MnA 等高强度钢的相对加工性 $K_V \approx 0.5$；36CrNi4MoVA、35CrMnSiA 等超高强度钢的相对加工性 $K_V \approx 0.3$。

4. 断屑性能

切削过程中切屑应得到很好的控制，不能任其缠绕在工件或刀具上，划伤已加工表面，损坏刀具，甚至伤人。控制切屑最常用的方法之一就是在刀具前面上预制成断（卷）屑槽，加大切削变形，促使切屑折断。断屑条件为：加大切削变形后的应变量大于或等于该材料的断裂应变。如被加工材料为强度较高的钢，断裂应变也较高，断屑肯定较难。图 8.8 为车削高强度钢 60Si2MnA 与 45 钢（正火）的断屑范围对比。可以看出，60Si2MnA 高强度钢的断屑范围较窄，故其断屑较难。在加工高强度钢与超高强度钢时，必须注意解决断屑问题。

8.3 切削高强度钢与超高强度钢的有效途径

要对高强度钢与超高强度钢进行高效和保质的切削加工，必须采取有效措施。首先采用先进适用的刀具材料，其次选用刀具合理的几何参数，并应合理选择切削用量。

1. 采用先进适用的刀具材料

采用切削性能先进的刀具材料，是提高切削高强度钢与超高强度钢生产效率和保证加工质量的最基本和最有效的措施。针对它们的强度与硬度高的特点，刀具材料应具有更高硬度和更好耐磨性，并应根据粗、精加工等条件，要求其具有较好的韧性和强度。

除金刚石外，其他各类先进刀具材料都可能在高强度钢与超高强度钢加工中发挥作用。

（1）高性能高速钢

用 W18Cr4V、W6Mo5Cr4V2 等普通高速钢切削高强度钢，其耐磨性已觉不足，生产效率很低。切削超高强度钢时困难更大，硬度和耐磨性常不敷应用。使用高性能高速钢可取得良好效果，能提高切削速度和刀具使用寿命。各类高性能高速钢，如 501、Co5Si、M42、V3N、B201 等，都可以发挥良好作用。图 8.9 给出了四种高性能高速钢车削超高强度钢 36CrNi4MoVA 时与普通高速钢 W18Cr4V 对比的 T-υ_c 曲线。可以看出，高性能高速钢的切削效果高出 W18Cr4V 很多，V3N 与 Co5Si 的效果尤为突出。

表 8-3 为 501 高速钢与普通高速钢 W18Cr4V 刀具使用寿命的比较。在切削 30CrMnSiA 时，501 加工零件数约为 W18Cr4V 的 3.2 倍。

表 8-3　501 与 W18Cr4V 刀具使用寿命（加工零件数）比较

工件材料	30CrMnSiA（42HRC）	
刀具名称	炮孔镗刀（ϕ18 mm）	
切削用量	$\upsilon_c = 18$ m/min， $a_p = 0.3$ mm， $f = 0.5$ mm/r	
刀具材料	W18Cr4V	W6Mo5Cr4V2Al（501）
刀具使用寿命	10 把刀具加工件数的平均数（件）	
	200	642

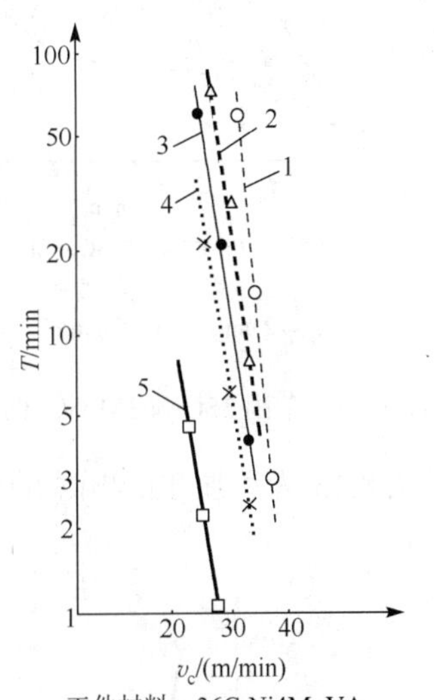

工件材料：36CrNi4MoVA

刀具几何参数：$\gamma_o = 4°, \kappa_r = 45°, r_\varepsilon = 0.2$ mm，

$a_p = 1$ mm, $f = 0.1$ mm/r, VB = 0.2 mm

刀具材料：1—V3N，2—Co5Si，，

3—B201，4—M42，5—W18Cr4V

图 8.9　高性能高速钢的 T-υ_c 关系

（2）粉末冶金高速钢

用粉末冶金高速钢刀具切削高强度钢与超高强度钢也能取得显著效果。

图 8.10 为车削 38CrNi3MoVA 高强度钢的刀具磨损曲线。粉末冶金高速钢 GF3（W10.5Mo5Cr4V3Co9）的耐磨性明显优于 V3N 和 Co5Si，W18Cr4V 性能最差。

图 8.11 为用 GF3 和 Co5Si 制成的拉刀，在 38CrNi3MoVA 上拉削膛线时的刀具磨损曲线，GF3 仍然领先。粉末冶金高速钢是拉削膛线最好的刀具材料。

（3）涂层高速钢

高速钢刀具涂覆 TiN 等耐磨层后，对切削高强度钢与超高强度钢能起到延长刀具使用寿命或提高切削速度的作用。图 8.12 为 W18Cr4V 车刀涂覆 TiN 前后的对比。W18Cr4V+TiN（涂层）的使用寿命显著提高。实践表明，高速钢麻花钻、立铣刀、丝锥、齿轮滚刀、插齿刀等经过涂层，都有很好的切削效果。

（4）硬质合金

硬质合金是切削高强度钢与超高强度钢最主要的刀具材料。由于硬质合金的硬度高、耐磨性好，故其刀具使用寿命或生产效率高出高速钢刀具很多。但应尽可能采用新型硬质合金，如添加 Ta (Nb)C 或稀土元素的 P 类硬质合金、TiC 基和 Ti(C, N)基硬质合金及 P 类涂层硬质合金。其主要用于车刀和端铣刀，也可以用于螺旋齿立铣刀、三面刃或两面刃盘铣刀、铰刀、锪钻、浅孔钻、深孔钻及小直径整体麻花钻等。由于硬质合金的韧性较低，被加工性差，故有些刃形复杂的刀具，如拉刀、丝锥、板牙等，还使用不多。

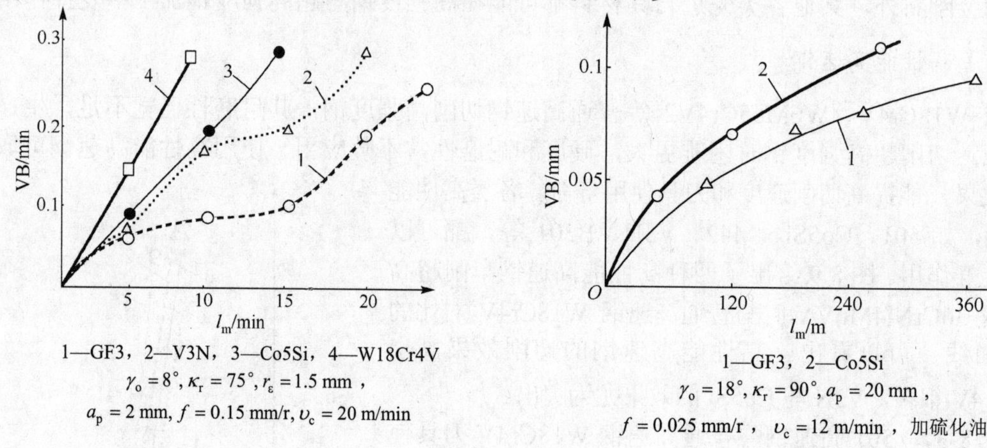

图 8.10　车削 38CrNi3MoVA 的刀具磨损曲线　　图 8.11　拉削 38CrNi3MoVA 的刀具磨损曲线

图 8.13 为添加 Ta(Nb)C 的硬质合金 YD10（北京工具厂）与普通硬质合金 YT15 的对比。

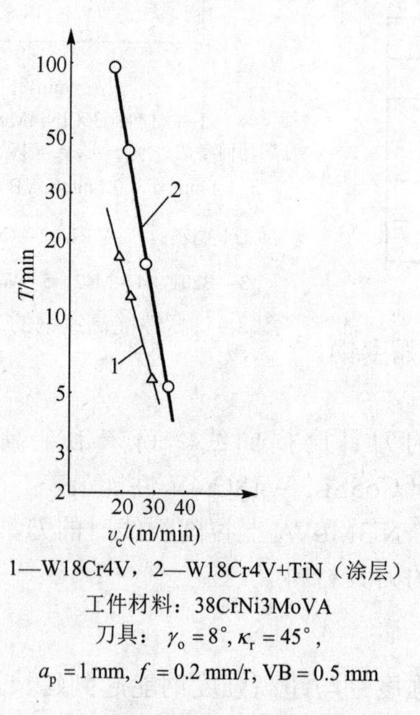

图 8.12　高速钢涂层刀具的车削效果

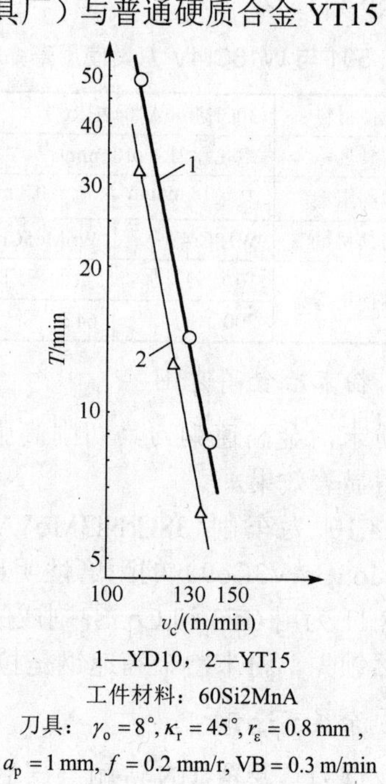

图 8.13　YD10 与 YT15 硬质合金的 T-υ_c 关系

图 8.13 可看出，虽然同属 P10，但 YD10 的切削性能领先。所得 T-υ_c 关系分别为

$$\upsilon_c = 176.2 / T^{0.11} \qquad \text{（YD10）}$$

$$\upsilon_c = 176.7 / T^{0.12} \qquad \text{（YT15）}$$

图 8.14、图 8.15 为五种硬质合金车刀的后刀面、前刀面磨损曲线。从中可看出，涂层硬质合金耐磨性最好，TiC 基 YN05（P01）与添加 TaC 的 YT30（P01）次之，北方工具厂的添加 Ta(Nb)C 的 YD05（P05）又次之，普通硬质合金 YT15（P10）耐磨性最差。

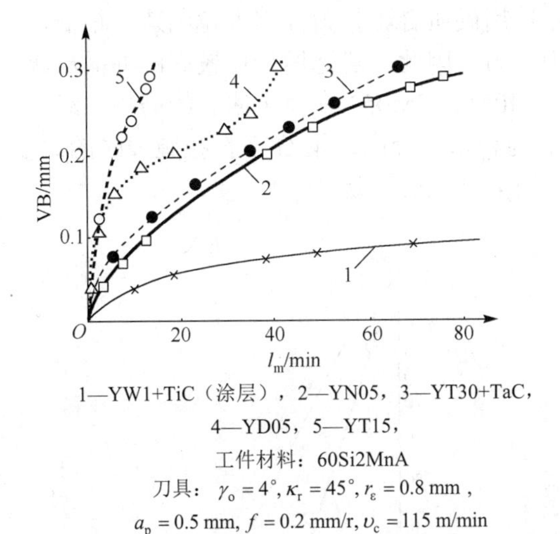

VB/mm
0.3
0.2
0.1
O
20
40
60
80
l_m/min
1
2
3
4
5

1—YW1+TiC（涂层），2—YN05，3—YT30+TaC，
4—YD05，5—YT15，
工件材料：60Si2MnA
刀具：$\gamma_o = 4°, \kappa_r = 45°, r_\varepsilon = 0.8$ mm，
$a_p = 0.5$ mm, $f = 0.2$ mm/r, $\upsilon_c = 115$ m/min

图 8.14　五种硬质合金刀具的后刀面磨损对比

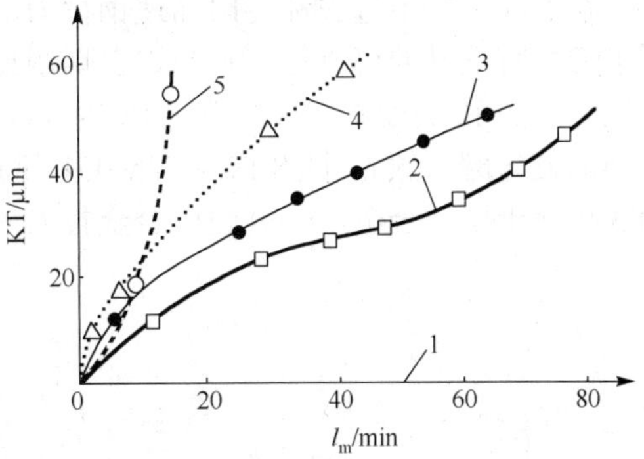

KT/μm
60
40
20
0
20
40
60
80
l_m/min
1
2
3
4
5

1—YW1+TiC（涂层），2—YN05，3—YT30+TaC，
4—YD05，5—YT15，
工件材料：60Si2MnA
刀具：$\gamma_o = 4°, \kappa_r = 45°, r_\varepsilon = 0.8$ mm，
$a_p = 0.5$ mm, $f = 0.2$ mm/r, $\upsilon_c = 115$ m/min

图 8.15　五种硬质合金刀具的前刀面磨损对比

图 8.16 为添加稀土元素硬质合金 YT14R 与普通硬质合金 YT14 的刀具磨损曲线。YT14R 的耐磨性好于 YT14。

图 8.17 为相同基体（YW3）的单层、双层、三层涂层硬质合金与基体硬质合金的磨损曲线。因为 TiC 的线膨胀系数与基体最接近，故涂在最底层。TiN 虽不如 TiC 耐磨，但仍优于基体，且 TiN 与钢之间的摩擦系数较小，故置于最外层。Ti(C, N)居中，其性能居于 TiC 与 TiN 之间。由此可表明，三层涂层硬质合金的切削性能最好，双层、单层次之。基体硬质合金 YW3 则与涂层者相差甚远。

VB/mm
0.3
0.2
0.1
O
10
20
30
40
50
l_m/min
1
2

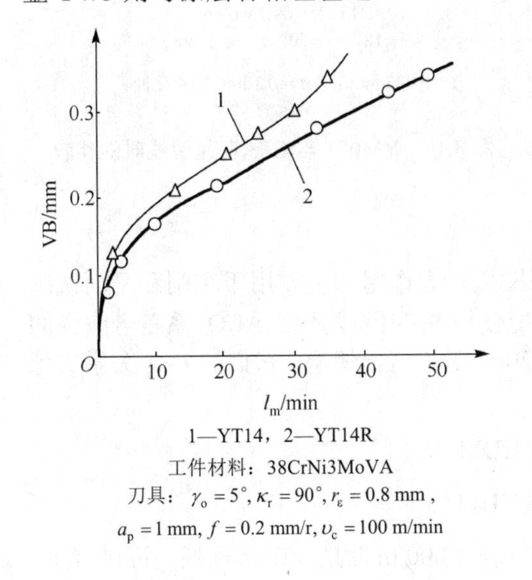

1—YT14，2—YT14R
工件材料：38CrNi3MoVA
刀具：$\gamma_o = 5°, \kappa_r = 90°, r_\varepsilon = 0.8$ mm，
$a_p = 1$ mm, $f = 0.2$ mm/r, $\upsilon_c = 100$ m/min

图 8.16　YT14R 与 YT14 硬质合金的磨损曲线

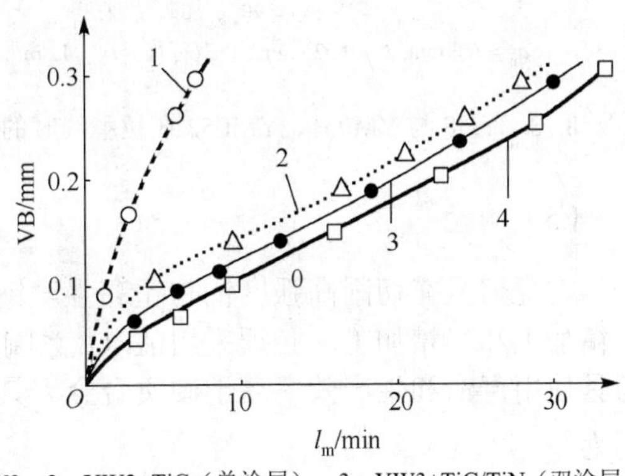

VB/mm
0.3
0.2
0.1
O
10
20
30
l_m/min
1
2
3
4
0

1—YW3，2—YW3+TiC（单涂层），3—YW3+TiC/TiN（双涂层），
4—YW3+TiC/TiC，N/TiN
工件材料：60Si2MnA
刀具：$\gamma_o = 4°, \kappa_r = 45°, r_\varepsilon = 0.8$ mm，
$a_p = 0.5$ mm, $f = 0.2$ mm/r, $\upsilon_c = 150$ m/min

图 8.17　不同层数涂层硬质合金的磨损曲线

添加 Ta(Nb)C 和添加稀土元素的硬质合金，在加工高强度钢与超高强度钢时，可根据粗精加工及加工条件差异来选定硬质合金的级别和牌号。而 TiC 基、Ti（C，N）基硬质合金主要用于精加工和半精加工。涂层硬质合金则可用于精加工、半精加工及负荷较轻的粗加工。

拉膛线工序中过去都使用高速钢拉刀，近年试用硬质合金拉刀。因为拉削速度很低，又要求刀具有很好的可靠性，不允许在切削过程中崩刃，因此一般选用韧性较好的细晶粒或亚微细晶粒的 K 类硬质合金。图 8.18 为 YG8 与 YM051、YM052 在拉膛线时的磨损曲线。亚微细晶粒耐磨性领先。图 8.19 为 YM051 硬质合金与粉末冶金高速钢 GF3 在拉膛线时的比较，GF3 仍逊于硬质合金。但是硬质合金拉刀的使用可靠性尚嫌不足。

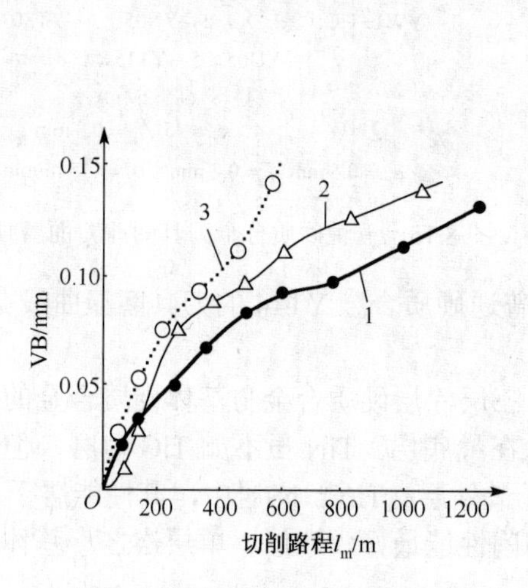

刀具：1—YM051，2—YM052，3—YG8
工件：38CrNi3MoVA
$\gamma_o = 18°$, $\kappa_r = 90°$，加硫化油，
$a_p = 6.2$ mm, $f = 0.025$ mm/r，双行程，$\upsilon_c = 12$ m/min

图 8.18 YG8 与 YM051、YM052 在拉膛线时的磨损曲线

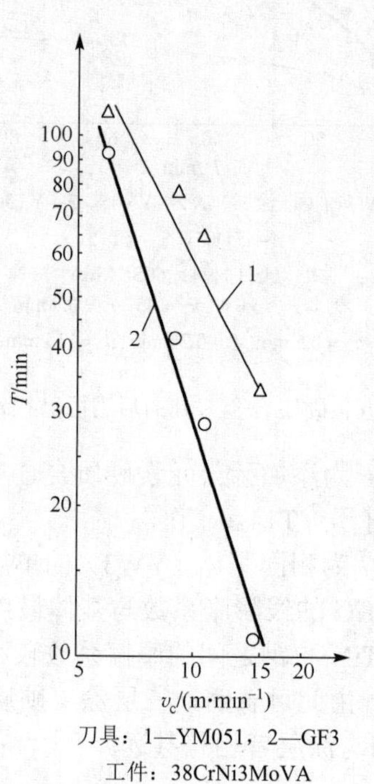

刀具：1—YM051，2—GF3
工件：38CrNi3MoVA
$\gamma_o = 18°$, $\kappa_r = 90°$, $a_p = 6.2$ mm，
$f = 0.025$ mm/r, VB = 0.1 mm 加硫化油

图 8.19 YM051 与 GF3 在拉膛线时的比较

（5）陶瓷

陶瓷刀具在切削高强度钢与超高强度钢中也可发挥较大作用，主要用于车削和平面铣削的精加工和半精加工。必须采用 Al_2O_3 系陶瓷，不能使用 Si_3N_4 系陶瓷。Al_2O_3 系复合陶瓷的刀具使用寿命和生产效率高于硬质合金刀具。图 8.20 证明了这一情况。它们的 T-υ_c 关系式分别为

$$\upsilon_c = 270 / T^{0.17} \qquad \text{(HDM-4)}$$

$$\upsilon_c = 190 / T^{0.26} \qquad \text{(YB415)}$$

图 8.21 给出了不同刀具材料车削 60Si2MnA 钢 $l_m = 1\ 000$ m 时的 VB-υ_c 曲线。可以看出，不同刀具材料都有切削路程为 1 000 m 时 VB 最小所对应的切削速度值，该速度称为临界切削速度。如临界切削速度高，在此速度下的 VB 值小，则刀具耐磨性好。可见，复合陶瓷 LT55

和 YW1+TiC（涂层）硬质合金的耐磨性最好；碳化钛基硬质合金 YN05 次之；添加 TaC 的 YT30+TaC 硬质合金又次之；再次为北方工具厂的 YD05、YD10 硬质合金；YT15 的耐磨性最差。

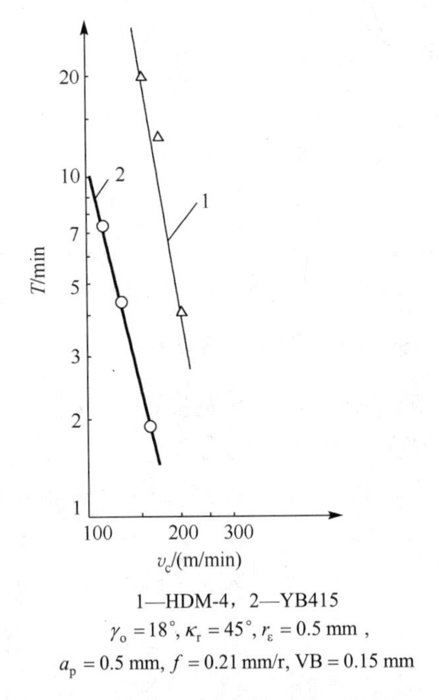

1—HDM-4，2—YB415

$\gamma_o = 18°, \kappa_r = 45°, r_\varepsilon = 0.5$ mm，

$a_p = 0.5$ mm, $f = 0.21$ mm/r, VB = 0.15 mm

图 8.20　陶瓷 HDM-4 与涂层硬质合金 YB415 切削 35CrMnSiA 的 T-v_c 关系

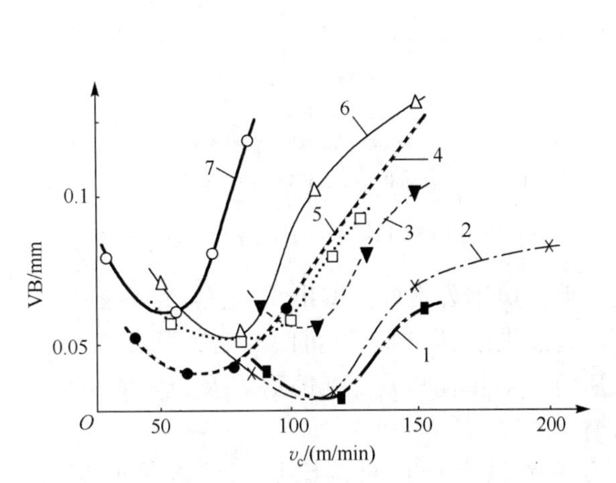

1—LT55，2—YW1+TiC（涂层），3—YN05，4—YT30+TaC，5—YD05，6—YD10，7—YT15

工件材料：60Si2MnA

刀具：$\gamma_o = 4°, \kappa_r = 45°, r_\varepsilon = 0.8$ mm, $a_p = 0.5$ mm, $f = 0.2$ mm/r, $\gamma_o = -4°$（LT55）

图 8.21　l_m = 1 000 m 不同刀具的 VB 值

（6）*超硬刀具材料*

立方氮化硼（CBN）刀具可用于切削高强度与超高强度钢，但是效果不如加工淬硬钢那样显著。淬硬钢硬度可达 60HRC 以上，用 CBN 刀具最适宜。高强度钢的硬度仅为 35~45HRC，超高强度钢为 40~50HRC。采用 CBN 刀具进行精加工的效果明显优于硬质合金与陶瓷刀具，但一般仅用于车刀、镗刀及面铣刀。

金刚石刀具则不能加工高强度钢与超高强度钢。

2．选择刀具合理的几何参数

在刀具材料选定后，必须选择刀具合理的几何参数。加工高强度钢与超高强度钢时的刀具几何参数的选择原则与加工一般钢基本相同。由于被加工材料的强度、硬度高，故必须加强切削刃和刀尖部分，方可保证刀具一定的使用寿命。例如，前角应适当减小，刃区需鐾出负倒棱，刀尖圆弧半径要适当加大。

在车削超高强度钢 36CrNi4MoVA 时，刀具使用寿命随前角的改变而变化。前角过大或过小，均使刀具使用寿命降低。图 8.22 和图 8.23 分别为用 YT14 和 YD10 车刀使用寿命情况。可见，前角 $\gamma_o = -4°$ 时刀具使用寿命最长。

经验表明：车削高强度钢时的硬质合金刀具 γ_o 可取 $4° \sim 6°$，车削超高强度钢可取为 $-2° \sim -4°$，而高速钢刀具的前角可选为 $8° \sim 12°$。

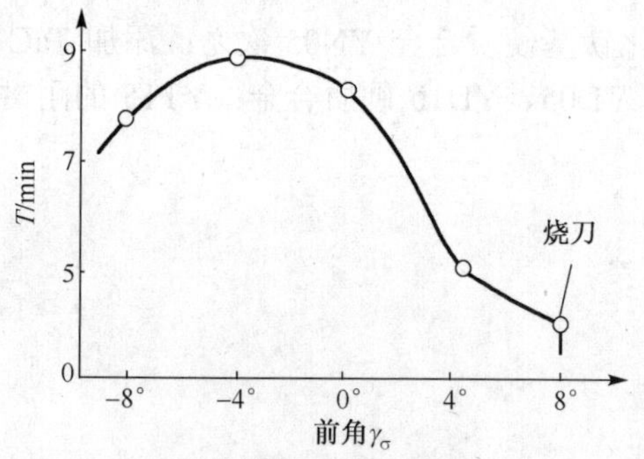

工件材料：36CrNi4MoVA

刀具：YT14　$\kappa_r = 45°, r_\varepsilon = 0.5$ mm, $a_p = 1$ mm，

$f = 0.2$ mm/r, $\upsilon_c = 80$ m/min, VB = 0.3 mm

图 8.22　T14 刀具的 γ_0-T 关系

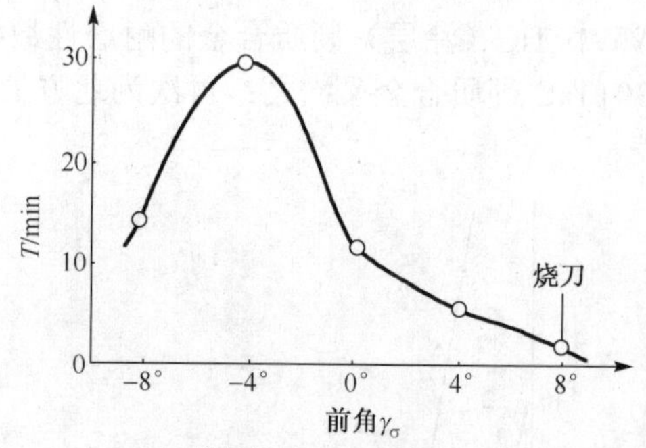

工件材料：36CrNi4MoVA

刀具：YD10（北方工具厂）$\kappa_r = 45°, r_\varepsilon = 0.5$ mm, $a_p = 1$ mm，

$f = 0.2$ mm/r, $\upsilon_c = 80$ m/min, VB = 0.3 mm

图 8.23　YD10 刀具的 γ_0-T 关系

一般在切削刃附近需鐾出负倒棱，倒棱前角 $\gamma_o = -5° \sim -15°$，倒棱宽度 $b_r = (0.5 \sim 1)f$。当 b_r 不超过进给量 f 时，既可明显地加强切削刃，又不致过分增大切削力。

后角 α_o、主偏角 κ_r、副偏角 κ_r' 及刃倾角 λ_s 的选择原则和具体数值均与加工一般钢相同，不再赘述。

刀尖圆弧半径 r_ε 应该比加工一般钢时略大一些，以加强刀尖。精加工时，可取 $r_\varepsilon = 0.5 \sim 0.8$ mm；粗加工时，可取 $r_\varepsilon = 1 \sim 2$ mm。

3．选择合理的切削用量

在加工高强度钢与超高强度钢时，切削深度、进给量和切削速度的选择原则与加工一般钢基本相同，唯切削速度必须降低，方能保证必要的刀具使用寿命。如前所述，若刀具使用寿命不变，加工高强度钢时的切削速度约应降低 50%，加工超高强度钢时约应降低 70%。据文献[67]报道，切削高强度钢与超高强度钢的切削速度与工件材料的强度平方成反比，其修正系数见表 8-4。用高速钢刀具时，切削速度只能为 3~10 m/min 。

表 8-4　高强度钢的切削速度修正系数 Kv[67]

工件材料 σ_b/GPa	1.70	1.80	2.00	2.20
K_v	1.0	0.9	0.75	0.65

8.4　高强度与超高强度钢的钻孔与攻螺纹

8.4.1　高强度钢与超高强度钢的钻孔

1．钻孔特点

高强度钢与超高强度钢的抗拉强度比 45 钢大 1~2 倍，相对加工性仅为 0.1 左右。钻孔时是在相对半封闭的空间里工作，扭矩和轴向力均很大，钻头常因强度不足而无法工作。

用硬质合金钻头虽可行，但因横刃较宽、轴向力太大，也易产生振动，故对机床与钻头轴线的同轴度及振摆要求较高；内冷却钻头固然好，终因成本高，致使生产实际中的使用受限。因此，生产实际中普遍使用的还是经修磨过的高速钢钻头，再辅以合适的切削用量，来实现其钻孔加工。

2. 措施

（1）缩短钻头长度，尽量缩短伸出长度，提高工作稳定性；

（2）修磨顶角 $2\phi=130°\sim140°$，以增大钻削层厚度（$h_D \approx f\cdot\sin\phi$），减小单位切削力及扭矩（图 8.24 中 D406A 的 M），减小钻削宽度（$b_D \approx a_p/\sin\phi$）以减小单位长度切削刃上的负荷及磨损，延长钻头使用寿命；

（3）减小外刃前角，增大后角，以减小摩擦及生热；

（4）修磨成群钻形式（图 8.25），几何参数见表 8-5；

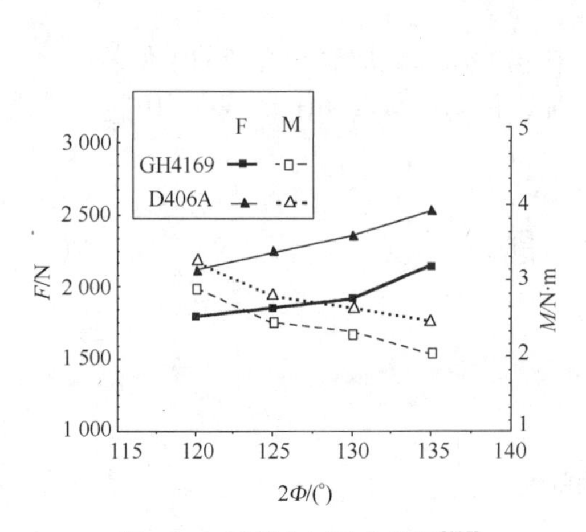

图 8.24 钻削力记录曲线图[117]

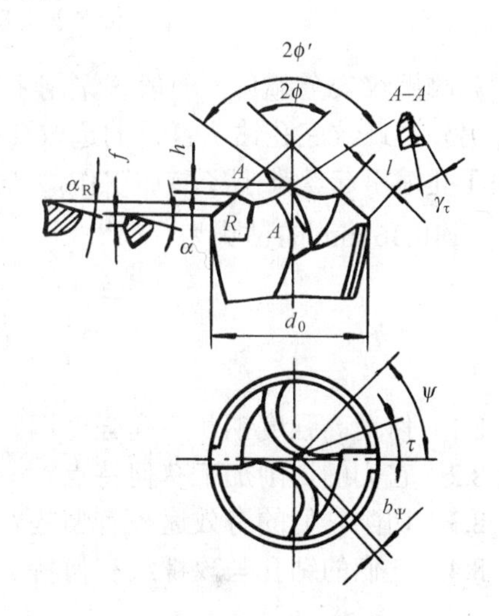

图 8.25 群钻结构形式[118]

表 8-5 群钻参数

钻头直径	尖高 h	圆弧半径 r	外刃长 l	横刃长/ b_ψ	外刃锋角 2ϕ	内刃锋角 $2\phi_\tau$	转速 n	进给量 f
ϕ10.3	0.75	2.5	3.8	0.5	140°	130°	200~250	0.04~0.06

（5）采用四刃带钻头，增大截面惯性矩，提高钻头强度与刚度；

（6）采用硬质合金钻头，对横刃进行修磨以减小轴向力；

（7）采用内冷却硬质合金钻头，降低切削温度，减小钻头磨损，增长钻头寿命；

（8）采用较小进给量，以减小钻削力。

由文献[118]知，修磨高速钢钻头ϕ12 mm 成群钻，一次可钻 3~4 个孔，如将日本 OSG 钻头修磨成群钻一次可钻 10 个孔，可允许修磨 20 次，总计可钻 200~300 个孔。

8.4.2 高强度钢与超高强度钢的攻螺纹

因为高强度钢与超高硬度钢的抗拉强度比 45 钢大 1~2 倍，故攻螺纹扭矩约为 45 钢的 2~3 倍，丝锥极易崩齿，甚至折断，用标准高速钢丝锥很难实现攻螺纹。如经修磨切削齿和校准齿丝锥的后刀面增大了后角或倒锥量，可减小摩擦，减小攻螺纹扭矩；采用特殊结构丝锥则是效果更好的办法。由文献[121]可知，如采用修正齿丝锥效果很好。但必须尺量减小其切削锥角 $\kappa_r \approx 3^\circ 30'$，以减小每齿切削层厚度，减小攻螺纹扭矩。攻螺纹扭矩对比见图 10.26。

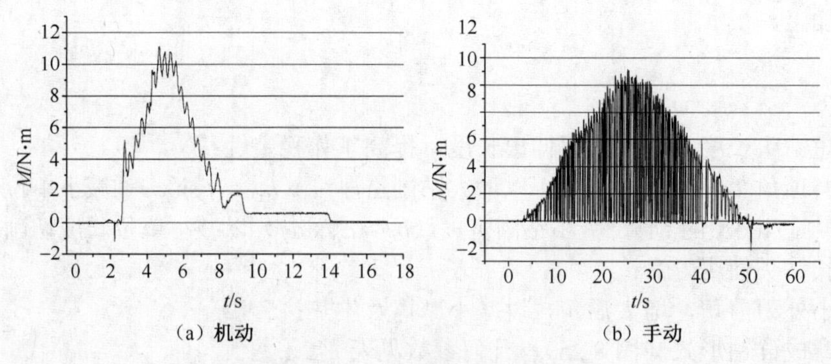

图 8.26　D406A 攻螺纹扭矩曲线[121]

为攻螺纹安全起见，一般多采用手动攻螺纹。

另外，螺纹底孔钻头直径的选取要比普通材料稍大，即选取底孔直径的上偏差为宜，防止由于孔缩引起丝锥小径参加工作，造成丝锥损坏。例如，M12−6H 的底孔 $\phi 10^{+0.2}_{+0.4}$，应选用 $\phi 10.3 \sim \phi 10.36$ mm 的钻头为宜[118]。

思　考　题

8.1　何谓高强度钢和超高强度钢？

8.2　它们的切削加工有何特点？

8.3　切削它们的有效途径有哪些？

8.4　它们的钻孔与攻螺纹有何特点？如何解决？

第 9 章　不锈钢的切削加工

9.1　概　　述

往钢中加入较多的 Cr、Ni、Mo、Ti 等元素，使其具有耐腐蚀性能并在较高温度（>450℃）下具有较高强度的合金钢称不锈钢。通常，不锈钢中含 Cr 量>10%~12%或含 Ni 量>8%。不锈钢广泛地应用于航空、航天、化工、石油、建筑及食品工业与医疗器械中。

常用的不锈钢可按其组织结构分类：

（1）铁素体不锈钢

铁素体不锈钢的基体组织为铁素体，含 Cr 量为 12%~30%。

（2）马氏体不锈钢

马氏体不锈钢的基体组织为马氏体，含 Cr 量为 12%~17%。

（3）奥氏体不锈钢

奥氏体不锈钢的基体组织为奥氏体，含 Cr 量为 12%~25%，含 Ni 量为 7%~20%或更高。

（4）奥氏体-铁素体不锈钢

这类不锈钢与奥氏体不锈钢相似，只是在组织中还含有一定量的铁素体及高硬度的金属间化合物析出，有弥散硬化倾向，其强度高于奥氏体不锈钢，但具有磁性。

（5）沉淀硬化不锈钢

这类不锈钢含 C 量很低，含 Cr、Ni 量较高，具有更好的耐腐蚀性能。含有起沉淀硬化作用的 Ti、Al、Mo 等元素，回火时（500℃）能时效析出，产生沉淀硬化，具有很高的硬度和强度。

常用部分不锈钢的牌号、性能与用途见表 9-1。

表 9-1　部分不锈钢的牌号性能与用途[46]

组织	牌号	力学性能					退火或高温回火状态硬度 HBS 不大于	用途
		σ_m /MPa	$\sigma_s(\sigma_{0.2})$ /MPa	δ /(%)	ψ /(%)	硬度（HBS）		
马氏体不锈钢	1Cr12（403）	≥588	≥392	≥25	≥55	≥170	200	可用于制造汽轮机叶片及高应力部件，是良好的耐热不锈钢，有棒材、板材和带材
	1Cr13（410）	≥540	≥343	≥25	≥55	≥159	200	具有良好的耐蚀性、可加工性，作一般用途及量具类，有棒材、板材、带材

（续表）

组织	牌号	力学性能					退火或高温回火状态硬度HBS不大于	用途
		σ_m	$\sigma_s(\sigma_{0.2})$	δ	ψ	硬度		
		/MPa		/(%)		（HBS）		
马氏体不锈钢	1Cr13Mo	≥686	≥490	≥20	≥60	≥192	200	用于制造汽轮机叶片及高温部件，耐蚀性及强度高于1Cr13，有棒材等
	Y1Cr13	≥540	≥343	≥25	≥55	≥159	200	自动车床用，是不锈钢中切削加工性最好的钢种，有棒材
	2Cr13（420）	≥638	≥441	≥20	≥50	≥192	223	用于制造汽轮机叶片，淬火状态下硬度高、耐蚀性好，有棒材、板材和带材
	3Cr13	≥735	≥539	≥12	≥40	≥217	235	用于制造工具、喷嘴、阀座、阀门等，淬火后硬度高于2Cr13，有棒材、板材和带材
	Y3Cr13	≥735	≥539	≥12	≥40	≥217	235	为改善3Cr13切削性能的钢种，有棒材
	1Cr17Ni2	≥1079	≥10				285	用于制造具有较高强度的耐硝酸及有机酸腐蚀的零件、容器和设备，有棒材等
铁素体不锈钢	0Cr13Al	≥412	≥177	≥20	≥60	≥183		用于制造汽轮机材料、淬火用部件、复合钢材等，从高温下冷却不产生显著硬化，有棒材、板材、带材
	00Cr12	≥363	≥196	≥22	≥60	≥183		用于制造汽车排气处理装置、锅炉燃烧室、喷嘴等，加工性及耐高温氧化性能好，有棒材、板材、带材
	1Cr17	≥451	≥206	≥22	≥50	≥183		建筑内装饰、重油燃烧器部件、家庭用具、家用电器部件，耐蚀性良好，有棒材、板材、带材
	Y1Cr17	≥451	≥206	≥22	≥50	≥183		自动车床用，螺帽螺栓等，切削加工性优于1Cr17，有棒材等
	1Cr17Mo	≥451	≥206	≥22	≥60	≥183		用于制造汽车外装材料使用，抗盐腐蚀性比1Cr17好，有棒材、板材、带材
	00Cr30Mo2	≥451	≥294	≥20	≥45	≥228		作与醋酸、乳酸等有机酸有关的设备、苛性碱设备，耐卤离子应力腐蚀、耐点蚀，防止公害机器的高Cr-Mo系，C、N极低，耐蚀性很好，有棒材、板材、带材
	00Cr27Mo	≥412	≥245	≥20	≥45	≥219		用途及性能与00Cr30Mo2相似，有棒材、板材、带材
奥氏体不锈钢	1Cr17Mn6Ni5N	≥520	≥275	≥40	≥45	≤241		代替1Cr17Ni7的节Ni钢种，冷加工后具有磁性，用于制造铁道车辆，有棒材、冷轧钢板、钢带、热轧钢带、钢板等
	1Cr18Mn8Ni5N	≥520	≥275	≥40	≥45	≤207		代替1Cr18Ni9的节Ni钢种，有棒材、冷热轧钢带、钢板等
	1Cr17Ni7（301）	≥520	≥206	≥40	≥60	≤187		用于铁道车辆、传送带及螺栓螺母，经冷加工有高的强度，有冷轧钢板、钢带、热轧钢板、棒材
	1Cr18Ni9（302）	≥520	≥206	≥40	≥60	≤187		建筑用装饰部件，经冷加工有高的强度，有棒材，冷轧钢板、钢带，热轧钢板、钢带、钢丝等

（续表）

组织	牌号	力学性能					退火或高温回火状态硬度 HBS 不大于	用途
		σ_m	$\sigma_s(\sigma_{0.2})$	δ	ψ	硬度（HBS）		
		/MPa		/(%)				
奥氏体不锈钢	Y1Cr18Ni9（303）	≥520	≥206	≥40	≥50	≤187		适用于自动车床、螺栓螺母、切削性能及耐烧蚀性好，有棒材
	Y1Cr18Ni9Se	≥520	≥206	≥40	≥50	≤187		同 Y1Cr18Ni9
	0Cr19Ni9（304）	≥502	≥206	≥40	≥60	≤187		作为不锈耐热钢使用最广泛，用于食品工业、一般化工设备、原子能工业，有棒材、钢板、钢带
	00Cr19Ni11	≥481	≥177	≥40	≥60	≤187		用于焊接后不进行热处理的部件、耐晶间腐蚀性好，有棒材、钢板、钢带
	0Cr18Ni12Mo2Ti	≥520	≥206	≥40	≥55	≤187		用于制造抗硫酸、磷酸、蚁酸、醋酸的设备，有良好的耐晶间腐蚀性，有棒材
	0Cr18Ni16Mo5	≥481	≥177	≥40	≥45	≤187		制作吸取含氯离子溶液的热交换器（醋酸、磷酸）设备、漂白装置等，有棒材、板材、带材
	1Cr18Ni9Ti（320）	≥520	≥206	≥40	≥50	≤187		用于制造焊芯、抗磁仪表、医疗器械、耐酸容器及设备衬里、输送管道等设备和零件
奥氏体+铁素体不锈钢	0Cr18Ni13Si4	≥520	≥206	≥40	≥60	≤207		添加 Si 元素提高耐应力腐蚀断裂性，用于含氯离子的环境，有棒材、板材、带材
	0Cr26Ni5Mo2	≥589	≥392	≥18	≥40	≤277		作耐海水腐蚀用，抗氧化性、耐点蚀性好，具有高的强度，有棒材、板材、带材
	1Cr18Ni11Si4AlTi	≥716	≥441	≥25	≥40			用于制造抗高温浓硝酸介质的零件和设备，有棒材
	0Cr18Ni5Mo3Si2	≥589	≥392	≥20	≥40			适于含氯离子的环境，用于炼油、化肥、造纸、石油化工等工业热交换器和冷凝器等，耐应力腐蚀性能好，有棒材等
	1Cr21Ni5Ti	≥589	≥343	≥20	≥40			用于制造化学、食品工业耐酸蚀的容器和设备，有棒材等
	0Cr17Mn13Mo2N	≥736	≥441	≥20	≥55			作抗尿素腐蚀的设备
沉淀硬化不锈钢	OCr17Ni4Cu4Nb	≥1315	≥1177	≥10	≥40	≥375		添加 Cu 的沉淀硬化钢种，作轴类、汽轮机部件用，有棒材
	1Cr17Ni7Al	≥1138	≥961	≥5	≥25	≥363		添加 Al 的沉淀硬化钢种，作轴类、汽轮机部件用，有棒材
	0Cr15Ni7Mo2Al	≥1324	≥1207	≥6	≥20	≥388		用于有一定耐蚀要求的高强度容器、零件及结构件，有棒材

注：括号内为美国 AISI 相近牌号。

9.2 不锈钢的切削加工特点

1. 切削加工性

45 钢的切削加工性 $K_v = 1.0$，马氏体不锈钢 2Cr13 的 $K_v = 0.55$，铁素体不锈钢 1Cr28 的 $K_v = 0.48$，奥氏体不锈钢 1Cr18Ni9Ti 的 $K_v = 0.4$，奥氏体-铁素体不锈钢的 K_v 更小。

由此可见，不锈钢的切削加工性从易到难的顺序为：马氏体、铁素体、奥氏体、奥氏体-铁素体、沉淀硬化。马氏体不锈钢与合金钢的切削加工性相当。

2. 切削变形大

不锈钢的塑性大多都较大（奥氏体不锈钢 $\delta \geqslant 40\%$），合金中奥氏体固溶体晶格滑移系数多，塑性变形大，切削变形系数 Λ_h 大。

3. 加工硬化严重

马氏体不锈钢除外，以 1Cr18Ni9Ti 为例，由于奥氏体不锈钢的塑性变形大，晶格产生严重扭曲（位错）使其强化；在应力和高温作用下，不稳定的奥氏体将部分转变为马氏体，强化相也会从固溶体中分解出来呈弥散分布，加之化合物分解后的弥散分布都会导致加工表面的强化、硬度提高。切削加工后，不锈钢的加工硬化程度可达 240%~320%，硬化层深度可达 $\frac{1}{3}a_p$，严重影响下道工序加工。试验表明，切削用量和刀具的前后角、刀具磨损都对加工硬化有影响，分别见图 9.1 和图 9.2。

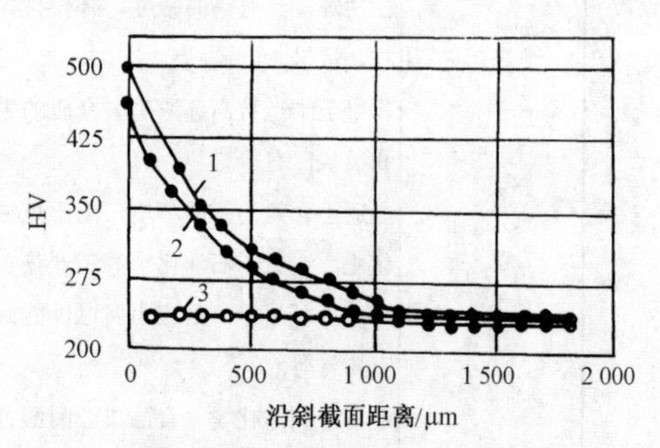

1—1Cr18Ni9Ti，2—40Cr，3—1Cr18Ni9Ti（退火）

$v_c = 90$ m/min，$f = 0.5$ mm/r，$a_p = 4$ mm

$\gamma_o = 10^\circ$，$\alpha_o = 10^\circ$，$\gamma_0 = 10^\circ$，$\kappa_r' = 15^\circ$

$\lambda_s = 0^\circ$，$r_\varepsilon = 1.0$ mm；YG8

图 9.1 车削 1Cr18Ni9Ti 的加工硬化[46]

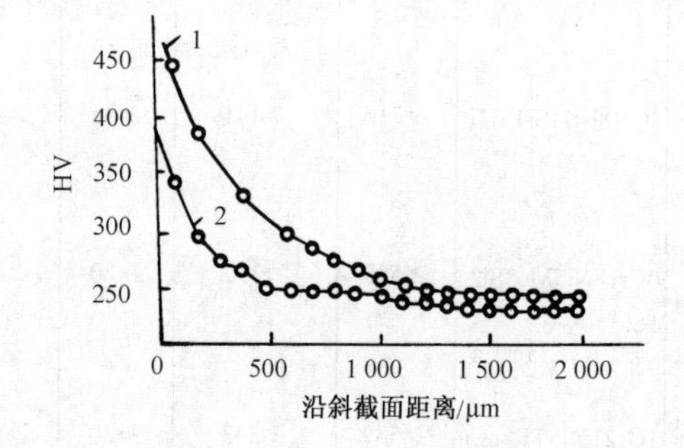

1—$a_p = 4$ mm，$f = 0.5$ mm/r；

2—$a_p = 0.5$ mm，$f = 0.1$ mm/r

1Cr18Ni9Ti/YG8，刀具几何参数同图 9.1

图 9.2 a_p、f 对加工硬化的影响[46]

4. 切削力大

切削不锈钢时，切削力约比切削中碳钢大 25%以上。切削温度越高，切削不锈钢的切削力比切削中碳钢越大得多，因为在高温下，不锈钢的强度降低较少。例如，500℃时，1Cr18Ni9Ti 的 σ_b 约为 500 MPa，而此时 45 钢的 σ_b 只有 68 MPa，比室温时降低了约 80%，如图 9.3 所示。

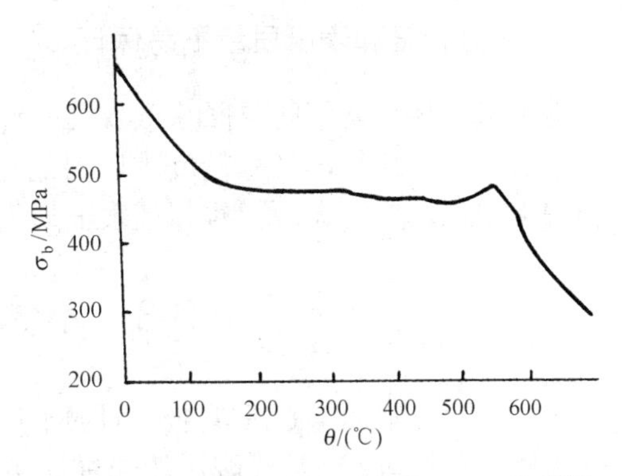

图 9.3 不锈钢 1Cr18Ni9Ti 的 $\sigma_b-\theta$ 关系[46]

5. 切削温度高

由于不锈钢塑性较大、切削力较大、消耗功率多、生成热量多，导热系数又较小，只为 45 钢的 1/3（见表 9-2），故切削温度比切削 45 钢要高（见图 9.4）。

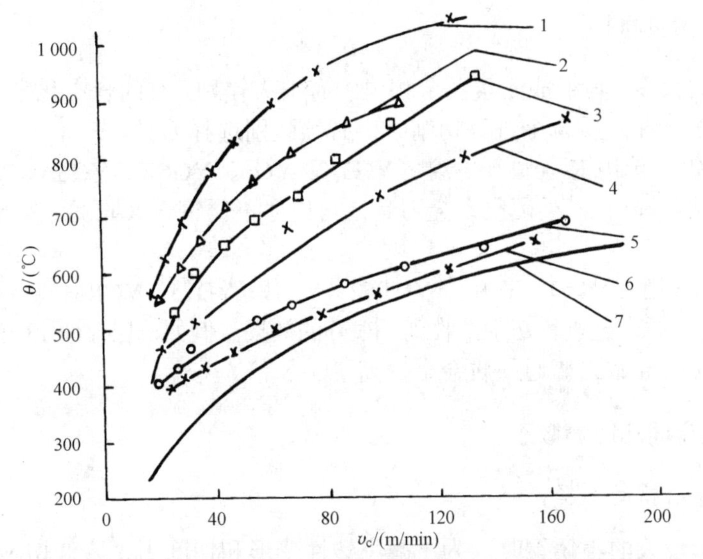

1—TC4/YG8，2—GH2132/YG8，3—GH2036/YG8，4—1Cr18Ni9Ti/YG8，
5—30CrMnSiA/YT15，6—40CrNiMoA/YT15，7—45 钢/YT15

$\gamma_o=12^\circ$，$\alpha_o=8^\circ$，$\kappa_r=75^\circ$，$\kappa_r'=15^\circ$，$\lambda_s=-3^\circ$，$r_\varepsilon=0.5$ mm；$a_p=2$ mm，$f=0.15$ mm/r；干切

图 9.4 几种材料的切削温度[46]

表 9-2 几种材料的强度和导热系数 κ[46]

工件材料	σ_b /MPa	k/(W/m·℃)	工件材料	σ_b /MPa	k/(W/m·℃)
TC4	980~1 370	7.5	30CrMnSiA	≥1 080	39.36
GH2132	1 050	13.4	40CrNiMoA	980~1 080	46.0
GH2036	920	17.2	45 钢	598	50.24
1Cr18Ni9Ti	610	16.3			

6. 刀具易产生黏结磨损

由于奥氏体不锈钢的塑性和韧性均很大，化学亲和力大，在很高的压力和温度作用下，就容易熔着黏附，进而产生积屑瘤，造成刀具过快磨损；由于切屑不易卷曲和折断，影响切削的正常进行，也容易引起刀具损坏。

7. 尺寸精度和表面质量不易保证

由于奥氏体不锈钢的热胀系数α比 45 钢的大 60%，导热系数又小，切削热会使工件局部热胀引起尺寸变化，尺寸精度难以保证；由于刀-屑、刀-加工表面间的黏结及积屑瘤的产生和加工硬化，加工表面很难保证表面质量。

9.3 不锈钢的车削加工

不锈钢的车削加工占其全部切削加工形式中的绝大多数，要有效地进行车削加工，必须正确选择刀具材料，这是要解决能否进行切削加工的问题，然后再选择刀具的合理几何参数、合理切削用量及性能好的切削液等。

1. 正确选择刀具材料

不锈钢的种类很多，其组成元素及金相组织有很大差别，有的含有化学亲和性强的元素，有的不含有。故在选择硬质合金进行切削时，必须区别选择刀具。

含 Ti 的不锈钢应选用 K 类硬质合金（YG3X、YG6、YG6X、YG6A、YG8、YG8N）刀具，其他类不锈钢可选用 M 类硬质合金刀具，马氏体不锈钢（2Cr13）热处理后选用 P 类刀具效果较好。

近些年来，已采用 YM051（YH_1）、YM052（YH_2）、YD15（YGRM）、YG643、YG813 等新牌号亚微细晶粒硬质合金进行切削，收到了很好的效果。例如，用 YG813 车削 1Cr18Ni9Ti，生产效率和刀具使用寿命比普通硬质合金提高了 2~3 倍。

2. 选择刀具合理几何参数

（1）前角及卷屑槽的选择

切削塑性变形较大的不锈钢时，为了减小塑性变形和切削力、降低切削温度、减小加工硬化，应在保证切削刃强度的前提下，尽量选择较大前角，其值随不锈钢种类和工件刚度而异。切削铁素体和奥氏体不锈钢、硬度较低的不锈钢及薄壁或直径较小的工件时，前角应取大些；工件直径较大时刀具前角取小些。

刀具前角推荐值，粗加工$\gamma_o=10^\circ\sim15^\circ$（见图 9.5）；半精加工$\gamma_o=15^\circ\sim20^\circ$；精加工$\gamma_o=20^\circ\sim30^\circ$。

为了防止前角增大而削弱切削刃的强度，可采用图 9.6 所示的卷屑槽。其特点在于卷屑槽弧面上各处的前角不同，前端 A 点处γ_o最大，向后依次减小。此时γ_o与卷屑槽宽度 b、槽弧半径 r_{Bn} 有如下关系

$$\sin\gamma_o=\frac{b}{2r_{Bn}}$$

表 9-3、表 9-4 和表 9-5 分别给出了 YG8 车刀、镗刀及切断刀切削不锈钢时卷屑槽的各参数尺寸。

（2）后角的选择

为了减小后刀面与加工表面间的摩擦，后角应取较大值。如用 YG8 车削 1Cr18Ni9Ti 时，

$\alpha_o=10°$（见图 9.7）。但生产中，考虑到车削不锈钢时 γ_o 已经取得较大了，故 α_o 常取 6° 左右，粗加工取 $\alpha_o=4°\sim6°$，精加工和半精加工取 $\alpha_o>6°$。

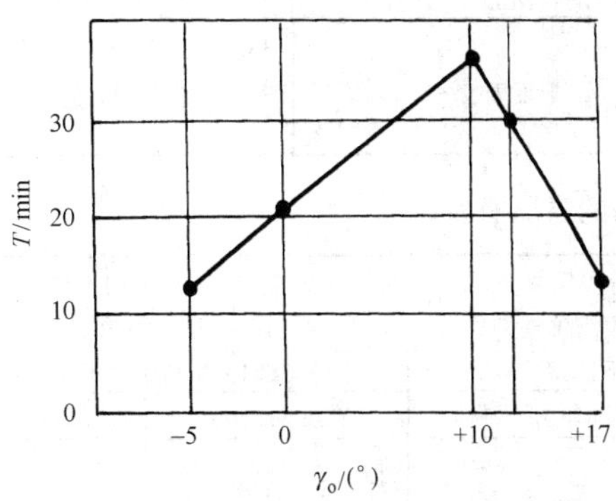

YG8；v_c = 94 m/min，a_p = 2 mm，f = 0.3 mm/r

图 9.5　车削 1Cr18Ni9Ti 的 γ_o-T 关系[46]

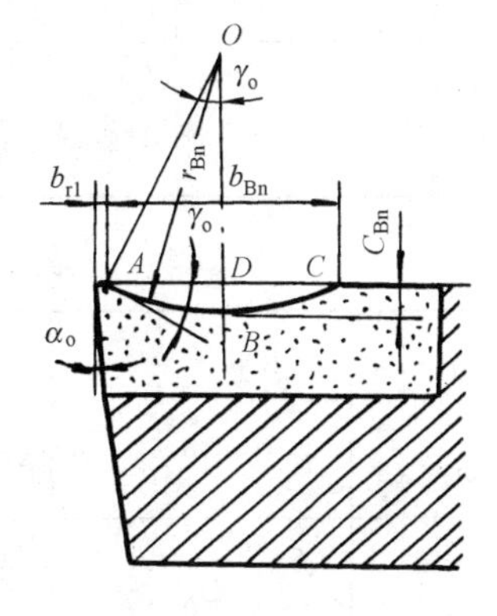

图 9.6　车削不锈钢的卷屑槽[46]

表 9-3　YG8 不锈钢车刀的卷屑槽参数[46]

工件直径 d_w/mm	半径 r_{Bn} /mm	宽度 b_{Bn} /mm	前角 γ_o	棱边宽度 $b_{\gamma1}$ /mm
<20	1.5 2.5	2 3	42° 37°	
>20~40	3 3.5 4		30°	精车： 0.05~0.10 粗车： 0.10~0.20
>40~80	4 4.5 5			
>80~200	5.5 6 6.5	5 5.5 6	27° 27° 27° 30′	精车： 0.10~0.20 粗车： 0.15~0.30
>200	6.5 7 7.5	6 6.5 7	27° 30′	

表 9-4　YG8 不锈钢切断刀的卷屑槽参数[46]

切断直径范围 d_w /mm	半径 r_{Bn} /mm	宽度 b_{Bn} /mm	前角 γ_o
≤20	2.5 3.2 4.2	3 4 5	39 37 36.5
>20~50	3.2 4.2 5.5	4 5 6	39 36.5 33
>50~80	4.2 5.5 6.5	5 6 7	36.5 33 32.5

（续表）

切断直径范围 d_w /mm	半径 r_{Bn} /mm	宽度 b_{Bn} /mm	前角 γ_o
>80~120	5.5 6.5 8	6 7 8	33 32.5 30

表 9-5 YG8 不锈钢镗刀的卷屑槽参数[46]

镗孔直径 d 范围 /mm	半径 r_{Bn} /mm	加工 1Cr18Ni9Ti 等奥氏体不锈钢和中等硬度的 2Cr13 等马氏体不锈钢		加工耐浓硝酸用不锈钢和硬度较高的 2Cr13、3Cr13 等马氏体不锈钢	
		宽度 b_{Bn}/mm	前角 γ_o /(°)	宽度 b_{Bn}/mm	前角 γ_o /(°)
≤20	1.6 2.0 2.5	2.0 2.5 3.0	39 39 37	1.6 2.0 2.5	30
>20~40	2.0 2.5 3.0	2.5 3.0 3.5	39 37 36	2.0 2.5 2.8	30 30 28
>40~60	4.0 4.5 5.0	4.0 4.5 5.0	30	3.2 3.5 4.0	24 23 24
>60~80	4.5 5.0 6.0	4.5 5.0 6.0	30	3.5 4.0 5.0	23 24 24.5
>80	5.0 6.0 7.0	4.0 5.0 6.0	24 24.5 25.5	3.5 4.5 5.0	20.5 22 21

（3）主偏角、副偏角和刀尖圆弧半径 r_ε 的选择

在机床刚度允许条件下，κ_r 应尽量取小些，$\kappa_r = 45^\circ \sim 75^\circ$；如机床刚度不足，$\kappa$ 可适当加大。一般，副偏角 $\kappa_r' = 8^\circ \sim 15^\circ$，$r_\varepsilon = 0.5$mm（见图 9.8）。

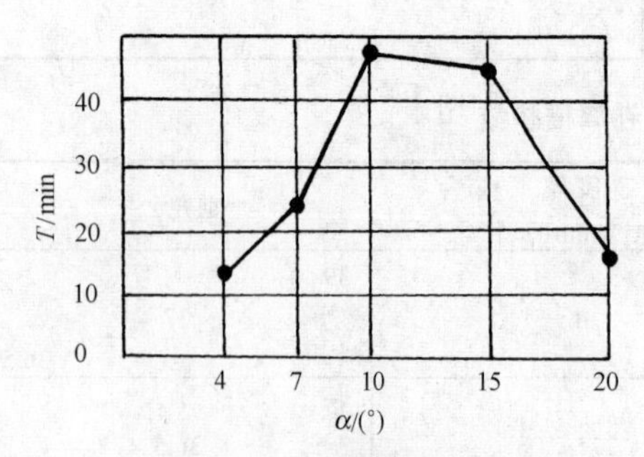

图 9.7　YG8 车削 1Cr18Ni9Ti 的 α_o-T 关系[46]

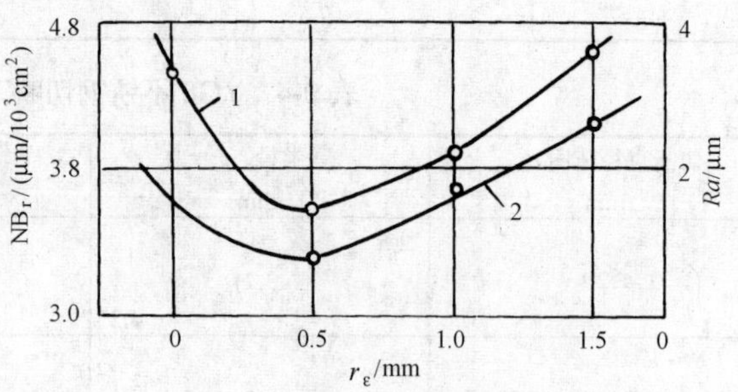

图 9.8　r_ε 与 NB_r、Ra 关系[46]

（4）刃倾角 λ_s 的选择

试验表明，连续车削不锈钢时 $\lambda_s = -2^\circ \sim -6^\circ$；断续车削时 $\lambda_s = -5^\circ \sim -15^\circ$。生产中也有采用图 9.9 所示双刃倾角车刀的，并取得了良好的断屑效果。此时的 $\lambda_{s1} = 0^\circ \sim 2^\circ$，$\lambda_{s2} = -20^\circ$，$l_{\lambda s2} = 1/3a_p$，这样既增强了刀尖强度和散热能力，又部分增大了切削变形、加宽了断屑范围。

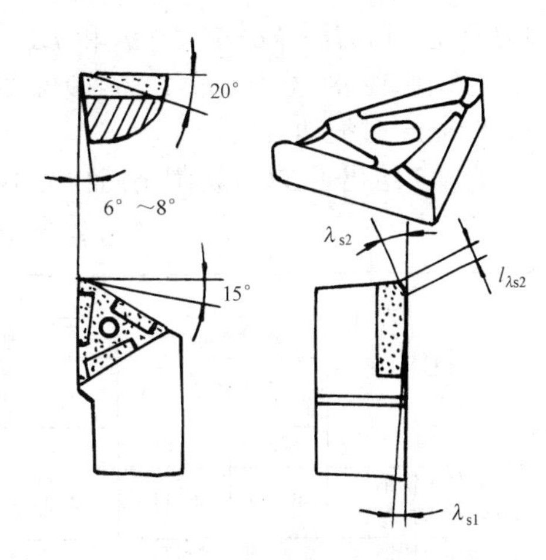

图 9.9　双刃倾角断屑车刀[46]

车削不锈钢的刀具几何参数可参见表 9-6。

3．合理切削用量的确定

车削不锈钢时，刀具使用寿命 T（或切削路程 l_m，相对磨损量 NB_r）与切削用量已不再是单调函数关系了（YT15 车削 1Cr17Ni2 时，υ_c、f 与 NB_r、θ、l_m 的关系见图 9.10），在确定切削用量时必须进行优化，即确定切削用量之间的最佳组合。

表 9-6　不锈钢车刀的几何参数[46]

刀具材料	α_o	λ_s	κ_r	κ_r'	r_ε
高速钢	8°~12°	连续切削： −2°～−6° 断续切削： −5°～−15°	切削用量大时取 45° 一般取 60° 或 75°， 细长轴和台阶轴取 90°	8°~15°	0.2 ~ 0.8 mm
硬质合金	6°~10°				

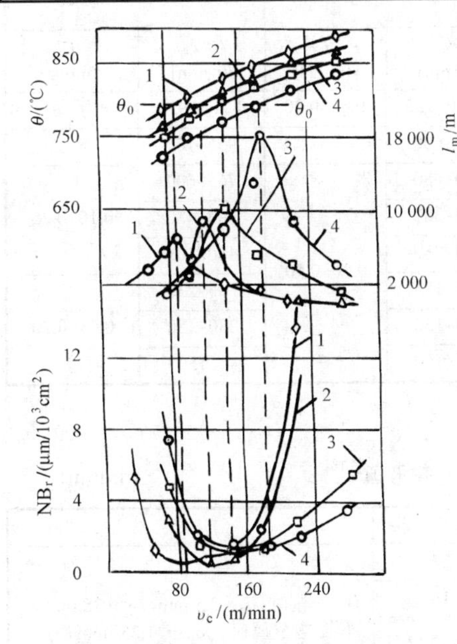

1—f= 0.3 mm/r，2—f= 0.2 mm/r，
3—f= 0.135 mm/r，4—f= 0.09 mm/r
a_p = 0.5 mm，VB = 0.3 mm，$\gamma_o = \lambda_s = 0^\circ$，
$\alpha_o = \alpha_s' = 10^\circ$，$\kappa_r = \kappa_r' = 45^\circ$，$r_\varepsilon = 0.5$mm

图 9.10　YT15 车削 14Cr17Ni2 时，υ_c、f 与 NB_r、θ、l_m 关系[46]

生产中，确定合理切削用量的原则仍然是，首先选取最大的切削深度 a_p，然后根据机床动力和刚度、刀具强度及加工表面粗糙度等约束条件，选取较大的进给量 f，最后再根据相应的公式 $\upsilon_c = \dfrac{C_v}{T^m a_p^{x_v} f^{y_v}}$ 确定合理的切削速度。

（1）a_p 的确定

当加工余量小于 6 mm 时，粗车可一次车出；加工余量大于 6mm 时，a_{p1} 可取为余量的 2/3~3/4，a_{p2} 去除其余余量。半精车时，a_p = 0.3~ 0.5 mm，但 a_p 必须大于硬化层深度 Δh_d。

（2）f 的选取

a_p 确定后，在工艺系统刚度允许的条件下，粗加工可取 f= 0.8~ 1.2 mm/r，半精加工 f= 0.4~ 0.8 mm/r，精加工 f < 0.4 mm/r。

（3）υ_c 的选取

车削不锈钢时，必须设法避免振动的产生。切削刃变钝、后刀面 VB 较大、a_p 和 f 过大、在加工硬化层上切削等都可能引起振动。据资料介绍，车削 18~8（含 Cr 量 12%~19%，Ni 量 8%~10%）奥氏体不锈钢时，$\upsilon_c = 50\sim80$ m/min，$f = 0.5$ mm/r 时振动最大。

表 9-7 给出了 YG8 切削不同种类不锈钢的切削用量。

表 9-7　YG8 切削不锈钢的切削用量[67]

工件材料	车外圆及镗孔						切断		
	υ_c/(m/min)		f/(mm/r)		a_p/mm		υ_c/(m/min)		f/(mm/r)
	工件直径 d_w/mm		粗加工	精加工	粗加工	精加工	工件直径 d_w/mm		
	≤20	>20					≤20	>20	
奥氏体不锈钢（1Cr18Ni9Ti 等）	40~60	60~110	0.2~0.8①	0.07~0.3	2~4	0.2~0.5②	50~70	70~120	0.08~0.25
马氏体不锈钢（2Cr13，≤250HBS）	50~70	70~120	0.2~0.8①	0.07~0.3	2~4	0.2~0.5②	60~80	80~120	0.08~0.25
马氏体不锈钢（2Cr13，>250HBS）	30~50	50~90	0.2~0.8①	0.07~0.3	2~4	0.2~0.5②	40~60	60~90	0.08~0.25
沉淀硬化不锈钢	25~40	40~70	0.2~0.8①	0.07~0.3	2~4	0.2~0.5②	30~50	50~80	0.08~0.25

注：① 粗镗时：$f = 0.2$ mm/r ~ 0.5 mm/r。

② 精镗时：$a_p = 0.1$ mm ~ 0.5 mm。

表 9-8 给出了 YG8 车削 1Cr18Ni9Ti 的切削用量。

表 9-8　YG8 车削 1Cr18Ni9Ti 的切削用量[46]

<table>
<tr><td rowspan="3">工件直径
d_w/mm</td><td colspan="4">车外圆</td><td colspan="2" rowspan="2">镗孔</td><td colspan="2" rowspan="2">切断</td></tr>
<tr><td colspan="2">粗车</td><td colspan="2">精车</td></tr>
<tr><td>n_w
/(r/min)</td><td>f
/(mm/r)</td><td>n_w
/(r/min)</td><td>f
/(mm/r)</td><td>n_0
/(r/min)</td><td>f
/(mm/r)</td><td>n_w
/(r/min)</td><td>f
/(mm/r)</td></tr>
<tr><td>≤10</td><td>1 200~955</td><td>0.19~0.60</td><td>1 200~955</td><td>0.07~0.20</td><td>1 200~955</td><td>0.07~0.30</td><td>1 200~955</td><td>手动</td></tr>
<tr><td>>10~20</td><td>955~765</td><td></td><td>955~765</td><td></td><td>955~600</td><td></td><td>955~765</td><td></td></tr>
<tr><td>>20~40</td><td>765~480</td><td rowspan="6">0.27~0.81</td><td>765~480</td><td rowspan="6">0.10~0.30</td><td>600~480</td><td rowspan="6">0.10~0.50</td><td>765~600</td><td rowspan="3">0.10~0.25</td></tr>
<tr><td>>40~60</td><td>480~380</td><td>480~380</td><td>480~380</td><td>600~480</td></tr>
<tr><td>>60~80</td><td>380~305</td><td>380~305</td><td>380~230</td><td>480~305</td></tr>
<tr><td>>80~100</td><td>305~230</td><td>305~230</td><td>305~185</td><td>305~230</td><td rowspan="3">0.08~0.20</td></tr>
<tr><td>>100~150</td><td>230~185</td><td>230~185</td><td>230~150</td><td>230~150</td></tr>
<tr><td>>150~200</td><td>185~120</td><td>185~120</td><td>185~120</td><td>≤150</td></tr>
</table>

表 9-9 给出了常见难加工材料切削速度参考值。

表 9-9　常见难加工材料切削速度 v_c 参考值[115]

(m/min)

材料		硬度（HB）	高速钢车刀	硬质合金车刀	高速钢钻头	注释
合金钢		300	25	165	23	① 车削时，$a_p = 2.5$ mm，$f = 0.25$ mm/r，车难熔金属时，$a_p = 1.25$ mm，$f = 0.125$mm/r ② 钻孔时，$f = 0.01d_0$ mm/r，钻孔深度 $2d_0$mm，（$T = 50$ 个孔）
不锈钢	奥氏体	160	30	100	10	
	马氏体	200	35	150	25	
高温合金	Fe 基	200	13	40	6	
	Ni 基	250	5	13	5	
	Co 基	200	8	25	10	

（续表）

材料		硬度（HB）	高速钢车刀	硬质合金车刀	高速钢钻头	注释
Ti 合金（Ti-8Al-Mo-V）		320	15	50	13	
难熔金属	Nb	150	15	—	25	
	Ta	150	15	—	13	
	Mo	200	—	100	25	
	W	250	—	65	50	

4．选用性能优良的切削液

粗车不锈钢常用乳化液作为切削液，该切削液能带走切削热又可以起到一定润滑作用，铁素体不锈钢也可进行干切；精车用硫化油添加四氯化碳 CCl_4、煤油添加油酸或植物油作为切削液。

5．切断车刀的几何参数

切断不锈钢车刀采用图 9.11 所示的卷屑槽形较为合适，可较好地解决卷断屑问题。

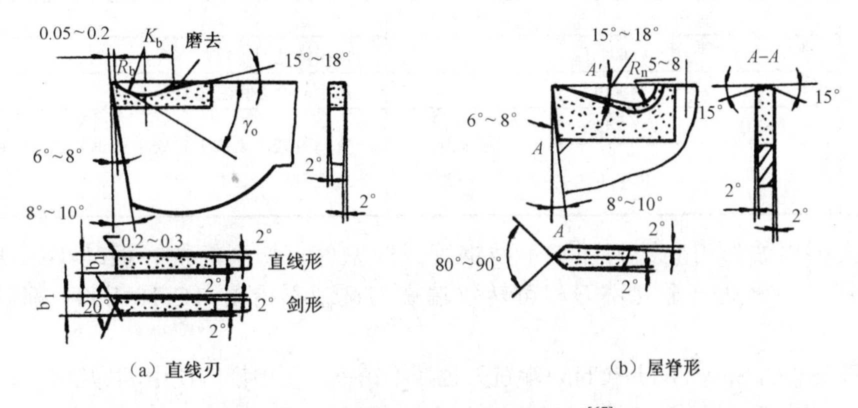

（a）直线刃　　（b）屋脊形

图 9.11　不锈钢切断刀的卷屑槽形[67]

直线刃形的槽形刃磨方便，适于小于ϕ80 mm 的切断；屋脊形槽形适于大直径及空心工件的切断，切屑的卷曲和排出顺利，但刃磨较复杂。此外，切断不锈钢尚应注意以下几点：

① 卷屑槽尺寸应能保证切屑顺利卷曲排出，过小则使切屑成团引起堵塞；屋脊形槽的两侧刃必须对称，否则在切断过程中会因“偏载”使刀尖折断。

② 切断刀的对称线应垂直于工件轴线，刀尖应在机床中心高度上或稍低于中心高 0.1~0.2 mm 处。

③ 当工件直径大于 80 mm 时，为使线速度变化不至于太大，可在切断过程中变速 1~2 次。

④ 切削液必须充分供给，且不可中途停顿。

9.4　不锈钢的铣削加工

1．刀具材料的选择

端铣刀和部分立铣刀可选用抗弯强度较高、耐冲击的硬质合金制造，如 YG8、YW2、YG813、YG798、YTM30、YTS25。大多还采用高速钢铣刀，特别是钼系、高钴、高钒高速钢。如用 W4Mo4Cr4V3 和 W12Cr4V4Mo 制造靠模铣刀铣 Cr17Ni 时，可提高刀具使用寿命 1~2 倍。用铝高速钢（501）后波形刃立铣刀铣汽轮机不锈钢叶片时，比普通高速钢立铣刀提高效率 2~6 倍。

2．刀具几何参数的选择

铣刀是断续切削，刀齿将承受很大的冲击和振动，除了作为铣刀刀齿的材料要具有足够的冲击韧性和抗弯强度外，还必须对其几何参数提出合理要求，见表 9-10。

表 9-10　铣削不锈钢铣刀的几何角度[67]

名称	几何角度			说明
	高速钢铣刀		硬质合金铣刀	
γ_n	10° ~ 20°		5° ~ 10°	硬质合金端铣刀前刀面可磨弧形卷屑槽，$\gamma_n = 20° \sim 30°$，留有刃带 $b_\alpha = 0.05$ mm ~ 0.20 mm
α_o	端铣刀	10° ~ 20°	5° ~ 10°	
	立铣刀	15° ~ 20°	12° ~ 16°	
α'_n	6° ~ 10°		4° ~ 8°	
κ_r	60°			用于端铣刀
κ'_r	1° ~ 10°			用于立铣刀和端铣刀等
β	立铣刀	35° ~ 45°	立铣刀 5° ~ 10°	宜用 β 较大立铣刀，铣不锈钢管或薄壁件时宜采用玉米立铣刀
	玉米立铣刀	10° ~ 20°		

近年来采用波形刃立铣刀加工不锈钢管或薄壁件，切削轻快、振动小、切屑易碎、工件不变形。用硬质合金立铣刀和可转位端铣刀铣削不锈钢 1Cr18Ni9Ti 都取得了良好的效果。

银白屑（SWC, Silver White Chip）端铣刀也在不锈钢加工中推广使用，其几何参数见表 9-11。试验表明，$\upsilon_c = 50$ m/min~90 m/min，$f_z = 0.4$ mm/z~0.8 mm/z，$a_p = 2$ mm~6 mm，$\upsilon_f =$ 630 mm/min~1 500 mm/min 时，铣削 1Cr18Ni9Ti 的铣削力 F 可减小 10%~15%，铣削功率降低 44%，生产效率大大提高。

表 9-11　银白屑（SWC）硬质合金端铣刀的几何参数[46]

工件材料＼几何参数	γ_f	γ_p	α_f	α_p	κ_r	κ'_r	r_ε	γ_{o1}	$b_{\gamma1}$
碳　钢	20°	15°	5°	5°	60°	30°	5 mm	−30°	0.6 mm
不锈钢	5°	15°	15°	5°	55°	35°	6 mm	−30°	0.4 mm

银白屑端铣刀切削不锈钢的工作原理是，在主切削刃上作出负倒棱（$b_\gamma = 0.4$~0.6 mm，$\gamma_{o1} = -30°$）使其人为地产生积屑瘤代替切削刃切削，此时积屑瘤的前角 $\gamma_b = 20° \sim 30°$；由于主偏角 κ_r 的作用，积屑瘤将受到一个由前刀面产生的平行于切削刃的推力作用成为副切屑流出，从而带走了切削热，降低了切削温度。

3．铣削用量的选择

高速钢铣刀铣削不锈钢的铣削用量见表 9-12 和表 9-13。

表 9-12　高速钢铣刀铣削不锈钢的铣削用量[46]

铣刀种类	D_0 /mm	n_0 /(r/min)	υ_f /(mm/min)	备注
立铣刀	3~4	1 180~750	手　动	1．当铣削宽度 a_e 和切削深度 a_p 较小时，进给量 f 取大值；反之取小值
	5~6	750~475	手　动	2．三面刃铣刀可参考相同直径圆片铣刀选取进给量和切削速度
	8~10	600~375	手　动	3．铣切 2Cr13 时，可根据材料实际硬度调整切削用量
	12~14	375~235	30~37.5	4．铣切耐浓硝酸不锈钢时，n_0 及 υ_f 均应适当减小
	16~18	300~235	37.5~47.5	
	20~25	235~180	47.5~60	
	32~36	190~150	47.5~60	
	40~50	150~118	47.5~75	
波形刃立铣刀	36	190~150	47.5~60	
	40	150~118	47.5~60	
	50	118~95	47.5~60	
	60	95~75	60~75	
圆片铣刀	75	235~150	23.5 或手动	
	110	150~75		
	150	95~60		
	200	75~37.5		

表 9-13　铣削 1Cr18Ni9Ti 的铣削用量[46]

铣刀种类	刀具材料	υ_c/(m/min)	υ_f /(mm/min)
立铣刀	高速钢	15~20	30~75
	硬质合金	40~100	30~75
波形刃立铣刀	高速钢	18~25	45~75
三面刃铣刀	高速钢	35~50	20~60
	硬质合金	50~110	20~60
端铣刀	硬质合金	60~150	35~150

注：1. 当 a_p 和 a_e 较小时，υ_f 用较大值；反之取较小值；
2. 铣马氏体不锈钢 2Cr13 时，应根据硬度作调整；
3. 铣沉淀硬化不锈钢时，υ_c 与 υ_f 均应适当减少。

硬质合金铣刀铣削不锈钢时，依硬质合金牌号的不同，铣削速度 $\upsilon_c = 70\text{~}250$ m/min，进给速度 $\upsilon_f = 37.5\text{~}150$ mm/min。

另外，铣削不锈钢时，工艺系统刚度必须良好，机床各活动部位应调整较紧，工件必须夹持牢固。

铣刀应有较大的容屑空间和单刀齿强度，尽可能用疏齿、粗齿铣刀。立铣刀和端铣刀应有过渡刃，以增强刀尖和改善散热条件，否则刀齿很容易在尖角处磨损。如有可能尽可能采用顺铣方式，以减轻加工硬化、改善表面质量、提高刀具使用寿命。冷却要充分。

9.5　不锈钢的钻削加工

不锈钢钻孔时，一般可用高速钢钻头，淬硬不锈钢要用硬质合金钻头。

用未修磨高速钢钻头在 1Cr18Ni9Ti 上钻孔比在 45 钢上扭矩大 20%以上，轴向力大 40%

以上，钻削温度高 1 倍以上，钻屑不易折断、黏结严重、易堵塞、不易排出，终因扭矩过大使钻头折断[120]。棱边与孔壁间摩擦严重，散热条件差，易烧损钻头。为解决以上问题，除用超硬高速钢或超细晶粒硬质合金、钢结硬质合金外，常用的方法就是对标准麻花钻进行结构上的改进或修磨。

1．钻头结构的改进

（1）缩短钻头长度

钻头越长，刚度越差，越易引起振动或折断钻头。为提高钻头刚度，应在条件允许的情况下，尽量使用短型钻头，其工作部分长度可小于 $6d_0$。

（2）增加钻心厚度 d_c

一般麻花钻的钻心厚度 $d_c \approx (0.125 \sim 0.2)d_0$，钻不锈钢时应有：

当 $d_0 < \phi 5$ mm 时，$d_c = 0.4d_0$；

当 $d_0 = \phi 6 \sim \phi 10$ mm 时，$d_c = 0.3d_0$；

当 $d_0 > \phi 10$ mm 时，$d_c = 0.25\ d_0$。

这样可使钻头的使用寿命提高几十倍。

（3）增大钻头的倒锥度

因为不锈钢的弹性模量 E 比碳钢小（1Cr18Ni9Ti 的 E 约为 45 钢的 3/4），故所用钻头的倒锥度应比标准钻头稍大些。

标准钻头的倒锥度为(0.03/100)~(0.10/100)mm。当钻削不锈钢时，若当 $d_0 = 3 \sim 6$ mm，倒锥度为(0.06/100)~(0.15/100)mm；若 $d_0 = 7 \sim 18$ mm 时，倒锥度为(0.1/100)~(0.15/100)mm。

（4）螺旋角 β

钻削不锈钢时，为了增加切削刃的锋利性，可加大螺旋角 $\beta = 35^\circ \sim 40^\circ$，且刃沟/刃背 = 1.5~4.0。此外，还可修磨横刃、双重顶角及开分屑槽等。

2．采用专用钻头

钻削不锈钢时，可采用不锈钢群钻头和不锈钢断屑钻头，其结构分别如图 9.12 和图 9.13 所示。

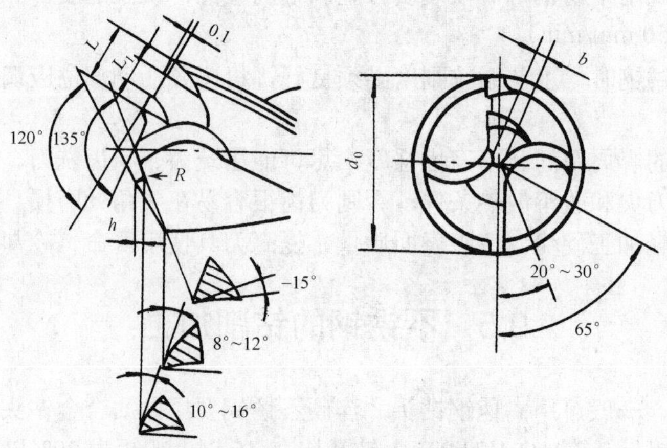

图 9.12　不锈钢群钻头[46]

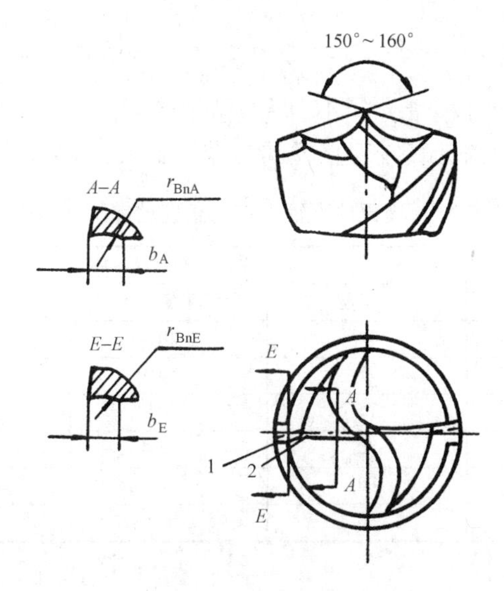

图 9.13　不锈钢断屑钻头[46]

图 9.13 为断屑钻头，钻削马氏体不锈钢 2Cr13 时，需磨出 *E–E* 断屑槽；在钻 1Cr18Ni9Ti 时，还需加磨 *A–A* 断屑槽，具体参数及适用的钻削用量见表 9-14。

表 9-14　不锈钢断屑钻头断屑槽尺寸及钻削用量[46]

钻头直径 d_0/mm	r_{BnA} /mm	b_A/mm	r_{BnE} /mm	b_k/mm	n_0/(r/min)	f/(mm/r)
>8~15	3.0~5.0	2.5~3.0	2.0~3.5	1.0~2.5	210~335	0.09~0.12
>15~20	5.0~6.5	3.0~3.5	3.5~4.0	2.5~3.0	210~265	
>20~25	6.5~7.5	3.5~4.5	4.0~4.5	2.8~3.3	170~210	0.12~0.14
>25~30	7.5~8.5	4.5~5.0	4.5~5.0	3.0~3.5	132~170	

3．钻削用量

钻削奥氏体不锈钢的钻削用量见表 9-15。

表 9-15　奥氏体不锈钢的钻削用量[46]

钻头直径 d_0/mm	n_0/(r/min)	f/(mm/r)	钻头直径 d_0/mm	n_0/(r/min)	f/(mm/r)
≤5	1 000~700	0.08~0.15	>20~30	400~150	0.15~0.35
>5~10	750~500	0.08~0.15	>30~40	250~100	0.20~0.40
>10~15	600~400	0.12~0.25	>40~50	200~80	0.20~0.40
>15~20	450~200	0.15~0.35			

9.6　不锈钢的铰孔

1．铰刀材料

不锈钢铰刀常采用 Al 超硬高速钢和 Co 高速钢整体制造，近年来也在用细晶粒、超细晶粒硬质合金作切削部的刀齿材料，刀体用 9SiCr 或 CrWMo 制造，铰刀直径小于 10 mm 时采用整体结构。

2．铰刀直径公差的选取

因为奥氏体不锈钢的弹性模量 E 较小，为防止铰后孔缩或退刀时留下纵向刀痕，有的资料提出应按孔公差的百分数来计算铰刀直径的公差，如表 9-16 所示。

表 9-16　奥氏体不锈钢铰刀直径公差的计算[46]

铰刀精度等级		取工件孔公差的百分数/(%)			磨损极限尺寸/(mm)
		上偏差	下偏差	允差	
H7		70	40	30	被加工孔的最小直径 $d^{0}_{-0.005}$
H8		75	50	25	
H8、H9、H10	$d \leqslant 10$ mm	75	50	25	
	$d > 10$ mm	80	55	25	
H11	$d \leqslant 10$ mm	80	60	20	
	$d > 10$ mm	80	65	20	

3．铰刀的几何参数

铰削不锈钢时，前角 $\gamma_o = 8° \sim 12°$（直径大时取大值，高速钢铰刀取大值），后角 $\alpha_o = 8° \sim 12°$，主偏角 $\kappa_r = 15° \sim 30°$。铰通孔时 $\lambda_s = 10° \sim 15°$。

4．螺旋齿铰刀

目前，各国都在开发应用螺旋齿铰刀。因为有了螺旋角β，铰削过程比较平稳，工作前角加大，减少了积屑瘤的产生，也减小了加工硬化。由于铰刀齿数相应减少，从而增大了容屑空间，排屑顺利，减少了切屑划伤已加工表面的概率。结构如图 9.14[46]所示。

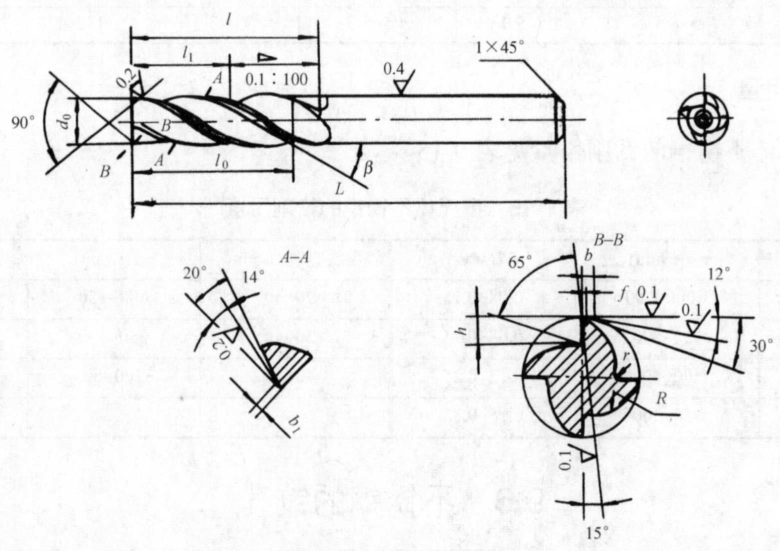

图 9.14　螺旋齿铰刀

5．铰削用量

铰削不锈钢，如用高速钢铰刀，$\upsilon_c < 3$ m/min；用硬质合金铰刀铰 1Cr18Ni9Ti，$\upsilon_c < 12$ m/min。铰未调质的马氏体不锈钢 2Cr13，$\upsilon_c > 12$ m/min。铰孔的进给量 f 可参考表 9-17。

表 9-17　不锈钢铰孔的进给量 f

铰孔直径 d/mm	f/(mm/r)	铰孔直径 d/mm	f/(mm/r)
5~8	0.08~0.21	>15~25	0.15~0.25
>8~15	0.12~0.25	>25	0.15~0.30

6．认真观察铰削过程

铰削过程中应随时观察切屑的形状，箔卷状或短螺卷状为正常切屑形状。如切屑出现粉末状或小块状，说明切削不均匀；如切屑为针状或碎片状，说明铰刀已钝化，必须刃磨；如切屑呈弹簧状，说明余量太大。此外，还要看切屑是否黏结于切削刃上、排屑是否正常等，否则将影响铰孔的质量和精度。

9.7　不锈钢攻螺纹

在不锈钢上，特别是在奥氏体不锈钢上攻螺纹比在普通钢材上要困难得多，因为攻螺纹扭矩大，丝锥经常被“咬死”在螺孔中，或出现崩齿或折断。

1．螺纹底孔直径的选取

特别是在奥氏体不锈钢上攻螺纹时，底孔直径应比在普通钢材料上稍大些，可参考钛合金螺纹的底孔（见表 11-17）。

2．丝锥材料的选择

丝锥材料的选择同同钻头材料。

3．成套丝锥的切削负荷分配

成套丝锥把数见表 9-18，切削负荷分配采用柱形设计分配法可参见表 9-19。

表 9-18　不锈钢成套丝锥把数[46]

螺距 P/mm	≤0.8	1.0~1.5	≥2
每套丝锥把数	2	3	4

表 9-19　不锈钢丝锥切削负荷分配[46]

每套丝锥把数	头锥	二锥	三锥	四锥
2	70%~75%	25%~30%	—	—
3	45%~55%	30%~35%	10%~20%	—
4	38%~40%	28%~30%	18%~20%	8%~12%

机用丝锥可减少每套把数，近年有时已采用单锥。

4．丝锥的结构尺寸及几何参数

（1）外径 d_0

为改善切削条件，末锥的外径可略小于一般丝锥，如图 9.15 所示。

（2）丝锥心部直径 d_f

d_f 尽量加大，齿背宽度 f（见图 9.16）应适当减小，以增加心部的强度与刚度，减小摩擦。

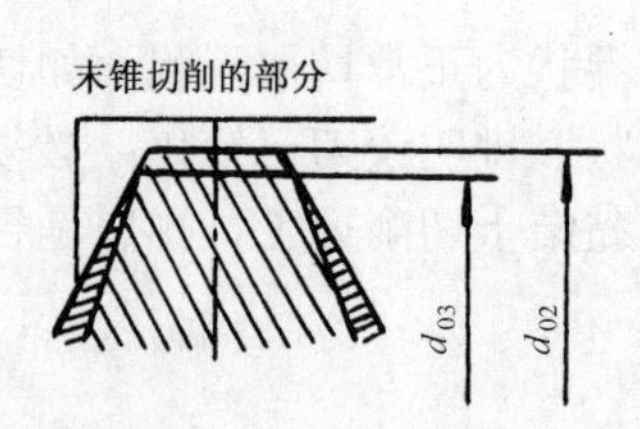

d_{03} 一末锥的外径尺寸；d_{02}—末锥前个丝锥的外径尺寸

图 9.15　成套丝锥的外径尺寸[46]

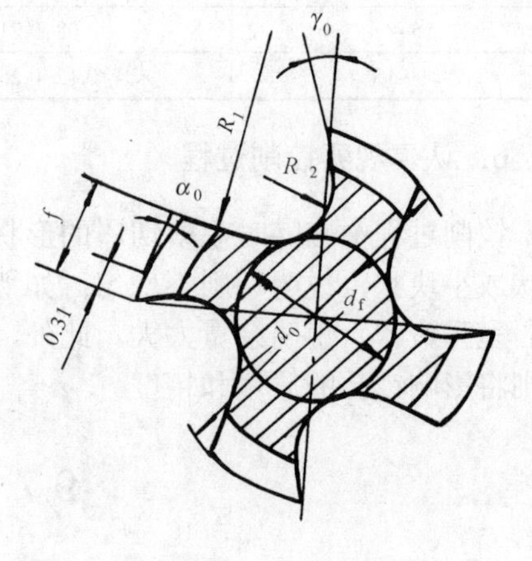

图 9.16　丝锥截面图[46]

攻不锈钢螺纹时，d_f 与 f 可参考下列数值：

三槽丝锥　$d_f \approx 0.44d_0, f = 0.34d_0$；

四槽丝锥　$d_f \approx 0.5d_0$，$f = 0.22d_0$；

六槽丝锥　$d_f \approx 0.64d_0, f = 0.14d_0$。

（3）切削锥角 κ_r

切削锥角 κ_r 的大小影响切削层的厚度、扭矩、生产效率、表面质量及丝锥使用寿命。手用丝锥的 κ_r 可参见表 9-20，机用丝锥可适当加大。

表 9-20　不锈钢手用丝锥的切削锥角 κ_r [46]

螺距 P/mm	头锥	二锥	三锥	四锥
0.35~0.8	7°	20°	—	—
1~1.5	5°	10°	20°	—
≥2	5°	10°	16°	20°

（4）校准部分的长度和倒锥量

在不锈钢上攻螺纹时，丝锥校准部分的长度不宜过长，否则会加剧摩擦，一般取(4~5)P。为减小摩擦，倒锥量应比一般丝锥适当加大为(0.05/100)~(0.1/100)mm。

5. 采用特殊结构丝锥

（1）采用带刃倾角丝锥（见图 9.17）

（2）采用螺旋槽丝锥（见图 9.18）

螺旋槽丝锥大大增强了导屑排屑作用，使得切屑呈螺旋状连续排出，避免了切屑的堵塞。螺旋角又加大了丝锥的工作前角，减小了切削扭矩。但由于切削刃强度比直槽的小，故不宜加工高硬度或脆性材料。加工不锈钢时，螺旋角 $\beta = 40^\circ \sim 45^\circ$。

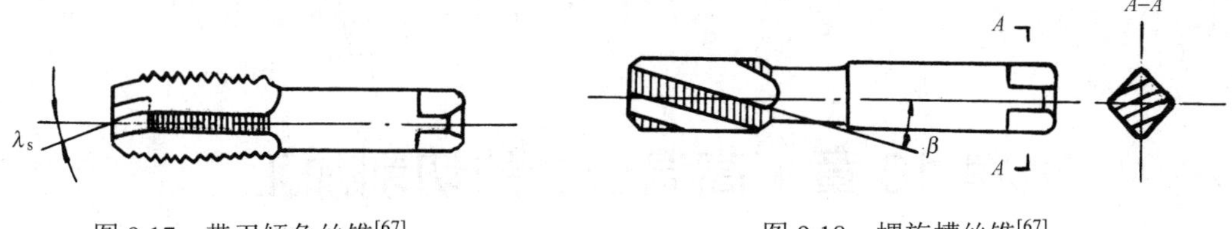

图 9.17　带刃倾角丝锥[67]　　　　图 9.18　螺旋槽丝锥[67]

（3）采用螺尖丝锥

图 9.19 给出了螺尖丝锥结构简图。其工作部分不全作容屑槽，只在切削锥部开有短槽以形成切削刃和容屑槽，这样可提高丝锥的强度和刚度，又保证有一定的前角 γ_f（亦称螺尖角）和刃倾角 λ_s，切削刃的工作前角增大，攻螺纹扭矩减小，切屑向前排出，故攻出的螺纹精度高。但螺尖丝锥不适合加工低强度高韧性材料，因为切屑黏附严重。

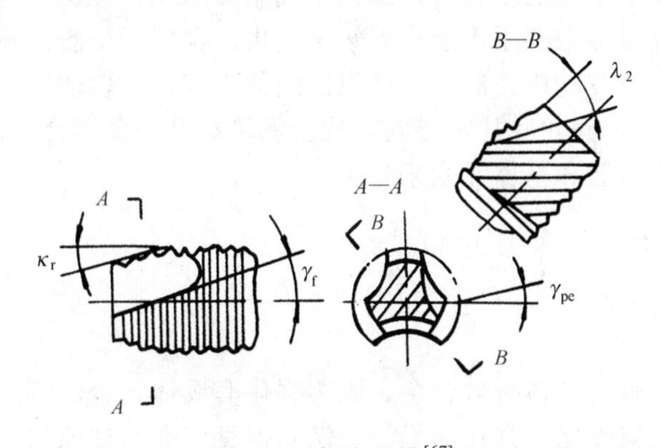

图 9.19　螺尖丝锥[67]

（4）采用修正齿丝锥，详见第 13 章钛合金的切削加工。

思　考　题

9.1　试述不锈钢的种类及切削加工特点。

9.2　如何解决不锈钢钻孔与攻螺纹困难？

第 10 章　高温合金的切削加工

10.1　概　　述

高温合金又称耐热合金或热强合金，它是多组元的复杂合金，能在 600~1 000℃的高温氧化气氛及燃气腐蚀条件下工作，具有优良的热强性能、热稳定性能及热疲劳性能。热强性能取决于组织的稳定性及原子间的结合力，加入了高熔点的 W、Mo、Ta、Nb 等元素后，原子间结合力增大了。高温合金主要用于航空涡轮发动机，也用于舰艇涡轮发动机、电站涡轮发动机、宇航飞行器及火箭发动机。航天发动机的耐热零部件（燃烧室、涡轮、加力燃烧室、尾喷口），特别如火焰筒、涡轮叶片、导向叶片及涡轮盘乃是高温合金应用的典型零件。

高温合金可按生产工艺和基体元素来分类。

1．按生产工艺分类

（1）变形高温合金

变形高温合金包括有马氏体时效合金、固溶强化奥氏体合金、沉淀硬化奥氏体合金等。它是通过固溶强化、沉淀硬化与强化晶界等方法获得良好高温性能的。

（2）铸造高温合金

当合金成分和组织很复杂、塑性不高、不能经受塑性变形时，往往采用精密铸造法使其成形，铸造高温合金由此而得名。其强化手段同变形高温合金。

2．按基体元素分类

（1）铁基高温合金（又称耐热钢）

铁基高温合金的基体元素为铁（Fe），价格低廉，抗高温氧化性能较差。

（2）铁-镍基高温合金

这类高温合金仍以 Fe 为基体，Ni 含量约为 30%~45%，如变形高温合金 GH2130、GH1139、GH1140，以及铸造高温合金 K211、K213、K214 等均属此类。

（3）镍基高温合金

通常称含 Ni 量大于 50%的高温合金为镍基高温合金。其中，GH3030、GH4033、GH4037、GH4049、GH4169（Inconel 718）属变形高温合金，此类合金的基体为“奥氏体+金属间化合物”，淬火加热可使其内的金属间化合物转变为固溶体，迅速冷却可使金属间化合物较少析出，从而改善切削加工性，加入 B 和 Ce 也可改善切削加工性。K401、K406 属铸造高温合金。

（4）钴基高温合金

GH625 及 K210 均属钴基高温合金，K210 的含 Co 量大于等于 50%。因 Co 价格高，我国 Co 资源较少，故应慎用。

3．按强化特征分类

高温合金按强化特征可分为固溶强化型合金和时效硬化型合金。

各类部分高温合金的牌号成分及性能见表 10-1。

10.2 高温合金的切削加工特点

1．切削加工性差

高温合金的相对切削加工性均很差，K_v 约在 0.2~0.5 之间，合金中的强化相越多，分散程度越大，热强性能越好，切削加工性就越差。高温合金的加工由易到难的顺序为：Fe 基好于 Ni 基和 Co 基，固溶态好于时效态，变形好于铸造。Fe 基高温合金的切削加工性仅为奥氏体不锈钢的一半。

2．切削变形大

常温下 Fe 基和 Ni 基的塑性均比 45 钢大，Ni 基更大，有的延伸率 $\delta \geqslant 40\%$。合金的奥氏体中固溶体晶格滑移系数多，塑性变形大，故切削变形系数大。如低速拉削变形 Fe 基高温合金 GH2132 时，其切削变形系数 Λ_h 约为 45 钢的 1.5 倍。切屑因绝热剪切呈锯齿状挤裂屑，且切屑宽度方向有变形[101]。

3．加工硬化倾向大

由于高温合金的塑性变形大，晶格会产生严重扭曲，在高温和高应力作用下不稳定的奥氏体将部分转变为马氏体，强化相也会从固溶体中分解出来呈弥散分布，加之化合物分解后的弥散分布，都将导致材料的表面强化和硬度的提高。切削加工后，高温合金的硬化程度可达 200%~500%。切削试验表明，切削速度 υ_c 和进给量 f 均对加工硬化有影响，υ_c 越高，f 越小，加工硬化越小（GH2135 的加工硬化情况见图 10.1）。

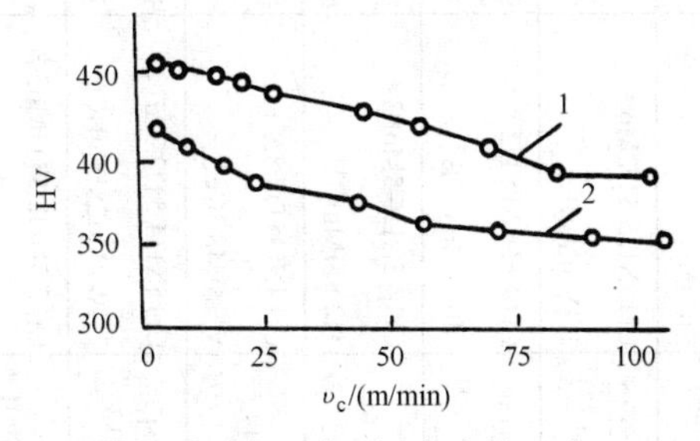

1—f = 0.3 mm/r，2—f = 0.15 mm/r

刀具：YG8，$\gamma_o = 8°$，$\alpha_o = 10°$，$\kappa_r = 45°$，$\kappa_r' = 15°$，$\lambda_s = 0°$，$r_\varepsilon = 1.0$ mm；$a_p = 0.5$ mm

图 10.1 GH2135 的加工硬化情况[46]

表 10-1　高温合金牌号成分及性能[46, 48]

类别		牌号	主要成分	热处理	试验温度/(℃)	力学性能 σ_b /MPa	力学性能 $\sigma_{0.2}$ /MPa	力学性能 δ /(%)	力学性能 ψ /(%)	持久强度 应力/MPa	持久强度 时间/h	E/GPa	α① ×10^{-6}/(1/℃)	k/(W/m·℃)	品种规格
铁基	变形	GH2036 (GH36)	Cr12.5Ni8Mn8.5Mo 1.25V1.4SiTiNbN	(1140℃×80min) 水冷,(650~670℃)×14h, (770~800℃)×16h, 空冷	20	971	677	22.1	35.7	—	—	203	12.23	17.17	90 方锻坯
					800	392	363	17.5	28.5	—	—	14	—	27.20	
		GH1040 (GH40)	Cr16Ni25Mo6Mn1.5 SiCuN	1200℃×8h 空冷, 加工硬化 8~15%; 700℃×25h, 空冷	20	883~932	598	20	26	—	—	19	13.97	13.39	盘
					800	343	226	10	25	98	100	108	—	—	
		GH2132 (GH132)	Cr15Ni25.5Ti2Mo 1.3VSiMnB	980~1000℃, 空冷	20	883	—	20	—	—	—	198	—	—	冷轧板材
					650	736	—	15	—	—	—	153	—	—	
		GH2136 (GH136)	Cr14.5Ni26.5Ti2.8 Mol.3MnVSiB	980℃×1h, 空冷 720℃×16h, 空冷	20	932	687	15	20	—	—	197	13.4	13.86	圆饼锻棒
					700	—	—	—	—	294	100	155	17.07	23.03	
	铸造	K136	Cr14.5Ni26.5Mol.3 Ti2.8SiMnAlV	980℃×1h, 油冷, 700℃×16h 空冷, 650℃×16h 空冷	20	883	628	12	20	—	—	235	14.46	—	—
					800	441	383	19	39	—	—	—	18.64	—	
铁镍基	变形	GH78	Cr14Ni35Ti2.8Al1.2 W3SiMnBCe	(1180~1200℃)×2.5~8h 空冷,1050℃×4h, 空冷,(750~800℃)×16h 空冷	20	1 118~1 187	746~863	11~16	14~19	—	—	214	14.10	15.49	盘
					750	834~873	638~765	16	14.3	324	100	156	16.70	26.79	
		GH2135 (GH135)	Cr15Ni34.5Ti2.3Al 2.4W2Mo2SiMnBCe	1080℃×8h 空冷, 830℃×8h 空冷, 700℃×16h 空冷	20	1 197	716~755	23~25	36~37	—	—	197	15.00	10.88	棒材
					750	755	657~677	25~27	31~32	30	100	148	17.05	22.39	
		GH901	Cr12.5Ni42.5Ti3Mo5.3 SiMnAlAgCoCuBPb	(1090±10℃)×2h 水冷,(775±5℃)×4h, 空冷,(700~720℃)×24h 空冷	20	1 177~1 275	824~922	17~21	18~22	—	—	20	13.00	13.81	90 方锻材
					750	687~785	638~765	10~18	20~30	441	65~84	152	16.45	27.27	
	铸造	K213 (K13)	Cr15Ni36W5.5Al1.8 Ti3.5SiMnB	1100℃×4h 空冷	20	922	746	4	4.8	—	—	178	12.36	10.88	铸造合金
					800	638	—	5.8	9.7	294	268~360	126	18.61	20.52	
		K214 (K14)	Cr12Ni42.5W7.5 Al12.1SiMnB	(1100±10℃)×5h 空冷	20	1 079~1 177	—	2~3	3~6	—	—	180	13.2	9.63	
					950	422~451	—	10~13	15~26	98	>100	122	17.4	—	
镍基	变形	GH4033 (GH33)	Cr20.5Ti2.6A10.8SiMn AsSbCePbBCu	1080℃×8h 空冷, 700℃×16h 空冷	700	687	—	15	—	432	60	177	17.76	23.03	棒材

（续表）

类别		牌号	主要成分	热处理	试验温度/(℃)	力学性能 σ_b/MPa	力学性能 $\sigma_{0.2}$/MPa	力学性能 δ/(%)	力学性能 ψ/(%)	持久强度 应力/MPa	持久强度 时间/h	E/GPa	α[①] ×10^{-6}/(1/℃)	k/(W/m·℃)	品种规格
镍基	变形	GH4033A (GH33A)	Cr20.5Ti2.8A10.85Nb1.4 SiMnAsSbCeBPbCu	1080℃×8h 空冷，750℃×16h 空冷	20 750	1 197~1 236 873~952	804~845 647~706	25~28 12~17	— —	— 294	— 334~432	223 179	— —	— —	棒材
镍基	变形	GH4037 (GH37)	Cr14.5Ti2Al2W6Mo3 SiMnCeVBCu	(1180±10℃)×2h 空冷,(1050±10℃)×4h 缓冷或空冷,(800±10℃)×16h 空冷	20 900	893~1 099 461~510	— —	10~16 23~30	11~15 34~36	— 118	— 113~119	226 157	11.90 16.20	7.95 22.19	棒材
镍基	变形	GH4049 (GH49)	Cr10Ti1.65Al4W5.5 Mo5Co15SiMnVBPb	(1200±10℃)空冷(1050±10℃)×4h 空冷,(850±10℃)×8h 空冷	20 950	1 079~1 177 491~540	— —	8~11 20~25	9~12 25~35	— 137	— 140~210	225 164	12.60 16.87	10.47 28.05	热轧棒材
镍基	变形	GH163	Cr20Ti2.15Co20Mo 5.8SiMnAlAgPbBCu	(1150±10℃)×10m，空冷，(800±10℃)×8h 空冷	20 900	1059 206	— —	40 88.4	— —	— 57	— 63	246 151	11.60 17.30	12.98 31.40	冷轧板材
镍基	变形	GH4169 (GH169)	Cr19Ni52.5Ti1Mo3 Nb5SiMnB	950℃×1h 空冷，720℃×8h 50℃炉冷到 620℃×再 8h 空冷	20 700	1393 —	— —	14.8 —	4.1 —	— 491	— 99~145	206 165	13.20 15.80	14.65 23.02	90 方锻材
镍基	变形	GH4698	Cr14.5Ti2.55Al1.5Mo3 Nb2SiMnBCe	—	20 800	1 059~1 148 687~746	735~785 569~618	15~25 7~10	15~29 12~19	— 314	— 45~90	219 173	12.11 15.48	10.30 20.76	圆饼
镍基	铸造	K401 (K1)	Cr15.5W8.5A15 Ti1.75SiMnB	1120℃×10h 空冷	20 950	932 491	— 324	2.0 3.5	1.5~4.5 2.0~5.5	— 137	— 100	186 102	10.90 25.20	— —	—
镍基	铸造	K4	Cr11.8W7Mo2Al4.8 Ti4Co11BZr	1150℃×8h 空冷	20 900	932~981 736~785	— —	1.5~4 1.2~2.4	4~8 3~3.4	— 314	— 100	211 161	12.00 15.70	11.72 20.52	—
镍基	铸造	K16	Cr8.5W5.2Mo4.8Al 4.4Ti3.7Nb2BceZr	铸态	20 1000	1 000~1 059 540	883~912 412	6 9	8~11 14	— 147	— 100	225 150	11.10 14.80	— —	铸造合金
镍基	铸造	K419 (K19)	Cr6W10Mo2Al5.5Ti 1.25Co12Nb2.5BZrHf	(870±10℃)×16h 空冷	20 1100	1 030 294	— —	6.3 12.1	9.3 16.8	— 69	— 35	208 129	11.61 16.27	8.79 30.15	铸造合金
钴基	变形	GH625	Cr20Mo1.5Ni10W15 Fe3Si	(1210±10℃)×1.5h 水冷	20 815	1 010~1 069 —	— —	58~60 —	— —	— 165	— 63~68	— —	— —	— —	棒材
钴基	铸造	K640 (K40)	Cr25.5Ni10.5W7.5 Fe2SiMn	铸态	20 816	736 500	422 284	12.5 20.7	18 22.2	— 207	— 131	225 159	13.90 15.60	13.40 25.12	精铸试样
钴基	铸造	K44	Cr29.5Ni10.5W7Fe2 SiMnB	(1150±10℃)×4h 炉冷至(930±10℃)×10h 炉冷至 540℃，空冷	20 980	795 196	569 137	9 31	15.7 56.5	— 55	— 339	206 —	— 15.80	15.07 33.07	—

注：① 温度为 20~100℃；②GH 表示变形高温合金，后面数字 1–固溶强化型 Fe 基合金；2–时效硬化型 Fe 基合金；3–固溶强化型 Ni 基合金；4–时效硬化型 Ni 基合金；6–钴基合金。再后三位数字–合金编号。③K 表示铸造高温合金，后接三位数字，含义同变形高温合金。

4. 切削力大

切削高温合金时切削力 F 的各项分力均大于 45 钢，也比不锈钢的切削力要大。GH4169 的切削力约为 45 钢的 2~3 倍。表 10-2、图 10.2 和图 10.3 分别给出了切削力对比情况。

表 10-2 切削几种材料的切削力对比[46]

材料	强化系数 n	σ_s /MPa	F_c /N	F_f /N	F_p /N
奥氏体不锈钢 Type 321	0.52	254	2 091.4	800.9	711.9
钛合金 Ti4Al4Mn	0.06	989	1 624.2	845.5	489.2
40CrNiMoA	0.117	1 212	2 580.8	1 245.9	695.2
热模锻钢 H11	0.06	1 589	2 736.6	1 512.9	823.2
镍基高温合金 Rene41	0.215	885	2 914.6	1 535.2	800.9
镍基高温合金 Inconel$X$	0.20	772	2 825.6	1 846.6	889.9
钴基高温合金 L605	0.537	446	3 181.6	2 002.4	978.9

注：用硬质合金车刀，$\gamma_p=-5°, \gamma_f=-5°, \kappa_r=75°$，$\upsilon_c=30$ m/min, $f=0.27$ mm/r, $a_p=3.2$ mm，车外圆。

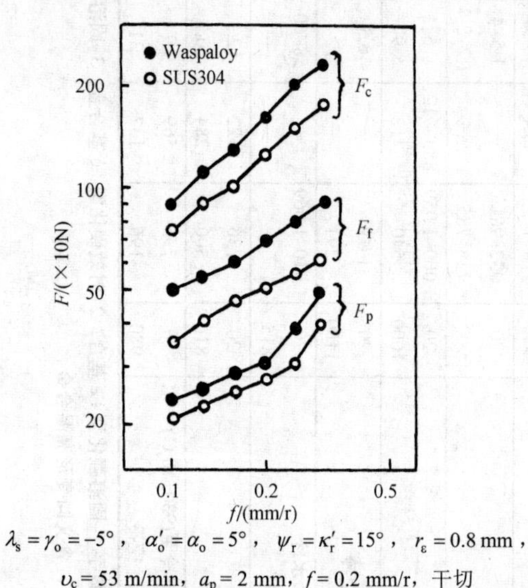

$\lambda_s=\gamma_o=-5°$，$\alpha_o'=\alpha_o=5°$，$\psi_r=\kappa_r'=15°$，$r_\varepsilon=0.8$ mm，

$\upsilon_c=53$ m/min，$a_p=2$ mm，$f=0.2$ mm/r，干切

图 10.2 Ni 基高温合金与不锈钢的切削力 F 对比[69]

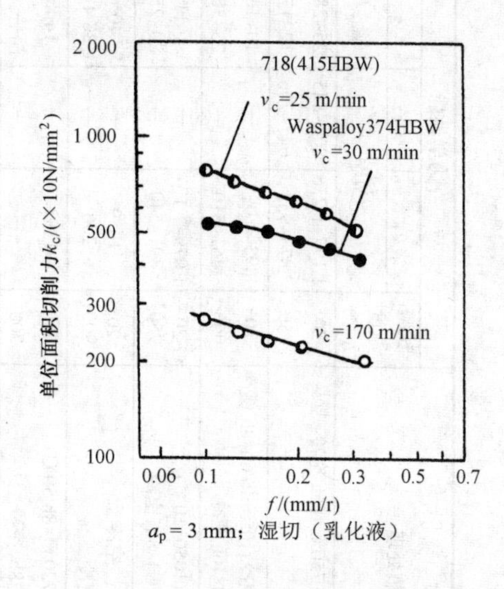

$a_p=3$ mm；湿切（乳化液）

图 10.3 切削 Ni 基高温合金与 45 钢的单位面积切削力 k_c[69]

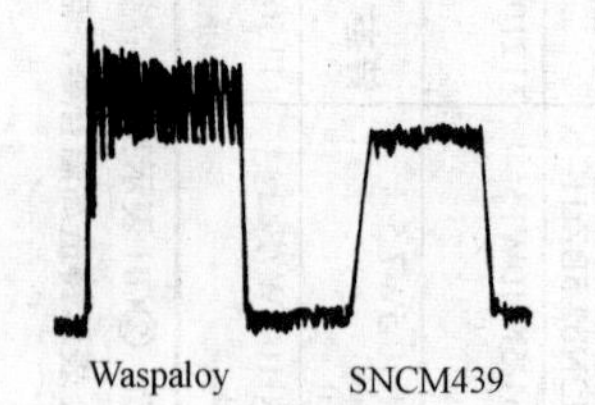

$f=0.2$ mm/r，其余条件同图 10.2

图 10.4 切削力的波动情况[69]

切削高温合金时切削力的波动比切削合金钢大得多，伴随切削力的波动，极易引起振动（切削力的波动情况见图 10.4）。

5. 切削温度高

切削高温合金时，由于材料本身的强度高、塑性变形大、切削力大、消耗功率多、产生的热量多，而它们的导热系数又较小（见表 10-2），故切削温度比切削 45 钢和不锈钢 1Cr18Ni9Ti 都高得多（见图 10.4），切削 Ni 基合金可达 750~1 000℃。

6. 刀具易磨损

切削高温合金时刀具磨损严重，这是由复合因素造成的。如严重的加工硬化、合金中的各种硬质化合物及γ'相构成的微硬质点等都极易造成磨料磨损；与刀具材料（硬质合金）中的组成成分相近，亲和作用易造成黏结磨损；切削温度高易造成扩散磨损；由于切削温度高，周围介质中的 H、O、N 等元素易使刀具表面生成相间脆性相，使刀具表面产生裂纹，导致局部剥落、崩刃。磨损的形式常为边界磨损和沟纹磨损，边界磨损由工件待加工表面上的冷硬层造成，沟纹磨损由加工表面刚形成的硬化层所致。

7．表面质量和精度不易保证

由于切削温度高，材料本身导热性能又很差，工件极易产生热变形，故精度不易保证。又因切削高温合金时刀具前角 γ_0 较小、v_c 较高（$v_c \geqslant 30$ m/min）时切屑常呈挤裂锯齿状，切削宽度方向也会有变形，会使表面粗糙度 Ra 加大。

10.3 高温合金的车削加工

10.3.1 正确选择刀具材料

Fe 基高温合金的切削加工性比 Ni-Cr 不锈钢要差，约为 Ni-Cr 不锈钢的 50%，而比 Ni 基和 Co 基高温合金的切削加工性要好。图 10.5 与图 10.6 分别为 K10 硬质合金车削 Fe 基高温合金时刀具的磨损曲线及 v_c-T 关系曲线。

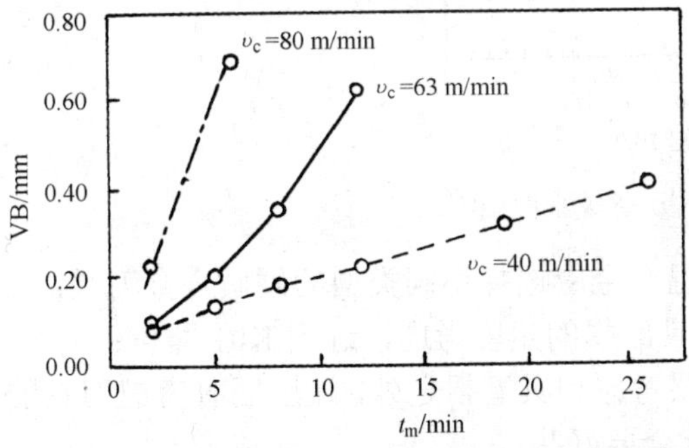

Fe 基 A286；K10；a_p = 1.5 mm，f = 0.3 mm/r，湿切（油）

图 10.5 VB-t_m 曲线[69]

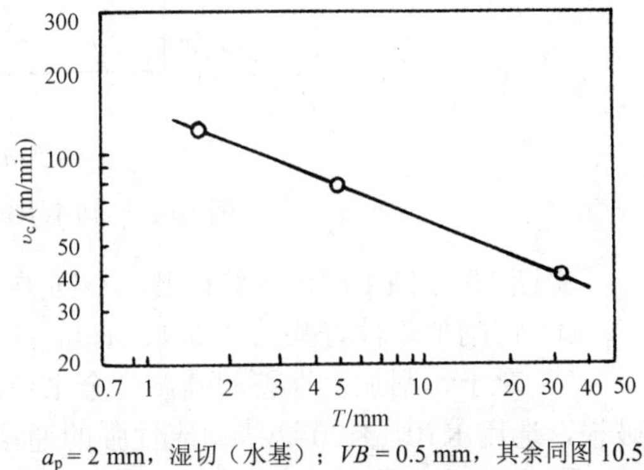

a_p = 2 mm，湿切（水基）；VB = 0.5 mm，其余同图 10.5

图 10.6 v_c-T 关系[69]

图 10.7 为有无切削液时车削 Fe 基高温合金时后刀面磨损 VB 的情况。

图 10.8 为进给量 f 对 VB 的影响关系。

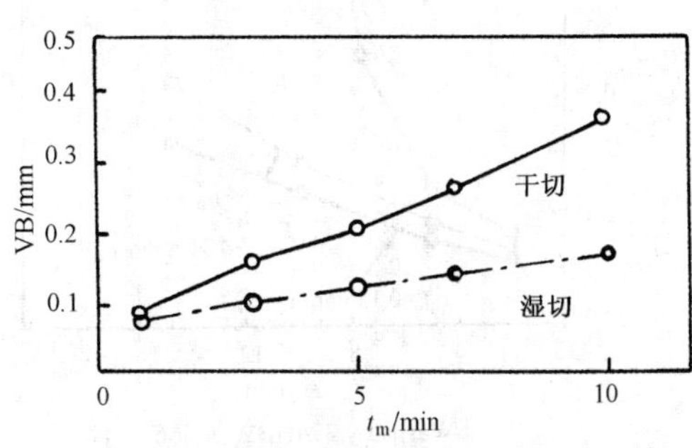

Incoroy901；K10（5，5，6，6，60，60，0.4 mm）

v_c = 40 m/min，a_p = 1.0 mm，f = 0.22 mm/r

图 10.7 切削液对 VB 的影响[69]

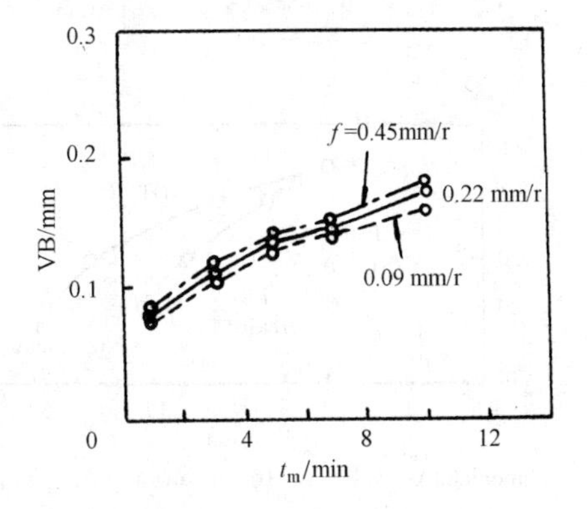

湿切（乳化液），切削条件同图 10.7

图 10.8 进给量对 VB 的影响[69]

图 10.9 和图 10.10 分别为切削 Ni 基高温合金时刀具的磨损 VB 情况及υ_c-T关系曲线[69]。

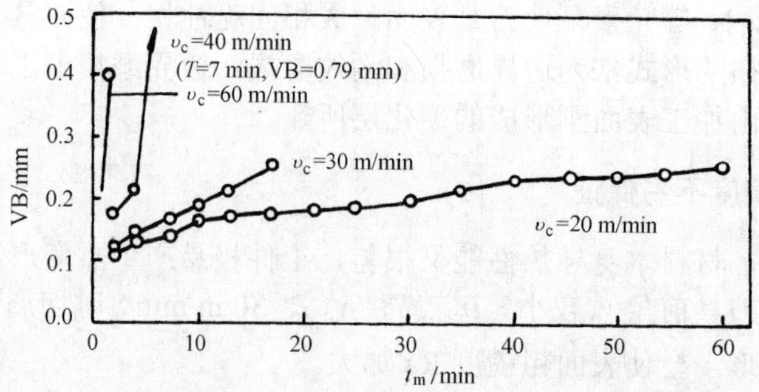

Inconel 718（时效，415HBW）；K10；a_p = 1.5 mm，f = 0.2 mm/r

图 10.9 切削 Ni 基合金时的 VB-t_m 关系[69]

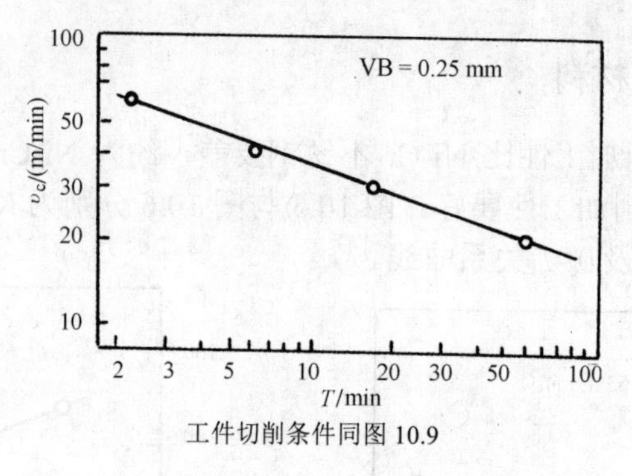

工件切削条件同图 10.9

图 10.10 切削 Ni 基合金时υ_c-T关系曲线[69]

由图 10.9~图 10.16 不难看出，不同类型的高温合金应选择不同类型的硬质合金刀具：

① 切削加工性好些的（如 Fe 基），主要从刀具磨损的角度考虑，选用 K01 即可；

② 对于切削加工性差的高温合金来说，除了要考虑刀具磨损之外，还应同时考虑刀具的破损，选用 K10、K20 这些适应性强的通用硬质合金要好些；

③ 对于切削加工性更差的高温合金，主要考虑刀具的耐破损性能，即选用强度较高的超细晶粒硬质合金较合适；

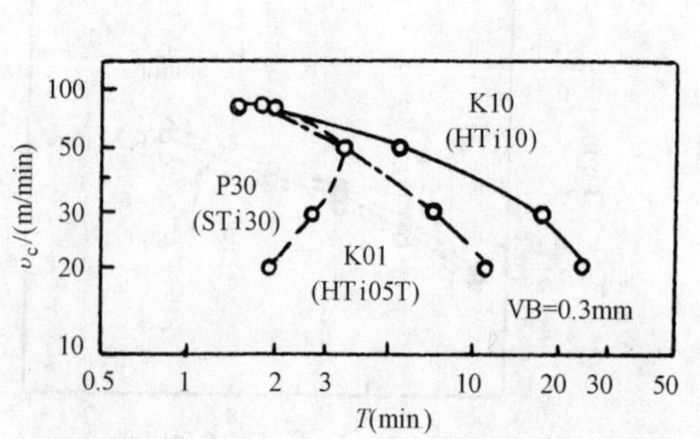

Nimonic80A；刀具（0，10，6，6，45，0，0.4 mm）；
a_p = 0.5 mm，f = 0.1 mm/r，湿切（非水溶性）

图10.11 不同刀具材料的υ_c-T曲线[69]

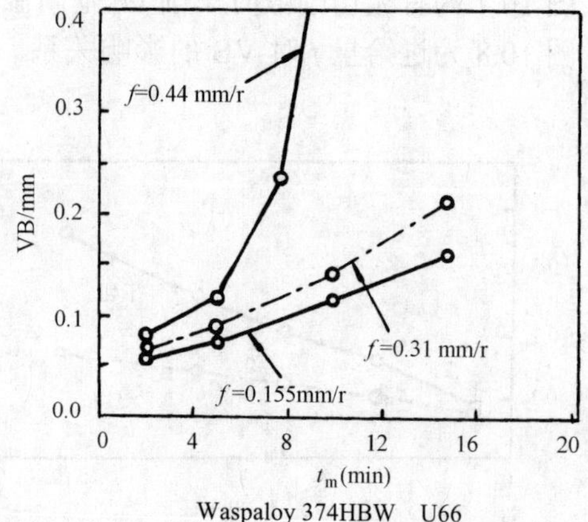

Waspaloy 374HBW U66
υ_c = 20 m/min，a_p = 2 mm，湿切（油）

图 10.12 CVC 涂层车 Ni 基高温合金的 VB-t_m 关系[69]

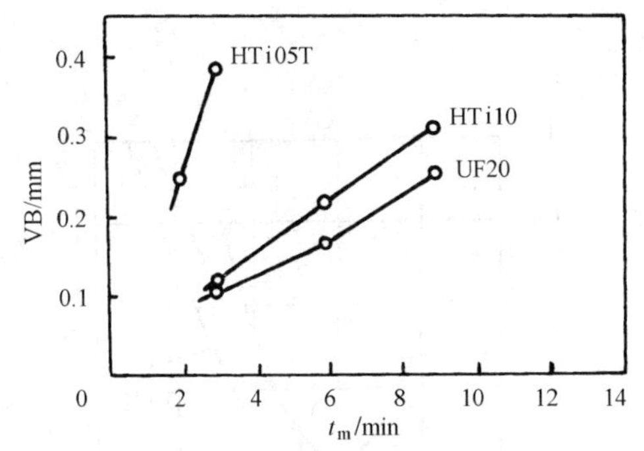

Inconel Alloy 713c；（5, 5, 6, 6, 45, 45, 0.8 mm）；

$\upsilon_c = 32$ m/min，$a_p = 1.0$ mm，$f = 0.1$ mm/r，湿切（油）

图 10.13　超细晶粒硬质合金 UF20 车 Ni 基合金的 VB-t_m 关系[69]

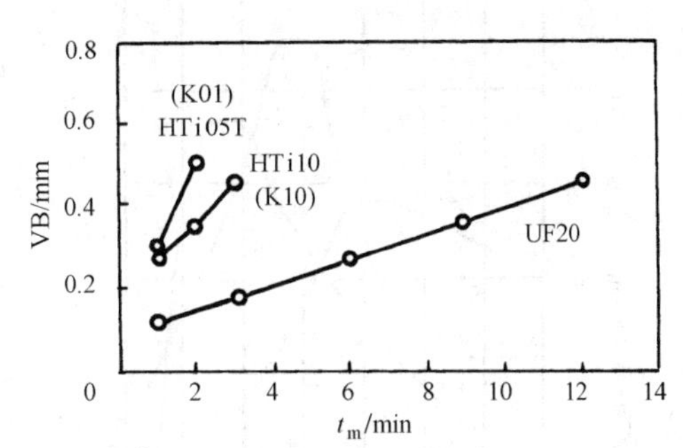

Ni 基 Udimet500；（0.5, 45, 45, 6, 6, 0.8 mm）；

$\upsilon_c = 14$m/min，$a_p = 1.5$ mm，$f = 0.1$ mm/r，湿切（油）

图 10.14　超细晶粒硬质合金 UF20、K05 及 K10 的 VB-t_m 比较[69]

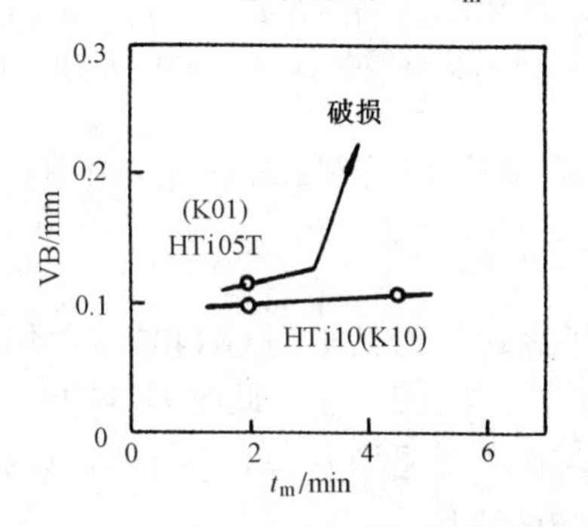

图 10.15　车削 Co 基高温合金时 VB-t_m 关系[69]

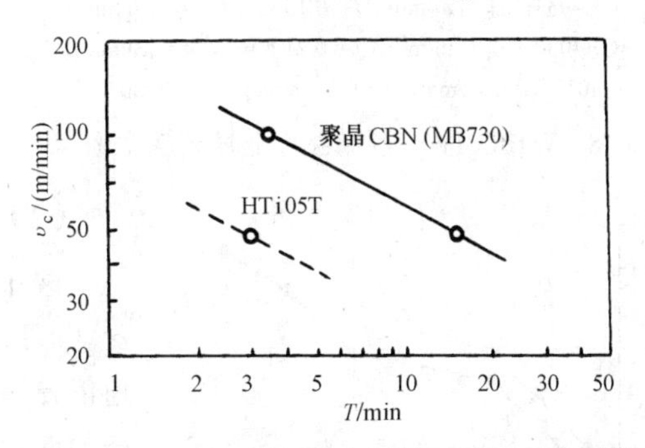

图 10.16　车削 Co 基高温合金时的 υ_c-T 关系[69]

④ Co 基高温合金的切削加工性最差。刀具材料与加工条件的关系、机床的刚度与精度、刀具的悬伸长度及其刚度、工件的安装刚度、夹具的刚度与精度等方面都必须考虑到，特别是切削振动及故障更要考虑。车削宜用 K01、K10 及 CBN，超细晶粒的硬质合金适合用于刀具易产生破损的情况，其中 Co 含量多的 K 类不适于低速切削。

车削加工时，如采用亚微细晶粒硬质合金 YM051（YH1）、YM052（YH2）、YM053（YH3）、YD15（YGRM）、YT712、YT726、YG643、YG813 等牌号及 Sialon 陶瓷，效果会好。如选用 TiAlN 涂层，效果比其他涂层更好（见图 10.17）

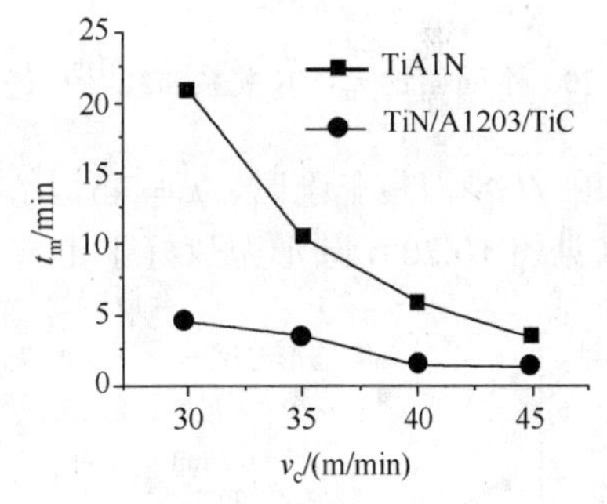

图 10.17　$\gamma_o = 3°$时不同涂层的 t_m-v_c 关系曲线[119]

10.3.2　选择合理的刀具几何参数

（1）选择合理的刀具前角 γ_o

如采用 W18Cr4V 刀具车削高温合金，刀具前角可取$\gamma_o = 15° \sim 20°$，其中车变形高温合金γ_o可取角度范围中大值，车铸造高温合金γ_o可取其中小值（见图 10.18）。用硬质合金刀具车铸造 Fe 基高温合金 K214 时，最好$\gamma_o = 0°$（见图 10.19）。

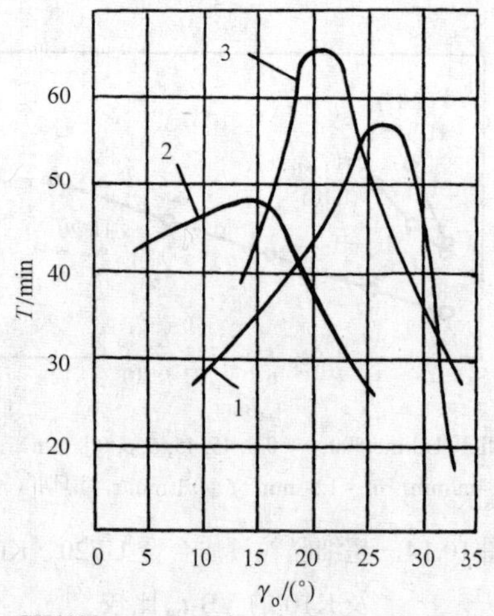

1—GH4033，υ_c=8 m/min，f = 0.15 mm/r，a_p=1.0 mm；
2—GH4037，υ_c=7 m/min，f = 0.21 mm/r，a_p=1.0 mm；
3—K401，υ_c=7 m/min，f = 0.21 mm/r，a_p=1.0 mm

图 10.18 W18Cr4V 车削高温合金时 γ_o-T 关系[46]

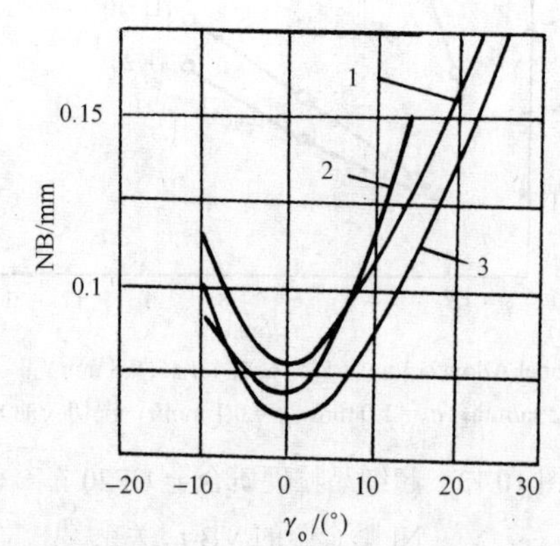

1—YG6X，2—YW2，3—YG8，$\alpha_o = \alpha_o' = 10°$，$\kappa_r = 45°$，$\kappa_r' = 15°$，$\lambda_s = 0°$，$r_\varepsilon = 1.0$mm，$f = 0.1$ mm/r，$a_p = 0.25$ mm

图 10.19 硬质合金车削 K214 时 γ_0-NB 关系[46]

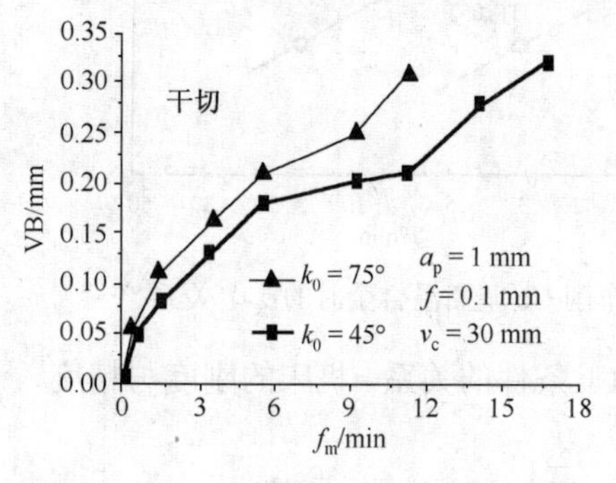

图 10.20 不同 κ_r 的 t_m-VB 关系曲线[119]

（2）选择合理后角 α_o

图 10.20 给出了高速钢刀具车削 GH4033 时的后角 α_o 与刀具使用寿命 T 之间的关系。此时刀具的合理后角值 $\alpha_o = 10° \sim 15°$，精车时可取 $\alpha_o = 14° \sim 18°$，以减小后刀面与加工表面间的摩擦。

（3）主偏角 κ_r、副偏角 α_o' 及刀尖圆弧半径 r_ε 的选择

在机床刚度允许的条件下，应尽量取较小 κ_r 值，以保证刀尖强度和散热性能，常取 $\kappa_r = 45° \sim 75°$；如机床刚度不足，κ_r 值可适当加大。此时 $\kappa_r' = 8° \sim 15°$，$r_\varepsilon = 0.5$ mm。

用 YG8 刀具车削时，$\kappa_r = 45°$ 比 75° 的刀具使用寿命 T 要长 40%，后刀面磨损 VB 减小 30%（见图 10.20），圆形刀片好于正方形（见图 10.21），加工表面粗糙度 Ra 减小（见图 10.22）。

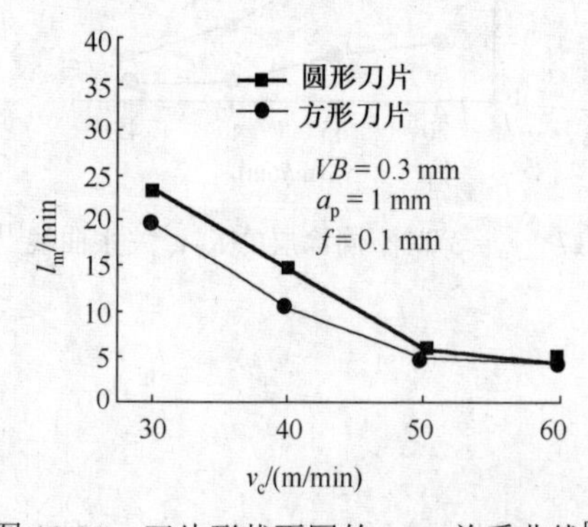

图 10.21 刀片形状不同的 t_m-v_c 关系曲线[119]

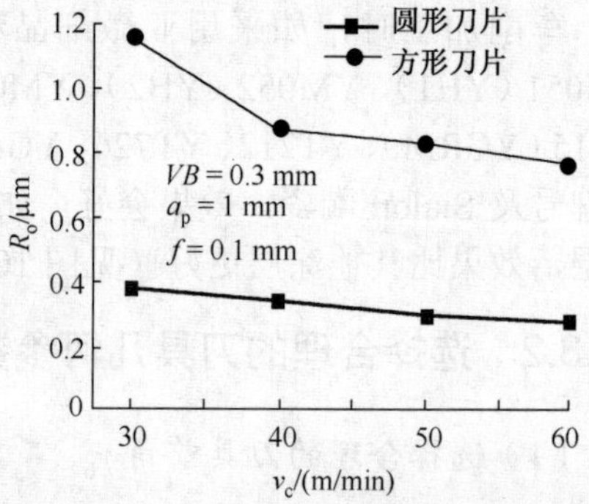

图 10.22 刀片形状不同时 Ra-v_c 关系曲线[119]

（4）刃倾角 λ_s 的选择

图 10.23 给出了高速钢刀具车削 GH4033 时的 λ_s-T 关系曲线。不难看出，应取 $\lambda_s = -10° \sim -13°$

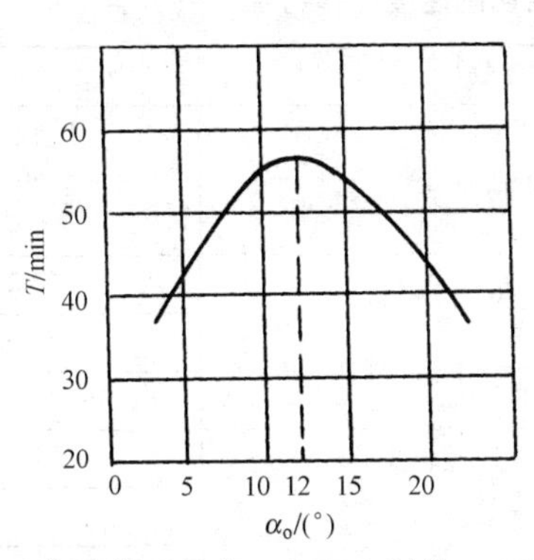

图 10.23　高速钢刀具车 GH4033 时的 α_o-T 关系[46]

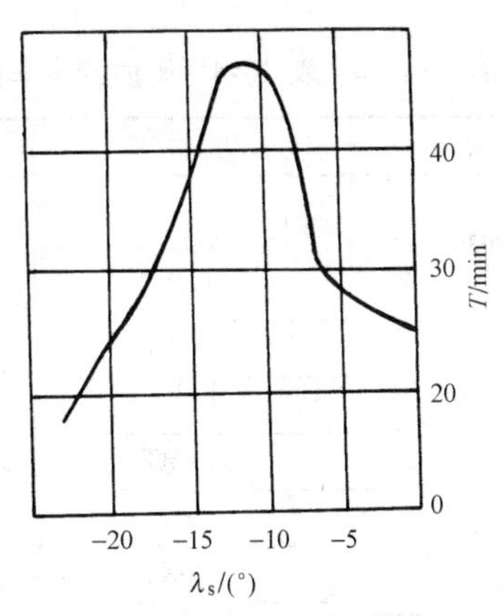

图 10.24　λ_s-T 关系[46]

硬质合金刀具车削 Fe 基高温合金的合理几何参数及断屑范围见表 10-3。

表 10-3　硬质合金刀具车削 Fe 基高温合金的合理几何参数及断屑范围[46]

工件材料	刀片材料	刀具合理几何参数							断屑范围		
		γ_o	α_o	α_o	κ_r	κ_r'	λ_s	r_ε /mm	v_c /(m/min)	f /(mm/r)	a_p /mm
GH2132	YG8	—	8°	0°	60°	38°	—	0.3	—	0.1~0.3	0.3~2.0
GH2132	YG8	12°	8°	0°	45°	45°	0°	0.5	—	0.1~0.3	0.5~2.5
GH2132	YG813	12°	8°	0°	45°	45°	0°	0.5	—	0.1~0.4	0.5~3.0
GH2132	YG10HT	14°	12°	12°	45°	45°	0°	0.5	43~52	0.28~0.4	4.0~6.0
GH2132 GH2036	YG8	4°	16°	—	45°	45°	0°	1.0	40~50	0.28~0.4	4.0~6.0
GH2036	YG3	3°	12°	12°	45°	45°	−10°	0.5	41~47	0.28~0.4	4.0~6.0
GH2036	YG8 YG8N	12°	12°	12°	45°	45°	0°	0.5	40~47	0.28~0.4	4.0~6.0
GH2036	YG8N	12°	12°	12°	45°	45°	0°	0.5 ~1.5	37~42	0.28~0.4	4.0~6.0
GH2036	YG8N	5°	12°	12°	45°	45°	0°	0.5	38~49	0.28~0.4	4.0~6.0
GH2132 GH2036	YG8	4°	16°	—	45°	45°	0°	1.0	40~53	0.28~0.4	4.0~6.0

硬质合金刀具车削 Ni 基高温合金的合理几何参数为：变形高温合金 $\gamma_o = 5° \sim 10°$，$\alpha_o = 10° \sim 15°$，$r_\varepsilon = 0.3 \sim 0.8$ mm。[67]

铸造高温合金 $\gamma_o = -5° \sim 0°$，$\alpha_o = 10° \sim 15°$，$r_\varepsilon = 1.0$ mm。

10.3.3　确定合理的切削用量

切削高温合金时，刀具的使用寿命（刀具的相对磨损量 NB_r）与切削用量间已不是单调函数关系，具体关系如图 10.25 所示。

表 10-4、表 10-5 和表 10-6 分别给出了硬质合金车刀切削高温合金的v_c与f的参考值。

Ni 基高温合金的 Ni 含量对 v_c 的影响很大，如 $w(Ni) = 60\%$时，$v_c = 13$ m/min；$w(Ni) = 45\%$时，$v_c = 26$ m/min；$w(Ni) = 50\%$时，$v_c = 20$ m/min。[67]

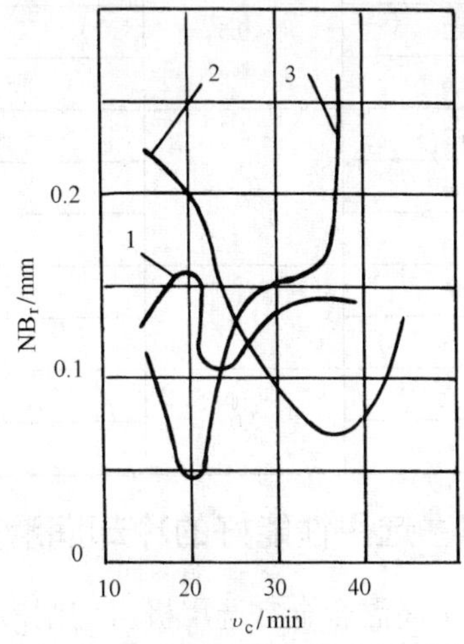

1—f = 0.1 mm/r，2—f = 0.2 mm/r，3—f = 0.3 mm/r

$\gamma_o = 0°, \alpha_o = \alpha_o' = 10°, \lambda_s = 0°, \kappa_r = 45°, \kappa_r' = 15°$

图 10.25　YG8 车削 K214 时，v_c、f 与 NB_r 关系[46]

<table>
<caption>表 10-4　硬质合金车削 Fe 基高温合金的切削速度υ_c参考值[46]</caption>
<tr><th>高温合金牌号</th><th>刀具材料</th><th>切削参数</th><th>$\upsilon_{c最佳}$ /(m/min)</th></tr>
<tr><td>GH2036</td><td>YG8</td><td>$\gamma_o=10°, \alpha_o=10°, \kappa_r=45°$
$r_\varepsilon=0.5$ mm，$b_{\gamma1}=0.2$ mm，
$f=0.2$ mm/r，$a_p=2$ mm</td><td>50</td></tr>
<tr><td rowspan="3">GH2136</td><td>YG8</td><td rowspan="3">$\gamma_o=0°, \alpha_o=\alpha'_o=8°$，$\kappa_r=70°$
$\kappa'_r=20°$，$\lambda_s=0°$
$f=0.1$ mm/r，$a_p=0.5$ mm</td><td>33.2</td></tr>
<tr><td>YG813</td><td>38.5</td></tr>
<tr><td>YG10HT</td><td>>40</td></tr>
<tr><td rowspan="3">K214</td><td>YG8</td><td rowspan="3">$\gamma_o=0°$，$\alpha_o=\alpha'_o=10°$，$\kappa_r=45°$
$\kappa'_r=45°$，$\lambda_s=0°$；
$f=0.1$mm/r，$a_p=0.25$mm</td><td>40</td></tr>
<tr><td>YG6X</td><td>35</td></tr>
<tr><td>YW2</td><td>37</td></tr>
</table>

<table>
<caption>表 10-5　YG 类硬质合金切槽的进给量 f　/(mm/r)</caption>
<tr><th rowspan="2">刀杆截面尺寸 $H\times B$/mm</th><th colspan="2">刀片尺寸</th><th colspan="2">变形高温合金</th><th colspan="2">铸造高温合金</th></tr>
<tr><th>宽 /mm</th><th>长 /mm</th><th>$\sigma_b<883$ /MPa</th><th>$\sigma_b>883$ /MPa</th><th>$\sigma_b<883$ /MPa</th><th>$\sigma_b>883$ /MPa</th></tr>
<tr><td rowspan="2">25×16</td><td>5</td><td>20</td><td rowspan="2">0.1~0.14</td><td rowspan="2">0.08~0.12</td><td rowspan="2">0.1~0.14</td><td rowspan="2">0.08~0.12</td></tr>
<tr><td>10</td><td>25</td></tr>
<tr><td rowspan="3">30×20</td><td>5</td><td>25</td><td rowspan="3">0.15~0.20</td><td rowspan="3">0.1~0.15</td><td rowspan="3">0.15~0.20</td><td rowspan="3">0.1~0.15</td></tr>
<tr><td>8</td><td>30</td></tr>
<tr><td>12</td><td>40</td></tr>
</table>

注：用高速钢切断刀时表中数值应乘系数 1.5。

<table>
<caption>表 10-6　车（镗）高温合金的进给量 f　/(mm/r)</caption>
<tr><th rowspan="2">表面粗糙度 Ra/μm</th><th rowspan="2">r_o /mm</th><th colspan="5">υ_c/(m/min)</th></tr>
<tr><th>3</th><th>5</th><th>10</th><th>15</th><th>≥20</th></tr>
<tr><td>6.3</td><td rowspan="3">< 0.5</td><td colspan="5">0.16</td></tr>
<tr><td>3.2</td><td colspan="3">—</td><td colspan="2">0.08</td></tr>
<tr><td>1.6</td><td colspan="4">—</td><td>0.04</td></tr>
<tr><td>3.2</td><td rowspan="3">0.5</td><td colspan="2">0.16</td><td colspan="3"></td></tr>
<tr><td>1.6</td><td></td><td colspan="2">0.1</td><td colspan="2">0.12</td></tr>
<tr><td>0.8</td><td colspan="3"></td><td colspan="2">0.10</td></tr>
<tr><td>1.6</td><td rowspan="2">1.0</td><td>0.14</td><td colspan="2">0.28</td><td colspan="2" rowspan="2">0.12</td></tr>
<tr><td>1.6</td><td colspan="3">—</td></tr>
<tr><td>1.6</td><td rowspan="2">2.0</td><td colspan="5">0.28</td></tr>
<tr><td>0.8</td><td colspan="3">0.20</td><td colspan="2">0.25</td></tr>
</table>

10.3.4　选用性能好的冷却润滑剂

加工高温合金宜选用极压切削液。加工 Ni 基高温合金不宜用硫化极压切削液，以防应力腐蚀降低其疲劳强度，可用乳化液、透明水基切削液、蓖麻油等。

使用过热水蒸气作为冷却润滑剂比干切可减小切削力 15%~30%，刀具磨损减小 30%~35%，刀具使用寿命提高 50%~60%[106]。

10.3.5 车削高温合金推荐的切削条件

据资料报道，车削高温合金时可参考表 10-7 推荐的切削条件。

表 10-7 车削高温合金推荐的切削条件[69]

切削速度				v_c/(m/min)								
高温合金的种类				Fe 基高温合金			Ni 基高温合金			Co 基高温合金		
高温合金名称				A 286 Unitemp 212 Incoloy 800 Incoloy 800H AF-71 Discalog Incolog 901 N-155 16-25-6 D-979			Waspaloy Inconely 718 Nimonic 80A Nimonic 90 Inconel 713C TDNi TDNiCr Inconel 625 Inconel 706 Inconel 722			Rene 80 MAR-M 905 HS 21 V-36 F 484 X-30 HaynesAlloy25(L605) HaynesAlloy 188 ML 1700 AiResist 213		
断屑槽形	刀具材料	切削深度 a_p/mm	进给量 f/(mm/r)	硬度(HB) HB≤250	HB≤350	HB>350	HB≤250	HB≤350	HB>350	HB≤250	HB≤350	HB>350
有断屑槽A G型，R/L型	硬质合金 K10（HTi10） K20（HTi20T） 超细晶粒硬质合金 TF15	0.25	0.12	45~65	35~50	30~40	25~40	20~30	18~25	22~32	18~25	16~22
		1.00	0.20	40~55	30~40	25~35	22~35	18~25	16~22	18~25	16~22	14~20
		2.50	0.25	30~40	25~30	22~28	20~30	16~22	12~18	14~22	12~17	10~16
		4.00	0.25	16~22	14~20	12~16	15~22	12~16	10~16	8~16	—	
	PVD 涂层 硬质合金 AP10H AP20HT AP15HF	0.25	0.12	50~70	45~55	35~45	28~45	22~35	20~30	25~35	20~27	18~24
		1.00	0.20	45~60	35~50	30~40	25~40	20~30	18~25	20~30	18~24	14~20
		2.50	0.25	35~50	30~45	25~35	22~35	18~25	14~20	16~25	14~20	10~16
		4.00	0.25	18~25	16~22	14~20	16~25	14~20	12~18	10~18	—	—
	CVD 涂层 硬质合金 U735 U7020	0.25	0.12	55~75	45~60	40~55	39~50	25~49	22~35	23~38	22~30	—
		1.00	0.20	50~65	40~55	35~50	28~45	22~35	20~30	22~32	18~35	—
		2.50	0.25	40~50	35~45	30~40	35~40	20~30	16~22	18~25	—	—
		400	0.25	20~30	18~25	16~22	18~25	16~25	—	—	—	—
无断屑槽（平）	PCBN MB810 MB825	0.25	0.10	100	100	100	100	100	100	100	100	100
		1.00	0.12	—	—	—	—	—	—	—	—	—
	FRC (纤维增强陶瓷)	1.00	0.25	350	350	350	350	350	350	350	350	350
		2.00	0.25	300	300	300	300	300	300	300	300	300

注：① 机床的功率大、刚度高；
② 工件刚度与装夹刚度高；
③ 刀具高刚度，且伸出量合适；
④ 断屑槽具有卷屑、减小切削力和控制切削热的功能；
⑤ 由于生成剪断屑的动态切削力大，易引起振动，必须考虑消除振动的诱因。

10.4 高温合金的铣削加工

1. 刀具材料的选择

用于高温合金的铣刀除端铣刀和部分立铣刀用硬质合金外，其余各类铣刀大都采用高性能高速钢制造，见表 10-8。

表 10-8 高温合金铣刀用高速钢

刀具类型 \ 工件材料	变形高温合金（GH）	铸造高温合金（K）
铣刀	W6Mo5Cr4V2（M2） W12Cr4V4Mo（EV4） W6Mo5Cr4V5SiNbAl（B201） W10Mo4Cr4V3Al（5F6）	W12Mo3Cr4V3Co5Si W2Mo9Cr4VCo8（M42） W6Mo5Cr4V2Al（M2A） W10Mo4Cr4V3Al（5F6）
成形铣刀	W12Mo3Cr4V3Co5Si W2Mo9Cr4VCo8（M42） W6Mo5Cr4V2Al（M2A）	

用做端铣刀和立铣刀的硬质合金以 K10、K20 较合适，因为它们比 K01 更耐冲击和耐热疲劳，用涂层铣刀效果较好[123]。

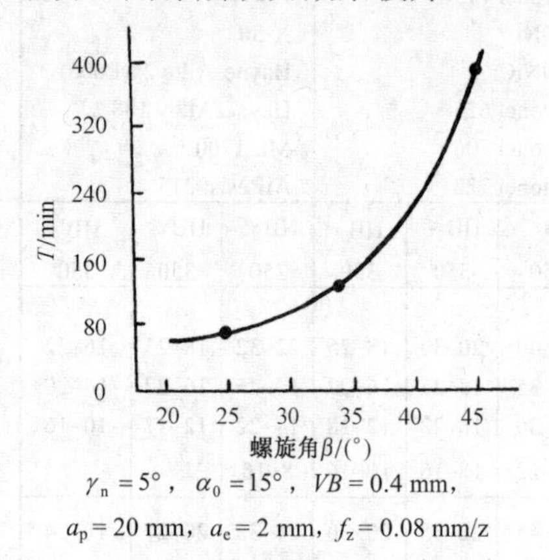

图 10.26 铣 GH4037 时的 $\beta-T$ 关系[46]

2. 刀具合理几何参数的选择

铣削高温合金时，刀具切削刃既要锋利又要能耐冲击，容屑槽要大，为此可采用大螺旋角铣刀。用 W18Cr4V 圆柱铣刀铣高温合金 GH4037 时，螺旋角 β 可从 20° 增到 45°，刀具使用寿命几乎提高了 4 倍（见图 10.26）。此时铣刀的 γ_{oe} 由 11° 增至 27° 以上（见表 10-9），铣削轻快。但 β 不宜再大，特别是立铣刀 $\beta \leqslant 35°$ 为宜，以免削弱刀齿。

铣削高温合金时，$\gamma_n = 5°\sim12°$（变形高温合金），$\gamma_n = 0°\sim5°$（铸造高温合金）；$\alpha_o = 10°\sim15°$，螺旋角 $\beta = 45°$（圆柱铣刀），$\beta = 28°\sim35°$（立铣刀）。错齿三面刃铣刀 $\gamma_n = 10°$，$\alpha_o = 15°\sim16°$；端铣刀 $\kappa_r = 45°$，$\kappa_r' = 10°$，$b_{\gamma1} = 11\sim1.5\,\text{mm}$，$\lambda_s = 10°$。

表 10-9 高速钢螺旋齿圆柱铣刀切削 GH4037 时的工作前角 γ_{oe} [46]

螺旋角 β	10°			20°			30°		
γ_n	5°	10°	15°	5°	10°	15°	5°	10°	15°
γ_{oe}	6°30′	11°20′	16°10′	11°	15°10′	19°20′	17°50′	21°20′	24°50′
螺旋角 β	40°			50°			60°		
γ_n	5°	10°	15°	5°	10°	15°	5°	10°	15°
γ_{oe}	27°	29°30′	32°	37°30′	39°15′	41°	49°30′	50°30′	51°30′

3. 铣削用量的选择

铣削高温合金的铣削用量可参见表 10-10。

表 10-10 铣削高温合金的铣削用量[67]

工件材料 \ 切削用量 \ 刀具类型	圆柱铣刀						立铣刀			成形铣刀		
	高速钢			硬质合金			高速钢			高速钢		
	v_c /(m/min)	f_z /(mm/z)	a_p /mm	v_c /(m/min)	f_z /(mm/z)	a_p /mm	v_c /(m/min)	f_z /(mm/z)	a_p /mm	v_c /(m/min)	f_z /(mm/z)	a_p /mm
变形高温合金	3~12	0.03~0.08	2~6	18~30	0.07~0.2	1~4	6~10	0.05~0.12	3~5	10~12	0.06~0.08	~3
铸造高温合金	3~12	0.03~0.08	2~6	12~15	0.15~0.3	0.5~1.5	6~10	0.05~0.12	3~5	5	0.04~0.05	2

4．冷却润滑剂及冷却方式的选用

铣削高温合金时，除常用的乳化液、极压乳化液外，使用低温 MQL 的效果比浇注法要好（见图 10.27）。

5．推荐的平面铣削条件

平面铣削高温合金推荐的切削条件见表 10-11。

立铣刀加工高温合金推荐的切削条件见表 10-12。

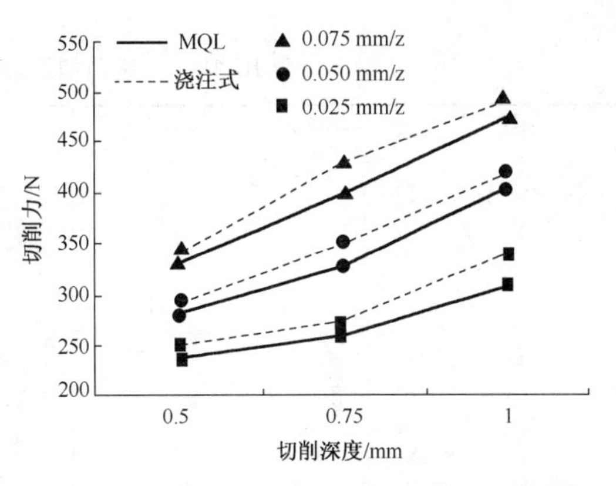

图 10.27　不同冷却润滑剂方式的铣削力[105]

表 10-11　平面铣削高温合金推荐的切削条件[69]

平面铣刀	刀具材料	铣削宽度 a_e/mm	铣削深度 a_p/mm	进给量 f_Z/(mm/z)	切削速度 v_c/(m/min)								
				高温合金的种类	Fe 基高温合金			Ni 基高温合金			Co 基高温合金		
				高温合金名称	A 286 Unitemp 212 Incoloy 800 Incoloy 800H AF-71 Discalog Incoloy 901 N-155 16-25-6 D-979			Waspaloy Inconel 718 Nimonic 80A Nimonic 90 Inconel 713C TDNi TDNiCr Inconel 625 Inconel 706 Inconel 722			Rene 80 MAR-M 905 HS 21 V-36 F 484 X-30 HaynesAlloy25(L605) HaynesAlloy 188 ML 1700 AiResist 213		
				硬度 (HB)	HB≤250	HB≤350	HB>350	HB≤250	HB≤350	HB>350	HB≤250	HB≤350	HB>350
γ_n = 10°～18°	硬质合金 K10(HTi10) K20(HTi20T) 超细晶粒硬质合金 TF15	3/4D_0	0.25	0.08	35~55	30~45	25~40	30~40	22~30	18~25	22~30	18~25	16~22
			1.00	0.10	30~50	25~40	20~35	25~35	20~28	16~22	20~28	16~22	12~18
			2.50	0.10	25~40	20~35	16~25	20~30	18~25	14~20	16~22	12~18	10~16
			4.00	0.10	18~25	16~22	14~20	16~25	14~20	10~16	—	—	
	PVD 涂层 硬质合金 AP10H AP20HT AP15HF	3/4D_0	0.25	0.08	40~60	35~55	30~55	35~50	25~35	20~30	25~35	20~30	16~22
			1.00	0.10	35~55	25~45	25~40	30~45	20~32	18~28	20~30	18~25	14~20
			2.50	0.10	30~50	20~40	20~35	25~35	20~30	16~20	18~25	16~22	10~18
			4.00	0.10	20~30	18~25	16~22	18~28	16~25	12~18	—	—	—
	CVD 涂层 硬质合金 U735 U7020	3/4D_0	0.25	0.08	45~65	40~60	35~50	40~55	30~40	22~35	17~27	22~30	—
			1.00	0.10	40~60	35~50	30~45	35~50	25~35	20~30	14~16	18~35	—
			2.50	0.10	35~55	30~45	25~40	30~40	20~30	—	10~14	—	—
			4.00	0.10	—	—	—	—	—	—	—	—	—

注：① 机床功率大、刚度高；② 工件刚度与装夹刚度高；③ 刀具刚度高，且伸出量合适；

④ 断屑槽具有卷屑、减小切削力和控制切削热的功能；⑤ 要防止切屑飞出和切屑损坏切削刃；

⑥ 使用合适的切削液，防止刀具热疲劳破坏。

表 10-12　立铣刀加工高温合金推荐的切削条件[69]

立铣刀直径 D_0，刀齿数 Z，螺旋角 β	刀具材料	铣削深度 a_p /mm	铣削宽度 a_e /mm	进给量 f_Z /(mm/z)	切削速度 υ_c/(m/min)								
高温合金的种类					Fe 基高温合金			Ni 基高温合金			Co 基高温合金		
高温合金名称					A 286 Unitemp 212 Incoloy 800 Incoloy 800H AF-71 Discalog Incoloy 901 N-155 16-25-6 D-979			Waspaloy Inconel 718 Nimonic 80A Nimonic 90 Inconel 713C TDNi TDNiCr Inconel 625 Inconel 706 Inconel 722			Rene 80 MAR-M 905 HS 21 V-36 F 484 X-30 HaynesAlloy25(L605) HaynesAlloy 188 ML 1700 AiResist 213		
硬度(HB)					HB≤250	HB≤350	HB>350	HB≤250	HB≤350	HB>350	HB≤250	HB≤350	HB>350
D_0=6 mm Z=4 β=45°	硬质合金 超细晶粒硬质合金 PVD 涂层	1.5D_0	1/10D$_0$	0.06	30~45	25~40	20~30	25~40	20~25	16~22	20~28	18~25	16~22
			1/5D$_0$	0.05	25~35	22~32	18~25	22~32	16~22	14~20	18~25	16~22	14~20
			1/3D$_0$	0.04	22~30	20~28	16~22	20~28	14~18	12~17	16~22	14~20	12~18
D_0=12 mm Z=4 β=45°	硬质合金 超细晶粒硬质合金 PVD 涂层	1.5D_0	1/10D$_0$	0.09	30~45	25~40	20~30	25~40	22~30	16~22	20~28	18~25	16~22
			1/5D$_0$	0.07	25~35	22~32	18~25	22~32	16~22	14~20	18~25	16~22	14~20
			1/3D$_0$	0.05	22~30	20~28	16~22	20~28	14~18	12~15	16~22	14~20	12~18
D_0=18 mm Z=4 β=45°	硬质合金 超细晶粒硬质合金 PVD 涂层	1.5D_0	1/10D$_0$	0.12	30~45	25~40	20~30	25~40	20~25	16~22	20~28	18~25	16~22
			1/5D$_0$	0.08	25~35	22~32	18~25	22~32	16~22	14~20	18~25	16~22	14~20
			1/3D$_0$	0.06	22~30	20~28	16~22	20~28	14~18	12~17	16~22	14~20	12~18

注：① 机床功率要大、刚度要高；
② 刀杆、刀夹及夹具具有大的夹紧力，且有高精度；
③ 切削刀具不能振动、伸出量合适；
④ 切削液有合适的性能；
⑤ 要防止切屑飞出，并确保切屑不划伤切削刃。

10.5　高温合金的钻削加工

在高温合金上钻孔时，扭矩和轴向力均很大。用高速钢钻头在 GH4169 上钻孔时，轴向力、扭矩分别比 45 钢大 0.8 和 1.3 倍[117120]；切屑易黏结于钻头上，切屑不易断，排屑困难；加工硬化严重，钻头转角处易磨损，钻头刚度差容易引起振动。为此，必须选用超硬高速钢或超细晶粒硬质合金或钢结硬质合金制造钻头。除此以外，就是对现有钻头结构进行改进或使用专用的特殊结构钻头。

1．改进钻头结构

详见第 11 章 11.5 相应内容。

在 GH4169 上钻孔可用硬质合金钻头，用高速钢钻头可修磨成 $2\varphi=135°$，$\alpha_f=13°$，切削速度 $v_c=2.7$ m/min，$f=0.056$ mm/r，扭矩可比 120°时减小 30%。[117]

2. 采用特殊结构钻头

可采用 S 型硬质合金钻头（见图 10.28）和四刃带钻头（见图 10.29）。

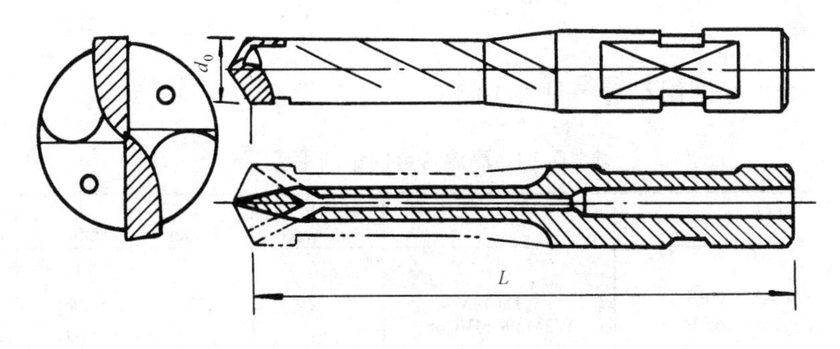

图 10.28　S 型硬质合金钻头[46]

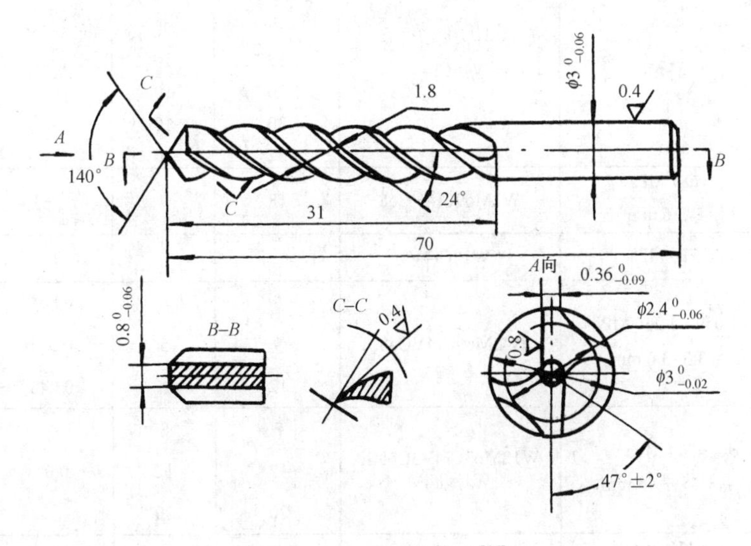

图 10.29　四刃带钻头[46]

S 型硬质合金钻头，瑞典 Sandvik 公司称 Delta 钻头，日本井田株式会社称 Diget 钻头。现有规格为 $\phi 10\sim\phi 30$ mm。它的特点是：

① 无横刃，可减小轴向力 50%；

② 钻心处前角为正值，刃口锋利；

③ 钻心厚度增大，提高了钻头刚度；

④ 为圆弧形切削刃，排屑槽分布合理，便于断屑成小块，利于排屑；

⑤ 有两个喷液孔，便于冷却和润滑。

据介绍，这种钻头特别适用于 Inconel 类高温合金的钻削，其加工精度为 IT9 级，Ra 为 1~2 μm。但钻削时要求机床的主轴轴线与钻头中心间的同轴度误差在 0.03 mm 之内。

四刃带钻头在合理排屑槽形与尺寸参数的配合下，加大了截面的惯性矩，提高了钻头的强度和刚度。用此钻头，在相同扭矩的情况下，其扭转变形远小于标准钻头的扭转变形。

文献[122~124]中用 PVD-TiAlN 涂层钻头在 GH536 上实现了钻孔，TiAlN 涂层铣刀铣削 HG3625，效果均好。

3．钻削用量

钻削高温合金的钻削用量可参见表 10-13。

表 10-13　高温合金的钻削用量[46]

合金牌号	材料状态	刀具材料	钻头直径 d_0/mm	v_c /(m/min)	f /(mm/r)	切削液
GH3030	210~230 HBS $\sigma_b = 716 \sim 765$ MPa	W18Cr4V W2Mo9Cr4VCo8	30 12 6 8	1 3.5 6 15	0.17 0.06 手动 0.23	乳化液 水基透明 切削液
GH3039	$\sigma_b = 734$ MPa	W18Cr4V	9 12 18 20 30 37	7.5 8 10 10 10 10	0.25	水基透明 切削液
GH3044	$\sigma_b = 687$ MPa $d_{痕} \geqslant 3.6$ mm	W2Mo9Cr4VCo8	18	7	—	
GH1035	$\sigma_b = 726$ MPa	W18Cr4V	3 5	4 8	0.2	乳化液
GH4033A	$\sigma_b = 1\,059 \sim 1\,236$ MPa $d_{痕} = 3.3 \sim 3.6$ mm	W2Mo9Cr4VCo8	6 9 12	6 5 6	0.075 0.075 0.048	电解切削液 透明切削液
GH2036	$\sigma_b \geqslant 834$ MPa $d_{痕} = 3.45 \sim 3.65$ mm	W12Mo3Cr4V3Co5Si W18Cr4V	8 12 20	8 12 20	0.07	透明切削液
GH4037	$\sigma_b = 1\,118$ MPa $d_{痕} = 3.3 \sim 3.7$ mm	W2Mo9Cr4VCo8	8	4	0.17	防锈切削液
GH4049	$d_{痕} = 3.3 \sim 3.7$ mm	W12Cr4V4Mo W2Mo9Cr4VCo8	5 8	2 4	0.1 0.12	
GH2132	—	W18Cr4V W12Mo3Cr4V3Co5Si	3~8	6~12	0.07~0.1	
GH2135	$\sigma_b \geqslant 1\,079$ MPa $d_{痕} = 3.4 \sim 3.8$ mm	W2Mo9Cr4VCo8 YG8、YG6X	12 10	4 5	0.12	乳化液
K403	$\sigma_b = 893 \sim 912$ MPa	W18Cr4V W2Mo9Cr4VCo8 YG8、YG6X	10 8~10	5~9 8~14	0.05~0.06 0.04~0.1	极压切削液 乳化液 防锈切削液

高温合金钻孔时也可参考国外推荐的切削条件（见表 10-14）。

表 10-14　高温合金钻孔推荐的切削条件[69]

钻头直径与冷却方式	钻头种类	钻孔深度/mm	进给量 f/(mm/r)	切削速度 v_c/(m/min)								
高温合金的种类				Fe 基高温合金			Ni 基高温合金			Co 基高温合金		
高温合金名称				A 286 Unitemp 212 Incoloy 800 Incoloy 800H AF-71 Discalog Incolog 901 N-155 16-25-6 D-979			Waspaloy Inconel 718 Nimonic 80A Nimonic 90 Inconel 713C TDNi TDNiCr Inconel 625 Inconel 706 Inconel 722			Rene 80 MAR-M 905 HS 21 V-36 F 484 X-30 HaynesAlloy25(L605) HaynesAlloy 188 ML 1700 AiResist 213		
硬度(HB)				HB≤250	HB≤350	HB>350	HB≤250	HB≤350	HB>350	HB≤250	HB≤350	HB>350
d_0=6 mm 内冷却式	超细晶粒硬质合金 PVD	$3d_0$	0.08	18~25	16~22	14~20	16~22	14~20	12~18	14~20	12~18	10~16
d_0=12 mm 内冷却式	超细晶粒硬质合金 PVD	$3d_0$	0.10	18~25	16~22	14~20	16~22	14~20	12~18	14~20	12~18	10~16
d_0=18 mm 内冷却式	超细晶粒硬质合金 PVD	$3d_0$	0.12	18~25	16~22	14~20	16~22	14~20	12~18	14~20	12~18	10~16

注：① 机床功率要大、刚度要高；
② 刀具、刀夹及夹具有高精度和高刚度；
③ 工件保持合适刚度；
④刀具不能振动，伸出量要合适；
⑤ 用合适的切削液。

10.6　高温合金的铰孔

1．铰刀材料

用于高温合金的铰刀应该采用 Co 高速钢和 Al 高速钢整体制造，如用细晶粒、超细晶粒硬质合金做铰刀时，小于ϕ10 mm 的铰刀整体制造，大于ϕ10 mm 的铰刀做成镶齿结构。

2．铰刀几何参数的选择

用于高温合金的铰刀几何参数可参见表 10-15。

表 10-15　用于高温合金的铰刀几何参数[46]

高温合金类型	高速钢					硬质合金				
	γ_o	α_o	κ_r	λ_s	$b_{\alpha1}$/mm	γ_o	α_o	κ_r	λ_s	$b_{\alpha1}$/mm
变形合金	2°~5°	6°~8°	5°~15°（通孔）	8°	0.1~0.15		12°	3°~10°（通孔）	0°~8°	0.1~0.15
铸造合金	0°~5°	8°~12°	45°（盲孔）			0°~5°		45°（盲孔）		

10.7 高温合金攻螺纹

在高温合金上攻螺纹，特别是在 Ni 基高温合金上攻螺纹比在普通钢材上要难得多。因为攻螺纹扭矩大，丝锥容易被“咬孔”在螺孔中，丝锥易出现崩齿或折断。

1．丝维材料的选择

用于高温合金的丝锥材料与用于高温合金的钻头材料相同。

2．成套丝锥的负荷分配

通常情况下，高温合金攻螺纹均采用成套丝锥，成套丝锥的把数可参见表 10-16。近年来机用丝锥也开始采用单锥。如用修正齿形角丝锥效果明显，详见第 13 章钛合金加工。

表 10-16　用于高温合金的成套丝锥把数[46]

螺距 P/mm	0.2~0.5	0.7~1.75	2.0~2.5
每套丝锥把数	2	3	4

高温合金用丝锥的切削负荷常用锥形设计分配法，负荷分配比例见第 11 章表 11-17。

3．丝锥的结构尺寸及几何参数

（1）丝锥外径 d_0

为改善丝锥的切削条件，可把末锥的外径做得略小于一般丝锥，如图 11-15 所示。

（2）丝锥心部直径 d_f 及齿背宽度 f

d_f 及 f 如图 11.16 所示。用于高温合金丝锥的 d_f 为

三槽丝锥：$d_f \approx (0.45 \sim 0.5)d_0$

四槽丝锥：$d_f \approx (0.5 \sim 0.52)d_0$

（3）丝锥的切削锥角 κ_r

κ_r 的大小将影响切削层厚度、扭矩、生产效率、表面质量及丝锥使用寿命。可取 $\kappa_r = 2°30' \sim 7°30'$（头锥），二锥和三锥的切削锥角则相应适当加大。

（4）校准部长度和倒锥量

用于高温合金的丝锥校准部不能过长，一般约为(4~5)P，否则会加剧摩擦。为减小摩擦，倒锥量应适当加大。

4．攻螺纹速度 v_c

高速钢丝锥的 v_c 可参见表 10-17，硬质合金丝锥的 v_c 可参见表 10-18。

表 10-17　高速钢丝锥切削速度 v_c 参考值[46]

高温合金种类	σ_b /MPa	M1~1.6	M2~3	M4~5	M5~8	M10~12	M14~16	M18~20
变形高温合金	785~1079	0.5~0.8	0.8~1.0	1.0~1.5	1.5~2.0	1.8~2.5	2.5~3.5	3.0~4.0
	1 079~1 275	手动	0.3~0.5	0.5~1.0	0.8~1.2	1.0~1.5	1.2~1.7	1.5~2.0
铸造高温合金	785~981			0.5~0.8	0.5~1.0		1.0~1.5	1.2~1.8

表 10-18　硬质合金丝锥切削速度 v_c 参考值[46]

高温合金种类	σ_b / MPa	M1~1.6	M2~3	M4~5
变形高温合金	883~1 071	2.0~2.5	3.0~4.0	4.5~6.0
	1 071~1 275	1.5~2.0	2.5~3.5	4.0~5.0
铸造高温合金	785~981	1.0~1.5	2.0~2.5	3.0~4.0

5．底孔直径

在高温合金上攻螺纹时，螺纹底孔直径应比普通钢略大一些，可参见第 13 章表 13-16。

10.8　高温合金的拉削

高温合金的拉削在生产中常用于燃气轮机涡轮盘榫槽及涡轮叶片榫齿的加工。榫槽和榫齿形状复杂，尺寸精度和表面质量要求较高。由于高温合金高温强度高、导热性差、易加工硬化、拉削力大，所以拉削温度高、拉刀刀齿极易磨损。当齿升量 $f_z = 0.09$ mm，切削总宽度 $\sum b = 8$ mm，同时工作齿数 $Z_e = 3\sim4$ 时，拉削 GH2132 的总拉削力 $F_c = 25$ kN。

1．榫槽拉削图形的选择

图 10.30 所示为枞树形榫槽渐成式拉削图形和成形式拉削图形。渐成式拉削主要靠齿顶刃 A 完成切削工作，榫槽侧型面是靠副切削刃逐渐形成的，同键槽拉刀一样，因而侧型面粗糙度较大；切削厚度 h_D 较大，需要的拉刀刀齿数较少，单位切削力小，故总拉削力减小；减小了副切削刃与槽侧型面间的摩擦，且制造也较容易，生产效率又高。综上粗切齿可按渐成式制造。

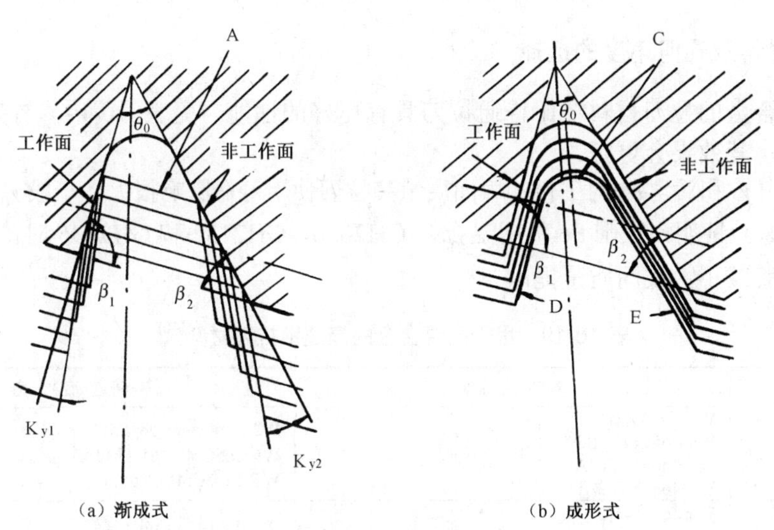

图 10.30　榫槽渐成式和成形式拉削图形[67]

成形式拉削图形中的全型榫槽形状是由 C、D、E 三个切削刃形成的，齿升量较小，故加工表面粗糙度较小；但由于切削厚度 h_D 较小，单位切削力较大，故总拉削力大；拉刀刀齿数较多，制造较困难。故成形式拉削只宜精切齿采用。

生产中也有采用分段成形拉削图形的。图 10.31 为 Fe 基高温合金涡轮盘榫槽的全型面成形拉削图形和分段成形拉削图形。

全型面成形拉削［见图 21.31（a）］中，切削刃 C、D、E 的齿升量分别为 0.015 mm、0.006mm、0.012mm，切削刃 C 与 D、E 的转角处必须用 R 圆弧连接。分段成形拉削［见图 10.31（b）］中，C、D、E 每个切削刃的齿顶、齿侧均有齿升量。例如，齿顶刃齿升量为 0.07~0.09 mm，榫齿工作面的总拉削余量只有 0.01 mm，D_1 切削刃的齿升量只有 0.000 7 mm，E_1 的齿升量为 0.0014 mm，比全型面成形拉削刀齿的齿升量小得多，比高速钢拉刀刀齿钝圆半径 $r_n = 0.005$ mm 还小，实际上刀齿 D_1、E_1 切削刃根本无切削作用，只起熨压作用。其好处是获得了有残余压应力的表面，大大减少了榫槽裂纹的产生，提高了榫槽表面的疲劳强度。

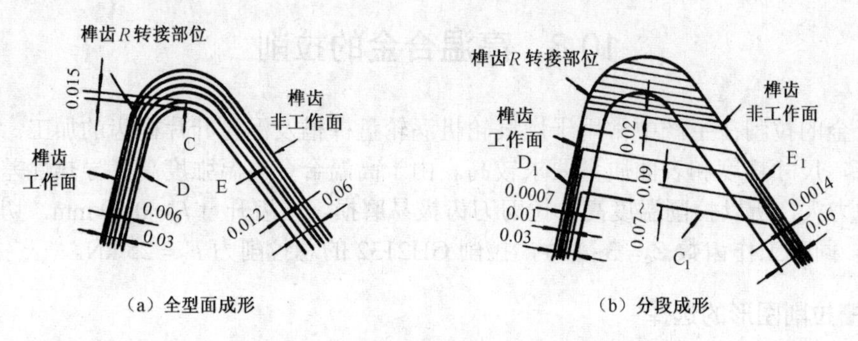

图 10.31　全型面成形与分段成形拉削图形[67]

按分段成形式拉削图形制造的拉刀比全型面拉刀制造的要简单，拉出的表面粗糙度也较小，故精拉刀应选择分段成形式拉削。

但必须注意，只有在拉削力对称的情况下，分段成形式拉削才具有上述优点，否则由于拉削力的不对称，工件有向某方向偏移的趋势，造成“啃刀”。

2. 拉刀材料及几何角度的选择

用于高温合金的拉刀材料要比普通拉刀具有更好的性能，见表 10-19。有条件可选用粉末冶金高速钢，其效果会更好。

拉刀的前角 γ_0 和后角 α_0 对工件的表面质量和拉刀使用寿命影响很大。一般 $\gamma_0 = 15^\circ \sim 20^\circ$，$\alpha_0 = 3^\circ \sim 8^\circ$。试验证明，拉削 Fe 基高温合金 GH2036、GH2132 和 GH2135 时，$\alpha_0 = 6^\circ \sim 8^\circ$，拉刀的振动显著减小，表面质量提高。

表 10-19　用于高温合金的高速钢拉刀材料[46]

拉刀性质	变形高温合金	铸造高温合金
粗拉刀	W12Cr4V4Mo W6Mo5Cr4V5SiNbAl W10Mo4Cr4V3Al W6Mo5Cr4V2Al	W2Mo9Cr4VCo8（M42） W6Mo5Cr4V2Al（M2A） W12Mo3Cr4V3Co5Si
精拉刀	W6Mo5Cr4V2（M2） W2Mo9Cr4VCo8（M42） W6Mo5Cr4V2Al W12Mo3Cr4V3Co5Si	W2Mo9Cr4VCo8（M42） W6Mo5Cr4V2Al（M2A） W12Mo3Cr4V3Co5Si

3. 齿升量 f_z 和拉削速度 v_c 的选择

在拉床拉力允许并保证拉刀有一定使用寿命的情况下，粗拉刀的齿升量 f_z 应尽可能大些，

$f_z = 0.04 \sim 0.1\,\text{mm}$，精拉刀齿升量 $f_z = 0.005 \sim 0.03\,\text{mm}$；通常情况下，$\upsilon_c = 2 \sim 12\,\text{m/min}$，对于切削加工性差的高温合金应取较低的 υ_c 值。

近些年对高速拉削进行了试验研究，对于加工性较好的 Fe 基高温合金可采用 $\upsilon_c = 20\,\text{m/min}$（最佳拉削温度）。可选用专用切削液（7#高速机油 80%+氯化石蜡 20%）或氯化石蜡+煤油或电解水溶液作切削液。电解水溶液［硼酸+亚硝酸钠+三乙醇胺+甘油（7%~10%），其余为水］的流动性、热传导性比乳化液还好，冰点在−15℃以下，在−10℃时仍有较好的流动性。高速拉削时采用电解水溶液，效果非常好，加工后零件可不清洗，也不会锈蚀。

4．容屑槽形

拉削榫槽时，切屑在容屑槽中会卷成厚度不均匀、不规则的多边形，会卡在容屑槽中不易清除，不仅产生了不均匀的附加力，也降低了生产效率。为此，可将拉刀容屑槽做成带卷屑台的容屑槽形（见图 10.32）。即在距切削刃 L 处磨出 γ_o' 的辅助前刀面，以便于切屑卷曲所需要的初始圆弧半径 R_0。

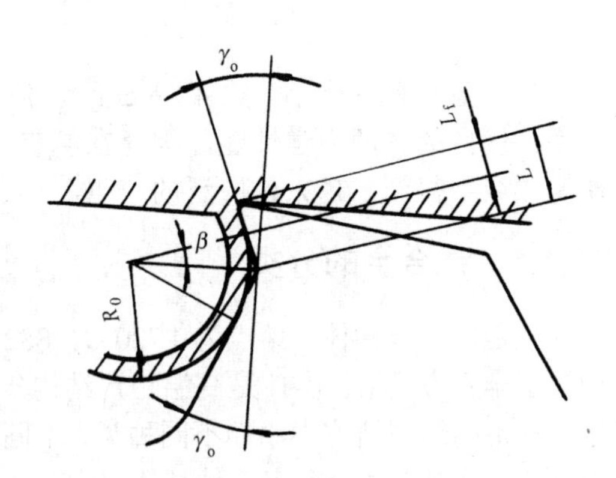

图 10.32　带卷屑台的容屑槽形[67]

由于拉削厚度 h_D（f_z）很小，故有

$$R_0 = \frac{L}{\tan\beta}$$

式中，$\beta = \dfrac{\gamma_o + \gamma_o'}{2}$

L——切削刃至辅助前刀面的距离；

γ_o——拉刀前角；

γ_o'——拉刀辅助前角。

在设计卷屑台时，应考虑齿升量 f_z 的大小，f_z 取得大，L 值也应取大些；υ_c 增大，L 值应取小些。

试验证明，拉削 GH2136 时，$\gamma_o' = 10°$，$L = 0.65 \sim 0.8\,\text{mm}$，在 $\upsilon_c = 2 \sim 8\,\text{m/min}$，$f_z = 0.05 \sim 0.1\,\text{mm}$，$\gamma_o = 10°$，$\alpha_o = 4°$ 的情况下拉削，可有效地控制切屑卷曲成光滑的螺旋卷。对于粗拉刀（开槽拉刀）尤为重要。

思　考　题

10.1　试述高温合金的种类与切削加工特点。

10.2　高温合金的车削、铣削应选择何种刀具材料合适？为什么？

10.3　高温合金的钻孔、攻螺纹、拉削的困难如何解决？

第 11 章　钛合金的切削加工

11.1　概　　述

钛合金具有密度小（约 4.5 g/cm³），强度高，耐各种酸、碱、海水、大气等介质的腐蚀等一系列优良的物理力学性能，因此在航空、航天、核能、船舶、化工、石油、冶金、医疗器械等领域中得到了越来越广泛的应用。

11.1.1　钛合金的分类

钛是同素异构体，熔点为 1720℃，882℃为同素异构转变温度。α-Ti 是低温稳定结构，结构为密排六方晶格；β-Ti 是高温稳定结构，结构为体心立方晶格。不同类型的钛合金，就是往这两种不同组织结构中添加不同种类、不同数量的合金元素，使其改变相变温度和相分含量而得到的。室温下钛合金有三种基体组织（α、β、α+β），故钛合金也相应分为三类（见表 11-1）。

1．α 钛合金

α 钛合金是 α 相固溶体组成的单相合金。该合金的耐热性高于纯钛，组织稳定，抗氧化能力强，500~600℃下仍保持其强度，抗蠕变能力强，但不能进行热处理强化。牌号有 TA7、TA8 等。

2．β 钛合金

β 钛合金是 β 相固溶体组成的单相合金。该合金不经热处理就有较高强度，淬火时效后，合金得到了进一步强化，室温强度可达 1373~1668 MPa，但热稳定性较差，不宜在高温下使用。牌号有 TB1、TB2 等。

3．α+β 钛合金

α+β 钛合金是由 α 及 β 两相组成，α 相为主，β 相少于 30%。此合金组织稳定，高温变形性能好，韧性和塑性较好，能通过淬火、时效使合金强化，热处理后强度可比退火状态提高 50%~100%，高温强度高，可在 400~500℃下长期工作，热稳定性稍逊于α 钛合金。牌号有 TC1、TC4、TC6 等。

11.1.2　钛合金的性能特点

1．比强度高

钛合金的密度仅为钢的 60% 左右，但强度却高于钢，比强度（强度/密度）是现代工程结构金属材料中最高的，适于做飞行器的零部件。资料介绍，自 20 世纪 60 年代中期起，美国将其 81% 的钛合金用于航空工业，其中 40% 用于发动机构件，36%用于飞机骨架，甚至飞机的蒙皮、紧固件及起落架等也使用钛合金，大大提高了飞机的飞行性能。

高强度 Ti 合金在客机机身中的使用达 20%，在军用飞机机身中的使用已提高到 50%。

表 11-1　钛合金的牌号及性能[46]

类型	牌号	主要成分	棒材热处理规范	室温物理力学性能								高温力学性能			低温力学性能				
				σ_b /MPa	δ /(%)	ψ /(%)	$a_k \times 10^4$ /(J/m^2)	硬度（HBS）	E /GPa	k /(W/m·℃)	α①$\times 10^6$ /(1/℃)	/(℃)	σ_b /MPa	σ_{100} /MPa	/(℃)	σ_b /MPa	$\sigma_{0.2}$ /MPa	δ /(%)	ψ /(%)
α型	TA1	工业纯钛	(650~700℃)×1h 空冷	343	25	50	—	—	—	—	—	—	—	—	—	—	—	—	—
	TA2	工业纯钛		441	20	40	—	—	—	—	—	—	—	—	—	—	—	—	—
	TA3	工业纯钛		540	15	35	—	—	—	—	—	—	—	—	—	—	—	—	—
	TA4	Ti-3Al	—	687	12	—	—	240~300	124~134	10.47	8.2	—	—	—	100 ~196	893 1 207	824 1 099	18 14	38 31
	TA5	Ti-4Al-0.05B	(700~850℃)×1h 空冷	687	15	40	58.86		124~134	—	9.28	—	—	—	—	—	—	—	—
	TA6	Ti-5Al		687	10	27	29.43		103	7.54	8.3	350	422	392	—	—	—	—	—
	TA7	Ti-5Al-2.5Sn		785	10	27	29.43		103~118	8.79	9.36	350	491	441	196 ~253	1 216 1 543	1 106 1 265	20 19.5	31 9.2
	TA8	Ti-5Al-2.5Sn-3Cn-1.5Zr		981	10	25	19.62~29.43		—	7.54	8.88	500	687	491	—	—	—	—	—
β型	TB1	Ti-3Al-8Mo-11Cr	—	1 079	18	—	—	—	>98	—	9.02	—	—	—	—	—	—	—	—
	TB2	Ti-5Mo-5V-8Cr-3Al	淬火(800~850℃)×30 min，空冷或水冷	≤1 079	18	40	29.43	—	—	—	8.53	—	—	—	—	—	—	—	—
			时效(450~500℃)×8h，空冷	~1 373	7	10	14.72												

（续表）

类型	牌号	主要成分	棒材热处理规范	室温物理力学性能								高温力学性能			低温力学性能				
				σ_b /MPa	δ /(%)	ψ /(%)	$a_k \times 10^4$ /(J/m^2)	硬度 (HBS)	E /GPa	k /(W/m·℃)	α① $\times 10^6$ /(1/℃)	/(℃)	σ_b /MPa	σ_{100} /MPa	/(℃)	σ_b /MPa	$\sigma_{0.2}$ /MPa	δ /(%)	ψ /(%)
α+β型	TC1	Ti-2Al-1.5Mn	(700~750℃)×1h，空冷	598	15	30	44.15	210~250	103	9.63	8.0	350	343	324	196~253	1 133 1 354	931~1 071	15.4~25	49.3
	TC2	Ti-2Al-1.5Mn		687	12	30	39.24	HRB 60~70	108~118	—	8.0	350	422	392	—	—	—	—	—
	TC3	Ti-5Al-4V	—	883	11	—	—	320~380	112	—	—	—	—	—	—	—	—	—	—
	TC4	Ti-6Al-4V	(700~800℃)×1~2h，空冷	903	10	30	39.24	320~360	111	5.44	8.53	400	618	569	196~253	1 511~1 785	1 408~1 717	5~12	—
	TC5	Ti-6Al-2.5Cr	—	932	10	—	—	260~320	108	7.12	8.4	—	—	—	—	—	—	—	—
	TC6	Ti-6Al-2Cr-2Mo-1Fe	(750~870℃)×1h，空冷	932	10	23	29.43	266~331	113	7.95	8.6	450	589	540	—	—	—	—	—
	TC7	Ti-6Al-0.6Cr-0.4Fe-0.4Si-0.01B	(800~900℃)×1h，空冷	981	10	23	34.34	—	125	—	—	450	589	—	—	—	—	—	—
	TC8	Ti-6.5Al-3.5Mo-2.5Sn-0.3Si	—	1 030	10	30	29.43	310~350	115	7.12	8.4	450	706	687	—	—	—	—	—
	TC9	Ti6.5Al-3.5Mo-2.5Sn-0.3Si	(950~1000 ℃)×1h，空冷+530±10°,6h 空冷	1 059	9	25	29.43	330~365	116	7.54	7.7	500	785	589	—	—	—	—	—
	TC10	Ti-6Al-6V-2Sn-0.5Cu-0.5Fe	(700~800℃)×1h，空冷	1 030	12	25~30	34.34~39.24	—	106	—	8.32	400	834	785	—	—	—	—	—

注：①温度为100℃时。

2. 热强性好

往钛合金中加入合金强化元素后，大大提高了钛合金的热稳定性和高温强度。如在300~350℃下，其强度为铝合金强度的3~4倍（见图11.1）。

3. 耐蚀性好

钛合金表面能生成致密坚固的氧化膜，故耐蚀性能比不锈钢还好。如在19%HCl+10 mg/L NaOH条件下使用的反应器导管，不锈钢反应器导管只能用5个月，而钛合金的则可用8年之久。

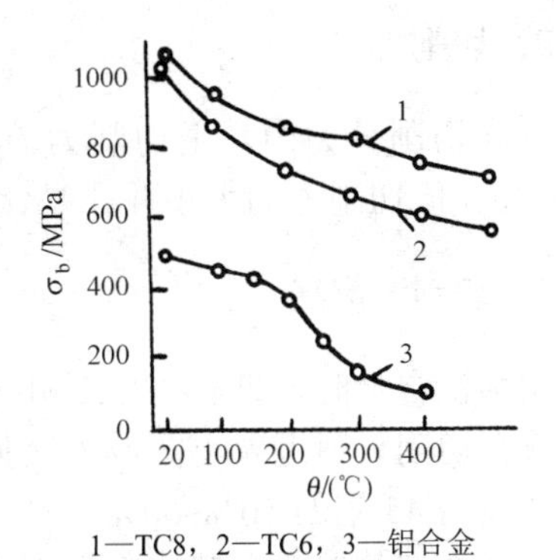

1—TC8，2—TC6，3—铝合金

图11.1 钛合金与铝合金的σ_b-θ关系曲线[46]

4. 化学活性大

钛的化学活性大，600℃时能与空气中的氧、氮、氢、一氧化碳、二氧化碳、水蒸气、氨气等产生强烈化学反应，生成硬化层或脆性层，使得脆性加大，塑性下降。

5. 导热性能差与弹性模量小

钛合金的导热系数仅为钢的1/4（见表9-2）、铝的1/14（见表11-1），故切削温度高。弹性模量为钢的1/2，刚性差、变形大，不宜制作细长杆和薄壁件。

11.2 钛合金的切削加工特点

研究结果表明，硬度大于300HBS或350HBS的钛合金都难进行切削加工，但难加工的原因不在于硬度方面，而在于钛合金本身的力学、化学、物理性能间的综合。钛合金具有下列切削加工特点：

1. 变形系数小

变形系数Λ_h小是钛合金切削加工的显著特点，Λ_h甚至小于1。原因可能有三个：第一是钛合金的塑性小（尤其在加工中），切屑收缩也小；第二是导热系数小，在高的切削温度下引起钛的α→β转变，而β钛体积大，引起切屑增长；第三是在高温下，钛屑吸收了周围介质中的氧、氢、氮等气体而脆化，丧失塑性，切屑不再收缩，使得变形减小。在惰性气体氩气及空气中的切削试验结果证明了这一点（见表11-2）。当$v_c \leqslant 50$ m/min时，在两种介质中的Λ_h值基本相同，但在$v_c > 50$ m/min时，二者明显不同。

表11-2 在氩气和大气中切削时的变形系数对比[46]

v_c /(m/min)	变形系数Λ_h				v_c /(m/min)	变形系数Λ_h			
	在氩气中		在空气中			在氩气中		在空气中	
	TA6	TC6	TA6	TC6		TA6	TC6	TA6	TC6
340	1.01	—	0.87	—	10	1.6	—	1.46	—
200	1.02	1.01	0.9	0.97	5	—	1.7	—	1.66
100	1.05	1.06	0.95	1.02	0.5	1.26	—	1.37	—
50	1.1	1.14	0.98	1.13					

2．切削力

三向切削分力中，主切削力 F_c 小于 45 钢，但背向力 F_p 则比切 45 钢大 20%左右（见图 11.2）。但切削力的大小并非是钛合金难加工的主要原因。

3．切削温度高

切削钛合金时，切削温度比相同条件下切削其他材料高 1 倍以上（见图 11.3），且温度最高处就在切削刃附近狭小区域内（见图 11.4）。原因在于钛合金的导热系数小，刀-屑接触长度短（仅为 45 钢的 50%~60%）。

不同类型的钛合金其切削温度也表现出不同特点。湿切试验中，TB 类钛合金的切削温度比 TC4 钛合金低 100℃左右，比 45 钢高 150℃左右（见图 11.5）。

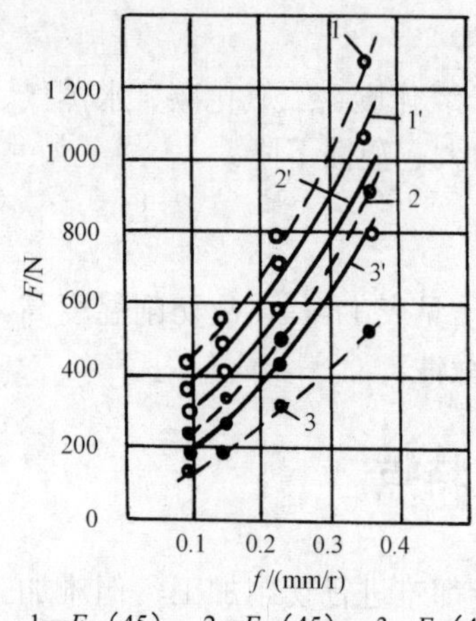

1—F_c（45），2—F_p（45），3—F_f（45）
1′—F_c（TC5），2′—F_p（TC5），3′—F_f（TC5）
$\upsilon_c = 40$ m/min，$a_p = 1$ mm

图 11.2　钛合金 TC5 与 45 钢的切削力[46]

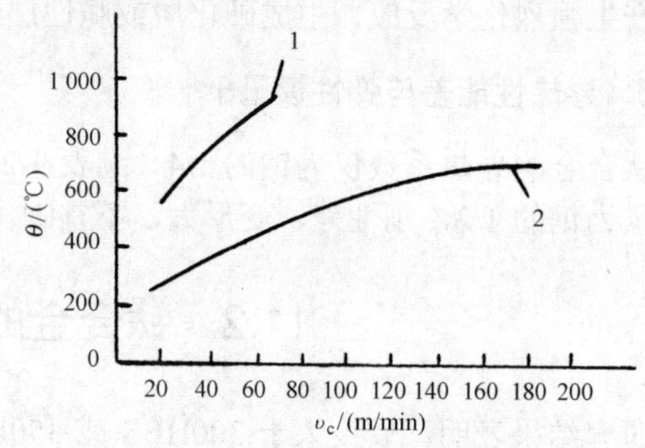

1—TC4/YG8，2—45 钢/YT15
$\gamma_o = 12°$，$\alpha_o = \alpha_o' = 8°$，$\kappa_r = 75°$，$\kappa_r' = 15°$，$\lambda_s = 3°$，
$r_\varepsilon = 0.5$ mm，$f = 0.15$ mm/r，$a_p = 2$ mm，干切

图 11.3　钛合金 TC4 与 45 钢的 υ_c-θ 关系[46]

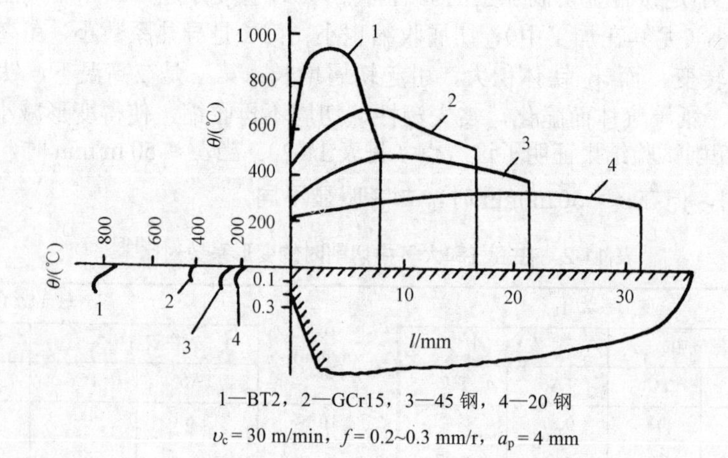

1—BT2，2—GCr15，3—45 钢，4—20 钢
$\upsilon_c = 30$ m/min，$f = 0.2$~0.3 mm/r，$a_p = 4$ mm

图 11.4　切削不同材料时前后刀面的温度分布[46]

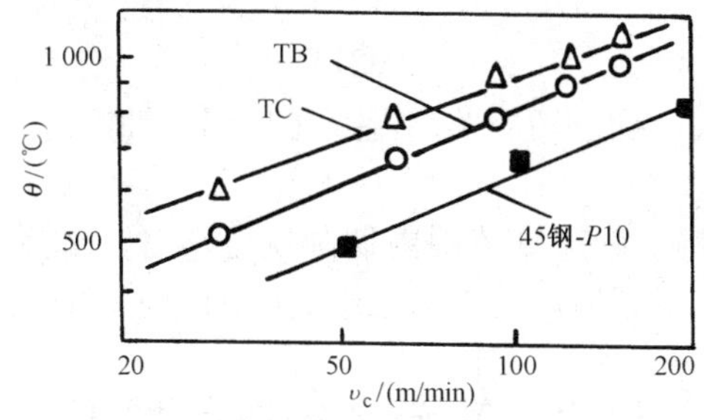

刀具：K10（−5，−6，5，6，15，15，0.8 mm）$a_p = 0.5$ mm，$f = 0.1$ mm/r，乳化液

图 11.5　切削温度对比[74]

4．切屑形态

钛合金的切屑呈典型的锯齿挤裂（剪切）状，其形成过程如图 11.6 所示。成因可能是强度高，导热性能差，易产生绝热剪切带，钛的化学活性大，在高温下钛易与大气中的氧、氮、氢等发生强烈化学反应，生成 TiO_2、TiN、TiH 等硬脆层。

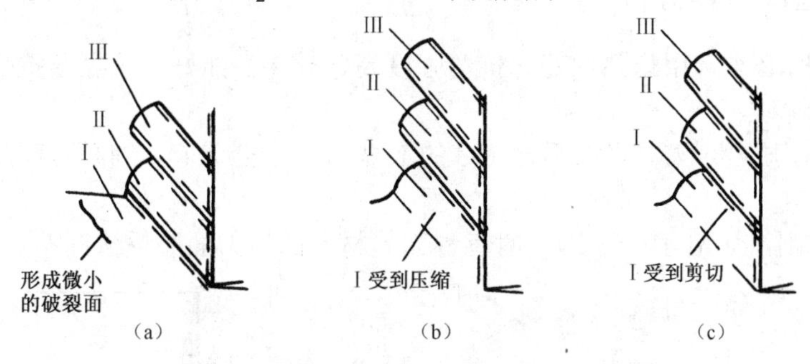

图 11.6　钛合金挤裂屑的形成阶段示意图[46]

在生成挤裂切屑的过程中，在剪切区一产生塑性变形，切削刃处的应力集中就使得切削力变大。然而，龟裂进入塑性变形部分，一引起剪切变形，应力释放又使切削力变小。

剪切形切屑的生成过程会重复引起切削力的动态变化，伴随一次剪切变形就会出现一次切削力的变化，这与切削奥氏体不锈钢的情况非常类似。当 $\upsilon_c = 200$ m/min 时，伴随剪切屑现象产生的振动频率约在 15 kHz 左右，切削钛合金时的振动频率就更高了。

生成硬脆层的加工表面会产生局部的应力集中，从而降低疲劳强度。据资料报道，这种硬脆层有 0.1~0.15 mm 厚，其硬度比基体高出 50%，疲劳强度相对基体降低 10%左右。

5．刀具的磨损特性

切削钛合金时，由于切削热量多、切削温度高且集中于切削刃附近，故月牙洼会很快发展为切削刃的破损［见图 11.7（a）］。

切削合金钢时，随 υ_c 的提高，在距离切削刃处一定位置会产生月牙洼磨损［见图 11.7（b）］。产生这种磨损的原因在于高温下硬质合金刀具中的 W、C 较容易扩散。

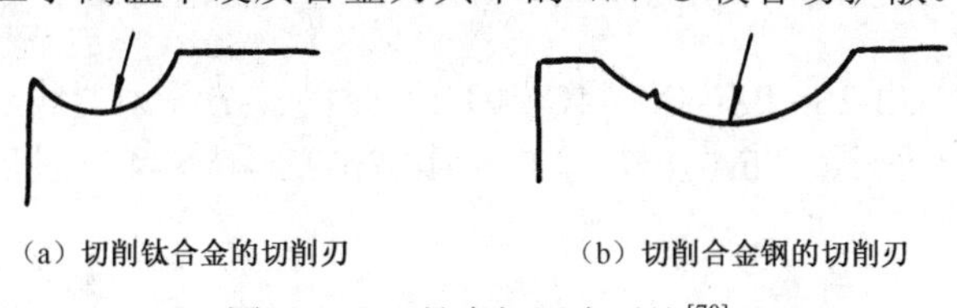

（a）切削钛合金的切削刃　　（b）切削合金钢的切削刃

图 11.7　刀具磨损形态对比[70]

6．粘刀现象严重

由于钛的化学亲和性大，加之切屑的高温高压作用，切削时易产生严重的粘刀现象，从而造成刀具的黏结磨损。

文献[186]报道，在一定切削速度范围内切削钛合金时，YG8 比 YT14 耐磨损，但超过 75 m/min，YT14 反比 YG8 耐磨损，其原因在于此时的切削温度使扩散磨损占主导。

11.3 钛合金的车削加工

钛合金的车削加工占其全部切削加工的比例最大，如钛锭和锻件的去除外皮加工、钛合金回转件加工等。

要想有效车削钛合金，必须针对其切削加工特点，首先要正确选择刀具材料的种类和牌号，再确定刀具的合理几何参数，优化切削用量并选用性能好的切削液及有效的浇注方式。

11.3.1 正确选择刀具材料

车削钛合金时必须选用耐热性好、抗弯强度高、导热性能好、抗黏结抗扩散和抗氧化磨损性能好的刀具材料。

车削多选用硬质合金刀具，以不含 TiC 的 K 类硬质合金为宜，细晶粒和超细晶粒的硬质合金更好。

图 11.8 为车削 Ti-6Al-4V（TC4）时各种刀具材料的后刀面磨损情况[70]。

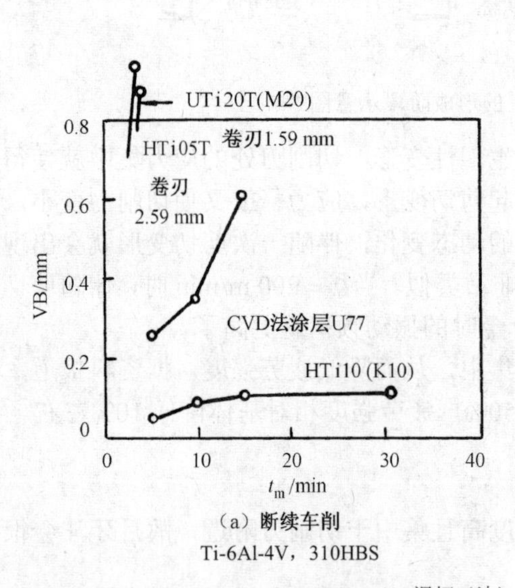

（a）断续车削
Ti-6Al-4V，310HBS

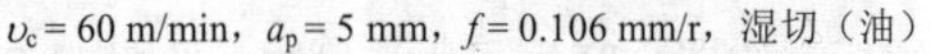

$\upsilon_c = 60$ m/min，$a_p = 5$ mm，$f = 0.106$ mm/r，湿切（油）

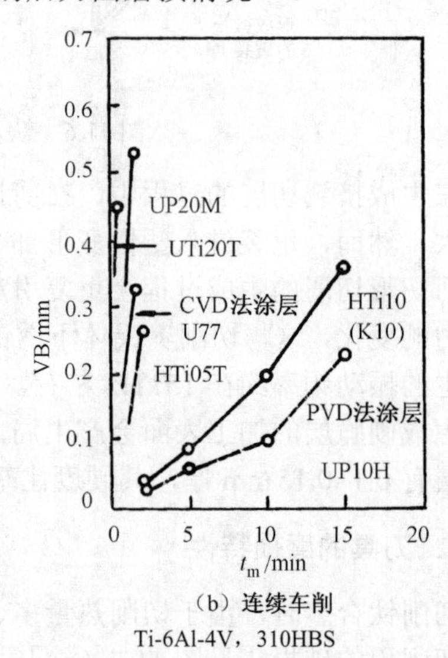

（b）连续车削
Ti-6Al-4V，310HBS

$\upsilon_c = 60$ m/min，$a_p = 1.5$ mm，$f = 0.212$ mm/r，湿切（油）

图 11.8 车削 Ti-6Al-4V 时刀具的 VB-t_m 关系曲线[70]

图 11.9 为车削 Ti-5Al-2Sn-2Zr-4Mo-4Cr（TB）时的υ_c-T 关系曲线。

图 11.10 为新型硬质合金 TEAo1 车削 Ti-5Al-2Sn-2Zr-4Mo-4Cr 时后刀面磨损值 VB 与切削时间 t_m 的关系曲线。

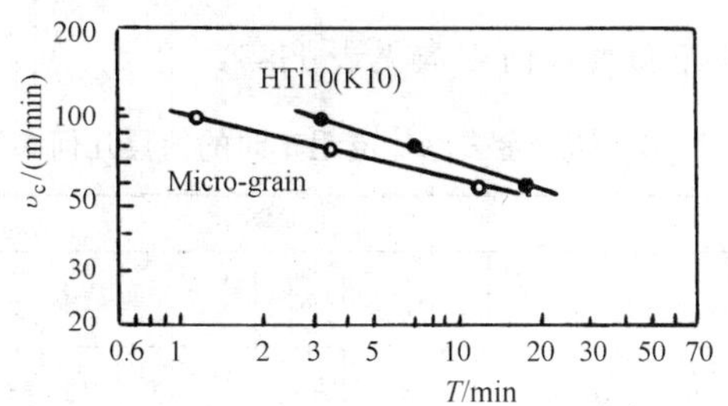

$v_c = 60$，80，100 m/min，$a_p = 0.5$ mm，$f = 0.2$ mm/r，湿切，$VB = 0.3$ mm

图 11.9　车削 TB 的v_c-T关系曲线[74]

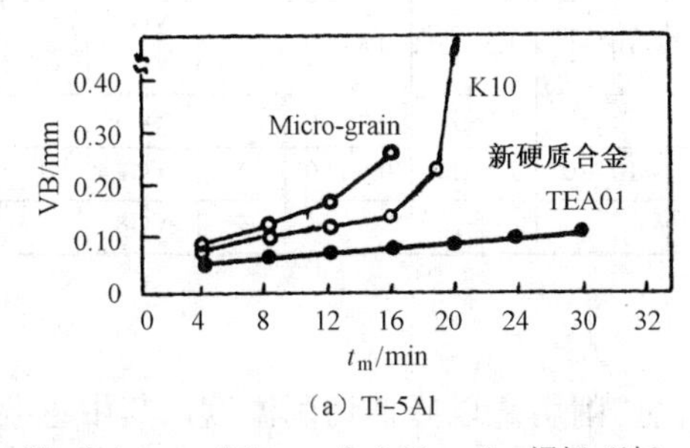

（a）Ti-5Al

$v_c = 60$ m/min，$a_p = 0.5$ mm，$f = 0.20$ mm/r，湿切（油）

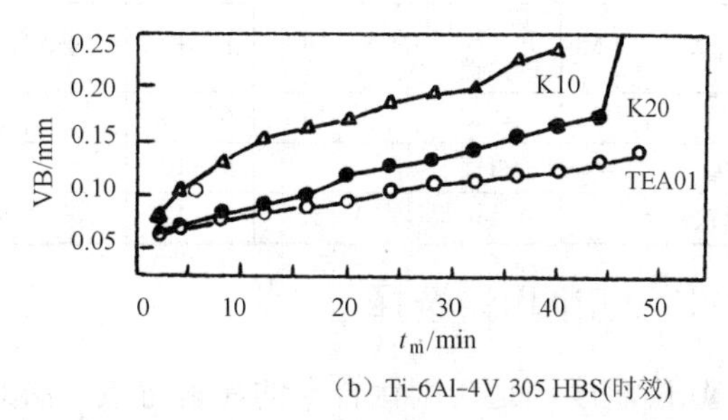

（b）Ti-6Al-4V 305 HBS(时效)

$v_c = 40$ m/min，$a_p = 2.5$ mm，$f = 0.4$ mm/r，湿切（水溶性）

图 11.10　VB-t_m 关系曲线[70]

由以上分析不难看出，无论是断续车削还是连续车削，K10 均表现出较好的切削性能。

新研制的TEAo1 硬质合金表现有更好的切削性能；不稳定切削时选用超细晶粒硬质合金为宜。

PVD 涂层比 CVD 涂层硬质合金性能要好些。

陶瓷、CBN 切削试验结果如图 11.11 所示。聚晶金刚石 PCD 切削试验结果如图 11.12 所示。

由图 11.11 和图 11.12 可看出，车削钛合金时，Si_3N_4 的切削性能要比 CBN 好。天然金刚石和 PCD 更适合在$v_c = 100$~200 m/min 情况下的高速车削，但要在无振动情况下使用。

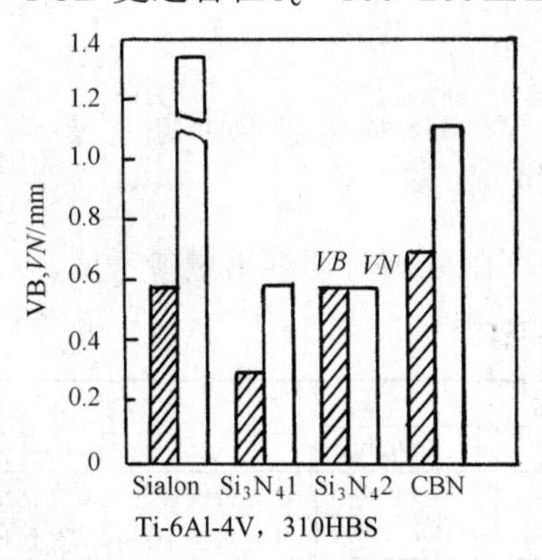

v_c=100 m/min，a_p=1.5 mm，$f = 0.15$ mm/r，$t_m = 0.3$ min

图 11.11　陶瓷、CBN 车削 Ti-6Al-4V 时的 VB 比较[70]

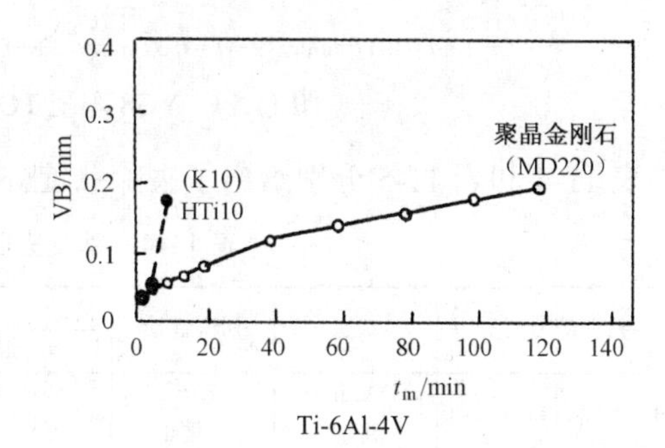

v_c=100 m/min，a_p=1.0 mm，$f = 0.085$ mm/r，湿切（油）

图 11.12　PCD 与 K10 刀具的 VB 比较

11.3.2　选择合理的刀具几何参数

根据钛合金塑性不大、刀-屑接触长度较短，宜选较小前角γ_o；由于钛合金弹性模量小，应取较大后角α_o，以减小摩擦，一般$\alpha_o \leqslant 15°$；为增强刀尖的散热性能，主偏角κ_r宜取小些，$\kappa_r \leqslant 45°$为好。

钛合金去除外皮粗车时的刀具几何参数见表 11-3。

表 11-3　钛合金去除外皮粗车时的刀具几何参数

材料牌号	状态	几何参数								刀具材料	
		γ_o	α_o	κ_r	κ_r'	γ_{o1}	$b_{\gamma1}$	r_ε /mm	r_{Bn} /mm		
TA1、TA2、TA3	ϕ220 mm 铸锭	10°~15°	10°~15°	45°	15°	−5°~0°	0.2~0.5	0.3~1.0	3~5	YG8 YG6	
TA1、TA2、TA3	锻后	−5°~5°	6°~10°	45°~75°	15°	−5°~0°	0.2~0.5	0.5~3.0	—	YG8 YG6	λ_s = 0°~5°
TA1、TA2、TA3	ϕ518 mm 铸锭	5°~10°	8°~12°	45°	15°	−10°~0°	1.5~4.0	0.8~2.0	—	YG8 YG6	
TC3、TC4、TC6	铸锭	0°~10°	6°~10°	45°	15°	−10°~0°	1.5~4.0	0.5~2.0	—	YG8	
TC10	铸锭	−5°~5°	5°~10°	45°	15°	−10°~0°	1.5~4.0	0.5~2.0	—	YG8	
钛及钛合金	铸锭切断	10°~15°	8°~12°	—	—	—	—	—	—	YG8	

11.3.3　切削用量选择

切削温度高是切削钛合金的显著特点，必须优化切削用量以降低切削温度，其中重要的是确定最佳的切削速度。图 11.13 给出了车削钛合金 TC6 时切削用量与切削温度θ、刀具相对磨损 NB_r 间的关系曲线。

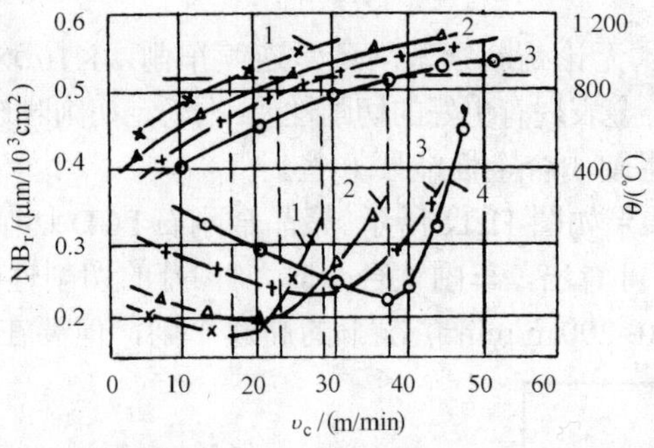

1—f = 0.47 mm/r，2—f = 0.37 mm/r，3—f = 0.255 mm/r，4—f = 0.145 mm/r；a_p = 3 mm

图 11.13　YG8 车削 TC6 时υ_c与θ、NB_r间关系[46]

表 11-4 和表 11-5 分别给出了去除钛锭外皮及 YG6X 车削外圆时切削用量参考值。

表 11-4　钛锭去除外皮的切削用量[46]

材料牌号	状态	切削性质	切削用量			备注
			a_p/mm	f/(mm/r)	υ_c/(m/min)	
TA1、TA2、TA3	ϕ220 mm 铸锭	粗车 半精车	5.0~8.0 ~4.0	0.3~0.6 0.2~0.4	60~120 100~200	大铸锭去外皮应在钢锭去外皮车床上进行，其他均使用普通车床
TA1、TA2、TA3	ϕ518 mm 铸锭	粗车 半精车	8.0~15.0 ~5.0	0.5~1.0 0.3~0.5	50~100 70~140	
TA1、TA2、TA3	锻后	粗车 半精车	5.0~10.0 ~5.0	0.3~0.8 0.3~0.5	35~50 60~140	
TC3、TC4、TC6	铸锭	粗车 半精车	8.0~15.0 ~5.0	0.5~1.0 0.3~0.5	40~120 50~120	
TC10	铸锭	粗车 半精车	5.0~10.0 ~4.0	0.2~0.4 0.1~0.3	~20 ~30	
钛及合金	铸锭	切断	—	0.05~0.09	18~52	

表 11-5　YG6X 车削钛合金外圆的切削用量参考值[46]

a_p/mm	f/(mm/r)	v_c/(m/min)	a_p/mm	f/(mm/r)	v_c/(m/min)	a_p/mm	f/(mm/r)	v_c/(m/min)
1	0.10	65	2	0.10	49	3	0.10	44
	0.15	52		0.15	40		0.20	30
	0.20	43		0.20	34		0.30	26
	0.30	36		0.30	28			

表 11-6 给出了切削不同牌号钛合金时的速度修正系数 K_v。

表 11-6　切削不同牌号钛合金时速度修正系数 K_v

钛合金牌号	σ_b /MPa	K_v	钛合金牌号	σ_b /MPa	K_v
TA2、TA3	441~736	1.85	TC4	883~981	1.0
TA6、TA7	883~981	1.25	TC6	932~1 177	0.87
TC1、TC2			TB1，TB2	1 275~1 373	0.65

11.4　钛合金的铣削加工

铣削为非连续切削加工，必须正确选择刀具材料、刀具合理几何参数、铣削方式及铣削用量。

11.4.1　正确选择刀具材料

作为非连续切削的铣刀刀齿材料，必须能很好地承受高载荷和热冲击，宜采用 K 类硬质合金（铣削 Ti-6Al-4V 的 VB 曲线对比见图 11.14），也可选用钴高速钢和铝高速钢。

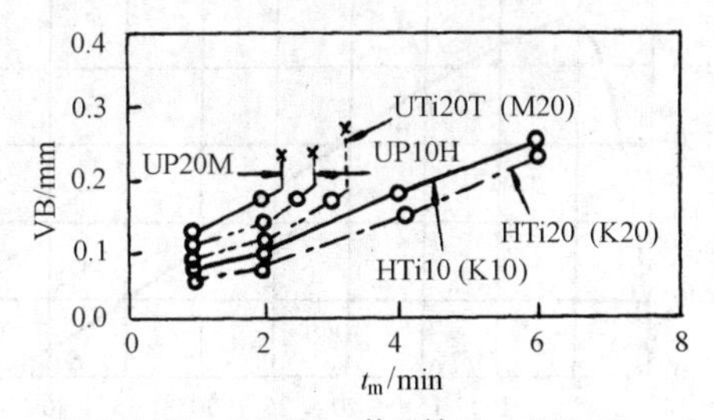

Ti-6Al-4V；310HBS；单刃铣刀，ϕ125 mm，

v_c = 80 m/min，a_p = 4 mm，f_z = 0.2 mm/z，a_e = 100 mm，湿切（油）

图 11.14　铣削 Ti-6Al-4V 的 VB 曲线对比[70]

11.4.2　选择合理的刀具几何参数

铣削钛合金时可参见表 11-7 所示的刀具几何参数。

表 11-7 铣削钛合金时刀具的几何参数[46]

铣刀类型	γ_o	α_o	β	κ_r	κ_r'	r_ε /mm	$b_{\gamma 1}$ /mm	γ_{o1}
立铣刀	0° ~ 5°	10° ~ 20°	25° ~ 35°	—	—	0.5~1.0	—	—
盘铣刀	5° ~ 10°	10° ~ 15°	15°	—	—	0.1~1.0	—	—
端铣刀	−8° ~ 8°	12° ~ 15°	—	45° ~ 60°	15°	—	1~2.5	0° ~ −8°

11.4.3 铣削方式的选择

钛合金周边铣削时应尽量采用顺铣，以减轻粘刀现象。

端铣时要考虑到前刀面与工件的先接触部位及切离时切削厚度的大小。从刀齿受力情况出发，希望铣刀刀齿前刀面远离刀尖部分先接触工件（对应图 11.15 的 U 点或 V 点）；从减少粘刀的观点出发，切离时切削厚度应小，故采用不对称顺铣为好。

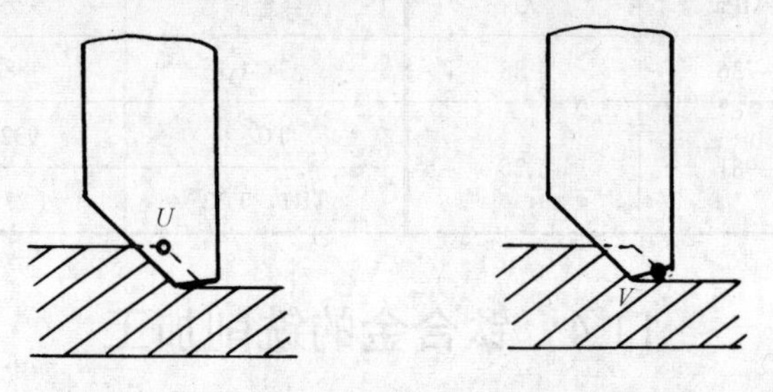

图 11.15 铣刀刀齿前刀面与工件的先接触部位[46]

实际上，端铣刀与工件轴线间的偏移量 e 可决定铣刀刀齿与工件的最佳先接触部位、顺铣或逆铣及切离时切削厚度的大小。一般以 $e=(0.04\sim0.1)D_0$ 为宜，D_0 为铣刀直径。图 11.16 为 YG6X 端铣刀铣削 TC4 时，铣刀使用寿命 T 与 e 的关系曲线。

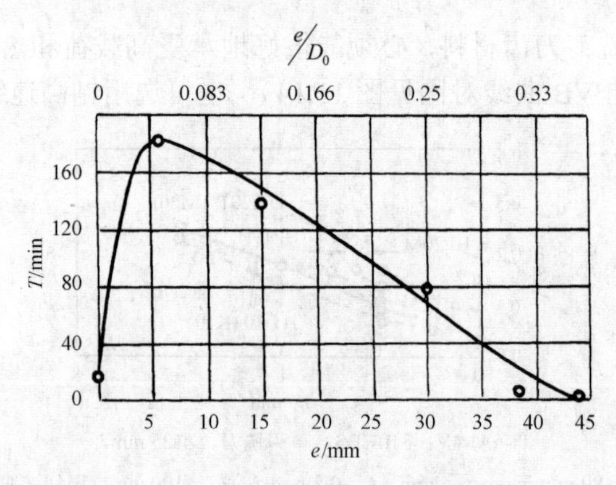

$\upsilon_c=78$ m/min，$f_z=0.127$ mm/z，$a_p=2.5$ mm，$a_e=62$ mm；$D_0=120$ mm

图 11.16 YG6X 端铣刀加工 TC4 时使用寿命 T 与 e 关系曲线[46]

11.4.4 铣削用量

立铣刀周边铣削和铣槽的铣削用量选择可参见表 11-8 及表 11-9。

盘铣刀铣侧面和槽的铣削用量选择可参见表 11-10，端铣刀铣平面的铣削用量选择参见表 11-11。

表 11-8　立铣刀周边铣削时的切削用量参考值[46]

制备方法	材料种类	硬度（HBS）	状态	a_e/mm	v_c/(m/min)	高速钢立铣刀 f_z/(m/z) 铣刀直径 D_0/mm 10	12	18	25~50	v_c/(m/min)	硬质合金立铣刀 f_z/(mm/z) 铣刀直径 D_0/mm 10	12	18	25~50
锻轧	工业纯钛 99.5	110~170	退火	(0.5~1)D_0	53~18	0.025~0.075	0.038~0.102	0.05~0.15	0.075~0.18	130~55	0.025~0.05	0.06~0.10	0.10~0.15	0.15~0.20
	工业纯钛 99~99.2	140~200			52~18	0.025~0.05				120~53				
	工业纯钛 98.9~99	200~275			45~15		0.038~0.075		0.075~0.15	105~46		0.025~0.075		
	α及(α+β)钛合金	300~340			34~12			0.038~0.13		90~40				0.13~0.20
		310~350			30~11					88~38				
		320~380			24~9					69~30				
		320~380	固溶处理并时效		26~9			0.038~0.102		69~30			0.10~0.13	0.13~0.18
		370~440			21~8	0.025~0.013	0.025~0.05	0.038~0.075	0.05~0.13	58~21	0.013~0.025	0.025~0.05	0.05~0.10	0.10~0.15
	β钛合金	275~350	固溶处理并时效		15~6	0.018~0.038	0.038~0.075	0.05~0.13	0.075~0.15	46~15	0.018~0.038	0.025~0.075	0.10~0.15	0.13~0.20
		350~440			12~5	0.013~0.025	0.025~0.05	0.038~0.075	0.05~0.13	38~14	0.013~0.025	0.025~0.05	0.075~0.10	0.10~0.15
铸造	工业纯钛 99.0	150~200	铸后状态或铸后退火		38~14	0.025~0.05	0.038~0.102	0.05~0.15	0.075~0.18	115~49	0.025~0.05	0.05~0.102	0.10~0.15	0.15~0.20
		200~250			35~12		0.038~0.075	0.05~0.13	0.075~0.1	105~46		0.025~0.075		
	α及(α+β)钛合金	300~325			27~9		0.025~0.075	0.038~0.13		84~37				
		325~350			23~8					69~24				

表 11-9　立铣刀铣槽时的切削用量参考值[46]

制备方法	材料种类	硬度（HBS）	状态	刀具材料	a_e /mm	v_c /(m/min)	f_z/(mm/z) 铣刀直径 D_0/mm 10	12	18	25~50
锻轧	工业纯钛 99.5	110~170	退火	高速钢	(0.75~1)D_0	30~18	0.018~0.025	0.025~0.05	0.05~0.10	0.075~0.13
	工业纯钛 99~99.2	140~200				29~15		0.015~0.05		
	工业纯钛 98.9~99	200~275				20~12	0.013~0.025		0.038~0.075	0.05~0.10
	α及(α+β)钛合金	300~340				18~11				
		320~380				14~8				
		320~380	固溶处理并时效			17~9	0.013~0.018	0.018~0.025	0.038~0.05	0.05~0.075
		375~440				15~8		0.013~0.025		
	β 钛合金	275~350	退火或固溶处理			11~6				
		350~440	固溶处理并时效			8~3				
铸造	工业纯钛 99.0	150~200	铸后状态或铸后退火			26~14	0.018~0.025	0.025~0.05	0.05~0.10	0.075~0.013
		200~250				17~12	0.013~0.025		0.038~0.075	0.05~0.10
	α及(α+β)钛合金	300~325				15~11				
		325~350				14~9				

表 11-10 盘铣刀铣削侧面和槽时的切削用量参考值[46]

制备方法	材料种类	硬度（HBS）	状态	a_e /mm	高速钢铣刀		硬质合金铣刀		
					v_c /(m/min)	f /(mm/r)	v_c /(m/min)		f /(mm/r)
							焊接式	可转位式	
锻轧	工业纯钛 99.5	110~170	退火	1~8	40~37	0.2~0.25	105~90	130~110	0.13~0.18
	工业纯钛 99~99.2	140~200			35~30		100~84	120~100	
	工业纯钛 98.9~99	200~275			29~24		90~76	110~90	
	α及(α+β)钛合金	300~340			21~15		76~60	90~73	0.075~0.13
		310~350			18~14		69~60	84~73	
		320-370			17~12		64~58	76~69	
		320~380			17~11		53~46	64~55	
		320~380	固溶处理并时效		15~9		49~41	59~50	
		370~440			8~5	0.15~0.20	38~30	46~37	0.10~0.13
	β钛合金	275~350	退火或固溶处理		11~8	0.13~0.15	34~27	40~34	
		350~440	固溶处理并时效		6~5	0.10~0.13	30~26	37~30	
铸造	工业纯钛 99.0	150~200	铸后状态或铸后退火		34~21	0.075~0.13	90~76	110~95	0.10~0.18
		200~250			24~15		85~69	105~85	
	α及(α+β)钛合金	300~325			15~8	0.05~0.10	69~46	76~53	
		325~350			12~8	0.05~0.10	60~30	69~40	

表 11-11　端铣刀铣平面的切削用量参考值[46]

制备方法	材料种类	硬度（HBS）	状态	a_p /mm	高速钢铣刀		硬质合金铣刀		
					v_c /(m/min)	f_z /(mm/z)	v_c /(m/min)		f_z /(mm/z)
							焊接式	可转位式	
锻轧	工业纯钛 99.5	110~170	退火	1~8	53~32	0.15~0.30	160~85	180~105	0.13~0.40
	工业纯钛 99~99.2	140~200			44~26	0.10~0.2	120~60	135~76	0.10~0.20
	工业纯钛 98.9~99	200~275			32~18		100~58	105~72	
	α及(α+β)钛合金	300~340			21~12		79~46	88~56	
		320~380			11~6	0.075~0.18	37~30	40~24	
		320~380	固溶处理并时效		17~12		44~24	49~29	
		370~440			9~6	0.05~0.15	30~15	32~18	
	β钛合金	275~350	退火或固溶处理		12~6	0.075~0.18	40~21	44~26	
		350~440	固溶处理并时效		9~6	0.05~0.15	24~12	27~15	
铸造	工业纯钛 99.0	150~200	铸后状态或铸后退火		46~27	0.10~0.20	130~84	160~105	0.15~0.25
		200~250			35~21		115~76	125~90	
	α及(α+β)钛合金	300~325			24~14	0.075~0.18	76~50	90~60	0.10~0.2
		325~350			21~14		62~38	76~47	

11.5 钛合金的钻削加工

钛合金的钻削加工与高温合金有相似的特点。钻削 TC4 时，切屑易黏结堵塞，钻削温度高，约为 45 钢的 2 倍以上，轴向力约比 45 钢大 20%~40%，扭矩约小 10%~30%。用不同材料钻头表现不同：用高速钢钻头钻削温度约为硬质合金的 140%，轴向力为 2.1 倍，扭矩相近[120]。因此，选用的刀具材料及麻花钻的改进措施也基本相同，小直径钻头用 YG8、YG6X 整体制造，也可使用特殊结构钻头。

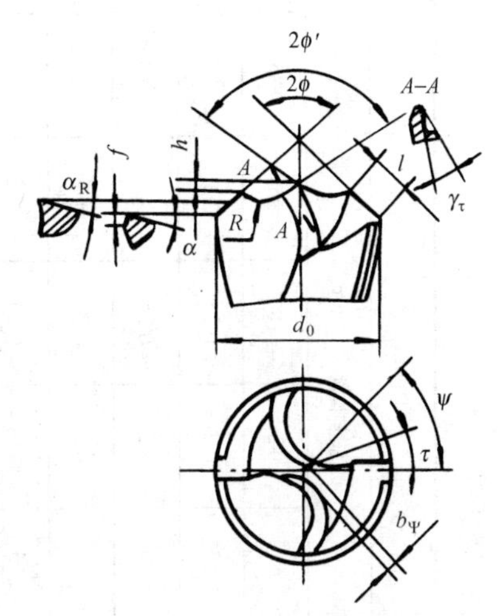

图 11.17　钛合金用高速钢群钻切削部分形状[46]

1. 钛合金群钻

钛合金用高速钢群钻切削部分形状及参数见图 11.17 和表 11-12。

2. 四刃带钻头

用四刃带钻头（见图 12.24），在相同切削用量条件下钻削 TC2，钻头使用寿命比标准麻花钻提高 3 倍左右，切削温度降低 20%左右。由于导向稳定而减小了孔的扩张量，如ϕ3 mm 四刃带钻头钻孔时的扩张量为 0.03~0.04 mm，约比高速钢标准钻头的孔扩张量减小 70%，而标准麻花钻则为 0.05~0.06 mm。

表 11-12　钛合金群钻切削部分的几何参数[46]

<table>
<tr><th>钻头直径 d_0</th><th>钻尖高 h</th><th>内刃圆弧半径 R</th><th>横刃长度 b_ψ</th><th>外刃长度 l</th><th>外刃修磨长度 f</th><th>外刃顶角 2ϕ</th><th>内刃顶角 $2\phi'$</th><th>横刃斜角 ψ</th><th>内刃前角 γ_τ</th><th>内刃斜角 τ</th><th>外刃后角 α</th><th>圆弧刃后角 α_R</th></tr>
<tr><td colspan="6">/mm</td><td colspan="7">/(°)</td></tr>
<tr><td><3~6</td><td>—</td><td>—</td><td>0.4~0.8</td><td>—</td><td>0.6</td><td colspan="2" rowspan="2">130~140</td><td rowspan="4">45</td><td rowspan="4">−10
~
−15</td><td rowspan="4">10~15</td><td rowspan="2">12~18</td><td rowspan="4">18~20</td></tr>
<tr><td><6~10</td><td>0.6~1</td><td>2.5~3</td><td>0.6~1</td><td>1.5~2.5</td><td>0.8</td></tr>
<tr><td><10~18</td><td>1~1.5</td><td>3~4</td><td>0.8~1.2</td><td>2.5~4</td><td>1</td><td colspan="2" rowspan="2">125~140</td><td rowspan="2">10~15</td></tr>
<tr><td><18~30</td><td>1.5~2</td><td>4~6</td><td>1~1.5</td><td>4~6</td><td>1.5</td></tr>
</table>

3. 钻削用量

高速钢钻头的钻削用量及油孔钻或强制冷却钻头的钻削用量分别见表 11-13 和表 11-14。

4. 钛合金的深孔钻削

在钛合金上钻深孔，当孔径小于ϕ30 mm 时，可用硬质合金枪钻（见图 11.18）；孔径大于ϕ30 mm 可用硬质合金 BTA 钻头或喷吸钻等。钻削用量见表 11-15。

表 11-13　高速钢钻头钻 Ti 合金的钻削用量[46]

制备方法	材料种类	硬度（HBS）	状态	v_c /(m/min)	f/(mm/r) 孔基本直径 d/mm 1.5	3	6	12	18	25	35	50	刀具材料 ISO
锻轧	工业纯钛 99.5	110~170	退火	24 34	0.013 —	0.05	0.13	0.2	0.25	0.3	0.4	0.45	S2，S3
	工业纯钛 99~99.2	140~200		30 27	0.013 —	0.05	0.13	0.2	0.25	0.3	0.4	0.45	
	工业纯钛 98.9~99	200~275		12 17	0.025 —	0.05	0.13	0.2	0.25	0.3	0.4	0.45	
	α及(α+β)钛合金	300~340		14	—	0.05	0.13	0.18	0.20	0.25	0.3	0.4	S9，S11
		310~350		11	—	0.05	0.102	0.15	0.18	0.20	0.25	0.3	
		320~370		8	—	0.05	0.102	0.15	0.18	0.20	0.25	0.3	
		320~380		6	—								
		320~380	固溶处理并时效	9	—	0.05	0.075	0.13	0.15	0.18	0.23	0.25	
		375~440		6	—	0.025	0.05	0.075	0.102	0.102	0.13	0.15	
	β钛合金	275~350	退火或固溶处理	8	—	0.025	0.075	0.102	0.13	0.15	0.18	0.20	
		350~440	固溶处理并时效	6	—	0.025	0.05	0.075	0.102	0.102	0.13	0.15	S9，S11
铸造	工业纯钛 99.0	150~200	铸后状态或铸后退火	18 24	0.013 —	0.05	0.13	0.20	0.25	0.30	0.40	0.45	S2，S3
		200~250		12 15	0.025 —	0.05	0.13	0.20	0.25	0.30	0.40	0.45	
	α及(α+β)钛合金	300~325		9	—	0.05	0.102	0.15	0.18	0.20	0.25	0.30	S9，S11
		325~350		8	—								

表 11-14　油孔钻或强制冷却钻头钻 Ti 合金的钻削用量[46]

制备方法	材料种类	硬度（HBS）	状态	v_c /(m/min)	f/(mm/r) 孔基本直径 d/mm 3	6	12	18	25	35	50	刀具材料 ISO
锻轧	工业纯钛 99.5	110~170	退火	40 84	0.05 0.025	0.13 0.05	0.20 0.10	0.25 0.15	0.30 0.20	0.36 0.25	0.45 0.4	S2,S3,K10
	工业纯钛 99~99.2	140~200		34 76	0.05 0.025	0.13 0.05	0.20 0.10	0.25 0.15	0.30 0.20	0.36 0.25	0.45 0.4	
	工业纯钛 98.9~99	200~275		20 60	0.025 0.025	0.10 0.05	0.15 0.10	0.20 0.15	0.25 0.2	0.30 0.25	0.40 0.40	
	α及(α+β)钛合金	300~340		17 53	0.025 0.025	0.10 0.05	0.15 0.10	0.20 0.15	0.25 0.20	0.30 0.25	0.40 0.40	S9,S11,K10
		310~350		12 46	0.025 0.013	0.075 0.06	0.13 0.10	0.18 0.15	0.20 0.20	0.25 0.25	0.30 0.30	S9,S11,K10
		320~370		9 30	0.025 0.013	0.075 0.06	0.13 0.10	0.18 0.15	0.20 0.20	0.23 0.23	0.25 0.25	
		320~380		8 30	0.013 0.013	0.05 0.025	0.102 0.005	0.15 0.102	0.18 0.15	0.20 0.20	0.23 0.23	
		320~380	固溶处理并时效	11 30	0.013	0.075 0.025	0.13 0.05	0.18 0.102	0.20 0.15	0.25 0.20	0.30 0.25	
		375~440		8 24		0.05 0.025	0.102 0.05	0.15 0.102	0.18 0.15	0.20	0.23	
	β钛合金	275~350	退火或固溶处理	9 24		0.025	0.05	0.05	0.15	0.18	0.20	
		350~440	固溶处理并时效	8 24				0.075	0.13	0.15	0.18	
铸造	工业纯钛 99.0	150~200	铸后状态或铸后退火	30 76	0.05 0.025	0.13 0.05	0.2 0.102	0.25 0.15	0.3 0.2	0.36 0.25	0.45 0.40	S2,S3,K10
		200~250		18 60	0.025							
	α及(α+β)钛合金	300~325		11 46		0.102 0.05	0.15 0.102	0.2 0.15	0.25 0.2	0.3 0.25	0.4	S9,S11,K10
		325~350		9 30	0.025 0.013	0.075 0.05	0.13 0.102	0.18 0.15	0.2	0.25	0.30	

表 11-15 钛合金深孔钻削（枪钻）的钻削用量[46]

制备方法	材料种类	硬度（HBS）	状态	v_c /(m/min)	f/(mm/r) 孔基本直径 d/mm 2~4	4~6	6~12	12~18	18~25	25~50	刀具材料 ISO
锻轧	工业纯钛 99.5	110~170	退火	76	0.004~0.006	0.008~0.013	0.013~0.018	0.018~0.023	0.02~0.025	0.025~0.038	K20
	工业纯钛 99~99.2	140~200		70							
	工业纯钛 98.9~99	200~275		55							
	α及(α+β)钛合金	300~340		35							
		310~350		35							
		320~370		30							
		320~380		30							
		320~380	固溶处理并时效	30	0.004~0.006	0.008~0.013	0.013~0.018	0.018~0.023	0.02~0.025	0.025~0.038	K20
		375~440		20							
	β钛合金	275~350	退火或固溶处理	30							
		350~440	固溶处理并时效	20							
铸造	工业纯钛 99.0	150~200	铸后状态或铸后退火	60							
		200~250		50							
	α及(α+β)钛合金	300~325		35							
		325~350		30							

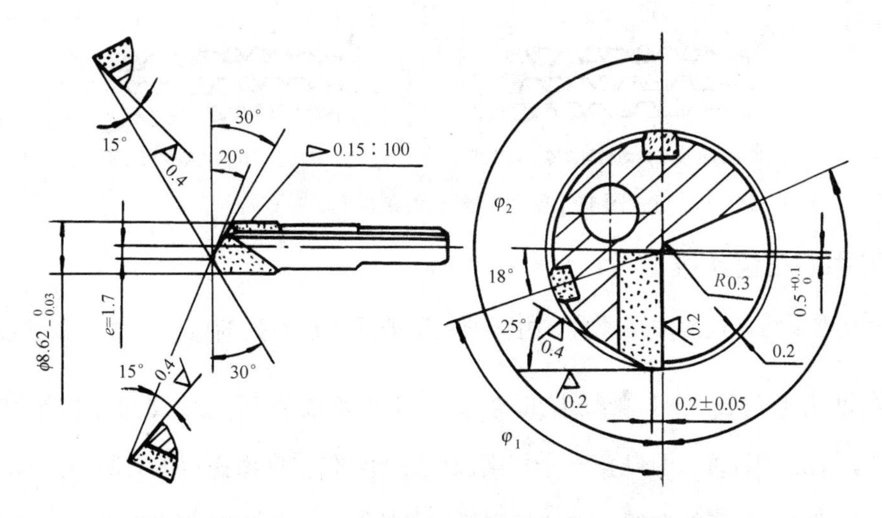

图 11.18 钻削钛合金的硬质合金枪钻[46]

11.6 钛合金攻螺纹

钛合金攻螺纹，是钛合金切削加工中最困难的工序，尤其是小孔攻螺纹更加困难。主要表现为攻螺纹的总扭矩大（总扭矩＝切削扭矩+摩擦扭矩），约为 45 钢攻螺纹扭矩的 2 倍；丝锥刀齿过快磨损、崩刃，甚至被“咬死”而折断。其主要原因是钛合金的弹性模量太小、屈强比大（$\frac{\sigma_s}{\sigma_b} \approx 0.9$），攻制的螺纹表面会产生很大回弹，给丝锥刀齿的侧后刀面与顶后刀面很大的法向压力，从而造成很大的摩擦扭矩；加之切削温度高，切屑有粘刀现象不易排除，切削液不易到达切削区等。为此，可从以下几个方面着手解决[46]。

11.6.1 选择性能好的刀具材料

如用 Al 高速钢或 Co 高速钢丝锥效果较好，或对高速钢丝锥表面进行渗氮、低温渗硫、离子注入等处理。

11.6.2 改进标准丝锥结构

1. 加大校准部刀齿的后角

可在校准齿留刃带 $b_\alpha = 0.2 \sim 0.3$ mm 后，再加大后角至 20°～30°。

2. 加大倒锥度

在保留原校准齿 2~3 扣后，把倒锥度加大至(0.16~0.3)/100 mm。

上述两项均可有效地减小摩擦扭矩。

11.6.3 采用跳齿结构

跳齿方式较多，其中以切削齿与校准齿均在圆周方向上相间保留、去除的跳齿方式好些［见图 11.19（a）］。它减少了同时工作刃瓣数，使切削扭矩和摩擦扭矩均可下降，既减小了总扭矩，也增大了容屑空间。

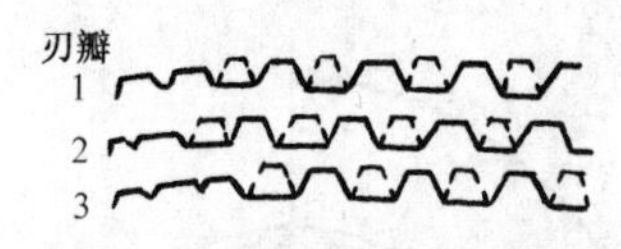

(a) 切削齿和校准齿均相间去除保留方式

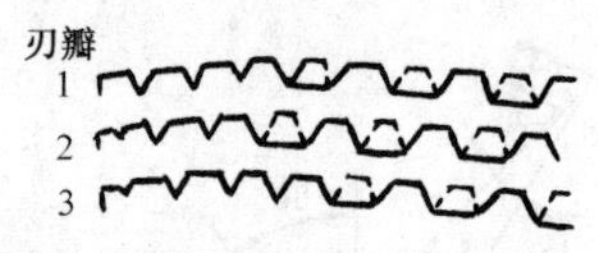

(b) 只校准齿相间去除保留方式

图 11.19　跳齿丝锥的跳齿方式[46]

11.6.4　采用修正齿丝锥

修正齿丝锥是将螺纹的成形原理，由标准丝锥的成形法改为渐成法，加工原理如图 11.20 所示。

由于丝锥齿形角 α_0 小于螺纹齿形角 α_1，可使丝锥齿侧与螺纹侧面间形成侧隙角 $\kappa_r'=\dfrac{\alpha_1-\alpha_0}{2}$，加之倒锥度大且从第一个切削齿就开始，使得摩擦扭矩大大减小，同时也利于切削液的冷却润滑。据资料介绍，这种丝锥最适于钛合金、不锈钢及高强度钢、高温合金的攻螺纹。试验证明，用修正齿丝锥在钛合金 TC4 上攻螺纹，可降低扭矩 50%以上，所攻螺纹的质量完全合乎要求[72]。

设计时可按 $\tan\delta=\tan\kappa_r\left(\tan\dfrac{\alpha_1}{2}\cot\dfrac{\alpha_0}{2}-1\right)$ 关系式进行计算。为检验方便，丝锥齿形角可取为 $\alpha_0=55^\circ$。通孔丝锥结构可参见图 11.21。切削锥角 κ_r 可在 $2^\circ30'\sim7^\circ30'$ 间选取。

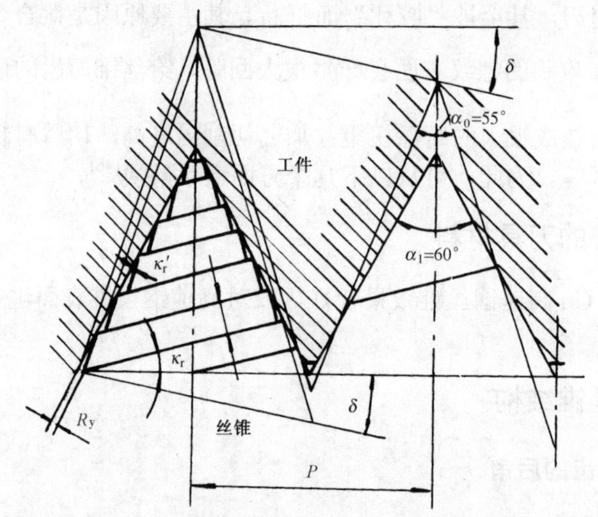

κ_r —丝锥的切削锥角，δ —丝锥的反向锥角，α_0 —丝锥齿形角，α_1 —螺纹齿形角

图 11.20　修正齿丝锥加工原理[46]

11.6.5　切削液的选用

钛合金攻螺纹时，切削液的选用是否恰当非常重要。一般含 Cl 或 P 的极压切削液效果较好，但用含 Cl 极压切削液后必须及时清洗零件，以防止晶间腐蚀[73]。

11.6.6　螺纹底孔直径的选取

钛合金攻螺纹时底孔直径的选取尤为重要。据报道，可按牙高率（螺孔实际牙型高度与理论牙型高度比值的百分率）不小于 70%为依据来选取底孔直径的大小。小直径和粗牙螺纹的牙高率可小些，螺纹深度小于螺纹的基本直径时可适当加大牙高率。牙高率过大会增大攻螺纹的扭矩，甚至折断丝锥。底孔钻头直径一般应大于一般标准值，尺寸大者约比标准值大1%~2%，小者大3%~4%，可参考表11-16选取。

表 11-16 底孔钻头直径推荐值[46]

丝锥尺寸/mm	钻头直径 d_0/mm	牙高率/(%)	丝锥尺寸/mm	钻头直径 d_0/mm	牙高率/(%)
M1.6×0.35	1.3	69	M12×1.75	10.4	70
	1.35	57	M12×1.25	11.1	55
M1.8×0.35	1.5	58	M14×2	12.1	72
M2×0.4	1.7	68	M14×1.5	12.7	70
M2.2×0.45	1.8	70	M16×2	14.3	70
M2.5×0.45	2.1	69	M16×1.5	14.6	70
M3×0.5	2.6	68	M18×2.5	15.7	70
M3.5×0.6	3	68	M18×1.5	16.6	70
M4×0.7	3.4	69	M20×2.5	17.7	71
	3.5	58	M20×1.5	18.6	70
M4.5×0.75	3.8	69	M22×2.5	19.7	71
M5×0.8	4.3	69	M22×1.5	20.6	70
M6×1	5.1	70	M24×3	21.2	71
M6×0.75	5.4	70	M24×2	22.3	69
M7×1	6.1	70	M27×3	24.3	71
M8×1.25	6.9	68	M27×2	25.3	69
M8×1	7.1	69	M30×3.5	26.5	77*
M10×1.5	8.6	71	M30×2	28	77*
M10×1.25	8.9	70	M33×3.5	29.5	77*

注：*建议钻后再经铰孔。

11.6.7 攻螺纹速度的选取

攻螺纹速度参见表11-17选取。

表 11-17 钛合金攻螺纹速度[46]

工件材料	α型钛合金	(α+β)型钛合金	β型钛合金
v_c/(m/min)	7.5~12	4.5~6	2~3.5

注：钛合金硬度≤350 HBS，选用表中较高速度；硬度>350 HBW，则用表中较低速度。

思 考 题

11.1 试述钛合金的种类、性能特点及切削加工特点。

11.2 如何选择钛合金切削用刀具材料？

11.3 如何解决钛合金钻孔与攻螺纹的困难？

第 12 章　工程陶瓷材料的切削加工

12.1　概　述

陶瓷是古老的手工制品之一，它是以黏土、长石和石英等天然原料，经粉碎—成形—烧结而成的烧结体。其主要成分是硅酸盐，包括陶瓷器、玻璃、水泥和耐火材料，统称为传统陶瓷。而工程陶瓷是以人工合成的高纯度化合物为原料，经精致成形和烧结而成，具有传统陶瓷无法比拟的优异性能，故此称为精细陶瓷（Fine ceramics）或特种陶瓷。

正由于精细陶瓷具有高强度（抗压）、高硬度、高耐磨性、耐高温、耐腐蚀、低密度、低热胀系数及低导热系数等优越性能，因而已逐渐应用于化工、冶金、机械、电子、能源及尖端科学技术领域。同金属材料、复合材料一样，正在成为现代工程结构材料的三大支柱之一。

据资料介绍，精细陶瓷已能用来制造轴承、密封环、活塞、凸轮、缸套、缸盖、燃气轮机燃烧器、涡轮叶片、减速齿轮、耐蚀泵等。继美、日、德之后，我国也于 1990 年试运行了一台陶瓷发动机汽车。陶瓷材料的应用领域正在不断扩大，是一种很有发展前途的优良工程材料。

12.1.1　陶瓷材料的分类

陶瓷材料种类繁多，可按不同方法分类。

1．按性能与用途分类

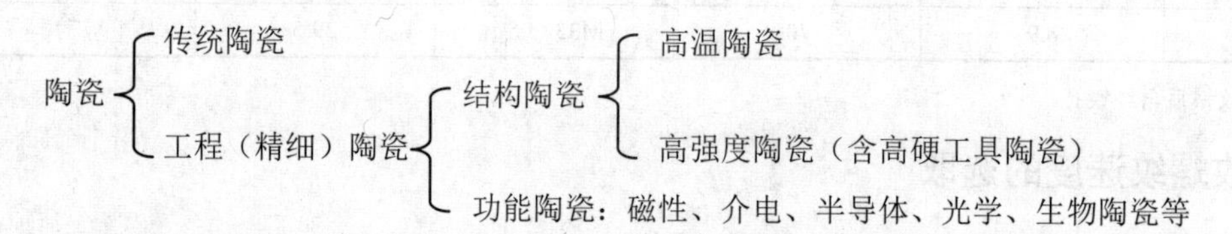

2．按化学组成分类

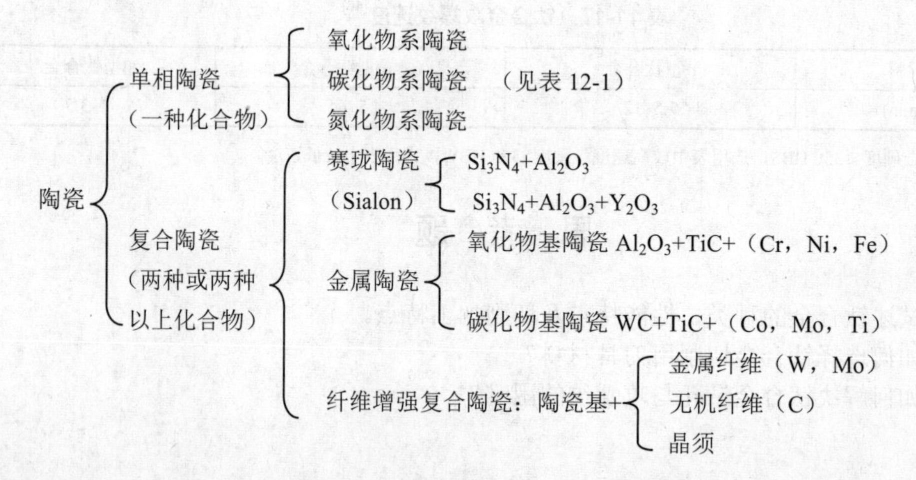

表 12-1　陶瓷材料的化学组成

单相陶瓷	化学组成
氧化物系	ZrO_2，Al_2O_3，MgO，CaO，ThO_2，BeO
碳化物系	SiC，TiC，WC，B_4C
氮化物系	Si_3N_4，TiN，AlN，BN

12.1.2　陶瓷制品的制备

无论哪种陶瓷制品均通过原料的制取、成形及烧结三个步骤来制备。

1．陶瓷原料的制取

工程陶瓷制品的原料粉末并不直接来源于天然物质，而由化学方法制取，不同陶瓷的原料制法也不同。

① Al_2O_3 陶瓷原料是由工业 Al_2O_3 粉末经预烧、磨细、酸洗后获得；

② SiC 陶瓷原料是由石英(SiO_2)、碳(C)和锯末在电弧炉中合成而得

$SiO_2+3C \xrightarrow{1\,900\sim2\,000℃} SiC+2CO\uparrow$；

③ Si_3N_4 陶瓷原料是用工业合成法制取的。一种是 $3Si+2N_2 \xrightarrow{1\,300℃} Si_3N_4$；

另一种是 $3SiCl_4+4NH_3 \xrightarrow{1\,400℃} Si_3N_4+12HCl\uparrow$。

2．陶瓷制品的成形方法

陶瓷制品的成形方法有金属模压法、浇注法、薄膜法、注射法、等静（水静）压法、热压法和热等静压法等。成形后经过烧结即可得陶瓷制品。不同陶瓷制品的成形烧结方法也不同。

3．陶瓷制品成形烧结方法简介

特种陶瓷制品的成形烧结方法有：冷（常）压法、热压法、反应烧结法和热等静压法等。

（1）冷（常）压法 CP（Cold Pressured）

冷压法是最早被采用的工艺过程最简单的方法。Al_2O_3 陶瓷制品开始时就用此法，是将纯 Al_2O_3 或其他化合物的混合料及少量添加剂的均匀微细颗粒混合粉末，在室温下加压成形再烧结。常用的添加剂有 MgO、ZrO_2 及 Cr_2O_3 等。

（2）热压法 HP（Hot Pressured）

热压法是目前采用较多的方法之一。它是将混合后的原料，在高温（1 500~1 800℃）、高压（15~30MPa）下同时进行压制烧结成形。Si_3N_4 陶瓷可用此法制造，其优点是成品密度高、常温强度高；缺点是成本高，且仅局限于形状简单件。

（3）反应烧结法 RB（Reation Burn）

反应烧结法是将陶瓷粉末的混合料按传统陶瓷成形法成形后，放入氮化炉内 1 150~1 200℃下预氮化，获得一定强度后在机床上加工，再在 1 350~1 400℃下进行二次氮化 18~30 h，直至全部成为反应物。Si_3N_4 陶瓷就可用此法制备，优点是尺寸精度高、可烧结形状复杂及大型件、热变形小、价格便宜。

（4）热等静压法 HIP（Hot Isostatic Pressured）

热等静压法是当今先进的工艺方法，20 世纪 70 年代后被用于硬质合金和陶瓷刀片制造上。它是在更高压力（Al_2O_3 陶瓷为 100~120MPa）下通入保护气体或化学性不活泼的高温熔熔状液体，用高压容器中的电炉加热，可在较低温度下获得较高温度的烧结体。成功地解决了 HP 法单轴加压产生的结晶定向性问题及 CP 法产生的晶粒长大、强度和硬度较低、耐磨性及抗崩刃性差的问题。

12.1.3　陶瓷的组织结构

陶瓷材料的组织结构较复杂，但基本组织为晶体相、玻璃相和气相。特种陶瓷材料的组织更单纯些。

1．晶体相

晶体相是陶瓷材料的主要组成相。包括硅酸盐、氧化物和非氧化合物等三种。

① 硅酸盐是传统陶瓷的重要晶体相，其结合键是离子键和共价键的混合键。

② 氧化物是特种陶瓷材料的主要晶体相，其结合键主要是离子键，也有一定量的共价键。

③ 非氧化合物是指金属碳化物、氮化物、硼化物和硅化物，是特种陶瓷的主要晶体相，结合键主要是共价键，也有一定量的金属键和离子键。

2．玻璃相

玻璃相能将晶体相黏结起来，提高材料的致密度，但对陶瓷的强度和耐热性不利。在烧结过程中熔融液相黏度较大，并在冷却过程中加大。图 12.1 为玻璃转变温度 T_g 和软化温度 T_f 与玻璃黏度的关系。生产中正是在 T_f 以上对玻璃进行加工的。

3．气相

气相是指陶瓷材料组织内部残留下来的孔洞。除多孔陶瓷外，气孔均是不利的，它降低了陶瓷材料的强度，是裂纹产生的根源（见图 12.2）。

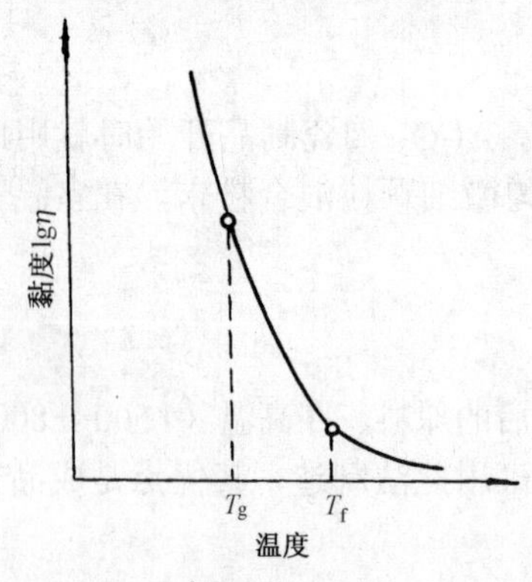

图 12.1　玻璃黏度与温度的关系[46]

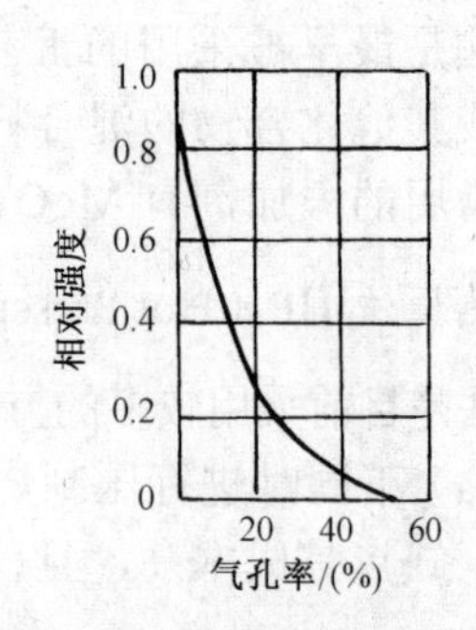

图 12.2　陶瓷材料中气孔与强度的关系[46]

12.2　工程陶瓷材料的性能及脆性破坏机理探讨

在此主要介绍与切削加工相关的现代机械制造中应用的工程（精细）陶瓷的性能。

12.2.1 与切削加工相关的陶瓷材料的性能

1．具有高硬度

在各类工程结构材料中，陶瓷材料的硬度仅次于金刚石和立方氮化硼（见表 12-2）。陶瓷材料的硬度取决于结合键的强度。硬度高，耐磨性能好。

2．具有高刚性

刚性用弹性模量来衡量，结合键的强度可反映弹性模量的大小。弹性模量对组织不敏感，但气孔会降低弹性模量。陶瓷材料的弹性模量 E 见表 12-2。

表 12-2 各类工程结构材料的硬度和弹性模量[46]

材料	硬度（HV）	E/GPa	材料	硬度（HV）	E/GPa
橡胶	—	6.9	钢	300~800	207
塑料	≈17	1.38	Al_2O_3 陶瓷	≈2 250	400
镁合金	30~40	41.3	TiC 陶瓷	≈3 000	390
铝合金	≈170	72.3	金刚石	6 000~10 000	1 171

3．具有高抗压强度和低抗拉强度

按理论计算，陶瓷材料的抗拉强度应很高，约为 E 的 1/10~1/5，实际上只为 E 的 1/1 000~1/10，甚至更低，见表 12-3。强度低的原因在于组织中有晶界。晶界的存在会使：（1）晶粒间有局部的分离或空隙；（2）晶界上原子间的键被拉长，削弱了键的强度；（3）相同电荷的离子靠近产生的斥力可能造成裂纹。要提高陶瓷材料的强度必须消除晶界的不良影响。

表 12-3 几种典型陶瓷材料的弹性模量 E 和强度 σ_b [46]

材料	E/GPa	σ_b /MPa	材料	E/GPa	σ_b /MPa
SiO_2 玻璃	72.4	107	烧结 TiC 陶瓷（气孔率<5%）	310.3	1103
Al_2O_3 陶瓷（90%~95%）	365.5	345	热压 B_4C（气孔率<5%）	289.7	345
烧结 Al_2O_3 陶瓷（气孔率<5%）	365.5	207~345	热压 BN（气孔率<5%）	82.8	48~103

陶瓷材料的实际强度受致密度、杂质及各种缺陷的影响也很大。在各种强度中，抗拉强度 σ_b 很低，抗弯强度 σ_{bb} 居中，抗压强度 σ_{bc} 很高。

4．塑性极差

陶瓷材料在常温下几乎无塑性。陶瓷晶体的滑移系（2~5）比金属（体心、面心立方均为 12 个以上）少得多，由位错产生的滑移变形非常困难。在高温慢速加载条件下，由于滑移系可能增多，特别当组织中有玻璃相时，有些陶瓷也能表现出一定的塑性，塑性开始的温度约为 $0.5T_m$（T_m——熔点的热力学温度，K）。由于塑性变形的起始温度高，故陶瓷材料具有较高的高温强度。

5．韧性极低

陶瓷材料受载未发生塑性变形就在很低的应力下断裂了，表现出极低的断裂韧性 K_{IC}，仅为碳素钢的 1/10~1/100，见表 12-4。

表 12-4　陶瓷材料与钢的断裂韧性 K_{IC}[46]

材料		$K_{IC}/MPa \cdot m^{1/2}$	硬度（HV）
氧化物系陶瓷	SiO_2	0.9	≈620
	$ZrO_2$①	≈13.0	≈1853
	Al_2O_3	≈3.5	≈2250
碳化物系陶瓷	SiC	≈3.4	≈4200
	WC-Co	12~16	1 000~1 900
氮化物系陶瓷	Si_3N_4	4.8~5.8	≈2 030
钢	40CrNiMoA（淬火）	47.0	400
	低碳钢	>200	110

① 为部分稳定 PSZ。

陶瓷材料的冲击韧性 a_k 很小（$<10\ kJ/m^2$），是一种典型的脆性材料（如铸铁的 $a_k=300\sim400\ kJ/m^2$）。脆性对表面状态非常敏感。由于各种原因陶瓷材料的内部和表面（如表面划伤）很容易产生微细裂纹，受载时裂纹的尖端会产生很大的应力集中，应力集中的能量又不能由塑性变形释放，故裂纹会很快扩展而脆断。

6. 陶瓷的热特性

陶瓷的热胀系数 α 比金属低得多（见表 12-5），导热系数 k（SiC 和 AlN 除外）也比金属小（见表 12-5）。

表 12-5　各种陶瓷材料的热特性[46]

陶瓷材料	$\alpha/(10^{-6}/℃)$	$k/(W/m \cdot ℃)$	陶瓷材料	$\alpha/(10^{-6}/℃)$	$k/(W/m \cdot ℃)$
光学玻璃	5~15	0.667~1.46	Si_3N_4（常压烧结）	3.4	14.70
镁橄榄石	10.5	3.336	SiC（常压烧结）	4.8	91.74
ZrO_2（常压烧结）	9.2	1.88	AlN	4~5	100.00
Al_2O_3（常压烧结）	8.6	20.85	铁	15	75.06

12.2.2　陶瓷材料脆性破坏机理探讨

众所周知，滑移是晶体塑性变形最常见的基本形式。宏观上的塑性变形是微观上大量位错运动的结果。晶体内的位错运动容易产生称为位错易动（或位错易动度大），反之则为位错不易动（或位错易动度小）。

由材料特性知，塑性软金属（如铝）容易产生塑性变形在于铝的位错易动度大；而陶瓷材料（如 Al_2O_3 陶瓷）属硬脆材料，常温下位错的分布密度比金属小，很难产生位错运动，即使加热到 1 570K（约 1300℃）也不容易观察到位错运动。Al_2O_3 陶瓷受载时，是由于材料中龟裂处的应力集中的迅速传播而产生脆性破坏的。

陶瓷材料不易产生塑性变形而产生脆性破坏的原因有两个：一个是位错运动很困难（或位错易动度小），另一个是形成新位错所需能量太大。位错运动困难的原因在于：第一，由于晶格阻力大（晶格阻力 $\tau_{P-N} \propto G\dfrac{a}{b}$，$\tau_{P-N}$ 随剪切弹性模量 G 的增大而增大，并随滑移面间距 a 的减小、滑移方向上原子距离 b 的增大而减小），而金属材料的晶格阻力比陶瓷小得多；第二，陶瓷晶体的结构复杂，点阵常数比金属大得多。陶瓷晶体中要形成新位错所需能量也比金属大得多（所需能量 $E_w=\alpha_1 Ga^2$，α_1 ——系数）。

位错易动度的大小与加工表面状态有密切的关系。位错易动度小的陶瓷材料加工后表面无加工变质层，但龟裂会残留在加工表面上；位错易动度大的金属材料，除了电解磨削和化学腐蚀加工外，很难得到无加工变质层的表面。

12.3 工程陶瓷材料的切削

经烧结得到的陶瓷材料制品与金属粉末冶金制品不同，它的尺寸收缩率在10%以上，而后者在0.2%以下，所以陶瓷制品尺寸精度低，不能直接作为机械零件使用，必须经过机械加工才行。传统的加工方法是用金刚石砂轮磨削，还有研磨和抛光。但磨削效率低，加工成本高。随着聚晶金刚石刀具的出现，易切陶瓷和高刚度机床的开发，陶瓷材料切削加工的研究和应用越来越引起人们的极大关注。

12.3.1 陶瓷材料的切削加工特点

① 只有金刚石和立方氮化硼（CBN）刀具才能胜任陶瓷的切削加工。

表12-6给出了金刚石、CBN与Al_2O_3的性能比较。

表12-6 金刚石、CBN与Al_2O_3（蓝宝石）的性能比较[46]

材料	E/GPa	σ_s /MPa	硬度（HV）	测定面
Al_2O_3（蓝宝石）	380	26.5×10^3	2500	{0001}
金刚石	1020	88.2×10^3	9000	111
CBN	710		8000	011

由表12-6不难看出，金刚石和CBN刀具完全有可能切削陶瓷。但因CBN切削陶瓷试验结果尚不理想，故在此只介绍金刚石刀具的试验情况。从耐磨性看，金刚石的耐磨性约为Al_2O_3陶瓷的10倍，切削Al_2O_3陶瓷时金刚石的热磨损很小。有人做过如图12.3所示的金刚石热磨损与周围气氛关系的试验，金刚石在空气中是高温氧化引起碳化而磨损，在空气中约从1 020 K（约750℃）开始磨损，温度超过1 170 K（约900℃）则急剧磨损。而在无氧的气氛中金刚石具有相当高的耐磨性。

天然金刚石切削刃锋利、硬度高，但有解理性，遇冲击和振动易破损。图12.4为用天然金刚石刀具切削硬度较低的堇青石（$2MgO\cdot2Al_2O_3\cdot5SiO_2$，性能见表12-13）时刀具的磨损情况。切削时，切削速度和进给量对其磨损的影响甚大，使用寿命不长，切削效果不好；而聚晶金刚石是由人造金刚石（SD）微粒，用Co（或Fe、Ni、Cr或陶瓷）作触媒助烧剂，在与合成金刚石同样的高温（1 000~2 000℃）、超高压（500 MPa~1 000 MPa）条件下烧结而成；聚晶金刚石是多晶体，无解理性，有一定韧性，硬度稍低于天然金刚石（D）。用聚晶金刚石作切削刀具有着优异的性能，性能因微粒的粒度及分布、触媒剂的种类及含量而异。粒度越细，聚晶体强度越高（见图12.5）；粒度越粗，聚晶体越耐磨（见图12.6）。图12.6中，聚晶金刚石A和金刚石DA150的粒径均为5~10 μm，黑色金刚石DA100为粗粒度颗粒用金刚石微粉作为助烧触媒剂烧结而得；粒度相同，黑色金刚石聚晶体DA100的强度较高，如图12.5所示；触媒剂不同，聚晶体的耐磨性不同，即刀具使用寿命不同，如图12.7所示，原因在于金刚石颗粒的结合强度不同。

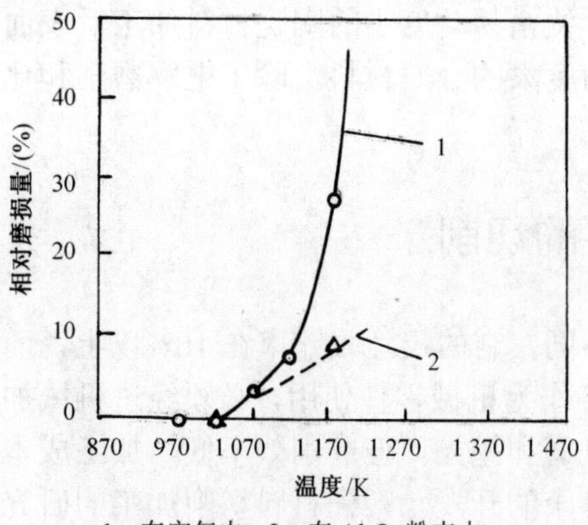

1—在空气中，2—在 Al_2O_3 粉末中，
加热时间 30 min

图 12.3　金刚石热磨损与气氛的关系[46]

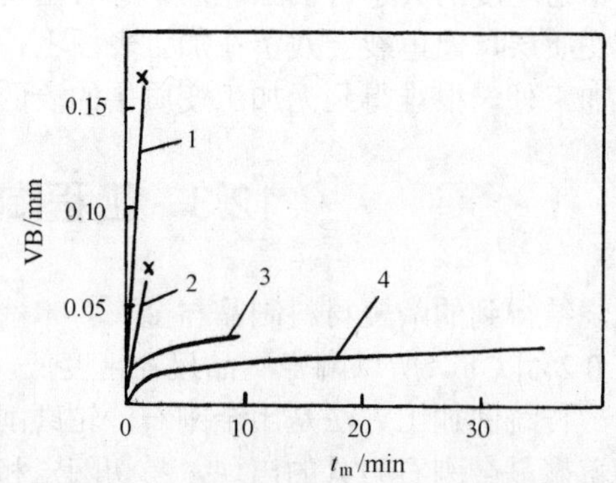

1—υ_c = 120 m/min，f = 0.019 mm/r；2—υ_c = 50 m/min，f = 0.025 mm/r；
3—υ_c = 90 m/min，f = 0.019 mm/r；4—υ_c = 30 m/min，f = 0.019 mm/r

图 12.4　单晶金刚石车刀切削堇青石时的刀具磨损曲线[46]

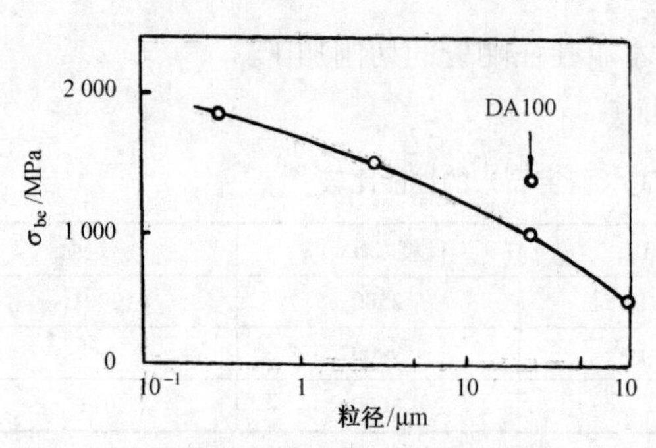

（该强度为跨距 10 mm 的抗弯强度）

图 12.5　聚晶金刚石强度与粒径的关系[46]

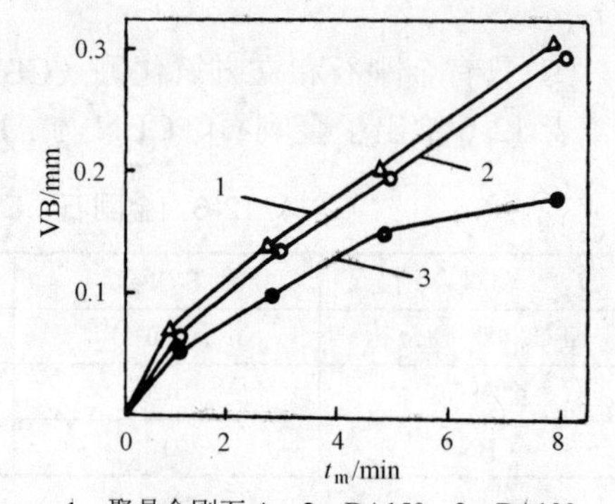

1—聚晶金刚石 A，2—DA150，3—DA100

试件：Al_2O_3 陶瓷，2 100~2 300HV

切削条件：υ_c = 48 m/min，a_p = 0.2 mm

f = 0.025 mm/r，湿切，刀具形式：SNG432

图 12.6　聚晶金刚石刀具的耐磨性比较[46]

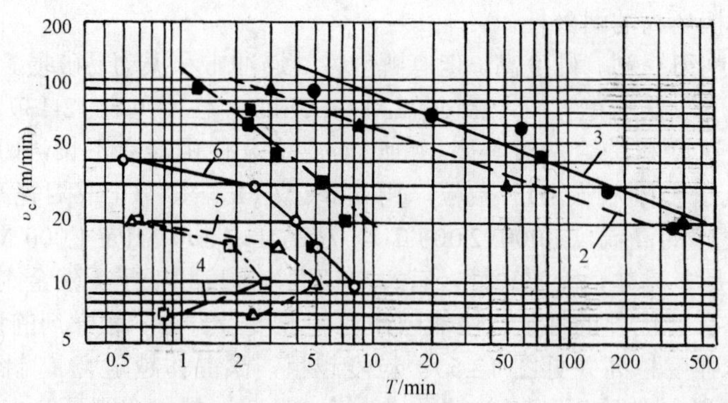

湿切：1—刀具 A（SiC 为触媒剂），2—刀具 B（Co 为触媒剂），3—刀具 C（对 B 的残留 Co 析出）

干切：4—同刀具 A，5—同刀具 B，6—同刀具 C；刀具材料：聚晶金刚石

试件：堇青石（$2MgO\cdot 2Al_2O_3\cdot 5SiO_2$），880HV

切削条件：a_p = 0.15 mm，f = 0.0188 mm/r

图 12.7　刀具使用寿命 T 与金刚石触媒剂的关系[46]

② 陶瓷材料的去除机理是刀具切削刃附近的被切材料产生脆性破坏，而金属则是产生剪切滑移变形，如图 12.8 所示。

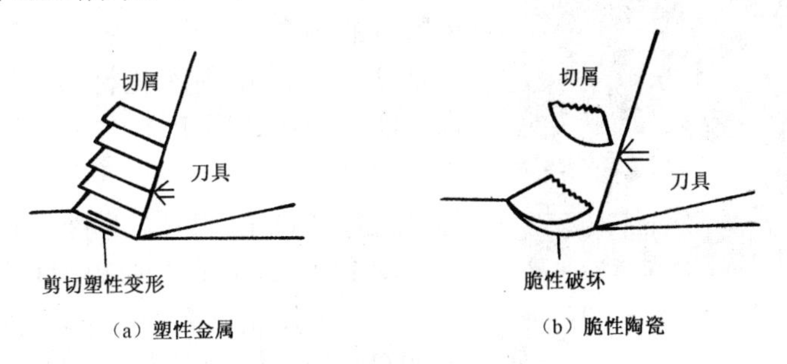

图 12.8　材料的去除机理[46]

③ 从机械加工角度看，断裂韧性 K_{IC} 低的陶瓷材料应该容易切削。

从表 12-4 可看出，陶瓷的硬度虽为碳钢的 10~20 倍，但断裂韧性仅为其 1/10~1/100。影响断裂韧性的因素除了陶瓷材料的结构组成外，烧结情况影响也很大。不烧结陶瓷和预烧结陶瓷材料内部存在有大量龟裂，龟裂就是应力集中源，它使得断裂韧性大大降低，因而它比完全烧结陶瓷材料容易切削。烧结温度和烧结压力越高，陶瓷材料越致密，硬度越高（见表 12-7），切削加工性越差，刀具使用寿命越低，如图 12.9 所示。前面提到的由表面划伤等产生的微裂纹同样也是应力集中源。

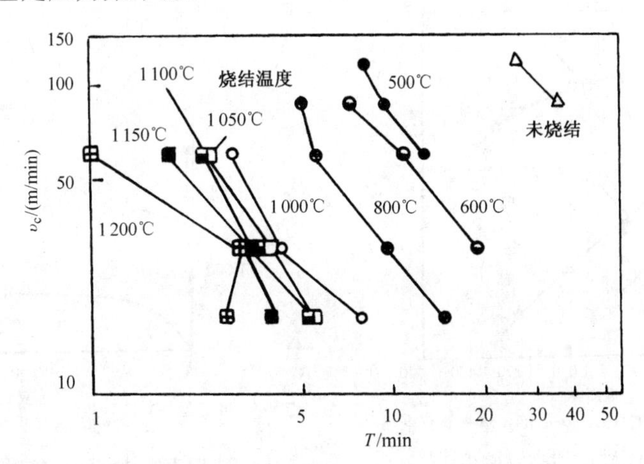

陶瓷材料（$Al_2O_3$78%，$SiO_2$16%，余者为 CaO 和 K_2O）干切，$a_p = 0.5$ mm，$f = 0.1$ mm/r，$VB = 0.3$ mm

图 12.9　K10 切削不同烧结温度陶瓷的 v_c-T 关系[46]

表 12-7　反应烧结（RB）和热压烧结（HP）陶瓷材料的硬度比较[46]

性能＼陶瓷材料		Si_3N_4 陶瓷		SiC 陶瓷	
		反应烧结	热压烧结	反应烧结	热压烧结
HV	（5 N）	1 040	1 690	2 300	2 960
	（10 N）	930	1 650	1 980	2 610
HK	（5 N）	970	1 610	1 930	2 020
	（10 N）	890	1 460	1 630	1 880
K_{IC}/MPa·m$^{1/2}$		4.0	5.0	3.0	4.0

金刚石刀具，$\gamma_o = 0°$，$\upsilon_c = 430$ m/min，$a_p = 0.5$ μm

图 14.10　高速微量切削玻璃时的连续切屑[46]

④ 从剪切滑移变形的角度看，某些陶瓷材料只有在高温区可能会软化呈塑性，切削时刀具切削刃附近的陶瓷材料产生剪切滑移变形才有可能。试验证明，此时切削陶瓷材料如同切削塑性金属一样，能得到连续形切屑，如图 12.10 所示。在用金刚石刀具，$\gamma_o = 0°$，$\upsilon_c = 0.1$ m/min，$a_p = 2$ μm 切削部分稳定 ZrO_2 陶瓷时，也能得到准连续切屑。

图 12.11 给出了几种陶瓷材料高温下的硬度值。

常温下硬度较高的 Al_2O_3 陶瓷，在 1 470 K（约 1 200℃）时硬度仍保持在 1 500 HV，很难软化到可能切削的程度。WC+Co 在 1 150 K（约 880℃）、SiO_2 在 800 K（约 530℃）时硬度为 500 HV，此时 SiO_2 的断裂韧性剧增，可软化到塑性状态，达到了能切削的程度。实际上，SiO_2 玻璃的镜面加工就是利用这种特点。Si_3N_4 和 SiC 烧结陶瓷的切削加工与 Al_2O_3 差不多，属难切陶瓷。

由此可知，陶瓷材料能否用高温软化的方法实现切削加工，主要取决于陶瓷材料本身的性质。

⑤ 从有无加工变质层（Damaged Layer，泛指热变质层、组织纤维化层、微粒化层、弹性变形层等与基体有不同性质的表层）的角度看，属于脆性破坏的烧结陶瓷切削加工后，表面不会有由塑性变形引起的加工变质层，塑性金属纯铝（Al）则能产生明显的加工变质层，如图 12.12 所示。

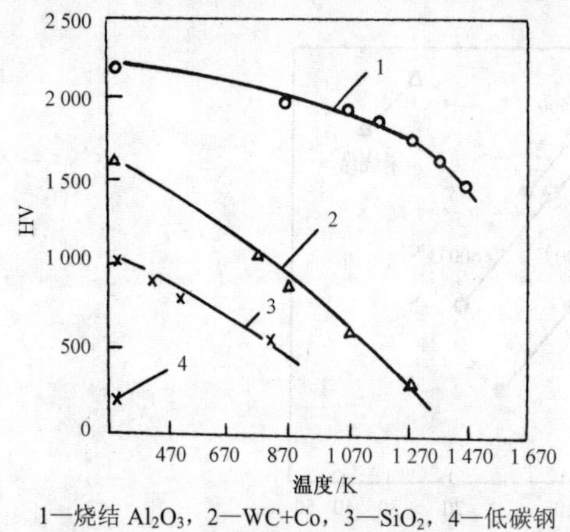

1—烧结 Al_2O_3，2—WC+Co，3—SiO_2，4—低碳钢

图 12.11　几种陶瓷材料的高温硬度[46]

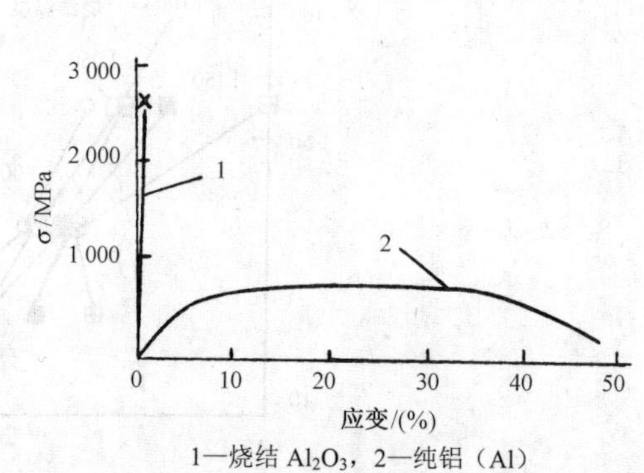

1—烧结 Al_2O_3，2—纯铝（Al）

图 12.12　烧结 Al_2O_3 陶瓷与纯铝（Al）的应力-应变曲线[46]

⑥ 陶瓷材料切削时的脆性龟裂会残留在加工表面上，它的产生过程模型如图 12.13 所示。残留在陶瓷加工表面上的这种脆性龟裂对陶瓷零件的强度和工作可靠性会产生很大的影响。

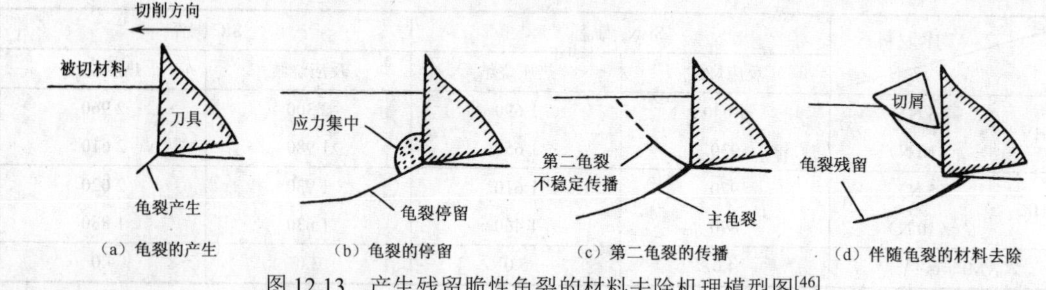

图 12.13　产生残留脆性龟裂的材料去除机理模型图[46]

12.3.2 几种常用陶瓷材料的切削加工

陶瓷材料的切削加工性，依其种类、制造方法等的不同有很大的差别，其原因在于不同陶瓷材料晶体组成的结合键种类及所占比例不同。下面就 Al_2O_3 陶瓷、Si_3N_4 陶瓷、SiC 陶瓷、ZrO_2 陶瓷及 AlN 陶瓷等分别加以说明。

1. Al_2O_3 陶瓷材料的切削

陶瓷材料的结合键多为离子键与共价键组成的混合键。其离子键所占比例可按下式求得[75]

$$P_{AB} = 1 - \exp\left[-\frac{1}{4}(X_A - X_B)^2\right]$$

式中，下角标 A、B——陶瓷材料的两种组成元素；

X_A、X_B——组成元素的电负性。

各化学元素的电负性见表 12-8。

为比较相互作用时原子所具有的接受电子或给出电子的能力而引入“电负性”概念。电负性越强，则原子取得电子的能力越强。

由表 12-8 不难看出，金属与非金属的电负性分界为 2.0，金属的电负性小于 2.0。

表 12-8 化学元素的电负性[75]

Li 1.0	Be 1.5	B 2.0											C 2.5	N 3.0	O 3.5	F 4.0
Na 0.9	Mg 1.2	Al 1.5											Si 1.8	P 2.1	S 2.5	Cl 3.0
K 0.8	Ca 1.0	Sc 1.3	Ti 1.5	V 1.6	Cr 1.6	Mn 1.5	Fe 1.8	Co 1.9	Ni 1.6	Cu 1.9	Zn 1.6	Ga 1.6	Ge 1.8	As 2.0	Se 2.4	Br 2.8
Rb 0.8	Sr 1.0	Y 1.3	Zr 1.4	Nb 1.6	Mo 1.8	Tc 1.9	Ru 2.2	Rh 2.2	Pd 2.2	Ag 1.9	Cd 1.7	In 1.7	Sn 1.8	Sb 1.9	Te 2.1	I 2.8
Cs 0.7	Ba 0.9	La~Lu 1.1~1.2	Hf 1.3	Ta 1.5	W 1.7	Re 1.9	Os 2.2	Ir 2.2	Pt 2.2	Au 2.4	Hg 1.9	Tl 1.8	Pb 1.8	Bi 1.9	Pu 2.0	At 2.2
Fr 0.7	Ra 0.9	Ac 1.1	Th 1.3	Pa 1.5	U 1.7	Np~No 1.8										

表 12-9 给出了由 P_{AB} 公式计算得出的各种陶瓷材料中离子键与共价键的比例关系。不难看出，Al_2O_3 陶瓷材料是离子键结合性强的混合原子结构，离子键与共价键之比约为 6∶4。位错分布密度小，很难产生塑性变形。

表 12-9 各种陶瓷材料离子键与共价键的比例[46]

化合物	离子键/(%)	共键价/(%)	化合物	离子键/(%)	共价键/(%)
ZrO_2	67	33	Si_3N_4	30	70
Al_2O_3	63	37	SiC	11	89
AlN	43	57			

（1）切削加工特点

① 刀具的磨损。刀尖圆弧半径 r_ε 影响刀具的磨损，适当加大 r_ε，可增强刀尖处的强度和散热性能，故减小了刀具磨损，如图 12.14 所示。切削液（乳化液）的使用与否及切削刃的研磨强化情况对刀具磨损也有影响，如图 12.15 所示。由图中不难看出，切削刃研磨与否影响刀具的初期磨损，经研磨后的切削刃可增加刀具使用寿命。使用乳化液效果非常显著，*VB*

相同时，切削时间可增加近 10 倍。因为干切时，切削温度高会使金刚石刀具氧化而后碳化，加速刀具磨损。

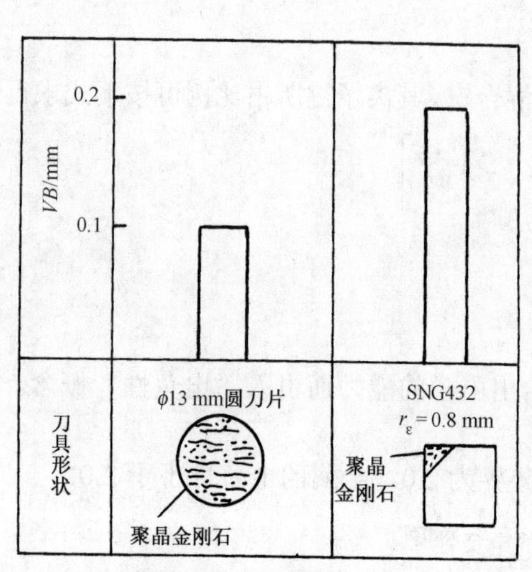

试件：Al_2O_3 陶瓷，$\rho = 3.9\ g/cm^3$，$\sigma_{bb} = 300\ MPa$

$\sigma_{bc} = 3\,000\ MPa$，2 100~2 300 HV；

刀具：黑色金刚石 DA100

切削条件：$\upsilon_c = 48\ m/min$，$a_p = 0.2\ mm$，

$f = 0.025\ mm/r$；湿切　8 min

图 12.14　r_ε 对刀具磨损 VB 的影响[46]

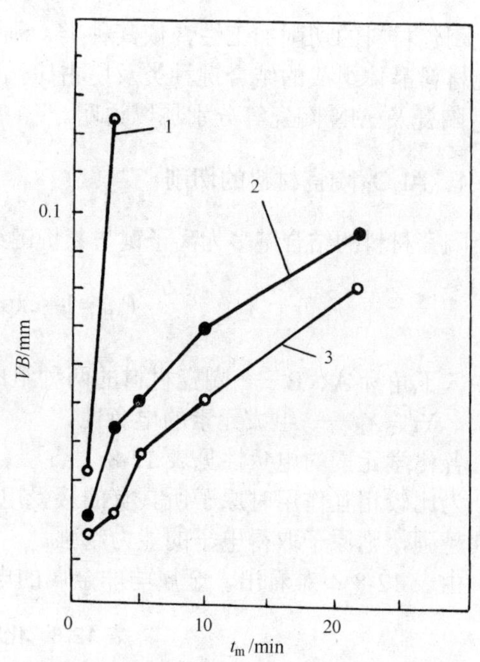

试件：Al_2O_3 陶瓷；刀具：聚晶金刚石，SNG433

切削用量：$\upsilon_c = 20\ m/min$，$a_p = 0.1\ mm$，$f = 0.012\,5\ mm/r$

1—刃口研磨（0.05 mm×−30°）干切；

2—刃口未研磨，湿切；

3—刃口研磨（0.05 mm×(−30°)）湿切

图 12.15　切削液及刃口研磨对刀具磨损 VB 的影响[46]

切削用量也影响刀具磨损 VB，切削速度 υ_c 高，VB 值就加大（见图 12.16）；切削深度 a_p 和进给量 f 越大，VB 值也越大，如图 12.17 所示。

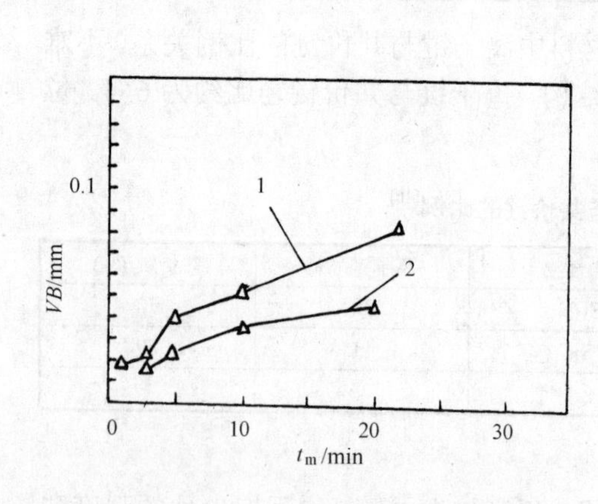

聚晶金刚石刀具；$a_p = 0.1\ mm$，$f = 0.012\,5\ mm/r$ 湿切

1—$\upsilon_c = 20\ m/min$，2—$\upsilon_c = 10\ m/min$

图 12.16　车削 Al_2O_3 陶瓷时 VB 与 υ_c 的关系[46]

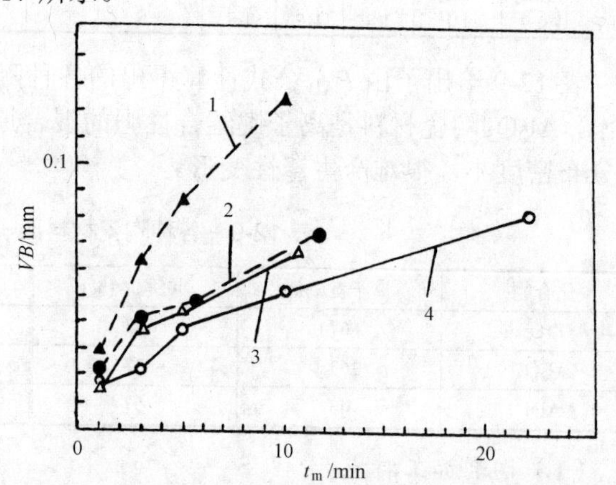

1—$a_p = 0.2\ mm$，$f = 0.025\ mm/r$；2—$a_p = 0.1\ mm$，$f = 0.025\ mm/r$；

3—$a_p = 0.2\ mm$，$f = 0.0125\ mm/r$；4—$a_p = 0.1\ mm$，$f = 0.0125\ mm/r$

聚晶金刚石刀具；$\upsilon_c = 20\ m/min$，湿切

图 12.17　车削 Al_2O_3 陶瓷时 a_p、f 对 VB 的影响[46]

② 切削力。切削 Al_2O_3 陶瓷时，背向力 F_p 明显大于主切削力 F_c 和进给力 F_f，这与硬质合金车刀车削淬硬钢极其相似，这也是切削硬脆材料的共同特点，原因是切削硬度高的材料时，刀具切削刃难于切入。切削力 F_c 小的原因在于陶瓷材料断裂韧性小。

切削用量也影响切削力 F 和刀具磨损 VB。图 12.18 和图 12.19 分别给出了切削速度 υ_c 对切削力 F 和刀具磨损 VB 以及进给量 f 对切削力 F 的影响。

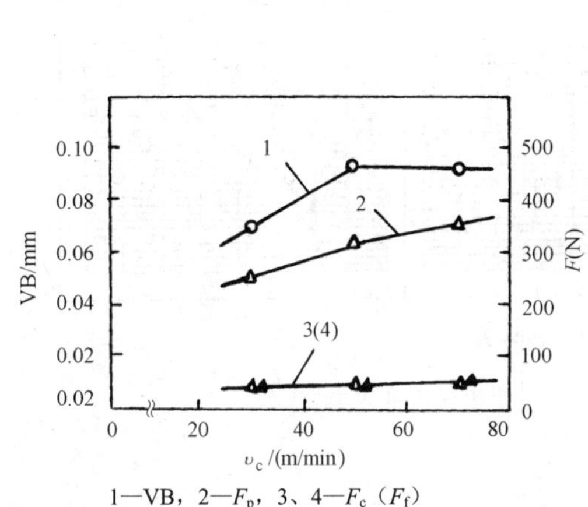

1—VB，2—F_p，3、4—F_c（F_f）

黑色金刚石 DA100 ϕ13 mm 圆刀片；a_p = 0.2 mm，f = 0.025 mm/r；湿切；Al_2O_3 陶瓷 1 200~1 500 HV

图 12.18 车削时 υ_c 与 F、VB 的关系[46]

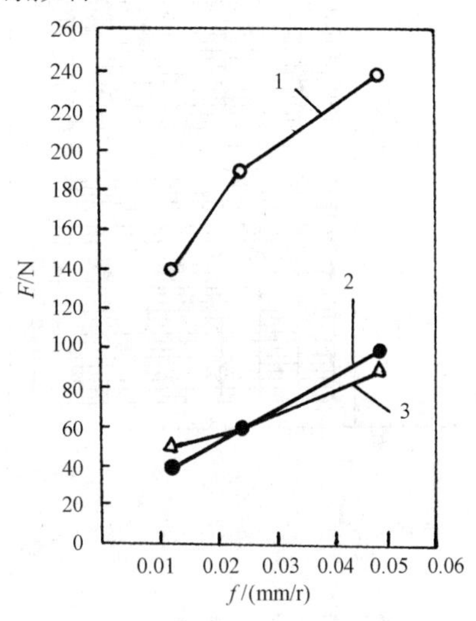

1—F_p，2—F_c，3—F_f

聚晶金刚石刀具；υ_c = 20 m/min，a_p = 0.2 mm，湿切

图 12.19 车削 Al_2O_3 陶瓷时 f 对 F 的影响[46]

有人对模具钢 SKD11（Cr12MoV，58HRC）做切削实验，当 a_p = 0.5 mm，f = 0.1 mm/r 时，测得 F_p = 300 N；切削陶瓷材料时 F_p 比 300 N 大得多，因为陶瓷材料的硬度比淬硬钢高得多。

③ 加工表面状态。由于陶瓷材料加工表面有残留龟裂纹，陶瓷零件强度将大大降低。切削用量 υ_c、a_p 和 f 对加工表面粗糙度的影响也与金属材料不完全相同。图 12.20 为切削速度 υ_c 对表面粗糙度的影响。切削速度 υ_c 越低，表面粗糙度越小。a_p 和 f 的增加将使表面粗糙度增大，加重表面的恶化程度，如图 12.21 所示，切削金属时这样小的进给痕迹是看不见的。

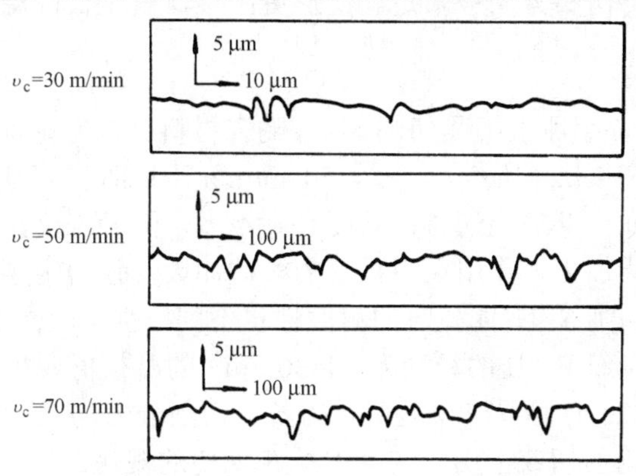

Al_2O_3 陶瓷；聚晶金刚石刀具；υ_c = 20 m/min，湿切

图 12.20 车削 Al_2O_3 陶瓷时 υ_c 对表面粗糙度的影响[46]

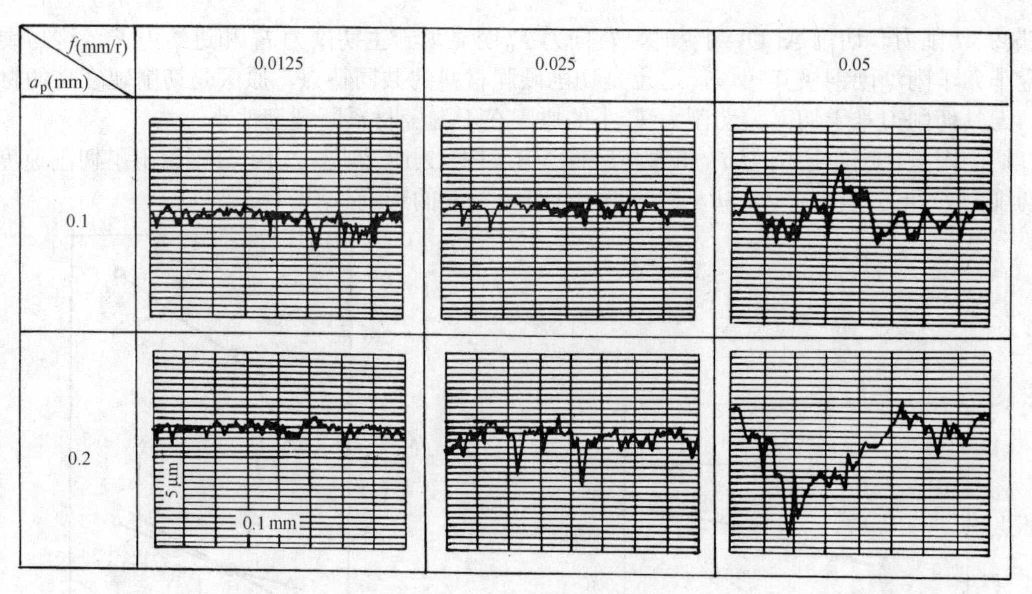

聚晶金刚石刀具：$\upsilon_c = 20$ m/min，湿切

图 12.21 车削 Al_2O_3 陶瓷时 a_p、f 对表面粗糙度的影响[46]

（2）切削实例，见表 12-10。

表 12-10 Al_2O_3 陶瓷材料切削实例[46]

Al_2O_3 陶瓷	$\rho = 3.83$ g/cm^3，$\sigma = 300$ MPa，$\sigma_{bc} = 2\,800$ MPa，2 100~3 000HV
切削条件	$\upsilon_c = 30$~60 m/min $a_p = 1.5$~2.0 mm，湿切，聚晶金刚石刀具，ϕ13 mm 圆刀片 $f = 0.05$~0.12 mm/r
结果	加工效率 83.3~240 mm^3/s，是金刚石砂轮磨削的 3~8 倍

2．Si_3N_4 陶瓷材料的切削

Si_3N_4 陶瓷材料是共价键结合性强的混合原子结构，离子键与共价键的比为 3∶7，因各向异性强，原子滑移面少，滑移方向被限定，变形更困难，就是在高温下也不易产生变形。

（1）切削加工特点

① 刀具磨损。用聚晶金刚石刀具切削 Si_3N_4 陶瓷材料时，无论是湿切或干切，边界磨损均为主要磨损形态，如图 12.22 所示。当 $\upsilon_c = 50$ m/min 干切时，刀具磨损值较小，湿切时磨损值反而增大。其原因在于低速湿切时，温度升高不多，陶瓷强度没什么降低，刀具切削刃附近的陶瓷材料破坏规模加大，作用在刀具上的负荷加大，使得金刚石颗粒破损而脱落。聚晶金刚石的强度不同，切削 Si_3N_4 陶瓷时的耐磨性也不同。强度较高的聚晶金刚石 DA100 的磨损值比强度不足的金刚石 B（B 的粒径为 20~30 μm）的磨损值要小得多，如图 12.23 所示。

② 切削力。从图 12.24 可看出，湿切时的各项切削分力均比干切大，F_p 大得最多，F_f 大得最少，F_c 居中。无论湿切或干切，均有 $F_p > F_c > F_f$ 的规律。

③ 加工表面状态。加工表面状态与 Al_2O_3 的加工表面状态类似。

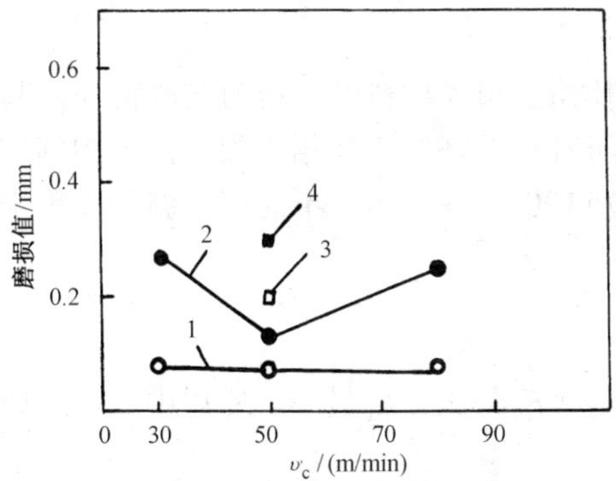

干切：1—后刀面磨损，2—边界磨损

湿切：3—后刀面磨损，4—边界磨损

Si_3N_4 陶瓷：ρ=3.1 g/cm^3，σ_{bb} = 600 MPa~700 MPa，1 400HV；聚晶金刚石刀具 DA100，ϕ13 mm 圆刀片，γ_o = −15°；a_p = 0.2 mm，f = 0.025 mm/r；切削 3 min

图 12.22　车削 Si_3N_4 陶瓷时的刀具磨损[46]

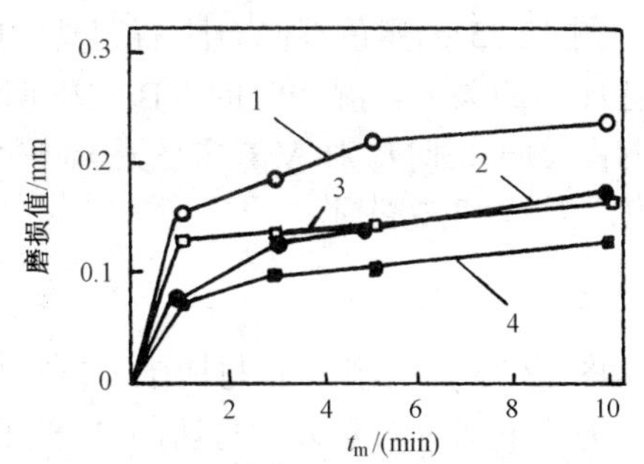

1—金刚石 B 的边界磨损，2—金刚石 B 的后刀面磨损，3—DA100 的边界磨损，4—DA100 的后刀面磨损

Si_3N_4 陶瓷材料同图 12.22；υ_c = 50 m/min，a_p = 0.2 mm，f = 0.025 mm/r，干切

刀具：ϕ13 mm 圆刀片，γ_o = −15°

图 12.23　刀具磨损值与切削时间的关系[46]

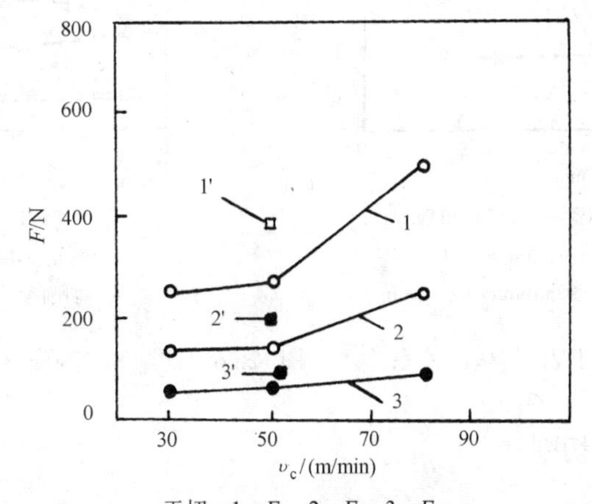

干切：1—F_p；2—F_c；3—F_f

湿切：1′—F_p；2′—F_c；3′—F_f

Si_3N_4 陶瓷材料：ρ=3.10 g/cm^3，σ_{bb} =600 MPa~700 MPa，1 400HV

黑色金刚石（DA100），ϕ13 mm 圆刀片，γ_o = −15°；a_p = 0.2 mm，f = 0.025 mm/r，切削 3 min

图 12.24　切削 Si_3N_4 陶瓷材料时 F-υ_c 关系[46]

（2）切削实例（见表 12-11）

表 12-11　反应烧结 Si_3N_4 陶瓷切削实例[46]

RB、Si_3N_4 陶瓷	ρ=3.15 g/cm^3，σ_{bb} = 400 MPa，900~1 000HV
切削条件	υ_c = 50~80 m/min，刀具 DA100，ϕ13 mm 圆刀片，γ_o = −15° a_p = 1.5~2.0 mm，湿切 f = 0.05~0.20 mm/r
结果	加工效率 167~534 mm^3/s，是金刚石砂轮磨削的 3~10 倍

3．SiC 陶瓷材料的切削

SiC 陶瓷材料是共价键结合性特别强的混合原子结构，共价键与离子键之比为 9∶1，因各向异性强，高温下原子都不易移动，故切削加工更困难。特点如下：

（1）刀具磨损

图 12.25 为黑色聚晶金刚石刀具（DA100）车削 SiC 陶瓷材料时，后刀面磨损 VB 与切削速度υ_c的关系。湿切时的 VB 比干切时要大，且随着υ_c的增加 VB 增大很快，原因同切削 Si_3N_4。而干切时υ_c对 VB 几乎无影响，原因在于 DA100 强度较高，不易产生剥落，也未引起化学磨损和热磨损。

（2）切削力

图 12.26 为切削力 F 与切削速度υ_c的关系。背向力 F_p 最大，F_f最小，F_c居中，且湿切时切削力比干切时的要大，与切削 Si_3N_4 相类似。

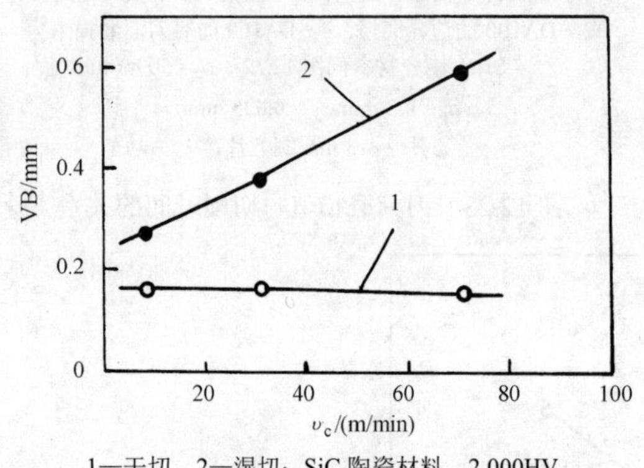

1—干切，2—湿切；SiC 陶瓷材料，2 000HV

黑色金刚石刀具 DA100，ϕ13 mm 圆刀片

$\gamma_o = -15°$；$a_p = 0.2$ mm，$f = 0.025$ mm/r，$l_m = 58$ m

图 12.25　切削 SiC 陶瓷材料时 VB 与υ_c的关系[46]

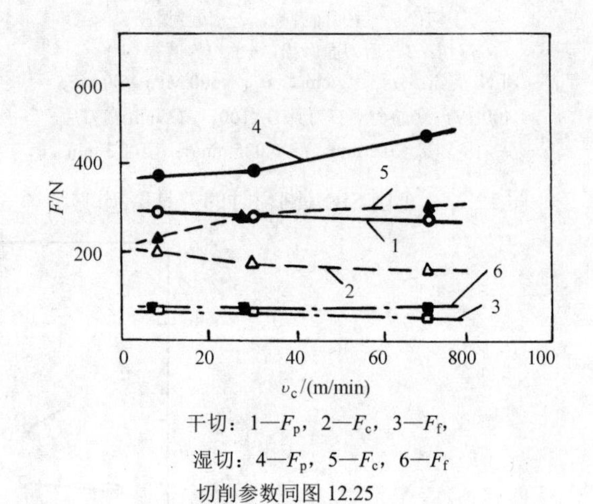

干切：1—F_p，2—F_c，3—F_f，

湿切：4—F_p，5—F_c，6—F_f

切削参数同图 12.25

图 12.26　切削 SiC 陶瓷材料时切削力 F 与υ_c的关系[46]

4．ZrO_2 陶瓷材料的切削

ZrO_2 陶瓷材料是离子键为主的混合原子结构，离子键与共价键之比为 7∶3，比较容易产生剪切滑移变形，具有较高韧性。切削特点如下：

（1）刀具磨损

由于 ZrO_2 的硬度比 Al_2O_3、Si_3N_4 低，切削时刀具磨损较小，切削条件相同时，后刀面磨损 VB 只是切削 Al_2O_3 陶瓷的 1/2，是切削 Si_3N_4 陶瓷的 1/10，如图 12.27 所示。当$\upsilon_c = 20$ m/min 时，切削 ZrO_2 陶瓷材料 50 min，后刀面磨损 VB 才近似为 0.04 mm，还可继续切削；而切削 Si_3N_4 陶瓷材料时仅 5 min，VB 就达到 0.12 mm，且有微小崩刃产生。

（2）切屑形态

干切 ZrO_2 陶瓷材料，切屑为连续针状，而干切 Al_2O_3 陶瓷材料时切屑为粉末状。

（3）切削力

由图 12.28 可看出，切削 ZrO_2 时 F_p 也是三个切削分力中最大的，这与切削 Al_2O_3 时相似，然而切削力 F_c 比进给力 F_f 大，这又与切削淬硬钢相似。

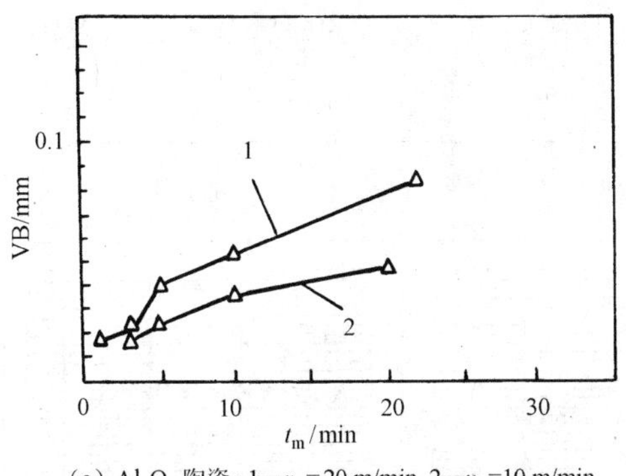

（a）Al_2O_3陶瓷；1—υ_c=20 m/min, 2—υ_c=10 m/min

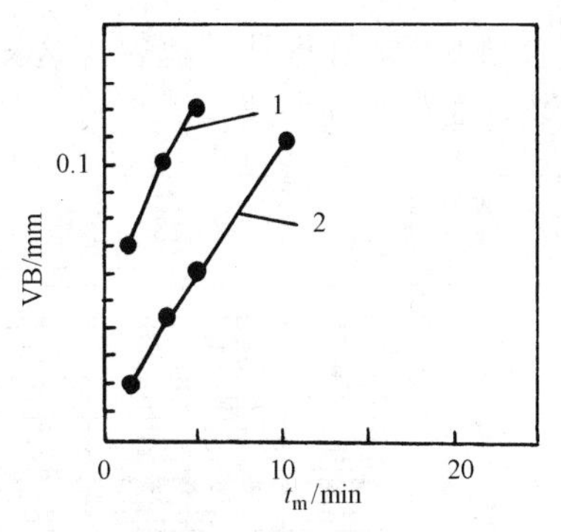

（c）Si_3N_4陶瓷；1—υ_c=20 m/min, 2—υ_c=10 m/min

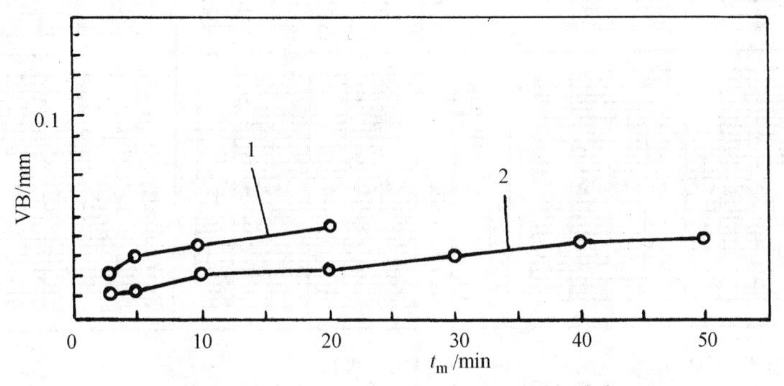

（b）ZrO_2陶瓷；1—υ_c=40 m/min, 2—υ_c=20 m/min

聚晶金刚石刀具；a_p = 0.1 mm，f = 0.0125 mm/r，湿切

图 12.27　车削三种陶瓷材料时 VB 与 t_m 关系[46]

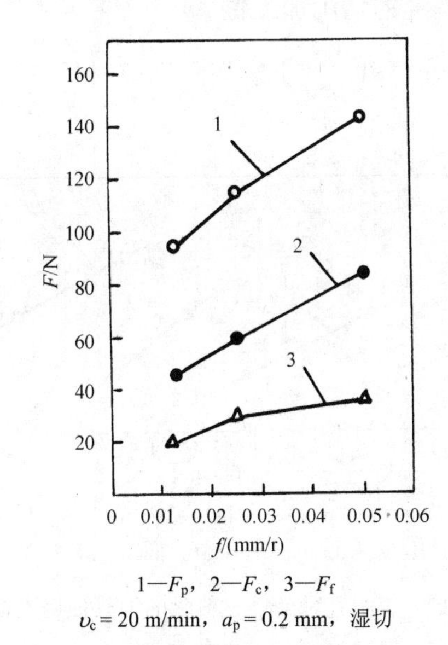

1—F_p，2—F_c，3—F_f

υ_c = 20 m/min，a_p = 0.2 mm，湿切

图 12.28　聚晶金刚石刀具切削 ZrO_2 时 F 与 f 的关系[46]

（4）加工表面状态

从图 12.29 可看出，切削 ZrO_2 时，a_p 和 f 的增大对表面粗糙度虽有影响但不明显。从扫描电镜 SEM 图像可看到与切削金属一样的切削条纹，可否认为这类似金属的切削机理，但

也可看到加工表面有残留龟裂，这又是硬脆材料的切削特点。也有的研究认为，后者不是残留龟裂，而是气孔所致。

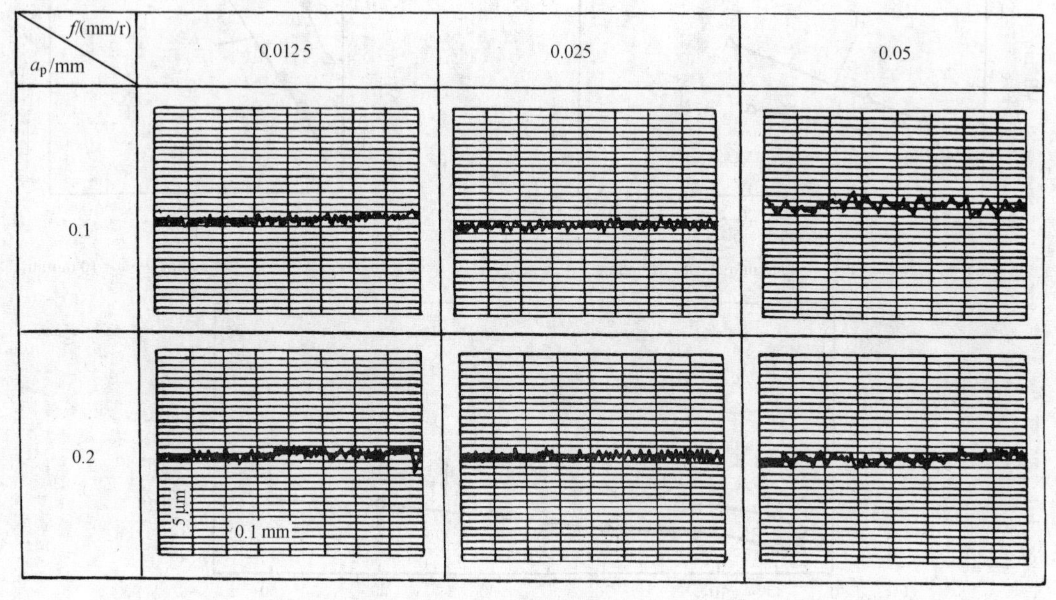

v_c = 20 m/min，湿切

图 12.29　聚晶金刚石刀具切削 ZrO_2 时 a_p、f 对 Ra 的影响[46]

5．ZrO_2、Al_2O_3、Si_3N_4 陶瓷的切削加工性

由图 12.30 和图 12.31 不难看出，在上述三种陶瓷材料中，切削加工性由好到差的顺序为：$ZrO_2 \rightarrow Al_2O_3 \rightarrow Si_3N_4$。

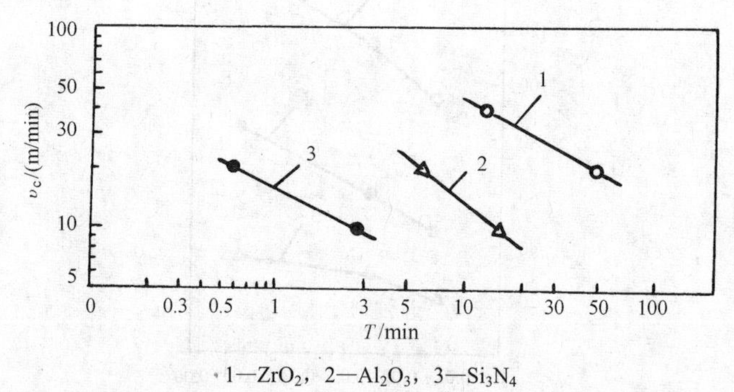

1—ZrO_2，2—Al_2O_3，3—Si_3N_4

聚晶金刚石刀具；a_p = 0.1 mm，f = 0.0125 mm/r，湿切；VB = 0.4 mm

图 12.30　车削几种陶瓷材料时的刀具使用寿命[46]

表 12-12 给出了几种陶瓷材料的推荐切削条件。

6．型材易切陶瓷材料

这里是指改进的 AlN 系陶瓷材料（AlN~BN 复合陶瓷）。其制品的生产过程与其他陶瓷材料不同，如图 12.32 所示。AlN 系陶瓷是以烧结后的型材供货，用户可再进行切削加工成形。

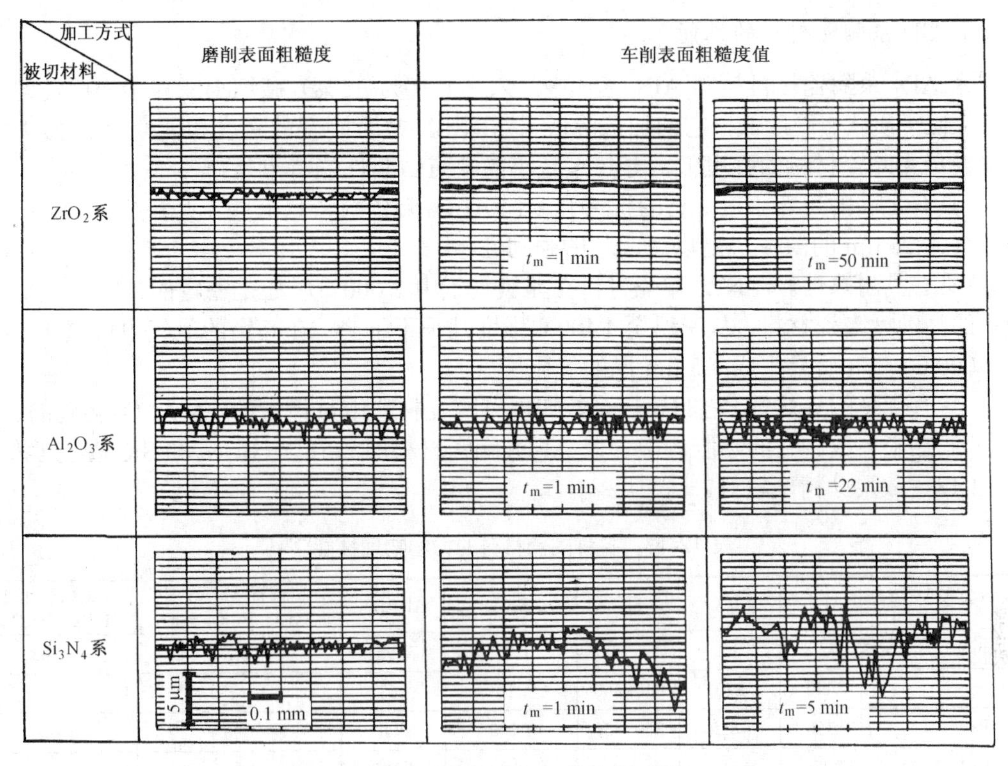

聚晶金刚石刀具；υ_c = 20 m/min，其余同图 12.30

图 12.31　车削几种陶瓷材料时的表面粗糙度 Ra[46]

表 12-12　几种陶瓷材料推荐的切削条件[46]

材料	硬度（HV）	υ_c/(m/min)	a_p/mm	f/(mm/r)	备注
Al_2O_3	~2 300	30~80	~2.0	0.12	铣切，湿切，圆刀片
Si_3N_4	1 000~1 600	10~50	~0.5	0.05	圆刀片，干切
	800~1 000	50~80	~2.0	0.20	圆刀片，湿切
ZrO_2	1 000~1 200	50~100	~1.0	~0.20	湿切
		200~400	0.2~0.3	~0.05 mm/z	铣削，湿切
硬质合金		10~30	0.5	0.20	湿切
Al_2O_3耐火砖		200~400	~1.0	0.12 mm/z	铣削，湿切

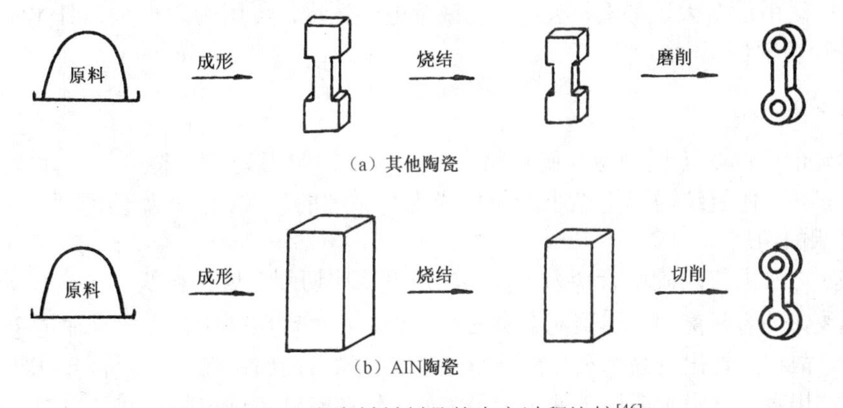

（a）其他陶瓷

（b）AIN陶瓷

图 12.32　陶瓷材料制品的生产过程比较[46]

（1）AlN 系陶瓷材料的性能

因为 AlN 系陶瓷材料是向 AlN 基体中加入了（10%~15%）微细 BN 粒子而成均匀分散结构 BN 粒子质软、硬度低，它的加入降低了 AlN-BN 复合陶瓷的密度和硬度[126]，故大大改善了原云母系陶瓷材料的强度低、导热系数小的缺点。其性能特点是：

① 具有足够的抗弯强度。它的抗弯强度比 Al_2O_3 陶瓷材料稍低些（见表 12-13），但可磨制出厚度为 25 μm 的薄板，足以说明它的强韧性。

② 具有高耐热性。AlN 系陶瓷材料在非氧气氛中 2 000℃时还是稳定的，它是几乎不含玻璃相的高纯度陶瓷材料，从室温至 1 400℃强度几乎不下降；在高温的氧气中可氧化，如加热到 1 000℃，2 h 后只生成 1.3 μm 厚的氧化层。

③ 具有优良的导热性。它的导热系数在现有陶瓷材料中是最大的，为 Al_2O_3 陶瓷的 3 倍。

④ 低热胀系数。它的热胀系数 α 是 Al_2O_3 陶瓷材料的 3/5，与 Si_3N_4 和 SiC 陶瓷差不多，见表 12-13，故尺寸精度较好。

表 12-13　各种陶瓷材料的力学物理性能[46]

性能 \ 陶瓷种类	Al_2O_3	Si_3N_4	SiC	ZrO_2	AlN-BN	堇青石（MAS）（$2MgO\cdot 2Al_2O_3\cdot 5SiO_2$）	氟金云母陶瓷（$KMg_3AlSi_3O_{10}F_2$）
ρ/（g/cm^3）	3.98	3.2	3.14	6.05	2.95	2.1	2.65
E/GPa	440	280	410~440	210	163	17~135	—
σ_{bb} / MPa	350	~850	350~450	1 200	290	50~65	108
σ_{bc} / MPa	2 800	4 200	—	4 000	1 100	—	—
硬度（HV）	1 900	2 030	~2 800	1 200~1 600	560	880	850~900
K_{IC}/($MPa\cdot m^{1/2}$)	~3.5	6~7	~4.9	7.0~9.0	3.5	—	—
α/($\times 10^{-6}$1/℃)	8.6	3.4	4.6~4.8	9.2	4~5	1.1~1.8	—
k/(W/m·℃)	29.4	14.7	92.4	1.88	100~140	2.46	2.1
ΔT·/(℃)	—	800~900	300	360	400	300~500	—

注：① 表中数值均为常压烧结材料；

② ΔT ——抗热震性。

AlN 系陶瓷材料还有很好的绝缘性能，广泛用做电子零件和结构材料，称为“第二代易切陶瓷”。

另外，氟金云母陶瓷也属易切陶瓷，具有较好的热电特性及耐蚀性能，可满足高精度加工要求，故广泛用于航天、军工、医疗、机械及电子领域，可用硬质合金刀具 YG6X 及 Si_3N_4 陶瓷刀具进行切削加工[128]。

（2）切削加工

这种陶瓷的切削加工机理也属脆性破坏，在刀具切削刃处产生裂纹，但分散的 BN 粒子阻止裂纹的扩展，使裂纹局限于微小的区域成为很微细的裂纹，因而脆性得到了大大的改善，可得到连续状的切屑。

切削加工时一般可用硬质合金刀具，切削速度要比切削金属材料低，$\upsilon_c \leqslant 10$ m/min 为好。小直径内螺纹车刀容易磨损，用聚晶金刚石车刀为好；也可用硬质合金丝锥加工螺孔。因铣削是断续加工，故切入切出时易崩刃，需减小进给量，如有切屑留在加工表面上也容易造成刀尖磨损，故必须用吸尘器吸走或用水冲走切屑为好。钻孔时钻头钻出的瞬间易崩刃，可加定位板或减小进给量。切削加工不理想时，也可采用磨削或超声振动加工。磨削和切断时，不必用金刚石砂轮，用 Al_2O_3 或 SiC 砂轮即可磨出镜面。表 12-14 给出了 AlN 陶瓷材料切削加工实例。

表 12-14　AlN 陶瓷材料切削加工实例[46]

刀具	K10 车刀	单刃硬质合金立铣刀	刀具	K10 车刀	单刃硬质合金立铣刀
υ_c/(m/min)	3~4	4~20	f/(mm/r)	0.05~0.1	0.003~0.02
a_p/mm	0.05~2.0	0.1~3.0			

7．其他高效切削加工方法

（1）离子束加热切削

图 12.33 和图 12.34 分别给出了切削硼硅酸玻璃、莫来石、Al_2O_3、ZrO_2、Si3N_4 等陶瓷时加热温度与切削力 F、表面粗糙度、切屑形态的关系及刀具磨损与加热温度的关系。切削的陶瓷材料性能见表 12-15。

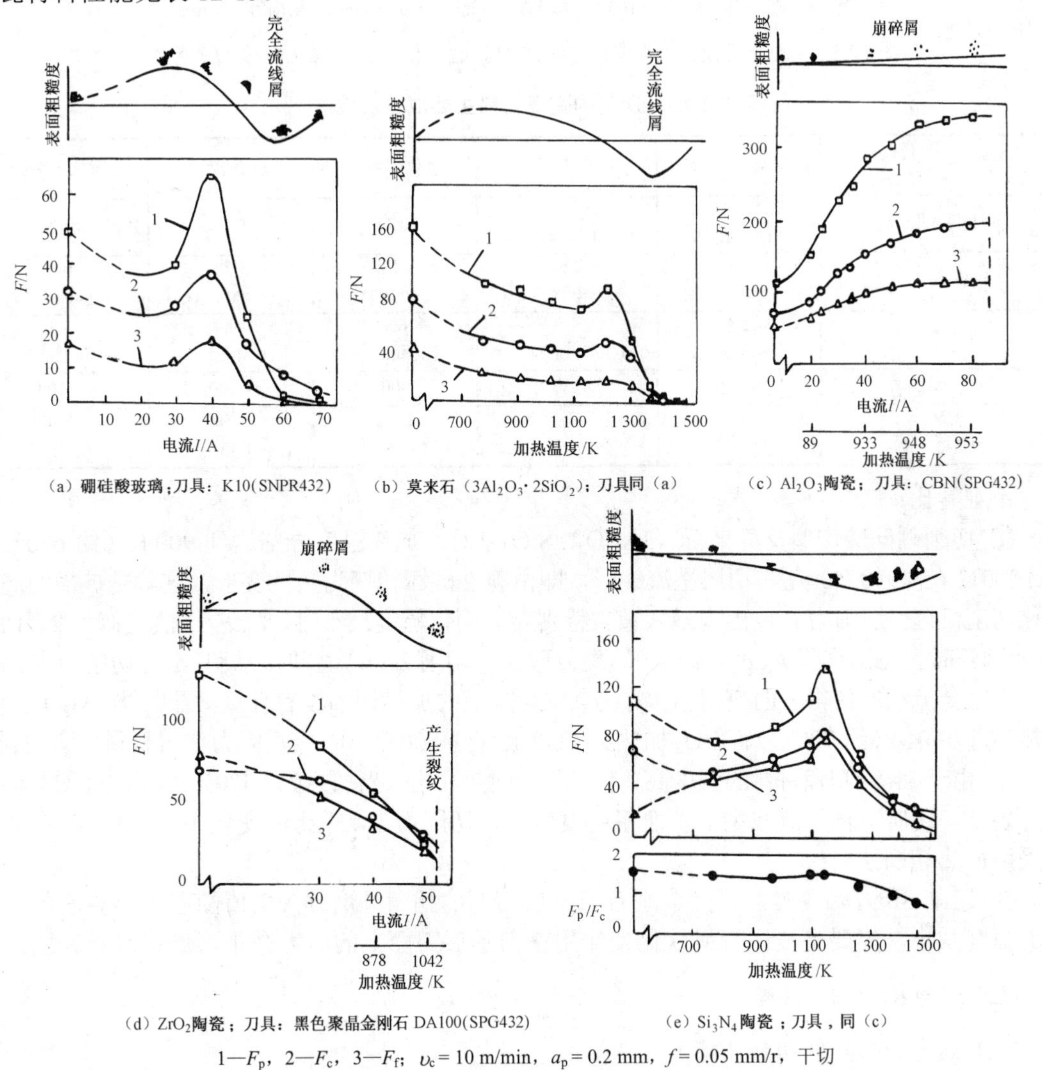

1—F_p，2—F_c，3—F_f；υ_c = 10 m/min，a_p = 0.2 mm，f = 0.05 mm/r，干切

图 12.33　离子束加热切削时加热温度与切削力 F、表面粗糙度及切屑形态的关系[46]

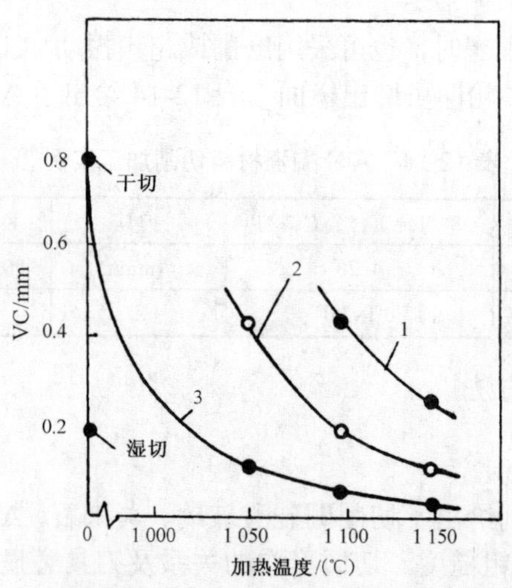

υ_c = 60 m/min，2—υ_c = 30 m/min，3—υ_c = 10 m/min

黑色聚晶金刚石刀具（DA100）；a_p = 0.2 mmm，f = 0.05 mm/r；切削时间 1 min

图 12.34　离子束加热切削 Si_3N_4 时的刀具磨损值 VC 与加热温度的关系[46]

表 12-15　切削的陶瓷材料主要成分及性能[46]

项目 \ 陶瓷材料	硼硅酸玻璃	莫来石	氧化铝陶瓷	氧化锆陶瓷	氮化硅陶瓷
主要成分	SiO_2 80.9% Al_2O_3 2.3%	SiO_2 49% Al_2O_3 47%	Al_2O_3	ZrO_2	Si_3N_4
k/(W/m·℃)	26 （100℃）	2.65 （400℃）	14.7 （400℃）	3.78 （400℃）	16.8 （400℃）
α/(10^{-6}/℃)	3.3 （0~300℃）	4.5 （20~1 000℃）	6.9 （0~400℃）	10.4 （0~400℃）	3.2 （40~800℃）
σ_{bb} / MPa	40~70	150	800	1 300	1 100
HV （加载 0.5 N）	— （65.1）	— （71.6）	≈2 200 （1 188）	≈1 500 （1 433）	≈1 800 （1 766）

不难看出：

① 切削硼硅酸玻璃及莫来石（$3Al_2O_3·2SiO_2$）时，加热温度分别达到 900 K（约 630℃）和 1200 K（约 930℃）左右切屑呈流线形，即由脆性破坏转变为塑性变形，这就是玻璃的高温软化切削机理。切削力 F 也出现最大值，特别当表面粗糙度最小时，F_p/F_c 比值近似为 2。切削 Si_3N_4 陶瓷时，也出现了 $F_p/F_c \approx 1.5\text{~}2$ 的类似现象。切削 ZrO_2 陶瓷时，没有出现切削力 F 最大值，但完全流线屑使得表面变得粗糙了。Al_2O_3 陶瓷的加热切削没有什么效果。当 Al_2O_3 陶瓷加热到近 960 K（约 700℃）、ZrO_2 加热到 1000 K（约 800℃）时，热应力使得材料产生裂纹。

② 由于 Si_3N_4 陶瓷材料的强度高、韧性好、耐热冲击，当加热到 1470 K（约 1200℃）仍不产生裂纹，切屑一直呈流线型，表面粗糙度较小，切削力 F_p/F_c 比值变化不大。故 Si_3N_4 陶瓷可采用加热切削法。

③ 切削 Si_3N_4 陶瓷时，聚晶金刚石刀具后刀面的拐角处磨损 VC 值随着加热温度的升高而大幅度减小。主要是被切材料软化使作用在刀具后刀面上的应力减小，磨料磨损减弱。

（2）超声振动切削（略）

（3）激光加热辅助切削（略）

12.4 工程陶瓷材料的磨削

尽管用聚晶金刚石刀具切削陶瓷材料是可行的，而且生产效率比磨削要高出近 10 倍，加工成本也比磨削低，但至今还没有完全实用化。陶瓷材料的机械加工仍普遍采用金刚石砂轮磨削及研磨、抛光。陶瓷材料各种加工方法所占比例的统计如图 12.35 所示。从图中可看出，机械加工量占各种加工总量的 83%，其中金刚石砂轮磨削占 32%，研磨和抛光合占 28%，切削加工只占 9.1%。在加工的各种陶瓷材料中，Al_2O_3 陶瓷占 27%，铁淦氧占 11%，SiC 陶瓷占 10%，Si_3N_4 陶瓷占 10%。图 12.35 所示中切削加工只是对不烧结陶瓷和预烧结陶瓷而言的。

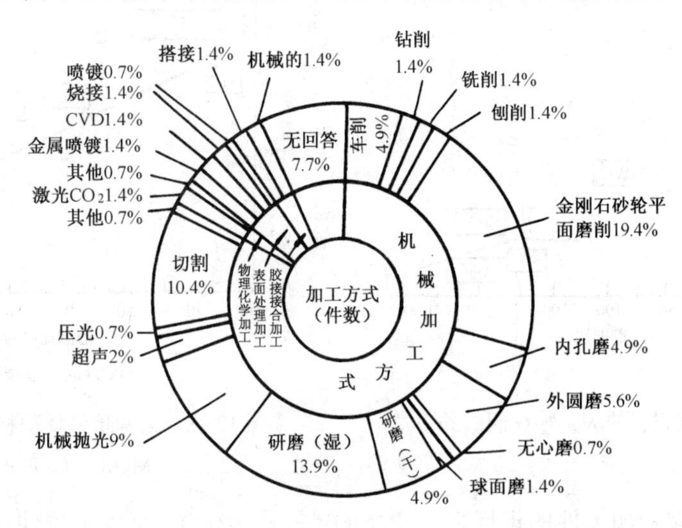

图 12.35 陶瓷材料零件各种加工方法所占比例的统计[46]

12.4.1 陶瓷材料的磨削特点

用金刚石砂轮对陶瓷材料的磨削有如下特点：

① 砂轮磨损大，磨削比小；

② 磨削力大，磨削效率低；

③ 陶瓷零件磨后的强度取决于磨削条件。

1. 金刚石砂轮的磨损与磨削比

除易切陶瓷外，大多数陶瓷材料零件均采用金刚石砂轮磨削。试验证明，磨削脆性破坏的陶瓷材料与磨削钢类金属材料的加工模式不同，如图 12.36 所示。钢类金属材料是靠塑性变形生成连续切屑而去除的，而陶瓷材料则是靠脆性龟裂破坏生成微细粉末状切屑而去除的。粉末状切屑很容易磨损砂轮上的结合剂，造成金刚石颗粒脱落，致使金刚石砂轮过快磨损。

图 12.37 为各种陶瓷材料的断裂韧性 K_{IC} 与磨削比 G 间的关系。K_{IC} 越大的陶瓷材料 G 越小，即金刚石砂轮磨损大。

图 12.38 给出了去除单位体积材料的功当量系数 MOR 与磨削比 G 间存在 K_{IC} 与 G 相似的关系，即 MOR 越大，磨削比 G 越小，即金刚石砂轮磨损量大。

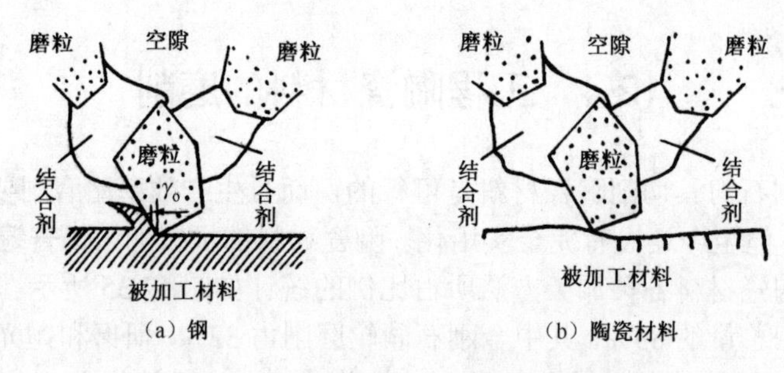

图 12.36　钢与陶瓷材料的磨削加工模式[46]

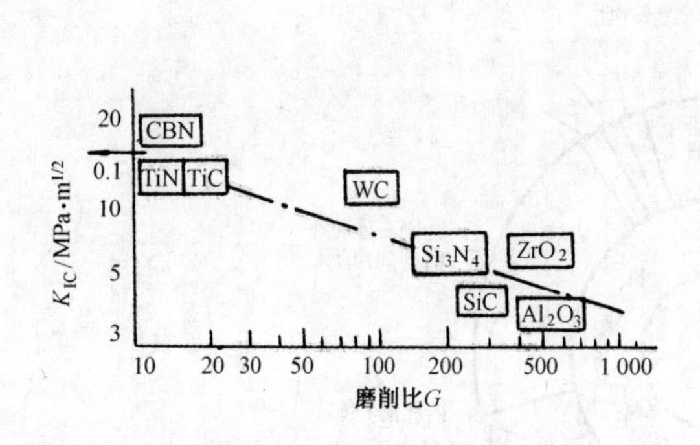

图 12.37　各种陶瓷材料的 K_{IC} 与 G 间的关系[46]

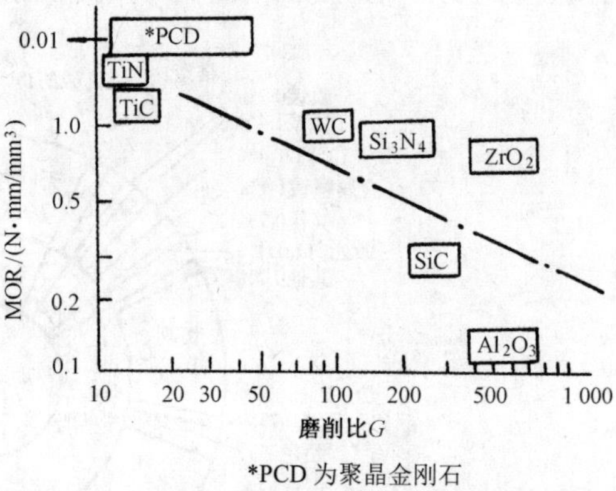

*PCD 为聚晶金刚石

图 12.38　去除单位体积材料的功当量 MOR 与 G 间的关系[46]

MOR 是评价陶瓷加工性的指标之一（$1\text{MOR}=\sigma_{bb}^2/2E$），是表示抗伸试验中材料达到断裂时单位体积内储存的弹性应变能，故称弹性应变能系数或称功当量系数。不同陶瓷材料的 MOR 系数不同（见表 12-16）。

表 12-16　不同陶瓷材料的功当量系数 MOR 值[46]

材料	MOR/(10^{-5} N·m/mm^3)	材料	MOR/(10^{-5} N·m/mm^3)
SiC 陶瓷	30.5	玻璃	7.1
Si_3N_4 陶瓷	28.1	花岗岩	0.15
铁淦氧	22.8	混凝土	0.03
95%Al_2O_3 陶瓷	21.5		

图 12.39 为不同陶瓷材料的维氏硬度 HV 与磨削比 G 间的关系。常用陶瓷材料的显微硬度约在 1 500~3 000HV 之间（见表 12-13）。HV 值高者，G 小。

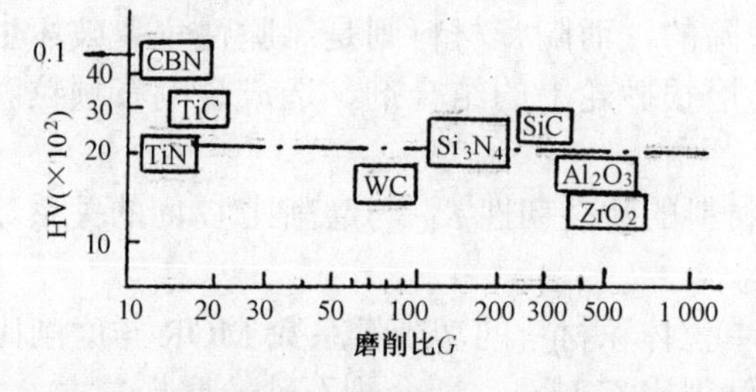

图 12.39　不同陶瓷材料的维氏硬度 HV 与 G 间的关系[46]

综上所述，要提高作为机械结构用的陶瓷材料工作的可靠性，必须改善陶瓷材料的某些性能，其一就是要提高断裂韧性 K_{IC}。然而随着 K_{IC} 的提高，陶瓷材料的磨削加工会变得愈加困难。

2．陶瓷材料的磨削力大，磨削效率低

陶瓷材料磨削时，切向磨削力 F_c 与径向磨削分力 F_p 的比值，比磨削钢时（$F_c/F_p = 0.3\sim0.5$）小得多。如磨削玻璃时，$F_c/F_p = 0.1\sim0.2$，磨削陶瓷时切向磨削力与径向磨削分力的比大都小于 0.1，如图 12.40 所示。

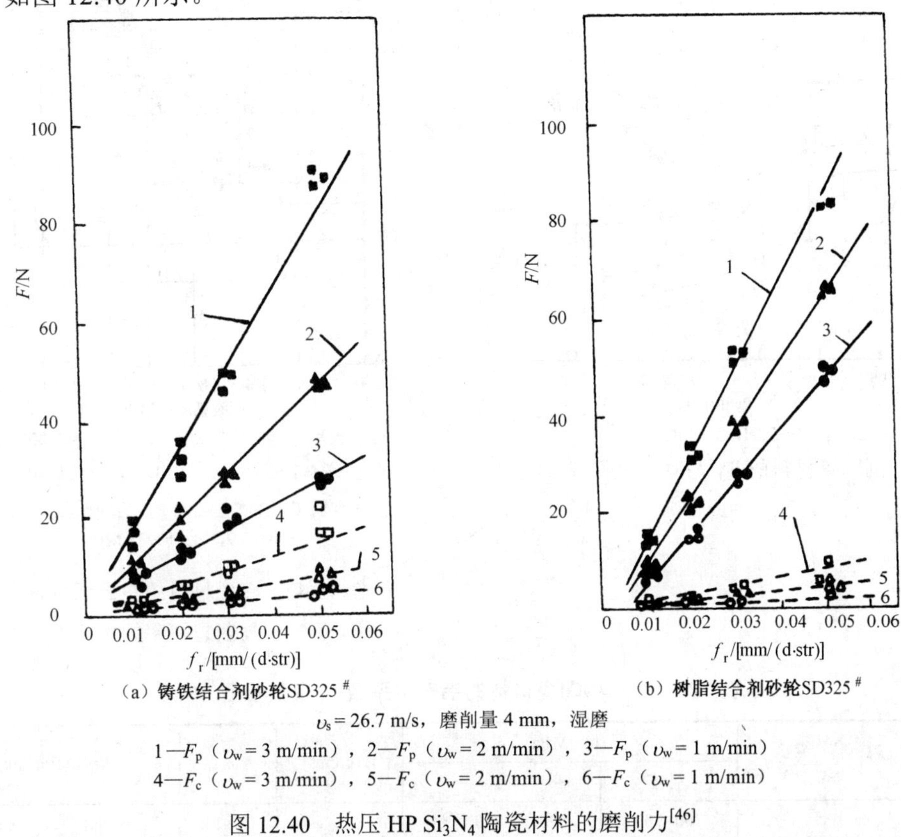

图 12.40 热压 HP Si_3N_4 陶瓷材料的磨削力[46]

磨削陶瓷材料时，径向磨削分力大就是作用于砂轮轴上的力大，轴的弹性变形大，就容易产生振动，从而降低加工表面质量。提高加工表面质量就要提高砂轮轴的刚度，但这不是容易实现的。为此就只有降低磨削用量，但这样做又势必降低磨削效率。

3．磨后陶瓷零件强度降低

一般金属材料零件，磨削后强度降低很少，甚至不降低，而陶瓷材料零件磨后的强度则随着磨削条件的不同而变化。如砂轮的粒度、载荷作用的时间及周围的气氛条件等均会影响磨后陶瓷材料零件的强度。SiC 陶瓷磨后表面裂纹深度达 15 μm，σ_{bb} 由 452 MPa 减至 281 MPa，减小了 38%[125]。

① 金刚石砂轮的粒度不同，磨后表面的粗糙度不同，零件的抗弯强度就不同。当 Si_3N_4、SiC 和 AlN 陶瓷零件的表面粗糙度值约为 1 μm 以上时，零件的抗弯强度就要降低，如图 12.41 所示。图 12.42 为陶瓷材料的断裂强度 σ 与断裂概率的韦布尔（Weibull）曲线。图 12.42 中试验片 A 的 Ry = 0.8 μm，B 的 Ry = 1.2 μm。表面粗糙度 Ry 越小，抗弯强度 σ_{bb} 越大。钢类的

韦布尔（Weibull）系数 m 为其 σ_b 的 20~50 倍，而陶瓷材料的 m 值（见表 12-17）较小，所以陶瓷材料的可靠性较低。图 12.42 中 σ_m 为平均强度，韦布尔系数 m 表示断裂强度 σ 的波动程度。陶瓷的 σ_b 比 σ_{bb} 低 20%~40%。

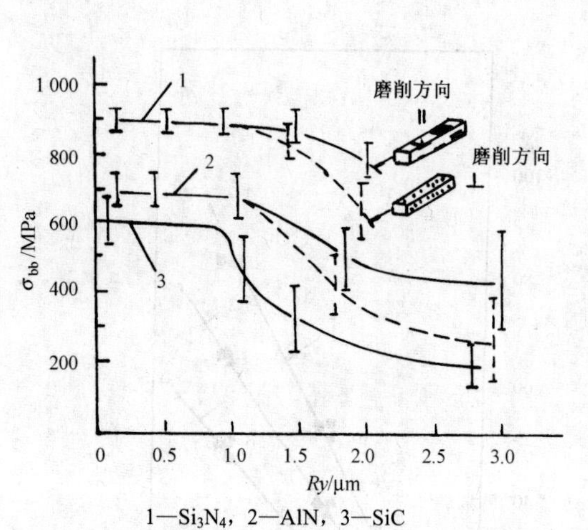

1—Si_3N_4，2—AlN，3—SiC

图 12.41　磨削陶瓷材料的 Ry 与 σ_{bb} 关系[46]

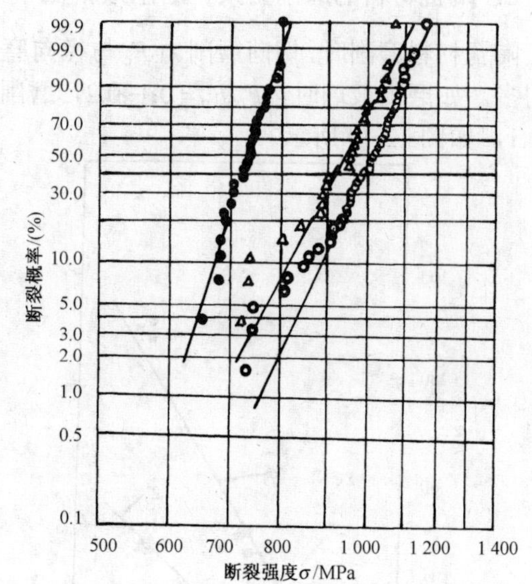

Si_3N_4 试验片 A○400#//　m = 14.9，σ_m = 1 000 MPa，

试验片 B●200#⊥　m = 22.3，σ_m = 728 MPa

试验片 C△200#⊥~400#//，去除 5 μm，

m = 12.9，σ_m = 932 MPa

图 12.42　陶瓷材料的断裂强度 σ 与断裂概率的关系[46]

表 12-17　几种陶瓷材料的韦布尔系数 m 及其强度[46]

材料	σ_{bb} /MPa		ρ/(g/cm³)	m	K_{IC}/(MPa · m$^{1/2}$)	
	室温	高温				
热压 Si_3N_4（HPSN）	700~900	590（1 400℃）	3.2	10~15	5~6.8	8.0
		680（1 240℃）		~30	（1 400℃）	（1 200℃）
		400（700℃）				
反应烧结 Si_3N_4（RBSN）	250	270（700℃）	2.5~2.58	10~15	1.87	
	305~315	210（1 200℃）		~20		
常压烧结 Si_3N_4（SSN）	470	—	—	8	—	
常压烧结 Sialon（S-S）	828	—	3.2	15	5	
热压 Sialon（HP-S）	1 480	1 070（1 200℃）	3.25	—	—	
反应烧结 SiC（RBSC）	483	525（1 200℃）	3.1	10	5	
热压 SiC（HPSC）	300~600	—	—	—	—	
常压烧结 SiC（SSC）	320~400	—	—	8.8	—	
常压烧结 SiC（SSC）	450	820（1 750℃）	—	—	—	

② 载荷的作用时间越长，陶瓷零件的断裂强度 σ 越小。图 12.43 为载荷作用时间与断裂强度间的关系。

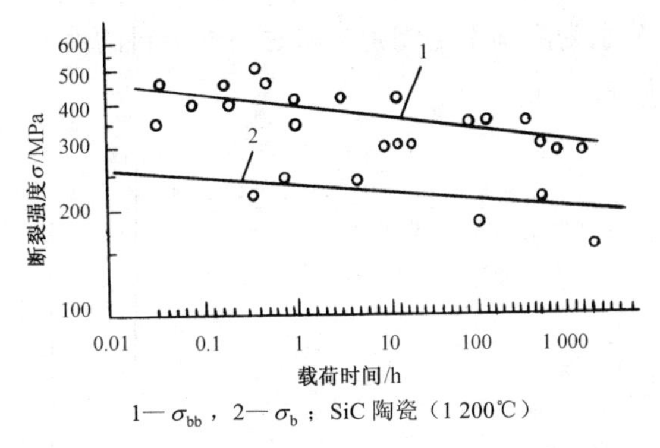

1— σ_{bb}，2— σ_b；SiC 陶瓷（1 200℃）

图 12.43　载荷作用时间与断裂强度的关系[46]

一般要求陶瓷零件的使用时间都很长，而且是在高温气体中工作，因此，陶瓷零件的实际强度比预想的还要低得多。

综上所述，设计陶瓷零件时必须根据磨削条件、载荷作用的时间及周围的气氛条件充分考虑其对强度的影响。

12.4.2　正确选择金刚石砂轮的性能参数

金刚石砂轮的性能参数是指磨料的种类、粒度、浓度和结合剂等。

1．金刚石磨料的种类及其选择

金刚石磨料有天然（Diamond）与人造（Synthetic Diamond）之分，生产中多采用人造金刚石磨料，其牌号及应用范围见表 12-18。

表 12-18　人造金刚石磨料的牌号及应用范围（GB 6405—1986）[76]

代号	粒度		应用范围
	窄范围	宽范围	
RVD	60/70~325/400	60/80~270/400	用于树脂（B）结合剂，陶瓷（V）结合剂砂轮或研磨
MBD	50/60~325/400	60/80~270/400	用于金属结合剂砂轮、电镀制品、钻探工具或研磨
SCD	50/60~325/400	60/80~270/400	用于加工钢及钢与硬质合金组件
SMD	16/18~60/70	16/20~60/80	锯切、钻探及修整工具
DMD	16/18~40/45	16/20~40/50	修整工具及其他单粒工具等
MP-SD（微粉）	主系列 0/1~36/54	补充系列 0/0.5~20/30	硬脆金属或非金属（光学玻璃、陶瓷、宝石）精磨、研磨

为了提高人造金刚石磨料的抗拉强度及与结合剂的结合强度，可对其进行镀敷金属衣，以减小磨料的表面缺陷。干磨砂轮宜用铜衣，如 RVD-C；湿磨时用镍衣，如 RVD-N。镍衣磨料硬脆，磨削比 G 较大，磨削效率高，而铜衣韧性大。

一般金刚石磨料是根据结合剂和磨削材料作相应选择的。树脂结合剂金刚石砂轮宜用强度较低磨料，如 RVD-N；而用于切断石材的金属结合剂砂轮则需要用强度较高的金刚石磨料。

图 12.44 定性给出了不同强度磨料的性能。

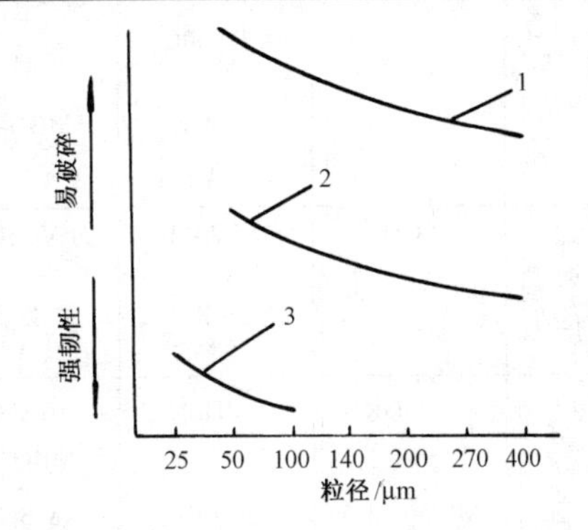

1—树脂结合剂用；2—金属结合剂用；3—电镀用

图 14.44　不同强度磨料的性能[46]

图 12.45 和图 12.46 分别为磨削不同陶瓷材料时不同磨料的性能。

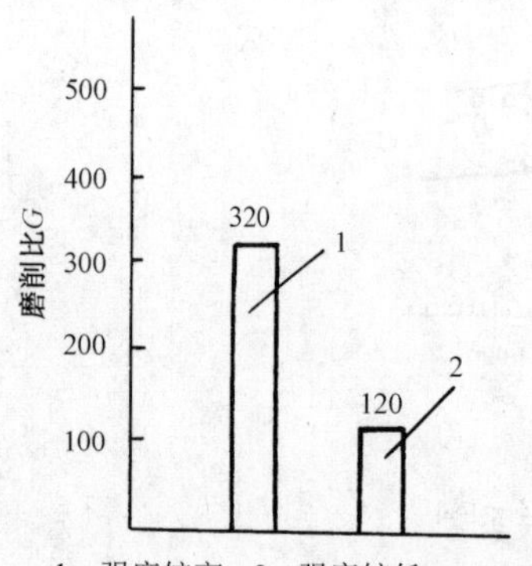

1—强度较高；2—强度较低

ϕ150 mm×7 mm 树脂平砂轮 120#/140#

浓度 75%，υ_s = 14 m/s，f_r = 0.05 mm/(d·str)

υ_w = 5 m/min，f_a = 5 mm/(d·str)，湿磨

图 12.45 磨削 Al_2O_3 时强度较高与强度较低磨料的磨削比 G 对比[46]

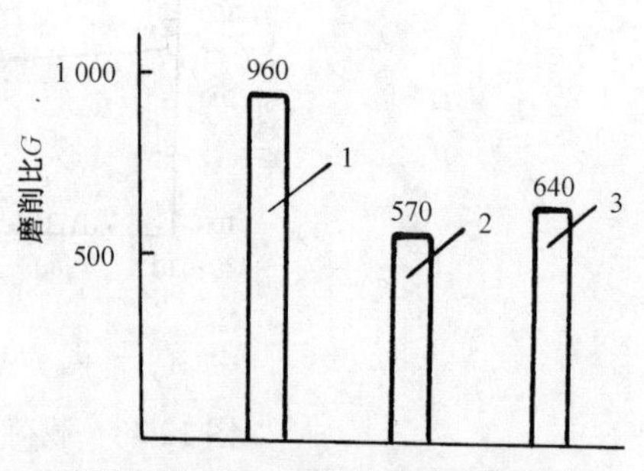

1—脆弱磨料，2—一般磨料，3—强韧磨料

ϕ150 mm×7 mm 树脂砂轮，140#，浓度 75%

υ_s = 26.7 m/s，f_r = 0.04 mm/(d·str)

f_a = 3 mm/(d·str)，υ_w = 10 m/min，湿磨

图 12.46 磨削 RBSC 时不同金属衣的金刚石磨料磨削比 G 比较[46]

表 12-19 为主要国家人造金刚石磨料的牌号、特征与用途。

表 12-19 主要国家人造金刚石磨料的牌号及特征与用途[76]

类别	中国 GB 6405—1986	De Beers 公司	美国 GE	苏联 гОСТ 9206	日本 东芝厂	特征与用途
较低强度金刚石	RVD(JR1)	RDA	RVG	AC2(AC0)	IRV	不规则的脆性结晶，做树脂或陶瓷结合剂磨具，加工硬质合金等
	RVD-N	RDA55N	RVG-56		IRV-NP	不规则的脆性结晶，镀 55%左右镍，用于湿磨
		RDA30N	RVG-30			不规则的脆性结晶，镀 30%左右镍，用于湿磨
	RVD-C	RDA50C	RVG-D		IRV-CP	不规则的脆性结晶，镀 50%左右铜，用于干磨
自砺性金刚石	(RVD Ⅱ)	CDA			IRV-150	镶嵌多晶结构，自砺性磨粒，加工硬质合金
		CDA55N				镶嵌多晶结构，自砺性磨粒，镀 55%左右镍
		CDA30N				镶嵌多晶结构，自砺性磨粒，镀 30%左右镍
		CDA50C			IRV-150CP	镶嵌多晶结构，自砺性磨粒，镀 50%左右铜
		CDA-L	MBG-P			细长颗粒
		CDA-M				微粒多晶结构颗粒
磨钢专用金刚石	SCD	DXDA-MC	RVG800		ISD-NP	镀敷金属，加工韧材，湿磨硬质合金/钢组合件
		DXDAⅡ-MC	CGSⅡ			镀敷金属，加工韧材，干磨硬质合金/钢组合件
中强度金刚石	MBD4(JR3)	MDA	MBG660 MBGⅡ	AC4	IMG	颗粒规则，具有一定韧性，制作金属结合剂砂轮，加工非金属硬脆材料
	MBD6(JR4)	MDAS	MBG	AC6		颗粒规则，具有一定韧性，制作金属结合剂砂轮，加工陶瓷、玻璃等

（续表）

类别	中国 GB 6405—1986	De Beers 公司	美国 GE	苏联 гOCT 9206	日本 东芝厂	特征与用途
中强度金刚石	(MBDE)	MDASE	MBGT MBG600T MBG660T			块状结晶，显微表面因腐蚀而粗糙，制作电镀制品
	MBD8		EBG			块状结晶，显微表面因腐蚀而粗糙，制造电镀制品
			EP100			长形结晶，脆性中低，做牙医砂轮、电镀工具等
	MBD12	MDA100	MBG600			块状结晶，制作金属结合剂砂轮，加工玻璃、陶瓷、石材等硬脆材料
高强度金刚石	SMD		MBS-710			有锋利边棱，不规则表面，做电镀工具及低温金属结合剂砂轮等
	SMD25	SDA(T)	MBS	AC15(ACK)	IMS	韧性大，强度高，块状结晶，表面光滑，制作金属结合剂锯片，加工石材、混凝土
			MBS-T			韧性大，强度高，块状结晶，表面粗糙，制作金属结合剂锯片，加工石材、混凝土
	SMD30 SMD35	SDA85(T) SDA100(T)	MBS-70	AC20 AC32		韧性大，强度高，块状结晶，表面光滑，制作金属结合剂锯片，加工硬材料
						韧性更大，强度高，块状结晶，表面光滑，制作金属结合剂锯片，工程钻头
			MBS70T			韧性更大，强度高，块状结晶，表面粗糙，制作金属结合剂锯片，工程钻头
	SMD40	SDA100S	MBS750	AC50		韧性最大，杂质少，块状结晶，表面光滑，制作锯片，切最硬石材，制作修整工具
		SDA100S-T				韧性最大，杂质少，块状结晶，镀钛衣，制作锯片，切最硬石材，制作修整工具
	DMD	SRD	MSD	CAM		韧性最大，杂质少，块状结晶，制作修整工具等，其颗粒相似圆直径 $D \geqslant 100$ mm

2. 金刚石磨料的粒度及其选择[76]

粒度的概念与普通磨料相同。依磨料的尺寸、制备和检测方法可将金刚石磨料分为磨粒与微粉。前者用筛选法制备，后者用液中沉淀法制备。选择原则可参考普通磨料。

国家标准规定，金刚石磨料的粒度共 25 个，其中窄范围 20 个，宽范围 5 个，见表 12-20。微粉是指尺寸为 0~0.5 μm 至 36~54 μm 的磨料，共分 18 个粒度号，见表 12-21。

表 12-20 金刚石磨料的粒度及基本尺寸（GB 6406.1—1986）[76]

粒度号	通过筛孔基本尺寸/μm	不通过筛孔基本尺寸/μm
	窄范围	
16/18	1 180	1 000
18/20	1 000	850
20/25	850	710
25/30	710	600
30/35	600	500
35/40	500	425
40/45	425	355
45/50	355	300
50/60	300	250

（续表）

粒度号	通过筛孔基本尺寸/μm	不通过筛孔基本尺寸/μm
	窄范围	
60/70	250	212
70/80	212	180
80/100	180	150
100/120	150	125
120/140	125	106
140/170	106	90
170/200	90	75
200/230	75	63
230/270	63	53
270/325	53	45
325/400	45	38
	宽范围	
16/20	1 180	850
20/30	850	600
30/40	600	425
40/50	425	300
60/80	250	180

表 12-21　金刚石微粉的粒度及基本尺寸（GB 6966.2—1986）[76]

粒度标记	基本尺寸范围/μm	
	相似圆直径 *D*	颗粒宽度 *B*=*D*/1.29
0~0.5	0~0.5	0~0.4
0~1.0	0~1.0	0~0.8
0.5~1.0	0.5~1.0	0.4~0.8
0.5~1.5	0.5~1.5	0.4~1.2
0~2.0	0~2.0	0~1.6
1.5~3.0	1.5~3.0	1.2~2.3
2.0~4.0	2.0~4.0	1.6~3.1
2.5~5	2.5~5	1.9~3.9
3~6	3~6	2.3~4.7
4~8	4~8	3.1~6.2
5~10	5~10	3.9~7.8
6~12	6~12	4.7~9.3
8~12	8~12	6.2~9.3
10~20	10~20	7.8~15.5
12~22	12~22	9.3~17.1
20~30	20~30	15.5~23.3
22~36	22~36	17.1~27.9
36~54	26~54	27.9~41.9

3．结合剂及其选择

金刚石（磨料）砂轮的结合剂有树脂、陶瓷和金属（含青铜和电镀金属）三种（见表 12-22）。它们的结合强度和耐磨性按以下顺序由弱到强：树脂→陶瓷→青铜→电镀金属。

表 12-22　结合剂的代号性能及应用范围[76]

结合剂及代号		性能	应用范围
树脂 B（Bakelite）		磨具自砺性好，故不易堵塞；有弹性，抛光性能好；结合强度差，不宜结合较粗粒度磨粒；耐磨耐热性差，故不宜重负荷磨削。可采用镀敷金属衣的磨料以改善结合性能	用于硬质合金及非金属材料的半精磨和精磨金刚石砂轮；用于高钒（V）高速钢刀具的刃磨及工具钢、不锈钢、耐热合金的半精与精磨的 CBN 砂轮
陶瓷 V（Vitrified）		耐磨性比 B 高，工作时不易发热和堵塞，热胀小易修整	常用于精密螺纹、齿轮的精磨及接触面大的成型磨，及超硬材料烧结体的磨削
金属 M（Metal）	青铜	结合强度较高、形状保持性好、使用寿命长且可承受较大负荷，但自砺性差、易堵塞发热，故不宜结合细粒度磨粒，修整也较难	主要用于玻璃、陶瓷、石材、半导体等非金属硬脆材料，粗、精及切割、成形磨及各种材料珩磨的金刚石砂轮；用于合金钢珩磨的 CBN 砂轮，效果显著
	电镀金属	结合强度高，表层磨粒密度大且裸露于表面，故刃口锋利加工效率高，但镀层较薄，故寿命短	多用于成形磨、小磨头、套料刀、切割锯片及修整滚轮等金刚石砂轮；用于各种钢类工件小孔磨削 CBN 砂轮，精度好、效率高、小径盲孔更好

树脂结合剂是以酚醛树脂为主的有机结合剂。树脂结合剂砂轮加工效率高，加工表面质量好。这种砂轮一般用于磨削硬质合金，CBN 砂轮也多用树脂结合剂，玻璃和陶瓷材料的磨削用树脂结合剂的也不少见。

陶瓷结合剂是玻璃质的无机结合剂，是磨宝石、聚晶金刚石刀具常用的金刚石砂轮结合剂，优点是切削刃锋利。

金属结合剂中青铜是最常用的一种，特点是磨粒把持力大、耐磨性好。混凝土和石材的切断，玻璃、水晶、半导体材料及陶瓷材料等的精密磨削皆用。

电镀金属是用电镀金属法将磨粒固着的方法，其优点是易于制造复杂形状的砂轮。由于表面磨粒的突出量大、容屑空间大、切屑易于排出，故磨削性能优异，缺点是镀层较薄，砂轮寿命较短。

世界各国表示结合剂的代号不同，见表 12-23。

表 12-23　各国金刚石砂轮结合剂代号对照表[76]

结合剂		中国	ISO	瑞士（DIAMETAl）	英国环球	美国（Noton）	日本 旭金刚石公司
陶瓷		V	V	VIT	V	V	V
树脂		B	B	KS，KR	R	B	B
金属	Fe 基			E			
	青铜	M	M	BZ	M	M	M
	电镀				（NP）		P（大彼公司）

4．浓度及其选择

浓度是指超硬砂轮工作层内单位体积中磨料的含量，以克拉/cm^3（代号 ct-Carat，1 ct＝0.2 g）表示，见表 12-24。

表 12-24　金刚石砂轮的浓度及用途[67]

浓度	25%	50%	75%	100%	150%
代号	25	50	75	100	150
金刚石含量（克拉/cm^3）	1.1	2.2	3.3	4.4	6.6
用途	研磨与抛光	半精磨与精磨		粗磨与小面积磨削	

浓度是直接影响加工效率和加工成本的重要因素，应综合考虑粒度、结合剂、磨削方式

及加工效率来选择浓度。不同结合剂对磨料的结合强度不同，各有其最佳浓度范围，常用浓度见表 12-25。

表 12-25　人造金刚石砂轮常用浓度[76]

结合剂		常用浓度/(%)
树脂（B）		50~75
陶瓷（V）		75~100
金属（M）	青铜	100~150
	电镀金属	150~200

就不同磨削方式而言，工作面较宽的砂轮和需保持形状精度的成形、沟槽磨削应选高浓度，半精磨和精磨则应选细粒度、中浓度、高精度；小粗糙度磨削应选细粒度、低浓度；抛光应选细粒度、低浓度，甚至低于 25%的浓度。

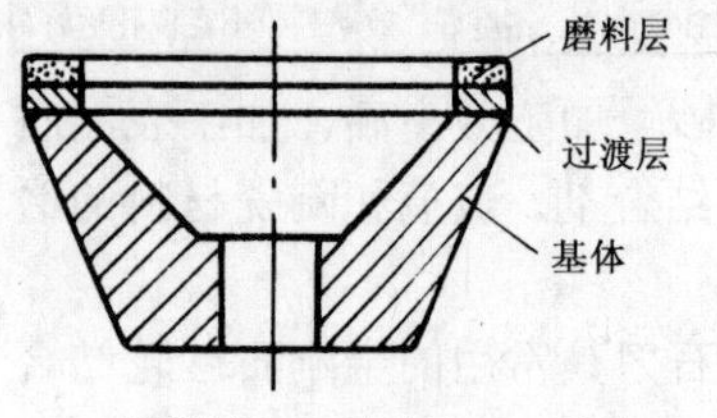

1—磨料层；2—过渡层；3—基体

图 14.47　金刚石砂轮结构

5. 金刚石砂轮的形状尺寸及标注

金刚石砂轮结构如图 12.47 所示。

金刚石砂轮的基体材料因结合剂而异：树脂（B）结合剂用铝（Al）或铝合金或电木；陶瓷（V）结合剂用铝（Al）或铝合金；金属（M）结合剂用钢或铜（Cu）合金。

金刚石砂轮的标注如下例：

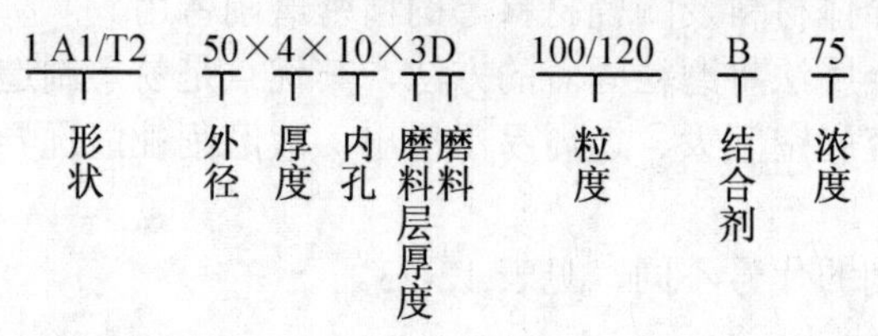

6. 金刚石砂轮的选择

一般情况下，是根据被磨材料来选择不同结合剂的金刚石砂轮。

磨削金属材料时，需要切削刃锋利、磨粒易于磨砺的树脂结合剂砂轮，石材的切断需要强韧的金属结合剂砂轮。

磨削陶瓷材料，因为是靠磨粒切削刃的瞬间冲击使材料内部产生裂纹形成切屑，故需要强韧的金刚石砂轮。由于陶瓷种类繁多，必须视陶瓷材料的种类选择金刚石砂轮。表 12-26 给出了常用陶瓷材料磨削时砂轮结合剂与磨削效率的关系。

表 12-26　磨削不同陶瓷材料时砂轮结合剂与磨削效率的关系[46]

陶瓷材料	磨削效率/($10^{-2}mm^3/J$)		金属结合剂磨削效率为 1 时，树脂结合剂的相对效率
	金属结合剂	树脂结合剂	
碳化物系陶瓷	2.4	4.1	1.67
氮化物系陶瓷	3.4	5.4	1.56
铁淦氧	7.7	8.0	1.08
95%Al_2O_3 陶瓷	8.3	7.7	0.89
玻璃（SiO_2）	20.0	13.3	0.67

由上表不难看出，金属结合剂砂轮适于磨削 Al_2O_3、SiO_2 等氧化物陶瓷材料和玻璃，而树脂结合剂砂轮适用于磨削 Si_3N_4 和 SiC 非氧化物陶瓷。

磨削气孔率较大的 76%Al_2O_3 陶瓷时，金属结合剂砂轮的单位宽度切除率约为树脂结合剂砂轮的 1.5 倍，如图 12.48 所示。

当磨削 SiC 陶瓷材料时，树脂结合剂砂轮的性能优于金属结合剂砂轮，如图 12.49 所示。因为这种高密度、高强度的非氧化物陶瓷材料磨削时，磨粒切削刃的磨损比结合剂的磨损速度还要快，即易引起“钝齿”现象，故用树脂结合剂砂轮比金属结合剂砂轮要好。

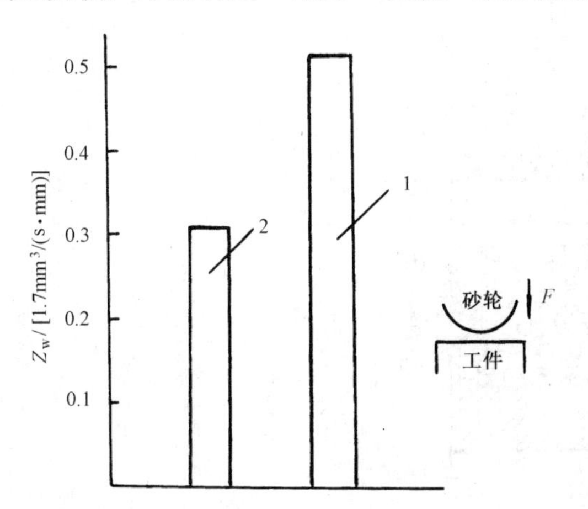

1—120#金属结合剂；2—120#树脂结合剂，
ϕ150 mm×7 mm 平砂轮，υ_s = 26.7 m/s
湿磨，载荷 P = 200 N

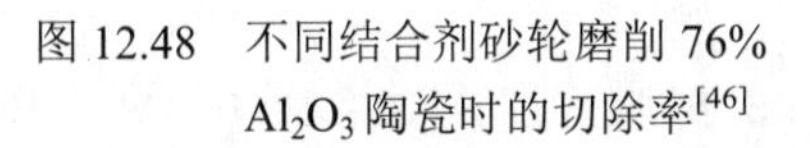

图 12.48　不同结合剂砂轮磨削 76% Al_2O_3 陶瓷时的切除率[46]

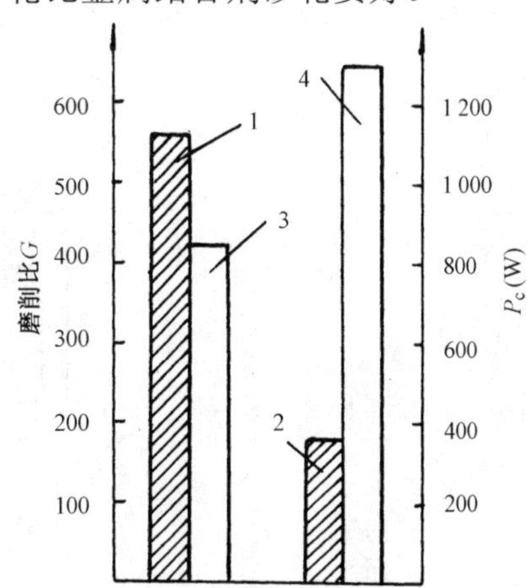

1—磨削比 G（140#树脂结合剂），2—磨削比 G（140#金属结合剂），3—磨削功率 P_c（同 1），4—磨削功率 P_c（同 2）
ϕ150 mm×7 mm 平砂轮，υ_s = 25 m/s，υ_w = 10 m/min
f_r = 0.04 mm/(d·str)，f_a = 3 mm/(d·str)，湿切

图 12.49　不同结合剂砂轮磨削 SiC 陶瓷时的磨削特性[46]

图 12.50 为各种陶瓷材料的磨削比 G。

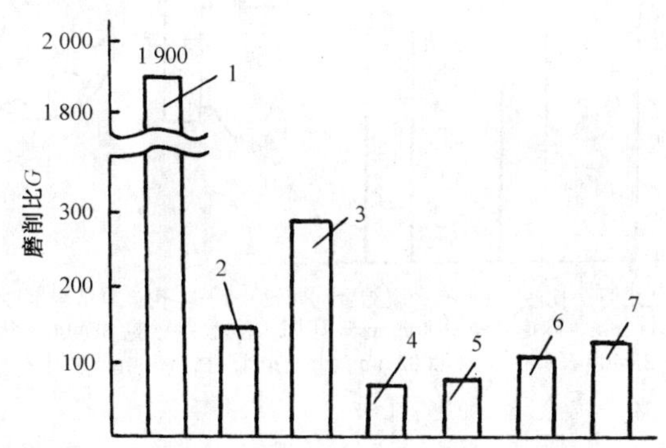

1—镁橄榄石，2—陶瓷刀具，3—RBSN，4—HPα-Si_3N_4，5—β-Sialon，6—HPSC，7—RBSC
ϕ150 mm×7 mmSDC 平砂轮，粒度 120#，浓度 75%
树脂结合剂；PSG-SEV 平面磨床，υ_s = 15 m/s
f_r = 0.025 mm/(d·str)，υ_w = 15 m/min，f_a = 2 mm/(d·str)，湿磨

图 12.50　各种陶瓷材料的磨削比 G[46]

12.4.3　新型金刚石砂轮的开发

现有金刚石砂轮的价格贵，磨削比 G 较小。生产中总是希望砂轮的消耗尽量少，在保证加工质量的前提下，尽量降低加工成本。为此，必须改善砂轮的性能，开发性能优良、价格便宜的新型砂轮。

1. 特殊填料砂轮的开发

如图 12.51 所示，它是在砂轮结合剂中掺入一种特殊填料。用它对热压 Si_3N_4 陶瓷进行平面磨削，砂轮单位宽度切除率 Z_w 达 15 $mm^3/(s \cdot mm)$，磨粒脱落减少，G 大幅度提高，也解决了原金属结合剂砂轮锋利度差的缺点。以磨蓝宝石（Al_2O_3）为例，磨粒切削刃锋利，砂轮使用寿命比原金属结合剂砂轮提高 30%，加工表面粗糙度也减小了。

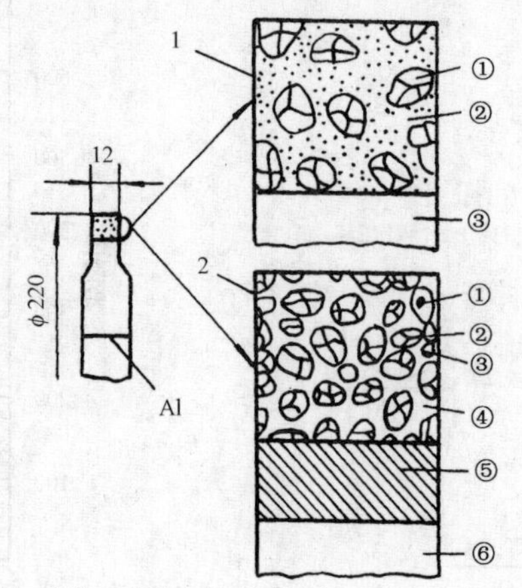

（a）结构比较　1—原砂轮：①SD 磨粒，②结合剂+填料（树脂），③基体（Al）；2—新砂轮：①SD 磨粒，②特殊涂层，③特殊填料，④特殊结合剂，⑤树脂衬板，⑥基体（Al）

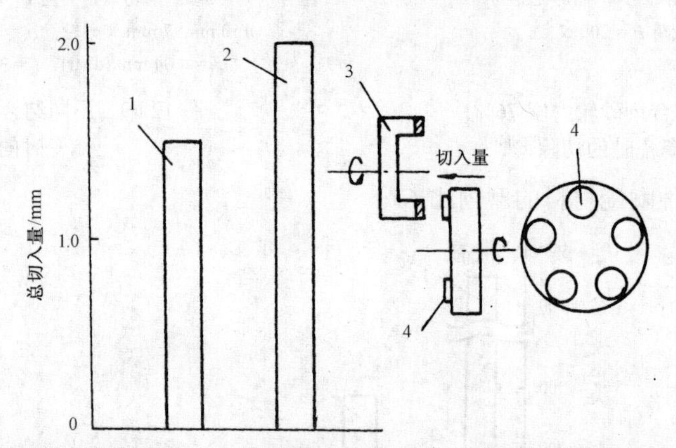

（b）多孔砂轮与原砂轮使用寿命比较　1—原金属结合剂砂轮，2—多孔金属结合剂砂轮，3—砂轮，4—试件
υ_s = 26.7 m/s，n_w = 120 r/min，碗形砂轮 ϕ100 mm×5，原金属结合剂砂轮 SD400-N50M，多孔金属结合剂砂轮 SD400-N50M，f_r = 0.002 mm/ (d·srr)，试件：ϕ30 mm 蓝宝石玻璃

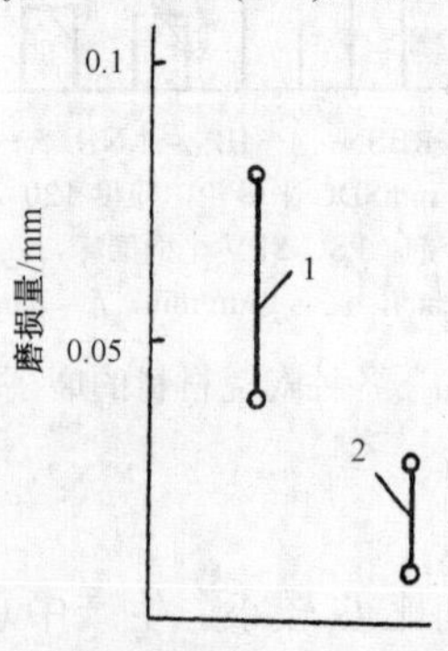

（c）与原金属结合剂砂轮磨损量比较　1—同（b）中 1，2—同（b）中 2

图 12.51　特殊填料砂轮与原砂轮比较[46]

2. 铸铁结合剂砂轮的开发

原来使用最多的青铜结合剂砂轮，优点是磨粒保持力大，磨削性能好，但价格贵、砂轮修整效率低。而铸铁结合剂砂轮的价格便宜，铸铁粉取材方便，修整较容易，修整效率也比青铜结合剂砂轮高约 75%（铸铁结合剂砂轮与青铜结合剂砂轮的修整效率比较见图 12.52）。

修整效率可用下式计算：

$$修整效率=\frac{磨削时砂轮体积减小量}{修整砂轮时体积减小量}\times 100\%$$

铸铁结合剂砂轮（CIB）与树脂结合剂砂轮（B）相比较，允许的背吃刀 $a_p(f_r)$量大，磨削比 G 也大。图 12.53 给出了热压 Si_3N_4 和 ZrO_2 陶瓷材料的磨削比 G，磨削比分别是树脂结合剂砂轮的 4 倍和 3 倍。

铸铁结合剂砂轮与树脂结合剂砂轮相比，由于接触变形小，故减小了磨削表面残留量，树脂结合剂砂轮磨削表面的残留量为 20%~30%，而铸铁结合剂砂轮只有 10%。

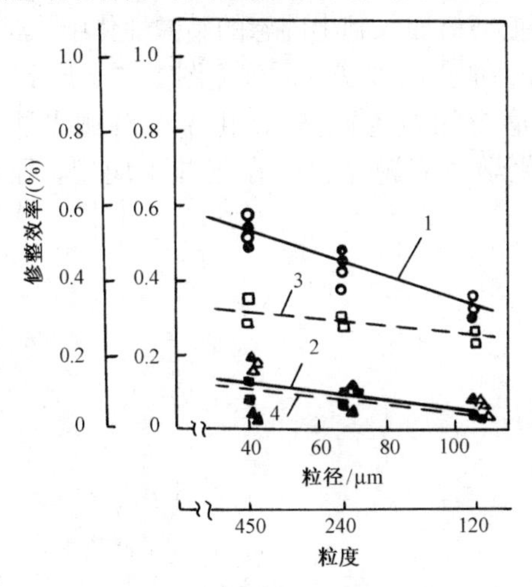

1—F_p（○（CIB），●（MB）），
2—Fc（△（CIB），▲（MB）），
3—修整效率（CIB），4—修整效率（MB）
砂轮：浓度 100%，羰基铁粉质量含量 30%

图 12.52 铸铁结合剂砂轮（CIB）与青铜结合剂砂轮（MB）的修整效率比较[46]

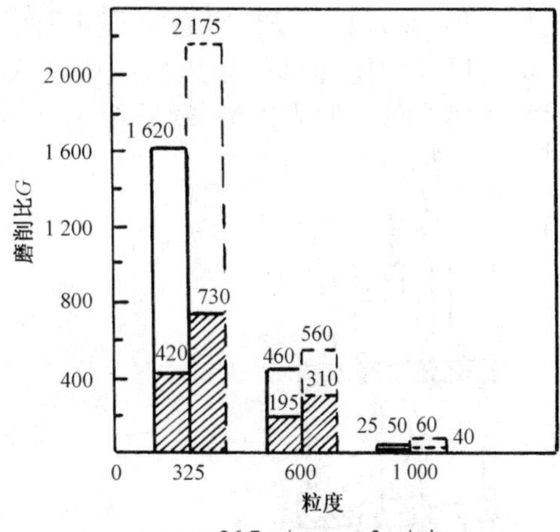

$v_s = 26.7$ m/s，$v_w = 3$ m/min
f_r =（0.02 mm/(d·str)（325#），0.01 mm/(d·str)（600#），0.001 mm/(d·str)（1 000#））
HP·Si_3N_4（□（CIB），■（B））
HP·ZrO_2（□（CIB），■（B））

图 12.53 铸铁结合剂砂轮（CIB）与树脂结合剂砂轮（B）的磨削比[46]

综上所述，铸铁结合剂的金刚石砂轮确实是一种很有发展前途的新型结合剂砂轮，其制造过程如图 12.54 所示。试验证明，羰基铁粉的加入增加了磨粒的保持力，游离片状石墨的存在起到了减摩润滑作用。

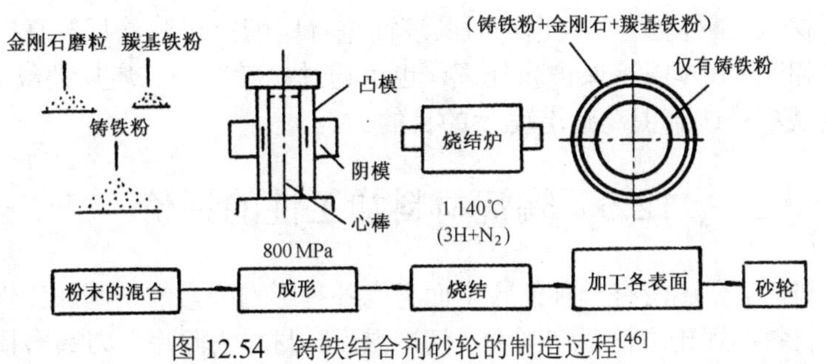

图 12.54 铸铁结合剂砂轮的制造过程[46]

12.4.4 提高陶瓷材料磨削效率的其他方法

据资料报道，现在正开发高效率的复合磨削砂轮磨削法。此法是在砂轮侧面进行放射状的导电处理，使砂轮与工件间产生脉冲放电。这是靠砂轮的机械去除材料和靠放电熔化去除材料的复合放电磨削方法。用此法磨削陶瓷，表面缺陷小。

另据资料介绍，用超声振动磨削法可在 Al_2O_3 陶瓷（厚 0.38 mm）上加工 ϕ1 mm 的小孔，还可在 0.5 mm 厚的 Al_2O_3 板材上加工出 ϕ0.76~ϕ12 mm 的孔，加工每孔只需 5~15 s；还可加工螺纹、沟、小深孔等，用空心钻磨具也可加工数毫米直径的孔。

12.4.5 陶瓷材料的研磨与抛光

陶瓷材料的研磨需用金刚石或与 B_4C（BN）微粉混用，采用游离磨料法和固着磨料法进行研磨，后者效果更好些。也可采用化学研磨（用加热的磷酸或硼砂溶液和 V_2O_5 等），以除去机械加工的残留层。内表面也可采用黏弹性流动研磨法，即把磨料加入到半固态的黏弹性体中，混合后作为介质，通过加压使介质沿加工物表面流动而进行精加工的方法，原理见图 12.55 所示。

陶瓷材料的抛光可采用机械抛光法（金刚石研磨膏加布轮抛光）、化学电解抛光法、化学力学抛光法（抛光液）；软质粉末产生的机械-化学效应抛光也已在工业中应用，原理见图 12.56 所示。

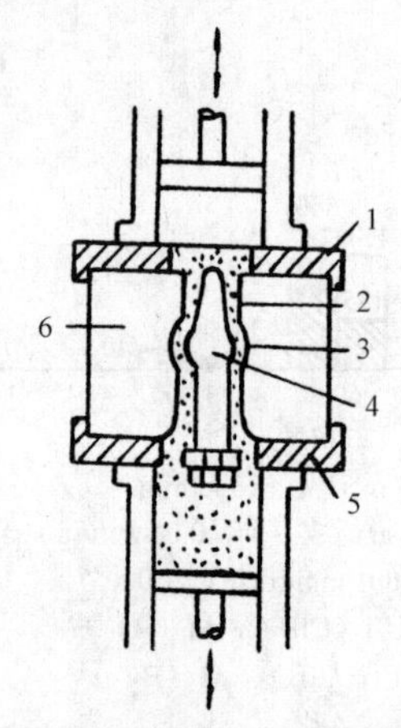

1—上部固定金属板，2—颈缩部位，3—凹槽部位，
4—型心夹具，5—下部固定金属板，6—加工物

图 12.55 横向内表面黏弹性流动研磨法[46]

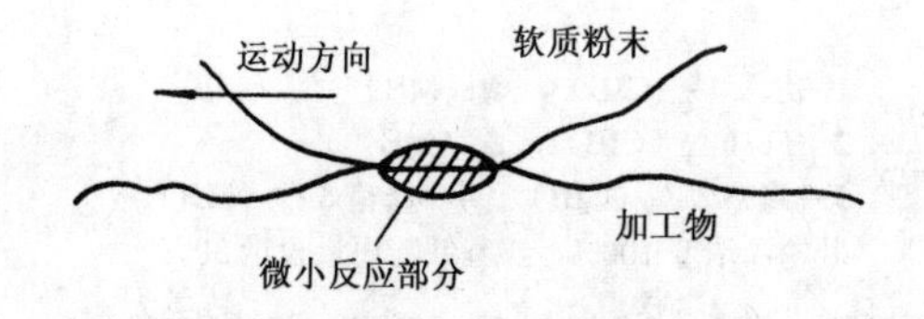

图 12.56 软质粉末产生的机械-化学效应抛光原理[46]

另外，陶瓷材料的其他加工方法也在开发中，如放电超声复合加工法、放电加工法及 YAG 激光加工 Si_3N_4 陶瓷小孔。

为强化陶瓷材料（断裂强度），也可对其表面进行附着有机膜涂层、真空蒸镀、溅射、离子喷镀及化学气相沉积 CVD 等保护膜处理，也可通过化学腐蚀、增加裂纹尖端的曲率半径，使应力集中程度减小，达到提高疲劳强度的目的。

12.5 陶瓷材料加工性的评价

对于陶瓷材料，至今还没有一种能较全面考虑各种影响因素的切削加工性的评价方法，一般还是借鉴金属材料的评价方法。切削力、切削温度、材料去除率、刀具磨损、加工表面粗糙度等常用来评价陶瓷材料的加工性。例如，去除率相同，切（磨）削力减小，加工性好；铣削多孔 Si_3N_4 时，$f < 0.1$ mm/r，可得到小于 10 μm 的表面粗糙度 Ry，说明多孔 Si_3N_4 具有良好的加工性。

用单一指标评价陶瓷材料的加工性，难免会过分强调某一参数的作用，事实上加工性则是材料基本属性的综合反映。陶瓷材料的加工性不仅与其物理力学性能有关，还与加工方法有关。图 12.57 给出了 SO_2、Al_2O_3、Si_3N_4、SiC、ZrO_2 等在磨削 *G*、珩磨 *H* 及超精加工 *S* 的加工性比较，图 15.58 给出了加工表面粗糙度 Ry 与 *n* 的关系。

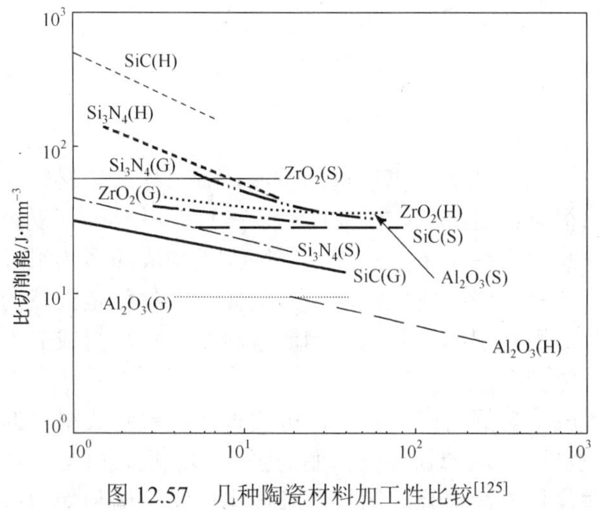

图 12.57　几种陶瓷材料加工性比较[125]

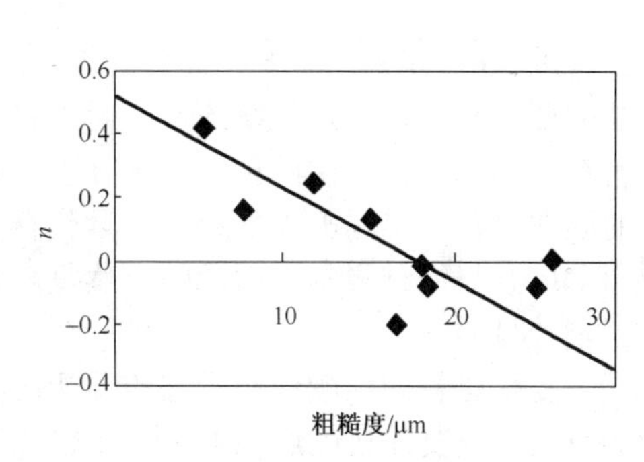

图 12.58　Ry-*n* 关系曲线[125]

图 12.58 中，*n* 为切削能与切削速度的双对数曲线的斜率，其值越大，Ry 越小，加工性越好。硬度 HV 和 K_{IC} 对陶瓷材料加工性起决定性的影响作用，故脆性指数 *B* 也用来评价加工性（$B = HV/K_{IC}$），如 *B* 越大，加工性越差。因此，陶瓷材料的加工性应是其多种基本属性的综合性能指标体系的描述与评价。另外，评定中还存在许多模糊性因素，如易切削、难切削等相对概念。鉴于此，可考虑运用图论、模糊数学理论和数据库技术进行综合评价[125]。

思　考　题

12.1　试述陶瓷种类及制品的制备方法。

12.2　试述陶瓷材料的结构组成及性能特点。

12.3　为什么说陶瓷材料的破坏是脆性破坏机理？

12.4　工程陶瓷材料切削有何特点？

12.5　试说明 ZrO_2、Al_2O_3、Si_3N_4、SiC 与 AlN 陶瓷切削加工的特点是什么？

12.6　工程陶瓷材料的磨削有何特点？

12.7　试述磨削工程陶瓷材料时金刚石砂轮的选择原则（磨料、粒度、浓度与结合剂等）。

12.8　铸铁结合剂砂轮有何特点？

12.9　陶瓷材料的加工性如何评价更合适？

第 13 章　复合材料与复合构件的切削加工

13.1　概　　述

13.1.1　复合材料的概念

近 30 多年来，航天、航空、汽车、船舶、核工业等突飞猛进的发展，对工程结构材料性能的要求不断提高，传统的单一组成材料已很难满足要求，因而研制了一种新材料——复合材料。复合材料是由两种或两种以上的物理和化学性质不同的物质、经人工制成的多相组成的固体材料。实际上，复合材料早就存在于自然界中并被广泛应用。例如，木材就是天然的由木质素与纤维素复合而成的天然复合材料，钢筋混凝土则是由钢筋与砂石、水泥组成的人工复合材料。

复合材料的优越性在于它的性能比其组成材料好得多。第一，可改善或克服组成材料的弱点，充分发挥其优点，即“扬长避短”。例如，玻璃的韧性及树脂的强度都较低，可是二者的复合物——玻璃钢却有较高的强度和韧性，且质量很轻。第二，可按构件的结构和受力的要求，给出预定的、分布合理的配套性能，进行材料的最佳设计。例如，用缠绕法制成的玻璃钢容器或火箭壳体，当玻璃纤维方向与主应力方向一致时，可将该方向上的强度提高到树脂的 20 倍以上。第三，可获得单一组成材料不易具备的性能或功能。

13.1.2　复合材料的分类

复合材料可以由金属、高分子聚合物（树脂）和无机非金属（陶瓷）三类材料中的任意两类经人工复合而成，也可由两类或更多类金属、树脂或陶瓷来复合，故材料的复合范围很广。

复合材料为多组成相物质，系统组成见表 13-1。其组成相可分为两类，即基体相（连续相）和增强相（分散相）。前者起黏结作用，是复合材料的组成基体，后者起提高复合材料强度和刚度的作用。

复合材料的种类很多，可按不同的标准和要求来分类。

① 按其使用性能的不同可分为结构复合材料和功能复合材料两大类。

② 按基体材料的类型可分为树脂基复合材料、金属基复合材料和陶瓷基复合材料等（具体分类见图 13.1）。

③ 按增强相的形态可分为连续纤维增强复合材料、层叠增强复合材料、短纤维或晶须增强复合材料和颗粒增强复合材料等（见图 13.2）。

结构复合材料的研究和应用较多，发展很快。功能复合材料近些年也得到了较快的发展。

在文献资料中也有专指某些范围的名称，如近代复合材料、先进复合材料等。

表 13-1　复合材料的系统组成[77]

增强相			基体相		
			金属材料	无机非金属材料	有机高分子材料
金属材料	金属纤维（丝）		纤维/金属基复合材料	钢丝/水泥基复合材料	金属丝增强橡胶
	金属晶须		晶须/金属基复合材料	晶须/陶瓷基复合材料	
	金属片材				金属/塑料板
无机非金属材料	陶瓷	纤维	纤维/金属基复合材料	纤维/陶瓷基复合材料	
		晶须	晶须/金属基复合材料	晶须/陶瓷基复合材料	
		颗粒	颗粒/金属基复合材料		
	玻璃	纤维			纤维/树脂基复合材料
		粒子			粒子填充塑料
	碳	纤维	碳纤维/金属基复合材料	纤维/陶瓷基复合材料	纤维/树脂基复合材料
		炭黑			颗粒/橡胶 颗粒/树脂复合材料
有机高分子材料	有机纤维				纤维/树脂基复合材料
	塑料				
	橡胶				

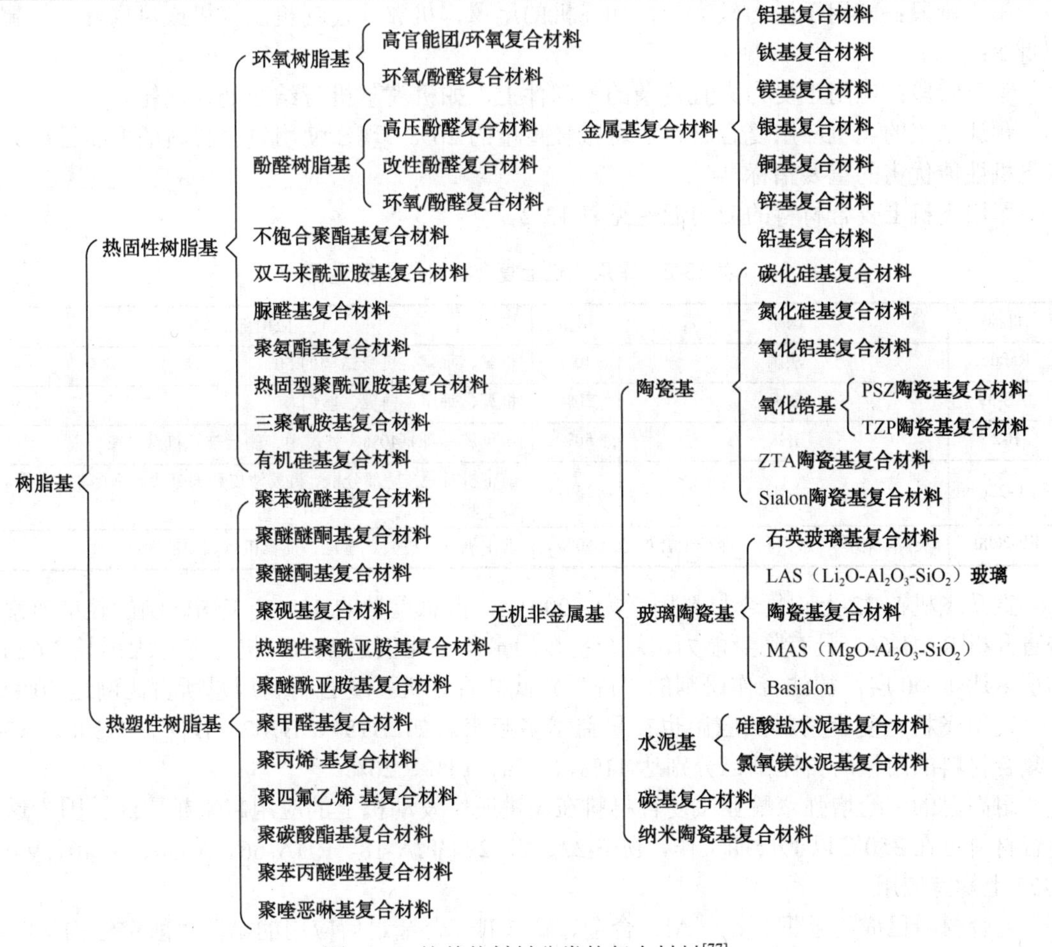

图 13.1　按基体材料分类的复合材料[77]

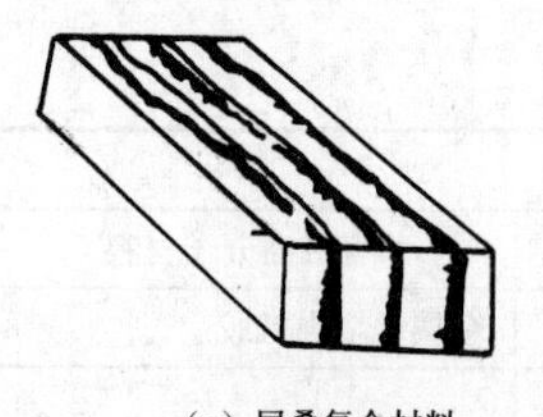

（a）层叠复合材料

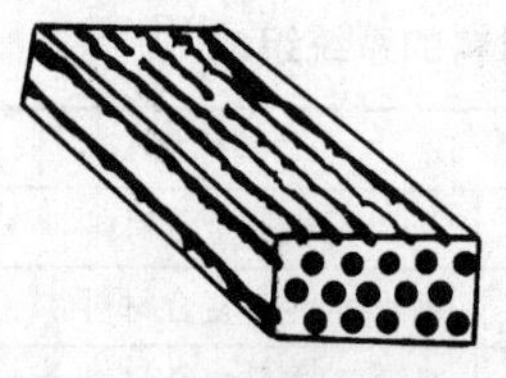

（b）连续纤维复合材料

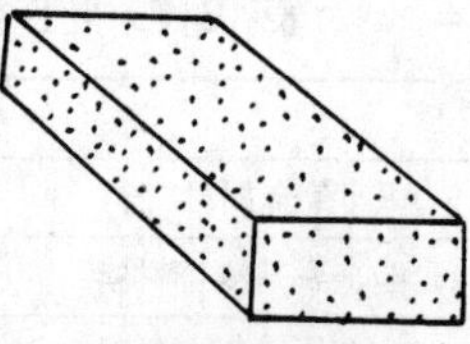

（c）颗粒复合材料

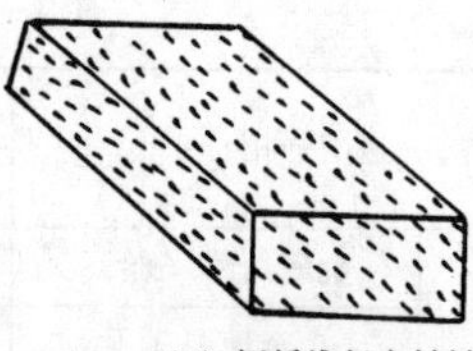

（d）短纤维复合材料

图 13.2　按增强相分类的复合材料[46]

13.1.3　复合材料的发展与应用

复合材料作为结构材料是从航空工业开始的。因为飞机的重量是决定飞机性能的主要因素之一。飞机重量轻，加速就快、转弯变向灵活、飞行高度高、航程远、有效载荷大。例如，F-5A 飞机，重量减轻 15%，用同样多的燃料可增加 10%左右的航程或多载 30%左右的武器，飞行高度可增高 10%，跑道滑行长度可缩短 15%左右。1 kg 的 CFRP（碳纤维增强复合材料）可代替 3 kg 的铝合金。

复合材料的应用始于 20 世纪 60 年代中期，其应用可分为三个阶段。

第一阶段：应用于非受力或受力不大的零部件上，如飞机的口盖、护板和地板等；

第二阶段：应用于受力较大件，如飞机的尾翼、机翼、发动机压气机或风扇叶片、尾段机身等；

第三阶段：应用于受力大且复杂的零部件上，如机翼与机身结合处、涡轮等。

预计未来的飞机应用复合材料后可减轻重量的 26%。现在使用复合材料的多少已成为衡量飞机性能优劣的重要指标。

军用飞机上复合材料的应用近况见表 13-2。

表 13-2　军用飞机上复合材料的应用近况

机种	国别	用量	应用部位
Rafale	法国	40%	机翼、垂尾、机身结构的 50%
JAS-39	瑞典	30%	机翼、垂尾、前翼、舱门
B-2	美国	50%	中央翼（身）40%，外翼中、侧后部、机翼前缘
F-22	美国	25%	前中机身蒙皮、部分框、机翼蒙皮和部分梁重垂尾蒙皮、平翼蒙皮和大轴
EF-2000	英国、德国、意大利、西班牙合作	50%	前中机身、机翼、垂尾、前翼机体表面的 80%

直升飞机 V-22 上，复合材料用量为 3 000 kg，占总重量的 45%；美国研制的轻型侦察攻击直升机 RAH-66，具有隐身能力，复合材料用量所占比例达 50%，机身龙骨大梁长 7.62 m，铺层多达 1 000 层；德法合作研制的“虎”式武装直升机，复合材料用量所占比例达 80%。

民用飞机上复合材料的应用也在日益增多起来。如 B757、B767、B777、A300、A340 上复合材料的用量所占比例已分别达 11%、15%、13%、20%。

耐高温的芳纶增强聚酰亚胺复合材料在先进航空发动机上的应用越来越广泛。因为这种复合材料可在 350℃以上长期工作，在 F-22、YF-22、F/A-18、RHA-66、A330、A340、V-22、B777 上均有应用。

复合材料已成为继钢、铝（Al）合金、钛（Ti）合金之后应用的第四大航空结构材料。

复合材料同样也在汽车上得到了逐步推广使用。20 世纪 70 年代中期，玻璃纤维增强复合材料 GFRP 代替了汽车里的铸锌后部天窗盖及安全防污染控制装置，使得汽车减重很多。

另外，复合材料在纺织机械、化工设备、建筑和体育器材方面也均有广泛应用。如 1979 年日本已制成玻璃纤维 GF，用碳纤维 CF 混杂增强聚酯树脂复合材料制成 75 m 长输送槽，还制成了叶片和机匣。

但树脂复合材料在更高温度下就不适应了，现已被纤维增强金属基复合材料 FRM 所代替，如人造卫星仪器支架，L 波段平面天线，望远镜及扇形反射面，抛物天线肋，天线支撑仪器舱支柱等航天理想结构件材料，非 FRM 莫属。

自从复合材料投入应用以来，有三项成果特别值得一提。一是美国全部用 CFRP 制成一架八座商用飞机——里尔一芳 2000 号，并试飞成功，该飞机总重仅为 567 kg，结构小巧、重量轻。二是采用大量复合材料制成的哥伦比亚号航天飞机（见图 13.3），主货舱门用 CFRP 制造，长 18.2 m×宽 4.6 m，压力容器用 Kevlar 纤维增强复合材料 KFRP 制造，硼铝复合材料制造主机身隔框和翼梁，碳/碳（C/C）复合材料制造发动机喷管和喉衬，硼纤维增强钛合金复合材料制成发动机传力架，整个机身上的防热瓦用耐高温的陶瓷基复合材料制造。在航天飞机上使用了树脂、金属和陶瓷基三类复合材料。三是在波音 767 大型客机上使用先进复合材料作为主承力结构（见图 13.4）。这架载客 80 人的客运飞机使用了 CF、KF、GF 增强树脂及各种混杂纤维的复合材料，不仅减轻了重量，还提高了飞机各项飞行性能。

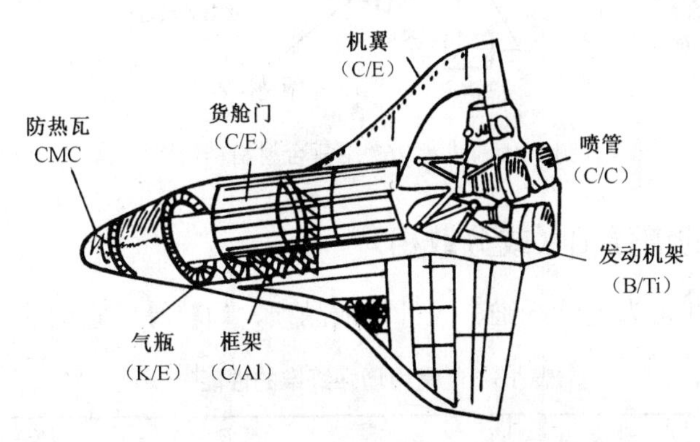

图 13.3　哥伦比亚号航天飞机用复合材料情况[77]

复合材料在这三种飞行器上的成功应用，表明了复合材料的良好性能和技术的成熟，给该种材料在其他重要工程结构上的应用开创了先河。

陶瓷基复合材料 CMC（Ceramic Matrix Composite）是近年兴起的一项热门材料，时间虽不长，但发展十分迅速。它的应用领域是高温结构，如能将航天发动机的燃烧室进口温度提高到 1 650℃，则其热效率可由目前的 30%提高到 60%以上，只有陶瓷基复合材料 CMC 才可胜任。CMC 将是涡轮发动机热端零部件（涡轮叶片、涡轮盘、燃烧室），大功率内燃机增压涡轮，固体火箭发动机燃烧室、喷管、衬环、喷管附件等热结构的理想材料。

文献报道，SiC 纤维增强 SiC 陶瓷基复合材料已得到成功应用，已用做燃气轮机发动机的转子、叶片、燃烧室涡形管；火箭发动机也通过了点火试车，可使结构重量减轻 50%。

SiC、Si_3N_4、Al_2O_3 和 ZrO_2 是 CMC 基体材料，增强纤维有 Al_2O_3、SiC、Si_3N_4 及碳纤维。纤维增强陶瓷基复合材料是综合现代多种科学成果的高新技术产物。

碳/碳（C/C）复合材料是战略导弹端头结构和固体火箭发动机喷管的首选材料。该复合材料不仅是极好的烧蚀防热材料，也是有应用前景的高温热结构材料。它已用于导弹端头帽，喷管和喉衬，飞机刹车片，航天飞机的抗氧化鼻锥帽，机翼前缘构件，刹车盘等。能耐高温 1 600~1 650℃，具有高比强度和比模量，高温下仍具有高强度、良好的耐烧蚀性能、摩擦性能和抗热震性能。

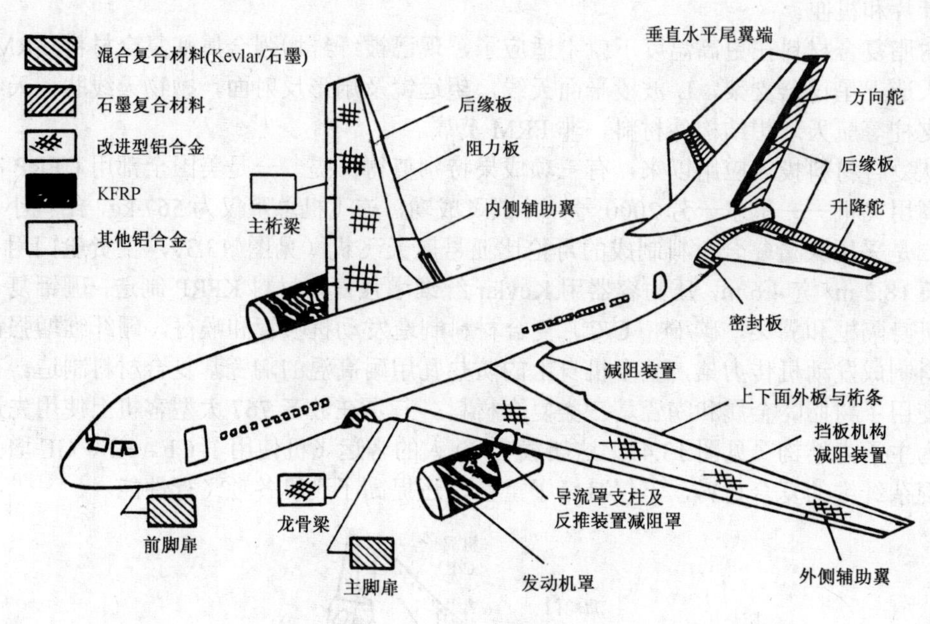

图 13.4　波音 767 用复合材料情况[46]

13.1.4　复合材料的增强相（或分散相）

复合材料的增强相可为连续纤维、短纤维或晶须、颗粒等，它们的性能见表 13-3。

表 13-3　常用增强纤维的性能[46]

纤维名称	ρ /(g/cm^3)	σ_b /MPa	E /GPa	伸长率 /(%)	稳定温度 /(℃)
铝硼硅酸盐玻璃纤维	2.5~2.6	1 370~2 160	58.9	2~3	700（熔点）
高模量玻璃纤维	2.5~2.6	3 830~4 610	(93~108)	4.4~5.0	<870
高模量碳纤维	1.75~1.95	2 260~2 850	(275~304)	0.7~1.0	2200
B 纤维	2.5	2 750~3 140	(383~392)	0.72~0.8	980
Al_2O_3 纤维	3.97	2 060	167	—	1 000~1 500
SiC 纤维	3.18	3 430	412	—	1 200~1 700
W 丝	19.3	2 160~4 220	(343~412)	—	—
Mo 丝	10.3	2 110	353	—	—
Ti 丝	4.72	1 860~1 960	118	—	—
Kevlar 纤维	1.43~1.46	5 000	134	2.3	500~900（分解）
SiC 晶须	3.19	(3~14)×10^3	490	ϕ0.1~ϕ1.0 μm	（熔点）2 690
SiC 颗粒	3.21	(σ_{bc})1 500	365		
Al_2O_3 颗粒	3.95	(σ_{bc})760	400		

13.1.5 复合材料的增强机理

在此以纤维增强复合材料为例分析其增强机理。增强纤维可与基体树脂用手糊法、压制法、缠绕法或喷射法成形。其增强机理可理解为，工作载荷是靠纤维增强复合材料中的增强纤维来承受的。

① 纤维是具有强结合键的物质或硬质材料（陶瓷、玻璃等），其内部往往有裂纹，容易断裂，表现出很大的脆性，使得强结合键的高强度不能得以充分利用。但是，若将这类硬质材料制成很细的纤维，由于纤维的横截面尺寸小，有的增强相还是单晶生成的晶须，裂纹出现的概率很小，即使有微裂纹，其长度也很小，因此在这种纤维或晶须增强的情况下，原本硬质增强相的脆性得到了明显的改善，即强度得到了显著的提高。

② 纤维处于基体之中，它们彼此又相互隔离，而纤维的表面又得到了基体的保护，不容易受到损伤，受载过程中也不易产生裂纹，这样就使得承载能力得到了增强。

③ 当复合材料整体受到较大应力时，一些有裂纹的纤维可能断裂了，但塑性和韧性较好的基体则能阻止裂纹的扩展。

④ 当纤维一旦受力断裂，断面不可能都在一个平面上，欲使复合材料整体断裂，必须有许多根纤维从基体中拔出，以克服基体对纤维的黏结力，这相当于复合材料的断裂强度得到了很大的提高。

13.2 纤维增强树脂基复合材料 FRP 简介

13.2.1 FRP 的性能特点

1．具有高比强度和比刚度

比强度 = 强度/密度（MPa/(g/cm^3) = ($\times10^6$ N/m^2)/($\times10^3$ kg/m^3) = $\times10^3$ m^2/s^2），

比刚度（比弹性模量）= 弹性模量/密度（$\times10^6$ m^2/s^2）[85]

表 13-4 给出了各类工程结构材料的性能比较情况。

表 13-4 各种工程结构材料的性能比较表[46]

工程结构材料	ρ/(g/cm^3)	σ_b /MPa	$E\times10^3$/MPa	比强度 σ_b/ρ /($\times10^3$ m^2/s^2)	比弹性模量 E/ρ /($\times10^6$ m^2/s^2)
钢	7.8	1 010	206	129	26
铝合金	2.8	461	74	165	26
钛合金	4.5	942	112	209	25
玻璃钢	2.0	1 040	39	520	20
碳纤维Ⅱ/环氧树脂	1.45	1 472	137	1 015	95
碳纤维Ⅰ/环氧树脂	1.6	1 050	235	656	147
有机纤维/环氧树脂	1.4	1 373	78	981	56
硼纤维/环氧树脂	2.1	1 344	206	640	98
硼纤维/铝	2.65	981	196	370	74

2．抗疲劳性能好

图 13.5 为几种材料的疲劳曲线。可见，纤维增强复合材料抗疲劳性能好，因为纤维缺陷

少，故抗疲劳强度高，基体塑性好，能消除或减小应力集中区（包括大小和数量）。如碳纤维增强复合材料的疲劳强度为抗拉强度 σ_b 的 70%~80%，而一般金属材料仅为其 σ_b 的 30%~50%。

3．减振能力强

图 13.6 为碳纤维增强复合材料和钢的阻尼特性曲线。

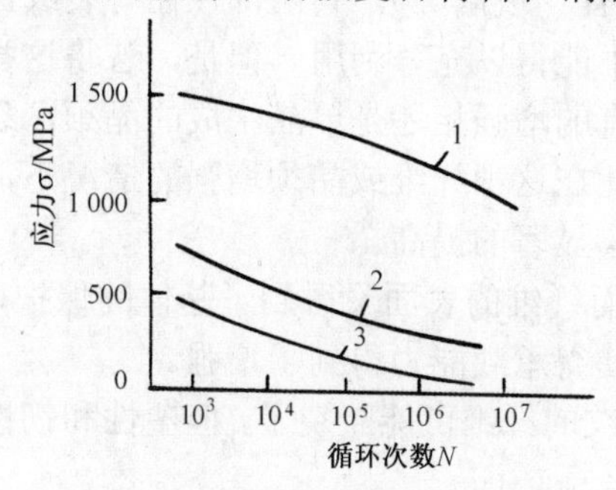

1—碳纤维复合材料，2—玻璃钢，3—铝合金

图 13.5　几种材料的疲劳曲线[46]

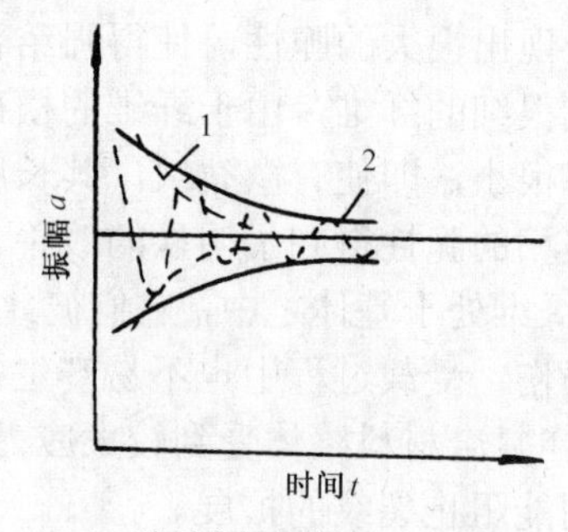

1—碳纤维复合材料，2—钢

图 13.6　两种材料的阻尼特性曲线[46]

4．断裂安全性好

纤维增强复合材料单位截面积上有无数根相互隔离的细纤维，受力时将处于静不定的力学状态。过载会使其中的部分纤维断裂，但应力随即迅速进行重新分配，由未断的纤维承受负载，这样就不至于造成构件的瞬间断裂，故断裂安全性好。

此外还有些其他优异性能，但成本较高，故应用还受到一定限制。

13.2.2　影响 FRP 性能的其他因素

纤维增强复合材料的性能除了决定于基体相和增强相的性能及制取方法外，还与纤维的配置方向有关，见表 13-5。

表 13-5　碳纤维配置方向对碳纤维增强复合材料性能的影响[46]

性能	纤维配置方向	数值
σ_b //（MPa）	顺向（//）	1 540
$\sigma_b \perp$（MPa）	垂向（⊥）	56
E_b //（MPa）	顺向（//）	120×10^3
$E_b \perp$（MPa）	垂向（⊥）	10.1×10^3
σ_{bb} //（MPa）	顺向（//）	1 700
E_{bb} //（MPa）	顺向（//）	115×10^3
σ_{bc} //（MPa）	顺向（//）	1 280
层间 τ（MPa）	—	97
G（MPa）	—	4.15×10^3
泊松比	顺向（//）	0.35
泊松比	垂向（⊥）	0.029 3

注：① 作用力与纤维方向平行，记为//，作用力与纤维方向垂直，记为⊥；

② 纤维体积含有率 V_f= 60%。

13.2.3 常用的FRP

目前，作为工程结构材料应用较多的纤维增强复合材料有：玻璃纤维增强复合材料，碳纤维增强复合材料，芳纶（Kevlar）纤维增强复合材料及硼纤维增强复合材料等。它们均属纤维增强树脂基复合材料，亦称纤维增强塑料FRP。

因基体树脂有热塑性和热固性之分，故树脂基复合材料也有热塑性和热固性之分。尼龙（聚酰胺）、聚烯烃类、聚苯乙烯类、热塑性聚酯树脂和聚碳酸酯等五种属热塑性树脂；而酚醛树脂、环氧树脂、不饱和聚酯树脂和有机硅树脂等四种则属热固性树脂。酚醛树脂出现得最早，环氧树脂的性能较好，应用较普遍。常用树脂的性能见表13-6。

表13-6　常用基体树脂的性能[46]

性能	环氧树脂	酚醛树脂	聚酰亚胺	聚酰胺酰亚胺	聚酯酰亚胺
σ_b/MPa	35~84	490~560	1197	945	1 064
σ_{bb}/MPa	14~35	—	35	49	35
ρ/(g/cm^3)	1.38	1.30	1.41	1.38	—
可持续工作温度/(℃)	24~88	149~178	260~427	—	173
α/(×10^{-6} 1/℃)	81~112	45~108	90	63	56
k/[W/(m·℃)]	0.25	0.28	—	—	—
吸水率24h/(%)	0.1	0.1~0.2	0.3	0.3	0.25

1. 玻璃纤维增强复合材料GFRP

Grass Fiber Reinforced Plastics，简称GFRP，亦称玻璃钢。它是第二次世界大战期间出现的，它的某些性能与钢相似，能代替钢使用，玻璃钢由此而得名。但质量轻，比强度和比刚度高，现在已成为一种重要的工程结构材料。

玻璃钢中的玻璃纤维主要是由SiO_2玻璃熔体制成，性能见表13-3。

玻璃钢的种类、性能及用途见表13-7。

表13-7　玻璃钢的种类、性能及用途[46]

<table>
<tr><th colspan="3">玻璃钢种类</th><th>性能与用途</th></tr>
<tr><td rowspan="2">玻璃钢</td><td>热塑性玻璃钢</td><td>玻璃纤维增强尼龙
玻璃纤维增强苯乙烯</td><td>强度超过铝合金而接近镁合金，玻璃纤维增强尼龙的强度和刚度较高，耐磨性也较好，可代替有色金属制造轴承、轴承架与齿轮等，还可制造汽车的仪表盘、车灯座等；玻璃纤维增强苯乙烯可用于汽车内装制品、收音机和照相机壳体、底盘及空气调节器叶片等</td></tr>
<tr><td>热固性玻璃钢</td><td>酚醛树脂玻璃钢
环氧树脂玻璃钢
不饱和聚酯树脂玻璃钢
有机硅树脂玻璃钢</td><td>比强度高于铝、铜合金，甚至高于合金钢，但刚度较差，仅为钢的1/10~1/5，耐热性不高（<200℃），易老化和蠕变。性能主要取决于基体树脂。应用广泛，从机器护罩到复杂形状构件，从车身到配件，从绝缘抗磁仪表到石油化工中的耐蚀耐磨容器、管道等</td></tr>
</table>

2. 碳纤维增强复合材料CFRP

Carbon Fiber Reinforced plastics，简称CFRP。它是20世纪60年代迅速发展起来的无机材料。碳纤维增强复合材料中的增强纤维——碳纤维的性能见表13-3。基体可为环氧树脂和酚醛树脂等。碳纤维增强复合材料的性能见表 13-4，由表可见，很多性能优越于玻璃钢，可用来作为宇宙飞行器的外层材料、人造卫星和火箭的机架、壳体及天线构架，还可作为齿轮、轴承等承载耐磨零件。

3. 芳纶（Kevlar）纤维增强复合材料

Kevlar Fiber Reinforced Plastics 简称 KFRP。它的增强纤维是芳香族聚酰胺纤维，是有机合成纤维（我国称芳纶纤维）。Kevlar 是美国杜邦（Du Pont）公司开发的一种商品名（德国恩卡公司商品名为 Arenka），是由对苯二甲酰氯和对苯二胺经缩聚反应而得到的芳香族聚酰胺经抽丝制得的，其性能见表 13-3。芳纶用于防弹衣、头盔约占 7%~8%，航空航天材料、体育用材料占 40%，轮胎、胶带骨架材料占 20%，高强度绳索占 13%（见图 13.7）。芳纶复合材料可制造导弹的固体火箭发动机壳、压力容器、宇宙飞船驾驶舱、潜艇、防弹装甲车及运钞车、防弹板等。

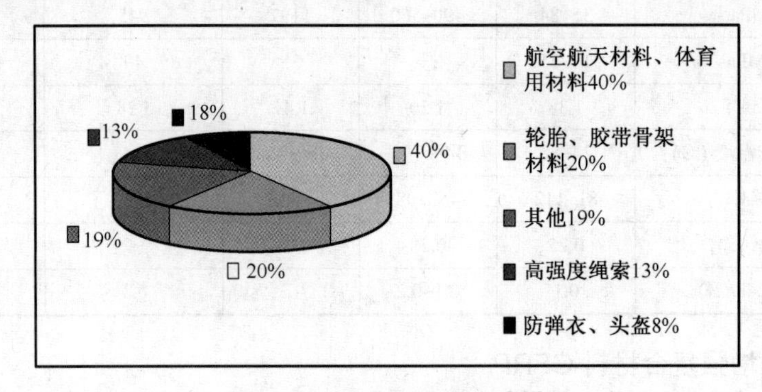

图 13.7　芳纶的应用情况[130]

此外，还有硼纤维增强复合材料（BFRP）等，其性能见表 13-4。

图 13.4 给出的波音 767 飞机上纤维增强复合材料 FRP，主要使用的是 CFRP 和 KFRP。1980 年纤维增强复合材料约占飞机机体质量的 5%，1990 年已占 30%~50%（见图 13.8 所示的民用客机机体材料的预测情况）。以前是以 GFRP 为主，今后将以 CFRP、KFRP 及 BFRP 取代之。表 13-8 给出了飞机机体材料的性能比较情况。

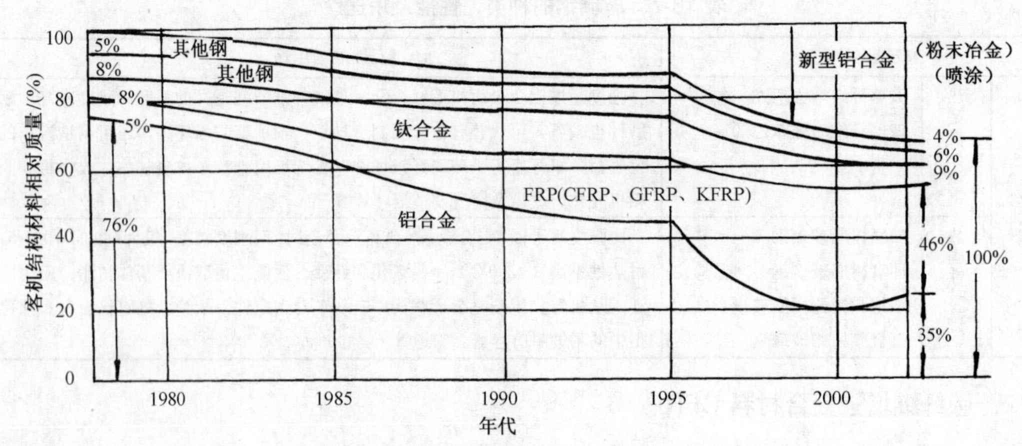

图 13.8　民用客机机体材料的预测情况[46]

表 13-8　飞机机体材料的性能比较表[46]

材料	项目	ρ/(g/cm^3)	σ_b /MPa	σ_b / ρ /($\times10^3$ m^2/s^2)
铝合金	硬铝（飞机合金）	2.8	490	175
	超硬铝	2.8	580	207
	Al-Li 合金	2.4	530	221
钛合金	Ti-6Al-4V（时效）	4.5	1 190	253
	Ti-6Al-4V（退火）	4.5	950	202
	β-钛合金（时效）	4.8	1 260	268
钢	4340（40CrNiMoA）	7.8	1 410	181
复合材料	CFRP	1.6	1 500	937
	KFRP	1.4	1 400	1 000
	BFRP	2.0	1 750	875

13.3　FRP 的切削加工

13.3.1　FRP 的切削加工特点

1．切削温度高

FRP 切削层材料中的纤维有的是在拉伸作用下切除的，有的是在剪切弯曲联合作用下切除的。由于纤维的抗拉强度较高，要切断需要较大的切削功率，加之粗糙的纤维断面与刀具的摩擦严重，生成了大量的切削热，但是 FRP 的导热系数比金属要低 1~2 个数量级（45 钢的 k= 50.24 W/ (m·℃)，而 CFRP 的 k= 4.19 W/ (m·℃)），在切削区定会形成高温。由于有关 FRP 切削温度的报道很少，加之不同测温方法测得的切削温度差别又很大，故在此很难给出比较确切的切削温度值。

2．刀具磨损严重、使用寿命低

切削区温度高且集中于刀具切削刃附近很狭窄的区域内，纤维的弹性恢复及粉末状的切屑又剧烈地擦伤切削刃和后刀面，故刀具磨损严重、使用寿命低。

3．产生沟状磨损

用烧结材料（硬质合金、陶瓷、金属陶瓷）作为刀具切削 CFRP 时，后刀面有可能产生沟状磨损，详见图 13.13 和图 13.24。

4．产生残余应力

加工表面的尺寸精度和表面粗糙度不易达到要求，容易产生残余应力，原因在于切削温度较高，增强纤维和基体树脂的热胀系数差别又太大。

5．要控制切削温度

切削纤维增强复合材料时，温度高会使基体树脂软化、烧焦、有机纤维变质，因此必须严格限制切削速度，即控制切削温度。使用切削液时要十分慎重，以免材料吸入液体影响其使用性能。

13.3.2 FRP 的车削加工

1. 车削条件

（1）试件

GFRP 管材，$\phi54$ mm×$\phi28$ mm，纤维角$\theta=54°$，单纤维缠绕法（FW）制成，纤维体积含有率（或体积含量、体积分数）$V_f=64.5\%$；

CFRP 管材，$\phi122$ mm×$\phi102$ mm×100 mm，$\theta=60°$，FW 法制成，$V_f=64.5\%$。

（2）刀具

可转位车刀，$\gamma_o=-5°$，$\gamma_s=-5°$，$\alpha_o=\alpha'_o=5°$，$\kappa_r=75°$，$\kappa'_r=15°$，$r_\varepsilon=0.8$ mm；

刀片材料：硬质合金 P20，M10，K10；

陶瓷　白色 Al_2O_3 陶瓷（CW—Ceramic White），

黑色 Al_2O_3 陶瓷（CB—Ceramic Black）；

金属陶瓷 TiC，TiN，TaN。

（3）切削用量

$a_p=1.0$ mm，$f=0.1$ mm/r。

（4）切削方式

车端面，湿切。

2. 切削加工特点

（1）纤维角θ影响加工表面质量、切削力和刀具磨损

如图 13.9 所示，切削速度υ_c方向与纤维配置方向之间的夹角称为纤维角，记为θ。FRP 中的纤维折断破坏的形式决定着加工表面状态，$\theta>90°$［见图 13.9（a）］称为顺切，此时纤维是被拉伸破坏切离工件的，切断的纤维断面与后刀面间的接触面积较大，摩擦较严重，故刀具磨损较快，磨损值也大，约为逆切时的 10 倍；由于纤维的抗拉强度较大（见表 13-9），故切削力也较大［见图 13.10（a）和图 13.10（b）］，但加工表面粗糙度较小，$Rz=10\sim30$ μm［见图 13.10（c）］。

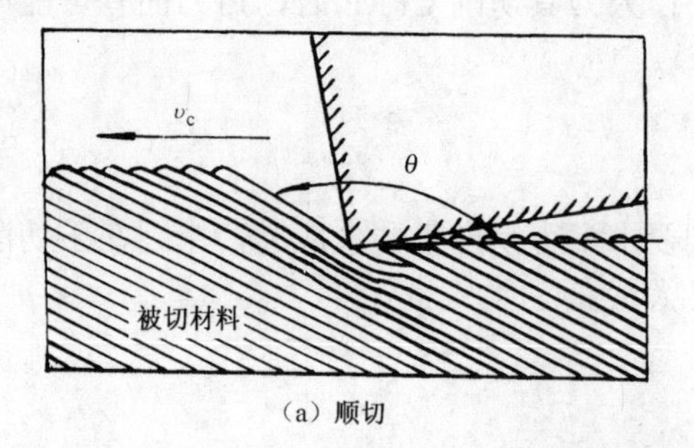

（a）顺切

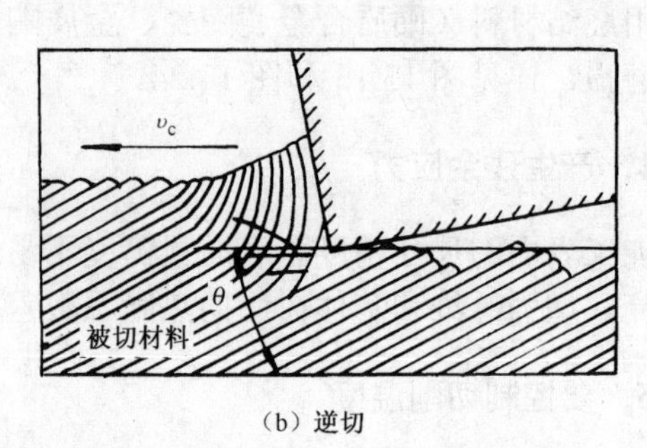

（b）逆切

图 13.9　FRP 的顺切与逆切[46]

纤维角$\theta < 90°$的切削称为逆切［见图 13.9（b）］。由于纤维是被切削刃的剪切弯曲联合作用切断的，纤维的剪切强度、抗弯强度比抗拉强度低得多（如聚酯玻璃钢，$\sigma_b = 430\,\text{MPa}$，$\sigma_{bb} = 270\,\text{MPa}$，$\tau_s = 4.1 \sim 5.5\,\text{MPa}$），剪断的纤维断面与后刀面的接触面积小，与后刀面的摩擦较小，故切削力较小；刀具磨损较缓慢［见图 13.10（a）和图 13.10（b）］，但加工表面粗糙度较大，$Rz = 70 \sim 80\ \mu\text{m}$［见图 13.10（c）］。

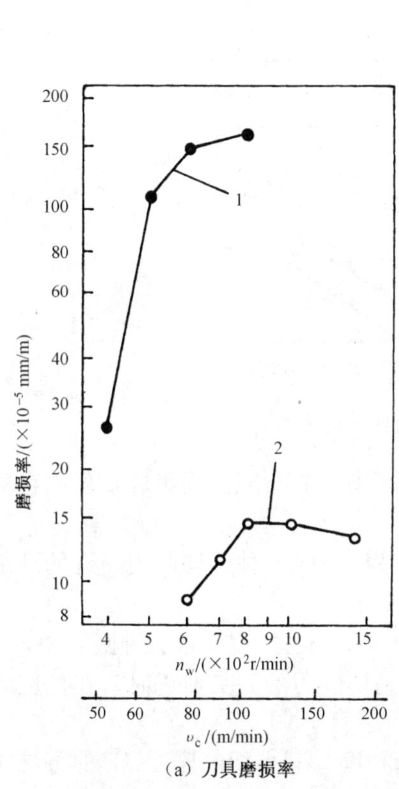

（a）刀具磨损率

刀具：P20；$a_p = 1.0$ mm，$f = 0.1$ mm/r；湿切，

1—顺切，2—逆切

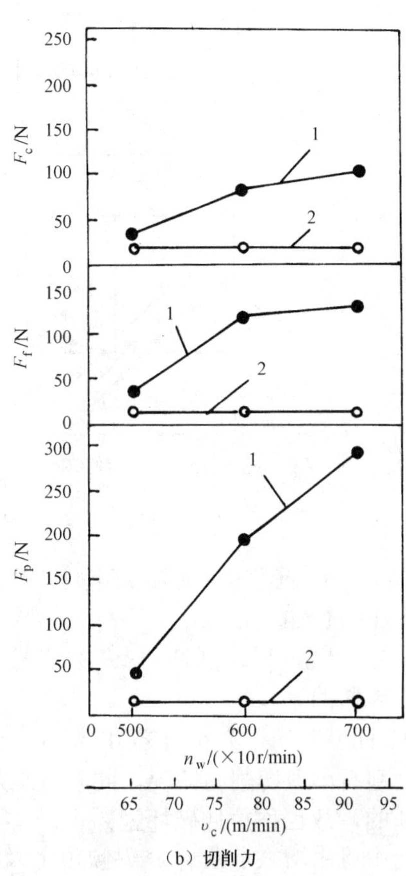

（b）切削力

条件同（a）：1—顺切，2—逆切

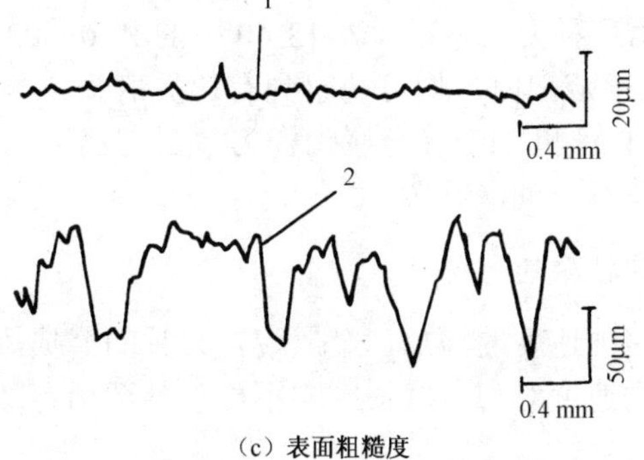

（c）表面粗糙度

$n_w = 500$ r/min ($v_c = 84$ m/min)，其余同（a）

1—顺切，2—逆切

图 13.10　顺切与逆切时的刀具磨损、切削力及表面粗糙度[46]

把纤维角$\theta<90°$的逆切情况可分为$\theta<60°$和$60°<\theta<90°$两种情况。

① $\theta<60°$称为下方破坏型。此时，纤维是在切削层下方被剪切弯曲联合作用切断的［见图 13.11（a)］；$\theta=45°$时，表面粗糙度 Ry 和加工变质层 h_c 最大（见图 13.12)。

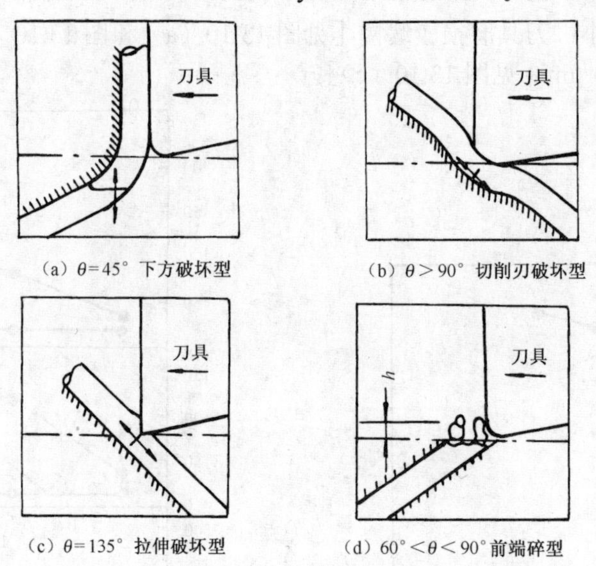

（a）$\theta=45°$ 下方破坏型　（b）$\theta>90°$ 切削刃破坏型

（c）$\theta=135°$ 拉伸破坏型　（d）$60°<\theta<90°$ 前端碎型

图 13.11 切削 FRP 时纤维的破坏机理模型[46]

② $60°<\theta<90°$称为前端破碎型。纤维前端受到切削刃的压应力而破碎，表面粗糙度较小［见图 13.11（d)］。

图 13.11（b）所示为$\theta=135°$的情况，是切削刃破坏型的一种。切削刃附近的纤维是被局部弯曲破断的。

图 13.11（c）所示为$\theta=135°$的情况，是另一种切削刃破坏型，是切削刃钝圆半径$r_n<1\ \mu m$的单晶金刚石车刀切削的情况。此时纤维是在具有锋利切削刃的刀具前进时，在拉应力作用下被切断的，故也称拉伸破坏型。

生产中可用增大前角γ_o、刃倾角λ_s及切削刃的锋利度，减小切削厚度 h_D 的方法来提高加工表面质量，尽量在$\theta>90°$情况下切削，但这不容易做到。

（2）刀具的磨损形态

切削 GFRP 时，不论用哪种刀具材料（表 13-10 中的 K10、P20、M10、TiC、TiN、TaN、CW、CB），在不同切削速度范围内，均可观察到有边界磨损；当磨损量较小时呈带状，磨损量较大时呈三角状。在 TiN 和 TiC 等金属陶瓷刀具后刀面上还可观察到一种特殊的磨损沟（见图 13.13），沟间距与纤维间隔有关。

（3）切削速度对刀具磨损率的影响

切削 CFRP 时，随着切削速度的增加，金属陶瓷刀具的磨损值增大较多，即刀具磨损率大。而其他刀具材料，切削速度对刀具磨损影响不显著甚至稍有减小，如图 13.14 所示。

（4）刀具材料性能对刀具磨损率的影响

由图 13.15 和表 13-10 可知，刀具材料的抗压强度σ_{bc}越大，热胀系数α越小，硬度越高，刀具磨损率越小。

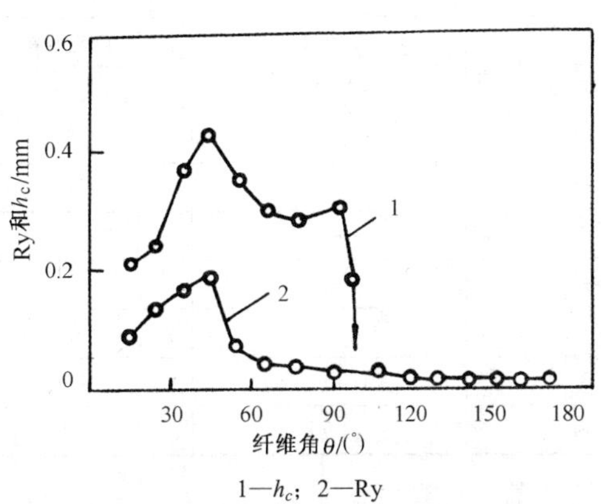

1—h_c；2—Ry

高速钢刀具$\gamma_o=0°$；$a_p=0.1$ mm；直角自由切削

图 13.12　θ与Ry、h_c的关系[46]

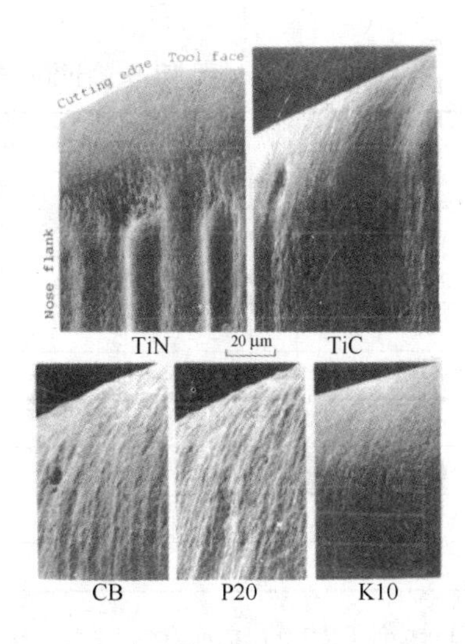

图 13.13　几种刀具材料的后刀面磨损沟[46]

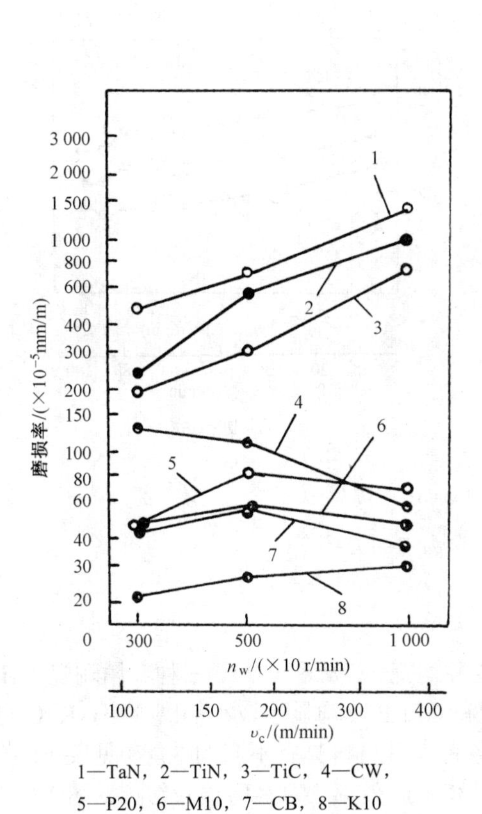

1—TaN，2—TiN，3—TiC，4—CW，

5—P20，6—M10，7—CB，8—K10

$a_p=1.0$ mm，$f=0.1$ mm/r；湿切 CFRP

图 13.14　不同刀具材料时切削速度与刀尖磨损率关系[46]

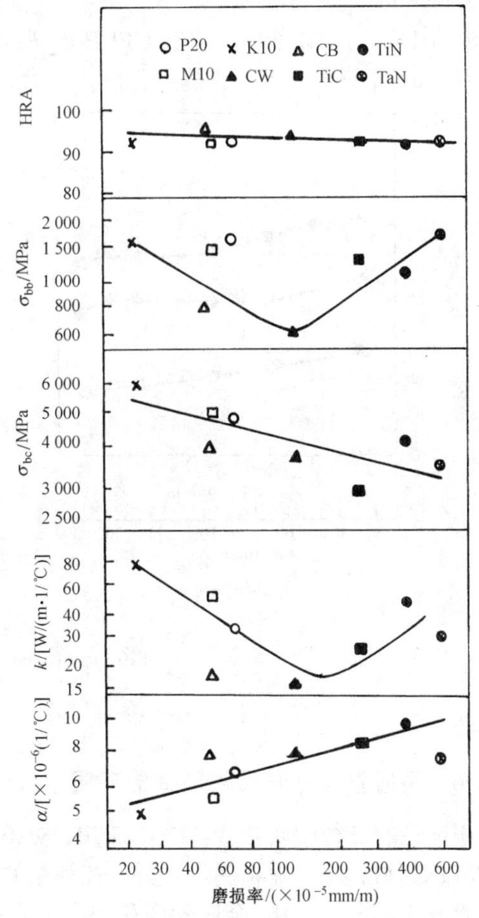

$a_p=1.0$ mm，$f=0.1$ mm/r；湿切

图 13.15　切削 GFRP 时刀尖磨损率与刀具材料性能的关系[46]

表 13-9 纤维增强复合材料及其增强纤维的性能[46]

性能	纤维复合材料		增强纤维	
	CFRP	GFRP	碳纤维	玻璃纤维
σ_b/MPa	1 565	55	2 745	1 470
$E\times10^3$/MPa	142	7.8	225	73
伸长率/(%)	0.5	—	1.2	4
σ_{bc}/MPa	1 127	137	—	—
σ_{bb}/MPa	1 716	49	—	—
α/($\times10^{-6}$l/℃)	0.2	0.18~0.28	—	5
k/(W/m·℃)	4.19	0.3	（124）纵向	1.04
ρ/(g/cm^3)	—	0.80	1.74	2.54

（5）切削 FRP 的切削力

切削 FRP 时的切削力，总的来说，比切削金属小得多，且各向分力的大小也有不同。切削 CFRP 时，主切削力 F_c（F_z）远小于背向力 F_p（F_y）；而切削 GFRP 时则不然，$F_p < F_c$（见图 13.16）。υ_c 相同时，切削 CFRP 的 F_p 约为 GFRP 的 5~6 倍，F_c 仅是切削 GFRP 的近 1 倍左右，原因在于 CFRP 的抗拉强度大。

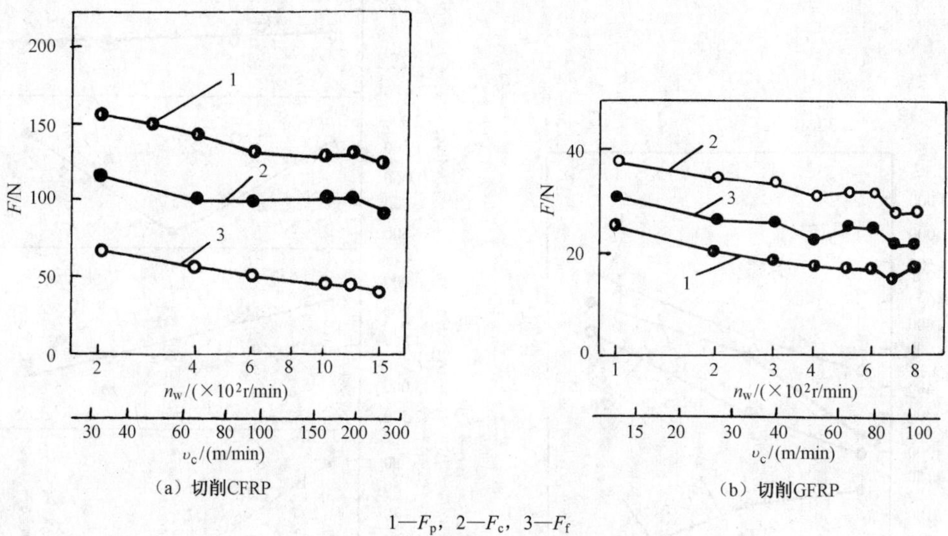

（a）切削CFRP　　（b）切削GFRP

1—F_p，2—F_c，3—F_f

P20；a_p = 1.0 mm，f = 0.1 mm/r；湿切

图 13.16　切削速度 υ_c 与切削力 F 的关系[46]

（6）不同刀具材料的切削性能不同

在试验的三种硬质合金（K10、P20、M10）、两种陶瓷（CW 和 CB）、三种金属陶瓷（TiC、TiN、TaN）材料中，除金属陶瓷外，在切削 CFRP 和 GFRP 时均显示较小的磨损率，K10 的切削性能最佳，陶瓷居中，金属陶瓷最差。这是因为各种刀具材料具有不同的性能（见表 13-10）。

如果用聚晶金刚石，则能提高加工表面的质量和生产效率，刀具磨损较缓（见图 13.17）。据报道，CBN 刀具加工 FRP 时的磨损率较大，天然金刚石刀具的后刀面磨损也较大，因此必须依具体情况具体分析后再选择。

表 13-10　不同刀具材料的物理力学性能[46]

刀具材料 / 性能	硬质合金			陶瓷		金属陶瓷		
	P20	M10	K10	CW	CB	TiC	TiN	TaN
硬度（HRA）	91.5	92.5	92.0	93~94	94~95	92~93	91.0	91.5
σ_{bb} /MPa	1 570	1 470	1 570	570	780	1 180~1 370	1 090	1 670
σ_{bc} /MPa	4 710	4 900	6 080	3 430~3 920	3 920	2 940	4 120	3 430
$E/(\times10^3\text{MPa})$	530	570	680	410	450	350	470	400
k/(W/m · ℃)	33.5	50.0	79.0	16.7	18.0	25.1	46.1	29.3
$\alpha/(\times10^{-6}$1/℃)	6.8	5.5	5.0	8.0	7.8	8.3	7.6	7.4

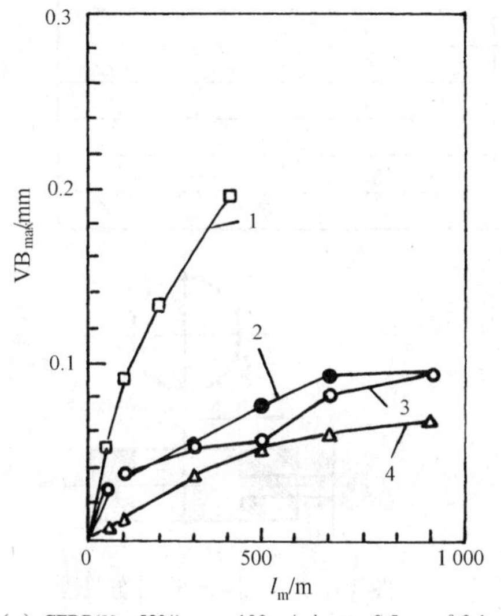

（a）CFRP(V_f =52%) ;v_c =100 m/min, a_p=0.5mm, f=0.1 mm/r,湿切

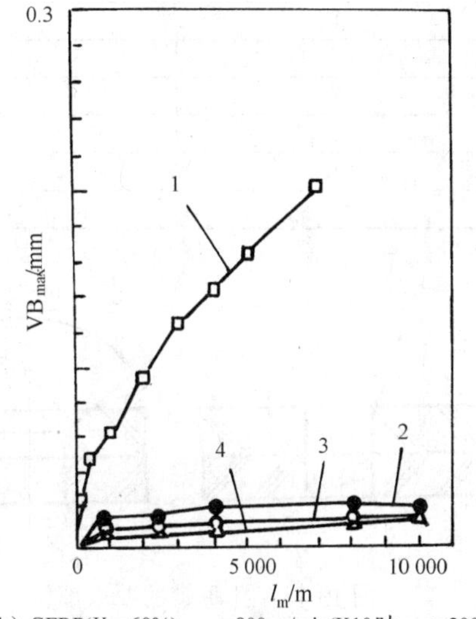

（b）GFRP(V_f =60%) ; v_c =800 m/min(K10时, v_c = 200 m/min)
湿切,其余同（a）

1—K10，2—金刚石涂层（7%Co），3—金刚石涂层（15%Co），4—聚晶金刚石

图 13.17　切削 CFRP 和 GERP 时刀具的磨损情况[46]

13.3.3　FRP 的钻孔

1．对钻孔的质量要求

钻孔是 FRP 加工的主要工序，可选用高速钢钻头和硬质合金钻头。因为孔的质量对复合材料的结构强度有较大影响，要确保装配后的质量，必须对 FRP 的钻孔质量提出一些合适的要求：

① 孔的入出口处是否有分层和剥离现象，程度如何；

② 孔壁的 FRP 是否有熔化现象；

③ 孔表面是否有毛刺；

④ 孔表面粗糙度和变质层深度应在一定范围内。

根据国外标准并结合我国的实际情况，有关部门制定了有关钻孔的质量标准，简介如表 13-11、表 13-12 和图 13.18~图 13.21 所示[77]。

表 13-11　对孔的质量要求

部位	质量要求
1	表面层无分层，孔入口处无分层、孔边缘毛刺应清除
2	沉头窝与孔的同轴度不大于 0.08 mm
3	孔壁面损伤在 0.25 mm×0.33 mm 内（见图 13.18）
4	孔出口边缘与孔夹层边缘的毛刺必须清除
5	孔出口边缘损伤 Wxh（见图 13.19），范围见表 13-12，损伤包括分层剥离（见图 13.20）、掉渣，边缘毛刺应清除

表 13-12　孔出口边的损伤允许范围　　/mm

孔径ϕ/mm	h_{max}	W_{max}
3	0.4	1.3
4	0.4	2.0
5	0.4	2.5
6	0.4	2.5
8	0.4	3.0
10	0.4	3.0
12	0.4	3.0

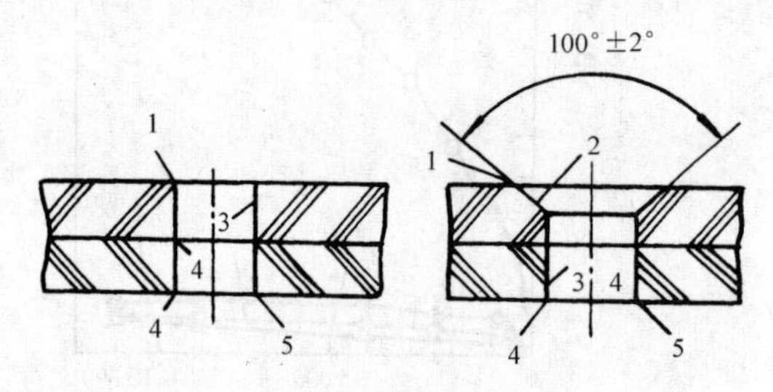

图 13.18　孔质量的要求部位

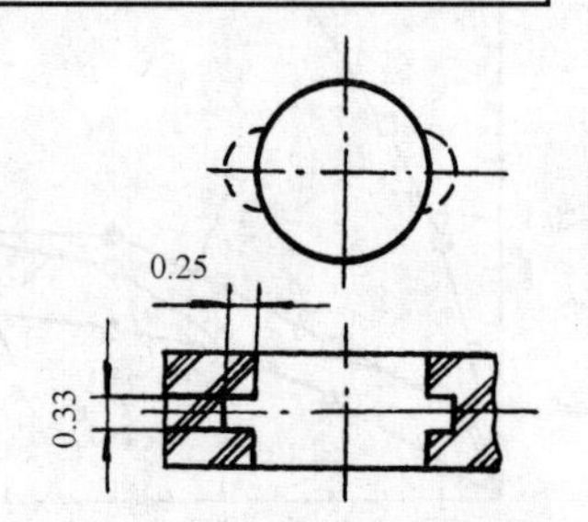

图 13.19　孔壁面的损伤范围

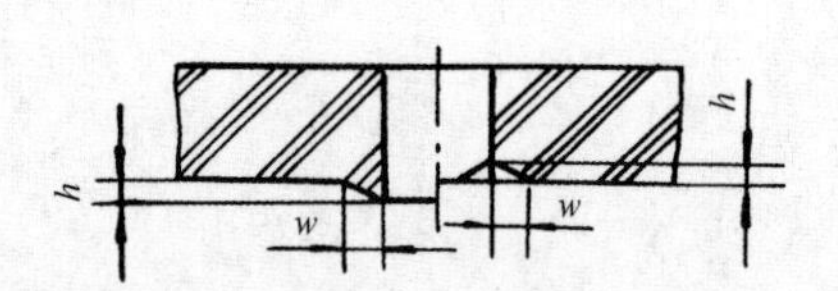

图 13.20　孔出口边缘的损伤范围

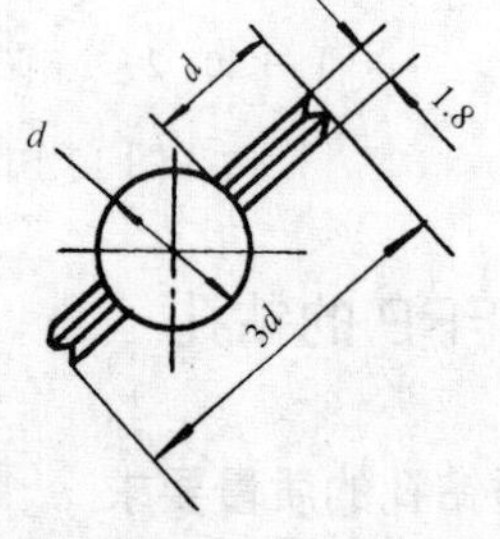

图 13.21　孔出口的分层剥离范围

据资料介绍，有人做过 FRP 钻孔试验。试验材料、试验方法和钻头参数分别见表 13-13、表 13-14 和表 13-15。试验用硬质合金钻头如图 13.22 所示，性能见表 13-16。

表 13-13　试验材料[46]

材料 项目	GFRP	CFRP
基体树脂	环氧树脂	环氧树脂
板厚/mm	10	10
纤维含有率 V_f/(%)	约 35	约 55
纤维层数	50	24

表 13-14 试验方法[46]

切削条件＼刀具材料	高速钢	硬质合金
	W6Mo5Cr4V2	K01、P10、FG（细晶粒）
n_0/(r/min)	3 500	3 500
f/(mm/r)	0.05	0.05
钻孔数	50	500
干切或湿切	干切	干切

表 13-15 试验用钻头参数[46]

参数＼材料	高速钢	硬质合金	参数＼材料	高速钢	硬质合金
	W6Mo5Cr4V2	K01，P10，FG		W6Mo5Cr4V2	K01，P10，FG
直径 d_0/mm	3	3	螺旋角 β	30°	30°
全长/mm	70	45	后角 α_f	21°	10°
螺旋沟长度/mm	45	25	顶角刃磨方式	普通圆锥磨法	二段平磨法
钻心厚度/mm	0.6	0.6	伸出长度/mm	45	35
顶角 2ϕ	118°	118°			

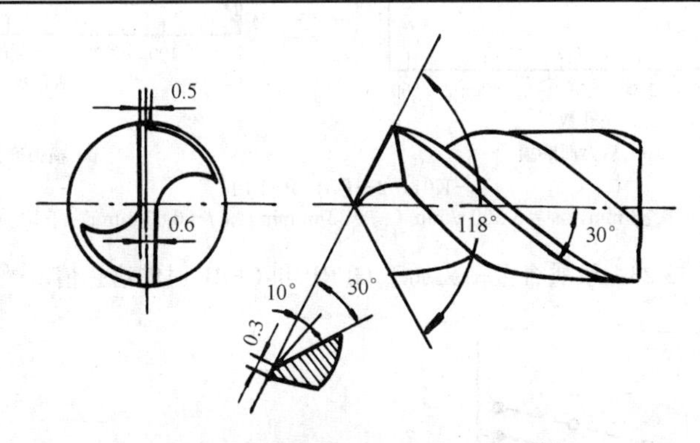

图 13.22 试验用硬质合金钻头[46]

表 13-16 试验用硬质合金的性能[46]

材料	硬度（HRA）	σ_{bc} /MPa	$E\times10^3$/MPa	k/(W/m · ℃)	σ_{bc} /MPa	α/($\times10^{-6}$ 1/℃)
K01	92.4	1 770	630	109	6 080	4.7
FG	94.5	1 570	780	75	7 350	4.5
P10	91.7	1 620	470	25	4 900	6.2

2．钻削特点

（1）钻头的磨损形态

钻削试验证明，不论高速钢钻头还是硬质合金钻头，不论加工哪种 FRP，磨损都从钻心向外缘加大，且多发生在后刀面和横刃处，以后刀面磨损为大，钻 CFRP 时磨损值为钻 GFRP 的数倍（见图 13.23 和图 13.24）。用硬质合金钻头钻削 FRP 时，在与切削刃上各点的切线方向上会形成集中磨损沟，就像丝线快速擦过梳齿时形成的集中磨损沟一样，这是切削纤维复合材料时特有的磨损形态（见图 13.25）。这种磨损沟的初期塌陷可能是由于刀具材料烧结时未碳化的物质及其他缺陷造成的。图 13.25（a）所示为加工前的刃磨表面，图 13.25（b）所示为钻 25 个孔时出现的塌陷沟（在左端），钻 300 个孔磨损沟就较明显了（见图 13.25（d）），钻 500 个孔时磨损沟如图 13.25（e）所示。图 13.26 所示为硬质合金 FG 钻头钻 CFRP 的盲孔断面，用已产生磨损沟的钻头加工出的孔壁底均有残留纤维材料（见图 13.26（b））。

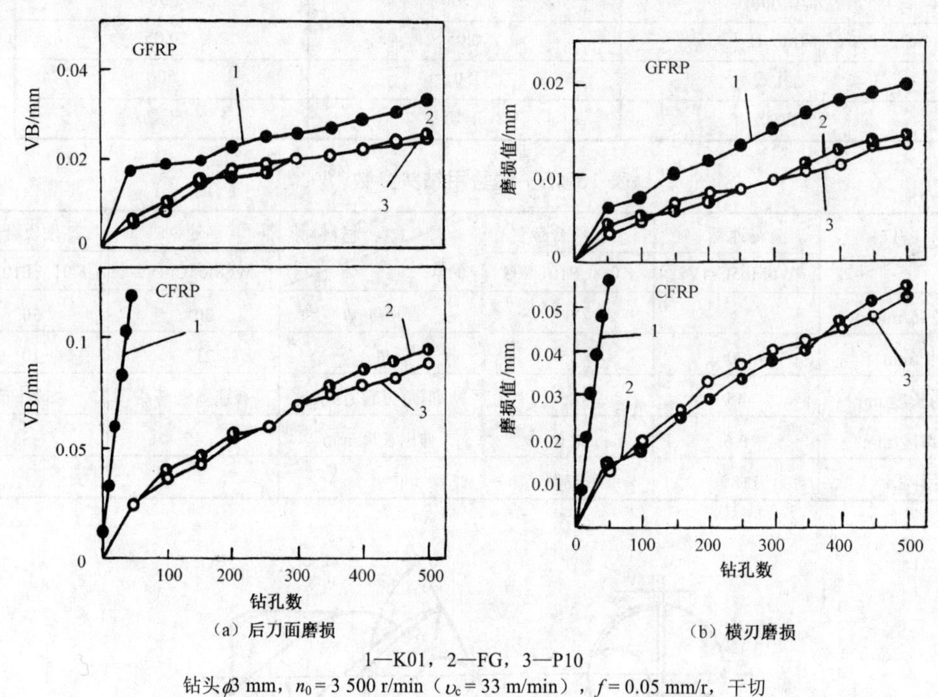

（a）后刀面磨损　　（b）横刃磨损

1—K01，2—FG，3—P10

钻头ϕ3 mm，n_0 = 3 500 r/min（v_c = 33 m/min），f = 0.05 mm/r，干切

图 13.23　硬质合金钻头加工 GFRP 和 CFRP 时的磨损情况[46]

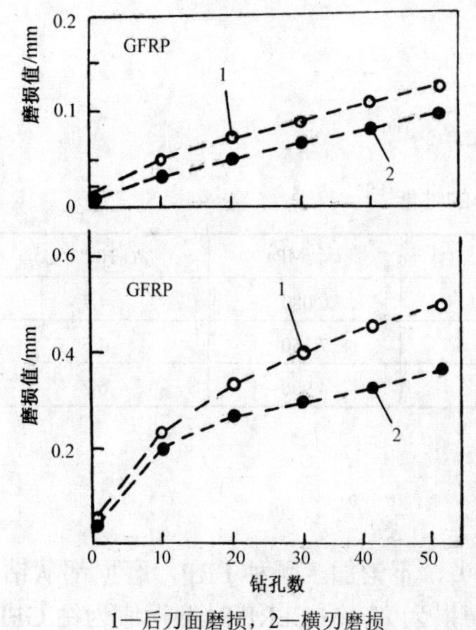

1—后刀面磨损，2—横刃磨损

W6Mo5Cr4V2，ϕ3 mm；f = 0.05 mm/r，

n_0 = 3 500 r/min（v_c = 33 m/min），干切

图 13.24　高速钢钻头加工 GFRP 和 CFRP 时的磨损[46]

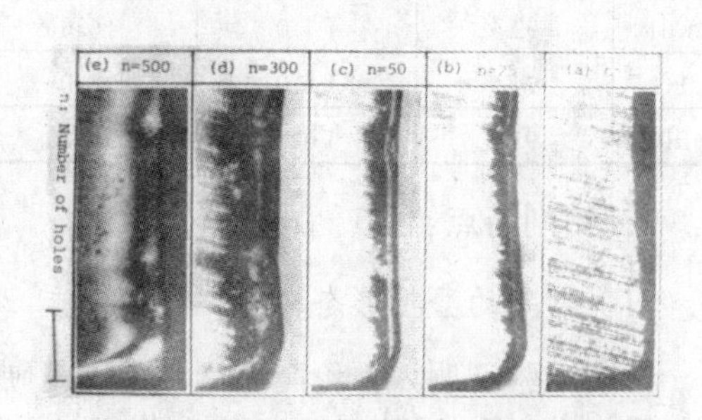

（细晶粒硬质合金 FG 钻头后刀面线隙磨损沟与加工孔数关系，钻头直径ϕ3 mm，n 为钻孔数）

图 13.25　FG 钻头加工 CFRP 时后刀面的线隙磨损沟 SEM 照片[46]

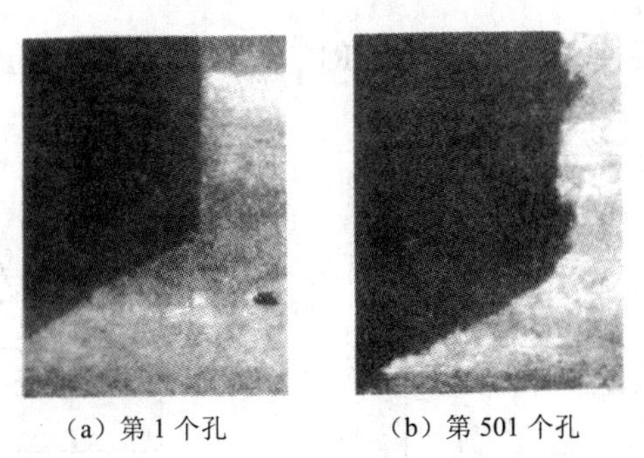

（a）第 1 个孔　　（b）第 501 个孔

图 13.26　FG 钻头加工 CFRP 的盲孔断面[46]

（2）磨损与切削用量（v_c、f）关系

图 13.27 为硬质合金 K01 钻头加工 GFRP、CFRP 各 500 个孔后磨损值与切削速度间的关系。可见，后刀面和横刃的磨损值均随切削速度的增大稍有减小。

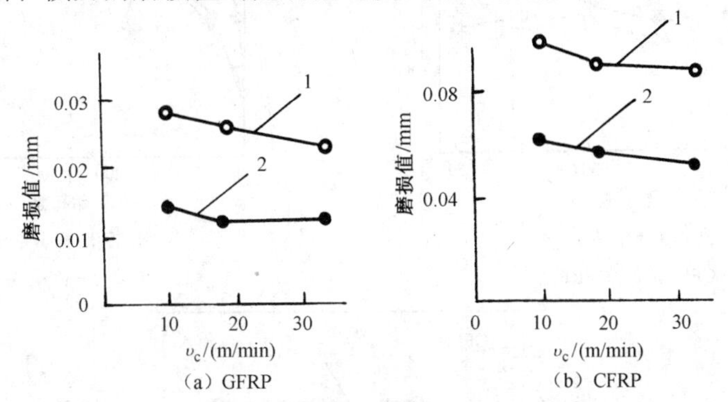

（a）GFRP　　（b）CFRP

图 13.27　K01 钻头加工 GFRP、CFRP 各 500 个孔后磨损值与v_c的关系（干切）[46]

K01 钻头加工 GFRP、CFRP 各 500 个孔后磨损值与进给量间关系如图 13.28 所示。不难看出，钻头磨损值均随进给量的增大而减小，在加工 CFRP 时，钻头磨损值随进给量的增大显著减小。原因在于进给量增大，切削刃与被切材料的接触时间减少了。

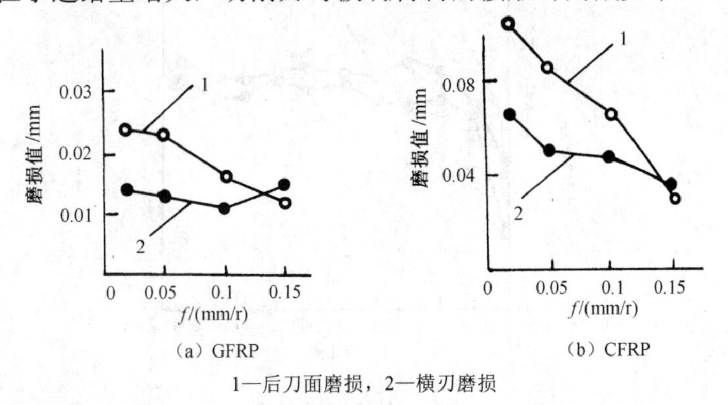

（a）GFRP　　（b）CFRP

1—后刀面磨损，2—横刃磨损

图 15-28　K01 钻头加工 GFRP、CFRP 各 500 个孔后磨损值与f的关系（干切）[46]

（3）钻削扭矩和轴向力

无论用高速钢钻头还是用硬质合金钻头，对 GFRP 和 CFRP 钻孔时，扭矩均随钻孔数的增加而增大，钻孔数达一定量时扭矩的增大趋于平缓；但轴向力则不然，钻 GFRP 时轴向力

的变化规律与扭矩的变化规律相近，而钻 CFRP 时，轴向力一直随钻孔数的增加而急剧增大，如图 13.29 所示。

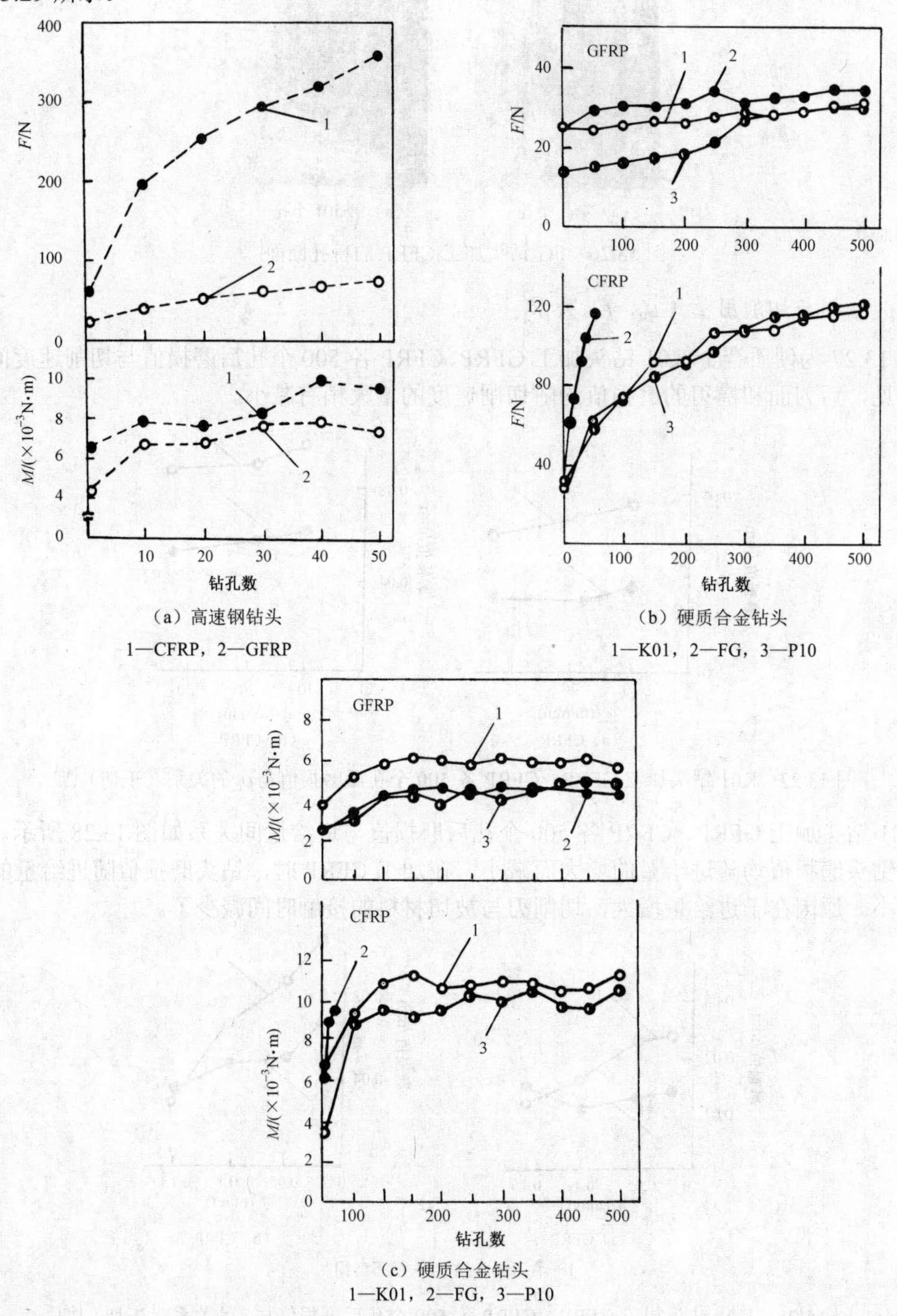

图 13.29　钻削 GFRP 和 CFRP 时 M 和 F 的变化规律[46]

切削速度和进给量也影响钻削扭矩 M 和轴向力 F，如图 13.30 和图 13.31 所示。不难看出，加工 CFRP 和 GFRP 时，v_c 增加将使扭矩 M 略有减小；f 增加，先使扭矩 M 减小然后增大。v_c 增加，轴向力 F 基本不变；f 增加将使轴向力 F 增大。

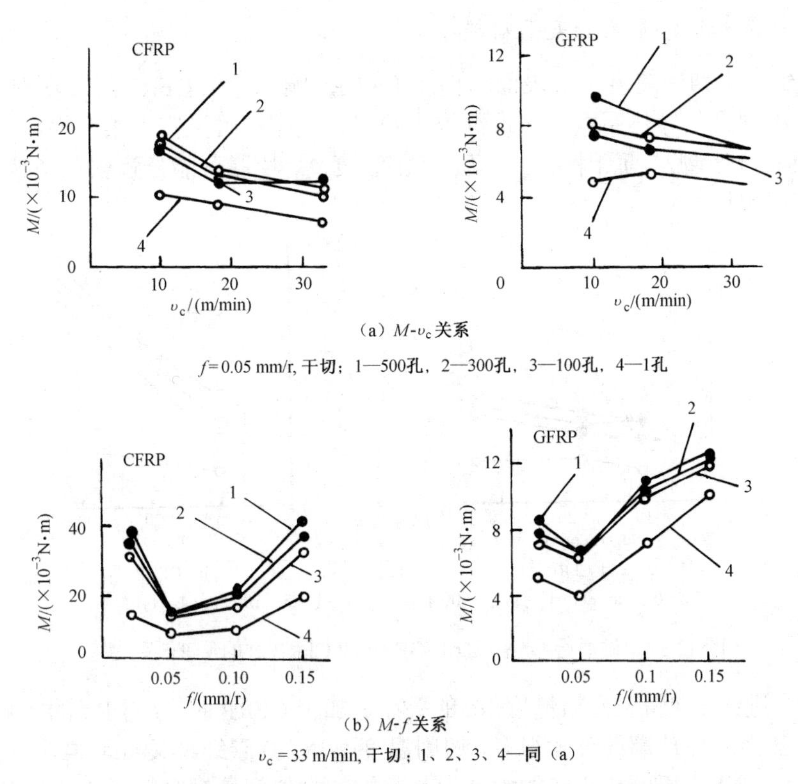

图 13.30　硬质合金钻头加工 GFRP 和 CFRP 时 M 与 υ_c、f 之间的关系[46]

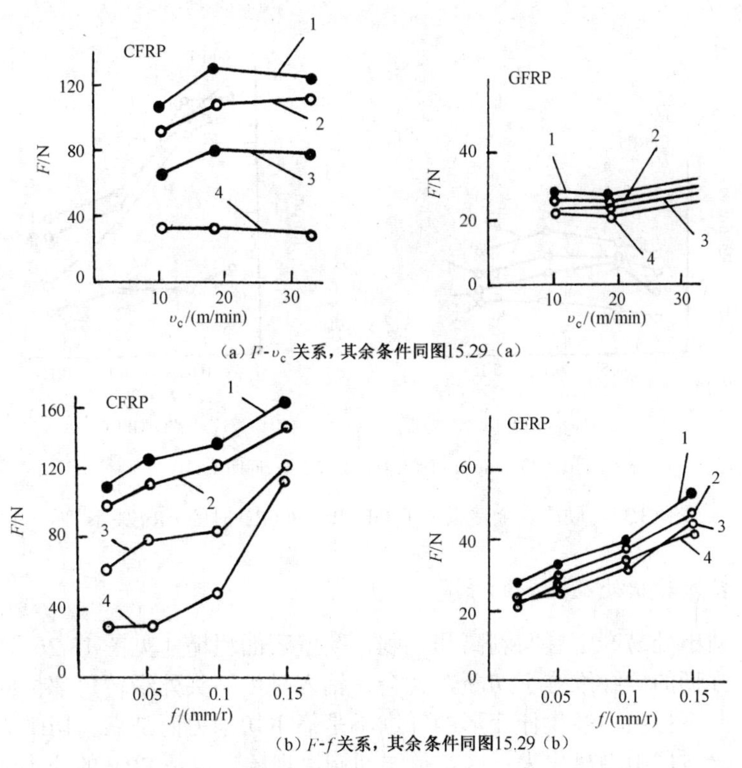

图 13.31　硬质合金钻头加工 GFRP 和 CFRP 时 F 与 υ_c、f 之间的关系[46]

（4）切削速度和进给量影响表面粗糙度

图 13.32 给出了切削速度υ_c对表面粗糙度 Ra 的影响。加工 CFRP 时，υ_c对 Ra 的影响不大，原因在于碳纤维的导热系数比玻璃纤维大得多，且碳纤维又富于柔软性；而加工 GFRP 时，υ_c增大，Ra 显著增大，原因在于υ_c高，切削温度高，树脂可能分解软化使玻璃纤维露出，使加工表面变得粗糙。

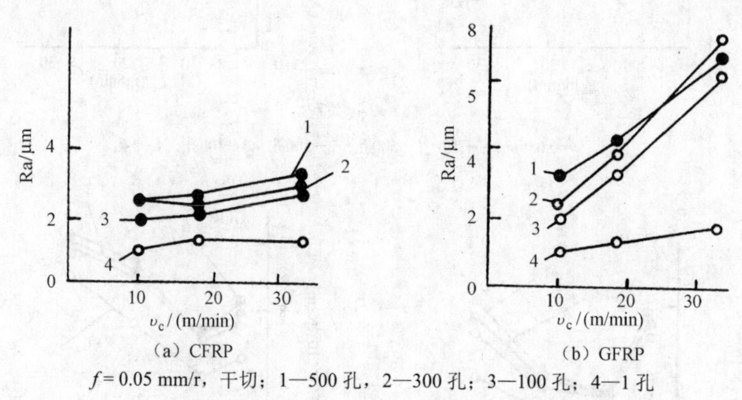

f= 0.05 mm/r，干切；1—500 孔，2—300 孔；3—100 孔；4—1 孔

图 13.32　硬质合金钻头加工 GFRP 和 CFRP 时的υ_c-Ra 关系[46]

图 13.33 为进给量f与表面粗糙度 Ra 的关系。加工 CFRP 时，f对 Ra 的影响不大，原因在于碳纤维导热系数比玻璃纤维大得多，切削温度不高，且碳纤维又富于柔软性；加工 GFRP 时，f加大，Ra 减小，原因在于f加大，刀具与被切材料间接触时间减少，切削热促使树脂分解的可能性减小。

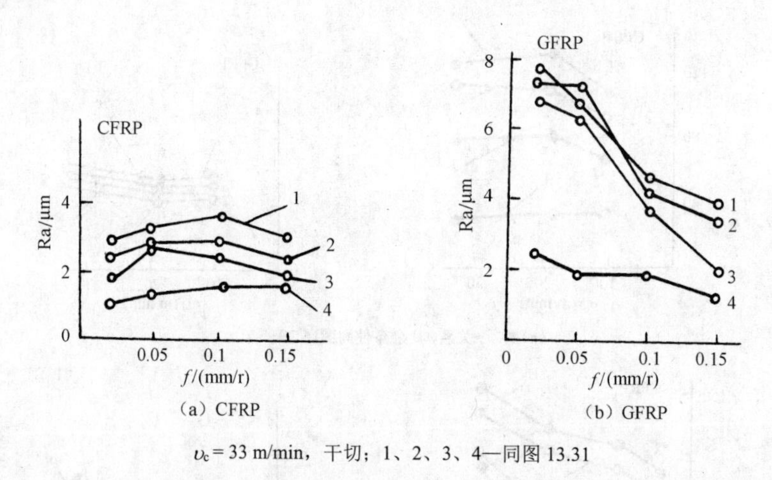

υ_c= 33 m/min，干切；1、2、3、4—同图 13.31

图 13.33　硬质合金钻头加工 GFRP 和 CFRP 时的f-Ra 关系[46]

（5）影响孔钻入钻出处及孔壁的质量

孔的钻入、钻出处易产生层间剥离和毛刺，孔壁表面粗糙［见图 13.26（b）］。相对于软质的基体树脂，强韧的碳纤维难于切断，就会在钻入时由钻头外缘转角部位向上拉出纤维，钻出时又把纤维向下拉出，经拉伸变形的纤维不是靠主切削刃而是靠副切削刃切断，这样就有可能把纤维从材料层中剥离出来，这就是层间剥离现象，也是 FRP 的应力集中、龟裂和吸湿的根源，必须设法解决。

3. FRP 钻孔的措施

（1）应尽量采用硬质合金钻头（YG6X、YG6A），并对钻头进行修磨

① 修磨钻心处的螺旋沟表面，以增大该处的前角，缩短横刃长度 b_ψ 为原来的 1/2~1/4，减小钻心厚度 d_c，降低钻尖高度，使钻头刃磨得锋利；

② 主切削刃修磨成 $2\phi = 100° \sim 120°$ 或双重顶角，以加大转角处的刀尖角 ε_r，改善该处的散热条件；

③ 后角加大至 $\alpha_f = 15° \sim 35°$，在副后刀面（棱面）3~5 mm 处向后加磨 $\alpha_o' = 3° \sim 5°$，以减小与孔壁间的摩擦；

④ 修磨成三尖两刃形式，以减小轴向力。

（2）切削用量的选择

在切削用量选择上，尽量提高切削速度（$\upsilon_c = 15 \sim 50$ m/min），减少进给量（$f = 0.02 \sim 0.07$ mm/r），特别要控制出口处的进给量，以防止分层和剥离（见图 13.34），也可在出口端另加金属或塑料支承垫板。

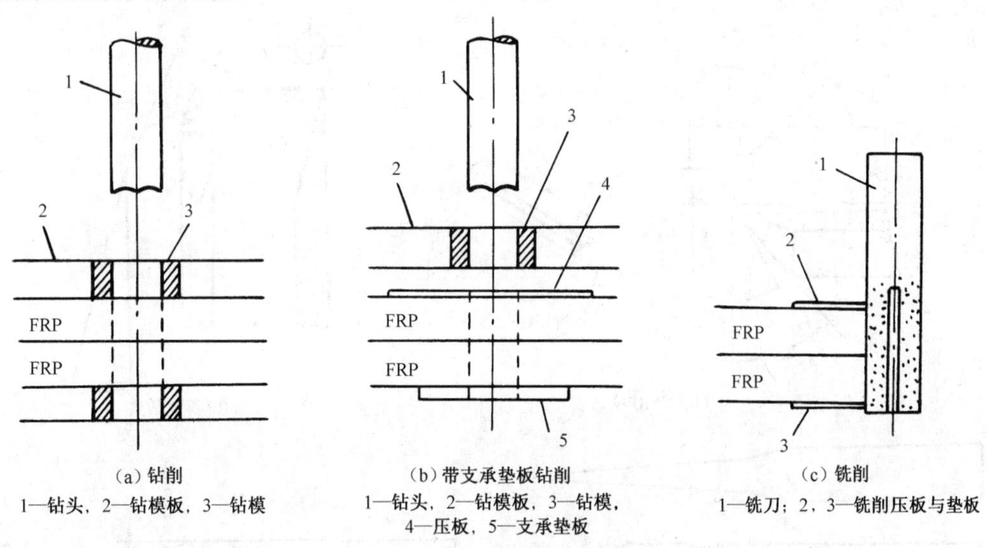

(a) 钻削
1—钻头，2—钻模板，3—钻模

(b) 带支承垫板钻削
1—钻头，2—钻模板，3—钻模，4—压板，5—支承垫板

(c) 铣削
1—铣刀；2，3—铣削压板与垫板

图 13.34 防止层间剥离的措施[46]

（3）采用三尖两刃钻头

三尖两刃钻头亦称燕尾钻头（见图 13.35），更宜加工 KFRP。

（4）采用 FRP 专用钻头（见图 13.36）

图 13.36（d）中双刃扁钻的特点：有两组对称的主切削刃，可自动定心，钻心厚度较小，可减小轴向力。主切削刃磨双重顶角，刃口锋利，钻削轻快，外形简单，制造方便。但重新刃磨较难保证切削刃的对称。双刃扁钻可在不加垫板情况下加工 CFRP，而出口端无分层现象。

图 13.36（e）所示的四槽钻铰复合钻头，是在双刃扁钻基础

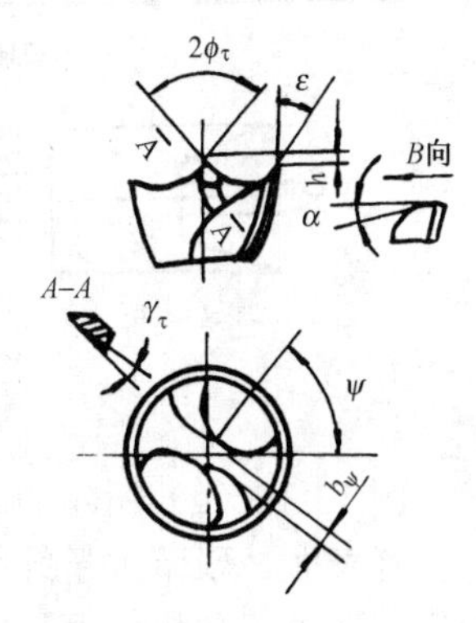

图 13.35 三尖两刃钻头[46]

上发展起来的，切削刃为双重顶角，后切削刃的顶角小、刃较长，钻削轻快。由于四直槽钻铰复合钻头有四条切削刃，稳定性好，能防止振动。它既能钻又能铰孔，加工精度和生产效率高。使用该钻头进行钻孔时，如能控制 $f \leqslant 0.03$ mm/r，不加垫板就可得到满意的孔。

图 13.36（f）为双刃定心钻头，宜用于 KFRP 较大直径孔的加工，中间为导向柱，起定心作用，但工作时必先用三尖两刃钻头先钻小孔，再用此钻头从上下两侧分别钻入。这样可防止分层，保证质量。

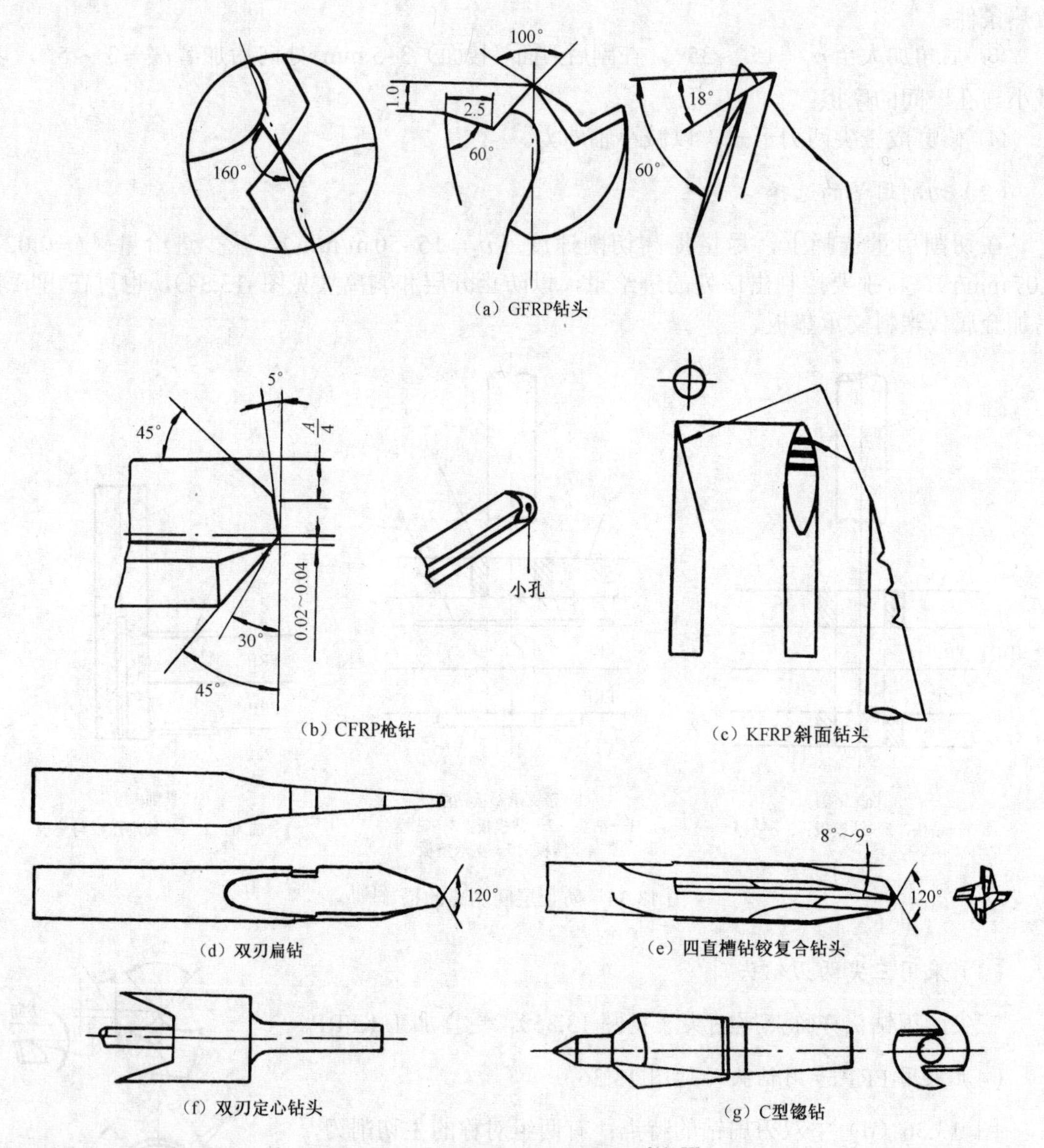

图 13.36　加工 FRP 的专用钻头[46, 77]

图 13.36（g）所示的 C 型锪钻，由于 KF 纤维的柔韧，很难被剪断，锪窝时纤维退让被挤在窝表面，残留大量纤维毛边。用 C 型锪钻，可用 C 型刃将 KF 向中心切断，而不是沿孔向周围挤出，效果较好。C 型刃上的前角较大，刃口锋利，与普通锪钻相比，加工质量大为提高，纤维毛边显著减小。

（5）采用特殊材料钻头

据文献[129]报道，可用金刚石（PCD）钎焊钻头加工 CFRP 孔，效果很好。当 $v_c = 188$ m/min，$f = 0.006$ mm/r，用 YG6X 和 PCD 的 $\phi5$ mm 钻头加工 48 个孔，前者的 VB 达到 0.622 mm，PCD 的 VB = 0.42 mm，如取 VB = 0.6 mm，前者已超过磨损值；此时，前者所钻出的孔已出现严重的毛刺和撕裂，而 PCD 钻了 248 个孔才出现毛刺，对应的轴向力 F 与寿命 T 的关系如图 13.37 所示，相应孔的出口形貌见图 13.38，孔径变化见图 13.39。可知，入口孔径变化量为 0.023 mm，出口为 0.028 mm，均达到了 IT9 精度 0.03 mm 的要求[129]。

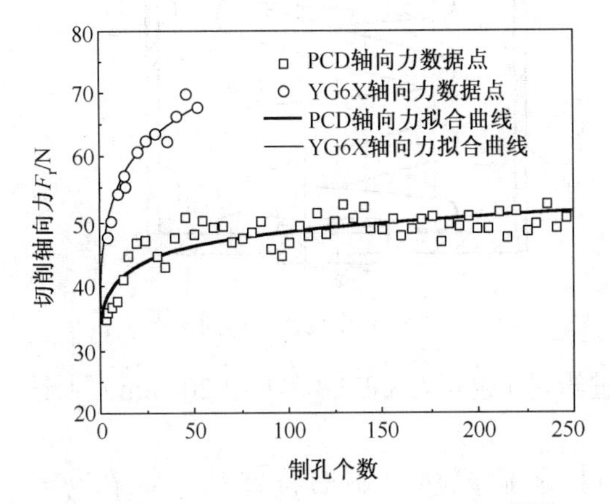

图 13.37　两种钻头的钻孔数与轴向力[129]

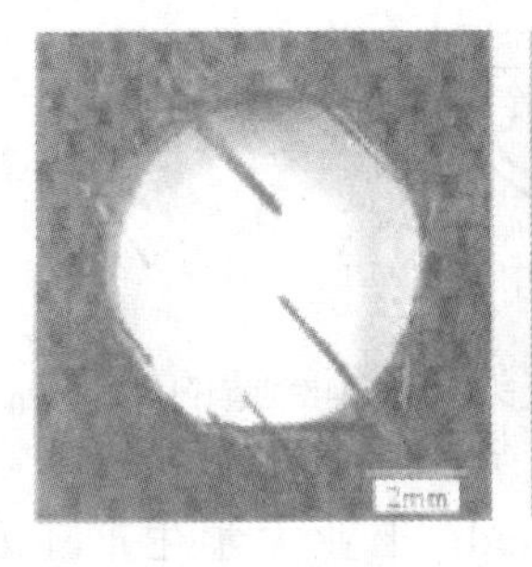

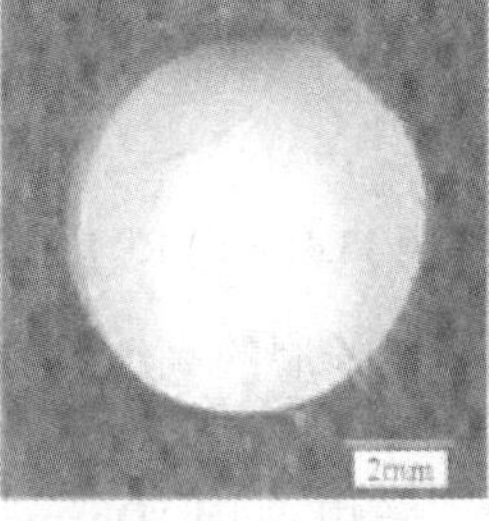

图 13.38　两种钻头钻孔的出口形貌[129]

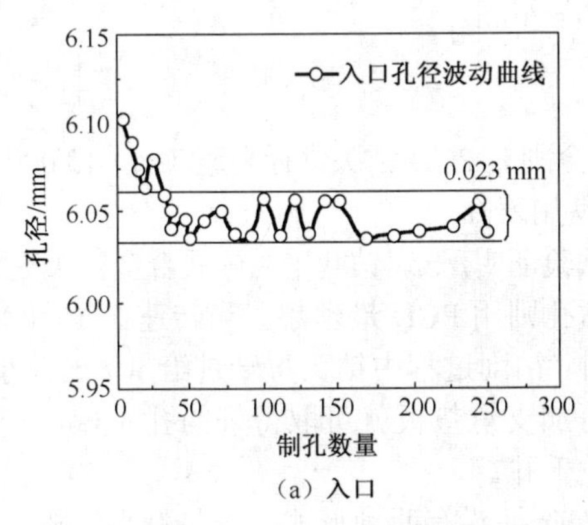

（a）入口

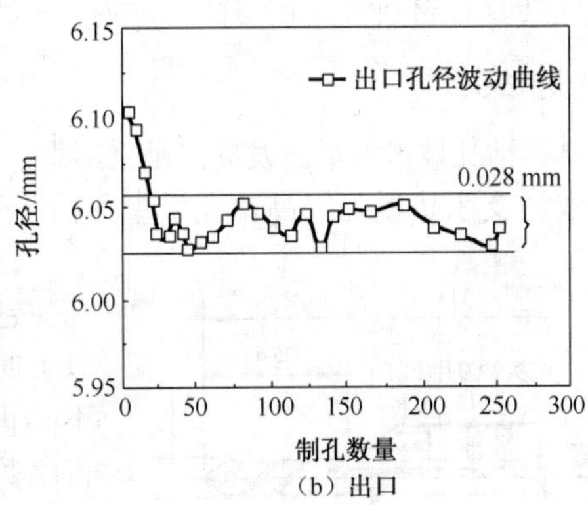

（b）出口

图 13.39　PCD 钻头钻孔的入出口孔径变化情况[129]

文献[131]报道，加工 KFRP 小孔时，可采用斜面钻头如 $\phi5.5$ mm（见图 13.40）。但加工孔径较大时如再用斜面钻头，排屑难，挤屑严重，磨损加剧，故应采用四齿空心钻头（如 $\phi9$ mm），其切削刃锋利，易切断纤维且向中心排屑；长轴 90 mm、短轴 35 mm 的椭圆孔（$\phi35$ mm）用八齿空心钻，效果很好。

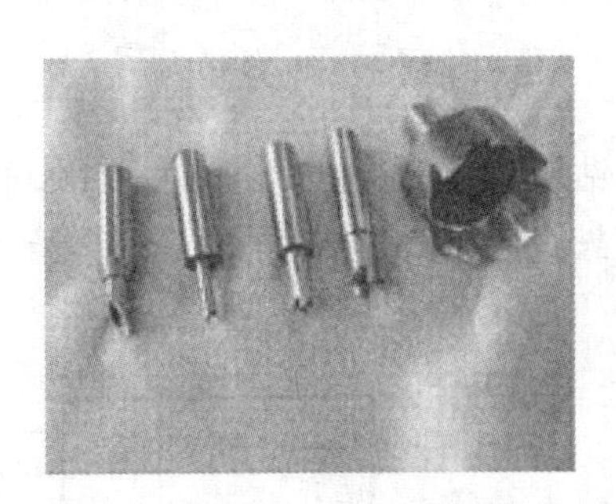

图 13.40　斜面钻头与多齿空心钻头[131]

也有文献报道，可用 TiC 涂层（< 2.5 μm）钻头加工 KFRP，每个钻头钻孔数约为高速钢钻头的 35 倍，每孔成本仅为高速钢的 0.6 倍。

用专用群钻加工 KFRP 时，可按图 13.41 所示修磨钻头，中心部分顶角为 40°。为解决传统压（垫）板（见图13.33）的操作烦琐、效率低的问题，可采用高强度弹簧自压紧钻孔装置（见图 13.42），较好地解决了分层、剥离、纤维拉出与毛刺问题，大大提高了钻孔效率。

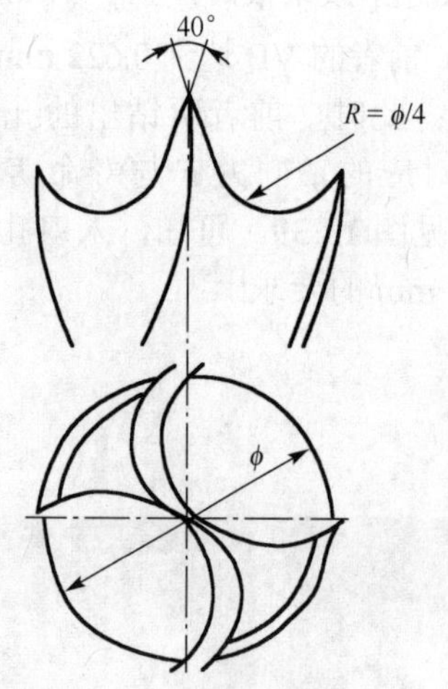

图 13.41　KFRP 的专用钻头[132]

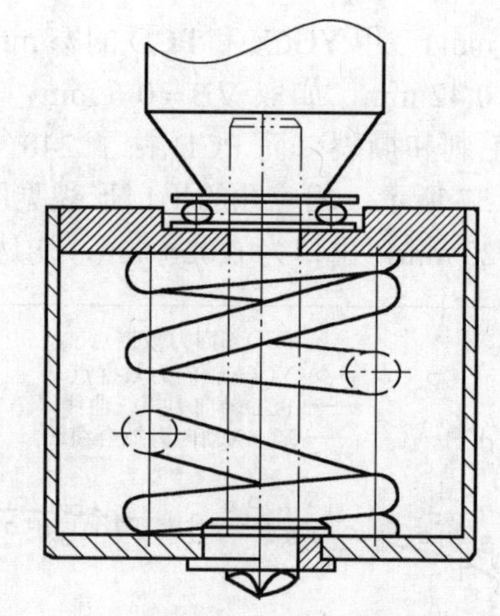
图 13.42　自压紧钻孔装置结构简图[132]

用修磨的高速钢钻头，采用合适的转速 n_0 及进给量 f 也可在 GFRP 厚板（20 mm）上钻孔，v_c = 16~25 m/min，f= 0.08~0.15 mm/r。

采用德国 Darmstadt 工业大学生产工程与机床研究所研制的特殊钻头，在 v_c = 100~120 m/min，γ_0 = 6°~15°，也可较好地对 GFRP 钻孔。

合成纤维复合材料 SFRP 锪钻的 v_c 为 11~16 m/min。

4．先进钻头

复合材料钻孔技术的最新发展，是采用聚晶金刚石 PCD 钻头进行高速（n_0 = 15 000 r/min）钻孔，以取消支承垫板，提高钻孔质量和钻头使用寿命。

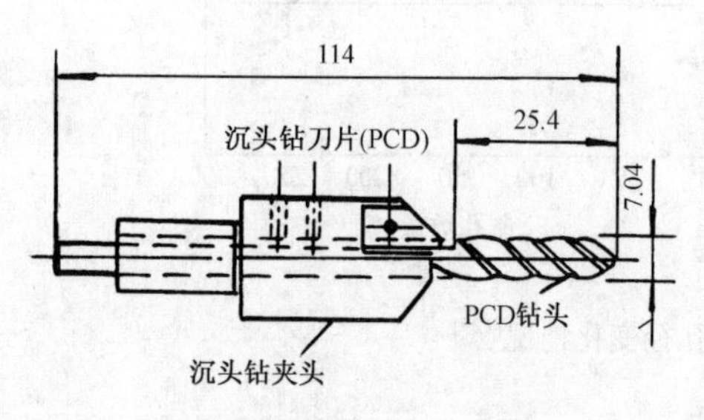

图 13.43　PCD 钻头[77]

试验证明，低速钻孔采用硬质合金钻头更为合适，高速钻孔则用 PCD 最理想。当转速在 15 000 r/min 以上时，钻削过程中钻头每转进给量 f 已很小，此时不必再加支承垫板就可取得好的孔质量，一次刃磨可钻数千孔。

PCD 钻头有两种形式：一是钎焊结构，另一是在高温（2 000℃）、高压（6 895 MPa）下将 PCD 烧结到硬质合金钻头的切削部分（见图 13.43）。

据报道，ϕ50~ϕ100 mm 的大孔可用人造金刚石套料钻加工［见图 13.44（a）］，锪窝可用人造金刚石锪钻完成［见图 13.44（b）］。上述人造金刚石钻头的基体是调质 45 钢，用电镀法镀层 0.2 mm。金刚石的粒度根据加工表面粗糙度来定。

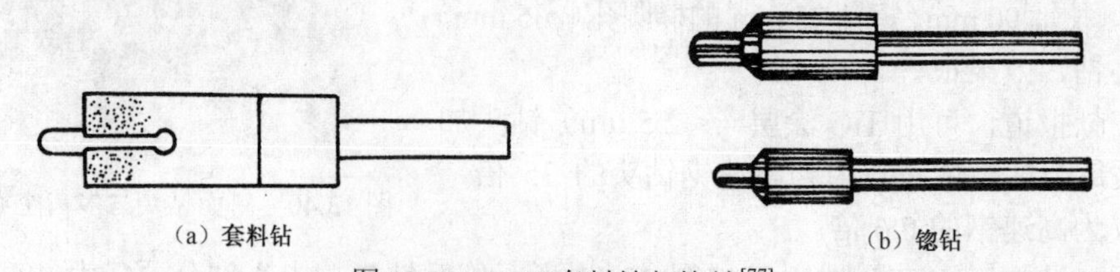

图 13.44　PCD 套料钻与锪钻[77]

13.3.4 FRP 的铣削加工

铣削在 FRP 的零部件生产中，主要是去除周边余量，进行边缘修整，加工各种内型槽及切断；但相关资料报道很少。

铣削 FRP 存在的问题与其他切削加工相似，比如，层间剥离，起毛刺，加工表面粗糙，刀具严重磨损，刀具使用寿命低等。

有文献报道，国外加工 CFRP 时采用硬质合金上下左右旋立铣刀效果较好。其中一种是上左下右螺旋立铣刀（见图 13.45），使得切屑向中部流出，可防止层间剥离；另一种是每个刃瓣一种旋向的立铣刀，该铣刀的螺旋角较大，即工作前角较大，减小了切削变形和切削力。但国内铣削试验发现，此种左右旋立铣刀虽修边质量和防止分层效果明显，但使用寿命较短且无法修磨，价格又贵，故其应用受到限制。基于此，国内研制了修边用人造金刚石砂轮。这种砂轮可装在 3 800 r/min 的手电钻上，可打磨复合材料的任何外形轮廓。砂轮四周开有四条排屑槽（见图 13.46），以利于散热和排屑；与前述硬质合金上下左右旋立铣刀相比，使用寿命提高 10 倍以上，成本则降低 5/6。

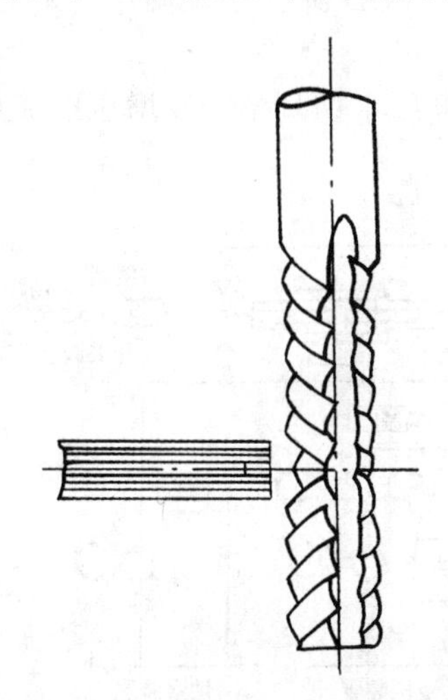

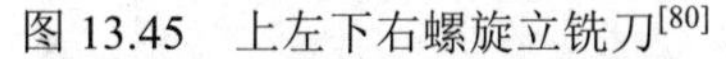

图 13.45 上左下右螺旋立铣刀[80]

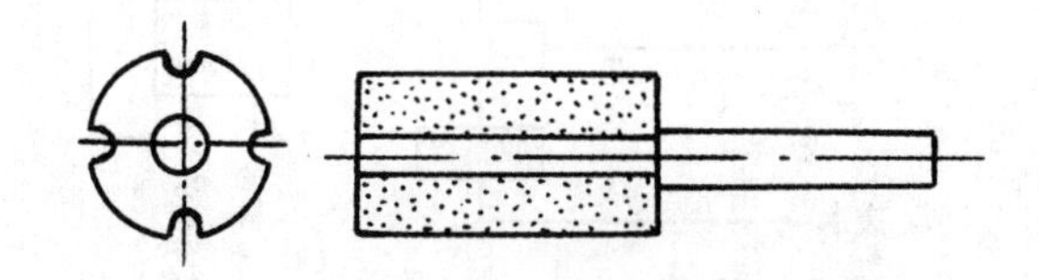

图 13.46 人造金刚石砂轮[77]

防止层间剥离的办法也同钻孔一样，加金属支承垫板［见图 13.34（c）］。也可采用硬质合金旋转锉，但重磨困难些。采用密齿硬质合金立铣刀也有较好效果，其齿数 Z 较多，能保证工作平稳，螺旋角 $\beta=15^\circ\sim20^\circ$，前角 $\gamma_n=10^\circ\sim15^\circ$，后角 $\alpha_o=15^\circ\sim20^\circ$，$\upsilon_c=70\sim80$ m/min（用风动或电动磨头时，$\upsilon_c=200\sim400$ m/min），每齿进给量 $f_z=0.05\sim0.10$ mm/z。

使用 TiC 涂层立铣刀比未涂层立铣刀的使用寿命提高 50%；用电镀粗粒度金刚石立铣刀高速铣削（$\upsilon_c=30$ m/s），加工表面质量和刀具使用寿命均可保证。

也有报道，用 PCD 三面刃铣刀铣 GFRP 电子零件，可解决铣刀的磨损问题。

试验证明铣削时应以高转速小进给为宜。

13.3.5 切断加工

FRP 零件的切断也是生产中的主要加工工序。为保证切出点 A 处纤维不被拉起，应采用顺铣为宜，如图 13.47 所示。

如果用圆锯片进行 FRP 零件的切断，则锯片应为图 13.48 所示形状，$n_0 = 815$ r/min，$f = 110\sim160$ mm/min；若为普通砂轮片，则 $n_0 \geqslant 1\,150$ r/min，$f = 110$ mm/min；若为人造金刚石砂轮片，则 $n_0 = 1\,600$ r/min，$f = 310$ mm/min。

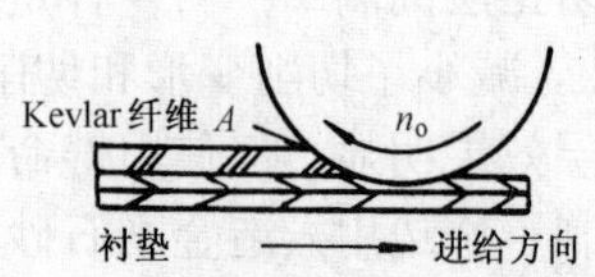

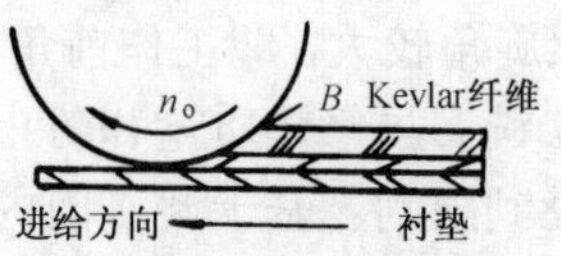

图 13.47 KFRP 的顺铣与逆铣[77]

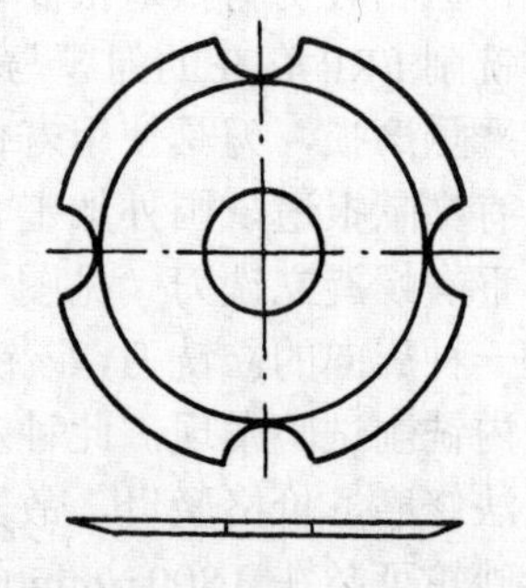

图 13.48 圆锯片形状[77]

但要注意，在切割 KFRP 时，必须用锋利刀具，采用无齿 PCD 圆盘效果较好，无毛刺。必须防止纤维的碳化及材料与刀具的黏结。

近年来正在采用高压水射流或磨料水射流来切削 FRP。高压水切割系统及增压射流原理分别如图 13.49 和图 13.50 所示。

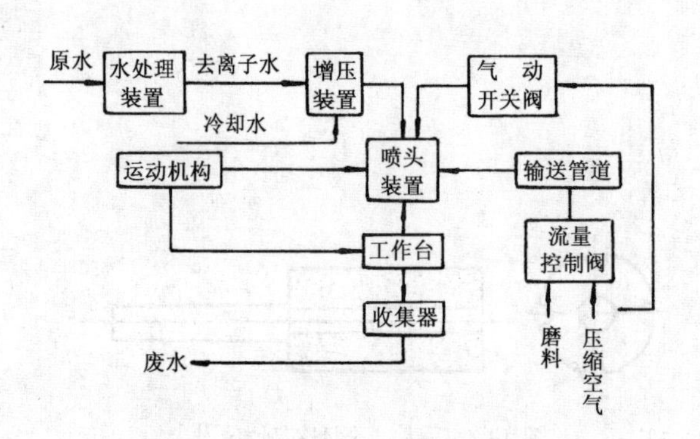

图 13.49 高压水切割系统图[77]

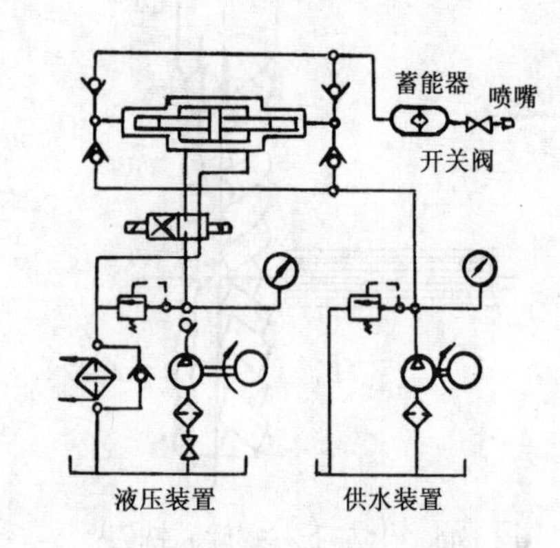

图 13.50 增压射流原理图[77]

通过增压器加压至 400 MPa 的高压水由蓝宝石喷嘴（$<\phi1$ mm）喷出，以形成喷射速度几倍于音速（2~3 马赫）的超高速切割水流来冲击加工物表面，可以切断和开孔。其优点是，因它是利用射流原理用冲击力加工，不发热、无粉尘、排接触，可加工任意部位、任意复杂形状，加工后无变形。高压水射流是指形成射流的工作介质只有水，不含任何添加剂。而磨料水射流是指其工作介质由水和磨粒组成，其中水作为载体使磨粒获得足够的动能，对被加工工件进行磨削和冲蚀。

高压水切割表面 Ra 可达 2.5 μm，磨料水切割表面 Ra 达 2.5~6.3 μm，但设备价格昂贵。

此外，切断还可用超声波加工和激光切断加工，用涂覆金刚石的金属丝切断也是一种期待的好方法。

用振动切削的效果也很好，切削力小、表面质量好、刀具使用寿命长。详见本书第 5 章振动切削与磨削技术。

13.4 碳纤维/碳（C_f/C）复合材料的切削加工

C_f/C 复合材料是以沥青为基体，以碳纤维 C_f 为增强相的复合材料。在制造过程中，不是采用普通碳纤维的二维编织再层压的方式，而是直接进行三维立体编织。同时还在 C_f 的空隙中掺入单向埋设钨丝。

文献报道，车削该复合材料所得到的切削用量各要素对切削力的影响规律与切削一般脆性材料的基本一致。虽然基体硬度较低，切削力数值不大，但材料中的硬质点对刀具的磨损比较严重，故选用 CBN 为宜。因材料为脆性，故切屑常呈粉末状，必须用吸屑法来排屑[78]。

13.5 金属基复合材料的切削加工

金属基复合材料 MMC（Metal Matrix Composite）可分为连续增强复合材料和非连续增强复合材料两类。后者又可分为短纤维增强复合材料、晶须增强复合材料和颗粒增强复合材料。目前应用较多的为颗粒增强铝复合材料和晶须增强铝复合材料。表 13-17 给出了部分铝基复合材料的性能。

13.5.1 切削加工特点

1．加工后的表面残存有与增强纤维、晶须及颗粒的直径相对应的孔沟

切削试验表明，用金刚石刀具切削 SiC 晶须增强 Al 复合材料 SiCw/6061，加工表面的孔沟数与增强相体积含有率 V_f 有关，V_f 越高，孔沟数越多且与增强相的直径相对应。这是短纤维、晶须和颗粒增强金属基复合材料切削加工表面的基本特点之一。

2．加工表面形态模型

（1）短纤维增强复合材料加工表面的三种形态模型

① 纤维弯曲破断型，如图 13.51（a）所示。当纤维尺寸较粗而短时，切削刃直接接触纤维，纤维常被压弯曲而后破断。

② 纤维拔出型，如图 13.51（b）所示。用切削刃十分锋利的单晶金刚石刀具切削时，细而短的纤维沿着切削速度方向被拔出切断。

③ 纤维压入型，如图 13.51（c）所示。用切削刃钝圆半径 r_n 较大的硬质合金刀具切削细小纤维（晶须）时，细小纤维（晶须）会伴随着基体的塑性流动而被压入加工表面。

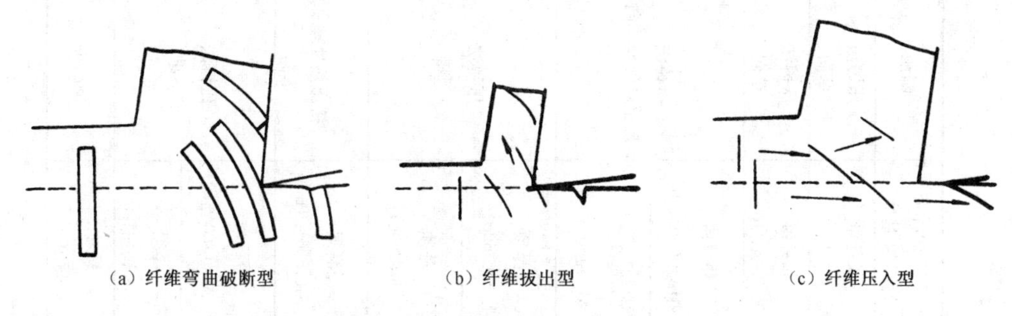

（a）纤维弯曲破断型　（b）纤维拔出型　（c）纤维压入型

图 13.51　短纤维增强复合材料加工表面形态模型[46][79,81]

表 13-17　部分铝基复合材料的性能[46]

MMC 的种类 增强相/基体	制法	形状/mm	V_f /(%)	σ_b /MPa	$\sigma_b \perp$ /MPa	σ_{bb} /MPa	E /GPa	δ /(%)	硬度 （HRB）	ρ /(g/cm^3)	记号
长纤维 SiC/1050	压铸法 单向	板材 4×50×100	40	700	(65)	850	121	1.8	—	2.6	SiC/1050
长纤维 CF/AC4C	压铸法 单向	板材 4×50×100	70	1 450	(50)	1 400	250	0.5	45	2.1	CF/AC4C
短纤维 Al_2O_3/6061,T6	压铸法 挤压热处理单向	板材 10×50×80	0 7.5 15	(280~300) (≈330) (≈360)	—	—	71	—	—	2.7 (2.74) (2.79)	6061，T6 Al_2O_3/6061 Al_2O_3/6061
短纤维 Al_2O_3/6061,T6		棒料ϕ35×100	0 7.5 15	(280~300) (≈330) (≈360)	—	—	71	—	—	2.7 (2.74) (2.79)	6061，T6 Al_2O_3/6061 Al_2O_3/6061
晶须 SiC/6061	压铸法 三维	板材 10×50×80	0 16~17 24~26	165 (330~370) (400~450)		—	71 107	3 2.5	33~14 56~60 74~81	2.7 (2.77) (2.83)	6061 SiCw/6061 SiCw/6061
晶须 SiC/6061		棒料 ϕ50×80	0 14~16 25~26			—	71 107	3 2.6	27~31 49~55 79~81	2.7 (2.77) (2.83)	6061 SiCw/6061 SiCw/6061
晶须 SiC/6061, T6	HIP 挤压热处理 单向	棒料 ϕ50×125	0 15 25	315 528 588	274 404 464	—	70.8 105 130	21.3 2.0 1.5	—	2.7 2.77 2.83	6061，T6 SiCw/6061P SiCw/6061P
短纤维 Al_2O_3/6061	压铸法 三维	棒料 ϕ55.5×80	0 7 15	(165) (≈250) (≈300)	—	—	—	—	—	—	6061M Al_2O_3/6061 Al_2O_3/6061
晶须 SiC/LD_2		板材	15~25	500	—	—	90	4.0	—	2.8	SiCw/LD_2
颗粒 SiC/LD_2	挤压态	板材	20	405			99	1.9		2.77	SiCp/LD_2

（2）颗粒增强复合材料加工表面的两种形态模型

① 挤压破碎型，如图 13.52（a）所示。当用切削刃钝圆半径 r_n 较大的硬质合金刀具切削时，SiC 颗粒常被挤压而破碎，此时破碎的 SiC 颗粒尺寸较小。

② 劈开破裂型，如图 13.52（b）所示。当刀具为钝圆半径 r_n 较小的锋利切削刃 PCD 时，SiC 颗粒会被劈开而破裂，破裂的 SiC 颗粒尺寸较大。

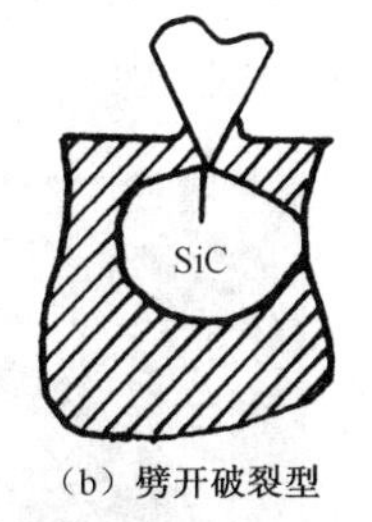

（a）挤压破碎型　　（b）劈开破裂型

图 13.52　SiC 颗粒破坏模型[79]

3．精加工表面形态不同

用硬质合金刀具精加工后的铝复合材料表面光亮，而用 PCD 刀具精加工后表面则显得“发乌”、无光泽。这是由于前者切削刃钝圆半径 r_n 较 PCD 刀具大，起到了“熨烫”作用的结果[94，97]。

4．切削力与切削钢料不同

用硬质合金刀具切削时，切削力会出现与切削钢料不同的特点，即当 SiCw 或 SiCp 的体积含量 V_f 超过 17%后，会出现 F_p、F_f 比 F_c 还大的现象（见图 13.53）。若用切削力特性系数 K（$K_p = F_p/F_c$，$K_f = F_f/F_c$）来说明的话，则有 $K > 1$，而 45 钢的 K 约在 0.4 左右，HT300 的 K 约在 0.5~0.65 之间。此时必须注意精加工时的“让刀”现象。而用 PCD 刀具时则无此特点[79，83，89]。

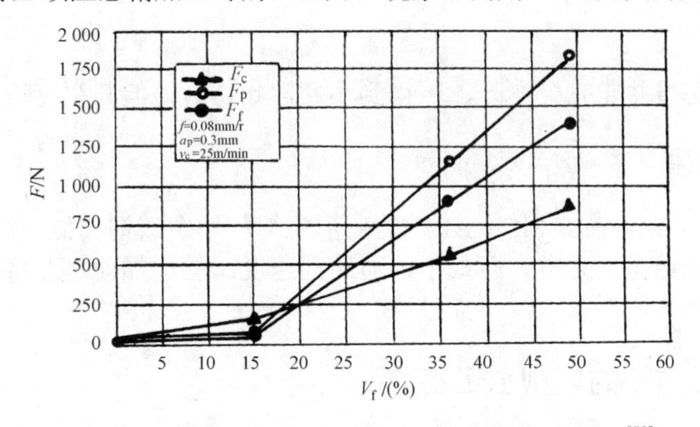

图 13.53　硬质合金刀具切削铝复合材料的切削分力[79]

钻削时也会出现钻削扭矩 M 比钻 45 钢时小，而轴向力 F 与钻 45 钢接近或大些，若用钻削力特性系数 $K' = F/M$ 来表示铝复合材料钻削力的这一特点，则 $K' > 1$，而 45 钢和 HT200 的 K' 均在 0.5~0.65 之间，基体铝合金的 $K' > 1$[82，88，98，99]。

5．生成楔形积屑瘤

尽管铝复合材料的塑性很小（$\delta \leqslant 3\%$），在一定切削条件下，切削晶须、颗粒增强铝复合材料时也会产生与切削碳钢不同的积屑瘤（见图 13.54）。因为它呈楔形，故称楔形积屑瘤，这已为切削试验所证实。

楔形积屑瘤有如下特点[81, 87, 91, 92, 97]：

① 积屑瘤的外形呈楔形，这与切 4-6 黄铜相似，但与切碳钢的鼻形积屑瘤不同；

② 楔形积屑瘤的高度比鼻形积屑瘤要小得多，而且不向切削刃下方生长；

③ 楔形积屑瘤与切屑之间有明显的分界线，而且切屑流经积屑瘤后会再与前刀面接触而排出，这与鼻形积屑瘤也有很大不同；

图 13.54　铝复合材料的楔形积屑瘤[8, 87, 92]

④ 积屑瘤的前角 γ_b 基本稳定在 30°～35°，当刀具前角 $\gamma_o > 30°$ 时积屑瘤不会产生。

6．切屑形态

铝复合材料的切屑并非完全崩碎，可得到小螺卷状切屑，但其强度很低，极易破碎。

7．切削变形规律

试验证明，切削 SiCp/Al，SiCw/Al 时的变形规律与切中碳钢相似，即变形系数 Λ_h 随刀具前角 γ_o 的增大、进给量 f 的增大而减小，随切削速度 v_c 的增加而呈驼峰曲线变化，其原因就是积屑瘤的作用[79, 97]。

13.5.2　不同加工方法的切削加工特点

1．车削加工

（1）外圆车削

在此以 SiC 晶须增强铝合金（6061）基复合材料为例加以说明，晶须分布为三维、随机，试件为棒材。

① 刀具磨损

一般刀具以后刀面磨损为主，副后刀面稍有边界磨损。各种硬质合金、陶瓷刀具磨损的形态均相似。图 13.55~图 13.60 分别为切削试验曲线。刀具磨损值的大小几乎与υ_c和 f 无关（见图 13.55 和图 13.56），只与切削路程 l_m 有关（见图 13.57）。

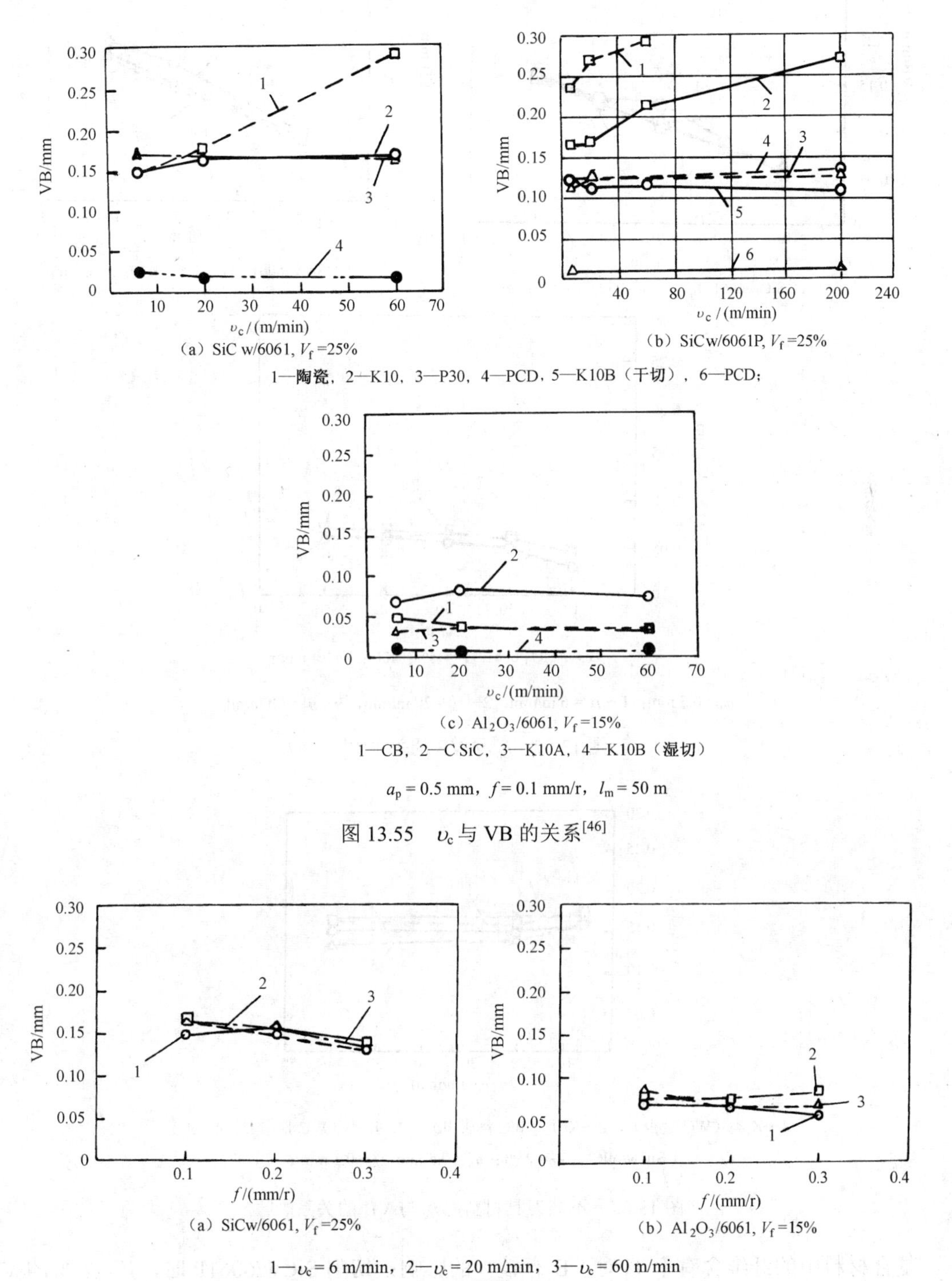

图 13.55　υ_c与 VB 的关系[46]

图 13.56　f与 VB 的关系

在不同牌号的硬质合金刀具中，K 类的耐磨性较 P 类好些（见图 13.58）。

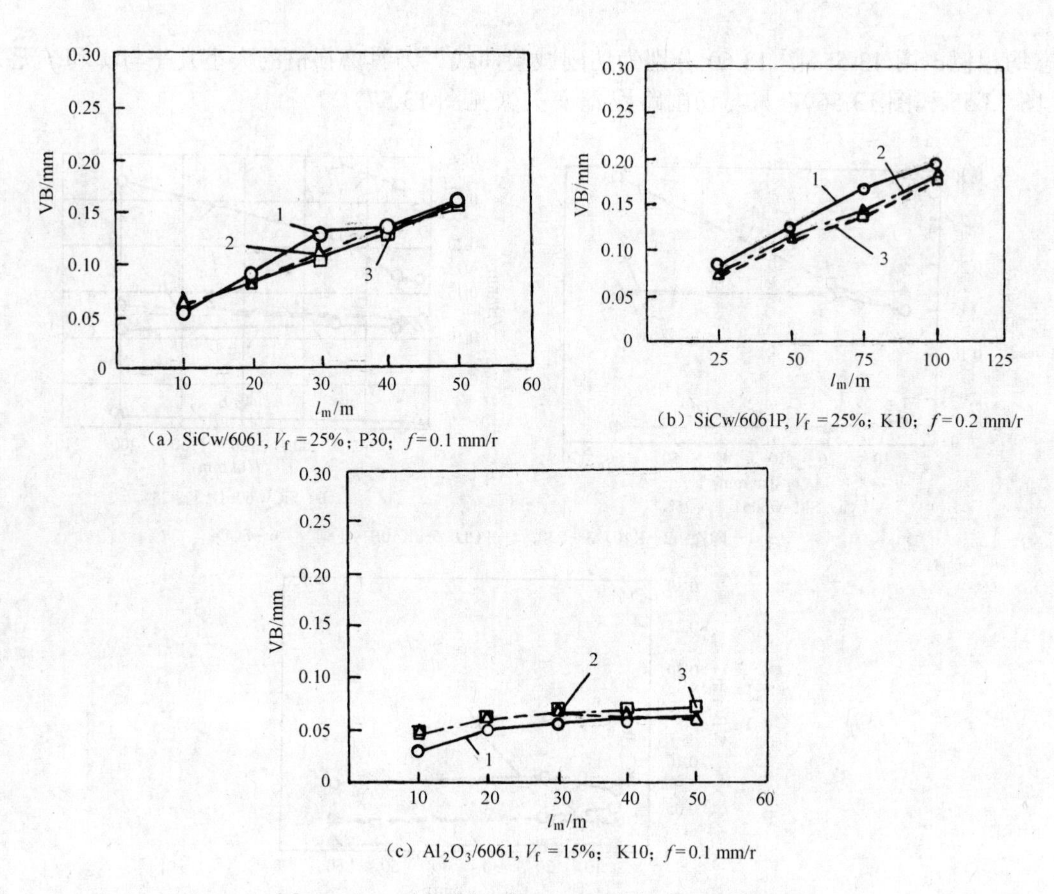

a_p = 0.5 mm；1—υ_c = 6 m/min，2—υ_c = 20 m/min，3—υ_c = 60 m/min

图 13.57　l_m与 VB 的关系[46]

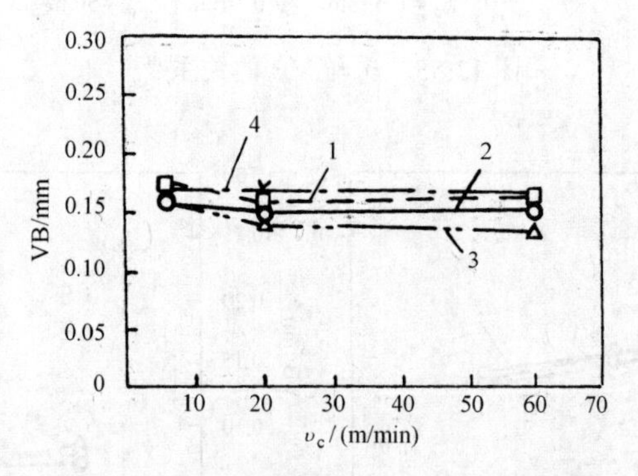

1—K 类（WC 量少），2—K 类（WC 量居中），3—K 类（WC 量多），4—P 类

SiCw/6061，V_f = 25%；a_p = 0.5 mm，f = 0.1 mm/r

图 13.58　不同刀具材料时υ_c与 VB 的关系[46]

复合材料中的纤维含有率 V_f 对 VB 有较大的影响：切削 SiCw/6061P 时，V_f = 25%的 VB 值比 V_f = 15%的大 1 倍（见图 13.59）。

另外，MMC 的制造方法对 VB 也有影响。由图 13.60 可看出，切削铸造法制取的复合材料时刀具磨损 VB 值较大。

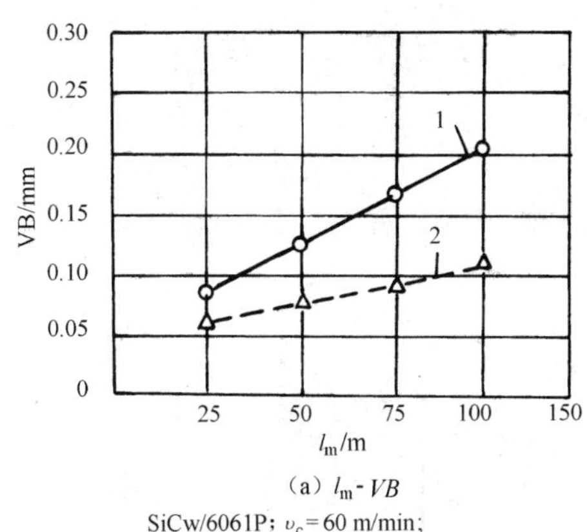

(a) l_m-VB

SiCw/6061P; υ_c = 60 m/min;

1—V_f = 25%（粉末冶金法），2—V_f = 15%（铸造法）

a_p = 0.5 mm，f = 0.1 mm/r，K10

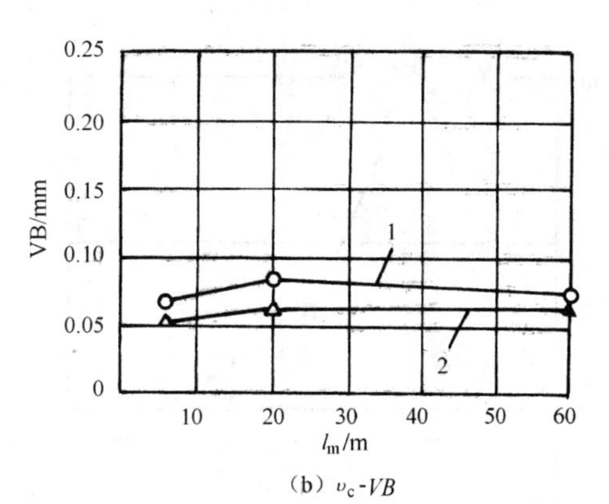

(b) υ_c-VB

Al_2O_3/6061; l_m = 50 m; 1—V_f = 15%; 2—V_f = 7.5%

a_p = 0.5mm，f = 0.1 mm/r，K10

图 13.59　V_f对 VB 的影响[46]

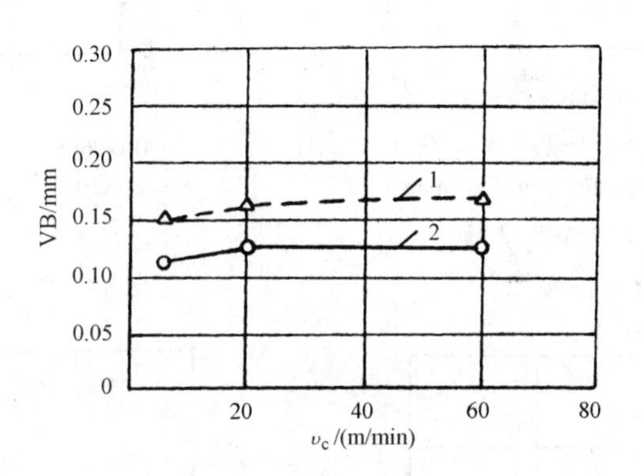

1—铸造法；2—粉末冶金法

SiCw/6061，V_f = 25%；K10；a_p = 0.5 mm，f = 0.1 mm/r

图 13.60　MMC 的制取方法对 VB 的影响[46]

资料介绍，对于 SiCw/6061、SiCw/6061P 来说，用黑色 Al_2O_3 陶瓷及 SiCw 增强 Al_2O_3 陶瓷刀具切削时，刀具磨损 VB 与υ_c，f及水基切削液的使用与否无关，即 VB 与切削温度θ无关，故认为刀具磨损为机械的磨料磨损所致。而切削 Al_2O_3/6061 时，刀具磨损 VB 比切 SiCw/6061 时要小且缓慢，刀具材料的硬度越高，磨损 VB 越小，这也说明是由单纯的磨料磨损所致。

② 表面粗糙度

用 K10 刀具切削时，加工表面上残留有规则的进给痕迹，但表面光亮；用锋利的聚晶金刚石刀具切削时，由于“熨烫”作用弱，加工表面无光亮。

纤维含有率 V_f、纤维角（或晶须角）θ、刀具材料、切削速度υ_c及进给量f都对表面粗糙度 Rz 有影响：V_f越少，Rz 越大（见图 13.61）；θ在 45°~105°范围内，Rz 较小（见图 13.62）；刀具材料性能不同，Rz 不同（见图 13.63）；切削速度υ_c和进给量f对 Rz 的影响见图 13.64 和图 13.65。

由以上不难看出，用 K10、P30 和金属陶瓷切削时，切速υ_c对 Rz 几乎无影响；而f越大，Rz 越大。

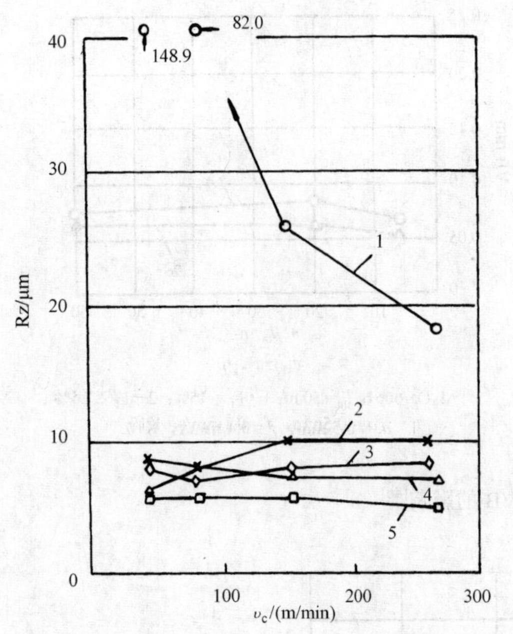

1—$V_f = 0$，2—$V_f = 15\%$，3—$V_f = 25\%$，4—$V_f = 15\%$，5—$V_f = 7.5\%$；

SiCw/6061(Al_2O_3/6061)；$\upsilon_c = 42$，80，150，260 m/min

$a_p = 0.5$ mm，$f = 0.15$ mm/r；金属陶瓷刀具

图 13.61　V_f 对 Rz 的影响[46]

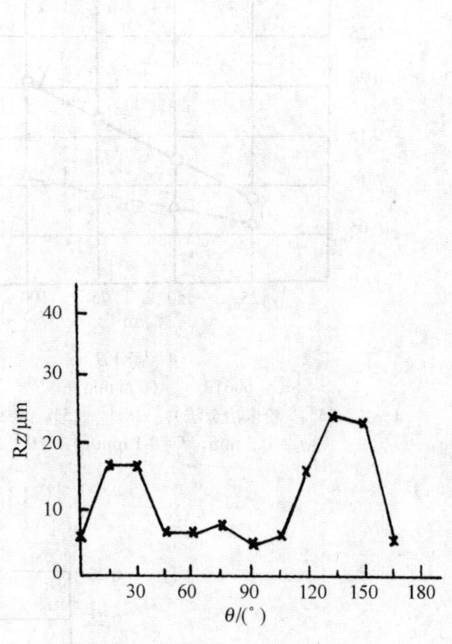

Al_2O_3/6061（短纤维，单向），$V_f = 50\%$；K10，

$\gamma_o = 10°$；$\upsilon_c = 1.5$ m/min，$f = 0.1$ mm/r，

干切（直角自由切削）

图 13.62　纤维角 θ 对 Rz 的影响[46]

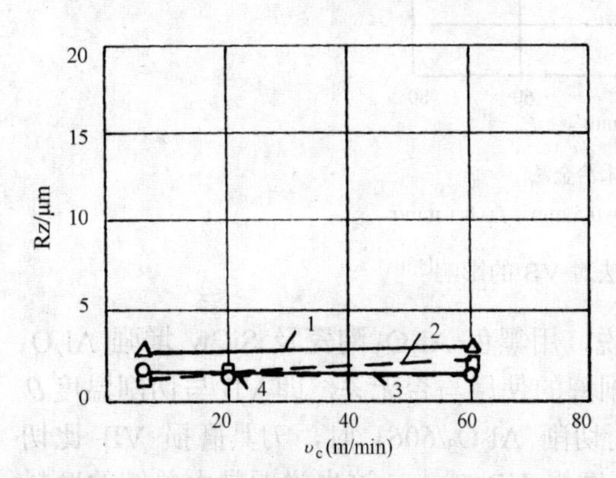

1—金刚石（PCD），2—CB，3—K10A，4—C. SiCw

（PCD 的 $r_\varepsilon = 0.4$ mm，其余 $r_\varepsilon = 0.8$ mm）

SiCw/6061P，$V_f = 25\%$；$a_p = 0.5$ mm，$f = 0.1$ mm/r

其余同图 13.50（b）

图 13.63　刀具材料对 Rz 的影响[46]

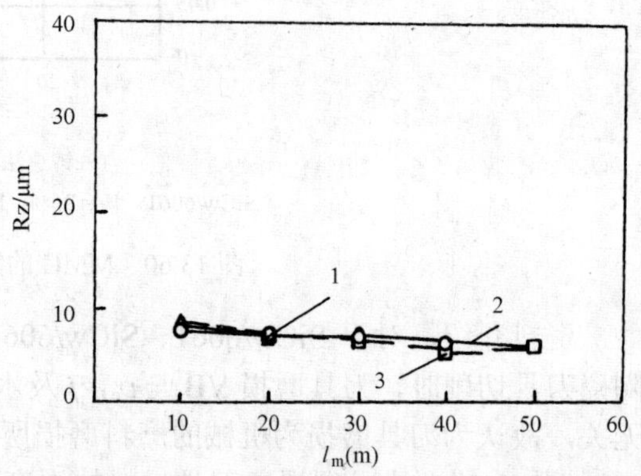

1—$\upsilon_c = 6$ m/min，2—$\upsilon_c = 20$ mm/min，3—$\upsilon_c = 60$ mm/min；

SiCw/6061，$V_f = 25\%$；P30；$a_p = 0.5$ mm，$f = 0.2$ mm/r

图 13.64　υ_c 对 Rz 的影响[46]

③ 切削力

切削 SiCw/6061 时，随着切削路程 l_m 的增长，切削力 F 增大，其中背向力 F_P 增大较多［见图 13.65（a)］；切削 Al_2O_3/6061 时，l_m 增加，F 几乎不增大［见图 13.66（b)］，这与图 13.57 是相对应的，因为此时刀具磨损缓慢。

（2）外螺纹车削

若用 K10、P10 和金属陶瓷刀具车外螺纹，可得下面结果：从刀具磨损看，用 K10 较好

（见图 13.67），P10 较差，金属陶瓷居中；切削速度υ_c对表面粗糙度无影响，这与车削外圆相似；纤维含有率V_f对 Rz 的影响不大；切削力F比切基体材料还小，也与车削外圆相似。

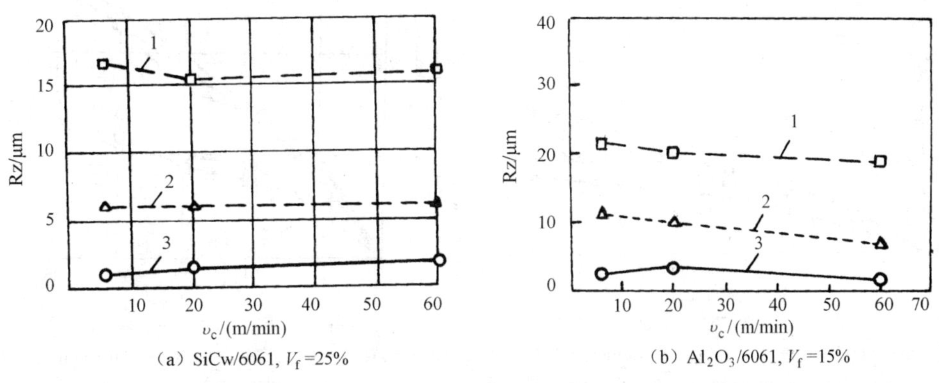

（a）SiCw/6061, V_f=25%　（b）Al_2O_3/6061, V_f=15%

K10；a_p= 0.5 mm，1—f= 0.3 mm/r，2—f= 0.2 mm/r，3—f= 0.1 mm/r

图 13.65　f对 Rz 的影响[46]

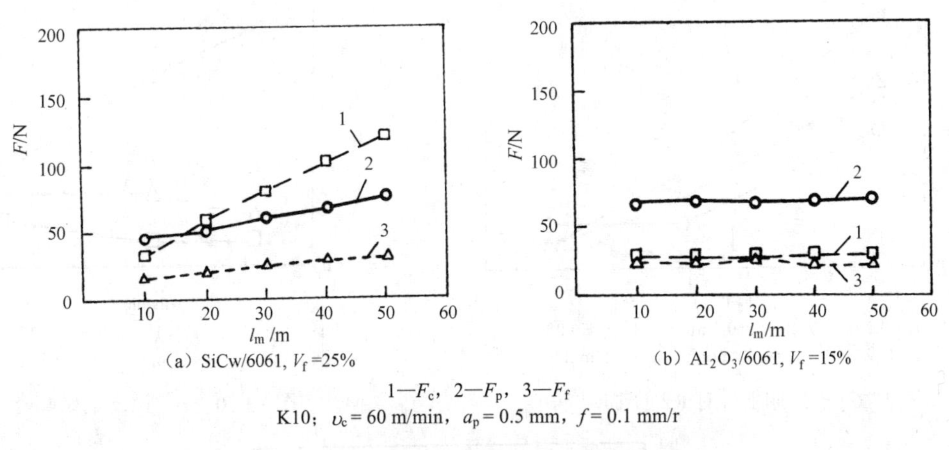

（a）SiCw/6061, V_f=25%　（b）Al_2O_3/6061, V_f=15%

1—F_c，2—F_p，3—F_f

K10；υ_c= 60 m/min，a_p= 0.5 mm，f= 0.1 mm/r

图 13.66　l_m与F的关系[46]

2．平面铣削

资料介绍，铣削 SiCw/6061 时，宜用 K 类硬质合金铣刀。切削试验结果表明如下 5 点。

① 刀具磨损值取决于切削路程l_m，l_m越大刀具磨损越大，而与切削速度υ_c无关；纤维含有率V_f也影响刀具磨损，V_f越大，刀具磨损越大（见图 13.68）。

② 纤维含有率V_f影响表面粗糙度 Rz：V_f越多，Rz 越小（见图 13.69 和图 13.70）；进给量f也影响 Rz：f越大，Rz 越大（见图 13.69）；当$V_f > 0$时，切削速度υ_c对 Rz 影响不大（见图 13.70）。

③ 切屑呈锯齿挤裂屑，易于处理。

④ 切削变形与V_f、f_z有关，V_f与f_z增大，变形系数Λ_h减小，切削比r_c（$=1/\Lambda_h$）增大（见图 13.71）。

⑤ 为避免铣刀切离处工件掉渣，应尽量选用顺铣（要调紧螺母），且在即将铣完时采用小（或手动）进给，也可使用夹板；使用切削油可明显减小表面粗糙度值 Rz。

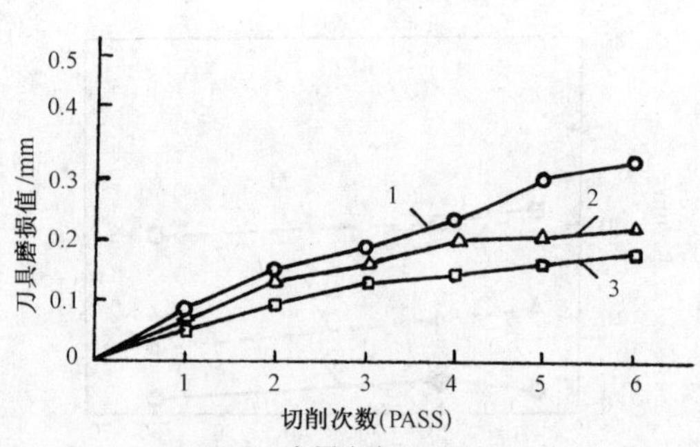

1—P10，2—金属陶瓷，3—K10

SiCw/6061P，$V_f = 25\%$；$\upsilon_c = 85$ m/min

图 13.67 车螺纹时的刀具磨损[46]

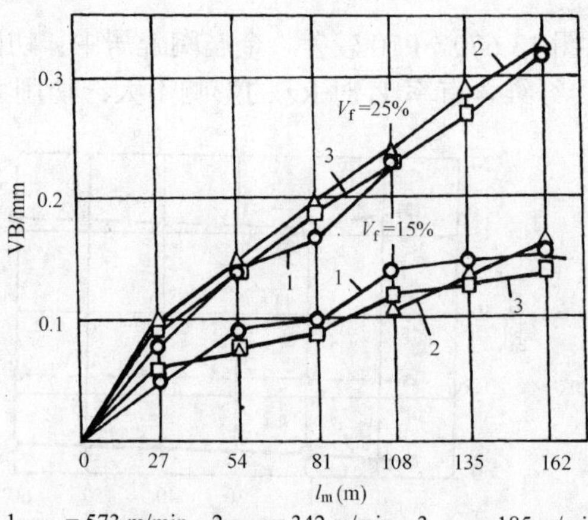

1—$\upsilon_c = 573$ m/min，2—$\upsilon_c = 342$ m/min，3—$\upsilon_c = 185$ m/min；

SiCw/6061 $V_f = 15\%$，25%；K15；$a_p = 0.5$ mm，$f_z = 0.15$ mm/z

图 13.68 刀具磨损曲线[46]

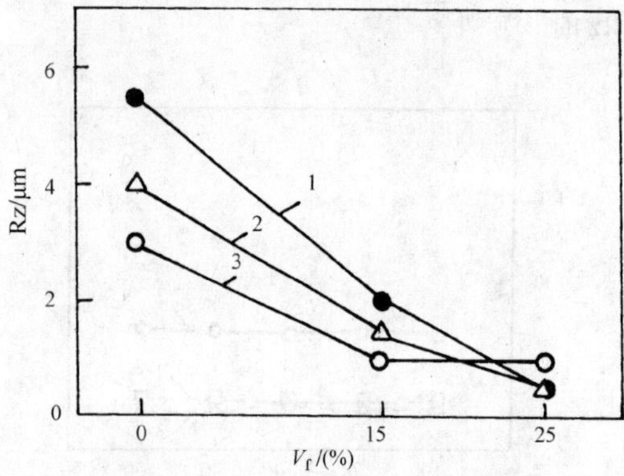

1—$f_z = 0.2$ mm/z，2—$f_z = 0.1$ mm/z，3—$f_z = 0.05$ mm/z

SiCw/6061；$\upsilon_c = 342$ m/min，$a_p = 0.5$ mm

图 13.69 铣削时 V_f 对 Rz 的影响[46]

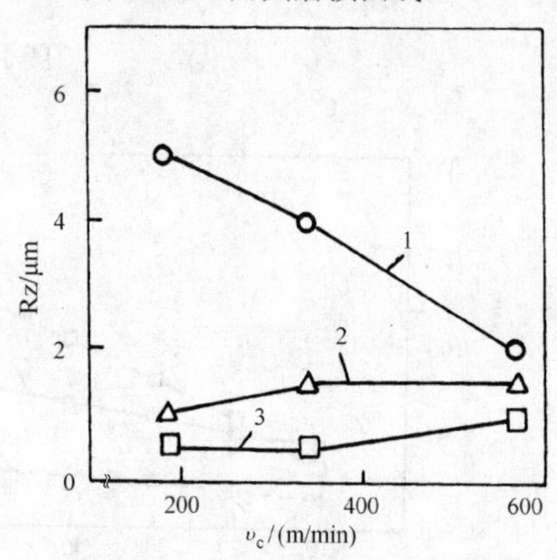

1—$V_f = 0$，2—$V_f = 15\%$，3—$V_f = 25\%$

SiCw/6061；$f_z = 0.1$ mm/z，$a_p = 0.5$ mm

图 13.70 υ_c 对 Rz 的影响[46]

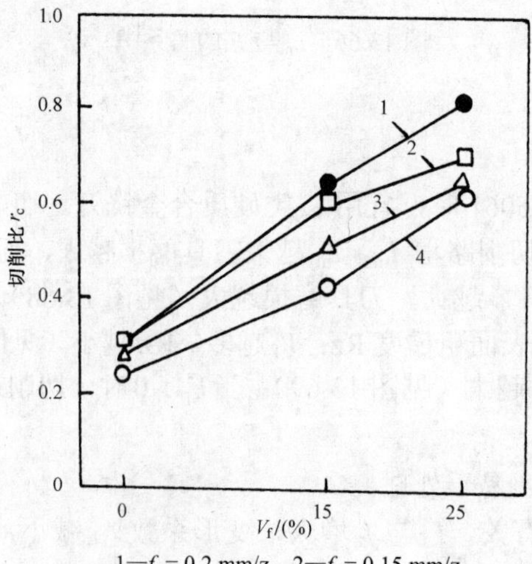

1—$f_z = 0.2$ mm/z，2—$f_z = 0.15$ mm/z，

3—$f_z = 0.1$ mm/z，4—$f_z = 0.05$ mm/z

SiCw/6061；$\upsilon_c = 342$ m/min，$a_p = 0.5$ mm

图 13.71 V_f 与 f_z 对切削比 r_c 的影响[46]

3．钻孔

根据资料介绍，在 MMC 上钻孔时有如下 7 种情况。

① 高速钢钻头以后刀面磨损为主，且可见与切削速度方向一致的条痕，这与在 FRP 上钻孔相似；VB 值随切削路程 l_m 的增加而增大（见图 13.72（a）），随 f 的增大而减小［见图 13.72（b）］，而 υ_c（当 $\upsilon_c < 40$ m/min 时）对 VB 的影响不大（见图 13.73）。刀具磨损主要是由磨料磨损所致。

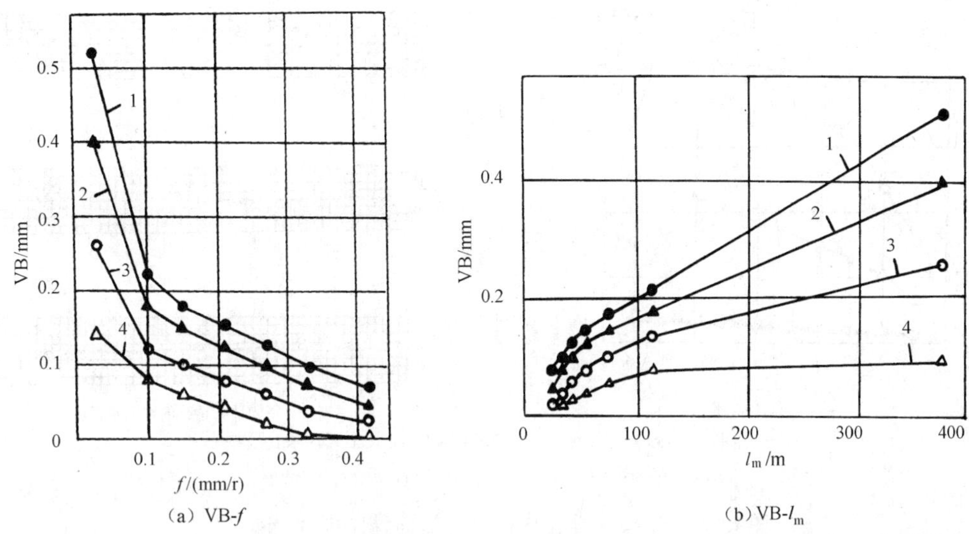

1—Al_2O_3F（V_f = 15%），2—Al_2O_3F（V_f = 7.5%），3—SiCw（V_f = 25%），4—SiCw（V_f = 15%）；高速钢钻头

图 13.72 VB 与 l_m、f 及 V_f 间的关系[46]

② 在四种试验钻头（K10、K20、高速钢及 TiN 涂层钻头）中，K10 与 K20 耐磨性较好［见图 13.74（a）］。

③ 因 K10 与 K20 钻头磨损小，故随孔数的增加，轴向力 F 几乎不增大，扭矩 M（M_c—总扭矩，M_f—摩擦扭矩）则略有增加［见图 13.74（a）］；TiN 涂层钻头的扭矩 M 增加较多［见图 13.75（b）］，但孔的表面粗糙度较小［见图 13.74（b）］。

④ 孔即将钻透时，应减小进给量，以免损坏孔出口。

⑤ 采用修磨横刃的硬质合金钻头比未修磨的钻头，可减小扭矩 25%，减小轴向力 50%。

⑥ 在 SiCp/Al 材料上钻孔时，SiC 颗粒的尺寸越小、V_f 越少，钻孔越容易。

⑦ 在超细颗粒铝复合材料上钻孔比在 45 钢上钻孔的扭矩还小，高速钢钻头就能满足要求。

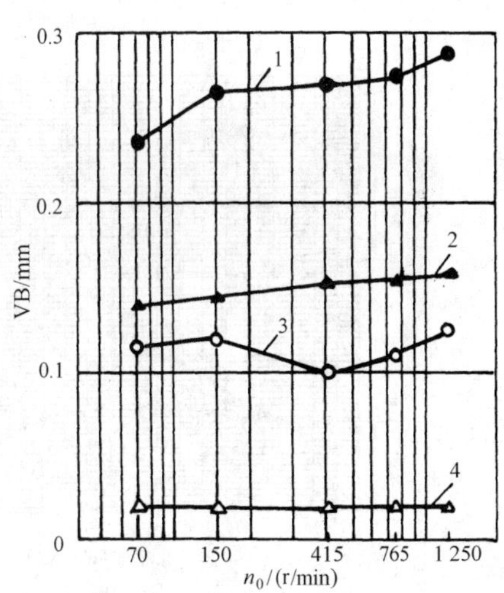

f_z = 0.1 mm/z；高速钢钻头；其余同图 13.67

图 13.73 υ_c 对 VB 的影响[46]

4．磨削

铝复合材料的磨削较困难，砂轮堵塞严重。增强相的种类、体积含有率、热处理状态及

砂轮的种类、粒度、硬度、修磨方法及磨削方式、磨削液等，都对磨削性能有很大影响，必须根据具体情况选择合适的砂轮、合适的磨削液及磨削方式和磨削参数。

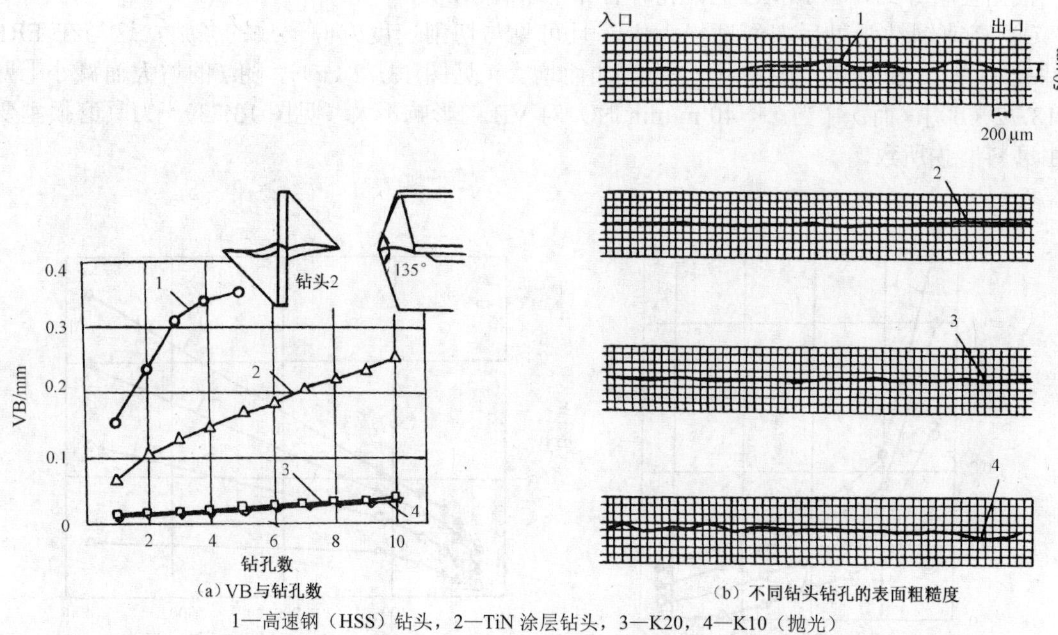

1—高速钢（HSS）钻头，2—TiN 涂层钻头，3—K20，4—K10（抛光）

SiCw/6061F，$V_f = 25\%$；$f = 0.1$ mm/r，$n_0 = 415$ r/min

图 13.74 钻头材料对 VB 及钻孔表面粗糙度的影响[46]

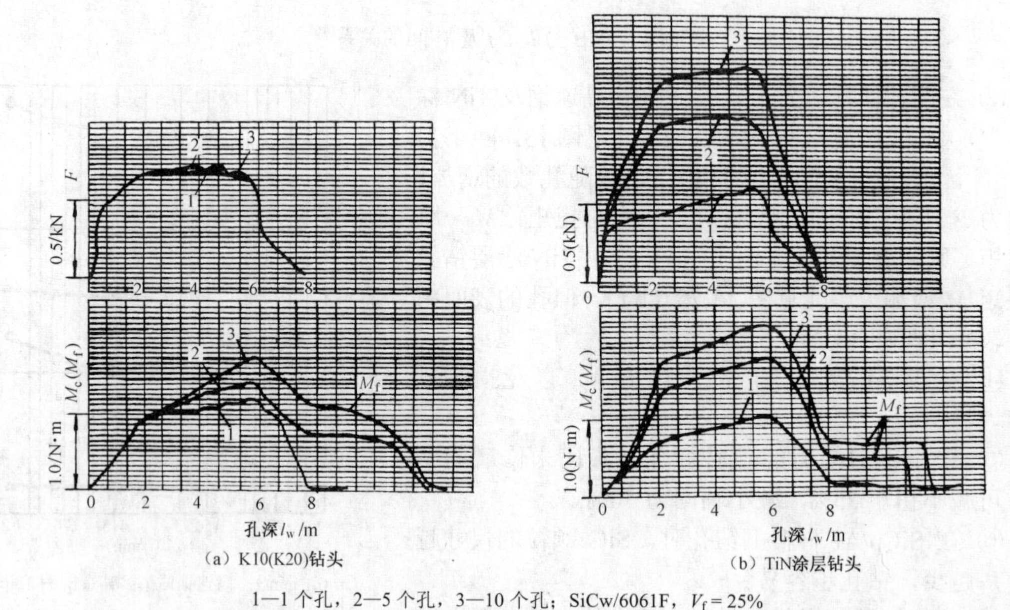

1—1 个孔，2—5 个孔，3—10 个孔；SiCw/6061F，$V_f = 25\%$

图 13.75 钻孔数与钻削力（F、M）关系[46]

试验表明，磨削 SiCp/Al、SiCw/Al 复合材料时，法向分力 F_n（F_p）与切向分力 F_t（F_c）之比值 F_n/F_t 比磨削淬硬钢还大，而与磨削铸铁相近，$F_n/F_t \geqslant 3$，且随着工件速度 v_w 的增加，其比值有增大的趋势。

5．精密超精密加工

切削试验表明，SiCw/Al 复合材料在一定切削条件下可以获得超精密加工表面，但取决于 SiCw 破坏的方式。如果 SiCw 是被切削刃直接剪断的，其断面仅比周围高出几个纳米，则 Ra 完全可达到超精密加工表面粗糙度的要求（Ra 小于等于 0.015 μm）；但 SiCw 的拔出与压入就不能达到超精密加工表面 Ra 的要求了。切削 SiCp/Al 复合材料能否达到超精加工表面粗糙度 Ra 的要求，完全取决于 SiCp 颗粒的大小，只有 SiCp 的尺寸达到小于等于 0.025 μm 时才有可能，实际上要达到超精密加工表面是比较困难的[96, 97]。

13.6 碳纤维增强碳化硅陶瓷复合材料 C_f/SiC 的切削加工

C_f/SiC 复合材料具有耐高温、抗氧化、耐腐蚀、抗热震及抗烧蚀、密度小等优异性能，故可替代金属材料高温合金，以提高液体火箭发动机身部温度，减轻发动机重量。国外已应用在液体火箭发动机喷管延伸段和姿轨控发动机身部（推力室）及航天飞机防热瓦上，也有制作空间飞机前部外板、上部及下部面板的。国内也有研究制造发动机喷管的。由于液体火箭发动机推力室的应用中需要身部与金属材料连接，必须对喷管的连接部位进行切削加工。但 C_f/SiC 的硬度高，导热性差，延性和冲击韧性很小，很难切削加工，易产生分层、撕裂、拉丝、毛刺及崩块，加工表面粗糙度大，刀具极易崩刃，精度很难达到，切削温度很高且集中于刀尖，可导致纤维碳化。喷管外观如图 13.76 所示。

图 13.76　C_f/SiC 复合材料喷管外观图[133]

经车削试验，认为 PCD 刀具较合适，$v_c = 60\sim110$ m/min，$f = 0.6\sim1.0$ mm/r，$\alpha_p = 1\sim2$ mm，$r_\varepsilon = 0.2\sim0.5$ mm；型面数控铣削加工时，用 $\phi16$ PCD 立铣刀，粗铣 $v_c = 900$ m/min，$f_z = 0.4$ mm/z，精铣 $v_c = 240$ m/min，$f_z = 0.3$ mm/z，可达到 Ra 为 3.2 μm、尺寸公差为 0.1 mm、角度公差为 6′、对称度为 0.1 mm 的产品要求[133]。

13.7 复合构件的钻孔技术

在生产实际中，有许多由不同材料组合而成的复合构件需要钻孔，但二者或三者间的物理力学性能差别很大，用一支钻头很难实现一次钻出。常见的有纤维增强复合材料与金属板叠层的复合构件，也有由工程陶瓷、轻合金与纤维增强复合材料构成的复合装甲构件。

13.7.1 CFRP 与 Ti 合金叠层复合构件钻孔

以 CFRP 与 Ti 合金叠层板为例。由于二者切削加工性能差别较大，因此一次钻孔很困难。CFRP 需采用 PCD 钻头高速钻孔，Ti 合金需用 K 类硬质合金钻头低速钻孔，故常规条件下只有采用分步钻孔法，即两种材料分别采用不同的钻头和切削用量完成钻孔，但会使钻孔质量和效率受到很大影响。如果能用一步钻孔法完成钻孔，则将解决钻孔质量和效率两大问题。

（1）啄式钻孔法

国外研究了啄式钻孔技术，即在一步钻孔中将进给分成若干个循环阶段，使得每次进给中产生的切屑尽量小，切屑不致损伤叠层结构中软材料的孔壁。图 13.77 为啄式钻孔法与传统钻孔法的比较。

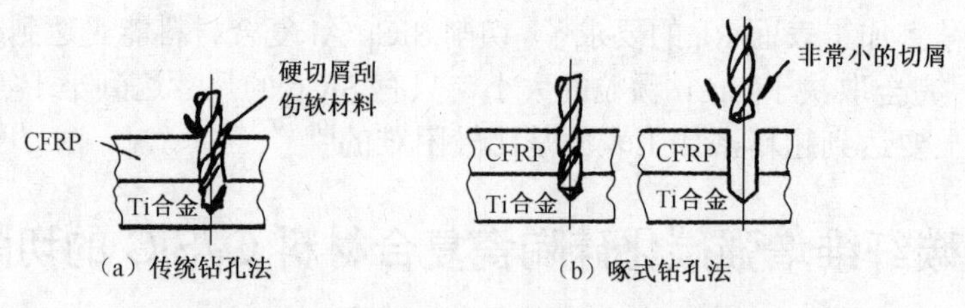

图 13.77 啄式钻孔法与传统钻孔法的比较[77]

在叠层结构中用传统钻孔法，硬切屑会在排屑过程中损伤 CFRP 的孔壁面，但如果采用啄式钻孔法则可解决此问题。

（2）自适应控制钻孔法

这种钻孔机是根据钻多种材料叠层结构的要求专门研制的。它由普通风动钻孔机装上传感器和微型计算机（单片机）控制的双速变速器构成。这种自适应钻孔机以轴向推力为控制参数，恒定的轴向推力可保证钻头以一定的进给速度钻入。当叠层由 CFRP、Ti 合金和 Al 合金三种材料组成时，钻头与第一层材料表面初接触时产生的轴向反推力会使钻机传感器中的应变测量杆产生微应变信号，该信号经单片机微处理器处理，并与存储在单片机存储器中的预编程数据进行比较，就确定了该种材料钻孔应该采用的转速和进给速度，直至接触到第二层材料前保持不变。接触到第二层材料时，传感器探测到了更硬的材料，约在 0.05 s 时间内，过程控制器就可将主轴转速调整到最低转速（240 r/min），并同时调整轴向推力。当钻头接触到铝合金时，转速和进给速度又会自动调高些，直至钻透钻头退回。自适应控制钻孔法如图 13.78 所示。

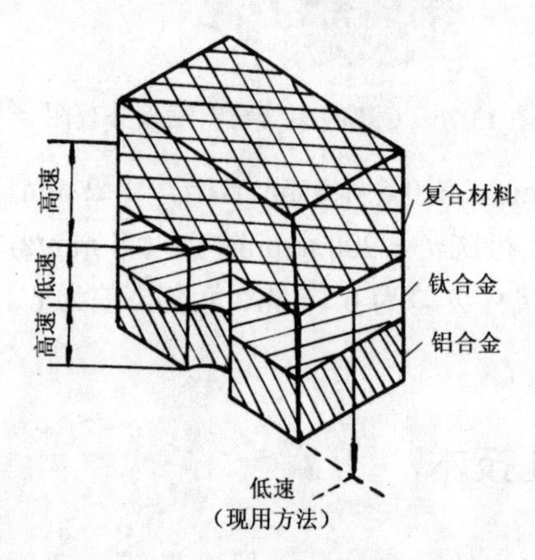

图 13.78 自适应控制钻孔法[77]

这种自适应控制钻孔法，通过在不同材料上自动改变钻孔的进给速度，一步钻出一个孔的时间从原来约 5 min 减至 1 min20 s，明显地提高了生产效率，降低了成本。

13.7.2 复合装甲构件钻孔

由工程陶瓷、轻合金与纤维增强复合材料构成的复合装甲可充分发挥材料结构的综合抗弹效应，满足现代坦克装甲车的轻量化、高机动性与高防护性的要求，应用前景广阔。复合装甲成形后需在现场按要求进行二次加工，如钻孔、修边、切割和开槽，特别需要大量的钻孔。

复合装甲由六角形 8 mm 厚的 Al_2O_3 陶瓷块、两侧为 1.5 mm 厚的铝板用树脂黏合而成 11 mm 厚度。截面示意图见图 13.79。

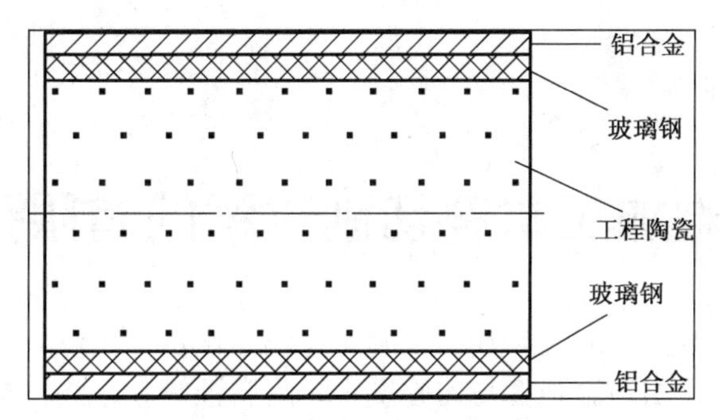

图 13.79　陶瓷复合装甲截面示意图[134]

采用青铜结合剂的 PCD 套料钻头，用水冷却实现钻孔。

钻削轴向力变化如图 13.80 所示。

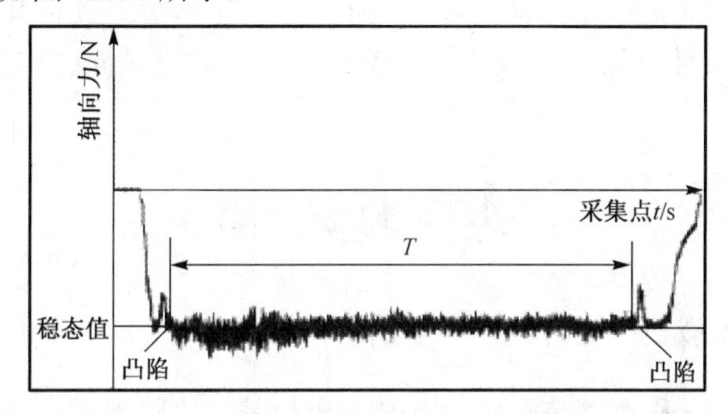

图 13.80　陶瓷复合装甲钻孔轴向力变化记录曲线[134

变化规律为：钻入铝合金的轴向力 F 由零逐渐增大，钻透铝合金时 F 突陷减小，钻入玻璃钢层又增大，钻入陶瓷时 F 增大至稳定阶段，直至钻出陶瓷时 F 又减小，然后重复钻入铝合金和玻璃钢的过程。

陶瓷钻孔的入出口均会产生崩豁，这是由“突陷”进给造成的，且孔的出口处由于钻头的挤压而引起拉伸裂纹，故出口处崩豁更严重，如 F 过大还会使陶瓷破裂。

铝合金与玻璃钢孔入口易产生分层和隆起，玻璃纤维易产生抽丝和拉毛现象。为改善陶瓷孔口质量，可采用预压应力法。

思　考　题

13.1　试述复合材料的概念及其优越性，如何分类？

13.2　试述复合材料的增强机理是什么？

13.3　常用的 FRP 有哪些种？性能如何？

13.4　FRP 切削加工有何特点？

13.5　FRP 的车削、钻孔有何特点？钻孔时应采取哪些措施？

13.6　铝基复合材料的切削加工有何特点？

13.7　哪些因素影响铝基复合材料车削加工的刀具磨损、表面粗糙度与切削力？

13.8　铝基复合材料能否加工成超精密表面？为什么？

13.9　采用什么方法可实现陶瓷复合材料和复合装甲的钻孔？

第 14 章　难加工材料切削过程的有限元仿真技术

随着科技的进步，航空、航天、兵器、舰船、电站设备等工业对产品零部件的材料性能提出了各种各样的要求，如高温强度与比强度大、耐腐蚀等。这些材料的切削加工困难，常称为难加工材料。由于难加工材料切削试验成本高、研究周期长，故一种快捷、方便的虚拟研究手段——有限元仿真技术被广泛用于金属切削过程的研究，它可作为研究难加工材料切削过程的重要辅助手段，可观察到切削试验较难获得的信息，如仿真可预测难加工材料切削过程中的切削力、切削温度及刀具磨损等，为刀具几何参数及切削用量的优化提供依据。总之，它可降低难加工材料的加工成本，显著提高经济效益；同时也是研究者们必备的分析工具。

14.1　概　　述

14.1.1　有限元法简介

有限元法（FEM）又称有限单元法，其基本思想是：化整为零、集零为整。它将连续体变换成由有限数量的有限大的单元体的集合，这些单元体之间只是通过结点来连接和制约，用这种变换了的结构体系代替原来真实的连续体，用标准结构分析处理方式得到的数学问题就归结为求解方程组了[135]。

FEM 最初起源于土木工程和航空工程中的弹性和结构分析问题的研究。1941 年，Hrenikoff[136]开创了有限元法应用的先河，使用“框架变形功方法”（Frame Work Method）求解了一个弹性问题。1943 年，Courant[137]发表了一篇使用三角形区域的多项式函数来求解扭矩问题的论文。他们使用的方法虽具有很大差异，但具有共同的本质特征：利用网格离散化将一个连续区域转化为一族离散子区域，通常称为元。前者的离散类似于格子的网格离散区域；后者是将区域分解为有限个三角形子区域来求解源于圆柱体转矩问题的二阶椭圆偏微分方程。

FEM 的发展始于 20 世纪 50 年代。1954 年，我国的胡海昌提出了广义变分原理[138]；1955 年，德国斯图加特大学的 J. H. Argris 出版了第一本关于结构分析中的能量原理和矩阵方法的著作，为有限元的研究奠定了基础[135]；1956 年，波音公司的 M. J. Turner、R. W. Clough、H. C. Martin 和 L. C. Topp 在分析飞机结构时系统地研究了离散杆、梁、三角形的单元刚度表达式，并求得了平面应力问题的正确解答，首次将有限元思想应用在机身框架和结构分析中[139]。

20 世纪 60 年代，加州大学伯克利分校的 Ray W. Clough 等人在土木工程应用工作中积累的经验，在处理平面弹性问题时，第一次提出并使用了“有限元方法”（Finite Element Method）这个名称[140]。

20 世纪 70 年代，希尔伯特（H. D. Hibbit）和 J. T. Oden 等把有限元法应用到了解决非线性、大变形问题中，为金属塑性成形分析奠定了重要基础[141]。

20 世纪 80 年代初期，J. J. Park、K. Mori 和 K. Osakada 等的研究初步形成了刚塑性有限元基本理论和方法[142]。

20 世纪 80 年代中后期，金属塑性成形过程的计算机模拟技术逐渐成熟并进入了实用阶段。在金属切削领域，学者们对有限元的应用也做了大量的研究工作[143-151]。

随着力学、材料科学和计算机应用跨学科领域的有限元分析技术的发展，更精确的材料本构模型得到应用，从而使人们更深入地洞察了各种材料在塑性成形过程中发生的变形、微观组织的变化、材料破坏机理等，为难加工材料切削过程的研究提供了依据。

14.1.2 常用的有限元分析软件简介

近十几年来，有限元法在航天、汽车等各领域得到了广泛应用，已成为解决各种问题强有力和灵活通用的工具。很多大型通用的有限元软件进入了中国市场，在切削仿真领域常用的有：美国 Third Wave Systems 公司的 AdvantEdgeFEM 软件、美国科学成形技术公司 SFTC 的 DEFORM 软件、法国达索 SIMULIA 公司的 ABAQUS 软件、美国安世亚太科技公司的 ANSYS 软件及美国 MSC 公司的 MSC.MARC 软件等。

1. AdvantEdgeFEM

AdvantEdgeFEM 是一款基于材料物理特性的加工模拟专业软件，能够对铣削、车削、钻削、镗削等过程进行模拟。在模拟中可以考虑试件的初始应力、刀具振动、刀具磨损、刀具表面涂层、摩擦系数及冷却润滑剂等的影响。该软件包括设计、建立、改善和优化加工工艺，能使用户准确确定加工参数和刀具配置，以降低切削力、温度和加工变形，这些都是在离线状态下进行的，从而减少了在线测试的费用和时间。

用它可以进行微观及宏观的加工分析，可模拟金属切削中的切削力、热流、温度、切屑形成、切屑断裂及残余应力等，可进行铣削、车削、钻削、镗削、攻螺纹、环槽等的工艺分析；网格划分完全自动，只需定义刀具与工件的网格控制系数及网格自适应重划系数；工件材料库有 130 多种材料（铝合金、不锈钢、钢、镍基合金、钛合金及铸铁等）；刀具材料库有硬质合金（Carbide）系列、金刚石、陶瓷、CBN 及高速钢系列；涂层材料有 TiN、TiC、Al203、TiAIN；同时支持用户自定义材料；在模拟中可以考虑工件的初始应力、刀具振动、刀具涂层及冷却液；具有参数研究功能，可进行切削速度、进给量、前角、刀尖圆弧半径等的优化；车削刀具磨损仿真，主要采用日本的 Usui 算法；残余应力仿真及毛刺仿真；还有丰富的后处理功能，用曲线、云图及动画显示仿真结果，也可得到切削力、温度、应力、应变率及加工功率等结果。

总之，用它可减少试切的试验次数，提高产品质量，降低产品设计及制造的成本[152]。

2. DEFORM

DEFORM 是一套基于有限元的工艺仿真系统，可用于分析金属成形及相关各种成形工艺和热处理工艺。通过在计算机上模拟整个加工过程，帮助设计人员设计工具和产品的工艺流程，降低现场试验成本，提高工模具设计效率，降低生产和材料成本，缩短新产品的研发周期。用于切削仿真的是 DEFORM-2D 和 DEFORM-3D 模块。

DEFORM-2D 是一套基于工艺模拟系统的有限元系统（FEM）。强大的模拟引擎能够分析金属成形过程中，多个材料特性不同的关联对象耦合作用下的大变形和热特性，以此保证金属成形过程中的模拟精度，使得分析模型和模拟环境与实际生产环境高度一致。

DEFORM-3D 同 DEFORM-2D 一样，也是一套基于工艺模拟系统的有限元系统（FEM），专门用于分析各种金属成形过程中的三维流动设计。在一个集成环境内，综合建模、成形、热传导和成形设备特性进行模拟仿真分析，适用于热、冷、温成形，包括锻造、挤压、轧制、自由锻、弯曲、机械加工和其他成形加工手段。它可提供极有价值的工艺分析数据，如材料流动、切削应力、模具填充、锻造负荷、模具应力、晶粒流、金属微结构和缺陷的产生发展情况等。它是模拟三维材料流动的理想工具，且易于使用优化的网格系统。

系统中集成了任何时候都能自行触发、自动网格重划的生成器，在精度要求较高区域可划分较细密的网格，显著提高计算效率。

3. ABAQUS

ABAQUS 是一套功能强大的基于有限元方法的工程模拟软件，它可以解决从相对简单的线性分析到极富挑战性的非线性模拟等各种问题。它具备十分丰富的单元库，可以模拟任意实际形状；也有相当丰富的材料模型库，可以模拟大多数典型工程材料的性能，包括金属、橡胶、聚合物、复合材料、钢筋混凝土、可压缩的弹性泡沫，以及地质材料，如土壤和岩石等。作为一种通用的模拟工具，应用它不仅能够解决结构分析（应力/位移）问题，而且能够模拟和研究包括热传导、质量扩散、电子元器件的热控制（热-电耦合分析）、声学、土壤力学（渗流-应力耦合分析）和压电分析等广阔领域中的问题。

ABAQUS 为用户提供了广泛的功能，使用起来十分简便。即便是最复杂的问题也可很容易地建立模型。例如，对于多部件问题，通过对每个部件定义合适的材料模型，然后将它们组装成几何构型即可。对于大多数模拟，包括高度非线性问题，用户仅需要提供如结构的几何形状、材料性能、边界条件和载荷工况数据即可。在非线性分析中，它能自动选择合适的载荷增量和收敛准则，不仅能自动选择参数值，而且也能不断地调整这些参数值，以确保获得精确的解答。对于控制问题的数值求解，用户几乎不必定义任何参数。正因为 ABAQUS 非线性求解能力强大，很多学者用它的显示分析模块来进行金属切削过程的仿真研究。

4. ANSYS

ANSYS 软件是目前最著名的大型通用有限元分析软件，经过 30 多年的发展，已形成融结构、热、流体、电磁、声学及多物理场耦合为一体的大型通用有限元分析软件，广泛应用于航空航天、石油、化工、汽车、造船、铁道、电子、机械制造、地矿、能源、水利、核能、生物、医学、土木工程、轻工、一般工业及科学研究等各个领域，其极强的分析功能覆盖了几乎所有的工程问题。作为世界最具权威的有限元产品和工业化分析标准，目前几乎所有的 CAD/CAE/CAM 软件都竞相开发了与 ANSYS 的专用接口，以实现数据的共享和交换，如 Pro/Engineer、NASTRAN、Alogor、I-DEAS 及 AutoCAD 等。

它主要包括三部分：前处理模块、分析计算模块和后处理模块。

前处理模块提供了强大的实体建模及网格划分工具，用户可以方便地构造有限元模型；分析计算模块包括结构分析（可进行线性分析、非线性分析和高度非线性分析）、流体动力学分析、电磁场分析、声场分析、压电分析及多物理场的耦合分析，可模拟多种物理介质的相互作用，具有灵敏分析及优化分析能力；后处理模块可将计算结果以彩色等值线显示、梯度显示、矢量显示、粒子流迹显示、立体切片显示、透明及半透明显示（可看到结构内部）等图形方式显示出来，也可将计算结果以图表、曲线形式显示或输出。在金属切削过程仿真中，主要应用其分析计算模块。

5. MSC.MARC

MSC.MARC 是功能齐全的高级非线性有限元软件，具有极强的结构分析能力。它可以处理各种线性和非线性结构分析问题，包括线性/非线性静力分析、模态分析、简谐响应分析、频谱分析、随机振动分析、动力响应分析、自动的静/动力接触、屈曲/失稳、失效和破坏分析等。为满足工业界和学术界的各种需求，提供了层次丰富、适应性强、能够在多种硬件平台上运行的系列产品。

MSC.MARC 的结构分析材料库提供了模拟金属、非金属、聚合物、岩土、复合材料等多种线性和非线复杂材料行为的材料模型。分析采用具有高数值稳定性、高精度和快速收敛的高度非线性问题求解技术。为了进一步提高计算精度和分析效率，该软件提供了多种功能强大的加载步长自适应控制技术，自动确定分析屈曲、蠕变、热弹塑性和动力响应的加载步长。它卓越的网格自适应技术，以多种误差准则自动调节网格疏密，不仅可提高大型线性结构的分析精度，且能对局部非线性的应力集中、移动边界或接触分析提供优化的网格密度，既保证计算精度，也使非线性分析的计算效率大大提高。此外，MSC.MARC 支持全自动二维网格和三维网格重划，用以纠正过度变形后产生的网格畸变，确保大变形分析的继续进行。对非结构的场问题，如包含对流、辐射、相变潜热等复杂边界条件的非线性传热问题的温度场，以及流场、电场、磁场，也提供了相应的分析求解能力；并具有模拟流-热-固、土壤渗流、声-结构、耦合电-磁、电-热、电-热-结构及热-结构等多种耦合场的分析能力。为了满足高级用户的特殊需要和二次开发，MSC.MARC 提供了方便的开放式用户环境。这些用户子程序入口几乎覆盖了 MSC.MARC 有限元分析的所有环节，从几何建模、网格划分、边界定义、材料选择到分析求解、结果输出，用户都能够访问并修改程序的默认设置。在 MSC.MARC 软件原有功能的框架下，用户能够极大地扩展其分析能力。

14.2 材料性能实验手段

材料性能实验是获取其力学性能参数的直接手段，也是建立材料本构模型的主要依据。而金属切削加工状态下的材料力学性能又有别于一般条件下的材料性能，它始终处在高温、大应变和大应变率的状态下。要提高有限元的仿真精度，建立准确的材料本构模型，就必须设计满足该状态下的材料性能实验。目前，材料性能实验常用的主要有两种：一种是材料动态力学性能实验，主要基于传统的材料动态性能实验；另一种是直角切削试验法，它主要是通过特殊设计切削试验，获取切削状态下的材料力学性能参数。

14.2.1 材料动态力学性能实验法

金属材料的动态力学性能实验是获取材料力学性能的最重要手段。金属材料不同温度下的应力-应变关系是表征材料本构模型的基础。早期 Merchant 等曾用材料的拉伸实验数据来描述切削过程的剪切流动应力，然而远不能满足切削过程的高温、大应变和大应变率的状态[153]。随着动态力学的不断发展，出现了大量的材料动态力学性能实验方法，如液压试验机试验、凸轮塑性仪、压剪撞击试验、动态膨胀环、分离式压杆实验法（SHPB-Split Hopkinson Pressure Bar）等[154-158]。最常用的是 Hopkinson 的高速冲击实验法，被广泛用于切削过程中材料变形的研究。早在 1914 年，Hopkinson 就提出了压杆技术，它是测试瞬态脉冲应力的第一种方法。1949 年，Kolsky 在 Hopkinson 压杆技术的基础上提出采用分离式 Hopkinson 压杆（Split

Hopkinson Pressure Bar，SHPB）技术来测定材料在一定应变率范围的动态应力-应变行为。该技术的理论基础是一维应力波理论，它通过测定压杆上的应变来推导试件材料的应力-应变关系，是研究材料动态力学性能最基本的实验方法之一。多年来，SHPB 实验装置迅速发展，不断完善，已经成为材料动态性能研究的重要工具。

典型的 SHPB 测试装置见图 14.1，试件被制成薄柱体，夹于两个长的高强度钢（或铝）杆之间（分别称为输入杆和输出杆）。为研究不同温度下的材料动态力学性能，还可在装置上加装恒温箱。

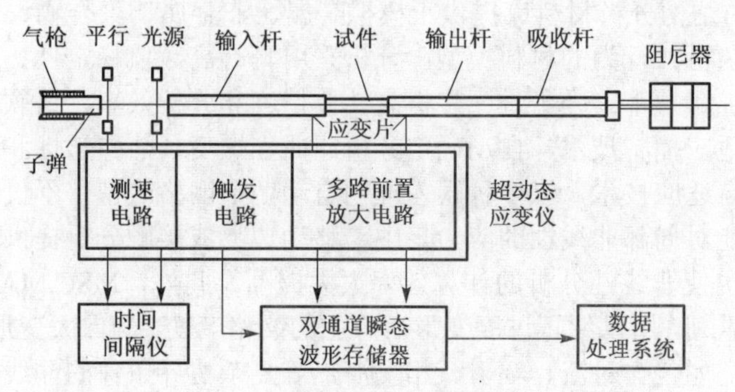

图 14.1　典型的 SHPB 测试装置

14.2.2　直角切削试验法

因材料动态力学性能实验很难达到切削过程中的应变和应变率水平，故提出了直角切削（快速落刀）试验法，利用第一变形区的应力-应变分析建模，结合切削力、切削温度测量值，获取材料切削过程中的应力、应变、应变率和温度值来构建切削时的本构模型。

20 世纪 50 年代末，Kececioglu[159]首先利用直角切削试验研究第一变形区材料的流动应力-应变率效应，获得了剪切应变率和剪切应力的计算公式。后来，Steven 和 Oxley 等[160-162]基于平行剪切区切削模型，依据切削试验结果，获得了第一变形区的剪应变、剪应变率、温度和流动应力。Wright 和 Robinson[163]等也用类似方法研究了纯铜和低碳钢的动态力学性能，获取了应力-应变率关系曲线。国内的王敏杰[164, 165]等研究了材料切削时的力学性能，采用正交切削试验方法构建了 45 钢、25CrMnSi 的流动应力本构模型，并与 SHPB 的试验结果进行了对比，证实了该方法的可行性。

14.3　常用的材料本构方程（模型）

难加工材料切削过程的本构关系与应变、应变率、温度等多种因素有关，建立切削变形区内工件材料的本构模型是研究切削变形的关键，也是有限元仿真的基础。

切削过程仿真中常用的本构模型有：Johnson-Cook 本构模型、Zerilli-Armstrong 本构模型、Drucker Prager 本构模型和 Usui 本构模型等。不同难加工材料的材料特性不同，所适用的本构模型也不同。

1. Johnson-Cook 本构模型

Johnson-Cook（简称 JC）本构模型的形式简单，应用范围广，适用于描述大应变率下黑色金属和有色金属的应力-应变关系。其表达式为

$$\sigma=(A+B\varepsilon^n)\left[1+C\ln\left(\frac{\dot{\varepsilon}}{\dot{\varepsilon}_0}\right)\right]\left[1-\left(\frac{T-T_r}{T_m-T_r}\right)^m\right] \tag{14-1}$$

式中，σ——流动应力，MPa；

A——材料的屈服应力，MPa；

B——材料应变硬化常数；

ε——材料的应变；

n——材料应变强化项系数；

C——材料应变速率强化项系数；

$\dot{\varepsilon}$——材料的应变率；

$\dot{\varepsilon}_0$——材料的参考应变率；

T——材料的温度，K；

T_r——参考温度，K；

T_m——参考熔点温度，K；

m——材料热软化系数。

JC 本构模型虽属唯象模型，但有一定的物理意义，是用应变效应、应变率效应和温度效应相乘的形式来表征材料变形的流变应力的。JC 本构模型中，特定应变下的应变硬化率会随应变率的增大而增大，不同应变率下的应力-应变呈发散趋势，比较符合面心立方晶体（Facial Centered Cubic，FCC）材料的应变硬化变化规律。表 14-1 给出了常见难加工材料的 JC 本构模型参数[101.166-168]。

表 14-1　常见难加工材料的 JC 本构模型参数

材料	A	B	C	n	m
GH4169（材料试验法）	450	1 700	0.017	0.65	1.3
GH4169（切削试验法）	421	1 224	0.019 2	0.54	1.27
Ti6Al4V（材料试验法）	997.9	653.1	0.019 8	0.45	0.7
Ti6Al4V（切削试验法）	870	990	0.008	0.01	1.4
AISI 52100（材料试验法）	688.17	150.82	0.042 79	0.336 2	2.778 6
AISI 52100（切削试验法）	774.78	134.46	0.017 3	0.371	3.171

2．Zerilli-Armstrong 本构模型

金属塑性变形的基本机理是晶体内部原子层间发生的相对滑移，当沿着滑移方向的剪应力达到某临界值时便发生滑移。塑性变形的微观机理是位错在晶体内运动引起的晶体内原子层沿滑动面滑动，Zerilli 与 Armstrong 建立了基于位错的材料变形本构模型，不同晶格结构的金属的本构模型有不同的形式[169]。

体心立方晶格金属的本构模型为

$$\sigma=C_0+C_1\exp(-C_3T+C_4T\ln\dot{\varepsilon})+C_5\varepsilon^n \tag{14-2}$$

面心立方晶格金属的本构模型为

$$\sigma = C_0 + C_2 \varepsilon^{\frac{1}{2}} \exp(-C_3 T + C_4 T \ln \dot{\varepsilon}) \tag{14-3}$$

式中，C_0、C_1、C_2、C_5——材料常数，MPa；

C_3、C_4——材料常数，K^{-1}；

N——材料特征系数；

T——绝对温度，K。

不难看出，前者的变形应变硬化与温度及与应变率的影响是相互独立的，后者的温度软化和应变率硬化效应随应变硬化的增加而加强。AA6082-T6 铝合金属后者，本构模型表示为

$$\sigma = 3\,551.4 \varepsilon^{\frac{1}{2}} \exp(-0.003\,41T + 0.000\,057T \ln \dot{\varepsilon}) \tag{14-4}$$

3．Usui 本构模型

Usui 的本构模型[170]可表示为

$$\sigma = A\left[\frac{\dot{\varepsilon}}{1000}\right]^M \mathrm{e}^{aT}\left[\frac{\dot{\varepsilon}}{1000}\right]^m \left[\int_{\text{strainpath}} \mathrm{e}^{-aT/N}\left[\frac{\dot{\varepsilon}}{1000}\right]^{-m/N} \mathrm{d}\varepsilon\right]^N \tag{14-5}$$

式中，A、M、N——材料特性系数，随温度变化；

a、m——材料特性常数。

钛合金 Ti6Al4V 的 Usui 本构模型可表示为

$$\sigma = A\left[\frac{\dot{\varepsilon}}{1000}\right]^M \mathrm{e}^{aT}\left[\frac{\dot{\varepsilon}}{1000}\right]^m \left[c + \left[d + \int_{\text{strainpath}} \mathrm{e}^{-aT/N}\left[\frac{\dot{\varepsilon}}{1000}\right]^{-m/N} \mathrm{d}\varepsilon\right]^N\right] \tag{14-6}$$

式中，$A = 2280\mathrm{e}^{-0.001\,55T}$，$M = 0.028$，$N = 0.5$，$a = 0.000\,9$，$m = -0.015$，$c = 0.239$，$d = 0.12$。

4．Drucker Prager 本构模型

材料本构模型影响仿真的准确性，而金属切削过程中材料的应力、应变、应变率及温度之间的关系更为复杂。为此，该本构模型考虑了应变硬化、温度软化等因素的影响，可较好地体现切削过程中的材料本构关系。该模型定义如式（14-7）所示，即

$$\sigma(\varepsilon^{\mathrm{p}}, J_1, \dot{\varepsilon}, T) = G(\varepsilon^{\mathrm{p}}, J_1) * \varGamma(\varepsilon^{\mathrm{p}}) * \Theta(T) \tag{14-7}$$

式中，$G(\varepsilon^{\mathrm{p}}, J_1)$——应变硬化与流体静压函数；

$$G(\varepsilon^{\mathrm{p}}, J_1) = g(\varepsilon^{\mathrm{p}}) + DP_0 * J_1$$

$$\varepsilon^{\mathrm{p}} < \varepsilon^{\mathrm{p}}_{\mathrm{cut}}, \quad g(\varepsilon^{\mathrm{p}}) = \sigma_0 \left[1 + \frac{\varepsilon^{\mathrm{p}}}{\varepsilon^{\mathrm{p}}_0}\right]^{\frac{1}{n_1}}$$

$$\varepsilon^{\mathrm{p}} \geqslant \varepsilon^{\mathrm{p}}_{\mathrm{cut}}, \quad g(\varepsilon^{\mathrm{p}}) = \sigma_0 \left[1 + \frac{\varepsilon^{\mathrm{p}}_{\mathrm{cut}}}{\varepsilon^{\mathrm{p}}_0}\right]^{\frac{1}{n_1}}$$

式中，$g(\varepsilon^{\mathrm{p}})$——应变硬化；

DP_0——流体静压系数；

J_1——流体静压，MPa；
σ_0——初始屈服应力，MPa；
ε^{p}——塑性应变；
$\varepsilon_0^{\mathrm{p}}$——参考塑性应变；
$\varepsilon_{\mathrm{cut}}^{\mathrm{p}}$——截止应变；
n_1——应变硬化指数；
$\Gamma(\dot{\varepsilon}^{\mathrm{p}})$——应变率敏感系数；

$$\dot{\varepsilon}^{\mathrm{p}} \leqslant \dot{\varepsilon}_t, \quad \Gamma(\dot{\varepsilon}^{\mathrm{p}}) = \left(1 + \frac{\dot{\varepsilon}^{\mathrm{p}}}{\dot{\varepsilon}_0^{\mathrm{p}}}\right)^{\frac{1}{m_1}}$$

$$\dot{\varepsilon}^{\mathrm{p}} \geqslant \dot{\varepsilon}_t, \quad \Gamma(\dot{\varepsilon}^{\mathrm{p}}) = \left(1 + \frac{\dot{\varepsilon}^{\mathrm{p}}}{\dot{\varepsilon}_0^{\mathrm{p}}}\right)^{\frac{1}{m_2}} \left(1 + \frac{\dot{\varepsilon}_t}{\dot{\varepsilon}_0^{\mathrm{p}}}\right)^{\left(\frac{1}{m_1} - \frac{1}{m_2}\right)}$$

式中，$\dot{\varepsilon}^{\mathrm{p}}$——应变率，$\mathrm{s}^{-1}$；
$\dot{\varepsilon}_0^{\mathrm{p}}$——参考应变率，$\mathrm{s}^{-1}$；
$\dot{\varepsilon}_t$——低与高应变率敏感度发生转变时的应变率，s^{-1}；
m_1——低应变率敏感度系数；
m_2——高应变率敏感度系数；
$\Theta(T)$——热软化因子。

14.4 切削仿真的应用实例

有限元技术已被广泛应用在难加工材料加工过程的分析中，包括切削变形、切削力、切削温度和刀具磨损等研究中。难加工材料切削仿真研究主要以基于 AdvantEdgeFEM、DEFORM 及 ABAQUS 软件为主[171-179]，ANASYS[180]和 MSC.MARC[181]软件的应用较少。

无论采用何种有限元软件，对切削过程仿真的建模过程都是类似的。切削过程的有限元仿真模型主要应考虑以下几方面：① 材料本构模型；② 非线性刀-屑摩擦接触模型；③ 切屑分离准则；④ 刀具与工件的网格划分技术。

下面仅对切削变形、切削力、切削温度、刀具磨损及加工表面残余应力等仿真研究的应用实例加以介绍。最后，以 AdvantEdgeFEM 软件为例介绍二维切削的建模过程。

14.4.1 切削变形

切屑的形成过程是切削加工最根本的研究课题之一。切削过程中所产生的各种现象，如切削力、切削温度、刀具磨损、加工时的振动和加工表面质量等，都直接与切屑的形成过程有关。研究的最好方法是观察切屑根标本，然而获取切屑根的试验成本高，操作较复杂。用有限元方法研究切削变形过程，更能观察到试验较难获得的信息，如应力、应变等。

Domenico Umbrello[171]和 Mohammad Sima[172]等基于 DEFORM-2D 对钛合金 Ti6Al4V 切屑变形过程进行了仿真研究。

前者基于 Johnson-Cook 本构模型和库仑摩擦定律，切屑分离准则采用 Cockroft 和 Latham 定律，见式（14-8）。当达到 C_{i} 值时，材料发生破坏。

$$C_i = \int_0^{\varepsilon_f} \sigma\left(\frac{\sigma_m}{\bar{\sigma}}\right) d\bar{\varepsilon} \tag{14-8}$$

式中，C_i——单轴拉伸的临界破坏值；

ε_f——破坏时的应变；

$\bar{\varepsilon}$——有效应变；

$\bar{\sigma}$——有效应力；

σ_m——最大应力。

图 14.2 给出了在切削速度为 120 m/min、进给量为 0.127 mm/r、背吃刀量为 2.54 mm（摩擦系数取 0.7）时，不同 C_i 值下的切削变形过程。从中可看出，C_i 值对切削变形有较大影响，其值越大，锯齿形切屑越明显。

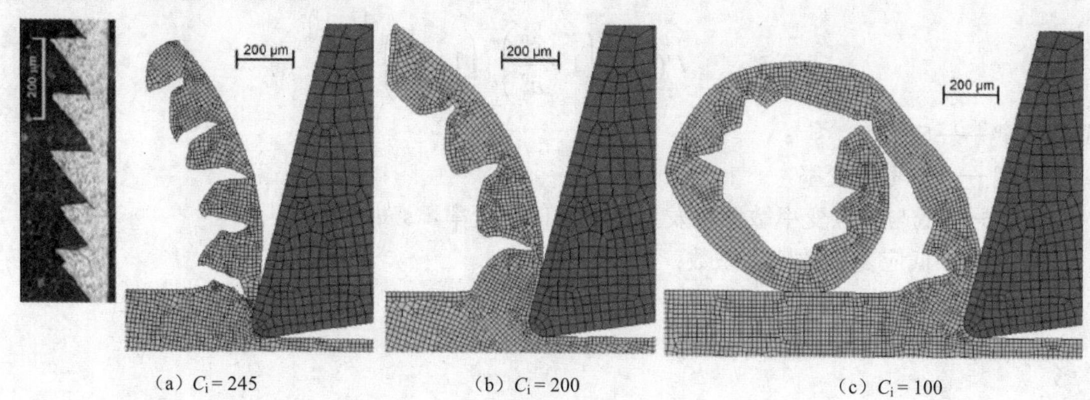

图 14.2　不同 C_i 值下的切削变形过程[171]

后者首先是在材料本构模型方面，结合直角切削试验，对 Johnson-Cook 本构模型进行修正，考虑了热软化和应变软化的影响，更符合实际情况。在此，对三种 Johnson-Cook 修正模型进行了对比研究。

考虑应变软化的 Johnson-Cook 修正本构模型一见式（14-9）。

$$\sigma = (A + B\varepsilon^n)\left[1 + C\ln\left(\frac{\dot{\varepsilon}}{\dot{\varepsilon}_0}\right)\right]\left[1 - \left(\frac{T - T_r}{T_m - T_r}\right)^m\right]\left[M + (1 + M)\left[\tanh\left(\frac{1}{(\varepsilon + p)^r}\right)\right]^s\right] \tag{14-9}$$

式中，M、p、r、s——材料模型控制参数。

考虑热软化的 Johnson-Cook 修正本构模型二见式（14-10）。

$$\sigma = (A + B\varepsilon^n)\left[1 + C\ln\left(\frac{\dot{\varepsilon}}{\dot{\varepsilon}_0}\right)\right]\left[1 - \left(\frac{T - T_r}{T_m - T_r}\right)^m\right]\left[D + (1 + D)\left[\tanh\left(\frac{1}{(\varepsilon + p)^r}\right)\right]^s\right] \tag{14-10}$$

式中，$D = 1 - (T/T_m)^d$；

$p = (T/T_m)^b$；

D、d、b——材料模型控制参数。

考虑应变软化和热软化的 Johnson-Cook 修正本构模型三见式（14-11）。

$$\sigma = \left[A + B\varepsilon^n\left(\frac{1}{\exp(\varepsilon^a)}\right)\right]\left[1 + C\ln\left(\frac{\dot{\varepsilon}}{\dot{\varepsilon}_0}\right)\right]\left[1 - \left(\frac{T - T_r}{T_m - T_r}\right)^m\right]\left[D + (1 + D)\left[\tanh\left(\frac{1}{(\varepsilon + p)^r}\right)\right]^s\right] \tag{14-11}$$

式中，a——材料模型控制参数。

其次，建立了更符合实际的刀-屑摩擦接触模型，可分三个区域（见图 14.3），即区域 1：黏结区，摩擦因子 $m=1$；区域 2：剪切摩擦区，$m=\tau/k$（τ 为摩擦剪切应力，k 为工件材料剪切流动应力）；区域 3：滑动摩擦区，$m=\mu$。

最后，基于 DEFORM-2D 软件建立二维切削有限元模型，工件材料为黏弹塑性，由 10 000 个四边形网格组成，刀具为刚体，由 2 500 个网格组成，刀屑接触区网格自动加密，如图 14.4 所示。

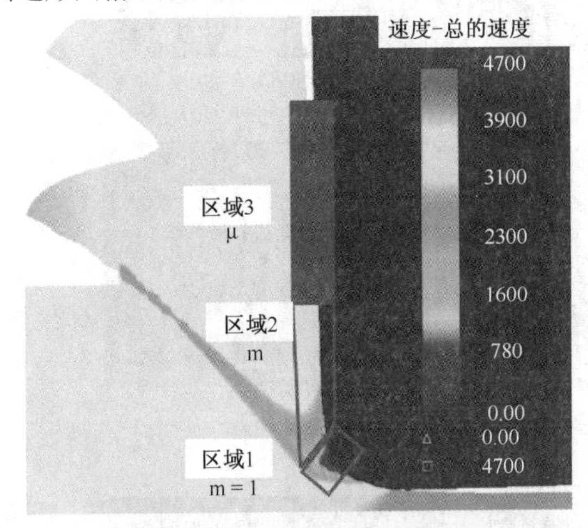

图 14.3　刀屑摩擦接触模型[172]

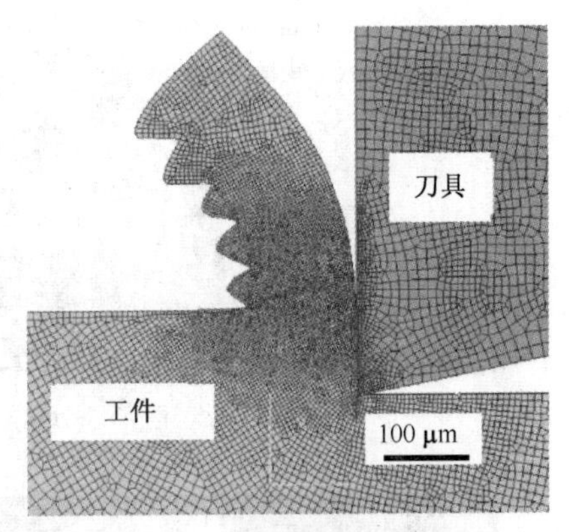

图 14.4　二维切削有限元模型[172]

图 14.5 给出了切削速度为 120 m/min、进给量为 0.1 mm/r 条件下，不同修正模型的切削变形情况。从中可看出，考虑热软化和应变软化的修正模型 3 的锯齿形切屑更明显，也更符合实际。

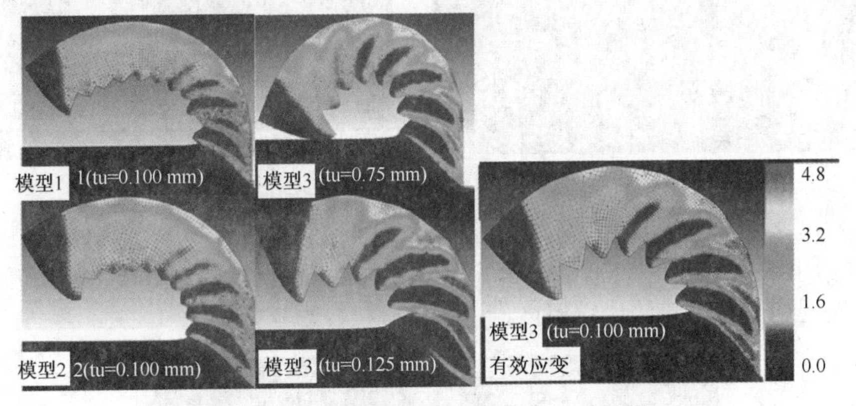

图 14.5　不同修正模型的切削变形情况[172]

图 14.6 给出了不同切削条件下，钛合金 Ti6Al4V 锯齿形切屑的仿真与实际对比结果。不难看出，仿真结果与实际情况相符。

M. Calamaz 等[173]基于 FORGE 2005 也对 Ti6Al4V 的切削变形过程进行了仿真研究。材料本构模型也是基于 Johnson-Cook 本构模型的修正，见式（14-12）。摩擦模型采用库仑定律。

$$\sigma=\left(A+B\left[\frac{1}{\dot{\varepsilon}}\right]^{a}\varepsilon^{(n-0.12(\varepsilon\dot{\varepsilon})^{a})}\right)\left[1+C\ln\left(\frac{\dot{\varepsilon}}{\dot{\varepsilon}_0}\right)\right]\left[1-\left(\frac{T-T_{\mathrm{r}}}{T_{\mathrm{m}}-T_{\mathrm{r}}}\right)^{m}\right] \tag{14-12}$$

式中，a——模型控制参数。

图 14.7 给出了切削速度为 160 m/min、进给量为 0.1 mm/r 时（摩擦系数为 0.05），不同 a 值下的切削变形仿真结果。不难看出，该参数对切削变形也有较大影响。

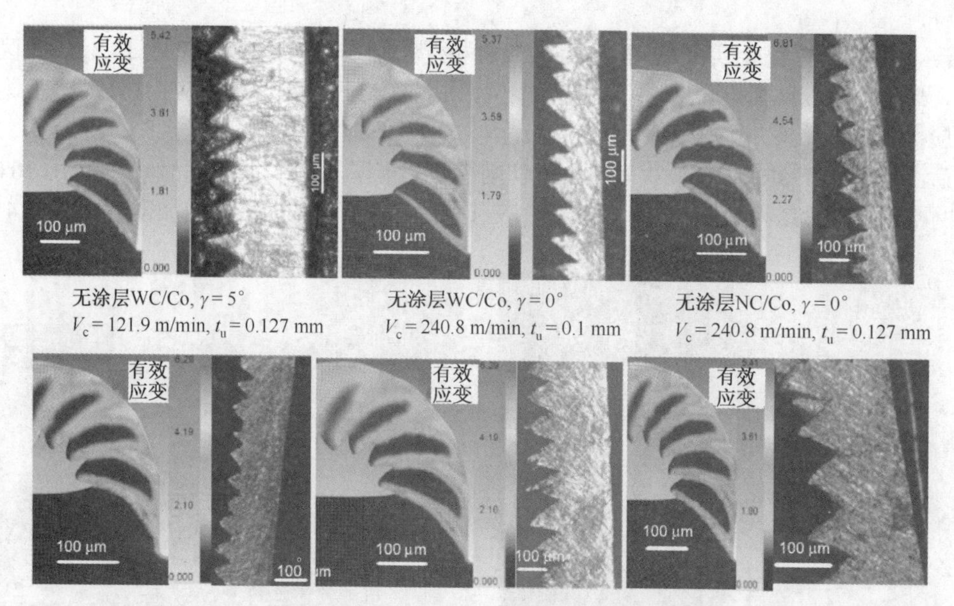

图 14.6　钛合金 Ti6Al4V 锯齿形切屑的仿真与实际对比图[172]

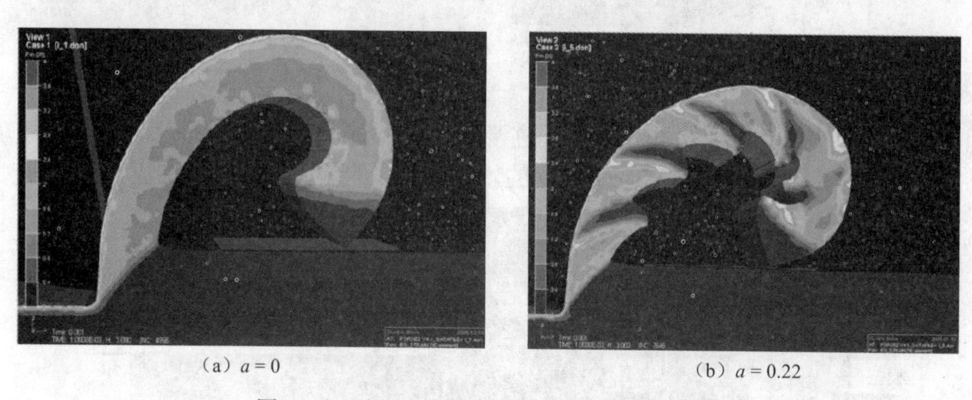

（a）$a = 0$　　　　（b）$a = 0.22$

图 14.7　不同 a 值下的切削变形仿真结果[173]

图 14.8 给出了切削速度为 60 m/min、进给量为 0.2 mm/r 时，Ti6Al4V 的切削变形仿真与试验结果。可见应变分布趋势比较相符。

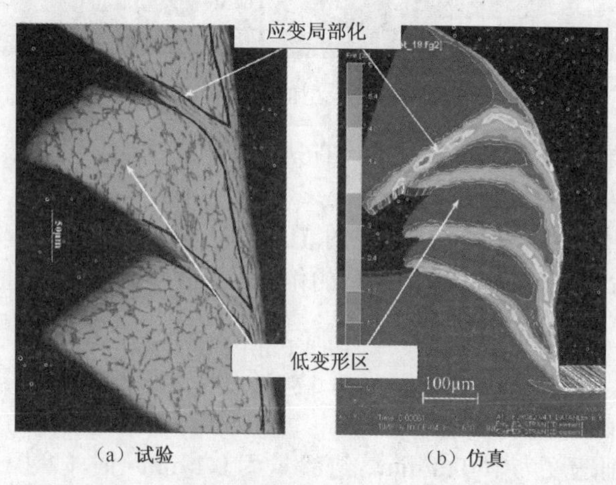

（a）试验　　　　（b）仿真

图 14.8　切削速度 60 m/min、进给量 0.2 mm/r 时 Ti6Al4V 的切削变形[173]

C. Maranhao 等[174]基于 AdvantEdgeFEM 对切削 AISI 316 不锈钢的有限元仿真与试验进行了研究。图 14.9 给出了仿真软件中二维切削过程的等效关系。相关输入参数见图 14.10。材料本构模型采用 Johnson-Cook 本构模型；摩擦模型采用库仑模型，通过试验获得切削力，几何角度由计算得到，摩擦系数μ计算公式为

$$\mu = \frac{F_f + F_c \tan\gamma}{F_c - F_f \tan\gamma} \tag{14-13}$$

式中，F_f——进给力；

F_c——主切削力；

γ——刀具前角。

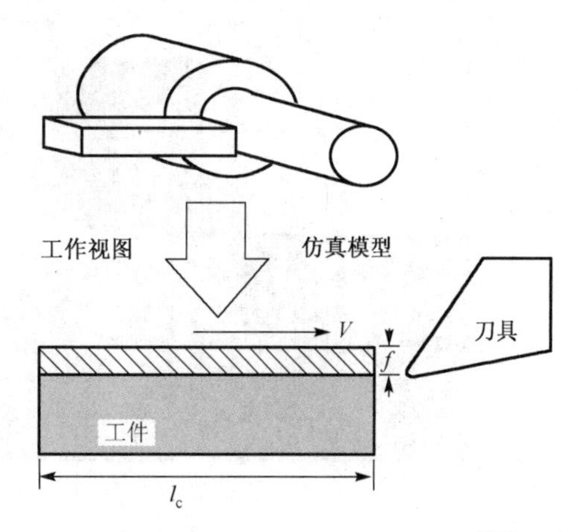

图 14.9　二维切削过程的等效关系[174]

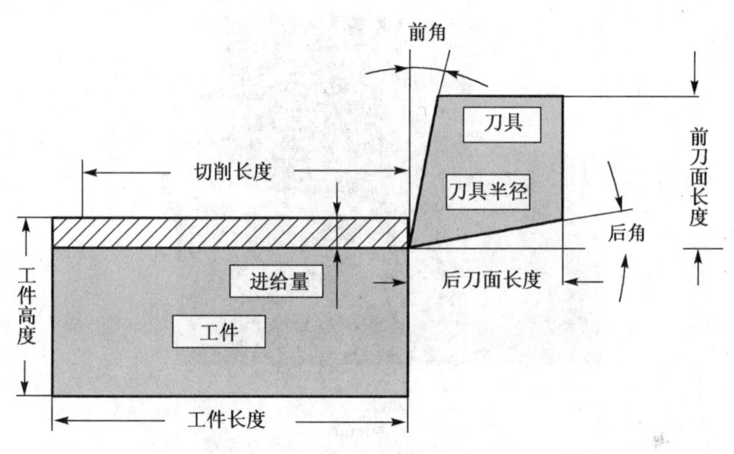

图 14.10　AdvantEdgeFEM 相关输入参数[174]

图 14.11 给出了切削速度为 100 m/min、切削厚度为 1 mm 时，不同进给量的切削变形情况。可见，靠近前刀面的切屑塑性应变最大，变形也最大。

S. Ranganath 等[175]基于 ABAQUS 有限元软件对高温合金 Ni100 的切削变形过程进行了仿真研究。材料本构模型基于 Johnson-Cook 本构模型，但以温度 870℃为界限对其本构模型进行了更精确的划分，参数如表 14-2 所示。

表 14-2　NI100 本构模型参数

A	B	C	n	m	$\dot{\varepsilon}_0$	T/(℃)
1 150	3 410	0.013 2	0.98	4.47	0.001	20~870
1 150	3 410	0.053 2	0.98	0.56	0.001	870~1 220

图 14.12 给出了切削速度为 40 m/min、进给量为 0.03 mm/r 条件下，不同刀具的切削变形仿真结果。可看出，刀刃钝圆半径 r_β 越大，应变越大，即切削变形越大。

图 14.13 给出了进给量为 0.06 mm/r、不同切削速度下的切削变形仿真结果。不难看出，切削速度越大，切削变形越大。

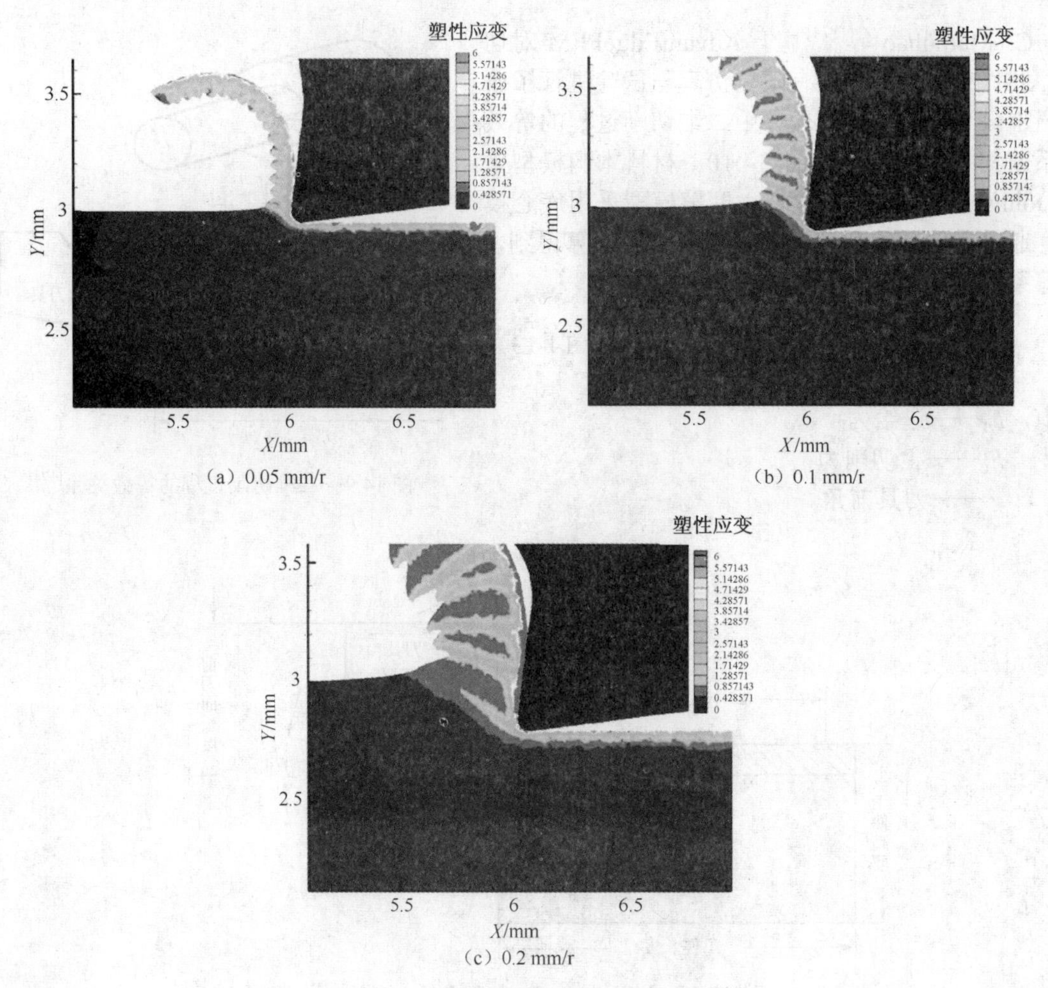

（a）0.05 mm/r　　（b）0.1 mm/r

（c）0.2 mm/r

图 14.11　不同进给量的切削变形情况[174]

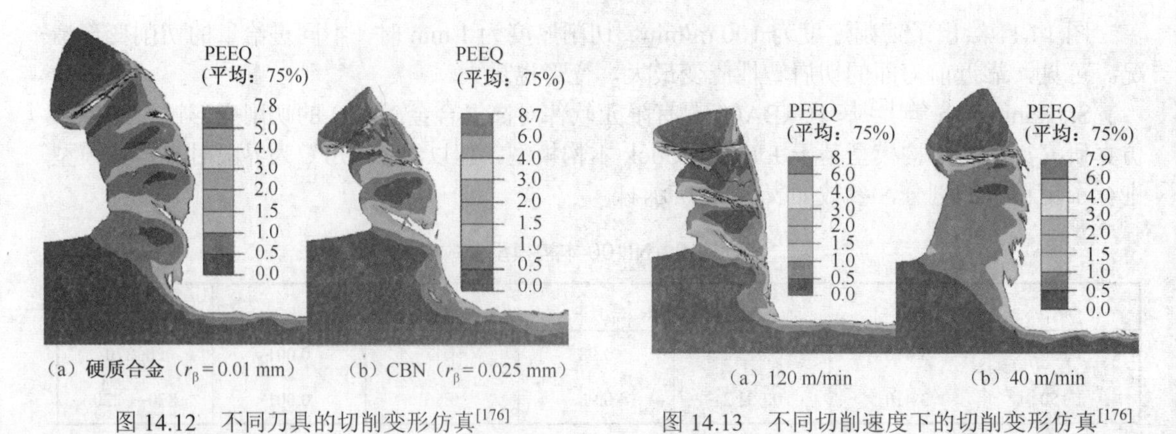

（a）硬质合金（$r_\beta = 0.01$ mm）　（b）CBN（$r_\beta = 0.025$ mm）

图 14.12　不同刀具的切削变形仿真[176]

（a）120 m/min　（b）40 m/min

图 14.13　不同切削速度下的切削变形仿真[176]

14.4.2　切削力

P. J. Arrazola 等[176]基于新的刀-屑接触摩擦模型，用 ABAQUS 显示分析模块对 AISI-4140（40CrMnMo）的切削力预测进行了仿真研究。有限元模型见图 14.14，刀-屑接触区的网格局部加密，刀具设为刚体。材料模型采用 Johnson-Cook 本构模型，参数见表 14-3。刀-屑接触区的摩擦模型分非连续摩擦模型和连续摩擦模型两部分。前者根据刀-屑接触长度分 A、B 两个区域。

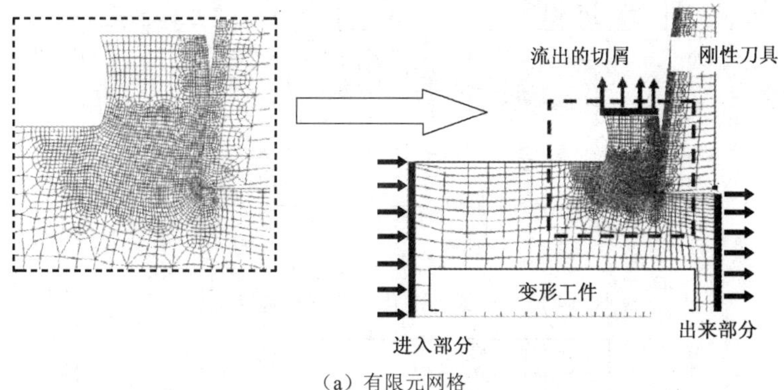

（a）有限元网格

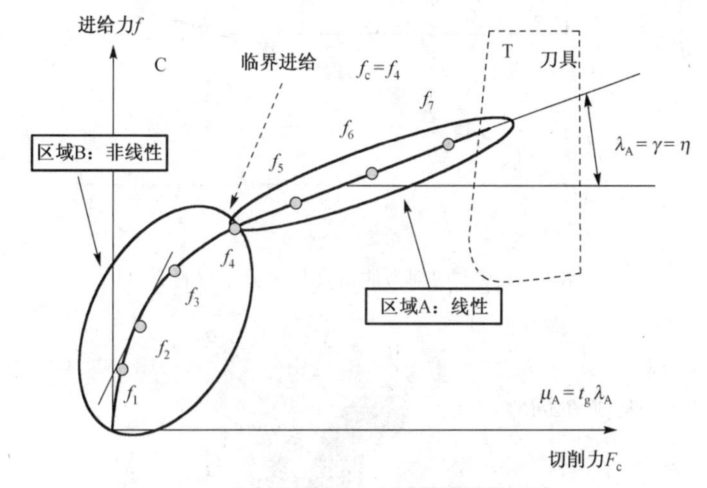

（b）摩擦模型 A、B 区域分布

图 14.14 切削过程有限元模型[176]

表 14-3 AISI-4140 本构模型参数

A	*B*	*C*	*n*	*m*
598	768	0.013 7	0.209 2	0.807

区域 A（线性区），摩擦系数表示为式（14-14）；B 区（非线性区）为 0.23。后者的摩擦系数也用该式计算，通过 ABAQUS/Explicit 模块的用户子程序模块 VFRIC 来实现摩擦模型。

$$\mu=\tan\left(\arctan\left(\frac{F_f}{F_c}\right)+\gamma\right) \tag{14-14}$$

图 14.15 和图 14.16 分别给出了进给力和主切削力的仿真和试验结果。不难看出，原来的单一摩擦系数的预测结果与试验值的误差大于 50%，而新的刀-屑摩擦模型的误差则在 10%之内。

唐林虎等[177]也基于 ABAQUS 软件的显示分析模块对干式硬态直角切削 AISID2（Cr12MoV）工具钢的切削力仿真进行了研究。材料模型采用 Johnson-Cook 本构模型。其有限元模型见图 14.17。

图 14.18 给出了 AISID2 切削力的仿真与试验结果。不难看出，切削力的仿真结果误差在 15%之内。

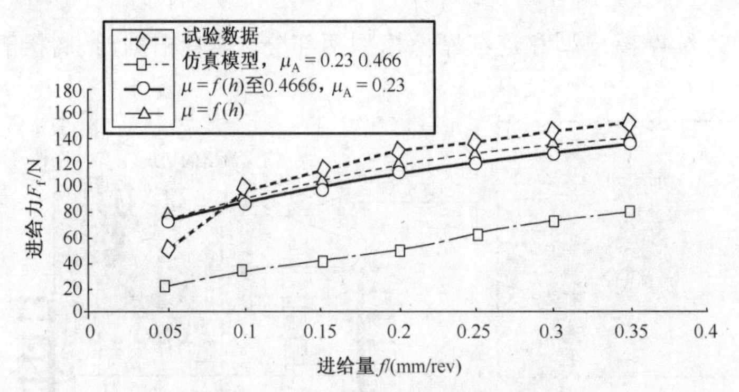

图 14.15　进给力的仿真与试验结果[176]

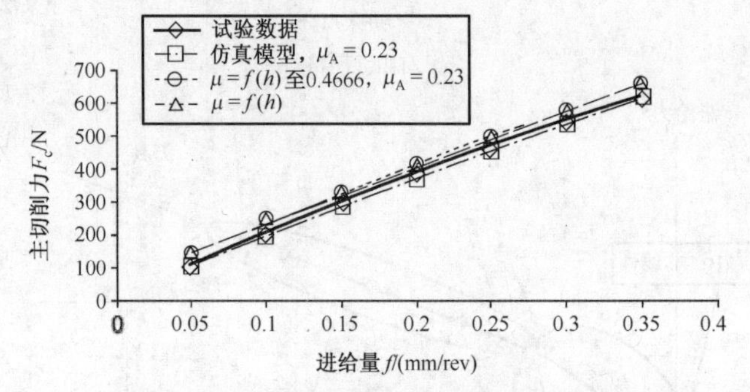

图 14.16　主切削力的仿真与试验结果 [176]

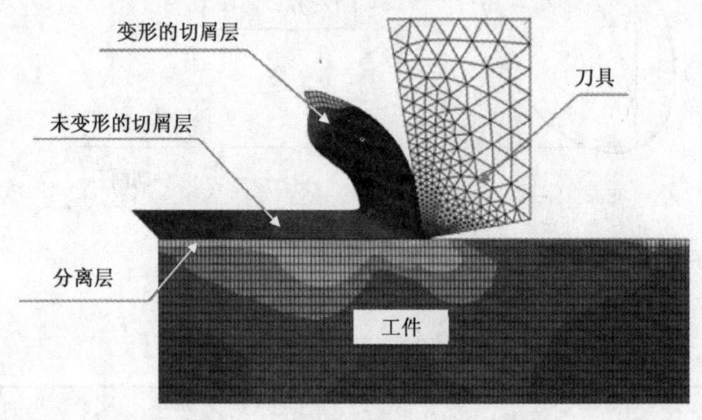

图 14.17　切削过程有限元模型[177]

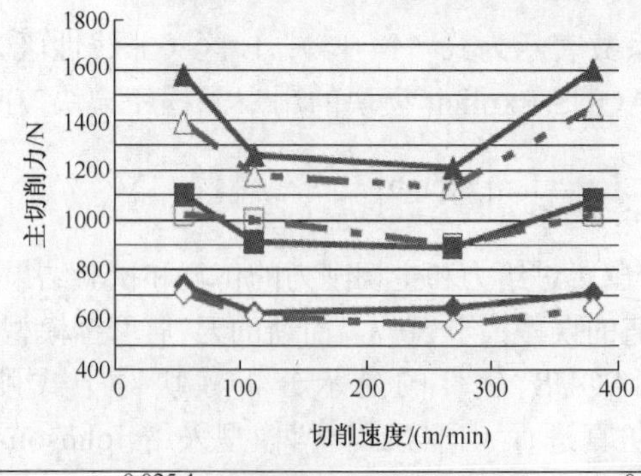

图 14.18　AISID2 切削力的仿真与试验对比曲线[177]

14.4.3 切削温度

T. Ozel 等[178]结合有限元仿真和试验方法研究了硬质合金、TiAlN 涂层、CBN 涂层及混合涂层刀具对 Ti6Al4V 切削过程的影响。基于 DEFORM-3D 软件进行了有限元分析，工件由 90 000 个单元组成，刀具由 180 000 个单元组成，刀-屑接触区网格局部加密。材料本构模型采用 Johnson-Cook 修正本构模型，见式（14-10）。图 14.19 给出了切削速度为 100 m/min、进给量为 0.1 mm/r、背吃刀量为 2 mm 条件下切削 Ti6Al4V 时刀具上的温度分布。可以看出，CBN 涂层刀具的温度较低，因为其导热性能更好。

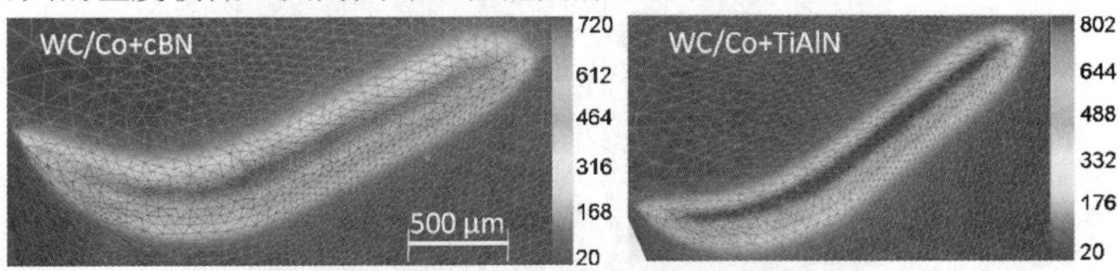

图 14.19 切削加工 Ti6Al4V 刀具的温度分布[178]

M. Calamaz 等[173]基于 FORGE 2005 有限元软件还研究了 Ti6Al4V 的切削温度仿真。图 14.20 分别给出了切削速度为 180 m/min、进给量为 0.1 mm/r 条件下，摩擦系数分别为 0.05 和 2 时的切削温度分布。可见，刀-屑接触区的摩擦系数对切削温度分布的影响较大，摩擦系数小时切削温度低。

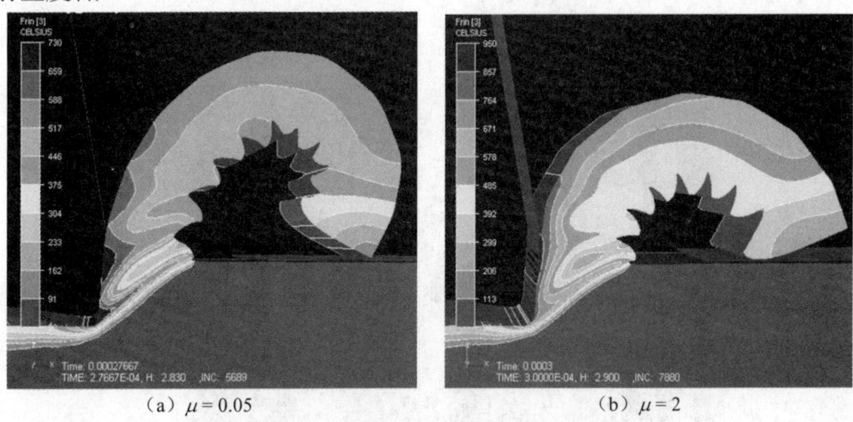

（a）$\mu=0.05$　　（b）$\mu=2$

图 14.20 不同摩擦系数的切削温度分布[173]

14.4.4 刀具磨损

T. Ozel 等[178]还对 Ti6Al4V 切削过程中不同涂层对刀具磨损的影响进行了研究。单位面积、单位时间的体积磨耗率 $\mathrm{d}W/\mathrm{d}t$ 可表示成

$$\frac{\mathrm{d}W}{\mathrm{d}t}=C_1\sigma_\mathrm{n}v_\mathrm{s}\mathrm{e}^{-C_2/T} \tag{14-15}$$

式中，C_1、C_2——材料磨耗模型常数；

σ_n——正应力；

v_s——滑移速度。

图 14.21 给出了切削速度为 100 m/min、进给量为 0.1 mm/r、背吃刀量为 2 mm 条件下，切削 Ti6Al4V 的刀具磨损实测与仿真结果。不难看出，CBN 涂层的磨损区域最小；CBN 和 TiAlN 复合涂层的磨损量最小。

Thanongsak Thepsonthi 等[179]基于 DEFORM-2D 有限元软件对 CBN 涂层刀具微铣削 Ti6Al4V 的刀具磨损进行了仿真与试验研究。材料本构模型采用修正的 Johnson-Cook 本构模型，见式（14-10）。图 14.22 给出了 Ti6Al4V 微铣削的有限元模型，工件采用黏塑性模块，共由 25 000 个四边形单元组成，刀具设为刚体，共由 2 500 个四边形单元组成。可以看出，加工区的网格局部加密，获得了更好的仿真结果。磨耗模型见式（14-15）。

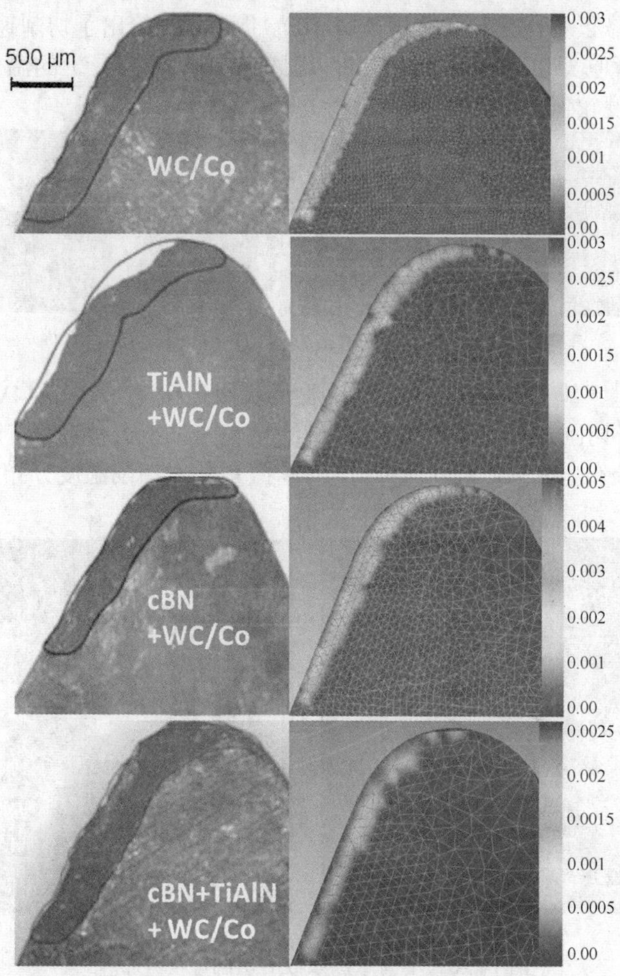

图 14.21　不同涂层下的刀具磨损[178]

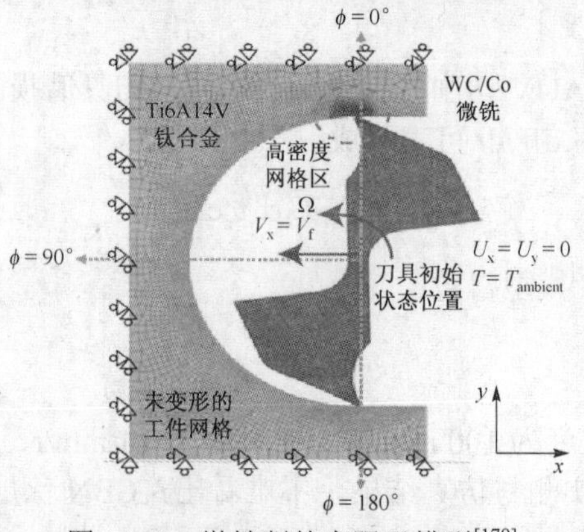

图 14.22　微铣削的有限元模型[179]

图 14.23 给出了转速为 48 000 r/min、每齿进给量为 0.004 5 mm/z、转过 180° 后的磨损分布图。可以看出，无涂层硬质合金磨损严重。

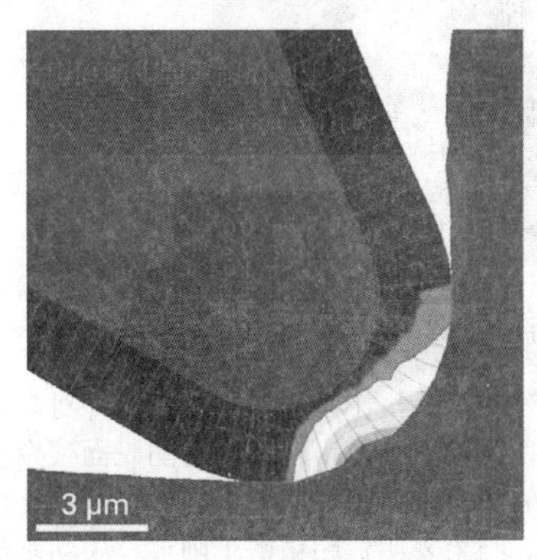

（a）CBN 涂层硬质合金

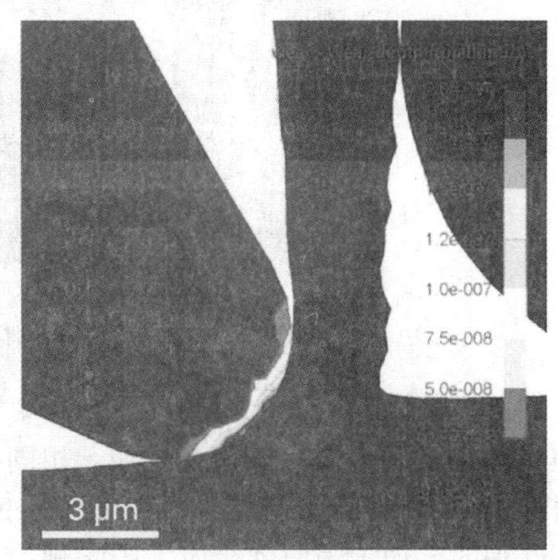

（b）无涂层硬质合金

图 14.23　刀具磨损深度分布[179]

文献[182-185]用 ABAQUS 软件对钛合金切削的刀具前角、残余应力和温度场及切削镍基铸造高温合金 K477 的预报模型等也进行了仿真。

14.4.5　加工表面残余应力

已加工表面残余应力是加工表面质量的一个重要标志，它对机械零部件的使用性能有着重要影响。加工表面残余应力产生原因非常复杂。因切削加工过程中的高压、高应变、高温等因素，尤其是刀屑接触区的不均匀热弹塑性变形，切削参数、刀具及工件材料都会影响残余应力的产生。Salahshoor 等[194]对镁钙合金高速干铣削过程的表面残余应力进行了仿真研究。图 14.24 给出了残余应力仿真的网格划分。可见，为保证残余应力仿真结果的准确性，在刀具与工件接触区域的网格需局部加密，其最小网格为 1um。郑耀辉等[195]基于 ABAQUS 软件建立了三维铣削有限元模型，对高速铣削钛合金 Ti6Al4V 的表面残余应力进行了仿真分析。图 14.25 给出了工件稳定切削过程的应力分布。研究发现，表面残余应力随刀具前角、

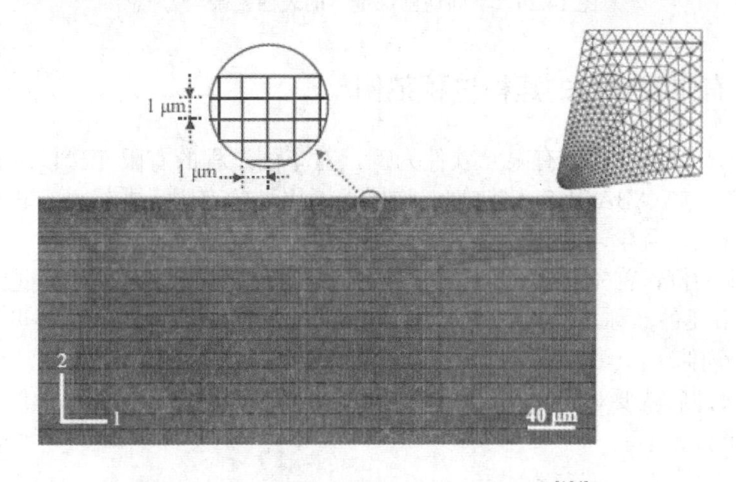

图 14.24　残余应力有限元分析网格划分[194]

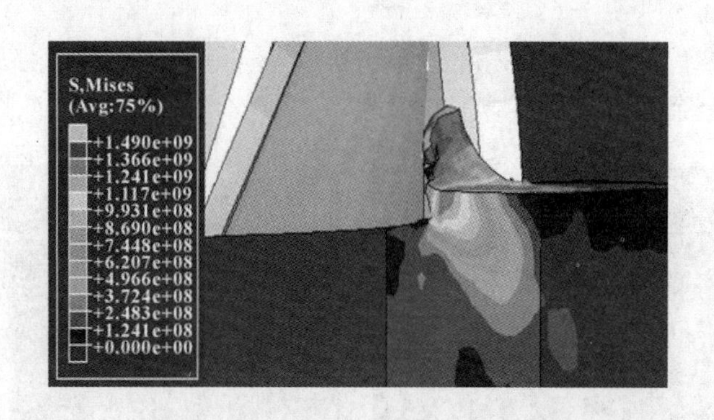

图 14.25 稳态切削过程的应力分布[195]

切削速度和每齿进给量的增加而减小。张晓辉等[196]采用 ABAQUS 有限元软件对超声辅助切削 Ti6Al4V 的表面残余应力的研究表明，相同切削参数下超声辅助切削的表面残余拉应力较普通切削时小。常艳艳等[197]采用 AdvantEdgeFEM 有限元软件研究了硬铝合金进行微米级超精密车削过程的已加工表面残余应力影响规律。结果表明，超精密车削过程中切削深度对已加工表面残余应力的影响更为显著（见图 14.26）。综上所述，有限元方法是研究加工表面残余应力的有效方法，已被国内外学者所采用。

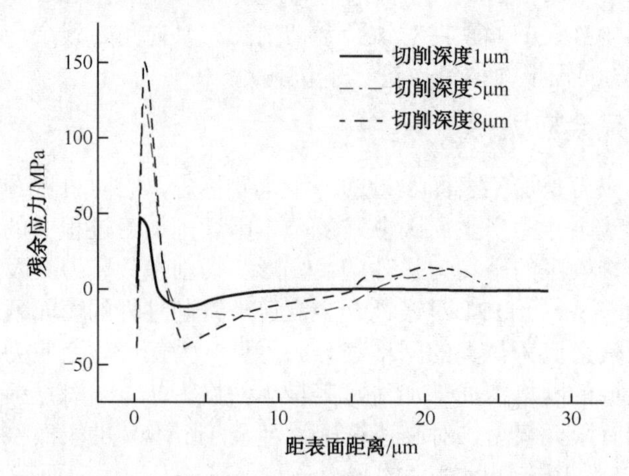

图 14.26 不同切削深度下的表面残余应力[193]

14.4.6 典型有限元软件的建模过程范例

此处以 AdvantEdgeFEM 有限元软件为例，对车削过程的有限元建模进行说明[18]。其他商业有限元软件，如 ABAQUS 软件等，均属于通用型的有限元非线性分析软件平台，有具体的模块操作流程，且学习教程较多，这里不再具体说明。

以二维车削为例，首先新建一个项目，选择 Project→New，出现对话框如图 14.27 所示。再输入一个项目/任务名称，二维切削选 2D-Simulation 选项，并选择将要进行仿真的加工类型为 Turning（车削）。

建完一个项目后就要对刀具、工件参数及材料模型等进行一一设置，以完成模型的建立和计算。具体步骤如下。

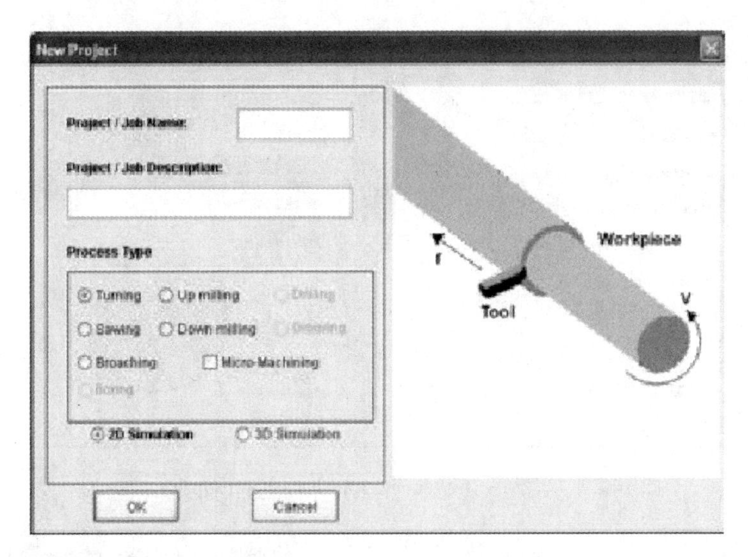

图 14.27　New Project 窗口

（1）刀具参数的设置

标准的刀具是一个标准的平面车刀刀片，选择 Tool→Create/Edit Standard Tool，出现图 14.28 所示对话框，在这个窗口中，可定义刀具直径（只对铣削刃口）、刀刃钝圆半径、前角和后角。如需进一步对刀具的网格参数等定义，则可选择 Advanced Options，对刀具的大小、网格大小和等级等进行调整（见图 14.29）。

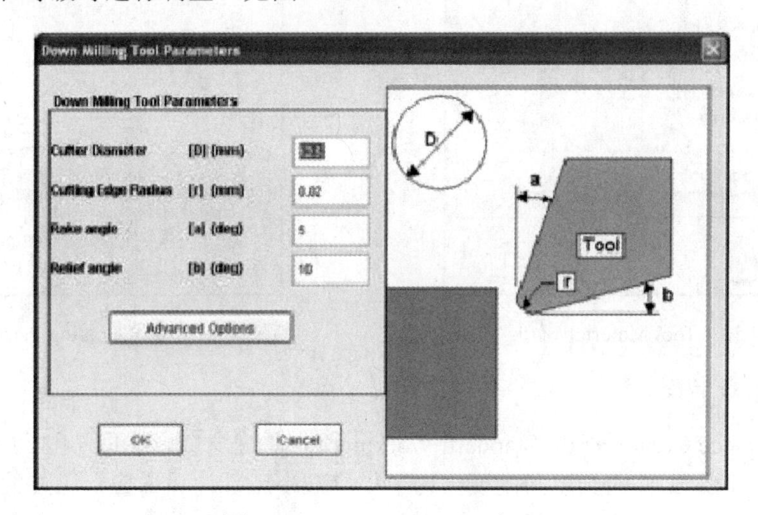

图 14.28　Tool Parameters 窗口

（2）刀具材料选择

选择 Tool→Material 打开刀具材料窗口定义标准刀具材料（见图 14.30）。如考虑涂层，则可选择 Tool→Coating，打开 Tool Coating Parameters 窗口（见图 14.31）。在该窗口下进行定义刀具涂层的层数，然后选择各层的厚度和材料。

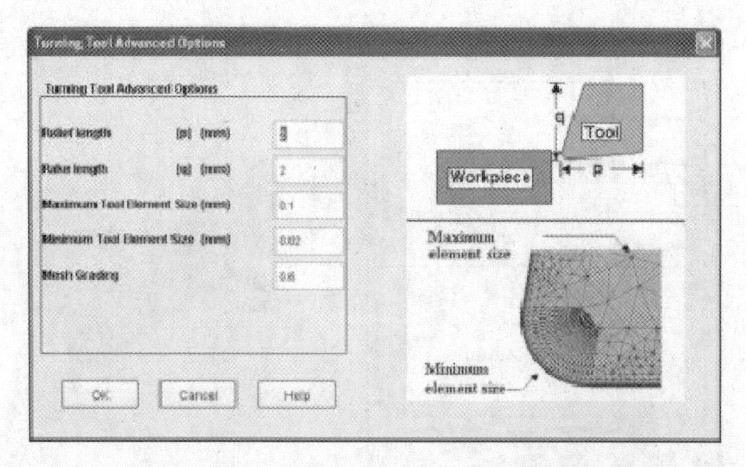

图 14.29　车削的 Advanced Tool Parameter Options 窗口

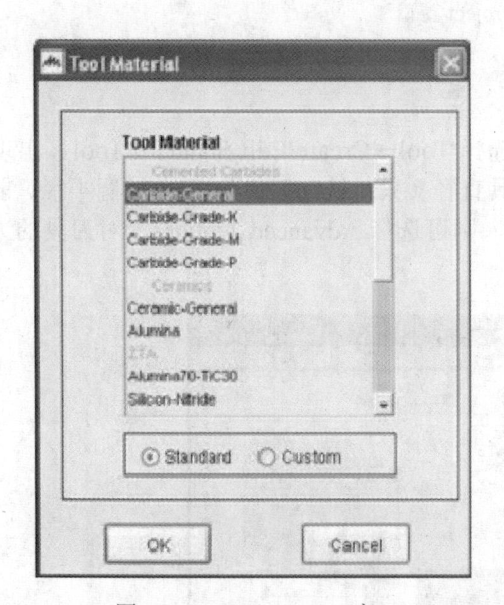

图 14.30　Tool Material 窗口

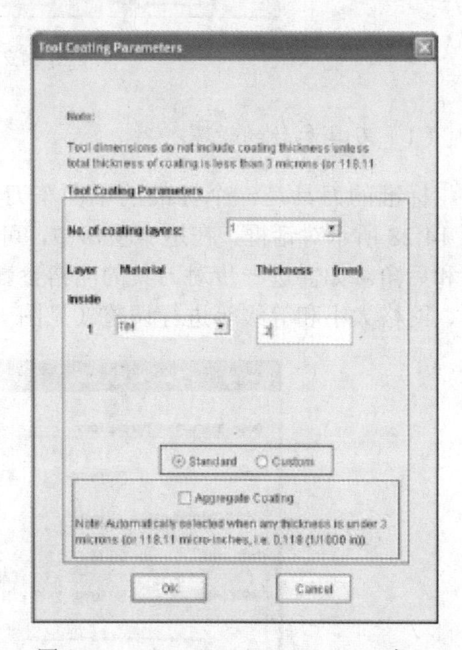

图 14.31　Tool Coating Parameters 窗口

（3）工件参数的设置

选择 Workpiece Create→Edit Standard Workpiece，通过窗口（见图 14.32）来定义二维车削的工件参数，输入工件的长度和高度。为了尽量减小工件边界效应，工件的高度至少应为 5 倍的进给量。

（4）工件材料的定义

工件材料的定义是有限元模拟计算的重要组成部分，并对分析结果有重要影响。该软件包含常用的难加工材料的数据库。选择 Workpiece→Material，定义标准工件材料（见图 14.33）。若有些材料在标准库中没有，或者想用其他材料本构模型，则可进行自定义材料。通过选择 Custom Materials→Constitutive Model，可选择所需的本构模型（见图 14.34）。

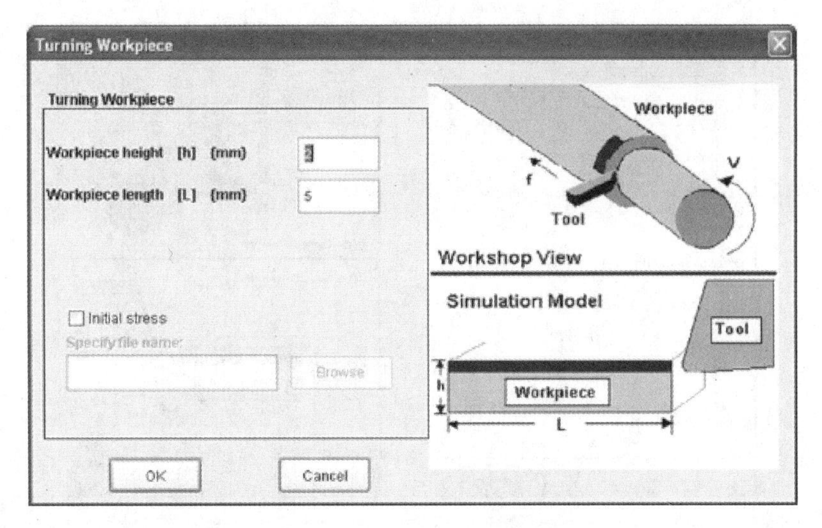

图 14.32　Turning Workpiece 窗口

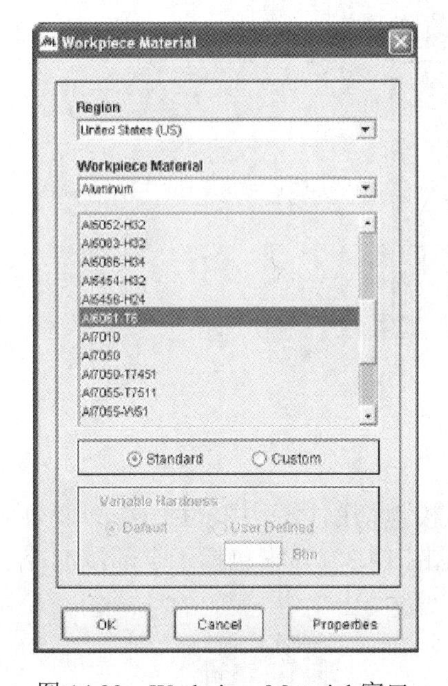

图 14.33　Workpiece Material 窗口

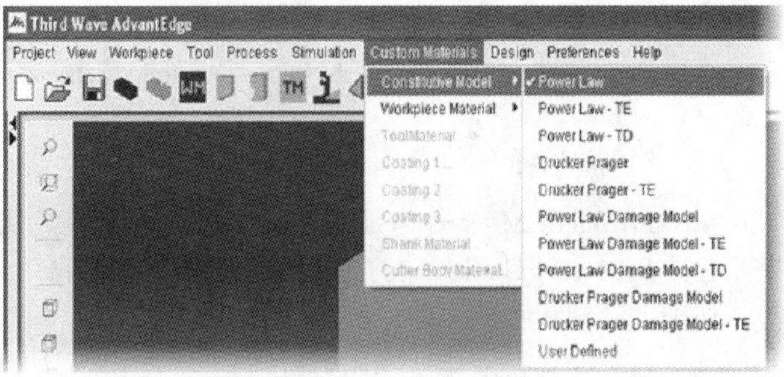

图 14.34　Constitutive Model 子菜单

（5）切削参数的定义

选择 Process→Process Parameters 来打开工艺参数窗口（见图 14.35）。使用软件中的加工工艺参数窗口，当模拟车削时，用户可以输入进给量、切削速度、切削长度、初始温度和背吃刀量。

（6）摩擦模型的定义

工件和刀具之间的摩擦系数对仿真结果有显著影响。可通过选择 Process→Friction 定义摩擦系数（见图 14.36）。

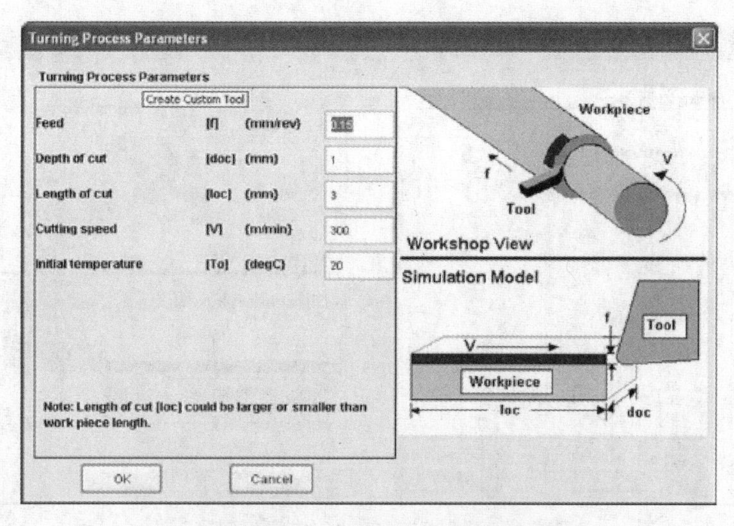

图 14.35　Turning Process Parameters 窗口

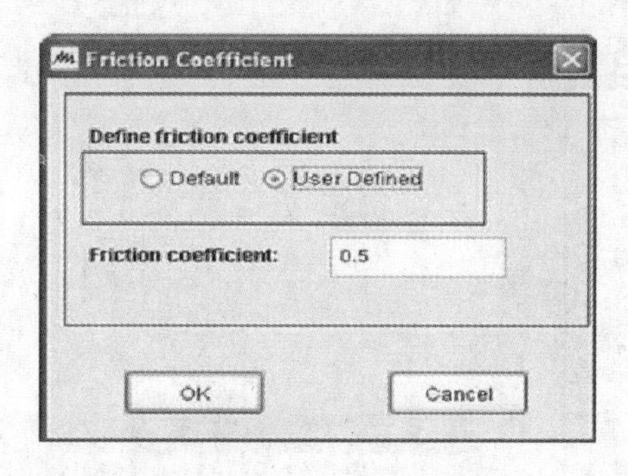

图 14.36　Friction Coefficient 窗口

（7）外部冷却条件的定义

AdvantEdgeFEM 软件中还含有冷却液建模功能，可以模拟切削过程中产生的冷却液效果。选择 Process→Coolant，打开 Coolant Modeling 窗口（见图 14.37）。它包括了全部浸泡冷却、切削区冷却和喷射冷却三种方式。

（8）仿真参数的定义

前面已定义完二维切削的几何形状、加工条件和材料条件等，最后的仿真选项可以在 AdvantEdgeFEM 中进行定义。仿真设置可能严重影响由 AdvantEdgeFEM 仿真的时间和准确性。选择 Simulation→Simulation Options，打开 Simulation Options 窗口，在 Simulation Options 窗口中有四个选项卡：General、Meshing、Results 和 Parallel，见图 14.38。在 General 选项卡中，定义仿真模式、确定是否需要分析残余应力、切削后分析类型及仿真约束。在 Meshing 选项卡中，可选择改变网格划分值；然而，因为即使轻微的变化也可以显著改变仿真性能和精度，一般不轻易做修改，以缩短计算时间。在 Results 选项卡中，结果输出帧的默认数量为 30，更高的帧数量将产生较平滑的动画，但也将增加计算时间和输出文件的大小。在 Parallel 选项卡中，定义计算所需的 CPU 数量，可根据实际计算能力来选择。

完成上述步骤后，即可提交计算。选择 Simulation→Submit→Submit Current Job 即可。如果多个项目同时解算，选择 Simulation→Batch Job→Create/Edit Batch File.（*.bat 文件），单击 add

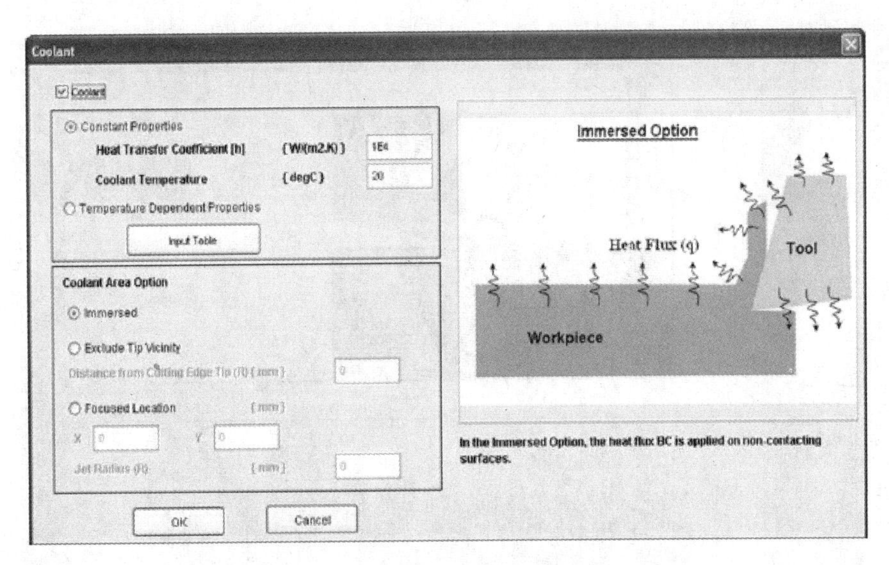

图 14.37　Coolant Modeling 窗口

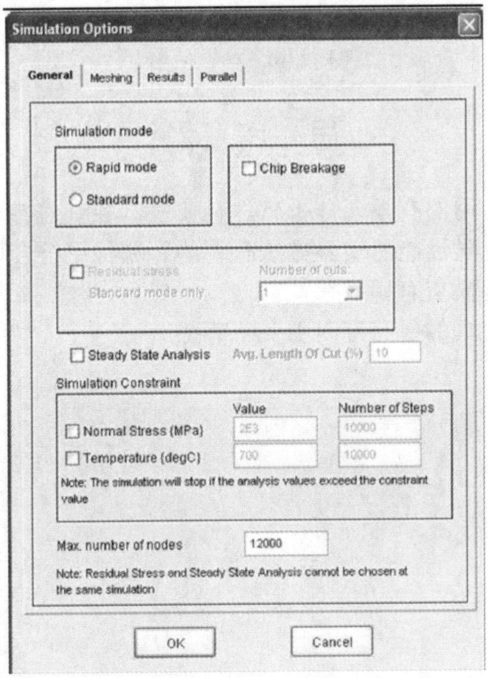

图 14.38　General 选项卡

按钮添加要解算的 inp 文件。计算完后，可选择 Simulation→Results 查看仿真结果（见图 14.39）。

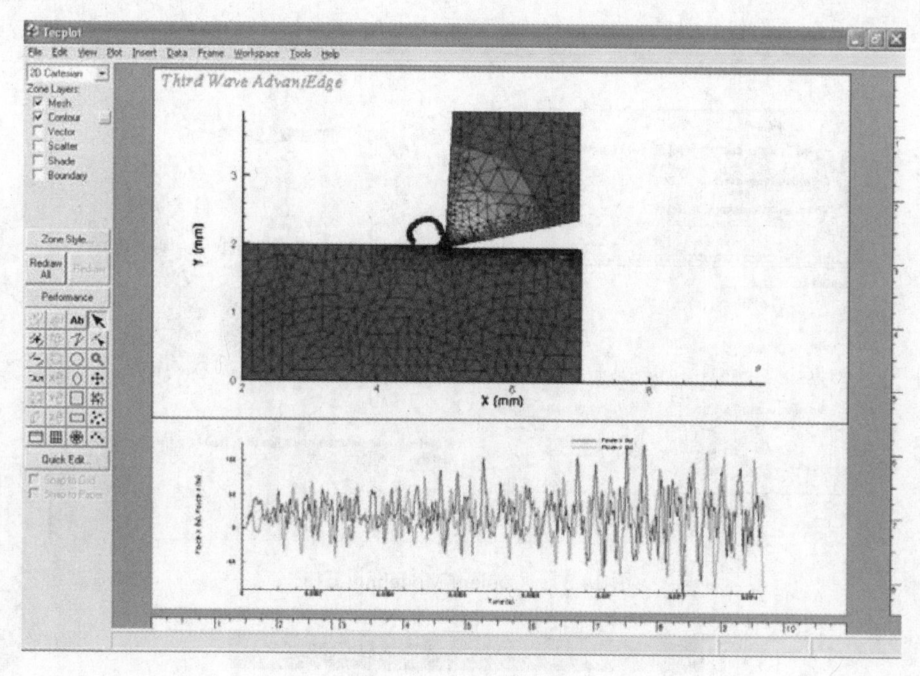

图 14.39　仿真结果

思　考　题

14.1　切削仿真领域常用的有限元分析软件有哪些？各有何特点？

14.2　获取材料动态力学性能的实验方法有哪些？哪种更符合切削过程的实际？

14.3　常用的材料本构模型有哪些？

14.4　目前切削加工仿真的研究方向主要有哪些？

第 15 章　切削加工过程切削力预测技术

15.1　概　　述

15.1.1　切削过程中的切削力

切削力是机械加工中的重要参数之一。切削力不仅使切削层金属产生变形、消耗了功率，产生了切削热，使刀具变钝而失去切削能力，加工表面质量变差，也影响生产效率；同时，切削力也是机床电动机功率选取、机床主运动和进给运动机构设计的主要依据。切削力的大小，是用来衡量工件材料和刀具材料的切削加工性能的标志之一；还可作为切削加工过程的适应控制的可控因素[198]。

切削力由主切削力 F_c、进给力 F_f 及背向力 F_p 组成，见图 15.1。其中，F_c 切于加工表面，并与基面垂直，用于计算刀具强度，设计机床零件，确定机床功率等；F_f 处于基面内与进给方向相反，用于设计机床进给机构和进给功率等；F_p 处于基面内并垂直于进给方向，用来计算与加工精度有关的工件挠度和刀具、机床零件的强度等，也是使工件在切削过程中产生振动的力。

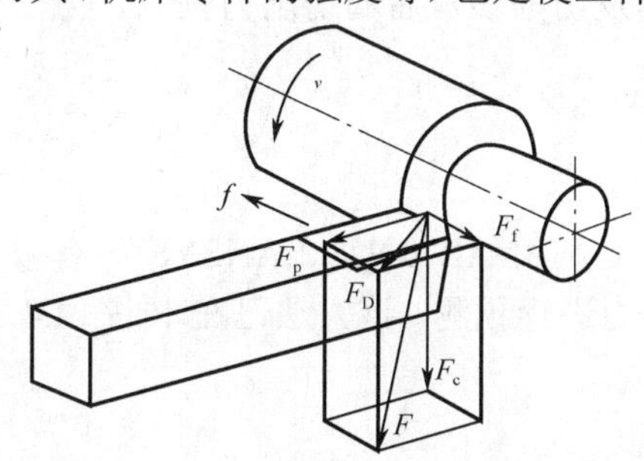

图 15.1　切削力的合成与分解[197]

15.1.2　切削力模型

切削力的预测不仅对合理选择切削用量、刀具几何参数有着重要作用，还是刀具磨损状态等的关键指标。切削力预测技术对研究切削加工过程具有重要意义，国内外学者对此都做了大量研究，它已成为新的机械加工技术。

切削力模型是预测切削力的重要方法。主要有四类：经验公式法，半经验法，有限元法及理论建模法。

1. 经验公式法

较早研究的是切削力的经验公式，主要是在大量实验数据基础上，利用概率统计与回归分析的方法对切削力数据进行处理，得到经验公式：

$$
\left.\begin{aligned}
F_{\mathrm{c}} &= C_{F_1} \alpha_{\mathrm{p}}^{X_{F_{\mathrm{c}}}} f^{Y_{F_{\mathrm{c}}}} \upsilon^{Z_{F_{\mathrm{c}}}} K_{F_{\mathrm{c}}} \\
F_{\mathrm{f}} &= C_{F_1} \alpha_{\mathrm{p}}^{X_{F_{\mathrm{f}}}} f^{Y_{F_{\mathrm{f}}}} \upsilon^{Z_{F_{\mathrm{f}}}} K_{F_{\mathrm{f}}} \\
F_{\mathrm{p}} &= C_{F_p} \alpha_{\mathrm{p}}^{X_{F_{\mathrm{p}}}} f^{Y_{F_{\mathrm{p}}}} \upsilon^{Z_{F_{\mathrm{p}}}} K_{F_{\mathrm{p}}}
\end{aligned}\right\} \tag{15-1}
$$

式中，F_{c}——主切削力（N）；

F_{f}——进给力（N）；

F_{p}——背向力（N）；

$C_{F_{\mathrm{c}}}, C_{F_{\mathrm{f}}}, C_{F_{\mathrm{p}}}$——系数；

$X_{F_{\mathrm{c}}}, X_{F_{\mathrm{f}}}, X_{F_{\mathrm{p}}}, Y_{F_{\mathrm{c}}}, Y_{F_{\mathrm{f}}}, Y_{F_{\mathrm{p}}}, Z_{F_{\mathrm{c}}}, Z_{F_{\mathrm{f}}}, Z_{F_{\mathrm{p}}}$——影响指数；

$K_{F_{\mathrm{c}}}, K_{F_{\mathrm{f}}}, K_{F_{\mathrm{p}}}$——修正系数。

2．半经验法

半经验法建立切削力模型是基于切削过程消耗的功率与金属材料去除率呈正比的假设得到的。该方法的重点是对切削力系数和刃口力系数进行确定。它最早由 Koenigsberge 和 Sabberwall 提出，后 Budak 等把单位切削力系数划分成剪切力系数及刃口力系数，利用直角切削对上述系数进行标定，实现切削力的预测[199]。

因刀具及工件材料不同，切削力模型也不同，故切削力预测还需基于大量实验数据。该模型对切削加工条件、材料性能参数及刀具尺寸等与切削力之间的关系也未给出本质上的解释。该模型只能用于确定刀具及切削参数后的切削力预测，无法提前预知切削加工过程的切削力。

3．有限元法

有限元法预测切削力主要是利用 ABAQUS、ANSYS 等有限元软件对金属切削加工过程进行仿真，对切削过程的切削力进行预测。该方法已在本书 14.4.2 节中介绍，这里不再累述。

4．理论建模法

理论建模法的机理明确，且有利于分析切削参数对切削力的影响，可提前对切削力进行理论预测。目前，切削力的解析模型已得到了不断发展。该方法主要基于剪切角及材料剪切强度进行切削力的理论预测。这类经典的切削力模型主要有 Krystof 模型、Merchant 模型、Lee&Shaffer 模型、Oxley 模型等。

除了上述 4 种方法外，基于神经网络等[200]人工智能的切削力预测技术也逐步发展起来。然而该方法需要大量数据样本进行训练才能达到预测效果，其应用也受到一定限制。

15.2　切削力理论预测模型

15.2.1　直角切削模型

直角切削（正交切削）是最简单、最基本的切削加工方式，其切削力模型也最简单。因钻削、铣削等不同的加工方法最终都可等效为直角切削单元，故其研究也最广泛。在过去一个多世纪里，国内外大量学者围绕直角切削相关理论开展深入的研究。直角切削虽然只是切削过程的一种特殊方式，但对它的研究对于揭示切削过程的基本原理及其物理本质具有重要意义[201]。

20 世纪 40 年代，Merchant 提出的 Merchant 剪切模型一直被广泛接受并沿用至今，见图 15.2。该模型把切屑看作是一个受力平衡的独立单元，建立 Merchant 圆。通过 Merchant 圆可得到各个作用力分量、速度分量及角度间的关系，并可进一步得到速度、应力、应变、应变率以及能量间的相互关系。

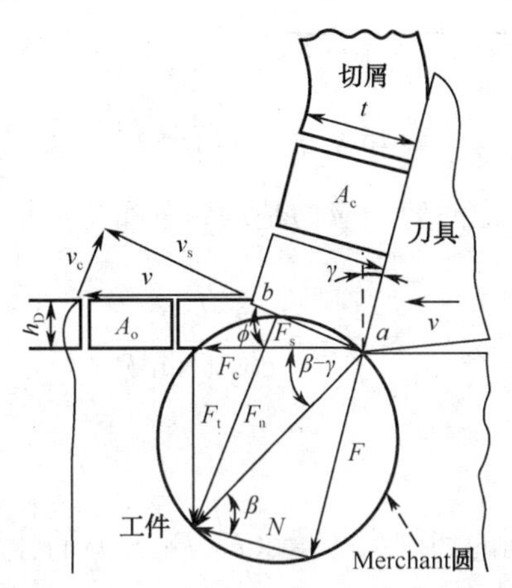

F_c—主切削力，F_t—推挤力，F_s—剪切面剪刀，F_n—剪切面正压力，F—摩擦力，N—正压力，h_D—切削厚度，t—切屑厚度，v—切屑速度，v_s—剪切速度，v_c—切屑流速，γ—刀具前角，β—摩擦角

图 15.2　直角切削模型[201]

基于剪切角理论，可建立直角切削的切削力模型，剪切力 F_s 见式（15-2）。

$$F_s = \frac{\tau h_D b}{\sin\phi} \tag{15-2}$$

式中，τ——工件材料的剪切屈服强度（MPa）；

h_D——切削厚度；

b——切削宽度；

ϕ——剪切角。

由图 15.2 可知直角切削力与角度的关系，故主切削力 F_c 可由式（15-3）计算。

$$F_c = \frac{F_s \cos(\beta-\gamma)}{\cos(\phi+\beta-\gamma)} \tag{15-3}$$

15.2.2　斜角切削模型

机械加工绝大多数都属于斜角切削，它既包含直角切削，又是铣削、钻削等切削力分析的基础，故其切削模型研究更具有普遍意义。斜角切削被加工材料的变形属于三维应变的问题，故斜角切削机理和几何关系均非常复杂，分析也更加困难[202]。

文献[202]中，基于基平面 P_r，切削平面 P_s，法平面 P_n，剪切平面 P_{sh}，前刀面 A_γ，等效平面 P_c 定义了一系列坐标系，斜角切削模型见图 15.3。

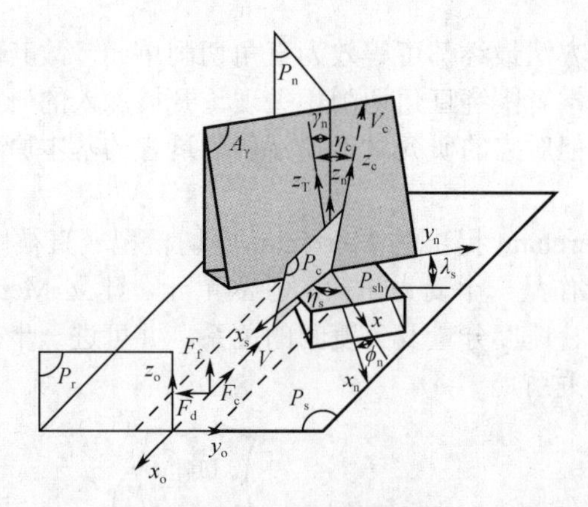

图 15.3 斜角切削模型[201]

假设斜角切削主剪切平面上的剪切应力是均匀分布，剪切力与剪切应力成正比例，则剪切力 F_{sx} 可由式（15-4）计算。

$$F_{sx}=\frac{\tau h_D b}{\cos\lambda_s\sin\phi_n} \tag{15-4}$$

式中，λ_s——刃倾角；

ϕ_n——法向剪切角。

文献[202]给出了斜角切削的切削力分量（F_c, F_d, F_f）的计算公式

$$\begin{pmatrix}F_c\\F_d\\F_f\end{pmatrix}=\begin{pmatrix}\cos\eta_s\cos\phi_n\cos\lambda_s+\sin\eta_s\sin\lambda_s & \sin\phi_n\cos\lambda_s\\ \cos\eta_s\cos\phi_n\cos\lambda_s-\sin\eta_s\sin\lambda_s & \sin\phi_n\sin\lambda_s\\ -\cos\eta_s\sin\phi_n & \cos\phi_n\end{pmatrix}\begin{pmatrix}F_{sx}\\F_{ns}\end{pmatrix} \tag{15-5}$$

式中，F_{ns}——法向剪切力；

η_s——剪切流角。

15.3 钻削力预测模型

15.3.1 钻头几何角度[120]

钻孔是广泛应用于制造领域的加工方法之一。钻头几何角度是影响钻头性能的重要因素。因钻头几何角度复杂，其钻削力模型的建立也更难。它的研究有利于理解几何角度与钻头性能（钻削力、钻削温度及排屑能力等）之间的关系，为难加工材料用钻头的结构及刃磨参数设计提供依据。

钻头的几何角度影响钻头的钻削性能，而钻头的几何角度必与其坐标平面相联系。钻头的几何角度必须在基准坐标系内定义，故根据 ISO3002/1—1982 建立基准坐标系。横刃上各点的速度方向与切削刃垂直，故横刃上各点几何角度视为不变，而主切削刃上各点几何角度各不相同。

图 15.4 给出了坐标系内钻头主切削刃上任意点 X 的几何角度。

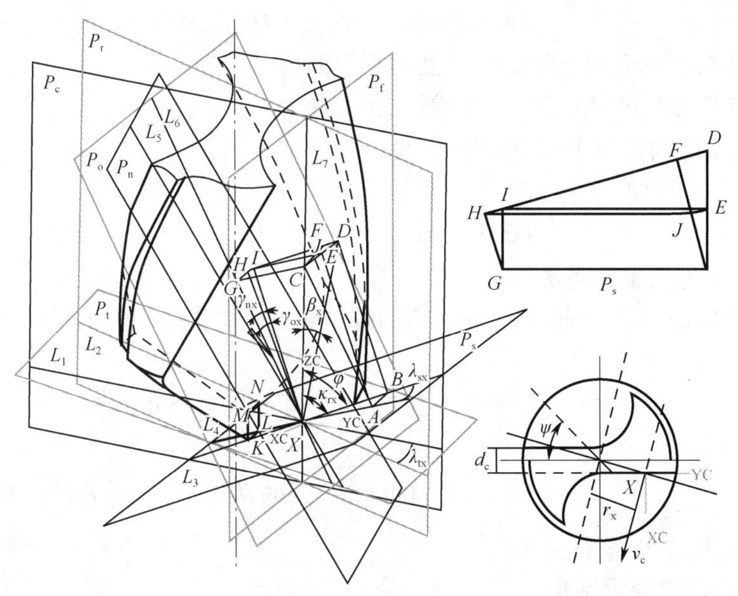

P_t—端平面；P_c—包含 X 点切线方向且垂直于端平面的平面；L_1—P_c 与 P_t 的交线；L_2—P_r 与 P_t 的交线；
L_3—P_c 与 P_s 的交线；L_4—P_r 与 P_s 的交线；L_5—P_c 与 P_n 的交线；L_6—P_r、P_o 与 P_n 的交线；L_7—P_r、P_c 与 P_f 的交线

图 15.4　钻头的坐标平面与几何角度[120]

1. 几何角度

因为主切削刃上各点的坐标平面是不同的，故主切削刃上各点的几何角度是变化的。定义如下：

（1）任意点 X 处的端面刃倾角 λ_{tx}

$$\sin\lambda_{tx} = -\frac{d_c}{2r_x} \tag{15-6}$$

式中，d_c ——钻心直径（mm）；

r_x ——钻头主切削刃上任意点 X 处的半径（mm）。

（2）任意点 X 处的刃倾角 λ_{sx}

$$\tan\lambda_{sx} = \tan\lambda_{tx}\sin\kappa_{rx} \tag{15-7}$$

式中，κ_{rx}——钻头主切削刃上任意点 X 处的主偏角。

（3）任意点 X 处的任意剖面内前角 γ_{ix}

$$\tan\gamma_{ix} = \frac{CD}{CX} = \frac{DE+EC}{CX} = \frac{AB+GH}{CX}$$

$$AB = \tan\lambda_{sx} XA$$

$$GH = \tan\gamma_{ox} XG$$

$$\sin\nu_x = \frac{XG}{CX}$$

$$\cos\nu_x = \frac{XA}{CX}$$

整理得

$$\tan\gamma_{ix} = \tan\lambda_{sx}\cos\nu_x + \tan\gamma_{ox}\sin\nu_x \qquad (15\text{-}8)$$

式中，γ_{ox}——钻头主切削刃上任意点 X 处的正交面内前角；

ν_x——该点 X 处的任意剖面与切削平面的夹角。

（4）任意点 X 处的进给平面 P_f 内前角 γ_{fx}

当 $\nu_x = \kappa_{rx}$ 时，任意点 X 的 P_f 内前角可表示成

$$\tan\gamma_{fx} = \tan\lambda_{sx}\cos\kappa_{rx} + \tan\gamma_{ox}\sin\kappa_{rx} \qquad (15\text{-}9)$$

（5）任意点 X 处的螺旋角 β_x

因为任意点 X 处 P_f 的内前角 γ_{fx} 即该点的螺旋角 β_x，故主切削刃上任意点 X 的螺旋角 β_x 可表示成

$$\tan\beta_x = \tan\lambda_{sx}\cos\kappa_{rx} + \tan\gamma_{ox}\sin\kappa_{rx} \qquad (15\text{-}10)$$

也可表示成

$$\tan\beta_x = \frac{r_x}{R}\tan\beta \qquad (15\text{-}11)$$

式中，R——钻头外缘半径（mm）；

β——钻头外缘处螺旋角。

（6）任意点 X 处的正交平面 P_o 内前角 γ_{ox}

$$\tan\gamma_{ox} = \frac{\tan\beta_x}{\sin\kappa_{rx}} + \tan\lambda_{tx}\cos\kappa_{rx} \qquad (15\text{-}12)$$

（7）任意点 X 处的法平面 P_n 内前角 γ_{nx}

$$\tan\gamma_{nx} = \tan\gamma_{ox}\cos\lambda_{sx} \qquad (15\text{-}13)$$

（8）任意点 X 处 P_o 内后角 α_{ox}

因后角常用 P_f 的内后角 α_{fx} 表示，故 P_o 的内后角 α_{ox} 表示成

$$\cot\alpha_{ox} = \frac{\cot\alpha_{fx} - \tan\lambda_{sx}\cos\kappa_{rx}}{\sin\kappa_{rx}} \qquad (15\text{-}14)$$

（9）任意点 X 处的任意剖面内后角 α_{ix}

如把后刀面看作前角很大的前刀面，任意剖面的内后角 α_{ix} 表示成

$$\cot\alpha_{ix} = \tan\lambda_{sx}\cos\nu_x + \tan\alpha_{ox}\sin\nu_x \qquad (15\text{-}15)$$

（10）任意点 X 处 P_n 的内后角 α_{nx}

$$\cot\alpha_{nx} = \frac{\cot\alpha_{fx} - \tan\lambda_{sx}\cos\kappa_{rx}}{\sin\kappa_{rx}}\cos\lambda_{sx} \qquad (15\text{-}16)$$

2. 钻头工作角度

（1）主切削刃的工作角度

工作前角 γ_{fex} 和工作后角 α_{fex} 可分别表示成

$$\tan\gamma_{fex} = \tan\lambda_{sex}\cos\kappa_{rex} + \tan\gamma_{oex}\sin\kappa_{rex} \qquad (15\text{-}17)$$

$$\cot\alpha_{fex} = \tan\lambda_{sex}\cos\kappa_{rex} + \cot\alpha_{oex}\sin\kappa_{rex} \qquad (15\text{-}18)$$

式中，λ_{sex}——钻头主切削刃上任意点 X 的工作刃倾角；

κ_{rex}——任意点 X 的工作主偏角；

γ_{oex}——任意点 X 的工作主剖面 P_{oe} 内工作前角；

α_{oex}——任意点 X 的工作主剖面 P_{oe} 内工作后角。

（2）横刃的工作角度

横刃是钻头的重要组成部分，无横刃等于无钻芯，但横刃给钻头性能带来很多不利影响。因横刃上的 v_c 方向与横刃垂直，故可等效为直角切削来研究。

横刃任意点 X 处的工作前角 $\gamma_{o\psi ex}$ 可表示成

$$\gamma_{o\psi ex} = \xi_{\psi x} - \gamma_{o\psi x} \tag{15-19}$$

式中　$\gamma_{o\psi x}$——钻头横刃上任意点 X 处的前角，$\gamma_{o\psi x} = \arctan(\tan\phi\sin\psi)$；

$\xi_{\psi x}$——该点 X 处切向速度和合成速度的夹角，$\xi_{\psi x} = \arctan(f/2\pi r_{\psi x})$；

$r_{\psi x}$——该点 X 处至钻头中心的距离（mm）。

15.3.2　钻削力理论模型

从理论上对钻削力进行研究，有必要建立钻削力理论模型。其计算较为复杂，由于计算条件限制，早期研究主要是钻削力的经验公式。随着对钻削过程了解的深入，理论分析方法逐步发展起来。首先是美国的 Oxford 研究了主切削刃和横刃上的切削变形，他提出了钻削过程的三个作用区，即主切削刃作用区、横刃作用区及钻芯刻划区[203]。近几十年的研究中，钻削力的理论模型大多是基于单元切削刃的假设，即把主切削刃单元区等效为斜角切削，横刃单元区等效为直角切削。

钻削力模型主要包括主切削刃和横刃两部分，分别对主切削刃和横刃进行离散化，再将每个单元刃等效成切削过程，最后进行积分求得钻削力。

1．主切削刃的钻削力模型

考虑进给运动的影响，主切削刃上任意点 X 处的钻削厚度 h_{Dex} 可表示成

$$h_{Dex} = \frac{f\cos\xi\sin\phi\cos\xi_{hx}}{2} \tag{15-20}$$

式中，ξ_{hx}——图 15.4 中 L_5 与 L_6 的夹角，$\xi_{hx} = \arctan(\tan\lambda_{tex}\cos\phi)$。

dl_x 上的单元剪切力 dF_{sx} 可表示成

$$dF_{sx} = \frac{\tau_s h_{Dxe} dl_x}{\sin\phi_{nx}} \tag{15-21}$$

式中，τ_s——试件材料的剪切屈服强度（MPa）。

dl_x——主切削刃上任意点 X 处的单元段（mm），$dl_x = \dfrac{r_x}{\sin\phi\left(r_x^2 - \dfrac{d_c^2}{4}\right)^{\frac{1}{2}}} dr_x$

由于单元刃切削均可等效为斜角切削，故单元主切削力 dF'_{cx}、单元进给力 dF'_{fx} 和单元背向力 dF'_{px} 表示为

$$dF'_{cx} = dF_{sx}\frac{\cos(\beta_{nx} - \gamma_{nex})}{\cos(\phi_{nx} + \beta_{nx} - \gamma_{nex})}$$

$$dF'_{fx} = dF_{sx}\frac{\sin(\beta_{nx} - \gamma_{nex})}{\cos(\phi_{nx} + \beta_{nx} - \gamma_{nex})}$$

$$\mathrm{d}F'_{\mathrm{px}} = (\mathrm{d}F'^2_{\mathrm{cx}} + \mathrm{d}F'^2_{\mathrm{fx}})^{\frac{1}{2}} \sin\beta_{\mathrm{nx}} \tan\psi_{\lambda\mathrm{x}}$$

式中，β_{nx}——主切削刃上任意点 X 的法向摩擦角；

$\psi_{\lambda\mathrm{x}}$——该点 X 的流屑角，$\psi_{\lambda\mathrm{x}} = \arccos(\cos\gamma_{\mathrm{nex}} / \cos\gamma_{\mathrm{oex}})$。

$\mathrm{d}l_{\mathrm{x}}$ 上的单元工作轴向力 $\mathrm{d}F'_{\mathrm{lx}}$ 可表示为

$$\mathrm{d}F'_{\mathrm{lx}} = (\mathrm{d}F'^2_{\mathrm{fx}} + \mathrm{d}F'^2_{\mathrm{cx}})^{\frac{1}{2}} \sin(\beta_{\mathrm{nx}} - \gamma_{\mathrm{nex}} - \xi_{\mathrm{h}}) \sin\phi + \mathrm{d}F'_{\mathrm{px}} \cos\phi$$

静态坐标参考系中的 $\mathrm{d}l_{\mathrm{x}}$ 上单元轴向力 $\mathrm{d}F_{\mathrm{lx}}$ 和单元扭矩 $\mathrm{d}M_{\mathrm{lx}}$ 可分别表示成

$$\mathrm{d}F_{\mathrm{lx}} = \mathrm{d}F'_{\mathrm{lx}} \cos\xi - (\mathrm{d}F'_{\mathrm{cx}} \cos\lambda_{\mathrm{sxe}} - \mathrm{d}F'_{\mathrm{px}} \sin\lambda_{\mathrm{sxe}}) \sin\xi \tag{15-22}$$

$$\mathrm{d}M_{\mathrm{lx}} = r((\mathrm{d}F'_{\mathrm{cx}} \cos\lambda_{\mathrm{sxe}} - \mathrm{d}F'_{\mathrm{px}} \sin\lambda_{\mathrm{sxe}}) \cos\xi + \mathrm{d}F'_{\mathrm{lx}} \sin\xi) \tag{15-23}$$

故主切削刃上轴向力和扭矩的理论模型可表示为

$$F_1 = 2 \int_{b_\psi/2}^{d_{\mathrm{o}}/2} \mathrm{d}F_{\mathrm{lx}} \mathrm{d}r \tag{15-24}$$

$$M_1 = 2 \int_{b_\psi/2}^{d_{\mathrm{o}}/2} \mathrm{d}M_{\mathrm{lx}} \mathrm{d}r \tag{15-25}$$

2．横刃的钻削力模型

钻头横刃通过中心，其上各点切削速度方向均垂直于横刃，故可视为直角切削，但数值不等，可分为两段：近中心处切削速度很低，几乎是挤刮，可认为是挤压；近主刃段可视为是直角切削。

（1）挤刮段

图 15.5 给出了挤刮段的试件变形图。根据金属塑性力学理论可知，挤压接触长度 $l_{\psi\mathrm{i}}$ 可表示为

$$l_{\psi\mathrm{i}}=(f/2)/[\cos(\gamma_{\mathrm{o}\psi\mathrm{x}})-\sin(\gamma_{\mathrm{o}\psi\mathrm{x}}-\psi_{\mathrm{s}})]$$

式中，ψ_{s}——滑移线场的扇形角。

$$2\gamma_{\mathrm{o}\psi\mathrm{x}} = \psi_{\mathrm{s}} + \arccos\left(\tan\left(\frac{\pi}{4} - \frac{\psi_{\mathrm{s}}}{2}\right)\right)$$

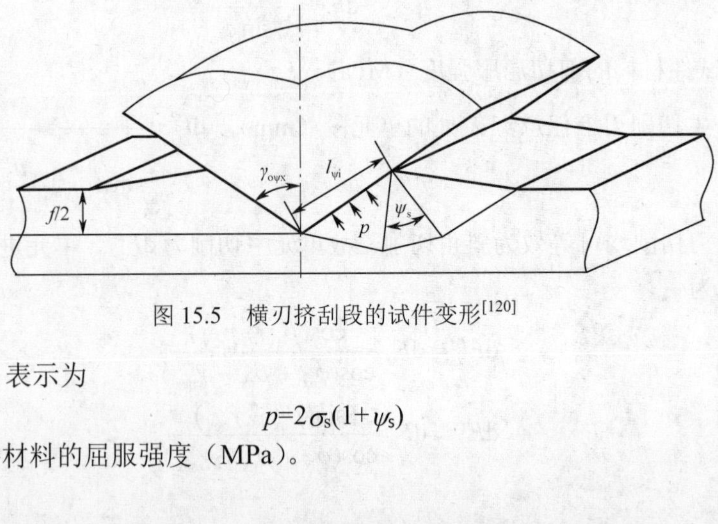

图 15.5 横刃挤刮段的试件变形[120]

将挤压应力 p 表示为

$$p=2\sigma_{\mathrm{s}}(1+\psi_{\mathrm{s}})$$

式中，σ_{s}——试件材料的屈服强度（MPa）。

法向压力的轴向分量 $F_{\psi iA}$ 和径向分量 $F_{\psi iR}$ 可分别表示为

$$F_{\psi iA}=2pl_{\psi i}\cdot 2r_o\cdot\sin\gamma_{o\psi x}$$

$$F_{\psi iR}=2pl_{\psi i}\cdot 2r_o\cdot\cos\gamma_{o\psi x}$$

挤压摩擦力的轴向分量 $F_{\psi ifA}$ 和径向分量 $F_{\psi ifR}$ 可分别表示为

$$F_{\psi ifA}=2pl_{\psi i}\cdot 2r_o\cdot\mu_x\cos\gamma_{o\psi x}$$

$$F_{\psi ifR}=2pl_{\psi i}\cdot 2r_o\cdot\mu_x\sin\gamma_{o\psi x}$$

挤刮段的轴向力 $F_{\psi i}$ 和扭矩 $M_{\psi i}$ 可分别表示为

$$F_{\psi i}= F_{\psi iA}+ F_{\psi ifA}$$

$$M_{\psi i}=r_o(F_{\psi iR}+ F_{\psi ifR})/2$$

故 $F_{\psi i}$ 和 $M_{\psi i}$ 的理论模型可分别表示为

$$F_{\psi i}=\frac{4\sigma(1+\psi_s)fr_o(\sin\gamma_{o\psi x}+\mu_x\cos\gamma_{o\psi x})}{\cos\gamma_{o\psi x}-\sin(\gamma_{o\psi x}-\psi_s)} \tag{15-26}$$

$$M_{\psi i}=\frac{2\sigma(1+\psi_s)fr_o^2(\cos\gamma_{o\psi x}+\mu_x\sin\gamma_{o\psi x})}{\cos\gamma_{o\psi x}-\sin(\gamma_{o\psi x}-\psi_s)} \tag{15-27}$$

（2）直角切削段

直角切削段的单元剪切力可表示成

$$\mathrm{d}F_{s\psi x}=\frac{\tau h_{D\psi x}\mathrm{d}r}{\sin\phi_{n\psi x}} \tag{15-28}$$

该段上任意点处钻削厚度 $h_{D\psi x}$，即

$$h_{D\psi x}=\frac{f}{2}\cos\xi_{\psi x}$$

直角切削段的任意单元刃主切削力 $\mathrm{d}F_{c\psi x}$ 和单元进给力 $\mathrm{d}F_{f\psi x}$ 可表示为

$$\mathrm{d}F_{c\psi x}=\mathrm{d}F_{s\psi x}\frac{\cos(\beta_{n\psi x}-\gamma_{n\psi xe})}{\cos(\phi_{n\psi x}+\beta_{n\psi x}-\gamma_{n\psi xe})}$$

$$\mathrm{d}F_{f\psi x}=\mathrm{d}F_{c\psi x}\tan(\beta_{n\psi x}-\gamma_{n\psi xe})$$

式中，$\beta_{n\psi x}$——直角切削段任意单元刃的摩擦角；

$\phi_{n\psi x}$——直角切削段任意单元刃的法向剪切角。

直角切削段任意单元刃的单元轴向力 $\mathrm{d}F_{\psi x}$ 和单元扭矩 $\mathrm{d}M_{\psi x}$ 可表示为

$$\mathrm{d}F_{\psi x}=\mathrm{d}F_{c\psi x}\sin\xi_{\psi x}+\mathrm{d}F_{f\psi x}\cos\xi_{\psi x}$$

$$\mathrm{d}M_{\psi x}=(\mathrm{d}F_{c\psi x}\cos\xi_{\psi x}-\mathrm{d}F_{f\psi x}\sin\xi_{\psi x})r_{\psi x}$$

故横刃直角切削段的轴向力和扭矩的模型分别表示为

$$F_{\psi}=2\int_{r_0}^{b_\psi/2}\frac{\sin(\lambda_{n\psi x}+\xi_{\psi x}-\gamma_{n\psi xe})}{\cos(\phi_{n\psi x}+\lambda_{n\psi x}-\gamma_{n\psi xe})}\frac{f\tau\cos\xi_{\psi x}}{2\sin\phi_{n\psi x}}\mathrm{d}r \tag{15-29}$$

$$M_{\psi}=2\int_{r_0}^{b_\psi/2}\frac{\cos(\lambda_{n\psi x}+\xi_{\psi x}-\gamma_{n\psi xe})}{\cos(\phi_{n\psi x}+\lambda_{n\psi x}-\gamma_{n\psi xe})}\frac{f\tau\cos\xi_{\psi x}}{2\sin\phi_{n\psi x}}r_{\psi x}\mathrm{d}r \tag{15-30}$$

3. 钻削力模型

钻头的轴向力 F 及扭矩 M 可分别近似为由主切削刃和横刃的轴向力之和及扭矩之和。故轴向力 F 的理论模型可表示为

$$F=F_l+F_{\psi i}+F_{\psi} \tag{15-31}$$

扭矩 M 的理论模型可表示为

$$M=M_l+M_{\psi i}+M_{\psi} \tag{15-32}$$

15.4 典型难加工材料的钻削力预测

随着科技进步，航空、航天、兵器、舰船、电站设备等工业对产品零部件的材料性能提出了各种各样的要求，如高温强度高、比强度高、耐腐蚀等。这些材料的切削加工困难，一般称之为难加工材料。在此，以应用较广泛的三种典型难加工材料——大塑性的奥氏体不锈钢 1Cr18Ni9Ti，比强度高、导热性差的钛合金 Ti6Al4V 及高温强度高的镍基高温合金 GH4169——为例，对其钻削力进行研究。

15.4.1 1Cr18Ni9Ti 的钻削力

表 15-1 给出了 v_c=10.6m/min，f 不同时的 1Cr18Ni9Ti 的钻削力模型计算值与实测值。

表 15-1 1Cr18Ni9Ti 的钻削力模型计算值与实测值

钻削力值 \ d_o/mm		ϕ4.2				ϕ6.8			
		F/N		M/（N·m）		F/N		M/（N·m）	
		计算值	实测值	计算值	实测值	计算值	实测值	计算值	实测值
f/(mm/r)	0.056	414.9	448.4	0.72	0.79	623.6	674.3	1.24	1.35
	0.112	697.2	747.5	1.58	1.75	917.6	1025.1	2.74	2.96
	0.224	1103.6	1232.3	2.23	2.67	1313.8	1520	3.66	4.42

不难看出，模型计算值比实测值小；当 f≤0.112mm/r 时，F 和 M 的计算值均比实测值小 10%；f=0.224mm/r 时，F 的计算值比实测值小 10%~15%，M 的小 10%~20%。究其原因可能是：理论模型中忽略了钻头副切削刃的影响。

图 15.6 给出了各段切削刃的钻削力分配比例钻孔法钻削 1Cr18Ni9Ti 的钻削力记录曲线。此时的主切削刃上的 F 实测值为 343 N，M 为 1.9 N·m；而正常钻孔时的 F 为 1187 N，M 为 3 N·m，比 45 钢分别大 44.7%和 36.4%。

不难看出，1Cr18Ni9Ti 的钻削力明显大于 45 钢的；主切削刃上的 F 所占比例约为 29%，M 约为 63%，而理论计算分别为 34%和 71%。可见理论模型中对各段切削刃的钻削力分配比例计算是正确的。

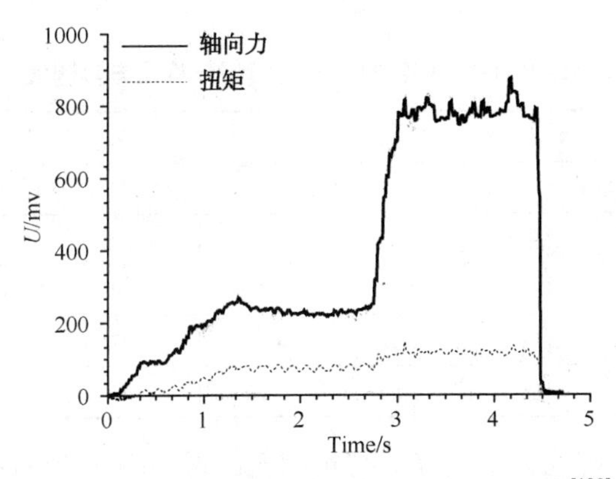

图 15.6　1Cr18Ni9Ti 钻削时的钻削力记录曲线[120]

15.4.2　Ti6Al4V 的钻削力

表 15-2 给出了 v_c=10.6m/min，f 不同时的 Ti6Al4V 的钻削力模型计算值与实测值。

表 15-2　Ti6Al4V 的钻削力模型计算值与实测值

钻削力值 \ d_o/mm		ϕ4.2				ϕ6.8			
		F/N		M/（N·m）		F/N		M/（N·m）	
		计算值	实测值	计算值	实测值	计算值	实测值	计算值	实测值
f/(mm/r)	0.056	369	404.5	0.41	0.46	513.2	574.2	0.87	0.91
	0.112	463.7	534.5	0.59	0.69	742	824.7	1.28	1.4
	0.224	784.9	938.3	0.98	1.36	1130.7	1313.8	1.88	2.3

不难看出，钻削力模型计算获得的规律与试验的相同，即 F 和 M 均随 f 和 d_o 的增大而增大。当 f<0.224mm/r 时，F 和 M 的模型计算值与实测值的误差小于 15%，但 f=0.224mm/r 时，M 最大误差达 28%。其原因可能是：①钛合金弹性模量小，弹性变形大，与副切削刃处的摩擦扭矩大有关；②导热系数小（仅为 45 钢的 1/7），钻削温度高，钻屑与钻头粘结，钻屑堵塞，导致钻削力增大（见图 5.7）；③在理论模型中弹性变形和堵塞现象是被忽略的，故理论模型在该情况下与实测值产生的误差较大。

图 15.7　ϕ4.2mm 高速钢标准钻头 v_c=10.6m/min，f=0.224mm/r 钻孔时的堵塞现象[120]

15.4.3　GH4169 的钻削力

镍基高温合金的强度高，导热系数小，加工硬化严重。表 15-3 给出了 GH4169 的钻削力模型计算值与实测值。

表 15-3　GH4169 的钻削力模型计算值与实测值

钻削力值 \ f/(mm/r)		0.056				0.112			
		F/N		M/（N·m）		F/N		M/（N·m）	
		计算值	实测值	计算值	实测值	计算值	实测值	计算值	实测值
v_c/(m/min)	5.3	1687	1858	4.12	4.45	2410	2656	6.21	6.82
	8.3	1573	1723	3.92	4.28	2197	2412	5.82	6.37
	13.3	1504	1656	3.61	3.92	2108	2301	5.42	5.89

不难看出，F 和 M 的理论模型计算值与实测值的误差均在 15%之内，且 F 和 M 均随 v_c 的增大而减小，随 f 的增大而增大。

图 15.8 给出了 v_c=13.3m/min，f=0.056mm/r 下各段切削刃的钻削力分配比例钻孔法钻削 GH4169 的钻削力记录曲线。

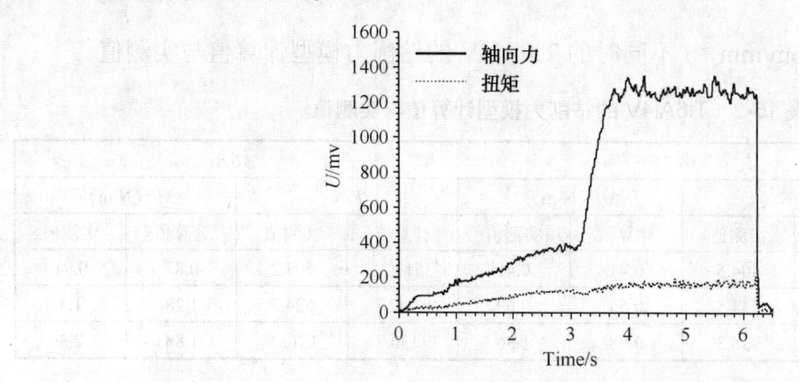

图 15.8　GH4169 的钻削力记录曲线[120]

不难看出，主切削刃 F 的实测值为 504 N，M 为 3.17 N.m；而正常钻孔的 F 为 1656 N，M 为 3.92 N.m，分别是 45 钢的 2 倍和 1.8 倍；主切削刃上 F 约占 28%，M 约占 72%，而模型计算结果分别为 31%和 76%，可见理论模型中对各段切削刃的钻削力分配比例计算是正确的。

思　考　题

15.1　切削力预测技术有几种？

15.2　切削力理论模型分几类？

15.3　钻削力理论模型有何特点？如何建立模型？

15.4　基于钻削力理论模型预测 3 种典型难加工材料的钻削力各有何特点？

参 考 文 献

[1] 王守安. 国外机械加工工艺发展概况. 工具技术, 1994, 4: 3~21

[2] 王文光. 21 世纪的切削加工技术. 工具技术, 1995, 1: 6~9

[3] 周延佑. 从 CIMT'99 看世界制造技术的发展. 机械制造, 1999, 11: 6~8

[4] 周延佑. 数控机床发展新趋势与我国相应的对策. 机械工艺师, 2001, 2: 5~10

[5] 赵炳祯. CIMT2001 切削技术发展及刀具展品述评. 工具技术, 2001, 7: 3~10

[6] 张伯霖. 超高速切削的原理与应用. 中国机械工程, 1995, 1: 14~17

[7] 张伯霖. 高速电主轴设计制造中若干问题的探讨. 制造技术与机床, 2001, 7: 12~14

[8] 肖曙红. 高速电主轴过盈联结装置的设计. 组合机床与自动化加工技术, 1999, 10: 37~41

[9] 唐任远. 特种电机. 北京: 机械工业出版社, 1998, 5: 150~155

[10] 夏红梅. 直线电动机高速进给单元的关键技术. 制造技术与机床, 2001, 7: 22~24

[11] 张伯霖. 超高速机床进给系统的零传动. 制造技术与机床, 1997, 8: 8~11

[12] 黄祖尧. 精密高速滚珠丝杠副的发展及其应用. 制造技术与机床, 2002, 5: 8~11

[13] 马平. 高速直线进给单元设计. 组合机床与自动化加工技术, 1998, 9: 13~18

[14] 周凯. 新一代超高速加工中心. 中国机械工程, 1995, 5: 509~512

[15] 陈明. 推动我国高速切削工艺发展若干问题的探讨. 中国机械工程, 1999, 11: 1296~1298

[16] 王西彬. 超高速切削技术及其新进展. 中国机械工程, 2000, 2: 190~194

[17] 艾兴. 高速切削技术的研究与应用. 全国生产工程第 8 届学术大会暨第 3 届青年学者学术会议论文集, 北京: 机械工业出版社, 1999, 9: 146~150

[18] 赵炳祯. 高速铣削刀具安全技术现状. 工具技术, 1999, 1: 4~7

[19] 刘战强. 高速切削刀具的发展现状. 工具技术, 2001, 3: 3~8

[20] 陈丹民. 适合高速加工的工具系统. 工具技术, 2001, 3: 45~47

[21] 张铁铭. 高速数控加工用工具系统的发展. 工具技术, 2002, 4:39~44

[22] 刘战强. 高速切削技术的发展与展望. 制造技术与机床, 2001, 7: 6~7

[23] 陈烨. 不断发展的超高速数控机床控制系统. 全国生产工程第 8 届学术大会暨第 3 届青年学者学术会议论文集. 北京: 机械工业出版社, 1999, 9:198~202

[24] 王守安. 切削刀具的发展趋势. 工具技术, 1996, 7: 25~27

[25] 吴大维. 刀具涂层技术的新进展. 中国机械工程, 2000, 5: 574~576

[26] 刘杰华. 金属切削刀具技术现状及其发展趋势展望. 中国机械工程, 2001, 7: 835~838

[27] 刘志峰. 硬车削及其加工技术. 工具技术, 1998, 3: 9~12

[28] Z. Y. Wang, K. P. Rajurkar. *Cryogenic machining of hard-to-cut materials*. WEAR, 239(2000): 168~175

[29] 罗勇. 干切削及其关键技术. 全国生产工程第 8 届学术大会暨第 3 届青年学者学术会议论文集, 北京: 机械工业出版社, 1999, 9: 151~156

[30] 刘献礼. 聚晶立方氮化硼刀具切削性能及制造技术研究. 哈尔滨工业大学工学博士学位论文 1999, 3:25~27

[31] 刘志峰. 干切削加工技术的发展及应用. 机械制造, 1997, 9: 6~8

[32] 张伯霖. 新世纪的干切削技术. 制造技术与机床, 2001, 10: 5~7

[33] 赵正书. 干式切削——一种理想的金属切削方法. 机械制造, 2001, 5: 26~28

[34] 李晋年. 低温切削加工技术. 机械工艺师, 1987, 2

[35] 李晋年. 黑色金属的超低温金刚石超精密切削. 机械工程学报, 1989, 3: 70~72

[36] 任家隆. 切削中绿色射流冷却工艺的研究. 中国机械工程, 2000, 7: 738~740

[37] 刘献礼. 冷风发生装置及风冷却切削技术. 制造技术与机床, 2001, 10: 8~9

[38] 贾晓鸣. 未来切削液的展望. 工具技术. 1998, 1: 38~40

[39] В·Г·ГОДЛЕВСКИЙ·Применение Водяного Пара В Качестве СОТС При Обработке Металлов Резанием. ВЕСТНИК МАШИНОСТРОЕНИЯ, 1999, 7: 35~38

[40] 孙建国. 液氮冷却在切磨削加工中的应用. 机械工艺师, 2001, 2: 35~36

[41] 任家隆. 切削中的绿色冷却技术. 机械工艺师, 2001, 8: 34~51

[42] [日]隈部淳一郎.精密加工.振动切削(基础与应用).韩一昆译, 北京: 机械工业出版社, 1985, 6:412~443

[43] 王勇. 超声振动车削的研究. 哈尔滨工业大学工学硕士学位论文, 1985, 6

[44] 焦定江. 超声波振动钻削的研究. 哈尔滨工业大学工学硕士学位论文, 1988, 4

[45] 付久炼. 金属短纤维的颤振切削制造工艺及非线性切削动力学模型的研究. 哈尔滨工业大学工学博士学位论文, 1988, 11

[46] 韩荣第. 难加工材料切削加工. 北京: 机械工业出版社. 1996, 11: 234~239, 197~209, 83~105, 126~157, 158~189, 443~449

[47] 马丽心. 冷硬铸铁激光加热辅助切削实验研究. 哈尔滨工业大学学报, 2002, 4: 228~231

[48] Wang Yang. RESERRCH OF MACHANISM OF LASER ASSISTED HOT MACHINING FOR Al_2O_3 PARTICLE REINFORCED ALUMINUM MATRIX COMPOSITE. ISAMT'2001,10: 89 ~ 93

[49] 王扬. 陶瓷材料激光加热辅助切削温度场分析. 哈尔滨工业大学学报, 2001, 33:785~788

[50] 曹志锡. 磁化切削研究. 全国生产工程第 8 届学术大会暨第 3 届青年学者学术会议论文集, 北京: 机械工业出版社, 1999, 9: 141~143

[51] 上原邦雄. 铜およびアルミルニウムの真空中の切削挙動－真空中切削の研究 (第 2 報). 精密機械, 1975 年 11 月 41 卷 11 号: 1043

[52] 上原邦雄. 碳素钢およびチタンの真空中の切削状態－ 真空中切削の研究（第 1 報）精密機械, 1972 年 4 月 38 卷 4 号: 363~368

[53] 小林博文. 特殊環境下における切削加工の研究（第 2 報）. 日本機械学会論文集(C 编), 1997 年 12 月 63 卷 616 号: 4359~4363

[54] 小林博文. 特殊環境下における切削加工の研究（第 1 報）. 日本機械学会論文集(C 编), 1996 年 11 月 63 卷 603 号: 4386~4391

[55] 蔡光起. 磨削技术的新发展. 全国生产工程第 8 届学术大会暨第 3 届青年学者学术会议论文集, 北京: 机械工业出版社, 1999, 9: 162~167

[56] 严文浩. 超硬材料磨削新进展. 全国生产工程第 8 届学术大会暨第 3 届青年学者学术会议论文集. 北京: 机械工业出版社, 1999, 9: 168~185

[57] 周泽华. 金属切削原理. 上海: 上海科学技术出版社, 1985

[58] 崔仲鸣. 磨削中砂轮修整技术的新发展. 全国生产工程第 8 届学术大会暨第 3 届青年学者学术会议论文集, 北京: 机械工业出版社, 1999, 9: 347~351

[59] 袁哲俊. 精密和超精密加工技术, 北京: 机械工业出版社, 1999, 7: 52~54

[60] 李晓天. 激光技术在树脂结合剂砂轮修整中的应用研究. 全国生产工程第 8 届学术大会暨第 3 届青年学者学术会议论文集, 北京: 机械工业出版社, 1999, 9: 336~340

[61] 胡忠辉. 轴承钢高表面完整性磨削技术与机理的研究. 哈尔滨工业大学博士学位论文, 1989.3
[62] 李伯民. 实用磨削技术. 北京: 机械工业出版社, 1996,4:140
[63] [日]机械与工具编辑部. 机械加工新技术. 王辅基译, 北京: 科学技术文献出版社, 1985,9:161~170,178~185
[64] 荣烈润. 制造技术的主导技术-复合加工技术. 机电一体化, 2007,2:9-14
[65] 丁雪生. 金切机床复合化技术的发展. 新技术新工艺, 2007,3:16-19
[66] 王焱. 复合加工技术在航空结构件制造中的应用. 航空制造技术, 2009,12:40-43
[67] 机械工程手册编委会. 机械工程手册第 8 卷, 北京: 机械工业出版社, 1982, 12: 46~468, 46-699 46~700
[68] 贾沛泰. 国内外常用金属材料手册. 南京: 江苏科技出版社, 1999, 3: 443~449
[69] 狩野勝吉. 難削材・新素材の切削加工技術—16~19. 機械と工具, 2001: 4~7
[70] 狩野勝吉. 難削材・新素材の切削加工技術—20. 機械と工具, 2001, 8: 97~104
[71] 李企芳. 难加工材料加工技术.北京科学技术出版社, 1992:401~402
[72] 韩荣第. 钛合金 TC_4 小孔攻螺纹用渐成法丝锥. 工具技术, 1985, 2:14~19
[73] 韩荣第. 钛合金攻螺纹扭矩和切削温度的研究. 哈尔滨工业大学学报(增刊), 1985: 146－153
[74] 臼杵年. Ti-3Al-8V-6Cr-4Mo-4Zr の旋削加工. 精密工学会志, Vol. 61 No.7, 1995: 1001~1003
[75] 周玉. 陶瓷材料学. 哈尔滨: 哈尔滨工业大学出版社,1995,10:1~2
[76] 孟少农. 机械加工工艺手册. 北京: 机械工业出版社,1991,9:13~29,39~40
[77] 沃丁柱. 复合材料大全. 北京: 化学工业出版社, 2000:4,11~12,406~410
[78] 李志强. 碳/碳复合材料切削加工性能实验研究. 全国生产工程第 8 届学术大会暨第 3 届青年学者学术会议论文集, 北京: 机械工业出版社, 1999, 9: 82~85
[79] 姚洪权. SiCw/2024、SiCp/2024 复合材料切削性能研究. 哈尔滨工业大学硕士学位论文, 1996, 1: 20
[80] 万德建. 碳纤维复合材料制孔工艺. 复合材料应用与工艺技术交流会论文集, 1993, 10: 98~102
[81] 王大镇. 切削 $SiCw/LD_2(SiCp/LD_2)$复合材料时的楔形积屑瘤研究. 高技术通讯, 2001, 9: 93~96
[82] 韩荣第. SiC 晶须增强铝复合材料 SiCw/Al 的钻削加工. 航空工艺技术, 1995, 7:42~43
[83] 韩荣第. SiC 晶须增强铝复合材料的切削力研究. 宇航材料工艺, 1996, 12:6~9
[84] 韩荣第. SiCw/Al 复合材料切削温度的试验研究. 哈尔滨工业大学学报, 1996,4:135~138
[85] 韩荣第. 关于工程材料的比强度与比刚度. 宇航材料工艺, 1996, 8:59~60
[86] 韩荣第. SiCp/Al 与 SiCw/Al 复合材料加工的切削温度与刀具磨损的试验研究. 宇航材料工艺, 1997, 6:36~39
[87] 韩荣第. SiC 晶须（颗粒）增强铝复合材料切削机理研究——切削变形与楔形积屑瘤. 机械工程学报, 1995, 9:51~55
[88] 韩荣第. SiC 晶须颗粒增强铝复合材料小孔加工技术试验研究. 中国有色金属学报(增刊), 1995, 9:790~794
[89] 韩荣第. SiCp/2024 复合材料切削力与刀具磨损的试验研究. 复合材料学报, 1997, 6:71~75
[90] 韩荣第. 颗粒增强铝复合材料 SiCp/2024 切削性能研究. 高技术通讯, 2001, 7:94~96
[91] 王大镇. SiCp 增强铝基复合材料切削加工中刀-屑摩擦模型及其磨损性能研究.摩擦学学报, 2000, 4:85~89
[92] 王大镇. 切削 $SiCw/LD_2$/（$SiCp/LD_2$）复合材料时的楔形积屑瘤研究. 高技术通讯, 2001,9:93~96
[93] 韩荣第. 超细颗粒增强铝复合材料切削性能研究. 高技术通讯, 2001, 3:96~97
[94] 韩荣第. SiCp/2024, SiCw/2024 铝复合材料加工表面质量及刀具磨损的研究. 航空工艺技术, 1997, 9:19~21
[95] 韩荣第. SiCw/Al 铝复合材料振动攻螺纹扭矩的试验研究. 哈尔滨工业大学学报, 2002, 4:252~254
[96] 韩荣第. SiC 晶须增强铝基复合材料超精密切削试验研究. 航空精密制造技术, 2002, 2:5~8
[97] 王大镇. 非连续增强铝复合材料切削特性及机理的研究. 哈尔滨工业大学博士学位论文, 2000, 12
[98] 倪俊芳. 铝基复合材料的钻孔与攻螺纹加工试验. 上海交通大学学报, 1997, 9

[99] 倪俊芳. SiCw/LD_2, SiCp/LD_2 复合材料的钻削性能研究. 哈尔滨工业大学工学硕士学位论文, 1995, 2
[100] Schulz H . High speed Machining . Annals of the CIRP, 1992, 41(2):637-643
[101] 周俊. 镍基高温合金 GH4169 高速切削相关技术与机理的研究. 哈尔滨工业大学博士学位论文, 2012,6
[102] 杨立芳. 高速加工中的机床主轴轴承技术. 轴承, 2012,1:54-59
[103] 章云. 注液式高速切削主轴动平衡装置设计及其性能研究. 西安交通大学学报, 2013,3:13-17
[104] 范志明. 高速切削中的几例刀具夹头. 机械加工与自动化, 2004,5:25-26
[105] 袁松海等. 低温微量润滑技术在几种典型难加工材料加工中的应用. 航空制造技术, 2011: 45-47
[106] 韩荣第. 切削难加工材料的新型绿色高效冷却润滑技术. 航空制造技术, 2009.13: 44-47
[107] 殷宝麟. 振动攻螺纹机理及典型难加工材料小孔振动攻螺纹试验研究. 哈尔滨工业大学博士学位论文, 2008,9
[108] 马春翔, 等. 超声波椭圆振动切削提高加工系统稳定性的研究. 兵工学报, 2004: 752-756
[109] 梁志强, 等. 超声振动辅助磨削技术的现状与新进展. 兵工学报, 2010,11: 1530-1535
[110] 何铮等. 利用磁化切削提高深孔零件的加工质量. 湖南工程学院学报, 2010,9: 27-29
[111] 曹志锡. 高速钢刀具的磁化对切削性能的影响. 机械加工工艺与装备, 2006, 6: 32-34
[112] 吴雪峰. 激光加热辅助切削氮化硅陶瓷技术的基础研究. 哈尔滨工业大学博士学位论文, 2011,6
[113] 梁楚华, 等. 电熔爆技术发展现状与展望. 现代制造工程. 2004,1: 98-100
[114] 孙大椿. 数控电熔爆机床的应用与发展. 新技术新工艺. 2007,3: 19-21
[115] 杨荣福, 董申. 金属切削原理. 北京: 机械工业出版社, 1988
[116] 沈福全, 等. 日本机床技术的发展动向. 世界制造技术与装备市场, 2007,2: 60-64
[117] 张二伟. 超高强度钢和镍基高温合金钻孔技术试验研究. 哈尔滨工业大学硕士学位论文, 2012,7
[118] 王琦等. D406 钢钻孔攻螺纹技术. 航天制造技术, 2004,5: 52-54
[119] 韩荣第, 等. 切削 Ni 基高温合金适用的可转位硬质合金刀具的试验研究. 航空制造技术, 2012,10: 62-64
[120] 吴健. 典型难加工材料钻削相关技术的基础研究. 哈尔滨工业大学博士学位论文, 2010,7
[121] 程龙. 典型难加工材料用修正齿丝锥槽型参数专用化研究. 哈尔滨工业大学硕士学位论文, 2010,6
[122] M.H.Wang .at Modeling of thrust force and tool wear and optimization of process parameters in drilling Nickel-based alloy GH536. Advanced materials research, Vol.188(2011):360-363
[123] Ming haiWANG. at. Study on precision machining Titanium alloy thin-walled parts. Advanced materials research, Vol. 314-316(2011):1778-1782
[124] Wei WANG , Ming hai WANG. Study on the coated tool wear mechanism of High speed milling Ni-based superalloy GH625. Materials science forum, Vol.723(2012):311-316
[125] 钟利军, 等. 可加工陶瓷材料的机械加工技术. 现代技术陶瓷, 2003,2: 41-44
[126] 秦明礼, 等. AIN-BN 复合陶瓷的结构与性能. 硅酸盐学报, 2003,10: 913-917
[127] 于爱民, 等. 氟金云母玻璃陶瓷钻削过程的刀具磨损特性研究. 摩擦学学报, 2006,1: 79-82
[128] 周振堂, 等. 氟金云母陶瓷车削加工中材料去除的试验研究. 兵器材料科学与工程, 2008,7: 27-30
[129] 王瑞新. PCD 刀具钻削碳纤维复合材料研究. 工具技术, 2012,5: 72-74
[130] 李新新, 等. 芳纶纤维生产及应用状况. 天津纺织科技, 2009,3: 4-6
[131] 马立, 等. 芳纶纤维增强复合材料的机械加工. 航天制造技术, 2007,6: 28-30
[132] 孙开颜, 等. 芳纶纤维复合材料钻孔方法研究. 工程塑料应用, 2009,3: 37-39
[133] 王平, 等. Cf/SiC 陶瓷基复合材料车削加工工艺研究. 火箭推进, 2011,4: 67-70
[134] 郑雷, 等. 陶瓷复合构件的钻削试验研究. 制造技术与机床, 2010,5: 57-60

[135] 雷晓燕. 有限元法. 北京: 中国铁道出版社, 2000
[136] A. Hrennikoff. Solution of Problems of Elasticity by the Frame-Work Method. ASME J. Appl. Mech, 1941, 8:A619-A715
[137] R. Courant, Variational methods for the solution of problems of equilibrium and vibrations. Bull. Amer. Math. Soc., 1943, 49:1-23
[138] 胡海昌. 论弹性体力学和受范性体力学中的一般变分原理. 物理学报, 1954, 10(3): 259-289.
[139] M. J. Turner, R. W. Clough, H. C. Martin, and L. C. Topp. Stiffness and deflection analysis of complex structures. J. Aeronaut. Sci, 1956 23:805-823, 854
[140] R.W.CIough. The Finite Element Method in Plane Stress Analysis[C], Proc.2ndConf.Electronic Computation, American Society of Civil Engineers, New York, 1960, 345
[141] H. D. Hibbit et a1, A Finite Element Formulation for problem of Large Strain and Large Displacement.Int. J. Solids Struct, 1970, 6:1069
[142] 周昌玉, 贺小华. 有限元分析的基本方法及工程应用. 北京: 化学工业出版社, 2006
[143] J. S. Strenkowski and J. T. Carroll. A finite element model of orthogonal metal cutting. ASME Journal of Engineering for Industry, 1985, 107:346-354
[144] K. H. Fuh, W.C. Chen and P.W. Liang. Temperature Rise in Twist Drills with a Finite Element Approach. Int. Commun. Heat Mass Transfer, 1994, 21(3):345-358
[145] P. L. Ship. An analysis of cutting under different rake angles using the finite element method. Journal of Materials Processing Technology, 2000, 105:143-151
[146] X. P Yang and C. Richard Liu.A new stress-based model of friction behavior in machining and its significant impact on residual stresses computed by finite element method. International Journal of Mechanical Sciences, 2002, 44:703-723
[147] Halil Bil, S. Engin Kilic and A. Erman Tekkaya. A comparison of orthogonal cutting data from experim-entswith three different finite element models. International Journal of Machine Tools & Manufacture, 2004, 44:933-944
[148] J. S. Strenkowski, C. C. Hsieh and A.J. Shih, An analytical finite element technique for predicting thrust force and torque in drilling. International Journal of Machine Tools & Manufacture, 2004, 44 :1413-1421
[149] Sung-Chong Chung. Temperature estimation in drilling processes by using an observer. International Journal of Machine Tools & Manufacture, 2005, 45: 1641-1651
[150] Eyup Bagci and Babur Ozcelik. Finite element and experimental investigation of temperature changes on a twist drill in sequential dry drilling. International Journal of Advanced Manufacturing Technology, 2006, 28:680-687
[151] T. Özel, T. Thepsonthi, D. Ulutan and B. Kaftanoğlu.Experiments and finiteelement simulations on micro-milling of Ti–6Al–4V alloy with uncoated and cBN coated micro-tools. CIRP Annals Manufacturing Technology, 2011, 60(1): 85-88
[152] 北京澳森拓维科技有限公司. AdvantEdgeFEM 5.5 中文用户手册, 2010
[153] 刘战强, 吴继华, 史振宇, 赵丕芬. 金属切削变形本构方程的研究. 工具技术, 2008, 42(3): 3-9
[154] 夏开文, 程经毅. SHPB 装置应用于测量高温动态力学性能的研究. 实验力学, 1998 (13):307-313
[155] 彭建祥, 李英雷. 纯担动态本构关系的实验研究. 爆炸与冲击, 2003(23):183-187
[156] 王敏杰. 动态塑性试验技术. 力学进展, 1988, 18(l):70-78
[157] 胡时胜. 材料动力学实验技术. 冲击动力学进展, 1992:379-413

[158] A. I. Mousawi. Use of the split Hopkinson Pressure bar techniques in highrate material stesting. Mechnaieal Engineering Scienee, 1997, 211(4):273-292

[159] D. Kececioglu. Shear-strain rate in metal cutting and its effects on shear-flowstress. Trans. ASME, 1985(80):158-165

[160] P. L. Oxley and M.G.Steven. Measuring stress/strain properties at very high strainrate using a machining test. J.Jnst.Metals, 1967, 95:308-313

[161] M. G. Steven and P. L. Oxley. An experimental investigation of the influence ofstrain-rate and temperature on the flow stress properties of a low carbon steelusing a machining test. Proc.Instn Mech.Engrs, 1970(185): 741-754

[162] M. G. Steven and P. L. Oxley. High temperature stress-strain properties of a lowcarbon steel from hot machining tests. Proc Instn Mech. Engrs, 1973, 187:263-272

[163] P. K. Wright and J. L. Robinson. Material behavior in deformation zones ofmachining operation. Met. Technol, 1977 (394):240-248

[164] 王敏杰. 金属动态力学性能与热塑性剪切失稳的正交切削方法研究. 大连: 大连理工大学博士学位论文, 1988

[165] 胡荣生, 王敏杰. 从正交切削试验获得低碳钢动态剪切流动应力特性. 大连理工大学学报, 1987, 26(3):31-36

[166] SongwonSeoa, Oakkey Minb and Hyunrno yanga. Constitutive equation for Ti-6Al-4V at high temperaturesmeasuredusingtheSHPBtechnique.InternationalJournalofImpact Engineering, 2005, 31:735-754

[167] M. Dumitrescu, M. A. Elbestawi and T. I. ElWardany. Mist coolant applications in high speed machining of advanced materials metal cutting and high speed machining. 2002, 329-339

[168] 刘战强, 吴继华, 史振宇, 赵丕芬. 金属切削变形本构方程的研究. 工具技术, 2008, 42(3):3-9

[169] F. J. Zerilli and R. W. Armstrong. Dislocation-mechanics-based constitutive relations for material dynamics calculations. Journal ofApplied Physics, 1987, 61(5):1816-1825

[170] E. Usui, T. Shirakashi and T. Kitagawa. Analytical prediction ofthree dimensional cutting process (part 3). Journal of Engineering for Industry, 1978, 100:236-243

[171] Domenico Umbrello. Finite element simulation of conventional andhigh speed machining of Ti6Al4V alloy. Journal of Materials Processing Technology, 2008, 196:79-87

[172] Mohammad Sima and Tugrul Ozel.Modified material constitutive models for serrated chip formationsimulations and experimental validation in machining of titaniumalloy Ti–6Al–4V. International Journal of Machine Tools & Manufacture, 2010, 50:943-960

[173] M. Calamaz, D. Coupard, M. Nouari and F. Girot. Numerical analysis of chip formation and shear localizationprocesses in machining the Ti-6Al-4V titanium alloy. Int J Adv Manuf Technol, 2011, 52:887-895

[174] C. Maranho and J. Paulo Davim.Finite element modeling of machining of AISI 316 steel: Numericalsimulation and experimental validation. Simulation Modeling Practice and Theory, 2010, 18:139-156

[175] S. Ranganath, C. Guo and P. Hegde.A finite element modeling approach to predicting white layer formation innickel superalloys. CIRP Annals - Manufacturing Technology, 2009, 58: 77-80

[176] P. J. Arrazola, D. Ugarte and X. Domı´nguez.A new approach for the friction identification during machining throughthe use of finite element modeling. International Journal of Machine Tools & Manufacture, 2008, 48:173-183

[177] Linhu Tang, Jianlong Huang and Liming Xie. Finite element modeling and simulation in dry hardorthogonal

cutting AISI D2 tool steel with CBN cutting tool. Int J Adv Manuf Technol, 2011, 53:1167-1181

[178] T. Ozel, M. Sima, A. K. Srivastava and B. Kaftanoglu.Investigations on the effects of multi-layered coated inserts in machiningTi–6Al–4V alloy with experiments and finite element simulations. CIRP Annals - Manufacturing Technology, 2010, 59:77-82

[179] Thanongsak Thepsonthi and Tugrul Özel. Experimental and finite element simulation based investigations on micro-milling Ti-6Al-4V titanium alloy: Effects of cBN coating on tool wear. Journal of Materials Processing Technology, 2013, 213:532-542

[180] Abdullah Kurt and Ulvi Seker. The effect of chamfer angle of polycrystalline cubic boron nitridecutting tool on the cutting forces and the tool stressesin finishing hard turning of AISI 52100 steel. Materials and Design, 2005, 26:351-356

[181] A. V. Mitrofanov, V. I. Babitsky and V. V. Silberschmidt.Finite element analysis of ultrasonically assisted turning of Inconel 718. Journal of Materials Processing Technology, 2004, 153-154: 233-239

[182] 王明海, 等. 不同速度下切削钛合金刀具温度场应力场的数字模拟. 制造技术与机床, 2011,1: 39-43

[183] 王明海, 等. 精密切削 TC4 表面残余应力的模拟研究. 制造业自动化, 2010,11: 68-71

[184] 王明海, 等. 精加工中刀具前角的有限元模拟研究. 工具技术, 2010,10: 34-36

[185] 王明海, 等. K477 镍基高温合金切削加工预测模型的建立及切削参数优化. 机械设计与制造, 2012,4: 207-210

[186] 陈五一. 钛合金加工的几点进展. 国防制造技术, 2011,1: 18-20

[187] 柳百成. 《中国制造 2025》——建设制造强国之路. 表面工程与再制造, 2016, 16(1):1~6.

[188] 柳百成. 中国制造业现状及国际先进制造技术发展趋势. 世界制造技术与装备市场, 2015(4):42-43.

[189] 段欣楠, 高长才. 未来机床朝着高智能化方向发展. 金属加工:冷加工, 2012(16):19-20.

[190] 马伟. 未来机床的若干种可能. 中国机电工业, 2009(5):30-31.

[191] 索菲娅. 智能化和绿色化是未来机床发展的方向——访中达电通股份有限公司伺服数控产品开发处经理李文建. 金属加工:冷加工, 2012(12):29-30.

[192] 孔令友, 杨天博. 未来机床的发展目标——绿色机床. 金属加工:冷加工, 2012(12):27-28.

[193] 董一巍, 李晓琳. 未来机床发展走向及热点技术浅谈. 航空制造技术, 2015, 474(5):32-37.

[194] M. Salahshoor, Y.B. Guo. Finite Element Simulation and Experimental Validation of Residual Stresses in High Speed Dry Milling of Biodegradable Magnesium-Calcium Alloys. International Journal of Mechanical Sciences, 2014, 14:281-286.

[195] 郑耀辉, 等. 钛合金高速铣削加工表面残余应力的模拟研究. 机床与液压, 2015(1):41-44.

[196] 张晓辉, 等. 超声辅助钛合金切削的表面残余应力数值仿真. 计算机仿真, 2016, 33(5): 208-211.

[197] 常艳艳, 孙涛, 李增强. 硬铝合金超精密车削残余应力的仿真及试验. 哈尔滨工业大学学报, 2015, 47(7):41-46.

[198] 李旦, 等. 机械制造技术基础. 哈尔滨:哈尔滨工业大学出版社, 2011

[199] 刘文静. 考虑材料损伤影响的切削力模型研究. 大连:大连理工大学硕士学位论文, 2015.

[200] J.Ghaisari, H.Jannesari, M. Vatani. Artifical neural network predictors for mechanical properties of cold rolling products. Advances in Engineering Software,2012;45:91-99.

[201] 叶贵根, 等. 金属正交切削模型研究进展. 机械强度, 2012, 34(4):61-74.

[202] 李炳林. 不锈钢加工中切削力分析预测研究. 武汉:华中科技大学博士学位论文, 2012.

[203] C.J. Oxford. On the Drilling of Metals-I:Basic Mechanics of the Process.Trans. ASME. 1955, 77:103-104.

[204] 赵博文. 激光加热辅助铣削高温合金切削性能及工艺优化研究. 哈尔滨理工大学博士学位论文, 2016.